Essener Beiträge zur Mathematikdidaktik

Reihe herausgegeben von

Bärbel Barzel, Fakultät für Mathematik, Universität Duisburg-Essen, Essen, Deutschland

Andreas Büchter, Fakultät für Mathematik, Universität Duisburg-Essen, Essen, Nordrhein-Westfalen, Deutschland

Florian Schacht, Fakultät für Mathematik, Universität Duisburg-Essen, Essen, Deutschland

Petra Scherer, Fakultät für Mathematik, Universität Duisburg-Essen, Essen, Nordrhein-Westfalen, Deutschland

In der Reihe werden ausgewählte exzellente Forschungsarbeiten publiziert, die das breite Spektrum der mathematikdidaktischen Forschung am Hochschulstandort Essen repräsentieren. Dieses umfasst qualitative und quantitative empirische Studien zum Lehren und Lernen von Mathematik vom Elementarbereich über die verschiedenen Schulstufen bis zur Hochschule sowie zur Lehrerbildung. Die publizierten Arbeiten sind Beiträge zur mathematikdidaktischen Grundlagen- und Entwicklungsforschung und zum Teil interdisziplinär angelegt. In der Reihe erscheinen neben Qualifikationsarbeiten auch Publikationen aus weiteren Essener Forschungsprojekten.

Weitere Bände in der Reihe http://www.springer.com/series/13887

Kristina Hähn

Partizipation im inklusiven Mathematikunterricht

Analyse gemeinsamer Lernsituationen in geometrischen Lernumgebungen

 **Springer** Spektrum

Kristina Hähn
Willich, Deutschland

Dissertation der Universität Duisburg-Essen, Fakultät für Mathematik, 2020 Erlangung des Doktorgrades: „Dr. rer. nat." Datum der mündlichen Prüfung: 27.05.2020
Gutachterinnen: Prof. Dr. Petra Scherer, Prof. Dr. Uta Häsel-Weide

ISSN 2509-3169   ISSN 2509-3177 (electronic)
Essener Beiträge zur Mathematikdidaktik
ISBN 978-3-658-32091-1   ISBN 978-3-658-32092-8 (eBook)
https://doi.org/10.1007/978-3-658-32092-8

Die Deutsche Nationalbibliothek verzeichnet diese Publikation in der Deutschen Nationalbibliografie; detaillierte bibliografische Daten sind im Internet über http://dnb.d-nb.de abrufbar.

Planung/Lektorat: Marija Kojic
Springer Spektrum ist ein Imprint der eingetragenen Gesellschaft Springer Fachmedien Wiesbaden GmbH und ist ein Teil von Springer Nature.
Die Anschrift der Gesellschaft ist: Abraham-Lincoln-Str. 46, 65189 Wiesbaden, Germany

Geleitwort

Hinsichtlich der Frage, wie ein inklusiver Fachunterricht geeignet zu gestalten ist und welche Lern- und Interaktionsprozesse sich in inklusiven Settings wirklich ereignen, besteht nach wie vor Forschungsbedarf. Auch wenn im Grundschulunterricht seit jeher eine große Heterogenität anzutreffen ist, so erweitern Schülerinnen und Schüler mit sonderpädagogischem Unterstützungsbedarf dieses Spektrum, und es ist lohnenswert, deren Lernprozesse im Mathematikunterricht genauer in den Blick zu nehmen. Wenn ein inklusiver Fachunterricht wirklich als gemeinsames Lernen an gemeinsamen Gegenständen verstanden wird, dann ist die Erforschung gemeinsamer Lernsituationen von zentraler Bedeutung.

Insofern adressiert Kristina Hähn mit der vorliegenden Arbeit ein wichtiges Forschungsfeld, indem sie die Partizipation von Schülerinnen und Schülern mit sonderpädagogischem Unterstützungsbedarf innerhalb gemeinsamer Lernsituationen im Mathematikunterricht der Grundschule genauer untersucht. Ausgewählt werden einerseits Schülerinnen und Schüler mit dem Förderschwerpunkt Lernen, andererseits erfolgt eine Fokussierung auf geometrische Inhalte, die für den Mathematikunterricht zentral sind, deren Einsatz aber häufig auch unterrepräsentiert ist. Entwickelt und eingesetzt werden verschiedene geometrische Lernumgebungen zum Thema ‚Kreis‘, die Viertklässlerinnen und Viertklässler in Kleingruppen bearbeiten.

In der Arbeit werden zunächst die theoretischen Grundlagen mit dem jeweiligen Forschungsstand entfaltet: Dabei geht es um gemeinsame Lernsituationen im inklusiven Unterricht, wobei fachdidaktische und sonderpädagogische Perspektiven einbezogen werden und die Rolle des Lerngegenstands betont wird. Darüber hinaus werden zentrale Konzepte und Prinzipien für gemeinsames Mathematiklernen, bspw. die natürliche Differenzierung oder das Lernen in substanziellen

Lernumgebungen, genauer betrachtet und der für die Studie ausgewählte Inhaltsbereich Geometrie ausgeführt. Von besonderer Bedeutung ist das Thema Partizipation, indem gemeinsames Lernen als sozial-interaktives Geschehen betrachtet wird, an dem die Schülerinnen und Schüler an einem substanziellen fachlichen Inhalt partizipieren, und die individuelle Partizipation von Schülerinnen und Schülern ist hier im Fokus.

Für ihr umfangreiches Forschungsprogramm wählt Kristina Hähn ein passendes methodisches Setting: Sie untersucht die Partnerarbeitsphasen von Schülerinnen und Schülern mit und ohne sonderpädagogischen Unterstützungsbedarf bei der Bearbeitung der ausgewählten Lernumgebungen und führt darüber hinaus Einzelinterviews mit den Schülerinnen und Schülern mit sonderpädagogischem Unterstützungsbedarf durch. In der rekonstruktiven Datenanalyse werden dann mathematische und sozial-interaktive Partizipationsprozesse der lernbeeinträchtigten Schülerinnen und Schüler rekonstruiert, etwa die Bedingungen, unter denen ein Partizipationsstatus dominiert. Andererseits werden Typen gemeinsamer Lernsituationen identifiziert, etwa hinsichtlich der Frage, bei welchen Typen gemeinsamer Lernsituationen diese Schülerinnen und Schüler produktiv partizipieren. Bei der Partizipationsanalyse geht es u. a. um die Frage einer höheren und geringeren produktiven Verantwortlichkeit der lernbeeinträchtigten Schülerinnen und Schüler für den mathematischen Inhalt.

Die Ergebnisse zum Partizipationsstatus zeigen bspw., dass bei den eingesetzten Lernumgebungen potenziell jeder Partizipationsstatus von Schülerinnen und Schülern mit dem Förderschwerpunkt Lernen möglich ist. Die Fallstudien zeigen aber auch Unterschiede bzgl. der eingesetzten Lernumgebungen oder auch die Bedeutung des jeweiligen Lernpartners. Die Analyse zu Typen gemeinsamer Lernsituationen verknüpft mit dem Partizipationsspektrum zeigt zudem, dass kein Lernsituationstyp per se günstiger für eine hohe produktive Verantwortlichkeit ist. Daher sollten Lernangebote in inklusiven Settings grundsätzlich offen für verschiedene Typen von Lernsituationen sein. Insgesamt bestätigt sich für das hier vorliegende inklusive Setting die bereits durch andere empirische Studien herausgestellte Komplexität und Dynamik in Partner- bzw. Gruppenarbeiten mit Symmetrien und Asymmetrien im Verlauf ko-konstruktiver Prozesse von Lernenden. Als Ergebnis kann zudem festgehalten werden, dass in den untersuchten substanziellen Lernumgebungen das gesamte Spektrum gemeinsamer Lernsituationen in unterschiedlichen Ausprägungen identifiziert werden konnte.

Die Ergebnisse der vorliegenden Studie stützen die theoretischen Überlegungen zum Mehrwert einer Vielfalt gemeinsamer Lernsituationen im inklusiven Setting. So eröffneten die in der Studie eingesetzten Lernumgebungen zum Thema ‚Kreis' den Schülerinnen und Schülern mit dem Förderschwerpunkt Lernen vielfältige Partizipationsmöglichkeiten an einem substanziellen mathematischen Inhalt. Das Bearbeitungsniveau war nicht im Vorfeld für bestimmte Lernende zieldifferent eingeschränkt, sondern entfaltete sich im Verlauf gemeinsamer Lernsituationen natürlich differenzierend, beeinflusst durch ko-konstruktive Prozesse mit Lernpartnern.

Abschließend werden weitere Folgerungen zum produktiven Einsatz von Lernumgebungen für inklusive Settings konkretisiert, die die Chancen für individuelle Zugangs- und Bearbeitungsmöglichkeiten erhöhen und Partizipationsbarrieren abbauen können. Zudem werden auch weitere Forschungsperspektiven formuliert, bspw. die Erforschung möglicher Lernprozesse, die sich allein durch Beobachtung anderer Lernender vollziehen, oder auch der Einfluss von Lehrerinterventionen.

Petra Scherer
Fakultät für Mathematik
Universität Duisburg-Essen
Essen, Deutschland

Vorwort

Zum gemeinsamen Mathematiklernen an einem gemeinsamen Lerngegenstand im inklusiven Unterricht besteht noch großer Forschungsbedarf. Substanzielle Lernumgebungen, die natürlich differenzierend konzipiert sind, können gemeinsames fachliches Lernen anregen. Dies entspricht nicht nur aktuellen fachdidaktischen Überlegungen, sondern auch meiner persönlichen Erfahrung als Grundschullehrerin. Ich erlebte im Mathematikunterricht häufig, dass unterschiedliche Kinder, mit und ohne sonderpädagogischem Unterstützungsbedarf, gemeinsam und in der Regel erfolgreich, an solchen Lernumgebungen arbeiteten. Allerdings bleibt die Frage offen, wie diese gemeinsamen Lernsituationen konkret verlaufen und auf welche Weise insbesondere Schülerinnen und Schüler mit sonderpädagogischem Unterstützungsbedarf partizipieren und zur mathematischen Themenentwicklung beitragen. Hierzu hat die fachdidaktische Forschung bislang keine Antworten. Auch Lehrpersonen könnten nur vage dazu Stellung nehmen, denn während der Durchführung einer Lernumgebung sind meist nur ausschnitthafte Beobachtungen einzelner Schülerinnen und Schüler möglich. Es bedarf analytischer Erfassungen und Darstellungen sozial-interaktiver und fachlicher Partizipationsprozesse in Verläufen gemeinsamer Lernsituationen, die dazu beitragen, Phänomene zu entdecken und Gelingensbedingungen für erfolgreiches gemeinsames Mathematiklernen in inklusiven Settings zu erkunden. Dies kann gewinnbringend für Forschung und Unterrichtspraxis sein. Ich bin dankbar, dass ich im Rahmen meiner Abordnungszeit an der Universität Duisburg-Essen, ausgewählten Forschungsfragen zu diesem Bereich nachgehen konnte.

Mein ganz besonderer Dank gilt Prof. Dr. Petra Scherer, die meine Arbeit engagiert und kontinuierlich betreute. Sie brachte mir großes Vertrauen entgegen und gab mir die Freiheit, meinem Forschungsinteresse nachzugehen. Gleichzeitig unterstützte sie mich stets durch zahlreiche inhaltliche Diskussionen und konstruktive Anregungen. Bedanken möchte ich mich ebenso bei Prof. Dr. Uta Häsel-Weide für ihr Interesse an meiner Arbeit und ihre Rückmeldungen dazu. Den aktuellen sowie ehemaligen Kolleginnen und Kollegen meiner Arbeitsgruppe sowie der gesamten Arbeitsgruppe der Didaktik der Mathematik der Universität Duisburg-Essen danke ich für die gemeinsamen Diskussionen und Analysesitzungen. Bedanken möchte ich mich zudem bei Petra Guschker, Doris Kluge-Schöpp, Dr. Christian Rütten, Dr. Sabine Schlager und Nele Zeyn für weitere gewinnbringende Arbeitstreffen.

Bezogen auf die empirische Datenerhebung geht mein Dank an die Schulleitungen, die mir dies im schulischen Umfeld ermöglichten. Besonders danken möchte ich den an der Studie teilnehmenden Lehrerinnen und Lehrern, die die von mir entwickelten Lernumgebungen mit ihren Klassen durchführten sowie den Schülerinnen und Schülern, die sich motiviert mit den Inhalten auseinandersetzten und mir in anschließenden Einzelinterviews weitere wertvolle Einblicke in ihr Verständnis der Inhalte eröffneten.

Ebenso danke ich meinen Eltern, Geschwistern und Freunden für ihr Verständnis, ihre Unterstützung und ihren Zuspruch, vor allem in der letzten Phase meiner Promotion. Hier geht ein besonderer Dank an meine Mutter Annegret van Vlorop, die zudem das Korrekturlesen dieser Arbeit übernahm. Von ganzem Herzen danke ich meinen Kindern Jakob und Karlotta, die mit mir diesen Weg sehr verständnisvoll gegangen sind sowie meinem Ehemann Peter, der mir in vielen Gesprächen Raum zum Entwickeln und Sortieren meiner Gedanken gab und mich durch alle Höhen und Tiefen des Promotionsprozesses begleitete. Ich bin unsagbar stolz darauf, wie wir diese Zeit gemeinsam gemeistert haben!

Kristina Hähn

Inhaltsverzeichnis

1 Einleitung 1

2 Gemeinsame Lernsituationen im inklusiven Unterricht 7
  2.1 Zum inklusiven Unterricht 8
    2.1.1 Inklusionsbegriff 8
    2.1.2 Inklusionsdidaktische Diskussion 13
    2.1.3 Gemeinsames Lernen 15
    2.1.4 Gemeinsamkeitsstiftende Inhalte 21
    2.1.5 Gemeinsame Lernsituationen 29
  2.2 Zum Förderschwerpunkt Lernen 33
    2.2.1 Begrifflichkeiten 34
    2.2.2 Paradigmen und ihre didaktischen Konsequenzen 39
  2.3 Folgerungen für die vorliegende Studie 50

3 Gemeinsames Mathematiklernen in inklusiven Settings 55
  3.1 Zum inklusiven Mathematikunterricht 55
  3.2 Fachdidaktische Prinzipien unter inklusions- und
    sonderpädagogischer Betrachtung 60
    3.2.1 Orientierung an mathematischen Grundideen 61
    3.2.2 Aktiv-entdeckendes Lernen 63
    3.2.3 Natürliche Differenzierung 69
  3.3 Konzeptionelle Umsetzung durch substanzielle
    Lernumgebungen 74
  3.4 Zum Inhaltsbereich Geometrie 79
    3.4.1 Bedeutung der Geometrie für den
    Mathematikunterricht der Grundschule 79

3.4.2   Förderung des geometrischen Verständnisses von
        lernbeeinträchtigten Schülerinnen und Schülern   83
3.5   Folgerungen für die vorliegende Studie   87

**4   Partizipation an gemeinsamen mathematischen
     Lernsituationen**   91
4.1   Zum sozial-interaktiven Mathematiklernen   92
      4.1.1   Ko-konstruktive Lernprozesse   93
      4.1.2   Thematische Entwicklung der Interaktion   100
4.2   Zur Partizipation von Lernenden   110
      4.2.1   Partizipationsbegriff   111
      4.2.2   Partizipation am gemeinsamen Mathematiklernen   113
4.3   Folgerungen für die vorliegende Studie   123

5   Design der empirischen Untersuchung   127
5.1   Forschungsdesiderate, Forschungsziele und
      Forschungsfragen   128
5.2   Das Thema ‚Kreis' im Mathematikunterricht der
      Grundschule   134
      5.2.1   Fachliche Einordnung   135
      5.2.2   Elementargeometrische Grundideen   138
      5.2.3   Vorstellungen von Grundschulkindern zum Kreis   150
      5.2.4   Folgerungen für die Konzeption von
              Lernumgebungen zum Kreis für inklusive Settings   152
5.3   Konzeption der Lernumgebungen zum Thema ‚Kreis'   154
      5.3.1   Grundstruktur und Pilotierung   155
      5.3.2   Lernumgebung 1: Kreiseigenschaften und
              Kreiskonstruktion   160
      5.3.3   Lernumgebung 2: Kombination von Kreisteilen zu
              Vollkreisen   167
      5.3.4   Lernumgebung 3: Drei- bzw. Vierpassvarianten und
              Dreischneuß   178
      5.3.5   Lernumgebung 4: Längenverhältnisse im Kreis   189
5.4   Datenerhebung und Datenaufbereitung   197
      5.4.1   Setting der Kleingruppensituationen   197
      5.4.2   Einzelinterviews   203
      5.4.3   Datenmaterial und Szenenauswahl   205
5.5   Methode der Datenanalyse   207
      5.5.1   Videointeraktionsanalyse   207
      5.5.2   Qualitative Videoinhaltsanalyse   209

5.5.3 Analyseschritte 214

6 Rekonstruktive Datenanalyse und Ergebnisse 217

6.1 Partizipationsanalyse 218

6.1.1 Mathematische und sozial-interaktive Partizipation 219

6.1.1.1 Mathematische Themenentwicklung der
Interaktion 219

6.1.1.2 Partizipationsdesign 239

6.1.2 Partizipation lernbeeinträchtigter Schülerinnen und
Schüler 256

6.1.2.1 Partizipation in Lernumgebung 1 257

6.1.2.2 Partizipation in Lernumgebung 2 263

6.1.3 Fallstudien 267

6.1.3.1 Produktive Partizipation mit höherer
inhaltlicher Verantwortlichkeit 268

6.1.3.2 Produktive Partizipation mit geringerer
inhaltlicher Verantwortlichkeit 278

6.1.3.3 Rezeptive Partizipation 283

6.1.3.4 Ausgeglichenheit unterschiedlicher
Verantwortlichkeiten 292

6.1.3.5 Partizipation bei unterschiedlichen
Lernumgebungen 295

6.1.4 Zusammenfassende Diskussion 303

6.2 Analyse gemeinsamer Lernsituationen 311

6.2.1 Typen gemeinsamer Lernsituationen 312

6.2.1.1 Koexistente Lernsituationen 313

6.2.1.2 Kommunikative Lernsituationen 315

6.2.1.3 Subsidiäre Lernsituationen 317

6.2.1.4 Kooperative Lernsituationen 325

6.2.2 Partizipation in Verläufen gemeinsamer
Lernsituationen 329

6.2.2.1 Grafische Darstellung gemeinsamer
Lernsituationen 330

6.2.2.2 Partizipationsspektrum im Kontext von
Lernsituationsverläufen 333

6.2.2.3 Produktive Partizipation in kooperativen
und koexistenten Lernsituationen 337

6.2.2.4 Produktive Partizipation in subsidiären
Lernsituationen 342

6.2.3   Zusammenfassende Diskussion 351

7   Zusammenfassung und Ausblick 361

Literaturverzeichnis 377

Abbildungsverzeichnis

Abbildung 4.1   Initiierung des Helfens 106

Abbildung 4.2   Rezipientendesign zur Schülergruppenarbeit 117

Abbildung 5.1   Kreis k mit Mittelpunkt M1 und Radius r (links) sowie Kreis mit Passante p, Tangente t, Sekante s und Sehne (rechts) 136

Abbildung 5.2   Kreisumfang und Kreisflächeninhalt 138

Abbildung 5.3   Geradlinig-orthogonales und krummlinig-orthogonales Koordinatensystem 145

Abbildung 5.4   Kreismuster aus gleich großen Kreisen mit regelmäßigem Drei- und Sechseck (i. A. a. Wittmann 1987, 11) 147

Abbildung 5.5   Zusammengesetzter Kreis und tabellarische Dokumentation der Lösung auf dem Arbeitsblatt 169

Abbildung 5.6   Beispiel für eine Reflexionskarte 176

Abbildung 5.7   Reflexion der erweiterten Aufgabenstellung am Beispiel des Ersetzens eines Viertelkreises durch zwei Achtelkreise 177

Abbildung 5.8   Verschiedene Drei- und Vierpassvarianten aus Legekreisen auf konzentrischen Kreisen 180

Abbildung 5.9   Dreipasskonstruktion mit sich berührenden Kreisen 181

Abbildung 5.10   Vierpasskonstruktion mit sich berührenden Kreisen 182

Abbildung 5.11   Dreipasskonstruktion mit sich schneidenden Kreisen 182

Abbildung 5.12   Vierpasskonstruktion mit sich schneidenden
                 Kreisen   183
Abbildung 5.13   Dreischneuß im Kreuzgang des Essener Doms   183
Abbildung 5.14   Konstruktion des Dreipasses in einen
                 vorgegebenen Kreis   184
Abbildung 5.15   Konstruktion des Dreischneußes mit Hilfe von
                 Kreisschablonen ohne Hilfslinien (links) und mit
                 Hilfslinien (rechts)   185
Abbildung 5.16   Material für die Partnerarbeit (LU3)   185
Abbildung 5.17   Untersuchungsmöglichkeiten der
                 Dreischneußkonstruktion während der
                 Gruppenarbeit   186
Abbildung 5.18   Kombination der Legekreise zur Konstruktion des
                 vergrößerten Dreischneußes   186
Abbildung 5.19   Kreis mit einbeschriebenem Sechseck (Seitenlänge
                 r) und umbeschriebenem Quadrat (Seitenlänge 2r)   191
Abbildung 5.20   Proportionalität von Radius und Umfang (i. A. a.
                 Engel 2011)   192
Abbildung 5.21   Realisierung des Modells ‚Parallelunterricht' in
                 der Studie   198
Abbildung 5.22   Übersicht über die Analyseschritte der Studie   214
Abbildung 6.1   Tabellarische Notation von Dunja und Tahia   232
Abbildung 6.2   Tabellarische Notation von Eva und Julian   232
Abbildung 6.3   Tabellarische Notation von Aylin und Firat   232
Abbildung 6.4   Tabellarische Notation von Melina und Tim   233
Abbildung 6.5   Tabellarisch Notation von Dunja und Tahia   235
Abbildung 6.6   Tabellarische Notation (Nachbildung) von Hira
                 und Nora zum Zeitpunkt 13:09 min   254
Abbildung 6.7   Partizipation lernbeeinträchtigter Schülerinnen
                 und Schüler (LU1)   257
Abbildung 6.8   Höhe der inhaltlichen Verantwortlichkeit an
                 der mathematischen Themenentwicklung im
                 Bearbeitungsprozess (LU1)   262
Abbildung 6.9   Partizipation lernbeeinträchtigter Schülerinnen
                 und Schüler (LU2)   264
Abbildung 6.10   Höhe der inhaltlichen Verantwortlichkeit an
                 der mathematischen Themenentwicklung im
                 Bearbeitungsprozess (LU2)   265

Abbildung 6.11 Partizipation von Tahia (LU1) in anteiliger
Zusammenfassung (oben) und in der
Verlaufsdarstellung (unten) 268

Abbildung 6.12 Partizipation von Dogan (LU2) in anteiliger
Zusammenfassung (oben) und in der
Verlaufsdarstellung (unten) 274

Abbildung 6.13 Partizipation von Hira (LU1) in anteiliger
Zusammenfassung (oben) und in der
Verlaufsdarstellung (unten) 279

Abbildung 6.14 Fadenzirkel von Hira und Nora in einer Halterung
aus Knete 279

Abbildung 6.15 Partizipation von Melina (LU2) in anteiliger
Zusammenfassung (oben) und in der
Verlaufsdarstellung (unten) 283

Abbildung 6.16 Partizipation von Carolin (LU1) in anteiliger
Zusammenfassung (oben) und in der
Verlaufsdarstellung (unten) 287

Abbildung 6.17 Faden- bzw. Stangenzirkel des Lerntandems
Carolin und Johanna 289

Abbildung 6.18 Partizipation von Julian (LU1) in anteiliger
Zusammenfassung (oben) und in der
Verlaufsdarstellung (unten) 293

Abbildung 6.19 Höhe der inhaltlichen Verantwortlichkeit an
der mathematischen Themenentwicklung im
Bearbeitungsprozess (LU1 und LU2 im Vergleich) 295

Abbildung 6.20 Partizipation von Carolin jeweils in anteiliger
Zusammenfassung an LU1 (oben), an LU2
(mittig) und in der Verlaufsdarstellung von LU2
(unten) 296

Abbildung 6.21 Partizipation von Hira jeweils in anteiliger
Zusammenfassung an LU1 (oben), an LU2
(mittig) und in der Verlaufsdarstellung von LU2
(unten) 298

Abbildung 6.22 Partizipation von Tahia jeweils in anteiliger
Zusammenfassung an LU1 (oben), an LU2
(mittig) und in der Verlaufsdarstellung von LU2
(unten) 300

Abbildung 6.23 Eingetragene Lösungen auf dem Arbeitsblatt von
Dunja und Tahia nach 19 Minuten (Nachbildung) 301

Abbildung 6.24   Grundlage der grafischen Darstellung von
                  Verläufen gemeinsamer Lernsituationen 330
Abbildung 6.25   Idealtypische grafische Darstellung einer
                  koexistenten Lernsituation 330
Abbildung 6.26   Grafische Darstellung einer Lernsituation mit
                  einer latent-kooperativen Phase 331
Abbildung 6.27   Grafische Darstellung einer koexistenten
                  Lernsituation mit subsidiär-imitierenden und
                  -unterstützenden Phasen 331
Abbildung 6.28   Grafische Darstellung der gemeinsamen
                  Lernsituation von Hira und Nora (LU2) 332
Abbildung 6.29   Grafische Darstellung von Hiras Partizipation
                  während der gemeinsamen Lernsituation mit Nora
                  (LU2) 333
Abbildung 6.30   Grafische Darstellung von Carolins Partizipation
                  während der gemeinsamen Lernsituation mit
                  Johanna (LU1) 335
Abbildung 6.31   Grafische Darstellung von Julians Partizipation
                  während der gemeinsamen Lernsituation mit Eva
                  (LU1) 336
Abbildung 6.32   Grafische Darstellung von Dogans Partizipation
                  während der gemeinsamen Lernsituation mit
                  Hannes (LU2) 337
Abbildung 6.33   Höhe der inhaltlichen Verantwortlichkeit der
                  Lernenden während kooperativ-solidarischer
                  Phasen (LU1) 338
Abbildung 6.34   Höhe der inhaltlichen Verantwortlichkeit der
                  Lernenden während koexistenter Phasen (LU1) 338
Abbildung 6.35   Höhe der inhaltlichen Verantwortlichkeit der
                  Lernenden während kooperativ-solidarischer
                  Phasen (LU2) 340
Abbildung 6.36   Höhe der inhaltlichen Verantwortlichkeit der
                  Lernenden während koexistenter Phasen (LU2) 341
Abbildung 6.37   Grafische Darstellung von Melinas Partizipation
                  während der gemeinsamen Lernsituation mit Tim
                  (LU2) 345
Abbildung 6.38   Grafische Darstellung von Firats Partizipation,
                  während der gemeinsamen Lernsituation mit
                  Aylin (LU1) 346

Tabellenverzeichnis

Tabelle 4.1	Kooperationstypen. (i. A. a. Naujok 2000, 174)	107
Tabelle 4.2	Produktionsdesign. (i. A. a. Brandt 2009; Krummheuer 2007)	115
Tabelle 4.3	Adressierungen und Zugriffsmöglichkeiten im Rezipientendesign. (i. A. a. Brandt 2009; Krummheuer 2007)	116
Tabelle 4.4	Typen aufgabenbezogener Schülerinteraktionen. (Auszug, i. A. a. Hackbarth 2017, 137)	122
Tabelle 5.1	Zuordnung der Lernumgebungen zu geometrischen Grundideen	156
Tabelle 5.2	Planungs- und Durchführungsstruktur der einzelnen Lernumgebungen	157
Tabelle 5.3	Unterrichtsphasen der Lernumgebung ‚Kreiseigenschaften und Kreiskonstruktion'	160
Tabelle 5.4	Unterrichtsphasen der Lernumgebung ‚Kombination von Kreisteilen zu Vollkreisen'	167
Tabelle 5.5	Tabellarische Darstellung der Lösungen	170
Tabelle 5.6	Unterrichtsphasen der Lernumgebung ‚Drei- bzw. Vierpassvarianten und Dreischneuß'	178
Tabelle 5.7	Unterrichtsphasen der Lernumgebung ‚Längenverhältnisse im Kreis'	190
Tabelle 5.8	Hintergrundinformationen zu den in der Analyse fokussierten lernbeeinträchtigten Schülerinnen und Schülern	198

Tabelle 5.9   Begründungen für Tandempartner und geplante
               Sitzposition von lernbeeinträchtigten Schülerinnen
               und Schülern aus dem Lehrerfragebogen 200
Tabelle 5.10   Kleingruppenübersicht mit Begründung für deren
               Zusammensetzung aus dem Lehrerfragebogen 201
Tabelle 5.11   Ablaufdarstellung der Studie 202
Tabelle 5.12   Ablauf der Interaktionsanalyse (i. A. a. Krummheuer
               2012, 236 ff.) 208
Tabelle 5.13   Ablauf und Konkretisierung der Inhaltsanalyse (i. A.
               a. Mayring 2015) 212
Tabelle 6.1   Kodierung der (mathematischen) Themenentwicklung
               der Interaktion (LU1) 220
Tabelle 6.2   Kodierung der (mathematischen) Themenentwicklung
               der Interaktion (LU2) 231
Tabelle 6.3   Schema des Partizipationsdesigns (vgl. auch Brandt
               2009; Krummheuer 2007) 241
Tabelle 6.4   Schema des Rezipientendesigns (vgl. Krummheuer
               2007) 252
Tabelle 6.5   Adaption des Rezipientendesigns für beobachtete
               Handlungen (i. A. a. Krummheuer 2007) 254
Tabelle 6.6   Verantwortlichkeit für den mathematischen Inhalt im
               Partizipationsdesign (vgl. auch Brandt 2009, 349;
               Krummheuer 2007, 76) 258
Tabelle 6.7   Typen gemeinsamer Lernsituationen (LS) inklusiver
               Settings (i. A. a. Wocken 1998) 313
Tabelle 6.8   Anzahl der Lernenden (n = 9), die in
               kooperativ-solidarischen und/oder koexistenten
               Phasen bei LU1 mit einem bestimmten Mindestanteil
               produktiv partizipieren 339
Tabelle 6.9   Anzahl der Lernenden (n = 9), die in
               kooperativ-solidarischen und/oder koexistenten
               Phasen bei LU1 mit einem bestimmten Mindestanteil
               mit einer höheren inhaltlichen Verantwortlichkeit
               partizipieren 340
Tabelle 6.10   Anzahl der Lernenden (n = 10), die in
               kooperativ-solidarischen und/oder koexistenten
               Phasen bei LU2 mit einem bestimmten Mindestanteil
               produktiv partizipieren 341

Tabelle 6.11   Anzahl der Lernenden (n = 10), die in
kooperativ-solidarischen und/oder koexistenten
Phasen bei LU2 mit einem bestimmten Mindestanteil
mit einer höheren inhaltlichen Verantwortlichkeit
partizipieren 342

Einleitung

1

Seit der Ratifizierung der UN-Behindertenrechtskonvention (vgl. BRK 2008) stellt das Thema der schulischen Inklusion sowohl die Fachdidaktiken als auch die Sonderpädagogik und weitere Bezugsdisziplinen vor große Herausforderungen (vgl. z. B. Scherer 2018; Werner 2019). Trotz der langen Tradition der Erforschung inklusiven bzw. integrativen Unterrichts wird gefordert, dass Erkenntnisse geprüft sowie für unterrichtliche Konzeptionen und Forschungsvorhaben genutzt werden (vgl. Korff & Schulz 2017; Scherer 2018), denn es besteht weiterhin ein Forschungsdesiderat zur schulischen bzw. unterrichtlichen Realisierung von Inklusion (vgl. Hackbarth & Martens 2018). Eine grundsätzliche Voraussetzung für gelingende unterrichtliche Inklusion ist die Sicherung der Partizipation[1] aller Schülerinnen und Schüler am inklusiven Fachunterricht (vgl. Lütje-Klose et al. 2018). Eine inklusive Schule sollte dabei die Vielfalt ihrer Schülerschaft respektieren und das Ziel der gleichberechtigten sozialen Partizipation aller verfolgen (vgl. bspw. KMK 2011; Korff 2012; Textor 2018). Auf den Mathematikunterricht bezogen wird diesbezüglich in Verbindung mit fachdidaktischen Grundpositionen das grundlegende Begriffsverständnis von Inklusion diskutiert, das eng oder weit gefasst sein kann, und dementsprechend Konzepte beeinflusst (vgl. bspw. Häsel-Weide 2017b; Käpnick 2016; Scherer 2015). Im Forschungsfokus der Mathematikdidaktik steht neben der Professionalisierungsebene der Lehreraus- und -fortbildung auch die Unterrichtsebene (vgl. Korff 2016; Nührenbörger et al. 2018; Scherer 2018, 2019). Während einerseits Einstellungen und Haltungen von Lehrpersonen und die Kooperation professioneller Teams betrachtet werden,

---

[1]Die Bedeutung, mit der dieser Begriff in der vorliegenden Arbeit Verwendung findet, ist ausführlich in Abschn. 4.2.1 dargestellt und wird dort in Beziehung zu häufig synonym genutzten Begrifflichkeiten gesetzt.

ist andererseits auf der Unterrichtsebene die Gestaltung des individuellen und gemeinsamen Lernens sowie der Umgang mit einem diesbezüglichen Spannungsfeld zentral (vgl. z. B. Häsel-Weide 2017b; Peter-Koop 2016; Scherer 2018). Für inklusive Settings wird dies u. a. auch konkret für Lernende mit sonderpädagogischem Unterstützungsbedarf im Lernen diskutiert. Dazu bedarf es allerdings noch weiterer empirischer Forschung, wie bzw. unter welchen Bedingungen individuelles und gemeinsames Mathematiklernen vereinbar ist, obwohl generelle Grenzen und Möglichkeiten individuellen und gemeinsamen Lernens bereits im Mittelpunkt vieler Publikationen stehen (vgl. bspw. Lütje-Klose & Miller 2015; Moser Opitz 2014; Scheidt 2017). Im Speziellen wird die Umsetzung gemeinsamen Lernens an einem gemeinsamen Gegenstand diskutiert (vgl. bspw. Feuser 1989; Häsel-Weide & Nührenbörger 2017b; Wocken 1998). Dies lässt sich im Mathematikunterricht bspw. durch substanzielle Lernumgebungen (vgl. Wittmann 1995) realisieren, die sich an fachlichen Grundideen orientieren und gemeinsamkeitsstiftende Inhalte bieten können, da sie unter Berücksichtigung der natürlichen Differenzierung (vgl. Krauthausen & Scherer 2014) mit dem Ziel konzipiert sind, für jeden Lernenden einen Zugang zu bieten, sowie ein Lernen auf individuellem Niveau zu ermöglichen (vgl. Nührenbörger et al. 2018; Scherer 2017a). In diesem Kontext werden insbesondere geometrische Inhalte als besonders geeignet erachtet, individuelle und gemeinsame Lernprozesse zu verknüpfen. Eine entsprechende Erforschung in inklusiven Settings steht jedoch noch aus (vgl. Peter-Koop & Rottmann 2015; Hähn & Scherer 2017). Dies greift das vorliegende Forschungsprojekt auf.

Forschungsgegenstand

Im Rahmen dieser Arbeit werden konstituierende Designprinzipien für substanzielle Lernumgebungen herausgearbeitet, die paradigmatische Überlegungen einer Pädagogik für lernbeeinträchtigte Schülerinnen und Schüler berücksichtigen und als Grundlage für die Konzeption von vier geometrischen Lernumgebungen zum Thema ‚Kreis‘ dienen. Die Lernumgebungen werden im Rahmen der vorliegenden Studie im Modell ‚Parallelunterricht‘ (vgl. Wember 2013, 385) in inklusiven Settings der 4. Jahrgangsstufe, mit Schülerinnen und Schülern mit und ohne sonderpädagogischen Unterstützungsbedarf im Lernen, durchgeführt. Die Fokussierung auf den Förderschwerpunkt Lernen[2] ist dadurch begründet, dass er

---

[2]Die Terminologien ‚Förderbedarf‘ bzw. ‚Förderschwerpunkt‘ werden im Schulrecht und in der Fachliteratur synonym zu ‚Unterstützungsbedarf‘ verwendet, um Schülerinnen bzw. Schüler mit sonderpädagogischem Unterstützungsbedarf zu kennzeichnen (vgl. dazu Abschn. 2.2.1).

im inklusiven Unterricht der allgemeinen Schule aktuell am häufigsten vertreten ist (vgl. Klemm 2018). Die fachliche sowie sozial-interaktive Partizipation innerhalb gemeinsamer mathematischer Lernsituationen, bei denen Schülerinnen und Schüler mit und ohne sonderpädagogischen Unterstützungsbedarf im Lernen zusammenarbeiten, ist allerdings bisher wenig erforscht (vgl. Korff & Schulz 2017). Die Arbeit leistet einen Beitrag zur Schließung dieser Forschungslücke, indem Lernsituationen analysiert werden, die sich durch Interaktionen in der Bearbeitung der Lernumgebungen zum Thema ‚Kreis‘ in Partnerarbeit von Schülerinnen und Schülern mit und ohne Unterstützungsbedarf ergeben. Für das vorliegende Forschungsprojekt ist dabei von erkenntnisleitendem Interesse, wie gemeinsame Lernsituationen inklusiver Settings in Erscheinung treten und wie Schülerinnen und Schüler mit dem Förderschwerpunkt Lernen daran fachlich und sozial-interaktiv partizipieren. Dazu wird die Theorie gemeinsamer Lernsituationen von Wocken (1998) mit interaktionsanalytischen Kategorien der Partizipationsanalyse in Anlehnung an Krummheuer und Brandt (2001) verknüpft. Durch Adaptionen wird daraus ein Analysewerkzeug entwickelt, mit dem Verläufe gemeinsamer Lernsituationen in Zusammenhang mit individuellen Lernendenpartizipationen dargestellt und ausgewertet werden können.

Die vorliegende Studie fokussiert konstruktive und rekonstruktive Aspekte: Auf der konstruktiven Ebene werden mathematikdidaktische, inklusions- sowie sonderpädagogische Überlegungen vernetzt betrachtet und auf dieser Grundlage die Eignung substanzieller Lernumgebungen für das gemeinsame Mathematiklernen von Schülerinnen und Schülern mit und ohne Förderschwerpunkt Lernen geprüft. Herausgearbeitete konstituierende Designprinzipien bilden die Grundlage zur Entwicklung der substanziellen Lernumgebungen zum Thema ‚Kreis‘. Auf der rekonstruktiven Ebene werden interaktionistische und fachliche mit inklusionspädagogischen Auffassungen zur Partizipation an gemeinsamen, ko-konstruktiven Lernprozessen verbunden. Dies stellt den Ausgangspunkt für die Untersuchung individueller fachlicher und sozial-interaktiver Partizipationsprozesse von Lernenden sowie von Verläufen gemeinsamer Lernsituationen dar.

Aufbau der Arbeit
Zur theoretischen Erfassung des Forschungsgegenstands wird in der vorliegenden Arbeit, bezogen auf das gemeinsame Lernen am gemeinsamen Gegenstand, eine inklusions- und sonderpädagogische (vgl. Kap. 2), eine mathematikdidaktische (vgl. Kap. 3) sowie eine interaktionistische (vgl. Kap. 4) Perspektive eingenommen, und es werden jeweils Folgerungen für das vorliegende Forschungsprojekt abgeleitet. Zunächst geht es in Kap. 2 um den (schulischen) Inklusionsbegriff sowie aktuell diskutierte inklusionsdidaktische Modelle mit dem Schwerpunkt

des gemeinsamen Lernens in inklusiven Settings. Fokussiert wird dabei, wie eine Gemeinsamkeitsstiftung über Inhalte ausgelöst und zu gemeinsamen Lernsituationen führen kann. Ergänzt wird dies um die sonderpädagogische Perspektive, in der zunächst erläutert wird, welche Schülerinnen und Schüler durch den Zusatz ‚Förderschwerpunkt Lernen‘ bezeichnet werden. Auf der Grundlage paradigmatischer Betrachtungsweisen einer Pädagogik bei Lernbeeinträchtigung werden diesbezügliche didaktische Überlegungen dargestellt. Ein zweiter Zugang fasst die aktuelle mathematikdidaktische Diskussion in ihren Grundzügen zusammen und stellt für das gemeinsame Lernen an einem gemeinsamen Lerngegenstand ausgewählte fachdidaktische Prinzipien ins Zentrum der Betrachtung (vgl. Kap. 3). Als konzeptionelle Umsetzungsmöglichkeit für gemeinsames Lernens in inklusiven Settings wird schließlich das Konzept substanzieller Lernumgebungen fokussiert. Ergänzt wird dies um die Diskussion der Bedeutung des Inhaltsbereichs Geometrie, insbesondere für Schülerinnen und Schüler mit dem Förderschwerpunkt Lernen. Der dritte Zugang fokussiert in Kap. 4 das sozial-interaktive Mathematiklernen. In diesem Zusammenhang wird gemeinsames Lernen als eine ko-konstruktive Aktivität betrachtet, in der sich das mathematische Thema entwickelt und an der Lernende produktiv bzw. rezeptiv mit einer unterschiedlich hohen inhaltlichen Verantwortlichkeit partizipieren können.

Die Themenwahl für die Konzeption und den Einsatz der substanziellen Lernumgebungen im inklusiven Setting wird im konstruktiven Teil der vorliegenden Arbeit durch eine ausführliche Darstellung der Bedeutung, Reichhaltigkeit und Anschlussfähigkeit des Themas ‚Kreis‘ als substanzieller Lerngegenstand des Mathematikunterrichts der Grundschule begründet (vgl. Kap. 5). Auf der Grundlage konstituierender Designprinzipien wird die Grundstruktur, die fachliche und fachdidaktische Konzeption, die Pilotierung und Durchführung von vier Lernumgebungen zum Thema ‚Kreis‘ dargestellt. Dem folgen Ausführungen bezogen auf das Setting der Studie, die Datenerhebung, -aufbereitung sowie die qualitativen Analysemethoden zur Beantwortung der Forschungsfragen.

Im rekonstruktiven Teil der Arbeit (vgl. Kap. 6) werden einerseits die Partizipation von Schülerinnen und Schülern mit dem Förderschwerpunkt Lernen, andererseits gemeinsame Lernsituationen inklusiver Settings fokussiert. Es erfolgt in einem ersten Schritt die Darstellung der Entwicklung und Anwendung einer adaptierten Interaktions- und Partizipationsanalyse zur Erfassung der Partizipationsprozesse von Schülerinnen und Schülern mit dem Förderschwerpunkt Lernen. Auf der Grundlage diesbezüglicher Analyseergebnisse können Aussagen zur Höhe der inhaltlichen Verantwortlichkeit, mit der Lernende an Lernumgebungen partizipieren, gemacht werden. In einem zweiten Schritt werden die Entwicklung und Anwendung eines Analysewerkzeugs zur Rekonstruktion gemeinsamer

Lernsituationen aufgezeigt. Um in einem dritten Schritt Partizipationschancen und -barrieren beim gemeinsamen Lernen an einem gemeinsamen Gegenstand für Lernende zu identifizieren, wird eine Darstellungsform entwickelt, die eine verknüpfende Auswertung der Ergebnisse von Lernsituationsverläufen und Partizipationsprozessen ermöglicht. Als Konsequenz der Ergebnisse werden mögliche Leitfragen zur Diskussion gestellt, die konstituierende Designprinzipien substanzieller Lernumgebungen ergänzen können. In Kap. 7 werden anschließend zentrale theoretische, konstruktive, methodische und rekonstruktive Erkenntnisse zusammengefasst und die Ergebnisse unter der Berücksichtigung weiterer Forschungsperspektiven diskutiert.

Gemeinsame Lernsituationen im inklusiven Unterricht

Die Diskussion zur Gestaltung eines inklusiven Mathematikunterrichts ist aktuell durch verschiedene Perspektiven geprägt. Neben allgemeinen Überlegungen der Sonder-, Integrations- bzw. Inklusionspädagogik und zur inklusiven Didaktik, stehen Überlegungen aus der Mathematikdidaktik, die teilweise aufeinander Bezug nehmen. Innerhalb jeder Disziplin werden zudem verschiedene Schwerpunkte gesetzt und in unterschiedlicher Weise Empfehlungen ausgesprochen. In diesem Kapitel werden zunächst die verschiedenen Diskurse der Sonder-, Integrations- bzw. Inklusionspädagogik dargestellt (vgl. Abschn. 2.1), die sich in ihrem Schwerpunkt mit dem gemeinsamen Lernen beschäftigen und die später mit fachdidaktischen Prinzipien und Konzepten vernetzt werden (vgl. Abschn. 3.2 und 3.3). Ziel ist es, inklusionsbezogene und sonderpädagogische Aspekte herauszuarbeiten, die später in konstituierende Designprinzipien für substanzielle Lernumgebungen integriert werden, damit sie sich zur Initiierung gemeinsamer Lernsituationen an einem gemeinsamen Lerngegenstand in einem inklusiven Mathematikunterricht eignen. Die Darstellung geht zunächst vom Begriff der Inklusion sowie von inklusionsdidaktischen Diskussionen mit Überlegungen zu gemeinsamen Lerninhalten und gemeinsamen Lernsituationen (vgl. Abschn. 2.1) aus. Im Anschluss werden Schülerinnen und Schüler mit dem Förderschwerpunkt Lernen als Teilnehmerinnen bzw. Teilnehmer am gemeinsamen Lernen betrachtet. Verbunden wird dies mit pädagogischen bzw. didaktischen Überlegungen (vgl. Abschn. 2.2). Das Kapitel schließt mit Folgerungen für die vorliegende Studie, in der auch der Inklusionsbegriff dieser Arbeit dargestellt wird (vgl. Abschn. 2.3).

© Der/die Autor(en), exklusiv lizenziert durch Springer Fachmedien Wiesbaden GmbH, ein Teil von Springer Nature 2021
K. Hähn, *Partizipation im inklusiven Mathematikunterricht*, Essener Beiträge zur Mathematikdidaktik, https://doi.org/10.1007/978-3-658-32092-8_2

2.1   Zum inklusiven Unterricht

In einem ersten Zugang zum gemeinsamen Lernen im inklusiven Unterricht werden im Folgenden soziologische, politische und erziehungswissenschaftliche Dimensionen des Begriffs ‚Inklusion' thematisiert. Ebenso werden der enge und weite Inklusionsbegriff sowie der Inklusionsbegriff im schulischen Kontext dargestellt (vgl. Abschn. 2.1.1). Nach dieser Grundlegung wird ein Überblick über die Diskussion zu inklusionsdidaktischen Modellen dargestellt und die Notwendigkeit fachdidaktischer Konzepte und Forschungsvorhaben im Hinblick auf gemeinsame Lernsituationen herausgestellt (vgl. Abschn. 2.1.2). Aufgrund des Schwerpunkts der vorliegenden mathematikdidaktischen Forschungsarbeit wird des Weiteren der Schwerpunkt auf das gemeinsame Lernen (vgl. Abschn. 2.1.3) sowie auf Theorien zu gemeinsamkeitsstiftenden Inhalten gelegt (vgl. Abschn. 2.1.4). Erweitert durch die Theorie gemeinsamer Lernsituationen (vgl. Abschn. 2.1.5) wird schließlich individuelles und gemeinsames Lernen verknüpft betrachtet.

2.1.1   Inklusionsbegriff

Der Begriff Inklusion wurde zunächst soziologisch, bspw. in der Systemtheorie Luhmanns relational zum Begriff ‚Exklusion' (vgl. dazu z. B. Terfloth 2017) benutzt (vgl. Luhmann 1995, 237 ff.). In einem sozialen System, wie bspw. dem Bildungssystem beeinflussen soziale Kontexte und etablierte kommunikative Strukturen die Lern- und Partizipationsprozesse eines jeden Einzelnen (vgl. Lütje-Klose et al. 2018, 11). Die Betrachtung und Reflexion gesellschaftlicher bzw. bildungssystemischer Strukturen ist von großer Relevanz, da mit dem Begriff ‚Inklusion' in der Politik und der Erziehungswissenschaften die Vision bzw. der Veränderungsprozess einer Gesellschaft bzw. eines Bildungssystems ohne Aussonderung umschrieben wird, verbunden mit der gleichberechtigten sozialen Teilhabe aller und dem Respekt vor der Vielfalt menschlichen Lebens (vgl. ebd., 9). Einerseits können solche normativen Überlegungen als theoretische, idealistische Argumentationen erscheinen. Wird dagegen der Inklusionsbegriff mit pragmatischen Überlegungen und dem Wunsch nach Realitätsnähe definiert, kann er andererseits möglicherweise als eingeschränkt wahrgenommen werden (vgl. Heinrich et al. 2013, 73 f.).

Ursprünglich entwickelte sich der Begriff ‚Inklusion' in den 1990er Jahren im anglo-amerikanischen Raum in Abgrenzung zu ‚mainstreaming' und ‚integration' (vgl. Lütje-Klose et al. 2018, 11 f.). Das Konzept des ‚mainstreaming' verfolgte das Ziel der Eingliederung von Personen in bestehende Systeme, bspw.

die Regelschule, durch die Anpassung der Menschen an die Systeme. Im Konzept von ‚inclusion' bzw. ‚inclusive education' fanden in Abgrenzung dazu individuelle Lern- und Entwicklungsmöglichkeiten von Lernenden Berücksichtigung, was als Konsequenz auch Überlegungen zur Veränderung von Unterrichts- bzw. Klassenraumbedingungen nach sich zog. Zugleich wurden neben der Differenzlinie ‚Behinderung' verschiedene andere Differenzen beachtet (vgl. ebd.). Der Begriff ‚inclusive education' wurde im Rahmen des 1994 formulierten ‚Salamanca Statement' (vgl. UNESCO 1994) in die erziehungswissenschaftliche Diskussion gebracht. Dort forderten Forscher[1] und Bildungspolitiker u. a. Bildungschancen, die alle gleichberechtigen und damit eine Beschulung von Schülerinnen und Schülern mit ‚special educational needs' in allgemeinen und nicht spezialisierenden Systemen (vgl. Lütje-Klose et al. 2018, 12).

Der Begriff ‚Inklusion' wurde 2008 durch die UN-Konvention über die Rechte von Menschen mit Behinderungen (vgl. BRK 2008) durch Politik und Medien ein häufig genanntes, im Hinblick auf seine Bedeutung unpräzise verwendetes Schlagwort (vgl. Lütje-Klose et al. 2018, 10). Durch die Ratifizierung der UN-Konvention im März 2009 und die damit verbundene Verpflichtung Deutschlands, ein inklusives Bildungs- und Erziehungssystem zu entwickeln, erlangte die Diskussion, bezogen auf Inklusion, größeres öffentliches Interesse (vgl. Heimlich et al. 2016, 9). Die UN-Konvention (vgl. BRK 2008) fordert u. a., dass „Menschen mit Behinderungen nicht aufgrund von Behinderung vom allgemeinen Bildungssystem ausgeschlossen werden" (ebd., Art. 24 (2) a). Ebenso sollen sie „gleichberechtigt mit anderen in der Gemeinschaft, in der sie leben, Zugang zu einem integrativen, hochwertigen und unentgeltlichen Unterricht an Grundschulen und weiterführenden Schulen haben" (ebd., Art. 24 (2) b). Der englische Originaltext umschreibt das Bildungssystem als ‚inclusive'. Die deutsche Übersetzung des Begriffs ‚inclusive' mit ‚integrativ' führte zur Diskussion bzgl. konzeptioneller Unterschiede (s. u.) mit dem Resultat einer rechtsgültigen Forderung eines *inklusiven* Bildungssystems (vgl. Lütje-Klose et al. 2018, 14).

Im Gegensatz zu internationalen Kontexten, wird der Begriff ‚Inklusion' national erst seit einigen Jahren umfänglicher verwendet. Aktuelle Ansätze inklusiver Pädagogik entwickelten sich auf Grundlage der integrativen Pädagogik und deren theoretischer Orientierungen und didaktischer Konzeptionen, die bereits seit Ende der 1970er Jahre zu verzeichnen sind (vgl. ebd., 16 f.). Folgt man der Analyse

---

[1]Generell werden beide Geschlechter genannt. Ausnahmen bilden Begriffe wie ‚Autor', ‚Forscher', ‚Politiker', ‚Lernpartner' sowie die allgemeinen Bezeichnungen verschiedener Partizipationsstatus (vgl. Kap. 4 und 6). Dies dient ausschließlich der besseren Lesbarkeit. Gemeint sind immer beide Geschlechter.

von Hinz (2004) wird ersichtlich: „Die Theorie der deutschsprachigen Integrationspädagogik zeigt von Anfang an ein aus heutiger Sicht inklusives Verständnis der Integration" (ebd., 55). Der ‚Gemeinsame Unterricht' wurde u. a. durch Feusers Ansatz einer ‚Allgemeinen und Integrativen Pädagogik' (vgl. z. B. Feuser 1989) systematisch theoretisiert. Anfang der 1990er Jahre diskutierten zudem Prengel (2019)[2] und Hinz (2002)[3] eine ‚Pädagogik der Vielfalt', die im Sinne des heutigen Inklusionsverständnisses konzipiert ist. „Pädagogik der Vielfalt meint im Kern nichts anderes als Inklusion" (Hinz 2004, 65). Als eine ‚Pädagogik der Vielfalt' verstanden, nimmt eine inklusive Pädagogik die Unterschiede von Menschen, Gruppen und damit auch Schulklassen wahr, akzeptiert und reflektiert diese, ohne Hierarchisierungen oder Bewertungen abzuleiten, sondern knüpft im Unterricht bzw. Schulleben angemessen daran an und entwickelt pädagogische Handlungsformen (vgl. Lütje-Klose et al. 2018, 9). Hinter den Begriffen ‚Inklusion' und ‚Integration' verbergen sich jedoch unterschiedliche theoretische Begründungslinien (vgl. Seifert & Wiedenhorn 2018, 210). Der vom Lateinischen ‚integratio' abgeleitete Begriff ‚Integration' kann mit ‚integro' (wiederherstellen) bzw. ‚integer' (unberührt, ganz; vgl. Stowasser et al. 2006) in Verbindung gebracht werden und bedeutet „Wiederherstellung eines Ganzen" (Seifert & Wiedenhorn 2018, 210). Dagegen kann der ebenfalls aus dem Lateinisch stammende Begriff ‚Inklusion' mit ‚Einschluss' bzw. ‚Enthalten sein' übersetzt werden (vgl. Heimlich 2016, 189). Boban und Hinz (2009) sehen zwei zu unterscheidende Verständnisse von Integration:

1) Eine, als sonderpädagogisches Verständnis der Integration (vgl. Hinz 2004), bezeichnete Auffassung: „Ein differenziertes, negativ konnotiert: selektives Verständnis, das Integration als eine von mehreren Varianten sonderpädagogischer Förderung sieht und an dem Ausmaß der Förderbedarfe festmacht" (Boban & Hinz 2009, 31).
2) Eine, als integrationspädagogisches Verständnis der Integration (vgl. Hinz 2004), bezeichnete Auffassung: „ein konsequentes, negativ konnotiert: totales Verständnis, das Gemeinsamen Unterricht als Recht für alle sieht, unabhängig von Qualität und Ausmaß konkreter individueller Bedarfe" (Boban & Hinz 2009, 31).

---

[2]Die Erstausgabe erschien 1993 und wurde 2019 um ein aktuelles Vorwort ergänzt.

[3]Die Quelle fasst u. a. Überlegungen von Hinz aus den Jahren 1993, 1996 und 1998 zusammen.

Reich (2012) stellt diesbezüglich fest: „Inklusion ist umfassender als das, was man früher mit Integration zu erreichen meinte. Sie ist ein gesellschaftlicher Anspruch, der besagt, dass die Gesellschaft ihrerseits Leistungen erbringen muss, die geeignet sind, Diskriminierungen von Menschen jeder Art und auf allen Ebenen abzubauen, um eine möglichst chancengerechte Entwicklung aller Menschen zu ermöglichen" (ebd., 39). Der Grund für einen notwendigen Begriffswechsel von ‚Integration' zu ‚Inklusion' wird somit eher nicht in der theoretischen Fundierung des Integrationsbegriffs, sondern vielmehr aufgrund der Kritik an der schulischen Umsetzung der Integration gesehen (vgl. Boban & Hinz 2003, 3; Lütje-Klose et al. 2018, 17). Die Kritik bezieht sich dabei auf die häufig in äußerer Differenzierung geförderten Schülerinnen und Schüler mit sonderpädagogischem Unterstützungsbedarf „bei ansonsten gleichbleibend auf Gleichschritt orientiertem Unterricht und einem unverändert differenzierten Schulsystem" (ebd.).

In der heutigen Diskussion um Inklusion stehen hauptsächlich zwei Begriffsverständnisse nebeneinander, die Beziehungen zu den o. g. Auffassungen der Integration aufweisen: In einem Inklusionsbegriff mit einem engen Adressatenverständnis finden spezifische Bedingungen sowie besondere Unterstützungs- bzw. Förderbedarfe von Personen Betonung. Der Inklusionsbegriff mit einem weiten Adressatenverständnis betrachtet dagegen die Vielfalt aller, ohne eine Kategorisierung bzw. Gruppenzuordnung vorzunehmen (vgl. ebd., 18) und zielt auf die Verwirklichung eines Maximums an sozialer Teilhabe und eines Minimums an Diskriminierung (vgl. Heinrich et al. 2013, 74). Problematisch sehen Lütje-Klose et al. (2018) bei der vollständigen Dekategorisierung allerdings die Unmöglichkeit des Einforderns besonderer, individueller Rechte für Menschen mit Beeinträchtigung, die diesen laut UN-Konvention (BRK 2008) jedoch zustehen müssten (zur Darstellung weiterer damit verbundener Dilemmata vgl. Lütje-Klose et al. 2018, 19). Die Autoren sehen daher neben einem engen und weiten Inklusionsbegriff eine dritte Perspektive, in einem Adressatenverständnis der inklusiven Pädagogik, das sich zwar auf alle Lernenden, besonders aber auf vulnerable Gruppen und damit verbundene Ressourcen fokussiert (vgl. ebd., 9 f.). Boban und Hinz (2009) dagegen betrachten den Einsatz sonderpädagogischer Expertise im Kontext eines *systemischen* Zugangs zu spezifischen Situationen, womit sie „eine wichtige Bereicherung und Qualitätssicherung für inklusive Pädagogik" (ebd., 35) sein kann, denn sie kommt nicht nur einem ausgewählten Personenkreis zugute. Damit muss die Vielfalt aller Lernenden berücksichtigt werden, die in diesem Zusammenhang verstanden wird als ein „im Prinzip unbegrenztes Spektrum von Verschiedenheit der Menschen auf der Basis von Gleichwertigkeit, hier auf pädagogisch bedeutsame Heterogenitätsdimensionen wie Geschlecht, Alter, Begabung, Beeinträchtigung, Erstsprache, Kultur, Hautfarbe, Religion, sexuelle

Orientierung und sozialen Hintergrund bezogen" (Boban & Hinz 2003, 117). Mit dieser Grundhaltung adaptierten Boban und Hinz das auf Booth und Ainscow (2002) beruhende Konzept ‚Index für Inklusion' (vgl. Boban & Hinz 2003), das die inklusive Schulentwicklung mit dem zentralen Ziel, Lern- und Teilhabebarrieren zu überwinden, reflektiert. In diesem Konzept, wie bspw. auch im Ansatz einer ‚Pädagogik der Vielfalt' (vgl. Hinz 2004; Prengel 2019) wird die ‚Heterogenität' bzw. ‚Vielfalt' im schulischen Kontext als Normalfall bzw. Chance betrachtet. In diesem Sinne verbindet sich mit dem auf die Schule bezogenen Begriff ‚Inklusion' die gemeinsame Beschulung bzw. Erziehung und Bildung aller Kinder mit individueller Berücksichtigung unterschiedlicher Bedürfnisse, Entwicklungs- und Leistungsniveaus, ihren sozialen, kulturellen und sprachlichen Voraussetzungen und damit verbunden die Förderung bzw. Forderung ihrer individuellen Interessen und Fähigkeiten (vgl. Korff 2012, 138; Lütje-Klose et al. 2018, 9; Textor 2018, 142). Damit ist ein bestimmtes Verständnis von Normalität und Vielfalt verbunden, in dem nicht nur sonderpädagogischer Unterstützungsbedarf, sondern darüber hinaus alle gesellschaftlich relevanten Differenzen berücksichtigt werden (vgl. ebd., 142 f.) und somit das Erleben einer „Gemeinsamkeit in der Vielfalt" (Korff 2012, 138) ermöglicht wird. Für ein solches inklusives Bildungssystem fassen Lütje-Klose et al. (2018) folgende, zu berücksichtigende Grundsätze zusammen: availability, accessability, acceptability, adaptability und participation. Das Prinzip der ‚availability' verlangt das Vorhandensein eines inklusiven Schulsystems, verbunden mit ‚accessability', dem Zugang aller Schülerinnen und Schüler zu allgemeinen Schulen. Im internationalen Vergleich betrachten sie die bisherige Umsetzung dieser zwei Grundsätze jedoch noch kritisch, da der Anteil der an Förderschulen beschulten Schülerinnen und Schüler nicht weiter abnimmt (vgl. dazu ebd., 15). Zu dem Prinzip ‚acceptability', d. h. der Akzeptanz der individuellen Lern- und Entwicklungsmöglichkeiten aller Lernenden, werden bereits verschiedene Dimensionen national und international beforscht. Die Veränderbarkeit des Schulsystems und die Berücksichtigung dessen Anpassung an spezifische Bedürfnisse, gehört zu einem weiteren Prinzip: der ‚adaptability'. Nicht zuletzt ist das Prinzip der ‚participation' von Bedeutung. Dies umfasst die Partizipation bzw. soziale Teilhabe aller an schulischen Aktivitäten, sowie die Förderung von Leistungsfähigkeit und die Verbesserung von Leistungsentwicklung. Der Zugang zur Bildung an allgemeinen Schulen durch die Anwesenheit von Schülerinnen und Schülern mit sonderpädagogischem Unterstützungsbedarf ist dabei zwar eine notwendige, aber keine hinreichende Bedingung, damit soziale und akademische Partizipation entstehen kann (vgl. ebd., 16). Grundsätzlich ist das Ziel der pädagogischen Praxis im schulischen Zusammenleben, ein Maximum an sozialer Partizipation und ein Minimum an Diskriminierung zu erreichen (vgl. ebd., 9),

woran auch der Beschluss der Kultusministerkonferenz zur Umsetzung der Behindertenrechtskonvention (vgl. KMK 2010) anknüpft. Dort wird eine entsprechende
Gestaltung von Schulsystem und Lehrerbildung gefordert:

> „Die Schulorganisation, die Richtlinien, Bildungs- und Lehrpläne, die Pädagogik
> und nicht zuletzt die Lehrerbildung sind perspektivisch so zu gestalten, dass an
> den allgemeinen Schulen ein Lernumfeld geschaffen wird, in dem sich auch Kinder
> und Jugendliche mit Behinderungen bestmöglich entfalten können und ein höchst-
> mögliches Maß an Aktivität und gleichberechtigter Teilhabe für sich erreichen"
> (ebd., 4).

Den Gestaltungsprozess beschreibt die Kultusministerkonferenz allerdings noch
vage:

> „In diesen Veränderungsprozess und in eine differenzierte Bestimmung seiner Ziele
> wird die Kultusministerkonferenz im Rahmen ihrer Zuständigkeit die wesentli-
> chen Akteure einbeziehen. Das sind die kommunalen und privaten Schul- bzw.
> Sachaufwandsträger, die Träger von Sozial- oder Jugendhilfe, die gesetzliche Sozi-
> alversicherung, die für die Berufsausbildung mitverantwortlichen Sozialpartner
> sowie insbesondere die Menschen mit Behinderungen und die sie vertretenden
> Organisationen. Gemeinsam mit ihnen werden sowohl die Schlussfolgerungen aus
> Art. 24 VN-BRK als auch die Rahmenbedingungen für hochwertigen gemeinsa-
> men Unterricht von Kindern und Jugendlichen mit und ohne Behinderungen in den
> Schulen herausgearbeitet. Das Ziel ist ein Schulsystem, das die individuellen Kom-
> petenzen und Fähigkeiten aller Schülerinnen und Schüler, somit auch derjenigen
> mit Behinderungen, fördert und damit einen wesentlichen Beitrag zu ihrer weiteren
> persönlichen und beruflichen Entwicklung leistet" (ebd., 9).

Der Partizipationsanspruch geht allerdings über eine gemeinsame Beschulung hinaus und erfordert zusätzlich Überlegungen im Hinblick auf den gemeinsamen
Unterricht, an dem alle fachlich und sozial partizipieren.

2.1.2 Inklusionsdidaktische Diskussion

Zum gemeinsamen Lernen von Kindern mit und ohne sonderpädagogischem Unterstützungsbedarf sollten auch integrations- bzw. inklusionsdidaktische
Modelle Beachtung finden, die u. a. die Deutsche UNESCO-Kommission e. V.
(2010, 28) einfordert: „Didaktisch-methodische Konzepte müssen an ein inklusives Bildungssystem angepasst werden, das von der Heterogenität der Lerngruppe
als selbstverständlichem Regelfall ausgeht". Kiel et al. (2014, 10 f.) identifizieren fünf verschiedene, nicht überschneidungsfreie Positionen, bzgl. inklusiver

Didaktik: Eine gesonderte inklusive Didaktik ist (1.) nicht notwendig, (2.) existiert bereits, (3.) sollte neben einer sonderpädagogischen Didaktik existieren, ohne diese zu ersetzen, (4.) ist ein Desiderat oder (5.) geht über eine didaktische Theorie hinaus, indem sie auf gesamtgesellschaftliche Veränderung ausgerichtet ist. Werning und Baumert (2013, 41) stellen fest, dass es „keine Evidenz für eine spezielle inklusive Didaktik gibt". Dennoch „müssen alle didaktischen Ansätze, die heute begründet und gelehrt werden, sich der Aufgabe der Inklusion stellen und an ihren inklusiven Konzepten gemessen werden" (Reich 2014, 53). Es gibt verschiedene Strömungen im aktuellen Diskurs zur inklusiven Didaktik (vgl. bspw. Ziemen 2018, 45), u. a. Handlungsempfehlungen zur inklusiven Unterrichtsgestaltung, die sich aus empirischen Studien ergeben (vgl. bspw. Heimlich 2007, 359 f.), oder die Überprüfung von Modellen der allgemeinen Didaktik auf ihre Anwendungsmöglichkeiten für den inklusiven Unterricht (vgl. bspw. Textor 2018) sowie die Entwicklung spezieller inklusiver Didaktikmodelle (vgl. bspw. Feuser 2009; Kullmann et al. 2014; Reich 2014). Das zentrale Merkmal inklusiver Didaktik ist dabei „die Offenheit für innere Differenzierung in der heterogenen Lerngruppe, verbunden mit der Pflege von Gemeinsamkeit" (Prengel 2013, 47). Seitz (2004, 215 f.) nennt als konstitutive Indikatoren für eine inklusive Didaktik drei Postulate:

- *Erziehung und Bildung ohne Ausschluss*, womit die konsequente Einbeziehung aller Schülerinnen und Schüler gemeint ist;
- *inklusive Bildung für alle Kinder*, was die Forderung nach einem Kerncurriculum für alle Schülerinnen und Schüler beinhaltet;
- *eine Didaktik für alle Kinder*, die methodisch-didaktisch der Vielfalt hinsichtlich der Lernvoraussetzungen und -weisen von Schülerinnen und Schülern begegnet und weder eine Regel- noch Sonderdidaktik notwendig erscheinen lässt.

Gerade der letzte Punkt bekräftigt die bereits oben angedeutete Frage, ob eine inklusive Didaktik überhaupt vonnöten ist (vgl. Heinrich et al. 2013, 83), „da inklusive Lerngruppen letztendlich nichts anderes als besonders heterogene Lerngruppen sind" (Textor 2018, 142). Dementsprechend müssten anerkannte und empirisch bestätigte Merkmale guten Unterrichts (vgl. Meyer 2017) auch für den inklusiven Unterricht gelten (vgl. Korff 2012, 139; Textor 2018) bzw. sich mit diesem kompatibel erweisen, und könnten um weitere lernförderliche Aspekte ergänzt werden (vgl. Klemm & Preuss-Lausitz 2011, 33 ff.). Jedoch wird gleichzeitig kritisiert, dass die Konzepte im zentralen Aspekt der Differenzierung allgemein bleiben (vgl. Moser Opitz 2014). Auch Krauthausen und Scherer (2014) halten fest, dass Diskussionen um Heterogenität und Differenzierung überwiegend allgemein- bzw. schulpädagogisch oder auf der organisatorisch-methodischen Ebene geführt werden (vgl. ebd., 29) und fordern „eine notwendige Wiederbelebung des Sachanspruchs" (ebd., 30). Darüber hinaus stellt sich die aktuelle Diskussion inklusionsdidaktischer Konzepte und Überlegungen insgesamt als uneinheitlich und nicht abgeschlossen dar (vgl. Kiel et al. 2014; Ziemen 2018), bzw. befindet sich verstärkt in einer „konzeptionellen Suchbewegung" (Heimlich 2014b, 4). Zentrale Überlegungen zur Gestaltung inklusiven Unterrichts beziehen sich dabei auf die Umsetzung bzw. Mischung individualisierter und gemeinsamer Lernsituationen (vgl. Korff 2012, 143; vgl. Abschn. 2.1.3). Das Ziel ist, auf jegliche Aussonderung zu verzichten und stattdessen individuellen Bedürfnissen, Fähigkeiten und Zugangsweisen aller Schülerinnen und Schüler gerecht zu werden und für alle (basale) Lernerfahrungen vorzuhalten (vgl. Heimlich 2012, 77; Korff 2012, 142 f.). Dies ist jedoch mit der bedeutsamen Frage verbunden: „Können wirklich alle Kinder am Unterricht teilhaben?" (Korff 2012, 142), denn „[v]ieles bleibt bei der inklusiven Didaktik gegenwärtig ohne Zweifel noch Postulat und stark normativ bestimmt" (Heimlich 2012, 77). Die Erforschung inklusiven Unterrichts erweist sich damit weiterhin als ein Desiderat, und die Anreicherung der Diskussion durch fachdidaktische Überlegungen zur inhaltlichen Differenzierung wird als notwendig betrachtet (vgl. bspw. Moser Opitz 2014), um das gemeinsame Lernen zu ermöglichen (vgl. dazu Abschn. 2.1.3). Heimlich (2012, 75 ff.) gibt zu bedenken, dass noch offen ist, inwiefern „der Gemeinsame Unterricht als Konzept bereits Zugänge zu einer didaktischen Grundlegung eröffnet und als didaktisches Modell [...] bezeichnet werden kann" (ebd., 75).

2.1.3 Gemeinsames Lernen

Um den Begriff des gemeinsamen Lernens zu klären, geht die vorliegende Arbeit auf verschiedene Ebenen ein. Zunächst wird das gemeinsame Lernen im weiteren Sinne (vgl. Scheidt 2017, 22 f.), d. h. auf sozialer oder räumlicher Ebene dargestellt. Gemeinsames Lernen im engeren Sinne (vgl. ebd.) ist mit einem methodisch-didaktischen Anspruch an den Unterricht verbunden und rückt das Spannungsfeld zwischen gemeinsamem und individuellem Lernen in den Mittelpunkt der Betrachtung. Mit einer sozialkonstruktivistischen Sichtweise ist schließlich gemeinsames Lernen als kooperatives, ko-konstruktives Lernen an gemeinsamen Inhalten zentral. Die genannten Aspekte werden im Folgenden ausgeführt und Folgerungen für die Studie in Abschn. 2.3 erörtert.

In gemeinsamen (inklusiven) Lernsituationen lernt jedes Schulkind eingebettet in einen sozialen Kontext mit anderen Lernenden der Klassengemeinschaft. ‚Gemeinsamkeit' kann zunächst als ein „unspezifischer Oberbegriff für einen Unterricht in einer inklusiven, d. h. ‚ungeteilten' Lerngruppe" (Korff 2014, 54) verstanden werden. Auch die Bezeichnung des Förderorts als ‚allgemeine Schule mit Angeboten zum Gemeinsamen Lernen' betont dieses Verständnis (vgl. MSW 2016, AO-SF §16). In der Begleitforschung, die bereits seit Anfang der 1980er Jahre auch den gemeinsamen Unterricht betrachtete (vgl. Lütje-Klose & Miller 2015, 13), konnten bereits positive Effekte des gemeinsamen Unterrichts von Kindern mit und ohne sonderpädagogischen Unterstützungsbedarf nachgewiesen werden (vgl. bspw. Preuss-Lausitz 2009). Nationale wie internationale Befunde bestärken, „dass allgemein lernschwächere Schülerinnen und Schüler von gemeinsamem Unterricht in Regelschulkassen eher profitieren" (Werning 2018, 207 f.), und dass im wissenschaftlichen Diskurs davon ausgegangen wird, dass der gemeinsame Unterricht bspw. für Schülerinnen und Schüler mit dem Förderschwerpunkt Lernen (vgl. Abschn. 2.2.1) keine Nachteile zeigt, sondern dass sie gleichwertige oder bessere Leistungen zeigen, die soziale Ausgrenzung nicht verstärkt wird und alle Schülerinnen und Schüler von der sonderpädagogischen Unterstützung im gemeinsamen Unterricht profitieren (vgl. bspw. Heimlich 2012, 72 ff.; Heimlich 2016, 167; Hoffmann 2009; Klemm 2010, 24, Klemm 2015; Krähenmann et al. 2015; Preuss-Lausitz 2011, 173 ff.). Gleichzeitig weisen andere Autoren darauf hin, dass aktuelle Studien uneindeutige bzw. divergente Befunde liefern, die z. T. auch negative Effekte inklusiver Settings abbilden, der Schulform nur einen geringen Effekt beimessen, eher Unterrichtsgestaltung, Kooperation und Einstellungen bzw. Kompetenzen von Lehrpersonen als bedeutsam identifizieren, was auch mit internationalen Studienergebnissen korrespondiert (vgl. zusammenfassend Heimlich et al. 2016, 13 f.). Insgesamt ist allerdings kritisch zu prüfen, welches Konzept bzw. welche Organisationsform oder Unterrichtspraxis des gemeinsamen Unterrichts (zu einem Überblick vgl. Liebers & Seifert 2014) den jeweiligen Studien zu Grunde liegt. Auf der Basis empirischer Studien, die zeigen, dass lernbeeinträchtigte Schülerinnen und Schüler von strukturiert-lehrerzentrierten Phasen hinsichtlich ihres Wissens*erwerbs* und von offenen Unterrichtskonzepten hinsichtlich ihres Wissens*transfers* zu profitieren scheinen (vgl. zusammenfassend Heimlich 2012, 74), konkretisiert Heimlich für den Begriff des ‚Gemeinsamen Unterrichts' zunächst folgende allgemeine Definition:

„Im Gemeinsamen Unterricht werden Lehr-Lernsituationen konstruiert, in denen neben den Grundelementen des offenen Unterrichts auch strukturiert-lehrerzentrierte

Elemente ihren Platz haben, mehr Lehrer- und Schülerhilfe möglich ist und die Selbsttätigkeit sowie das kooperative Lernen der Schülerinnen und Schüler gezielt gefördert wird" (ebd., 75).

Das gemeinsame Lernen im inklusiven Unterricht der allgemeinen Schule lässt in konzeptioneller Hinsicht noch viele Fragen offen. Die didaktisch-methodische Aufbereitung eines Unterrichts, der für *alle* Schülerinnen und Schüler geeignet ist und *allen* einen Zugang bietet, wird als schwierige Aufgabe betrachtet (vgl. Heimlich 2014a, 103). Im Sinne von Comenius (1993, 48 ff.) müssten damit allen Lernenden alle Bildungsinhalte gelehrt werden, was bedeutet, dass ein Kerncurriculum für alle Schülerinnen und Schüler gelten müsste, in dem auch basale Lernerfahrungen Berücksichtigung fänden, die allen Lernenden zugänglich zu machen wären (vgl. Heimlich 2016, 168). Umsetzungsmöglichkeiten werden dabei bspw. im Einsatz des Modells ‚Inklusionsdidaktische Netze' gesehen (vgl. Kahlert & Heimlich 2014; Wölki-Paschvoss 2018). Mit diesem Modell können nen Überlegungen zu komplexen Unterrichtseinheiten zu einem Thema getroffen werden, die neben fachlichen Planungsaspekten auch unterschiedliche Entwicklungsaspekte für alle Schülerinnen und Schüler berücksichtigen, wie bspw. Motorik, Wahrnehmung, Kommunikation, Sprache, Denken, Lernstrategien, Emotionen und soziales Handeln (vgl. ebd.). Der Grundgedanke dieses Modells lässt sich mit der Zielsetzung gemeinsamen Lernens auf methodisch-didaktischer Ebene vereinbaren: Einerseits sind individuelle Lernwege und -ziele zu berücksichtigen, andererseits die damit verbundene Vielfalt von Perspektiven und Lernwegen als Ressource zu nutzen, um Lern- und Entwicklungsprozesse gegenseitig anzuregen (vgl. Korff 2012, 139). Die Verschiedenheit wird als produktive Chance für fachliche Erkenntnisse betrachtet (vgl. Häsel-Weide 2016a), und der gezielten Umsetzung gemeinsamen Lernens wird die Begünstigung eines offenen, fachlichen Austauschs zugesprochen (vgl. Häsel-Weide & Nührenbörger 2017b, 16). Dass alle Lernenden dabei voneinander profitieren, wird aufgrund der eingeschränkten intellektuellen Kompetenzen von Schülerinnen und Schülern mit Lernschwierigkeiten jedoch noch kritisch betrachtet (vgl. Souvignier 2012, 142). Hier wird der hohe Anspruch an gemeinsames Lernen deutlich, denn es wird gleichzeitig gefordert, dass der (inklusive) Unterricht lern- und entwicklungsfördernd ist und individuelle Lernausgangslagen und Lebensbezüge berücksichtigt werden (vgl. Werning & Lütje-Klose 2016, 154). Um das Ziel der individuellen Förderung zu realisieren, ergreifen Lehrpersonen bspw. verschiedene Maßnahmen klassischer innerer Differenzierung. Dies können individualisierte Arbeitsmaterialien in Unterrichtsorganisationsformen wie Stationenlernen oder

Wochenplanarbeit sein (vgl. dazu die Studie von Korff 2014). Konzepte klassischer innerer Differenzierung sind jedoch kritisch zu prüfen, da sie sich auf im Vorfeld getroffene Einschätzungen durch Lehrpersonen stützen (vgl. Scherer 2018)[4]. Auch die Dominanz von organisatorisch-methodischen Aspekten in solchen Differenzierungskonzepten, denen fachliche Ziele und Inhalte nachgeordnet sind, erscheinen aus fachdidaktischer Perspektive problematisch (vgl. ebd.). Insbesondere die Vernachlässigung des sozial-interaktiven Lernens aufgrund von Individualisierungsmaßnahmen, die sich als isoliertes Lernen entlarven (vgl. Bartnitzky 2010; Krauthausen & Scherer 2014), stehen den Zielen gemeinsamen inklusiven Lernens entgegen (vgl. Scherer 2018; Werning & Lütje-Klose 2016). Buhrow (1999) und Brügelmann (2011) weisen diesbezüglich auf die „Individualisierungsfalle" hin, die solche Unterrichtsformen innehaben können: Lernaktivitäten der Lernenden ereignen sich lediglich nebeneinander statt miteinander, wie es im Sinne eines gemeinsamen inklusiven Unterrichts wäre, wodurch Kinder individuelle Potentiale nicht optimal entfalten können. Ebenso gibt Hurych bereits 1976 bezogen auf die innere Differenzierung zu bedenken:

> „Die Bedeutung der inneren Differenzierung für den Erfolg der Unterrichtsarbeit ist unverkennbar. Dennoch sind ihr bestimmte Grenzen gesetzt. Es darf nicht dahin kommen, daß durch eine übertriebene Individualisierung und Differenzierung die Klasse zerfällt. Diese ist als strukturierte Ganzheit von Beziehungen ein soziales Gebilde, in dem es auf den Grad der Verbundenheit von werdenden Menschen ankommt" (Hurych 1976, 12).

Häsel-Weide und Nührenbörger (2017b, 11) kritisieren, dass individualisierte Lehr-Lern-Formate für einen inklusiven Unterricht aus fachdidaktischer Perspektive nicht ausreichend sind, da sich die Lernqualität, durch eher unproduktive, kleinschrittige und linear abzuarbeitende Aufgabenstellungen eines auf diese Weise ausgerichteten Unterrichts reduziert. Dadurch bleiben u. U. wenig Möglichkeiten für den Aufbau eines Verständnisses durch inhaltliches, eigenständiges Erkunden im Sinne des entdeckenden Lernens (vgl. Abschn. 3.2.2), das durch die fachliche Begleitung durch Lehrpersonen unterstützt werden kann (vgl. Häsel-Weide & Nührenbörger 2017b, 11). Individuelles Lernen scheint insgesamt in einem Spannungsverhältnis zum gemeinsamen Lernen zu stehen. Das diesbezügliche Verhältnis von Individualität und Gemeinsamkeit wird hierzu im Fachdiskurs unterschiedlich ausgelegt: Einerseits wird es als gegensätzlich betrachtet und die Herstellung von Balance gefordert. Andererseits wird individualisiertes und

---

[4]Das fachdidaktische Konzept der natürlichen Differenzierung, das individuelles und gemeinsames Mathematiklernen verbindet, wird ausführlich in Abschn. 3.2.3 erörtert.

gemeinsames Lernen in einem dialektischen, sich ergänzenden Verhältnis wahrgenommen (vgl. Scheidt 2017, 27 ff.). Dabei ist gerade für den inklusiven Unterricht von großer Bedeutung, dass eine Gemeinsamkeit hergestellt, und zur sozialen Inklusion von Schülerinnen und Schülern ein unterstützender Beitrag geleistet wird (vgl. Werning & Lütje-Klose 2016, 154).

Fürsprecher des gemeinsamen Lernens argumentieren zusätzlich damit, dass Lernprozesse sich nicht individuell isoliert ereignen, sondern in sozial-interaktive Prozesse eingebunden sind (vgl. dazu ausführlich Abschn. 4.1; Bartnitzky 2012). In diesem Zusammenhang findet man im wissenschaftlichen Diskurs häufig auch den Begriff der ‚Kooperation‘, denn im Gegensatz zum individuellen Lernen wird auf der anderen Seite kooperatives Lernen als Möglichkeit genannt, um Lernprozesse anzuregen, mit dem Ziel, dass sowohl einzelne Schülerinnen und Schüler als auch die gesamte Gruppe Lernerfolge erzielt (vgl. bspw. Avci-Werning & Lanphen 2013, 150). Der deutsche Begriff ‚Kooperation‘ wird dabei vielfältig verwendet. Ahlgrimm et al. (2012, 18) identifizieren ca. 60 Begriffsdefinitionen verschiedener Disziplinen, die u. a. Vertragsverhältnisse, Einstellungen, Arbeitsteilung oder Strategien umfassen (vgl. dazu auch Werning 2016a). Im Kontext der vorliegenden Arbeit wird der Begriff gebraucht, wie es dem Verständnis des anglo-amerikanischen ‚Cooperative Learning‘ entspricht. Damit wird eine Kleingruppe von aktiv und selbstständig handelnden Lernenden bezeichnet, die Inhalte gemeinsam erarbeiten und sich gegenseitig helfen. Lehrpersonen treten dabei in den Hintergrund und begleiten bzw. steuern den Lernprozess lediglich indirekt (vgl. Benkmann 2010, 125). Es wird empfohlen, dass die Kleingruppenarbeit zielgerichtet instruiert wird, da die bloße Aufforderung zur Zusammenarbeit kontraproduktiv sein kann (vgl. Souvignier 2012, 138). Ziele kooperativer Lernformen können die Förderung sozialer Kompetenzen, der Lernleistungen und der Eigenständigkeit sein (vgl. ebd., 139).

Empirische Befunde zeigen, dass beim kooperativen Lernen ein positiver Einfluss auf das Leistungsniveau Einzelner besteht, und dass sich Lernende als Teil einer fördernden Lerngemeinschaft wahrnehmen (vgl. Avci-Werning & Lanphen 2013, 168 f.; Ewald & Huber 2017, 76 f.; Johnson et al. 2000). Benkmann (2010, 126) weist in diesem Zusammenhang auf die Wichtigkeit des Beziehungsaspekts hin, der in vielen Studien kaum oder keine Berücksichtigung findet, denn „Gruppenarbeit verläuft umso effektiver, je besser die sozialen Beziehungen der Kinder untereinander sind" (ebd., 127). Gemeinsames Lernen erscheint dadurch zudem komplexer als individuelles Lernen, da neben der Bearbeitung des Inhalts („taskwork") auch das Funktionieren als Team („teamwork") gefordert ist (vgl. Avci-Werning & Lanphen 2013, 165). Für heterogene Lerngruppen, wie sie bspw. im inklusiven Unterricht zu finden sind, wird das kooperative Lernen als ein wichtiger methodischer Ansatz für günstige Lernbedingungen betrachtet (vgl. ebd., 150). Wenn eine gemeinsame Aufgabe nur durch kooperative, gegenseitig unterstützende Prozesse erfolgreich bewältigt werden kann, entsteht eine positive Interdependenz und die Lernenden tragen individuelle Verantwortlichkeit (vgl. ebd., 158; Souvignier 2012, 143 f.). Kooperative Settings schaffen gleichzeitig Sprachgelegenheiten für Schülerinnen und Schüler, die entwicklungsförderlich sind und Benachteiligungen von „Risikogruppen" entgegenwirken können (vgl. Avci-Werning & Lanphen 2013, 164). Eckermann (2017) arbeitet in einer Studie zum Deutschunterricht heraus, dass das Lernen in kooperativen Lernarrangements nicht automatisch zu einem gemeinsamen Lernen und Arbeiten führt und Schülerinteraktionen nicht nur „im kollektiven ‚Gleichschritt'" (ebd., 170) verlaufen, sondern sich auch „individuelle ‚Eigenzeiten'" (ebd.) ergeben. Insgesamt stellt sich bezogen auf Studienergebnisse zum gemeinsamen bzw. kooperativen Lernen generell die Frage, ob die z. T. in einer Laborsituation erworbenen Ergebnisse auf die natürlichen Bedingungen in der Unterrichtsrealität übertragbar sind, da diesbezüglich bereits Diskrepanzen beobachtet werden konnten (vgl. bspw. Krappmann 2010, 206 f.). Eine weitere, oft nicht eindeutig zu klärende Frage ist, wie bzw. ob Kooperationen formal strukturiert werden (vgl. bspw. Green & Green 2012; Renkl 1997) oder ob es sich um informelle, sich spontan ergebende gemeinsame Lernsituationen handelte, die untersucht werden (vgl. zur Unterscheidung Wocken 2012, 164 ff. sowie die Diskussion bezogen auf den Mathematikunterricht in Häsel-Weide 2016c, 41 ff.). Darüber hinaus können Lernsituationen inklusiver Settings (vgl. Jennessen & Wagner 2012, 341) über ihre äußere Struktur in Verbindung mit der inhaltlichen Struktur klassifiziert werden: Bei exklusiv-individuellem Einzelunterricht oder dem Unterricht in heterogenen bzw. homogenen Gruppen können das zieldifferente Lernen an verschiedenen Gegenständen und die Individualisierung durch innere bzw. äußere Differenzierung im Vordergrund stehen. Ebenso kann zieldifferentes Lernen durch differenzierende, reichhaltige Lernangebote in Form eines gemeinsamen Gegenstands in gemeinsamen, kooperativen Lernsituationen ermöglicht werden (vgl. dazu auch Häsel-Weide 2016b). Gerade letztgenannten gemeinsamen Lernsituationen wird in der (fach)didaktischen Diskussion ein besonderes Potential zugeschrieben (vgl. Freudenthal 1974 sowie Abschn. 3.1). Gemeinsames Lernen kann hierbei an einem gemeinsamen Inhalt (vgl. Abschn. 2.1.4) herausgefordert werden. Die emergierenden gemeinsamen Lernsituationen (vgl. Abschn. 2.1.5), die sich in der Interaktion von Lernenden zeigen, können indes unterschiedlich starke Bezüge zum (gemeinsamen) Lerninhalt umfassen. Hier kann es sich um einen losen bzw. keinen Bezug handeln, wenn die Gemeinsamkeit hauptsächlich bzw. lediglich auf sozialer oder räumlicher, nicht aber auf fachlicher Ebene hergestellt wird. Scheidt (2017, 22 f.) spricht in diesem Verständnis vom ‚gemeinsamen Lernen im weiteren Sinne', das, als übergeordnete Ebene, die Voraussetzung für das ‚gemeinsame Lernen im engeren Sinne' ist, was im ‚mit- und voneinander Lernen' stattfindet. Hier ereignen sich Ko-Konstruktionsprozesse (vgl. Abschn. 4.1.1), bei denen die *inhaltsbezogene* Interaktion unterschiedlicher Lernender im Vordergrund steht und in denen gemeinsam Wissen konstruiert wird (vgl. auch Korff 2014, 54). Es ist daher unabdingbar, fachliche bzw. fachdidaktische Überlegungen für die Initiierung gemeinsamer Lernsituationen in den Mittelpunkt der Überlegungen zu rücken, um das gemeinsame Lernen innerhalb bestimmter Inhaltsbereiche zu fördern. Inhaltsbezogene Aspekte sollten in der Planung, Durchführung und Reflexion gemeinsamer Lernsituationen Berücksichtigung finden, um dem Sachanspruch – bspw. im Mathematikunterricht – gerecht zu werden. Röhr (1995) untersuchte in diesem Zusammenhang Lernumgebungen hinsichtlich ihres kooperationsfördernden Gehalts. Sie analysierte dabei einerseits die Lernumgebungen fachdidaktisch, andererseits die Bearbeitungsprozesse von Grundschulklassen, in denen diese Lernumgebungen zum Einsatz kamen. Aus der Studie resultiert, dass – themenunabhängig – selbstgesteuerte Kooperationen durch geeignete Aufgaben *von der Sache her* entwickelt werden können (vgl. ebd., 76). Durch verschiedene Studien ist die Bedeutung interaktiven fachlichen Lernens zwischen Kindern zusätzlich gestützt (vgl. zusammenfassend Häsel-Weide 2016c, 45 ff.). Die Herausforderung eines inhaltsbezogenen Austauschs innerhalb gemeinsamer Lernsituationen ist zudem lerntheoretisch gut begründbar, denn für alle Lernenden ist das Nachvollziehen anderer Lernwege, die Darstellung eigener Ideen und Lösungen, die Diskussion über Probleme sowie die gemeinsame Entwicklung von Fragen für das eigene Lernen von großem Nutzen (vgl. auch Korff 2014, 56).

2.1.4 Gemeinsamkeitsstiftende Inhalte

Gemeinsames Lernen kann grundlegend als Partizipationsprozess an einem gemeinsamen Thema betrachtet werden (vgl. dazu auch Abschn. 3.1):

> „Voraussetzung für das Arbeiten am gemeinsamen Thema ist das geteilte Bewusstsein über den Gegenstand: geteilte Vorstellungen, geteilte Intentionen, gemeinsame Handlungsplanung. Kinder, die dieses Bewusstsein (noch) nicht teilen – oder nicht erkennbar teilen – können dennoch an diesem Prozess partizipieren" (Meister & Schnell 2013, 188).

Meister und Schnell (2013, 188 f.) zufolge kann allein durch die Initiierung einer Gemeinsamkeit im inklusiven Unterricht eine solche entstehen, wenn die mit dem gemeinsamen Inhalt verbundene (basale) Aktivität für das jeweilige Kind als bedeutend erlebt wird und wenn diese durch die Lerngruppe als Beitrag am gemeinsamen Inhalt gedeutet wird (vgl. ebd.). Sicherlich sind auch immer Grenzen gemeinsamer Inhalte in einem inklusiven Unterricht identifizierbar, und ein Angebot exklusiver Inhalte und Strukturen kann sinnvoll sein (vgl. zu dieser Überlegung auch Werning & Lütje-Klose 2016, 155 f.). Allerdings soll im Rahmen dieser Arbeit, die das gemeinsame Mathematiktreiben an einer gemeinsamen Aufgabenstellung erforscht, auf Ansätze fokussiert werden, die sich auf *einen gemeinsamen Inhalt* beziehen und auch eine fachdidaktische Übertragung zulassen, wie bspw. die ‚Kooperation am gemeinsamen Gegenstand‘ (vgl. Feuser 1995) oder der ‚Kern der Sache‘ (vgl. Seitz 2006). Diese Ansätze betrachten mit unterschiedlichem Schwerpunkt gemeinsamkeitsstiftende Inhalte im inklusiven Unterricht. Vorausgehend soll das ‚Universal Design for Learning‘ dargestellt werden, das – als eine Grundvoraussetzung – zunächst den barrierefreien Zugang zu gemeinsamen Inhalten berücksichtigt. Nur wenn Inhalte barrierefrei zugänglich sind, ist eine fachliche Partizipation und das gemeinsame Lernen im engeren Sinne (vgl. Scheidt 2017) möglich.

Universal Design for Learning (UDL)
Das Universal Design, für dessen Berücksichtigung sich der UN-Fachausschuss zum Schutz der Rechte von Menschen mit Behinderungen (2016) ausspricht, ist ein ursprünglich in den USA entwickeltes Konzept zur Berücksichtigung des Zugangs und der Teilhabe aller an der Gesellschaft. Es wirkte sich im Rahmen der Behindertenrechtsbewegung in den 1970er Jahren bspw. auf Gestaltungsregelungen bzw. -standards oder Gesetzgebungen bezogen auf Gebäude, bauliche Infrastruktur sowie Verkehr, Transport oder Telekommunikation aus. Diesbezügliche Elemente wurden allerdings häufig erst nachträglich, also nach Abschluss verschiedener Maßnahmen, additiv hinzugefügt (vgl. Fisseler 2015). Die Architekten Michael Bednar und Ronald Mace interpretierten das Konzept des Universal Design schließlich im Sinne eines integrativen Ansatzes, indem es beeinträchtigte Menschen von vornherein als Teil der Gesellschaft mitberücksichtigte, was für die Produktentwicklung bzw. Architektur bedeutete, dass vielfältige Bedarfe bereits in der *Planung* berücksichtigt und Entwicklungen nicht im Sinne einer *Sonderlösung im Nachhinein* angepasst werden mussten (vgl. ebd.). Das ‚Universal Design‘ bezieht, im Gegensatz zu anderen, bspw. europäischen Konzepten wie ‚Design for All‘ oder ‚Inclusive Design‘, deren Konzeption häufig auf Menschen mit gesundheitlicher Beeinträchtigung ausgerichtet

ist, die Barrierefreiheit auf *alle* Menschen. Damit ist es mit der Grundhaltung der Inklusion vereinbar. Im Bildungsbereich entwickelten sich aus diesem Konzept unterschiedliche Ansätze. Rose und Meyer (2002) erstellten daraus hervorgehende neue, an den Bildungsbereich angepasste Prinzipien, mit dem Ziel der Sicherstellung der Zugänglichkeit von Inhalten und Methoden des Unterrichts für möglichst alle Lernenden (vgl. Schlüter et al. 2016). Sie identifizierten, dass die Teilhabe am Unterricht negativ beeinflusst wird durch Barrieren, die in der Interaktion mit Unterrichtsmaterialien und -methoden entstehen. Es gilt daher, Barrieren in Lernmethoden, Materialien, aber auch in Curricula im Rahmen des ‚Universal Design for Learning' (UDL) zu identifizieren und auszuräumen (vgl. Fisseler 2015), um Schülerinnen und Schülern Zugang zu Informationen und zum erfolgreichen Lernen zu ermöglichen (vgl. Schlüter et al. 2016).

Angeregt durch Arbeiten von Vygotsky zur ‚Zone der nächsten Entwicklung' (vgl. Keiler 2002) und mit der Berücksichtigung neurowissenschaftlicher Erkenntnisse, wurden die Prinzipien des Universal Designs um Aspekte ergänzt, die Wahrnehmung, Handlungsstrategien und Affektivität berücksichtigen. Die Prinzipien des UDL sollten schrittweise umgesetzt werden und dabei helfen, Lehrangebote der Barrierefreiheit gemäß zu reflektieren (vgl. Fisseler 2015, 47). Dadurch besteht die Möglichkeit, auf eine Vielfalt von Lernvoraussetzungen einzugehen, denn was, wie und warum gelernt wird, ist bei jedem Lernenden individuell (vgl. Schlüter et al. 2016, 274). Zusammengefasst handelt es sich um (vgl. Fisseler 2015; Schlüter et al. 2016):

- die Bereitstellung unterschiedlicher Darstellungen zur Unterstützung des Lernens durch Wahrnehmung und Erkennen (flexibler Zugang zu Inhalten),
- die Ermöglichung verschiedener Ausdrucks- und Handlungsformen zur Unterstützung strategischen Lernens (Lernen auf verschiedenen Wegen),
- das Angebot verschiedener Beteiligungs- und Motivationsarten zur Unterstützung affektiven Lernens (Entwicklung und Aufrechterhaltung von Motivation).

Jedes dieser Prinzipien wird zusätzlich noch durch je drei Richtlinien ausdifferenziert. Schlüter et al. (2016) sprechen bezüglich des UDL von einem Konzept, das eine Möglichkeit zur Realisierung gemeinsamen Lernens in einem ‚barrierefreien Unterricht' darstellt. Die Konkretisierung bzw. Entwicklung von Lernumgebungen für einen solchen Unterricht auf der Grundlage des UDL stellt allerdings eine komplexe, aufwändige Aufgabe dar, da Interventionen durch das UDL nicht klar definiert sind. Somit ist auch deren empirische Überprüfung anspruchsvoll. Der ‚barrierefreie Unterricht' ist in Deutschland konzeptuell kaum erprobt und evaluiert (vgl. ebd., 271). Vorliegende Vorschläge betonen bisher die konsequente innere Differenzierung bzw. radikale Individualisierung, aber eine systematische Verknüpfung fachlichen und sozialen Lernens heterogener Lerngruppen fehlt bislang (vgl. ebd.). Dennoch wird das UDL sowohl in der inklusionsdidaktischen Diskussion (vgl. bspw. Langner 2018) als auch durch den ‚UN-Fachausschuss zum Schutz der Rechte von Menschen mit Behinderungen‘, als tragfähiger Ansatz für das gemeinsame Lernen erachtet, indem im Sinne der Adaptierbarkeit (vgl. dazu auch ‚adaptability‘ in Abschn. 2.1.1) inklusiver Bildung zur Anwendung des UDL geraten wird, bspw. als Orientierungspunkt inklusiver Schul- und Unterrichtsentwicklung.

Für die Barrierefreiheit von Lernprozessen für Schülerinnen und Schüler mit dem Förderschwerpunkt Lernen werden vereinzelt Beispiele benannt, die allerdings noch auf sehr allgemeiner Ebene liegen, wie z. B. die barrierefreie Information und Kommunikation durch ‚leichte Sprache‘ (vgl. Wocken 2012). Des Weiteren sollten Barrieren durch Unterrichtsstörungen minimiert werden, um zu gewährleisten, dass sich Lernende aktiv und konstruktiv mit den Inhalten auseinandersetzen können (vgl. ebd., 127). Ebenso kann Barrieren, die möglicherweise durch Misserfolgserlebnisse, fehlendes Vorwissen, ungünstige Lern- und Verhaltensstrategien entstehen, u. a. durch ein lernförderliches Unterrichtsklima, konstruktives Feedback, eine klare Unterrichtsstruktur sowie ein hohes Maß echter Lernzeit entgegengewirkt werden (vgl. Werner 2019, 145 f.). Trescher (2018) untersuchte in einer Studie mit Hilfe umfassender Literaturrecherche sowie ergänzend durch Experteninterviews, worin Barrieren für kognitiv beeinträchtigte Menschen (als Handelnde) liegen, u. a. im Schul- bzw. Bildungsbereich, und inwiefern dazu im deutsch- bzw. englischsprachigen Raum Publikationen bzw. Studien aus den Jahren 2007 bis 2017 vorliegen. Zunächst stellte er fest, dass physische Barrieren im aktuellen Diskurs weiterhin fokussiert betrachtet werden (vgl. ebd., 18) und dass „Barrierefreiheit weniger die Abwesenheit von Barrieren bezeichnet, als vielmehr das Bestreben, bestehende Barrieren zu dekonstruieren" (ebd., 16). Zur Erfassung der Barrierefreiheit müssen zunächst Barrieren identifiziert werden, die eine uneingeschränkte Partizipation verhindern. Einen eindeutigen, operationalisierten Begriff der ‚Barriere‘ zu entwickeln, ist dabei Voraussetzung, erscheint jedoch aufgrund der vielfältigen Unterstützungsbedarfe und Barrieren als große Herausforderung, vor allem im Bereich der kognitiven Beeinträchtigung (vgl. ebd., 20). Trescher (2018) identifiziert nur vier englischsprachige Publikationen zum Schul- bzw. Bildungsbereich der Primarstufe, die das Thema ‚Barrierefreiheit‘ mit verschiedenen Begriffsverständnissen unterschiedlich beforschen. In der Untersuchung von Aydeniz et al. (2012) wurde bspw. der Einfluss entdeckenden Lernens im naturwissenschaftlichen Unterricht in einer Laborsituation mit einer kleinen Stichprobe Lernender (n = 5) untersucht.

Als Ergebnis halten die Autoren fest, dass kognitiv beeinträchtigte Lernende von entdeckendem Lernen profitieren und eine potentielle Barriere die mangelnde Qualifikation der Lehrpersonen sein kann, einen solchen Unterricht adäquat umzusetzen. Im deutschsprachigen Bereich wird ‚Barrierefreiheit' im Rahmen kognitiver Beeinträchtigung nur durch den Beitrag von Scholz et al. (2016) konkretisiert. Im Rahmen der Untersuchung von Barrieren durch Lernmaterialien in Schülerlaboren wurde auf handlungspraktische Weise herausgefunden, dass eine Reduktion der Informations- und Anweisungsmenge sowie die Verwendung piktografischer Symbole den Abbau von Barrieren für kognitiv eingeschränkte Lernende unterstützen, gleichzeitig aber neue Schwierigkeiten durch die Uneindeutigkeit der Piktogramme bzw. fehlende Passung zur Handlungsanweisung bzw. zum Gegenstand entstehen lassen. Der hohe Aufforderungscharakter des Materials kann gleichzeitig eine Ablenkung von der eigentlichen Aufgabe und damit eine neue Barriere darstellen (vgl. ebd.).

Trescher (2018, 152 f.) kommt aufgrund von Experteninterviews zu dem Ergebnis, dass es neben der Berücksichtigung der Barrierefreiheit von Material, auch einer eingehenden Betrachtung sozialer Aspekte des Schulalltags bedarf, die bisher unberücksichtigt sind. Seine Metaanalyse zeigt zudem auf, dass theoretische und empirische Forschungsarbeiten fehlen und Barrieren nicht generalisierbar, sondern bezogen auf individuelle Einzelfälle reflektiert werden müssen. Des Weiteren stellt er fest, dass der Abbau von Barrieren gleichzeitig zum Aufbau neuer Barrieren führen kann und insgesamt großer Forschungsbedarf besteht (vgl. ebd., 167 f.), da „das Feld […] nicht zuletzt angesichts der Breite und Komplexität […] als nahezu unerforscht zu bezeichnen ist" (ebd., 168). Im Rahmen der vorliegenden Arbeit kann daher nur im Kontext der hier genannten Annahmen auf Möglichkeiten hingewiesen werden, die potentiell einen Beitrag zur Barrierefreiheit für Schülerinnen und Schüler mit dem Förderschwerpunkt Lernen leisten könnten (vgl. dazu Abschn. 6.1.4 und 6.2.3).

Gemeinsamer Gegenstand und Kern der Sache
Der in der Mathematikdidaktik derzeit häufig zitierte Ansatz zur Herstellung von inhaltlicher Gemeinsamkeit im inklusiven Unterricht ist der ‚Gemeinsame Gegenstand' und damit verbundene Handlungen, wie es Feuser (1995, 170 ff.) im Rahmen der von ihm entwickelten ‚entwicklungslogischen Didaktik' fordert und eine Umsetzung bspw. im fächerübergreifenden offenen Unterricht bzw. Projektunterricht sieht. Feuser betrachtet in diesem Zusammenhang Lehren und Lernen im Kontext entwicklungsbezogener Unterstützung, im Sinne Vygotskys ‚Zone der nächsten Entwicklung'. Vor dem Hintergrund der Heterogenität fokussiert Feuser

die Berücksichtigung individueller Lern- und Entwicklungsbedürfnisse ohne Vernachlässigung eines gemeinsamen Lerninhalts bzw. gemeinsamen Gegenstands (vgl. ebd., 170 ff.), denn Differenzierungen sind in seinem Verständnis von Integration im Bereich der Lernziele, Methoden und Medien lediglich bezogen auf einen gemeinsamen Gegenstand möglich (vgl. dazu auch Werning & Lütje-Klose 2016, 145). Der ‚Gemeinsame Gegenstand' ist dabei „nicht das materiell Faßbare, das letztlich in der Hand des Schülers zum Lerngegenstand wird, sondern der zentrale Prozeß, der hinter den Dingen und beobachtbaren Erscheinungen steht und diese hervorbringt" (Feuser 1995, 181). Damit gilt als Gelingensbedingung die individuelle Passung und Bedeutsamkeit des Gegenstands für jeden Einzelnen (vgl. ebd., 177 ff.), was mit einer konstruktivistischen Auffassung von Lernen vereinbar ist. Wenn zudem alle Schülerinnen und Schüler ihre Aufmerksamkeit auf diesen gemeinsamen Gegenstand richten, aktiv werden können und die Akzeptanz des gemeinsamen Handlungsziels vorliegt, kann von *gemeinsamem* Lernen gesprochen werden (vgl. Werning & Lütje-Klose 2016, 155). Dabei wird allerdings nicht erwartet, dass alle Lernende das Gleiche lernen bzw. dieselben Ziele erreichen, wenn sie am gemeinsamen Gegenstand lernen (vgl. Feuser & Meyer 1987, 35; Korff 2014, 54).

Streng genommen sieht Feuser zunächst eine mögliche Realisierung der Arbeit aller Schülerinnen und Schüler in Kooperation am gemeinsamen Gegenstand ausschließlich im fächerübergreifenden Projektunterricht: „Nur in Projektform angelegte Lern- und Unterrichtseinheiten bieten die Chance, an dem jeweils spezifischen Erfahrungshorizont und der Bedürfnislage der Schüler anzuknüpfen und sie […] in offenen und kooperativen Lernformen zusammenzuführen" (Feuser 1989, 31). Als Beispiel illustriert er den gemeinsamen Gegenstand am Lerngegenstand der Thermodynamik, dessen Repräsentationen und Ziele auf unterschiedlichen Ebenen für Lernende liegen können: der sinnlich-konkreten Erfahrung (bspw. Wärmeausstrahlung, Gerüche) oder der mathematischen Auseinandersetzung (Bewältigung physikalischer oder chemischer Vorgänge, Theoriebildung; vgl. ebd., 32 f.).

Später, im Rahmen von Überlegungen zu inklusiven bzw. integrativen Settings, findet schließlich eine Erweiterung der Spezifizierung des ‚gemeinsamen Gegenstands' mit ‚Projekt', ‚Vorhaben', ‚Inhalt' und ‚Thema' statt:

> „„*Integration" bedeutet* pädagogisch (in gleicher Weise für Kindergarten und Schule), *dass*

- *alle Kinder und Schüler* (ohne Ausschluss behinderter Kinder und Jugendlicher wegen Art und/oder Schweregrad einer vorliegenden Behinderung)
- *in Kooperation miteinander*
- *auf ihrem jeweiligen Entwicklungsniveau*
- nach Maßgabe ihrer momentanen Wahrnehmungs-, Denk- und Handlungskompe-tenzen
- *an und mit einem „gemeinsamen Gegenstand"* (Projekt/Vorhaben/Inhalt/ Thema)
- *spielen, lernen und arbeiten"* (Feuser 2001, 26f., Hervorh. i. O.).

Feuser (2013) weist zudem auf Fehldeutungen bezogen auf den synthetischen und symbolhaften Begriff des ‚gemeinsamen Gegenstands' hin, die in Form von Assoziationen mit ‚Unterrichtsgegenstand', ‚Bildungsinhalt' oder ‚Unterrichtsthema' auftreten, (vgl. ebd., 285). Stattdessen sieht er mit dem Begriff zwei Elemente dialektisch verbunden: „die erkenntnisrelevante Seite eines bestimmten Ausschnittes der Welt im Sinne einer insofern als ontologisch zu bezeichnenden Dimension" (ebd.) sowie „die Erkenntnis bildende Seite der erlebnisrelevanten tätigen Auseinandersetzung eines handelnden Subjekts mit einem bestimmten Ausschnitt der Welt" (ebd.). Des Weiteren unterstützt der gemeinsame Gegenstand Kooperationsprozesse und eröffnet den Lernenden dadurch die Zone der nächsten Entwicklung (vgl. ebd., 290). Feuser postuliert zudem: „Integration ist kooperative (dialogische, interaktive, kommunikative) Tätigkeit im Kollektiv" (Feuser 2001, 27), womit auch die Ebene der *gemeinsamen Tätigkeit* spezifiziert wird. Bezogen auf die Realisierung betrachtet er sowohl die innere Differenzierung, die durch entwicklungs- bzw. biographiebezogene Individualisierung erreicht wird, als auch die kooperative Tätigkeit am gemeinsamen Gegenstand als zu verbindende Elemente, die eine dialektisch vermittelte Einheit bilden (vgl. Feuser 2013).

Feusers Ansatz erlangt in der inklusionspädagogischen Diskussion einen hohen Stellenwert, da der gemeinsame Gegenstand die Herstellung der Gemeinsamkeit aller Kinder und damit eine grundlegende Bedingung der Integration bzw. Inklusion darstellt (vgl. Werning & Lütje-Klose 2016, 147). Gleichzeitig werden die Überlegungen aber auch als dogmatisch kritisiert, fehlende didaktisch-praktische Konkretisierungen sowie Feusers Fokussierung auf Offenen Unterricht bzw. Projektunterricht bemängelt und das Verständnis zentraler Begrifflichkeiten eher als weit gefasst oder wenig präzise kritisiert (vgl. dazu bspw. Reiser et al. 1986; Seitz 2006; Scheidt 2017, 40 f.; Wocken 1998).

Die Lehrperson, der in Feusers Konzept eine zentrale Bedeutung zukommt, muss auf der Grundlage förderdiagnostischer Überlegungen den Unterrichtsgegenstand vorstrukturieren, sowohl hinsichtlich der Sachstruktur als auch der individuellen Tätigkeitsstruktur der Lernenden, indem beides analysiert wird und daraus abgeleitete Entscheidungen für Differenzierungsmaßnahmen getroffen werden (vgl. Werning & Lütje-Klose 2016, 147 f.). Diese vorherig stattfindende Differenzierung durch die Lehrperson kritisiert vor allem Seitz (vgl. bspw. 2006) und stellt dem Ansatz Feusers ein Konzept gegenüber, das ebenfalls das Ziel der individuellen Konstruktionsleistung im Rahmen eines gemeinsamen fachlichen Inhalts verfolgt, jedoch eine konsequente Kindorientierung in das Zentrum der Überlegungen stellt. Seitz fokussiert anstelle der Lehrperson die Schülerinnen und Schüler und betrachtet diese als aktive Gestalter des eigenen und gemeinsamen Lernens (vgl. ebd.). Mit dem ‚Kern der Sache' wird der Lerninhalt umschrieben, der auf elementarer sowie fundamentaler fachlicher Ebene subjektive Bedeutsamkeit hat. Demnach ist der Fokus darauf zu legen, was die Lernenden als ‚Kern der Sache' betrachten (vgl. ebd., 6 f.). Die Differenzierungen sollten somit im Sinne einer natürlichen Differenzierung von den Lernenden selbst entwickelt werden. Dabei ist die Qualität von Aufgaben entscheidend, die bspw. im Mathematikunterricht offen oder selbstdifferenzierend angelegt sein können. Auf diese Weise werden, durch Kommunikation „über die dabei entstehende ‚Sache'" (Seitz & Scheidt 2012, o. S.), Gelegenheiten zur Herausforderung eigener Leistungsmöglichkeiten und zu Ko-Konstruktionen (vgl. Abschn. 4.1.1) gegeben.

Dem Ansatz von Feuser zur Kooperation am gemeinsamen Gegenstand sowie dem Ansatz von Seitz des inhaltlichen Austauschs von Lernenden bezüglich des Kerns der Sache ist gemeinsam, dass der Fokus darauf gerichtet wird, die Gemeinsamkeit im inklusiven Unterricht auf inhaltlicher Ebene zu stiften. Dabei ist diese inhaltliche Gemeinsamkeit an einem ‚gemeinsamen Gegenstand' bzw. ‚Kern der Sache' orientiert, der jedoch für unterschiedliche Lernwege und -ziele, Zugänge und Schwerpunktsetzungen offen ist (vgl. dazu auch Korff 2012). Markowetz (2004) gibt zu bedenken, dass eine solche Orientierung an gemeinsamen Lerngegenständen und damit verbundene Kooperationen für das gemeinsame Lernen unverzichtbar ist, es sich jedoch um wichtige „Sternstunden" handle, die „aber didaktisch weder dauerhaft produziert, noch durchgängig geleistet werden [können]" (ebd., 174). Feusers Ansatz wird zudem dahingehend kritisiert, dass Integration ausschließlich durch Kooperation, durch einen gemeinsamen Gegenstand bzw. durch Projektunterricht realisiert werden könne und so Gemeinsamkeit gestiftet werde. Wocken (2012) merkt an: „Ein durchgängig „gemeinsamer" Unterricht vernachlässigt das unhintergehbare Gebot der Individualisierung" (ebd., 114), gibt jedoch gleichzeitig zu bedenken: „Die

Unterrichtung einer heterogenen Gruppe durch Individualisierung kann in extremer Form auch die Vereinzelung der Schüler zur Folge haben" (ebd., 124). Als Konsequenz skizziert Wocken (1998) alternativ die ‚Theorie gemeinsamer Lernsituationen' (vgl. ebd., 40 ff.; vgl. dazu Abschn. 2.1.5). ‚Gemeinsame Lernsituationen' betrachtet er als ein notwendiges Gegengewicht zur Individualisierung, durch die damit verbundene Betonung des mit-, für- und voneinander Lernens (vgl. Wocken 2012, 124). Gleichzeitig hält er jedoch auch fest: „unverzichtbare Gemeinsamkeit der Schüler kann in das Extrem eines gleichschrittigen Unterrichts umschlagen, in Totalitarismus und Kollektivismus" (ebd., 124). Er kommt zu dem Fazit, dass der gemeinsame Gegenstand zwar notwendig ist, aber nicht dogmatisch vorgegeben werden sollte (vgl. ebd.). Dies ergänzend fand Scheidt (2017) in einer Studie zum Spannungsfeld des individuellen und gemeinsamen Lernens im Rahmen von Expertenbefragungen zu deren Handlungswissen, bezogen auf den inklusiven Unterricht heraus, dass einerseits ein gemeinsamer Gegenstand nicht immer zwingend auch Gemeinsamkeit hervorruft, andererseits individuelles und gemeinsames Lernen als verknüpft realisierbar betrachtet werden kann (vgl. ebd.).

2.1.5 Gemeinsame Lernsituationen

Die Bedeutung der Berücksichtigung individuellen und gemeinsamen Lernens wurde für das inklusive Setting bereits dargestellt (vgl. Abschn. 2.1.3). Insbesondere die Theorie gemeinsamer Lernsituationen nach Wocken (1998) greift individuelles *und* gemeinsames Lernen in einem sich ergänzenden, dialektischen Verhältnis auf. Sie beruht auf der anthropologischen Grundannahme von der Gleichheit und Verschiedenheit aller Menschen und betrachtet neben gemeinsamen Lernsituationen zur Förderung der Integration auch individuelles Lernen: „Das Grundproblem eines integrativen Unterrichts besteht also darin, verschiedene Kinder gemeinsam zu fördern, und zwar so, daß sowohl die Verschiedenheit der Kinder als auch die Gemeinsamkeit der Gruppe zu ihrem Recht kommen" (Wocken 1987, 75). Die Theorie schließt Theorieelemente integrativer Prozesse von Reiser (1991) ein. Dieser betrachtet die Gleichheit und Differenz sowie diesbezügliche Annäherungs- und Abgrenzungsprozesse und das Herstellen einer Balance in interaktiven Prozessen von Lernenden. Reiser kommt aufgrund von Untersuchungen in integrativen Grundschulen zu dem Ergebnis, dass die Arbeit am gemeinsamen Gegenstand im Sinne Feusers sowie ein Methodenwechsel von gruppen- bzw. individualorientierten Aufgaben oder Arbeitsformen zu einer Ausbalancierung von Gleichheit und Differenz führt. Im Gegensatz dazu finden solche Prozesse nicht statt, wenn bspw. vorwiegend frontal unterrichtet oder lehrgangsbezogen individualisiert gearbeitet wird (vgl. ebd., 22 ff.). Allein durch den sozial-räumlichen gemeinsamen Rahmen entstehen, laut Reiser, keine Wechselwirkungen bzw. (Eigen)Dynamik miteinander (vgl. ebd.)

Grundlage der Theorie Wockens (1998) ist die Betrachtung von individuellen und gemeinsamen Lernprozessen innerhalb inklusiver Settings sowie die Beschreibung des Verhältnisses hinsichtlich der Dominanz bzw. Symmetrie des Beziehungs- und Inhaltsaspekts innerhalb gemeinsamer Lernsituationen (vgl. dazu auch Hähn 2017). Der Inhaltsaspekt umfasst dabei die „Ziele, Aufgaben, Pläne, Gegenstände, Themen usw. von Situationsteilnehmern" (vgl. Wocken 1998, 40), der Beziehungsaspekt dagegen soziale Prozesse, wie konkretes Interaktionsverhalten und kommunikativen Austausch in der gemeinsamen Lernsituation (vgl. ebd., 41). Beide Aspekte liefern die Grundlage, mit der Wocken vier typische bzw. prägnante Muster gemeinsamer Lernsituationen charakterisiert und diese teilweise durch die Bildung von Untergruppen spezifiziert, ohne jedoch den Anspruch auf Vollständigkeit zu erheben (vgl. ebd., 40 ff.).

In einer ‚koexistenten Lernsituation' (vgl. ebd., 41 ff.) in der der Inhaltsaspekt dominant ist, sind unterschiedliche thematische Inhalte bzw. Pläne der Beteiligten mit keinem bzw. geringem sozialen Austausch identifizierbar. Die Konzentration der Beteiligten richtet sich auf die eigenen Handlungspläne und nur beiläufig auf den Lernpartner. Die Gemeinsamkeit der Beteiligten ist in erster Linie räumlich und zeitlich definiert und nicht durch einen gemeinsamen Gegenstand ausgelöst. Sind dagegen soziale Austauschprozesse dominant und kein Inhaltsaspekt im Sinne der Aufgabenstellung beobachtbar, handelt es sich um eine ‚kommunikative Lernsituation' (vgl. ebd., 43 ff.). Dabei werden Gespräche weder gegenstands- noch lernzielbezogen geführt. Wocken misst diesen Lernsituationen einen großen Stellenwert bei, bezogen auf den Beitrag zum Gemeinschaftsgefühl der Beteiligten (vgl. ebd., 44 f.).

Charakteristisch für ‚subsidiäre Lernsituationen' ist die Asymmetrie von Inhalts- und Beziehungsaspekt. Wocken (1998, 45 ff.) geht dabei von Lernenden mit unterschiedlichen Handlungsplänen aus und unterscheidet den Grad der Unterstützung bzw. Abwendung von individuellen Plänen. Innerhalb der ‚subsidiär-unterstützenden Lernsituation' wenden sich Lernende kurzeitig von der eigenen Idee ab und dem Lernpartner zu, ohne jedoch die eigenen Pläne oder Ziele zu vernachlässigen. Die Unterstützung kann geleistet werden in Form einer flüchtigen Gefälligkeit, eines kleinen Arbeitsanstoßes, eines kurzen Hinweises auf Fehler oder eines Tipps (vgl. ebd., 46). In der ‚subsidiär-prosozialen Lernsituation' wird dagegen eine umfassendere Hilfe geleistet, und eigene Pläne werden zugunsten der umfänglichen Unterstützung des Lernpartners vernachlässigt. Wocken merkt dabei kritisch an, dass in der integrationspädagogischen

Literatur diesen Lernsituationen „nicht selten ein zu großes Gewicht eingeräumt [wird]" (ebd., 47) und weist darauf hin, dass ein integrativer Unterricht über Assistenz und Hilfe hinausgeht und „allemal mehr als ein Sozialpraktikum für nichtbehinderte Schüler [ist]" (ebd.).

In einer ‚kooperativen Lernsituation' befinden sich der Inhalts- und Beziehungsaspekt in einem symmetrischen Verhältnis (vgl. ebd., 48 ff.). Arbeitsinhalte bzw. -prozesse stehen in inhaltlichem und operativem Zusammenhang. Wocken (1998) unterscheidet dabei zwei Typen kooperativer Lernsituationen hinsichtlich der Zielsetzung der Partner: In der ‚komplementären Lernsituation' verfolgen sie unterschiedliche Ziele, die sie jedoch nur unter der Mitwirkung des anderen erreichen können. Die Kooperation bezieht sich nicht auf eine direkte Kooperation mit dem anderen, sondern auf eine indirekte Kooperation im Tätigkeitszusammenhang der Beteiligten. Als Beispiel führt Wocken u. a. die Konkurrenz in Schachspiel- bzw. Fußballspielsituationen an. In der jeweiligen Situation verfolgen die Beteiligten das gleiche Ziel, nämlich zu gewinnen. Jedoch haben die Kontrahenten kein gemeinsames Ziel, da sie ihr Ziel nur erreichen können, wenn der andere sein Ziel nicht erreicht, d. h. der eine gewinnt, der andere verliert. Im Gegensatz dazu arbeiten die Beteiligten in der ‚kooperativ-solidarischen Lernsituation' koordiniert und wechselseitig abgestimmt an einem gemeinsamen Inhalt auf ein gemeinsames Ziel hin (vgl. ebd., 49 f.). Diese gemeinsamen Ziele entfalten synergetische Kräfte und haben eine organisierende, die Aktivität lenkende Funktion. Wocken bezeichnet kooperativ-solidarische Lernsituationen als „Sternstunden", die in einem integrativen Unterricht nicht fehlen, jedoch auch nicht zur Norm erklärt werden sollten (vgl. ebd., 50).

Des Weiteren plädiert Wocken für eine Vielfalt gemeinsamer Lernsituationen (vgl. ebd., 50). In diesen können die Lernenden

- an einem gemeinsamen Gegenstand und damit verbunden entweder gleichzeitig an der gleichen oder an unterschiedlichen Aufgaben arbeiten,
- in unterschiedlichen Situationen an unterschiedlichen Aufgaben arbeiten, bei denen der gegenseitige Kontakt und damit eine Zusammenarbeit dennoch möglich ist sowie
- alleine oder mit der Unterstützung eines Erwachsenen in einem anderen Raum arbeiten (vgl. Meier 1995 nach Wocken 1998, 50).

Diese Lockerung des normativen Anspruchs von Feuser (1998), durch die ‚Theorie gemeinsamer Lernsituationen', kann schließlich als Hilfe betrachtet werden, um bei der Analyse, Planung und Reflexion des gemeinsamen Unterrichts,

Differenzierungs- und Individualisierungsmaßnahmen hinsichtlich der Partizi-
pation von Schülerinnen und Schülern mit Beeinträchtigung an gemeinsamen
Lernsituationen in Überlegungen einzubeziehen (vgl. Markowetz 2004, 175).
Lernenden ermöglicht diese Haltung, die Lernsituation sowie die Art und den
Umfang der Kooperation mitzubestimmen. Markowetz (2004) konstatiert: „Lernsituationen, die sich besser oder schlechter für Inklusion und für die schulische
Integration didaktisch als wirksamer erweisen, gibt es demnach nicht" (ebd., 176).
Im realen Unterrichtsgeschehen können verschiedene Lernsituationen auch nicht
direkt durch die Lehrperson bzw. die Unterrichtsplanung vorprogrammiert werden. Sie gehen vielmehr fließend ineinander über (vgl. dazu auch Korff 2014,
55). Allerdings existieren Überlegungen und Adaptionen zu Wockens ‚Theorie gemeinsamer Lernsituationen‘, die so weit gehen, dass sie als ‚Grundmuster
der differenzierten Unterrichtsorganisation und Unterrichtsmethodik‘ interpretiert
werden (vgl. Grüntgens 2017, 4 ff.). In diesem Kontext werden koexistente
Lernsituationen aufgrund der Heterogenität als die dominante Unterrichtsform
im Unterrichtsalltag betrachtet (ebd., 4). Subsidiäre Lernsituationen werden als
Situationen gedeutet, „die zwingend Hilfen implizieren und einfordern" und an
Lernschwierigkeiten gekoppelt sind. Eng damit verbunden werden neben Hilfen
von Mitschülerinnen und Mitschülern auch die Hilfen durch Erwachsene, v. a. von
(Förderschul)Lehrpersonen oder Integrationshelfern in den Mittelpunkt gestellt.
Ob in dieser Betrachtung auch Lernende mit einer Lernbeeinträchtigung in der
Rolle der Helfenden mitberücksichtigt sind, bleibt allerdings offen. Hier sollten
inklusive Settings unvoreingenommen beforscht werden, die keine Rollen vorab
zuweisen.

Insgesamt reagiert Wocken (1998) mit seiner Theorie auf das Spannungsverhältnis von individuellem und gemeinsamem Lernen, indem er im Kontext
der Berücksichtigung der Vielfalt der Lernenden, auch die Anerkennung einer
Vielfalt verschiedener gemeinsamer Lernsituationen fordert. Gerade kooperativ-
solidarische Lernsituationen, in denen Lernende an einem gemeinsamen Inhalt
(vgl. Abschn. 2.1.4) und mit einem gemeinsamen Ziel zusammenarbeiten, erscheinen dabei als optimale Umsetzung eines gemeinsamen Lernens im engeren Sinne
(vgl. Abschn. 2.1.3). Hier kommt auch dem UDL (vgl. Abschn. 2.1.4), das
die Zugänglichkeit und damit Partizipationsvoraussetzung für diesen gemeinsamen Inhalt fokussiert, eine große Bedeutung zu. Für die Fachdidaktiken bieten
sich dadurch Anknüpfungsmöglichkeiten, um barrierefreie Inhalte auszuarbeiten,
umzusetzen und empirisch zu überprüfen. Hilfreich kann dabei zunächst – in
einem engen Inklusionsverständnis – die Fokussierung bestimmter Gruppen von
Lernenden sein, um schließlich – in einem weiten Inklusionsverständnis – einen
Beitrag zum gemeinsamen Lernen im engeren Sinne und für alle Lernenden zu

leisten. In diesem Kontext ist auch das Forschungsinteresse der vorliegenden Studie einzuordnen (vgl. Abschn. 2.3).

2.2 Zum Förderschwerpunkt Lernen

Schon 2014 lernte rund in einem Drittel aller deutschen Grundschulklassen mindestens ein Kind mit sonderpädagogischem Unterstützungsbedarf (vgl. Bildungsberichterstattung 2014, 170; zum Begriff vgl. Abschn. 2.2.1). Als aussagekräftigen Indikator zur Darstellung des Stands der Inklusion in Deutschland betrachtet Klemm (2018, 7 f.) die Exklusionsquote, die den Anteil der Schülerinnen und Schüler mit Unterstützungsbedarf abbildet, die in Förderschulen unterrichtet werden. Das Heranziehen der Inklusionsquoten, bspw. beim Förderschwerpunkt Lernen, wird zunehmend weniger aussagekräftig, da einige Bundesländer gänzlich oder zumindest in den ersten Schuljahren auf die Feststellung des sonderpädagogischen Unterstützungsbedarfs verzichten, denn Förderressourcen werden zum Teil bereits systemisch und nicht mehr aufgrund individueller Diagnostik zugeteilt (vgl. ebd., 8). Dies hat zur Folge, dass inklusiv beschulte Lernende mit einem sonderpädagogischen Unterstützungsbedarf in Bildungsstatistiken nicht mehr vollständig erfasst werden (vgl. ebd.). Auf der anderen Seite wurde im Zuge von Inklusion bei einer Reihe von Schülerinnen und Schülern sonderpädagogischer Unterstützungsbedarf festgestellt, die zuvor schon ohne eine solche Diagnostik im Regelunterricht lernten, was zu einem stärkeren Anstieg der Inklusionsquoten im Verhältnis zur Abnahme der Exklusionsquoten führt (vgl. ebd., 8 f.). Der sonderpädagogische Unterstützungsbedarf im Lernen ist mit 43,8 % unter den sonderpädagogischen Förderschwerpunkten besonders häufig vertreten (vgl. ebd., 14). Lernende mit diesem Förderschwerpunkt werden deutschlandweit zunehmend inklusiv beschult. Lediglich 1,3 % dieser Schülerinnen und Schüler mit offiziell festgestelltem Unterstützungsbedarf besuchten 2016/17 noch eine Förderschule (vgl. ebd.).

Da es noch viele ungeklärte Fragen bezogen auf das Mathematiklernen von Schülerinnen und Schülern mit dem Förderschwerpunkt Lernen in gemeinsamen, inklusiven Settings gibt (vgl. Abschn. 5.1), fokussiert die vorliegende Arbeit diese Lernendengruppe. Im Folgenden werden zunächst verschiedene Begrifflichkeiten einander gegenübergestellt, die diese Gruppe beschreiben, verbunden mit der Einordnung, welche Aspekte zu einer Etikettierung eines Lernenden als ‚Schülerin bzw. Schüler mit dem Förderschwerpunkt Lernen' führen (vgl. Abschn. 2.2.1). Anschließend werden unterschiedliche theoretische Ansätze vorgestellt, die verschiedene Perspektiven auf das Phänomen der ‚Lernbeeinträchtigung' einnehmen, woraus sich unterschiedliche Schwerpunkte didaktischer Überlegungen ergeben (vgl. Abschn. 2.2.2).

2.2.1 Begrifflichkeiten

Um dem Verständnis zum Förderschwerpunkt Lernen näher zu kommen, werden im Folgenden verschiedene Begriffe in den Blick genommen, die Schwierigkeiten im Lernen betrachten. Verknüpft und abgegrenzt wird die Bezeichnung ‚Lernschwierigkeiten' bzw. ‚Lernbeeinträchtigung' mit dem in der Vergangenheit verwendeten Begriff der ‚Lernbehinderung'. Um schließlich die Begrifflichkeit im schulischen Kontext zu klären, wird der ‚Förderschwerpunkt Lernen' bzw. der ‚sonderpädagogische Unterstützungsbedarf' oder auch ‚sonderpädagogische Förderbedarf' im Bereich Lernen fokussiert. Einbezogen werden schließlich rechtliche Vorgaben des Landes NRW, die für die Lernenden der vorliegenden Studie relevant sind.

‚Lernschwierigkeiten' bzw. ‚Lernbeeinträchtigung' in Abgrenzung zu ‚Lernbehinderung'
Es gibt Schülergruppen, die erhebliche Schwierigkeiten beim Erlernen des Lesens, Schreibens und Rechnens zeigen und somit Probleme haben, im Schulsystem erfolgreich zu lernen (vgl. Heimlich 2016; Wember & Heimlich 2016). Schwierigkeiten im Lernen können über die gesamte Schulzeit und darüber hinaus auftreten. Im Unterschied zu allgemeinen Lernschwierigkeiten, die bei Personen kurzzeitig auftreten können und auf einzelne Lernbereiche begrenzt sind oder eine Teilleistung betreffen, sind die Lernschwierigkeiten bei Schülerinnen und Schülern mit dem Förderschwerpunkt Lernen gravierend, überdauernd, auf mehrere Lernbereiche bezogen und nicht selbstständig überwindbar (vgl. Heimlich 2016, 13; Heimlich et al. 2016; Werning & Lütje-Klose 2016, 14). Es besteht eine hohe Diskrepanz zwischen den gesetzten Leistungserwartungen und den aktuellen Leistungsvoraussetzungen der Lernenden (vgl. Heimlich et al. 2016, 10). Dabei zeigen sich diese Lernerschwernisse vielfältig und sind individuell verschieden, bspw. in Art, Umfang und Ausprägung. Sie haben jedoch als Phänomen das schulische Lernversagen gemeinsam und treten häufig in Kombination mit Sprachauffälligkeiten und Verhaltensschwierigkeiten auf (vgl. Wember & Heimlich 2016, 196 f.; Werning & Lütje-Klose 2016, 14). Zudem sind sie nicht immer klar von Aufmerksamkeitsstörungen, Verhaltensschwierigkeiten und Teilleistungsstörungen abgrenzbar. Betroffene entstammen häufig Familien mit sozialer Benachteiligung und Randständigkeit oder mit Migrationshintergrund (vgl. Wember &

Heimlich 2016, 197). Gravierende Lernschwierigkeiten unterscheiden sich graduell von allgemeinen Lernschwierigkeiten, indem ein Unterstützungs-, Förderungs- oder Begleitungsbedarf besteht. Der angelsächsische Begriff ,special educational need' verdeutlicht diesen sonderpädagogischen Unterstützungsbedarf noch einmal im Terminus. Die gravierenden Lernschwierigkeiten sind somit nur durch diesen besonderen Unterstützungsbedarf von allgemeinen Lernschwierigkeiten zu unterscheiden (vgl. Heimlich 2016, 14).

International finden unterschiedliche Begrifflichkeiten Verwendung. Mit dem in den USA genutzten Begriff ,learning disabilities' werden ca. 5 % der Schülerinnen und Schüler gekennzeichnet, die Lernschwierigkeiten in der Schule bei überwiegend durchschnittlichen Intelligenztestwerten zeigen (vgl. Werning & Lütje-Klose 2016, 21). Es werden dabei drei Bereiche unterschieden, deren Ungenauigkeit und fehlende Abgrenzung allerdings bemängelt werden: 1. Störungen eines bzw. mehrerer psychischer, auf schulische Anforderungen bezogene Prozesse (in general), 2. Bedingungen, die sich zeitlich überdauernd zeigen, wie bspw. Wahrnehmungsstörungen oder Entwicklungsstörungen (disorders included), 3. Auffälligkeiten im visuellen, auditiven oder motorischen Bereich sowie Benachteiligungen kultureller oder sozio-ökonomischer Art (disorders not included; vgl. Holubek et al. 2013, 97). Daneben gibt es Schülergruppen mit leicht retardierter Intelligenzentwicklung, die als ,educable/mildly mentally handicapped' bezeichnet werden (vgl. Heimlich et al. 2016, 11; Werning & Lütje-Klose 2016, 21). Stammen Kinder aus sozial benachteiligten Familien, fallen sie nicht unter diese Kategorie und erhalten bspw. in Nordamerika keine sonderpädagogische, sondern eine kompensatorische Förderung bzw. Nachhilfeunterricht (vgl. Heimlich et al. 2016). Schülerinnen und Schüler, die als ,learning disabled' gelten, lassen sich mit der internationalen statistischen Klassifikation der Krankheiten und verwandter Gesundheitsprobleme (ICD 10) im Bereich Entwicklungsstörungen (F80 bis F89) einordnen. Dort sind Lese-, Rechtschreib-, Rechenstörungen sowie ,kombinierte Störungen schulischer Fertigkeiten' identifizierbar. Letztere ist eine „schlecht definierte Restkategorie für Störungen mit deutlicher Beeinträchtigung der Rechen-, der Lese- und der Rechtschreibfähigkeiten. Die Störung ist jedoch nicht allein durch eine allgemeine Intelligenzminderung oder eine unangemessene Beschulung erklärbar" (ICE F81.3 zitiert nach Werning & Lütje-Klose 2016, 21). Die International Classification of Functioning (ICF) von 2005 unterscheidet systematisch drei verschiedene Ebenen individueller sowie umweltspezifischer Kontextfaktoren, die an der Entstehung und Aufrechterhaltung von Behinderung (zum Begriff vgl. bspw. Dederich 2016) beteiligt sind, und bezieht auch soziale Zuschreibungsprozesse mit ein: Die ,Ebene der beeinträchtigten Funktionen und

Strukturen', die medizinisch beschreibbare, den menschlichen Organismus betreffende Aspekte der Entstehung der Lernstörung umfasst; die ‚Ebene der möglichen Aktivitäten einer Person', die die Einschränkung der Handlungsfähigkeit durch die Schädigung bzw. Störung beschreibt; die ‚Ebene der sozialen Teilhabe der Person an den in ihrer Kultur bedeutsamen Situationen und Lebenswelten', die das Entstehen der Einschränkung betrachtet, was aus der Perspektive des ICF die Behinderung ausmacht (vgl. Werning & Lütje-Klose 2016, 22). Zunehmend findet auch der Begriff ‚learning difficulties' international Verwendung (vgl. Heimlich et al. 2016, 11). Heimlich (2016) schlägt daher vor, von ‚Lernschwierigkeiten' zu sprechen und nicht von ‚Lernbehinderung', einem Begriff, der sich Anfang der 1960er Jahre bis in die 1990er Jahre in der Bundesrepublik Deutschland durchsetzte. Mit dem Begriff ‚lernbehindert' sollten Personen beschrieben werden, die schulische Anforderungen nicht angemessen erfüllten. Gleichzeitig war es der Versuch, die durch medizinisch-pathologischen Erklärungen geprägten Begriffe wie ‚Schwachsinn' und ‚Schwachbefähigung' abzulösen (vgl. Werning & Lütje-Klose 2016, 18 f.; Werning 2018). ‚Lernbehinderung' wurde lange als schwerwiegende, umfängliche und langandauernde Beeinträchtigung des Lernens definiert und mit deutlich normabweichenden Leistungs- und Verhaltensformen der Schülerinnen und Schüler und ihrer damit notwendigen Einweisung in eine Schule für Lernbehinderte verbunden (vgl. Werning & Lütje-Klose 2016, 20). Die gesonderte Beschulung ohne Alternativen wurde in der Vergangenheit wiederholt kritisiert (vgl. Wember & Heimlich 2016, 197). Auch die damit verbundene vorwiegend individualisierende Betrachtung des Schulversagens wird nach wie vor kritisch betrachtet, da sie gleichzeitig die Funktion der Etikettierung innehat und somit zur Abgrenzung von Regelschülern genutzt wird (vgl. Werning & Lütje-Klose 2016, 20). Grundlegende Probleme verschiedener Definitionsversuche sehen Werning und Lütje-Klose (2016) in der Suche nach spezifischen zweifelsfreien Phänomenbestimmungen, die außer Acht lassen, dass mit ‚Lernbehinderung' „vielmehr eine Beziehung in einem spezifischen gesellschaftlichen Kontext beschrieben wird" (ebd., 20). Gleiches gilt für die in der DDR verwandten Begriffe ‚Intelligenzgeschädigte' oder ‚schulbildungsfähig Schwachsinnige', bei denen es sich um ähnlich belastete Begriffe handelt, die die Probleme ebenfalls individuell und pathologisch betrachteten. Heimlich (2016) erachtet den Begriff ‚Lernbehinderung' als „für eine solche lebenslaufbegleitende pädagogische Aufgabenstellung unbrauchbar" (ebd., 14). Im europäischen Ausland sind der Begriff ‚Lernbehinderung' und zudem Sondereinrichtungen für Lernende nicht unbedingt üblich (vgl. ebd., 13).

Aktuelle Verwendung finden im (sonder)pädagogischen Diskurs die Begriffe ‚Lernschwierigkeiten' und ‚Lernbeeinträchtigung', die häufig synonym gebraucht

werden (vgl. Heimlich 2016; Werning & Lütje-Klose 2016). Kritisiert wird
jedoch aus wissenschaftlicher Perspektive, dass sie ungenau seien (vgl. Werning & Lütje-Klose 2016, 18). Werning und Lütje-Klose (ebd., 24) verwenden
den (Arbeits)Begriff ‚Lernbeeinträchtigung‘, der eine Personengruppe mit erheblichen und vielfältigen Erschwernissen im Lernen kennzeichnet, die zudem häufig
in der Schule versagt und durch erheblich erschwerte Lebens- und Entwicklungsbedingungen einen Bedarf an kompetenter pädagogischer Unterstützung hat.
Die Schülergruppe mit Lernbeeinträchtigung zeichnet sich dennoch durch eine
starke soziale Heterogenität aus, als gemeinsam lassen sich allerdings „gravierende milieu- und herkunftsbedingte Bildungserschwernisse" (Werner 2019, 116)
nennen. Da Lerneffekte so vielfältig wirken und über das schulische Lernen
hinaus das Leben beeinflussen, können Menschen, die in der Schule versagen,
eigentlich nicht per se in ihrem Lernen als behindert gelten, da es keinen globa-
len Mangel an Lernfähigkeit gibt. Dem entgegengesetzt kann vorwiegend von
einer möglichen Häufung aufgabenspezifischer Schwierigkeiten in bestimmten
Bereichen ausgegangen werden, die sich durch die Art der Bewältigung von
Lernvorgängen auszeichnet (vgl. Werning & Lütje-Klose 2016, 19). Die Heil-
und Sonderpädagogik kritisierte in der Vergangenheit die vorherrschende medizinische defizitorientierte Sichtweise von Behinderung als individuelle Störung
im organfunktionellen oder kognitiven Bereich. Schließlich wurden diese ergänzt
bzw. ersetzt bspw. durch interaktionistische, materialistische, systemische, konstruktivistische, ökologische, gesellschaftstheoretische oder soziale Modelle (vgl.
Dederich 2016, 109; Werning 2018, 206; auch Abschn. 2.2.2). Damit werden
Lernprozesse und auf sie einwirkende Faktoren nun eher zum Analysegegenstand
(vgl. Heimlich 2016, 14).

Sonderpädagogischer Unterstützungsbedarf im Lernen
Seit 1994, als die ‚Empfehlungen der Kultusministerkonferenz zur sonderpädagogischen Förderung in den Schulen in der Bundesrepublik Deutschland' (vgl.
KMK 1994) erschienen, wird diese Gruppe offiziell als ‚Kinder und Jugendliche
mit sonderpädagogischem Förderbedarf im Schwerpunkt Lern- und Leistungsver-
halten' bezeichnet (vgl. Werning & Lütje-Klose 2016, 18). „Sonderpädagogischer
Förderbedarf ist bei Kindern und Jugendlichen anzunehmen, die in ihrer Lern-
und Leistungsentwicklung so erheblichen Beeinträchtigungen unterliegen, dass
sie auch mit zusätzlichen Lernhilfen der allgemeinen Schulen nicht ihren Möglichkeiten entsprechend gefördert werden können" (KMK 1994, 5). Wember und
Heimlich (2016) bewerten den Begriff des ‚sonderpädagogischen Förderbedarfs'
als „ätiologisch offene, relative und bedarfsorientierte Begriffsfassung" (Wember
& Heimlich 2016, 197). Zum Teil parallel dazu werden seit 2011 in Deutschland

auch die Begriffe ‚besonderer Unterstützungsbedarf‘ bzw. ‚sonderpädagogischer Unterstützungsbedarf‘ (vgl. KMK 2011) verwendet. Des Weiteren werden in den Empfehlungen der Kultusministerkonferenz zum Förderschwerpunkt Lernen von ‚Beeinträchtigung im (schulischen) Lernen‘ oder ‚Förderschwerpunkt Lernen‘ gesprochen (vgl. KMK 1999). ‚Lernen‘ wird hier definiert als „Entfaltung der eigenen Kräfte sowie als Aneignung von Kenntnissen, Fähigkeiten und Fertigkeiten [...] mit dem Ziel der selbständigen und entwicklungsfördernden Auseinandersetzung des Einzelnen mit sich und seiner Umwelt“ (KMK 1999, 2). Dabei verlaufen, laut KMK (1999, 2), die Lernprozesse nicht einheitlich und unterliegen förderlichen bzw. hemmenden Bedingungen. Bei Schülerinnen und Schülern mit Lernbeeinträchtigung ist zudem „die Beziehung zwischen Individuum und Umwelt dauerhaft bzw. zeitweilig so erschwert, dass sie die Ziele und Inhalte der Lehrpläne der allgemeinen Schule nicht oder nur ansatzweise erreichen können“ (KMK 1999, 2). Auch hier wird die Abkehr von individualisierenden hin zu kontextuellen Bedingungen von Lernschwierigkeiten deutlich Die Lernbeeinträchtigung wirkt sich dabei auf die Lernentwicklung in grundlegenden Bereichen „wie Denken, Gedächtnis, sprachliches Handeln, Wahrnehmung, Motorik, Emotionalität und Interaktion“ (KMK 1999, 3) aus. Als Konsequenz soll diesen Lernenden „Hilfe durch Angebote im Förderschwerpunkt Lernen zuteil werden“ (KMK 1999, 2). Auch auf administrativer Ebene wird damit keine spezielle Beschulung verbunden:

> „Die schulische Förderung im Förderschwerpunkt Lernen bezieht alle Schularten und Schulstufen ein. Dabei wird angestrebt, dass gemeinsames Lernen aller Schülerinnen und Schüler mit und ohne sonderpädagogischen Förderbedarf verwirklicht werden kann“ (KMK 1999, 13).

Die Lernbeeinträchtigung wird innerhalb einer Ausbildungsordnung (vgl. MSW 2016) in §3 als Lern- und Entwicklungsstörungen benannt, die definiert werden als „erhebliche Beeinträchtigungen im Lernen, in der Sprache sowie in der emotionalen und sozialen Entwicklung, die sich häufig gegenseitig bedingen oder wechselseitig verstärken. Sie können zu einem Bedarf an sonderpädagogischer Unterstützung in mehr als einem dieser Förderschwerpunkte führen“ (MSW 2016, §4 (1)). Zudem besteht der sonderpädagogische Unterstützungsbedarf im Förderschwerpunkt Lernen, „wenn die Lern- und Leistungsausfälle schwerwiegender, umfänglicher und langandauernder Art sind“ (MSW 2016, §4 (2)).

Da in der vorliegenden Studie Schülerinnen und Schüler mit dem Förderschwerpunkt Lernen im Zentrum des Interesses stehen (vgl. Abschn. 2.3), werden zu ihrer Kennzeichnung die Begriffe ‚Lernbeeinträchtigung'[5], ‚Förderschwerpunkt Lernen' oder auch ‚sonderpädagogischer Unterstützungsbedarf im Lernen' verwendet und synonym gebraucht. Dies soll einerseits deutlich von allgemeinen Lernschwierigkeiten abgrenzen, zum anderen schulrechtlich verwendeten Begrifflichkeiten aufgreifen, um den schulischen Kontext hervorzuheben, den die Studie fokussiert. Zur Feststellung des sonderpädagogischen Förderbedarfs gelten die jeweiligen Richtlinien des entsprechenden Bundeslandes (vgl. dazu auch Holubek et al. 2013, 100). Die vorliegende Studie wurde in NRW durchgeführt. Die entsprechende ‚Ausbildungsordnung sonderpädagogische Förderung' (AO-SF) des Landes NRW (vgl. MSW 2016) besagt: „[S]onderpädagogische Förderung findet in der Regel in der allgemeinen Schule statt. Die Eltern können abweichend hiervon die Förderschule wählen" (vgl. ebd., §1 (1)). Weiter heißt es: „In der allgemeinen Schule werden Schülerinnen und Schüler mit und ohne Behinderung in der Regel gemeinsam unterrichtet und erzogen (inklusive Bildung)" (ebd., §1 (2)). Der Antrag zur Feststellung eines sonderpädagogischen Unterstützungsbedarfs mit der Vermutung, dass dieser im Förderschwerpunkt Lernen liegt, kann in der Regel erst gestellt werden, wenn sich Lernende im dritten Schulbesuchsjahr der Schuleingangsphase der Grundschule befinden (vgl. MSW 2016, §12 (3)). Zur Feststellung sonderpädagogischen Förderbedarfs ist mehrschrittig vorzugehen, indem zunächst festzustellen ist, ob sonderpädagogischer Unterstützungsbedarf vorliegt und daran anschließend entschieden wird, welcher spezifische Förderschwerpunkt besteht bzw. ob es mehrere gibt und ob eine zieldifferente Förderung notwendig ist (vgl. MSW 2016, §14 (1)).

2.2.2 Paradigmen und ihre didaktischen Konsequenzen

In der Sonderpädagogik lassen sich verschiedene theoretische Ansätze zur Erklärung von Lernschwierigkeiten bzw. -störungen, -beeinträchtigungen oder -behinderung finden (als Überblick vgl. bspw. Heimlich 2016; Moser & Sasse 2008; Walter & Wember 2007; Werning & Lütje-Klose 2016). Die verschiedenen Modelle bilden die theoretische Grundlage der Pädagogik bei Lernbeeinträchtigung. „Gerade in der wissenschaftlichen Herangehensweise an das Problem der

---

[5]Durch die synonyme Verwendung in der Fachliteratur ist dieser Begriff gleichbedeutend mit dem von Heimlich (2016) dargestellten Verständnis bezogen auf gravierende Lernschwierigkeiten.

Begründung und Reflexion sonderpädagogischer Förderpraxis im Förderschwerpunkt Lernen haben sich beispielhafte und im Fach anerkannte Betrachtungsweisen herausgebildet, die nebeneinander Gültigkeit beanspruchen" (Heimlich 2016, 210). Die Sonderpädagogik verwendet den Begriff ‚Paradigma' (zum Begriff vgl. Kuhn 1976), der eine Zugangsweise zum komplexen Phänomen der Lernbeeinträchtigung ermöglicht. Dabei nehmen verschiedene Paradigmen unterschiedliche Perspektiven auf das Phänomen ein, gewährleisten allerdings keine Vollständigkeit oder Überschneidungsfreiheit, sondern können als Theorien mit mittlerer Reichweite aufgefasst werden (vgl. Bleidick 1999, 24). Diese Theorien liefern Erklärungshypothesen zur Entstehung oder zum Verlauf von Lernbeeinträchtigungen sowie systematische Begründungen für diesbezügliche Interventionen (vgl. Heimlich 2016, 211). Gleichzeitig kann die Existenz unterschiedlicher paradigmatischer Sichtweisen dazu beitragen, Einschränkungen einer bestimmten Perspektive zu identifizieren, eigene und fremde Perspektiven zu durchschauen und neue Sichtweisen zu entwickeln (vgl. ebd.).

Das medizinische Paradigma (vgl. bspw. Bleidick 1999) versteht Lernbeeinträchtigung als im Betroffenen selbst verankerte Behinderung oder Erkrankung. Zur Einordnung der Lern- und Leistungsstörungen wird das multiaxiale Klassifikationsschema (MAS) verwendet (vgl. Strobel & Warnke 2007). Durch die Defizitorientierung und die Betrachtung der Behinderung als Krankheit, wird dieses Paradigma für sonderpädagogische Förderung als kontraproduktiv betrachtet (vgl. Heimlich 2016, 212). Aus diesem Grund wird es hier nicht fokussiert.

Im Folgenden werden die für eine Pädagogik bei Lernbeeinträchtigung als bedeutsam herausgestellten Paradigmen und damit verbundene Grundannahmen sowie deren erziehungswissenschaftliche Relevanz erörtert (vgl. ebd.): Das materialistische, interaktionistische, systemtheoretische und ökologische Paradigma. Obwohl konstruktivistisches Denken auch in systemtheoretischen, materialistischen sowie interaktionistischen Paradigmen berücksichtigt werden (vgl. ebd., 230), zeigt es sich besonders im Modell des systemisch-konstruktivistischen Paradigmas. Da die Mathematikdidaktik stark mit einer (sozial)konstruktivistischen Grundhaltung verbunden ist (vgl. Abschn. 4.1), wird die Darstellung um dieses Paradigma ergänzt. Die theoretischen Ansätze sollen im Folgenden zur Erklärung von Lernbeeinträchtigungen, verbunden mit ausgewählten inklusionspädagogischen Konsequenzen für den Unterricht skizziert werden, die für die vorliegende Forschungsarbeit von Bedeutung sind.

Materialistisches Paradigma
Der Begriff materialistisch ist auf einem philosophischen Verständnis der Gesellschaftstheorien von Feuerbach, Marx und Engels begründet. Die zwischen

Mensch und Gesellschaft vermittelnde Tätigkeit steht in der materialistischen Psychologie im Mittelpunkt. Als Grundlage der kindlichen Entwicklung wird dabei die tätige Auseinandersetzung betrachtet, denn sie führt über entdeckte Bedeutungszusammenhänge, die meist sprachlich-symbolisch vermittelt werden, zur Aneignung gesellschaftlicher Kultur (vgl. Heimlich 2016, 213 ff.). Als einer der Hauptvertreter gelten der russische Psychologe Lev Vygotsky und später auch Aleksey N. Leont'ev, deren zentrale Grundannahme der kindlichen Begriffsbildung die ‚Zone der nächsten Entwicklung' ist (vgl. ebd., 213 ff.). In Vygotskys Verständnis von Entwicklung ist jedes Entwicklungsniveau folgendermaßen charakterisiert: Die Zone der aktuellen Leistung umfasst alles, was ein Kind zu diesem Zeitpunkt selbstständig bewältigen kann. Sie steht in Distanz zur Zone der nächsten Entwicklung, in der mögliche, aber noch nicht selbständig realisierbare Leistungen, durch die Anleitung durch Erwachsene oder die Zusammenarbeit mit kompetenteren Gleichaltrigen erreicht werden können (vgl. Lompscher 1997, 47; Slavin et al. 2003, 182). Vygotsky schlussfolgert aus seinen Untersuchungen bspw., dass die Handlung der Ausgangspunkt für die Sprachentwicklung ist und dass die ‚innere Sprache' die Voraussetzung für die Entwicklung des Denkens bildet (vgl. Keiler 2002, 266).

Seit der sozialwissenschaftlichen Wende wird Erziehung und Bildung in gesellschaftliche Verhältnisse eingebettet betrachtet. Der behinderte Mensch ist aufgrund seiner Beeinträchtigung sozial benachteiligt (vgl. Heimlich 2016, 213 ff.). Die Behinderung ist somit gleichzeitig auch als Isolierung von kulturellen Aneignungsmöglichkeiten zu verstehen[6]. Damit sind aus der Perspektive des materialistischen Paradigmas Zuschreibungen individueller Ursachen weniger relevant, als die Randstellung behinderter Menschen. Die Überwindung sozialer Isolation durch Integration oder Inklusion zum Erreichen gesellschaftlicher Teilhabe rückt in den Fokus der Betrachtung (vgl. Heimlich 2016). Damit ist die Unterstützung kooperativer Lerntätigkeit und die Arbeit an gemeinsamen Gegenständen in der allgemeinen Schule das Ziel (vgl. Heimlich 2014a, 108).

Eine Beeinträchtigung des Lernens ist aus materialistischer Sicht als eine Entwicklungsverzögerung zu verstehen, zu der eine Benachteiligung im Bildungssystem, aufgrund der sozialen Herkunft beiträgt (vgl. Heimlich 2016, 216), weil Schülerinnen und Schüler aus sozialen Randgruppen „in ihren Primärmilieus Rituale, Spielregeln, Situationsdefinitionen entwickelt haben, die mit den schulischen Anforderungen konfligieren" (Werning & Lütje-Klose 2016, 60). Neben dem Einfluss auf den förderdiagnostischen Bereich wirkt sich das Paradigma

---

[6]Umfassende Hintergrundinformationen zur soziokulturellen Benachteiligung finden sich in Koch (2007) und Werning & Lütje-Klose (2016, 55 ff.).

auf das Konzept des handlungsorientierten Unterrichts aus: „Wenn die Tätigkeit Grundlagen des Lernens und der Denkentwicklung liefert, dann sollte auch der schulische Unterricht ausführlich Gelegenheit zur tätigen Auseinandersetzung mit Lerngegenständen bieten" (Heimlich 2016, 217). Im Sinne dieses Paradigmas, dem ein kompetenzorientiertes Menschenbild zu Grunde liegt, steht die Betrachtung der *Fähigkeiten* von Lernenden mit Beeinträchtigungen und ihr Erreichen der Zone der nächsten Entwicklung im Fokus sonderpädagogischer Förderung (vgl. Heimlich 2014a).

Interaktionistisches Paradigma

Das interaktionistische Paradigma bezieht ebenso wie das materialistische Paradigma soziale Faktoren ein. Dies geschieht jedoch weniger auf der sozialstrukturellen Makroebene, sondern mit dem Betrachtungsschwerpunkt zwischenmenschlicher (Wechsel)Beziehungen und Prozesse (vgl. Benkmann 2007, 82; Heimlich 2014a, 109; Heimlich 2016, 217). Dies liegt begründet in der dem Paradigma zu Grunde liegenden Theorie des symbolischen Interaktionismus (vgl. bspw. Blumer 1981), die auf den amerikanischen Soziologen George Herbert Mead zurückgeht und von Herbert Blumer systematisiert wurde (vgl. Heimlich 2016, 217). Die Theorie versteht menschliches Handeln bzw. Interaktionen (vgl. Auch Abschn. 4.1.1) als Bedeutungsaushandlungsprozesse, in denen Sinn und Regeln in sozialen Situationen erzeugt und verändert werden (vgl. Benkmann 2007, 82). Fremde Erwartungen werden dabei mit eigenen koordiniert und habitualisiertes Verhalten, Strategien und Muster aufgebaut (vgl. ebd.). Damit Menschen sich verständigen können, sind Interaktionen notwendig, die symbolisch, durch sprachliche oder nichtsprachliche Zeichen oder Gesten, realisiert werden. Die Mitteilung über Sprache ist dabei eine Möglichkeit der Interaktion, die sowohl einen Sach- als auch einen Beziehungsaspekt impliziert. Der Prozess der Identitätsbildung durch verschiedene Rollenübernahmen und den Umgang mit Selbst- und Fremdansprüchen, aber auch durch die Fähigkeit zur Rollendistanz und Empathie kann misslingen und bei sozial ausgegrenzten Menschen mit Schwierigkeiten verbunden sein (vgl. Heimlich 2016, 217 f.). Wird das gezeigte Verhalten gesellschaftlich abweichend wahrgenommen, führt dies in der Regel zu sozialer Ausgrenzung und entsprechenden Stigmatisierungs- und Etikettierungsprozessen: Der Mensch gilt als anders (vgl. Benkmann 2007, 81), als behindert, als verhaltensgestört (vgl. Heimlich 2014a, 110), im Bereich der Lernbehinderung bspw. auch als dumm und unangepasst (vgl. Benkmann 2007, 81). „Etikettierung und soziale Ausgrenzung haben gemeinsam zur Folge, dass die betroffene Person die gesellschaftlichen Erwartungshaltungen in das Selbstbild übernimmt und sich dann nicht nur vorübergehend, sondern dauerhaft anders verhält" (Heimlich 2014a, 110). Die Identität dieser Person wird „beschädigt" (vgl. Benkmann 2007, 81). Den Prozess der Stigmatisierung hat Goffman (1975) ausführlich beschrieben. Bei Schülerinnen und Schülern mit sonderpädagogischem Förderbedarf bspw. im Bereich Lernen, wird im interaktionistischen Paradigma von „beschädigten Identitäten" (ebd.) ausgegangen, da es ihnen misslingt, personale und soziale Identitäten adäquat auszubilden (vgl. Heimlich 2014a, 110).

Eine Lernbeeinträchtigung oder -behinderung ist aus interaktionistischer Sicht nicht ursächlich, sondern relational zu betrachten (vgl. Werning & Lütje-Klose 2016, 66). Sie ist das „Ergebnis eines Interaktionsprozesses, in dem der Lernende die gestellten normativen und sachlichen Anforderungen schlecht oder gar nicht bewältigt" (vgl. Benkmann 2007, 81). Es ist somit als ein von normativen Anforderungen des Bildungssystems abweichendes Verhalten zu verstehen, das aus sozialen Beziehungen resultiert und durch Etikettierung und Stigmatisierung zusätzlich erschwert wird (vgl. Heimlich 2016, 220). Grundsätzlich berücksichtigt diese paradigmatische Auffassung auch Lernbeeinträchtigungen z. B. durch vererbte Anlagen oder erworbene Schädigungen, unterscheidet aber nicht zwischen genetisch bzw. organisch und sozial bedingten Beeinträchtigungen (vgl. Benkmann 2007, 83).

Aus interaktionistischer Perspektive finden Lehr-Lernprozesse im Sinne des Sozialkonstruktivismus in Interaktionssituationen statt. Lernende konstruieren und organisieren ihr Wissen aktiv in ko-konstruktiven Prozessen (vgl. ebd.). Dabei sind sowohl Interaktionen zwischen Lernenden und Lehrpersonen als auch unter den Lernenden selbst relevant. „Eine gelungene *Identitätsbalance* kann im interaktionistischen Sinne als das bedeutsamste Ziel von Erziehung und Bildung angesehen werden" (Heimlich 2016, 219, Hervorh. i. O.). Dabei gelten kommunikative Kompetenzen als Schlüsselkompetenz (vgl. ebd.).

Zur Ermöglichung von Lernprozessen müssen „beschädigte Identitäten" (s. o.) in den Blick einer inklusiven sonderpädagogischen Förderung genommen werden, um dem Zuschreibungszirkel, der mit der Stigmatisierung verbunden ist (vgl. Benkmann 2007, 81), entgegenzuwirken bzw. diesen gar nicht erst auszulösen. Für den Unterricht rücken im Sinne des interaktionistischen Paradigmas die Interaktionen zwischen Lehrpersonen und Lernenden, das soziale Lernen, die Förderung kommunikativer Kompetenzen sowie die Bedeutung der Gruppe der Gleichaltrigen für Lern- und Entwicklungsprozesse in den Mittelpunkt der Betrachtungen (vgl. Heimlich 2016, 220 f.).

Systemtheoretisches bzw. systemisch-konstruktivistisches Paradigma
Das systemtheoretische Paradigma lässt sich auf die Systemtheorie des amerikanischen Soziologen Talcott Parsons zurückführen, mit der gesellschaftliche Strukturen und deren Funktionsweisen analysiert werden. Auch der Systemtheoretiker Niklas Luhmann beschäftigte sich mit gesellschaftlichen Institutionen und deren Wirkung auf in ihr tätige Menschen. Dabei identifiziert er Paradoxien, die die Institutionen, möglicherweise entgegengesetzt zum ursprünglichen Auftrag, auslösen (vgl. Heimlich 2016, 221 f.). Das System umfasst die mit einem bestimmten Zweck verbundene soziale Einheit, deren Funktion in der Bestandserhaltung liegt. Menschen begegnen einer Vielzahl von komplexen sozialen (Teil)Systemen, die miteinander in Wechselwirkung stehen. Durch menschliches Bemühen, die Komplexität zu reduzieren, tendieren Systeme zur eigenen Aufrechterhaltung durch Stabilisierung ausdifferenzierter Teilsysteme (vgl. Luhmann 1995). Diese „bleiben nach innen operativ geschlossen und entwickeln daraus ihre Eigendynamik (*Selbstreferenz*)" (Heimlich 2016, 222, Hervorh. i. O.), wodurch sie nicht einfach von außen beeinflussbar sind (vgl. ebd.). Zu solchen Teilsystemen gehören bspw. Förderschulen, als Organisationsform sonderpädagogischer Förderung für Schülerinnen und Schüler mit Lernbeeinträchtigung. Die Einordnung in diesen Förderschwerpunkt ist somit das Ergebnis einer funktionalen Differenzierung im Bildungssystem (vgl. ebd., 224). Das systemtheoretische Paradigma geht in erster Linie von einer systemisch bedingten Nicht-Passung eines Individuums mit der Systemanforderung (bspw. der Schule) aus (vgl. dazu auch Orthmann Bless 2007). Das damit verbundene schulsystemische Paradigma (vgl. ebd.) kann als eine Teilmenge der systemischen Sicht betrachtet werden und erklärt Lernbeeinträchtigungen als systembedingt abweichende Schulkarrieren. Die Aufgaben der Schulen, u. a. zu qualifizieren und gleichzeitig zu selektieren, scheinen zueinander in einem systemimmanenten Widerspruch zu stehen (vgl. ebd., 101).

„Innerhalb schulischer Entscheidungsprozesse fassen Entscheider individuelle Merkmalsausprägungen von Kindern als Probleme auf und verknüpfen diese mit organisatorischen Ressourcen (Optionen), unter aktuellen rechtlichen Rahmenbedingungen und vor dem Hintergrund individueller und gesellschaftlich präsenter pädagogischer Überzeugungen zu einer systemkompatiblen Lösung, die nach innen und außen darstellbar und begründbar ist. Die Konstitution der Personengruppe dient der Reduktion von Heterogenität, damit der Entlastung des Hauptsystems" (ebd.).

Die Systemtheorie kann bei der Umsetzung der UN-Behindertenrechtskonvention und damit verbundene inklusive Schulentwicklung auf systemische Prozesse aufmerksam machen, auch auf solche, die dem Inklusionsgedanken entgegenstehen (vgl. dazu Heimlich 2014a, 107). Zusammen mit dem eher individualistischen Ansatz des Konstruktivismus wurden systemtheoretische Überlegungen zu einem systemisch-konstruktivistischen Paradigma (vgl. Werning 2007) weiterentwickelt. Dieses geht auf die Neurobiologen Humberto Maturana und Francisco Varela zurück (vgl. Werning 2007, 129). Eine konstruktivistische Perspektive unterscheidet zwischen einer vom Organismus unabhängigen Umwelt und einer Umwelt, als Form einer Lebens- bzw. Erfahrungswelt, die ein Organismus durch kognitive und emotionale Prozesse in sozialen Kontexten subjektiv konstruiert. Letztgenannte ist die ihm zugängliche Wirklichkeit. Wie es sich damit auseinandersetzen kann, bestimmt die Struktur des psychischen Systems des Organismus. Individuen bilden funktionale Beziehungsstrukturen zur Umwelt bzw. zu den sie umgebenden Milieus. Individuen konstruieren dabei ihre Wirklichkeit subjektiv (vgl. Werning & Lütje-Klose 2016, 79 ff.), und die Existenz von Objektivität wird in diesem Zusammenhang in Frage gestellt (vgl. Werning 2007, 133). Lernende Subjekte sind nicht-triviale, dynamische, umweltsensible Systeme, die einer ständigen Strukturveränderung unterliegen, bei der jede Handlung die eigene Struktur beeinflusst und jede Beeinflussung der Struktur bestehende Handlungen bestätigt oder neue auslösen kann. Des Weiteren kann ein System auch von außen zur Selbstveränderung angeregt werden. Solche Systeme können wechselseitig aufeinander bezogene Interaktionen herausbilden, die sich als anschlussfähig erweisen können, wenn Aktivitäten sinnvoll aufeinander bezogen werden können. Die Herstellung dieser ‚strukturellen Kopplungen' bedeutet, dass bspw. dem individuellen Vorwissen gemäß an Inhalte angeknüpft werden kann oder ein sinnvoller Bezug in Interaktionen zwischen Lehrperson und Lernenden bzw. zwischen Lernenden hergestellt werden kann (vgl. Werning & Lütje-Klose 2016, 79 ff.). Anders herum können aber auch neuartige bzw. ungewöhnliche oder irritierende Elemente in Interaktionen, wie bspw. ein Perspektivwechsel oder eine andere Sichtweise oder ein anderes Deutungsmuster, anschlussfähig verarbeitet werden, was mit dem Begriff ‚driften' umschrieben wird. Auch zwischen solchen rekursiven Interaktionsmustern entwickeln sich strukturelle Kopplungen (vgl. Werning 2007, 132). Vorstellungen von Lehren und Lernen als linearer Input-Output-Prozess werden im Sinne des systemisch-konstruktivistischen Paradigmas als reduktionistisch betrachtet und abgelehnt. Lehren bzw. Unterrichten ist aus dieser Perspektive „der Versuch der Anregung zur strukturellen Kopplung von komplexen Systemen, die nach ihrer eigenen Logik operieren" (Werning & Lütje-Klose 2016, 84). Lernen

wird durch die aktuelle subjektive Wirklichkeitskonstruktion des Lernenden mitbestimmt und ist nicht von außen determinierbar, indem ein bestimmter Input
einen bestimmten Output zur Folge hat (vgl. ebd.; auch Werning 2007, 135).
Problematisch wird es, wenn subjektive Wirklichkeitskonstruktionen von Schülerinnen und Schülern nur einen unzureichenden Bezug zu schulischen Ansprüchen
herstellen und damit Lernbeeinträchtigungen entstehen können, da die strukturelle Kopplung zwischen den beiden Systemen nicht erfolgreich gelingt (vgl. ebd.,
136 f.).

Eine Lernbeeinträchtigung ist aus systemisch-konstruktivistischer Sicht „kein
individueller Defekt" (ebd., 136), vielmehr wird sie im Kontext ihres sozialen
Beziehungsgefüges und dessen Mustern und Strukturen betrachtet. Somit befinden
sich sowohl das Lernen als auch die Lernbeeinträchtigung in einem Gefüge, das
Wechselwirkungsprozessen unterliegt (vgl. Werning & Lütje-Klose 2016, 88 f.).
Unter dieser sozialkonstruktivistischen Perspektive werden subjektive Konstruktionen von Wirklichkeit unter dem Einfluss anderer betrachtet. Es werden soziale
Systeme in die Überlegungen einbezogen, die in einer Beziehung zu einem psychischen System eines Individuums stehen. Durch ungünstige Voraussetzungen
der Lebenssituation des Individuums können dessen soziale Konstruktionsprozesse bereits negativ beeinflusst werden, was zur Folge hätte, dass die Qualität
sozialer Kontakte die Förderung beeinflusst (vgl. Benkmann 1998). Danach sind
Lernen sowie Lernbeeinträchtigungen nicht von außen, sondern nur durch Betroffene selbst direkt steuerbar, da sie dem Muster der Selbsterzeugung (Autopoiese)
folgen. Als Konsequenz für eine sonderpädagogische Förderung bedeutet dies,
Lernmöglichkeiten mit selbsttätiger Auseinandersetzung zusammen mit verlässli-
cher Unterstützung zu schaffen (vgl. Heimlich 2016, 230). Durch die Erkenntnis,
dass Konstruktionen auch sozial vermittelt sind und gemeinsam hervorgebracht
werden, stellt Benkmann (1998) eine sozialkonstruktivistische Perspektive auf
Lernbeeinträchtigung vor, die berücksichtigt, dass ungünstige Lebenssituationen
bereits einen negativen Einfluss auf soziale Konstruktionsprozesse haben können.
Auch er betont die Wichtigkeit selbsttätiger Lernprozesse, allerdings verbunden
mit entwicklungsanregenden sozialen Kontexten (vgl. Heimlich 2016, 230).

Ökologisches Paradigma
Das ökologische Paradigma ging ursprünglich aus der Biologie hervor. Urie Bron-
fenbrenner überträgt die Überlegungen der Ökologie über die Wechselwirkung
zwischen Organismus und Umwelt auf die Entwicklungspsychologie, wodurch sie
Einzug in die Sozialwissenschaften findet (vgl. ebd., 225). Zentral ist die Wahrnehmung sozialer Situationen, die nicht nur objektive Eigenschaften aufweisen,
sondern zu Handlungskonsequenzen führen (vgl. ebd., 225). Soziale Beziehungen

zwischen Individuen und der Umwelt werden als Interaktionssysteme bezeichnet, da sie als regelhafte, sich wiederholende soziale Kontakte betrachtet werden. Im Gegensatz zur Systemtheorie wird dabei die Vielfalt sozialer Beziehungen in die Betrachtung einbezogen. Das ökologische Paradigma nimmt eine Mehrebenenperspektive ein (vgl. Heimlich 2014a, 112), indem es die verschiedenen Systeme betrachtet, aus denen die Umweltstruktur besteht: Das Mikrosystem umfasst unmittelbare Interaktionen zwischen zwei oder mehreren Menschen, die sowohl durch objektive Gegebenheiten als auch durch die subjektive Bedeutung für Menschen beeinflusst ist. Die Familie oder Lehrperson-Lernenden-Interaktion sind Beispiele für solche Mikrosysteme. Das Mesosystem umfasst Wechselbeziehungen zwischen verschiedenen Mikrosystemen, bspw. bei Berührungspunkten von Schule und Elternhaus. Lebensbereiche, an denen Personen nicht mehr aktiv beteiligt sind, wie Behörden oder öffentliche Institutionen, werden als Exosystem bezeichnet. Auf der gesamtgesellschaftlichen Ebene, Makrosystem, berücksichtigt die Theorie Kultur, Gesetze, Ideologien etc. Zuletzt beachtet das Chronosystem die Zeitebene, die biographische Veränderungen der Person berücksichtigt (vgl. Heimlich 2014a, 112 f.; Heimlich 2016, 226 f.).

Als Konsequenz unterstützen ökologisch paradigmatische Sichtweisen ein inklusives Bildungssystem auf allen schulsystemischen Ebenen (vgl. Heimlich 2014a, 112 f.). Des Weiteren sind u. a. auch sensomotorische Lernerfahrungen zu berücksichtigen sowie eine konsequente Kind-Umfeld-Orientierung (vgl. Sander 2009, 106 f.), die individuelle Ursachenzuschreibungen ausschließt und in der Lernangebote so gestaltet sind, dass die Teilhabe für alle Kinder gemäß ihren individuellen Fähigkeiten möglich ist (vgl. Heimlich 2016, 228).

Aus ökologischer Sicht handelt es sich bei Lernbeeinträchtigungen um erschwerte Lernsituationen, „in denen die Wahrnehmungen der beteiligten Personen in unterschiedlichen Kontexten hinderliche Bedingungen für das Lernen hervorbringen" (vgl. ebd.). Lehr-Lernsituationen sind so zu gestalten, dass „eine aktive Auseinandersetzung zwischen Person und Umwelt in einer vielfältig sinnlichen Weise wieder möglich wird und dafür angemessene Lernumgebungen bereit gestellt werden" (vgl. ebd.). Das Lernen mit allen Sinnen, die Individualisierung von Bildungsangeboten, soziale Unterstützungsformen beim Lernen, die Beachtung von Kind-Umfeld-Zusammenhängen bei der Diagnose und Förderung und damit verbundene Abstimmungen des gesamten sonderpädagogischen Förderangebots mit allen Beteiligten, sind Beispiele für Konsequenzen für die sonderpädagogische Förderung im Förderschwerpunkt Lernen aus der Perspektive des ökologischen Paradigmas. Auch die Gestaltung von Lernumgebungen zur Unterstützung selbsttätiger Lernprozesse ist ein Aspekt, der vor diesem Hintergrund von großer Bedeutung ist (vgl. ebd., 228 f.).

Abgeleitete didaktische Konsequenzen
Trotz der Tatsache, dass das gemeinsame Lernen im inklusiven Unterricht streng genommen das Lernen *aller* Lernenden betrifft, wird an dieser Stelle auf Schülerinnen und Schüler mit dem Förderschwerpunkt Lernen fokussiert. Die Möglichkeit, sich bei gemeinsamen Lernprozessen in inklusiven Settings an einem gemeinsamkeitsstiftenden Inhalt zu orientieren, ist selbstverständlich auch für Lernende mit dem Förderschwerpunkt Lernen eine naheliegende Voraussetzung für gemeinsames Lernen in heterogenen Gruppen. Wie bereits dargestellt, liefern aktuelle inklusionsdidaktische Diskussionen verschiedene, zum Teil widersprüchliche Empfehlungen zum gemeinsamen Lernen von Kindern mit und ohne Beeinträchtigung. Daher werden im Folgenden didaktische Überlegungen für diese Lernenden hinzugezogen, die an die paradigmatischen Überlegungen einer Pädagogik bei Lernbeeinträchtigung anknüpfen und daraus abgeleitet werden können.

Mit dem materialistischen Modell ist, angelehnt an Klafkis kritisch-konstruktives Modell einer Allgemeinen Bildung (vgl. Klafki 2007), das durch Feuser (1998) entwickelte Konzept der integrativen Didaktik verbunden, die er auch als subjektorientierte und entwicklungslogische Didaktik bezeichnet (vgl. ebd.). Damit knüpft er einerseits an die kompetenzorientiert ausgerichteten Entwicklungstheorien nach Vygotsky an. Andererseits berücksichtigt er Selbstorganisation und Ko-Ontogenese und damit auch konstruktivistische Elemente (vgl. Heimlich 2007). Zentral gefordert wird ein Unterricht mit gemeinsamer Tätigkeit am gemeinsamen Gegenstand (vgl. dazu auch Abschn. 2.1.4) in Kooperation behinderter und nicht-behinderter Menschen in einem logisch zusammenhängenden Themenkomplex. Damit ist neben der Sachstruktur des Lerninhalts auch die Tätigkeits- und Handlungsstruktur berücksichtigt (vgl. Heimlich 2007). Die Kooperation wird von Feuser dabei anthropologisch, im Sinne der dialogischen Philosophie (vgl. Buber 1997), als grundlegendes Merkmal menschlicher Existenz, betrachtet (vgl. Heimlich 2007). Von besonderer Bedeutung beim gemeinsamen Lernen am gemeinsamen Gegenstand ist, dass dies allen Lernenden auf ihrem jeweiligen Entwicklungsniveau ermöglicht wird (vgl. Feuser 1995, 183 f.). Das Qualitätskriterium des materialistischen Modells für den gemeinsamen Unterricht ist somit das *entwicklungsorientierte Lernen* (vgl. Heimlich 2012, 76).

Das von Feuser geforderte gemeinsame, kooperative Lernen am gemeinsamen Gegenstand wird als Idealtypus gemeinsamen Unterrichts, im Spannungsfeld deskriptiver und präskriptiver Aussagen, betrachtet, da die konsequente Umsetzbarkeit in der Praxis des gemeinsamen Unterrichts kritisch gesehen wird, was durch empirische Studien belegt ist (vgl. Heimlich 2007). Wocken (1998) kritisiert Feusers Theorem des gemeinsamen Gegenstands und entwirft im Sinne eines interaktionistischen Modells eine Theorie gemeinsamer Lernsituationen (vgl. Abschn. 2.1.5), die von der anthropologischen Grundannahme von Gleichheit und Verschiedenheit aller Menschen ausgeht (vgl. Heimlich 2012, 76). Demzufolge enthält der gemeinsame Unterricht neben gemeinsamen auch individualisierende Lernsituationen (vgl. Wocken 1998, 40). Auf der Grundlage der Betrachtung des Beziehungs- und Inhaltsaspektes gemeinsamer Lernsituationen und deren systematischer Unterscheidung, differenziert Wocken unterschiedliche Typen gemeinsamer Lernsituationen, die oben ausgeführt wurden (koexistente, kommunikative, subsidiäre und kooperative; vgl. Wocken 1998 sowie Abschn. 2.1.5). Damit werden, neben Aspekten, die den Lerngegenstand betreffen, auch unterschiedliche Beziehungen von Lernenden in gemeinsamen Lernsituationen fokussiert, um im Sinne des sozialen Lernens, verbunden mit der Berücksichtigung individueller Voraussetzungen, gemeinsames Lernen zu realisieren. Das Qualitätskriterium des interaktionistischen Modells für den gemeinsamen Unterricht ist somit die *Anregung einer Vielzahl individueller und gemeinsamer Lernsituationen* (vgl. Heimlich 2012, 76).

Auch aus systemisch-konstruktivistischer Sicht sind Lernsituationen in soziale Kontexte eingebunden, die in Wechselwirkung stehen und damit ein komplexes Interaktionsnetzwerk bilden (vgl. Werning 2007, 137). Bedeutsam für das Lernen sind aus dieser Perspektive selbsttätige konstruktive Lernprozesse und die Anregungen von Entwicklungsprozessen durch das soziale Umfeld (vgl. Benkmann 1998), indem durch den Vergleich von Deutungen und das gemeinsame Handeln in der Interaktion mit anderen, Konstruktions- bzw. damit verbundene De- und Rekonstruktionsprozesse (vgl. Reich 2010, 118 ff.) ermöglicht werden (vgl. Werning & Lütje-Klose 2016, 151 ff.).

„Auch lernbeeinträchtigte Schüler sind aktive, konstruktive und kooperative Lerner, die als „Akteure ihrer Entwicklung" selbst darüber bestimmen, welche Lerngegenstände sie wahrnehmen und verarbeiten, um ihre eigenen Strukturen weiterzuentwickeln. Ihre Aneignungstätigkeit unterscheidet sich nicht grundsätzlich von der anderer Kinder, allerdings benötigen viele von ihnen aufgrund ihrer biografischen Erfahrungen und Misserfolgserlebnisse noch mehr emotionale Sicherheit und Unterstützung, um sich […] auf Neues einlassen zu können" (Werning & Lütje-Klose 2016, 151).

Daher ist u. a. eine stärken- bzw. ressourcenorientierte Förderung anzustreben, die neben Förderbedarfen vor allem auch individuelle Potentiale und Fähigkeiten fokussiert (vgl. Werning 2007, 138; Werning & Lütje-Klose 2016, 90 ff.). Die systemisch-konstruktivistische Perspektive versucht, die komplexe Wirklichkeit zu berücksichtigen, indem sie sich bspw. im Umgang mit Lernbeeinträchtigungen gegen Trivialisierung oder Sozialtechnologisierung wendet (vgl. Werning 2007, 139). Ein Qualitätskriterium des systemisch-konstruktivistischen Modells für den gemeinsamen Unterricht, könnte das *Schaffen von Gelegenheiten zu Konstruktionsprozessen im sozialen Austausch an reichhaltigen und komplexen gemeinsamen Gegenständen* sein.

Erweiterung erfahren die kognitiven und sozialen Ansätze von Feuser und Wocken durch Überlegungen, die dem ökologischen Modell zugeordnet sind. Dort werden, neben kognitiven und sozialen, auch emotionale und sensorische Aspekte des gemeinsamen Lernens betrachtet, um das individuelle Entwicklungsniveau von Schülerinnen und Schülern anzusprechen (vgl. Heimlich 2012, 76). Dieser multidimensionale Lernbegriff geht auf John Deweys Erziehungs- und Schultheorie und dem Konzept der Erfahrung zurück, nach dem Erfahrungen einen passiven und aktiven Teil innehaben (vgl. Heimlich 2007, 370). Eine didaktische Strukturierung sollte unter dieser Perspektive, im Sinne einer konsequenten Kind-Umfeld-Orientierung (vgl. Abschn. 2.2.2 sowie zum Person-Umfeld-System Sander 2009, 106 f.) neben einer differenzierenden und individualisierenden Gestaltung von Lernwegen auch angemessene Lernumgebungen im gemeinsamen Unterricht anbieten, an denen alle Lernenden partizipieren und zu denen sie beitragen können (vgl. Heimlich 2012, 76). Das Qualitätskriterium des ökologischen Modells für den gemeinsamen Unterricht ist somit die *Ermöglichung sensorisch vielfältiger Lernerfahrungen* (vgl. Heimlich 2012, 77).

2.3   Folgerungen für die vorliegende Studie

Aufgrund normativer Betrachtungsweisen und empirischer Ergebnisse aus inklusiver und sonderpädagogischer Perspektive kann gemeinsames Lernen an einem gemeinsamen Gegenstand als ein Ziel und gleichzeitig eine zentrale Herausforderung inklusiven Unterrichts herausgestellt werden (vgl. Abschn. 2.1.3, 2.1.4 und 2.1.5; z. B. Korff 2014, 2016). Zur Umsetzung gemeinsamen Lernens, das auch individuelles Lernen begünstigt, bedarf es fachdidaktischer Konzepte (vgl. Abschn. 2.1.3, 2.1.4 sowie Kap. 3). Mit der vorliegenden Studie wird im Kontext inklusiver Settings gemeinsames Lernen (vgl. Abschn. 2.1.3) an einem gemeinsamen fachlichen Inhalt (vgl. Abschn. 2.1.4) in gemeinsamen Lernsituationen (vgl. Abschn. 2.1.5) explorativ beforscht. Dies wird verbunden mit der Analyse der Partizipation von Schülerinnen und Schülern mit dem sonderpädagogischen Unterstützungsbedarf im Förderschwerpunkt Lernen (vgl. KMK 1994; KMK 1999 sowie Abschn. 2.2.1), um neben gemeinsamen auch individuelle Prozesse zu betrachten. Als Konsequenz der begrifflichen Diskussion werden die fokussierten Lernenden im Rahmen dieser Arbeit auch als ‚lernbeeinträchtigt‘ bezeichnet. Zwar wird im (sonder)pädagogischen Diskurs die Lernbeeinträchtigung oft synonym zu gravierenden Lernschwierigkeiten verwendet (vgl. Heimlich 2016), davon wird hier zur besseren Abgrenzung des Begriffs von ‚allgemeinen Lernschwierigkeiten‘ jedoch abgesehen (vgl. Abschn. 2.2.1). Die Verwendung der Bezeichnung ‚Lernbeeinträchtigung‘ folgt dem Verständnis von Werning und Lütje-Klose (2016), die den Begriff folgendermaßen definieren:

„Er kennzeichnet eine Gruppe von Menschen, die aufgrund erheblicher und vielfältiger Erschwernisse in ihrem Lernen beeinträchtigt sind und werden; die in der Schule häufig versagen und aufgrund ihrer meist erheblich erschwerten Lebens- und Entwicklungsbedingungen kompetenter pädagogischer Unterstützung bedürfen" (Werning & Lütje-Klose 2016, 24).

Die zentrale Fragestellung dieser Arbeit (vgl. Abschn. 5.1) bezieht sich auf die Partizipation lernbeeinträchtigter Schülerinnen und Schüler an gemeinsamen Lernsituationen in inklusiven Settings (vgl. Abschn. 2.1.3), die auf der Grundlage fachlicher und fachdidaktischer Überlegungen herausgefordert werden sollen, ohne integrations- bzw. inklusionsdidaktische Überlegungen (vgl. Abschn. 2.1.2) zu vernachlässigen. Damit lässt sich die vorliegende Arbeit zunächst einem weiten Inklusionsbegriff zuordnen. Allerdings werden Partizipationsprozesse *bestimmter* Lernender fokussiert, um diesbezügliche Erkenntnisse wiederum zur Optimierung inklusiver Settings im Sinne des weiten Inklusionsbegriffs zu nutzen. Eine solche Fokussierung auf eine bestimmte, definierte Personengruppe berücksichtigt das von Lütje-Klose et al. (2018) vorgeschlagene Verständnis des weiten Inklusionsbegriffs, das eine besondere Betrachtung einer bestimmten Gruppe nicht ausschließt (vgl. Abschn. 2.1.1).

Wie herausgestellt wurde, zeigt sich die Diskussion bezogen auf allgemeine inklusionsdidaktische Modelle noch uneinheitlich, und die notwendige Anreicherung durch fachdidaktische Überlegungen wird gefordert (vgl. Abschn. 2.1.2). Dies wird im folgenden Kapitel aufgegriffen, indem didaktische Konsequenzen paradigmatischer Überlegungen für einen inklusiven Unterricht, an dem lernbeeinträchtigte Schülerinnen und Schüler teilnehmen (vgl. Abschn. 2.2.2), mit mathematikdidaktischen Überlegungen verknüpft (vgl. Abschn. 3.2 und 3.3) und später in der Konzeption eines gemeinsamen Lerngegenstands mitberücksichtigt werden (vgl. Abschn. 5.3). Normative Modelle dienen dabei als Ausgangspunkt zur Beschreibung von Qualitätskriterien für einen gemeinsamen Unterricht mit lernbeeinträchtigten Schülerinnen und Schülern. Die Modelle wurden bereits ausführlich erörtert und folgende Qualitätskriterien für den inklusiven Unterricht hervorgehoben:

• das entwicklungsorientierte Lernen,
• die Anregung einer Vielzahl individueller und gemeinsamer Lernsituationen,
• das Schaffen von Gelegenheiten zu Konstruktionsprozessen im sozialen Austausch an reichhaltigen und komplexen gemeinsamen Gegenständen sowie
• die Ermöglichung sensorisch vielfältiger Lernerfahrungen (vgl. Abschn. 2.2.2).

Individuelles und gemeinsames Lernen wird im Kontext der vorliegenden Arbeit in einem dialektischen, sich ergänzenden Verhältnis verstanden (vgl. Abschn. 2.1.3). Daher ist gemeinsames Lernen als Lernen in einer inklusiven, d. h. ungeteilten Lerngruppe zu verstehen.

Als Konsequenz der in Kap. 2 diskutierten Aspekte wurde als Ausgangspunkt für die Exploration gemeinsamer Lernsituationen inklusiver Settings und damit verbundener Partizipationsprozesse von lernbeeinträchtigten Schülerinnen und Schülern ein Lernangebot konzipiert, das gemeinsames fachliches Lernen durch einen gemeinsamkeitsstiftenden Inhalt, dem ‚gemeinsamen Gegenstand' (vgl. Feuser 1995) bzw. ‚Kern der Sache' (vgl. Seitz 2006), herausfordert (vgl. Abschn. 2.1.4). Die Berücksichtigung des Universal Design for Learning (vgl. Rose & Meyer 2002; vgl. Abschn. 2.1.4, 5.2.4, 5.3) war dabei eine Voraussetzung, um verbunden mit ausgewählten fachdidaktischen Prinzipien (vgl. Abschn. 3.2) barrierefreie Zugänge für lernbeeinträchtigte Schülerinnen und Schüler zum Lerninhalt zu ermöglichen. Zur Umsetzung o. g. Qualitätskriterien wurde der gemeinsame Lerngegenstand in einer unterrichtlichen Partnerarbeits- bzw. Kleingruppenphase eingesetzt. Die Lernenden sollten aktiv handeln und Inhalte gemeinsam erarbeiten. Gleichzeitig fanden individuelle Lernwege und -ziele Berücksichtigung und wurden als Ressource zur gegenseitigen Anregung von Lern- und Entwicklungsprozessen verstanden (vgl. Abschn. 2.1.3). Lehrpersonen steuerten den Lernprozess lediglich indirekt. Dieses Setting intendierte insgesamt eine kooperativ-solidarische Lernsituation (vgl. Wocken 1998), da sie als optimale Umsetzung des gemeinsamen Lernens betrachtet werden kann (vgl. Abschn. 2.1.3). Sozial-interaktives kooperatives Lernen (vgl. Abschn. 4.1.1) wurde dabei gezielt herausgefordert. Die Studie exploriert damit das gemeinsame

Lernen im engeren Sinne (vgl. Scheidt 2017), das Gemeinsamkeiten auf sozialer, räumlicher und fachlicher Ebene umfasst und einen starken Bezug zum gemeinsamen Lerngegenstand aufweist. Individuelles und gemeinsames fachliches Lernen kann auf diese Weise verknüpft realisiert, jedoch nicht zwingend garantiert werden (vgl. Abschn. 2.1.4). Es liegt stattdessen im Forschungsinteresse dieser Arbeit zu ergründen, welche individuellen und gemeinsamen Prozesse beobachtbar sind, inwiefern diese verknüpft sind und welche Typen gemeinsamer Lernsituationen in Erscheinung treten. Als theoretische Basis zur Operationalisierung gemeinsamer Lernsituationen eignet sich die ‚Theorie gemeinsamer Lernsituationen' (vgl. Wocken 1998; auch Abschn. 2.1.5), da sie in der Betrachtung des Verhältnisses von Inhalts- und Beziehungsaspekten die Vielfalt gemeinsamer Lernsituationen anerkennt und dadurch das Spannungsverhältnis von individuellem und gemeinsamem Lernen berücksichtigt (vgl. Abschn. 6.2.3). Die Ergebnisse der Analyse von Partizipationsprozessen lernbeeinträchtigter Schülerinnen und Schüler innerhalb der gemeinsamen Lernsituationen werden darüber hinaus genutzt, um Leitfragen zu entwickeln, die eine barrierefreie Konzeption und Umsetzung fachlicher Inhalte (vgl. Abschn. 6.1.4 und 6.2.3) unterstützen. Diese werden schließlich für inklusive Settings in einem weiten Inklusionsverständnis diskutiert (vgl. Kap. 7).

Gemeinsames Mathematiklernen in inklusiven Settings

In diesem Zugang zum gemeinsamen Lernen im inklusiven Unterricht wird eine fachdidaktische Perspektive auf den inklusiven Mathematikunterricht der Grundschule eingenommen. Gemeinsames Lernen an einem gemeinsamen Lerninhalt wird in das Zentrum der Betrachtung gerückt. Aspekte der aktuellen mathematikdidaktischen Diskussion werden zusammengefasst, die den Umgang mit Heterogenität bzw. Vielfalt sowie das gemeinsame (zieldifferente) Mathematiklernen an einem gemeinsamen Gegenstand betreffen (vgl. Abschn. 3.1). Dabei werden an zentralen Stellen auch Bezüge zu Schülerinnen und Schülern mit dem Förderschwerpunkt Lernen hergestellt, da diese im Fokus der vorliegenden Arbeit stehen. Ausgewählte fachdidaktische Prinzipien werden im Anschluss betrachtet, die für diese Lernendengruppe in inklusiven Settings besonders bedeutsam sind (vgl. Abschn. 3.2). Schließlich wird das mathematikdidaktische Konzept der ‚substanziellen Lernumgebung‘ ausgeführt (vgl. Abschn. 3.3), da es aus mathematikdidaktischer Perspektive besonders geeignet erscheint, um gemeinsames Mathematiklernen an einem gemeinsamen Gegenstand zu initiieren. Im Anschluss wird der Inhaltsbereich Geometrie bezogen auf inklusive Settings beleuchtet (vgl. Abschn. 3.4). Das Kapitel schließt mit der Einordnung der Studie dieser Arbeit in den aufgespannten mathematikdidaktischen Rahmen (vgl. Abschn. 3.5).

3.1   Zum inklusiven Mathematikunterricht

Die Diskussion der Fachdidaktik zum inklusiven Mathematikunterricht befindet sich derzeit noch in einer theoretischen und unterrichtspraktischen Orientierungsphase. Dabei wird es zunächst als große Herausforderung wahrgenommen, für die vielfältigen sonderpädagogischen Unterstützungsbedarfe fachdidaktische

K. Hähn, *Partizipation im inklusiven Mathematikunterricht*, Essener Beiträge zur Mathematikdidaktik, https://doi.org/10.1007/978-3-658-32092-8_3

Konzepte für inklusive Lerngruppen zu entwickeln, die allen Beeinträchtigungen gerecht werden (vgl. Wollring 2015). Neben bereits bestehenden Konzepten zum produktiven Umgang mit der Heterogenität von Lerngruppen wie bspw. ‚substanzielle Lernumgebungen' (vgl. Wittmann 1998; Hengartner et al. 2010), ‚natürlich differenzierende Aufgabenformate' (vgl. Krauthausen & Scherer 2014) oder ‚strukturgleiche Aufgaben' (vgl. Nührenbörger & Pust 2018), liegen für den inklusiven Mathematikunterricht erste unterrichtsbezogene Beispielsammlungen oder Adaptionen vor (vgl. bspw. Benölken, Berlinger et al. 2018; Fetzer 2016; Selter et al. o. J.). Auch Schulbuchverlage oder Lehrerfortbildungen bauen ihr diesbezügliches Angebot stetig aus. Im Bereich der empirischen Wirksamkeitsforschung zum inklusiven Mathematikunterricht lassen sich vor allem Studien zur Beforschung der Effektivität verschiedener Organisationsformen inklusiven Unterrichts oder zu mathematischen Kompetenzen von Lernenden mit bestimmten sonderpädagogischen Unterstützungsbedarfen finden (vgl. Schöttler 2019, 17). Fachdidaktische Forschungsvorhaben, die sich mit dem gemeinsamen Mathematiklernen befassen, sind erst seit kurzem vermehrt zu verzeichnen. Neben der Erforschung interaktionaler Prozesse (vgl. Jung 2019) liegt der Fokus vor allem auf der Entwicklung und Erforschung von Lern- bzw. Spielumgebungen für das gemeinsame Mathematiklernen (vgl. bspw. Häsel-Weide 2016a, 2016c; Korten 2017; Lass & Nührenbörger 2018; Schöttler 2019). Diese Studien zeigen, dass Schülerinnen und Schüler, trotz ihrer Heterogenität in ihren Voraussetzungen und Kompetenzen, an einem gemeinsamen Gegenstand auf unterschiedlichen Niveaus arbeiten und sich darüber fachlich austauschen können. Jedoch lösen nicht alle Lernumgebungen zwangsläufig produktive Lernprozesse aller Lernenden aus (vgl. Häsel-Weide 2016b). Die Schwerpunkte und Zugänge der Studien zum Forschungsfeld sind insgesamt sehr unterschiedlich. Das Forschungsfeld wird mit unterschiedlichen inhaltsbezogenen und fachdidaktischen Fragestellungen bzw. Forschungsmethoden, meist mit einer geringen Stichprobenzahl qualitativ erkundet, und verschiedene Aspekte eines inklusiven Mathematikunterrichts werden fokussiert. Hinzu kommt, dass unterschiedliche Altersgruppen von Lernenden sowie verschiedene sonderpädagogische Unterstützungsbedarfe im Mittelpunkt der Betrachtungen stehen. Auf dieser Grundlage entstehen Ergebnisse aus unterschiedlichen Perspektiven und zu unterschiedlichen Aspekten des inklusiven Mathematikunterrichts, die wiederum dessen Vielfalt abbilden. Das hat einerseits zur Folge, dass auf der Ebene empirischer Forschung ein facettenreiches Verständnis bezogen auf das inklusive Mathematiklernen aufgebaut werden kann, andererseits entstehen dadurch Grenzen bezogen auf die Generalisierbarkeit der Aussagen zur Lernförderlichkeit des inklusiven Mathematikunterrichts. Der aktuelle Forschungsstand kann somit als vorläufig betrachtet und dazu genutzt werden,

Empfehlungen auszusprechen, die eine erste Orientierung für die Praxis bieten, sowie weitere konkrete Forschungsdesiderate aufzeigen.

In einem inklusiven Mathematikunterricht sollen individuelle und gemeinsame Lernprozesse sowie aktive Instruktionen durch Lehrpersonen mit selbsttätigen kooperativ entdeckenden Schüleraktivitäten verbunden werden (vgl. Häsel-Weide & Nührenbörger 2017b, 12). Prinzipiell ist die Auseinandersetzung mit gemeinsamen mathematischen Lernprozessen von individuell verschiedenen Lernenden für die Mathematikdidaktik kein neues Feld. Vor allem im Bereich der Grundschule, als eine Schule für alle Lernende, wurden bereits vor der Ratifizierung der UN-Behindertenrechtskonvention fundierte Konzepte zum Umgang mit Vielfalt unter Berücksichtigung der Heterogenität, sowie Differenzierungsmöglichkeiten für Lernende entwickelt. Die Vielfalt von Lernenden in einer Schulklasse ergibt sich bspw. durch unterschiedliche Nationen, Kulturen, Sprachen, Leistungsspektren, Altersgruppen, Geschlechtern, die soziale Herkunft oder die sozial-emotionale Entwicklung (vgl. bspw. Hattermann et al. 2014, 202). Seit 2009, dem Jahr der Ratifizierung der UN-Konvention, wurde nun auch die Auseinandersetzung mit sonderpädagogischen Unterstützungsbedarfen unabdingbar, denn zunehmend werden Lernende mit unterschiedlichen sonderpädagogischen Förderschwerpunkten im ‚Gemeinsamen Lernen' der Regelschule als Förderort (vgl. MSW 2016, AO-SF §16) unterrichtet. In der mathematikdidaktischen Community wird seitdem diskutiert, welche bestehenden Konzepte für einen inklusiven Unterricht besonders tragfähig sind und inwiefern diese adaptiert werden sollten. Eine ganze Reihe von Gestaltungsgrundlagen für die unterrichtsintegrierte Unterstützung der Lernenden im inklusiven Unterricht werden dabei als angemessen betrachtet (vgl. Häsel-Weide 2017a, 18 f.): die Orientierung an den Merkmalen guten Unterrichts (vgl. dazu Meyer 2017), eine curriculumorientierte Diagnostik, kooperative Lernformen und individuelles Feedback (vgl. dazu Helmke 2015; Werning 2016b), verbunden mit gelingendem Classroom Management und einer klaren, aber nicht kleinschrittigen Unterrichtsführung, sowie spezifischen sonderpädagogischen Unterstützungsmaßnahmen und die Beachtung fachlicher Kompetenzschwerpunkte bei zieldifferent beschulten Lernenden. Auch die pädagogische Grundüberzeugung der Lehrpersonen im Sinne der Inklusionspädagogik, die multiprofessionelle Teamarbeit bzw. außerschulische Kooperationen, sowie eine umfangreiche, vielfältige Raum- und Lehrmittelausstattung, und der flexible Einsatz von Organisationsformen, werden in fachdidaktische Überlegungen zum inklusiven Mathematiklernen miteinbezogen (vgl. bspw. Käpnick 2016, 2017). Ebenso werden Schlagworte wie ‚Anerkennung', ‚Unterstützung' und ‚Herausforderung' in diesem Zusammenhang nicht nur als wesentliche Grundsätze für jeden Unterricht postuliert, der individuelle Förderung und gemeinsames Lernen verknüpft, sondern auch als bedeutsam für die (Weiter)Entwicklung eines inklusiven Mathematikunterrichts erachtet, der fachliche Lernprozesse fördern soll (vgl. Carle 2017; Häsel-Weide & Nührenbörger 2017b, 9 f.). Um Kinder unterstützen und herausfordern zu können, müssen ihre individuellen Besonderheiten, ihr Vorwissen und ihre Lernbedürfnisse im Unterricht beachtet und anerkannt werden. Damit verbunden ist auch, für die Lernenden Entwicklungsmöglichkeiten eigener Lernwege innerhalb gemeinsamer Aktivitäten mit anderen zu schaffen (vgl. Häsel-Weide & Nührenbörger 2017b, 8; Scherer 2017b, 480 f.; Wember 2013). Kinder sollten sich im Unterricht als kompetent erleben. Möglich wird dies, wenn das Lernangebot auf unterschiedlichen Niveaustufen, verbunden mit individuellen Herausforderungen und Verknüpfungsmöglichkeiten angeboten wird. Dabei besteht die Gelegenheit, Basiskompetenzen zu sichern und das Fachwissen zu erweitern (vgl. Häsel-Weide & Nührenbörger 2017b, 9). Um den Zugang zu einem mathematischen Thema zu ermöglichen und aktiv daran teilnehmen zu können, sollte im Rahmen einer inklusiven Didaktik prozess-diagnostisch analysiert werden, was ein Kind fachlich zu leisten im Stande ist, sowie, wo es nötig ist, sinnvolle Unterstützungen und Anregungen angeboten werden, die mathematische Einsichten ermöglichen und helfen, diese auch auszudrücken (vgl. ebd., 9 ff.). Das zieldifferente Lernen bspw. für den Förderschwerpunkt Lernen kann folgendermaßen organisiert werden (vgl. Häsel-Weide 2017a, 20):

- Im exklusiven Einzel- oder Kleingruppenunterricht oder
- durch gemeinsames Lernen an verschiedenen Gegenständen sowie
- innerhalb heterogener Gruppen, indem diesen Gruppen differenzierende, reichhaltige Lernangebote an einem gemeinsamen Gegenstand offeriert werden.

Die vorliegende Arbeit fokussiert letztgenannten Punkt des gemeinsamen inhaltlichen Lernens. Dies nimmt auch in der mathematikdidaktischen Diskussion, die stark von (sozial)konstruktivistischen Grundhaltungen zum Lernen beeinflusst ist, einen besonderen Stellenwert ein. Dabei wurde Ähnliches bereits weit vor der Inklusionsdebatte von Freudenthal auf den Mathematikunterricht der Sekundarstufe bezogen dargestellt und kann heute noch als aktuell betrachtet werden:

„In einer Gruppe sollen die Schüler zusammen, aber jeder auf der ihm gemäßen Stufe, am gleichen Gegenstande arbeiten, und diese Zusammenarbeit soll es sowohl denen auf niedriger Stufe wie denen auf höherer Stufe ermöglichen, ihre Stufe zu erhöhen, denen auf niedrigerer Stufe, weil sie sich auf die höhere Stufe orientieren können, denen auf höherer Stufe, weil die Sicht auf die niedrigere Stufe ihnen neue Einsichten verschafft. Es ist dabei wesentlich, daß auch der Schüler auf niedrigerer

Stufe einen breiten Teil der Mathematik durchlaufen kann. Es gibt eben nicht nur eine Stufengliederung in der Mathematik, sondern auch eine nach Lehrstoff, die es möglich macht, daß man immer wieder irgendwo von neuem mit einer nullten Stufe anfangen kann, ohne sich auf höherer Stufe Erlebtes zu stützen" (Freudenthal 1974, 167).

Dem oben dargestellten gemeinsamen, inhaltlich ganzheitlichen Lernen steht ein Lernen an reinen Reproduktionsaufgaben oder durch Wiederholungen von Einzelfakten entgegen, die gerade Schülerinnen und Schülern mit Lernbeeinträchtigung aufgrund ihrer geringen Gedächtnisleistung Probleme bereiten können (vgl. Scherer 2017b). Findet zudem eine Isolierung von Schwierigkeiten und eine kleinschrittige Vermittlung von eingeschränkten Teilzielen in Einzelunterricht statt, die im Vorfeld durch die Lehrperson bestimmt wurden, wird hier ein sehr eingeschränktes Verständnis des zieldifferenten Lernens im Mathematikunterricht deutlich (vgl. dazu auch Abschn. 2.1.3). Die Verwendung des Begriffs ‚fachliche Zielspanne' (vgl. Häsel-Weide & Nührenbörger 2015, 70) könnte im Gegensatz zu ‚Zieldifferenz' deutlicher machen, dass es beim inklusiven, sozial-interaktiven Mathematiklernen am gemeinsamen Gegenstand, um ein gemeinsames Lernen geht, das individuelle Ziele auf unterschiedlichen Stufen umfasst, die auf die gleiche fachliche Grundidee bezogen sind. Wird gemeinsames Lernen in diesem Sinne verstanden, ist es stark mit den Konzepten der ganzheitlichen Zugänge und der natürlichen Differenzierung verknüpft (vgl. Abschn. 3.2.3; bspw. auch Krähenmann et al. 2015; Scherer 2018; Scherer & Hähn 2017). Beide Prinzipien wirken im inklusiven Mathematikunterricht gemeinsamkeitsstiftend, da sie die Voraussetzungen schaffen, damit unterschiedlich Lernende an einem gemeinsamen Gegenstand lernen können. Dabei wird eine Differenzierung aus der Sache heraus erreicht, die unterschiedliche Schwierigkeitsgrade beinhaltet, allen Lernenden Zugänge zum fachlichen Inhalt eröffnet und seine Bearbeitung auf unterschiedlichen Niveaus ermöglicht (vgl. bspw. Häsel-Weide 2017a, 21; Häsel-Weide & Nührenbörger 2017a, 2017b; Käpnick 2016; Korff 2014; Scherer & Hähn 2017). Auch bezogen auf Lernende mit Lernbeeinträchtigung wird für eine am natürlichen Lernen orientierte aktive Wissensaneignung plädiert sowie für produktive Übungsformen, bspw. bei offenen Aufgaben oder dem Üben in Zusammenhängen (vgl. Scherer 2017b). Dabei werden auch Aspekte der Herausforderung bzw. Überforderung diskutiert:

„Natürlich würde eine ständige Überforderung negative Konsequenzen haben, aber Anforderungen zu stellen, muss nicht gleich bedeutend sein mit Überforderung. Gerade das aktuelle Verständnis von Mathematiklernen und Mathematikunterricht kommt auch Schülerinnen und Schülern mit Lernbehinderungen entgegen" (ebd., 479 f., Hervorh. i. O.).

Für den inklusiven Mathematikunterricht wird empfohlen, diesbezügliche Möglichkeiten und Grenzen zu diskutieren (vgl. Scherer & Hähn 2017, 25), da es einerseits darum geht, tiefe inhaltliche Durchdringungen, Kenntniserweiterungen, Entdeckungen und das Nutzen von Zusammenhängen zu fördern, andererseits zu erlauben, dass sich Lernende produktiv innerhalb ihrer Klassengruppe einbringen können (vgl. Häsel-Weide & Nührenbörger 2017b, 9 ff.). Dabei sollen fachliche Lernprozesse *aller* Kinder gefördert und diesbezügliche Barrieren erkannt und abgebaut werden (vgl. ebd., 9; Carle 2017). In der fachdidaktischen Diskussion wird derzeit gefordert, dass sich das unterrichtliche Angebot dabei grundsätzlich an den bestehenden fachdidaktischen Prinzipien für den Mathematikunterricht orientiert (vgl. z. B. Häsel-Weide & Nührenbörger 2017b; Korff 2015; Krähenmann et al. 2015; Veber et al. 2016). Neben dem Prinzip der natürlichen Differenzierung (vgl. Abschn. 3.2.3) werden insbesondere das aktiv-entdeckende Lernen (vgl. Wittmann 2000; Abschn. 3.2.2) sowie das sozial-interaktive Lernen (vgl. Abschn. 3.2.2 und 4.1) dabei immer wieder herausgestellt, denn „[d]er Erfolg des Mathematikunterrichts von der Grundschule bis zum Abitur steht und fällt damit, dass das Prinzip des aktiv-entdeckenden und sozialen Lernens organisch zu fachlichen Grundideen und allgemeinen Lernzielen in Beziehung gesetzt wird" (Wittmann & Müller 2004, 11). Die ‚Grundideen' (vgl. Wittmann 1998) bzw. ‚zentralen Inhalte' oder ‚fundamentalen Ideen' der Mathematik (vgl. Winter 2001) sind verbunden mit bedeutsamen Begriffen und Aktivitäten des Mathematikunterrichts, die sich im Sinne des Spiralprinzips (vgl. bspw. Scherer & Weigand 2017, 29 ff.; Abschn. 3.2.1) auf unterschiedlichen Niveaus bearbeiten lassen. Sie können dabei für einen inklusiven Mathematikunterricht geeignete Ausgangspunkte für *gemeinsame* fachliche Inhalte sein und dadurch die Voraussetzung für das sozial-interaktive Lernen schaffen.

3.2 Fachdidaktische Prinzipien unter inklusions- und sonderpädagogischer Betrachtung

Für den Mathematikunterricht existieren eine Reihe fachdidaktischer Prinzipien, die untereinander in Beziehung stehen, sich unter Umständen in Teilaspekten überschneiden oder auch klar voneinander abgrenzen lassen. Dabei ist die Berücksichtigung fachdidaktischer Prinzipien „stets in Wechselbeziehung zu Zielen, Wissen und Können der Lernenden zu beurteilen" (Scherer & Weigand

2017, 28). Mathematikdidaktische Prinzipien sind zunächst inhaltsunabhängig formuliert, können aber nur in inhaltlicher Konkretisierung und Umsetzung angewandt werden (vgl. ebd., 40). Im Kontext von inklusivem Mathematikunterricht geht es nicht um eine Neukonzeption fachdidaktischer Prinzipien, sondern um deren Neubetrachtung (vgl. dazu auch Korff 2014, 56). An dieser Stelle werden drei zentrale fachdidaktische Prinzipien, auf der Grundlage inklusionsdidaktischer Überlegungen (vgl. Abschn. 2.1) ausgewählt, die inklusionspädagogisch (vgl. Abschn. 2.1.3, 2.1.4 und 2.1.5) sowie im Kontext paradigmatischer Überlegungen einer Pädagogik bei Lernbeeinträchtigung (vgl. Abschn. 2.2.2) von Bedeutung sind. Später werden diese Prinzipien auch im Kontext substanzieller Lernumgebungen für inklusive Settings betrachtet (vgl. Abschn. 3.3). Hier werden fachdidaktische Konzepte ausgehend von einem engen Inklusionsbegriff im Sinne des weiten Inklusionsbegriffs diskutiert (vgl. dazu auch Abschn. 2.3). Die Arbeit stellt folgende Prinzipien in den Mittelpunkt der Betrachtung:

- Das ‚Prinzip der Orientierung an mathematischen Grundideen‘, denn das Lernen an einem gemeinsamen Inhalt wirkt gemeinsamkeitsstiftend (vgl. Abschn. 2.1.4).
- Das ‚Prinzip des aktiv-entdeckenden Lernens‘, denn es fördert in Verbindung mit dem sozial-interaktiven Lernen individuelles und gemeinsames Lernen (vgl. Abschn. 2.1.2 und 2.1.3).
- Das ‚Prinzip der natürlichen Differenzierung‘, damit durch die Berücksichtigung individueller Voraussetzungen, *alle* Lernenden an einem gemeinsamen Gegenstand partizipieren können (vgl. Abschn. 2.1.1).

Die folgende Darstellung der Prinzipien stützt sich auf aktuell gültige fachdidaktische Einschätzungen. Von einer Diskussion der Prinzipien wird daher an dieser Stelle abgesehen, vielmehr geht es um die begründete Verknüpfung mit zuvor dargestellten inklusionsdidaktischen und sonderpädagogischen Aspekten zur Stiftung von Gemeinsamkeit auf fachlicher Ebene.

3.2.1 Orientierung an mathematischen Grundideen

Aus fachdidaktischer Perspektive braucht das gemeinsame Lernen ein gemeinsames Thema bzw. einen gemeinsamen Lerninhalt. Dieser gemeinsame Gegenstand (vgl. Abschn. 2.1.4) des Unterrichts muss daher ausgehend von der fachlichen Struktur des mathematischen Gegenstands geplant werden. Orientierung können dabei die Grundideen (vgl. Wittmann & Müller 2004; Abschn. 5.2.2) bzw.

Kernthemen oder -ideen der Mathematik (vgl. Häsel-Weide & Nührenbörger 2017a, 2017c) oder fundamentalen Ideen (vgl. Neubrand 2015) bieten, die wichtig für die Umwelterschließung und das Verständnis der Fachstruktur sind. Sie sind eng verbunden mit dem Spiralprinzip (vgl. Bruner 1970, 61 ff.) und lassen sich immer wieder aufgreifen, indem sie stets vertieft und weiterentwickelt werden können (vgl. Wittmann & Müller 2004, 7). Es gibt bisher keine feste Definition der fundamentalen Ideen oder einen allgemeingültigen Konsens über deren Charakter (vgl. dazu Winter 2001). Dennoch wird nicht bestritten, dass für den Mathematikunterricht eine Öffnung vom Fach, d. h. von mathematischen Grundideen aus, als wichtig und zielführend betrachtet wird, wie es Wittmann bereits in den 1990er Jahren forderte (vgl. Wittmann 1996). Bruner postulierte zudem schon rund 20 Jahre zuvor, bezogen auf den Unterricht allgemein: „Jedes Kind kann auf jeder Entwicklungsstufe jeder Lerngegenstand in einer intellektuell ehrlichen Form erfolgreich gelehrt werden" (Bruner 1970, 44). Damit betont er eine Elementarisierung ohne Verfälschung (vgl. Büchter 2014, 3). Auch die Bildungsstandards (vgl. KMK 2005) greifen in ihren Leitideen zentrale Inhalte auf, die sich an den Grundideen der Mathematik orientieren und sich spiralförmig weiterentwickeln (vgl. dazu auch Scherer & Weigand 2017). Durch die fachlich gerahmte, inhaltliche Öffnung „lassen sich Problemstellungen und Aufgaben unterschiedlichster Schwierigkeitsgrade formulieren. Diese können von unterschiedlichen Voraussetzungen aus, mit verschiedenen Mitteln, auf unterschiedlichem Niveau und verschieden weit bearbeitet werden" (Wittmann 1996, 5). Dies entspricht auch dem gemeinsamen Lernen am gemeinsamen Gegenstand, bei dem nicht alle das Gleiche lernen und die gleichen Ziele erreichen (vgl. Abschn. 2.1.4). Zudem fokussiert die ‚Orientierung an Grundideen' eine mathematische Struktur, die im Kontext einer ganzheitlichen reichhaltigen Aufgabe präsentiert wird und – wie beim gemeinsamen Gegenstand durch Feuser (2013) betont – ebenfalls das „zu Erkennende", umfasst, indem in den Grundideen vor allem die erkenntnisrelevante Seite des gemeinsamen Gegenstands (vgl. Abschn. 2.1.4) zu finden ist. Fokussiert man zudem die Möglichkeit für Lernende, gemäß eigener Voraussetzungen an solchen Grundideen orientiert zu lernen, wird neben der fachstrukturellen Orientierung auch die Kindorientierung deutlich. Die Inhalte bilden den ‚Kern der Sache' (vgl. ebd.), der elementar- bzw. fundamental-fachlich subjektive Bedeutsamkeit hat. In besonderem Maße erfüllt dies auch Forderungen des systemisch-konstruktivistischen Paradigmas, wenn reichhaltige und komplexe Angebote innerhalb von Interaktionen individuelles Lernen anregen. Auch das Qualitätskriterium des ‚entwicklungsorientierten Lernens' des materialistischen Paradigmas für den inklusiven Unterricht (vgl. Abschn. 2.2.2) ist berücksichtigt, denn gerade für den inklusiven Mathematikunterricht müssen Grundideen aufgefächert werden, um, verbunden mit einer Gestaltung der Aufgabenstellung, die die Lernenden inhaltlich aktiviert, jedem Lernenden einen Zugang zu ermöglichen (vgl. dazu auch Häsel-Weide & Nührenbörger 2017b, 13). Dabei können möglicherweise für langsamer Lernende mit spezifischen Schwierigkeiten wesentliche Inhalte der jeweiligen Grundidee im Zentrum stehen (vgl. ebd.). Gleichzeitig kann für alle Lernenden die Gelegenheit geschaffen werden, durch die Orientierung an Grundideen, themenbezogen an vorhandenem Wissen anzuknüpfen, weiterführende Aspekte zu erkennen (vgl. Büchter 2014) und ein ‚gemeinsames Lernen im engeren Sinne' (vgl. Abschn. 2.1.3) als ‚mit- und voneinander Lernen' im Rahmen von Ko-Konstruktionsprozessen (vgl. Abschn. 4.1.1) zu ermöglichen. Dies würde im Sinne des UDL (vgl. Abschn. 2.1.4) bedeuten, dass es sich zudem um barrierefreie Unterrichtsinhalte handeln müsste, die an Grundideen orientiert sind. Fachdidaktische Forschung müsste in diesem Sinne Barrieren identifizieren und Empfehlungen zu deren Abbau aussprechen. So wird einerseits die Erkundung reichhaltiger mathematischer Zusammenhänge, andererseits der Umgang mit dem (barrierefreien) Basisstoff der Grundidee ermöglicht. Der Basisstoff wird definiert als „diejenigen mathematischen Inhalte und Lernziele […], von welchen aufgrund von empirischen Studien, theoretischen Erkenntnissen und praktischen Erfahrungen angenommen wird, dass sie für einen gelingenden arithmetischen Lernprozess unabdingbar sind" (Moser Opitz & Schmassmann 2012, 270). Wie in dieser Aussage deutlich wird, sind Beispiele in der fachdidaktischen Literatur meist durch arithmetische Inhalte veranschaulicht (vgl. bspw. Häsel-Weide 2016a; Heß & Nührenbörger 2017; Pfister et al. 2015). In der fachdidaktischen Diskussion gilt die Verknüpfung von elementar- sowie fundamental-fachlichen Lernangeboten orientiert an einer mathematischen Grundidee noch als Herausforderung bzw. wird als Spannungsfeld wahrgenommen (vgl. Häsel-Weide 2017b, 23). Überlegt wird, ob der gemeinsame Gegenstand einer Begrenzung bedarf, wenn an ihm kooperativ gearbeitet wird, um sicherzustellen, dass die gemeinsame Idee von allen geteilt werden kann (vgl. ebd., 27).

3.2.2 Aktiv-entdeckendes Lernen

Das mathematikdidaktische ‚Prinzip des aktiv-entdeckenden Lernens' (vgl. Krauthausen 2018, 178 ff.; Wittmann 2000) ist für das Mathematiklernen generell, jedoch auch im Besonderen für das gemeinsame Lernen heterogener bzw. inklusiver Gruppen bedeutsam (vgl. dazu auch Häsel-Weide & Nührenbörger 2017b). Es

fokussiert als fächerübergreifendes Lehr-Lernmodell im Sinne eines konstruktivistischen Verständnisses von Lernen zunächst auf die aktive Wissenskonstruktion
eines Lernenden und damit auf dessen individuelle Lernwege (vgl. Leuders 2014).
Das entdeckende Lernen impliziert somit eine Kindorientierung, denn das individuelle Niveau, mit dem der Lerngegenstand aktiv-entdeckend erkundet wird,
hängt von individuellen Kompetenzen ab (vgl. dazu Käpnick 2014, 44). Durch das
Prinzip des entdeckenden Lernens werden dadurch auch Vygotskys Überlegungen zur ,Zone der nächsten Entwicklung' (vgl. Keiler 2002 sowie Abschn. 2.1.4
und 2.2.2) berücksichtigt. Es erfüllt somit das Qualitätskriterium des ,entwick-
lungsorientierten Lernens' des materialistischen Paradigmas für den inklusiven
Unterricht. Eng in Zusammenhang steht damit das ganzheitliche Lernen (vgl.
dazu auch Scherer 2017b, 482 f.), denn das Prinzip des entdeckenden Lernens ist stark mit dem Prinzip der Orientierung an mathematischen Grundideen
(vgl. Abschn. 3.2.1) verbunden. Im Sinne der Grundideen wird in der Unterrichtsplanung reflektiert, „welche Fragestellungen und Unterrichtsvorhaben sich
besonders eignen, entdeckendes Lernen zu ermöglichen, um den strukturellen
Kern der Mathematik zu erschließen" (Winter 2001, o. S.). Entdeckendes Lernen ist zusätzlich auf intra- oder interpersonelle Kommunikation angewiesen (vgl.
Krauthausen 2018, 210 f.). Dadurch ist es zunächst unabhängig davon, ob alleine
oder gemeinsam aktiv-entdeckend gelernt wird. Durch das aktiv-entdeckende Lernen, an dem mindestens zwei Lernende beteiligt sind, wird auch das ,Prinzip des
sozial-interaktiven Lernens' berücksichtigt, das Raum gibt, Entdecktes zur Sprache zu bringen (vgl. ebd.). Während gemeinsamer Aushandlungsprozesse im mit-
und voneinander Lernen (vgl. dazu auch Abschn. 4.1) können aktiv-entdeckte
Lerninhalte entwickelt, dargestellt, begründet, präzisiert, in Frage gestellt, vertieft oder erweitert werden. Dies trägt zur Erfüllung des Qualitätskriteriums des
interaktionistischen Paradigmas für den inklusiven Unterricht bei, denn es werden
vielfältige individuelle und gemeinsame Lernsituationen angeregt. Ebenso erfüllt
ein Unterricht das Qualitätskriterium des systemisch-konstruktivistischen Paradigmas, wenn er mit Berücksichtigung des gemeinsamen Lernens dem Prinzip des
aktiv-entdeckenden Lernens folgt: Es werden Gelegenheiten zu Konstruktionsprozessen geschaffen, die auch den sozialen Austausch bezogen auf gemeinsame
Gegenstände mitberücksichtigen.

Das aktiv-entdeckende Lernen gilt seit den 1980er bzw. 1990er Jahren als eine
übergeordnete Idee des Mathematiklernens, da zu dieser Zeit ein Paradigmen-
wechsel im Verständnis von Lehren und Lernen stattfand (vgl. Käpnick 2014).
Eigenaktivität sowie Selbstverantwortung und -organisation für eigene Lernprozesse durch die Lernenden selbst wurden durch dieses Prinzip nun betont (vgl.

bspw. Käpnick 2014, 37; Krauthausen 2018, 178 f.; Scherer 2017b, 478). Sach-verhalte werden dabei allerdings nicht komplett neu entdeckt, sondern „[i]n aller Regel kann es sich in der Schule „nur" um subjektiv neue Entdeckungen handeln; es geht um Nacherfinden, um Wiederentdecken längst bekannter Zusam-menhänge" (Winter 1999, 2). Freudenthal (1982) beschreibt den Charakter des entdeckenden Lernens folgendermaßen:

> „Mathematik ist keine Menge von Wissen, Mathematik ist eine Tätigkeit, eine Verhaltensweise, eine Geistesverfassung [...] Immer gilt: Der Schüler erwirbt Mathematik als Geistesverfassung nur über Vertrauen auf seine eigenen Erfahrun-gen und seinen eigenen Verstand. [...] Eine Geisteshaltung lernt man aber nicht, indem einer einem schnell erzählt, wie er sich zu benehmen hat. Man lernt sie in Tätigkeit, indem man Probleme löst, allein oder in seiner Gruppe – Probleme, in denen Mathematik steckt" (ebd., 140 ff.).

Daher wird dem entdeckenden Lernen auch großes Potential hinsichtlich der Transferfähigkeiten von Lernenden zugesprochen (vgl. Leuders 2014). Kriti-sche Überlegungen zum Prinzip des aktiv-entdeckenden Lernens zielen auf die zusätzliche Belastung des Lernprozesses durch die selbstständige Gestaltung und Selbstregulation (vgl. ebd.). Zudem wird eine Ausschärfung des Begriffs gefordert, der oft als Sammelbegriff genutzt wird, da es abhängig von unter-schiedlichen Realisierungskontexten auch begründete Mischformen geben kann und kritisch reflektiert werden muss, ob aktiv-entdeckende Unterrichtsumsetzun-gen wirklich im Sinne dieses Prinzips konzipiert sind (vgl. dazu auch Kollosche 2017; Krauthausen 2018, 183; Leuders 2014). Verschiedene Ausprägungen des entdeckenden Lernens kommen einerseits durch unterschiedliche Zielsetzungen bzw. Art der Entdeckungssituationen, andererseits durch eine unterschiedlich starke Strukturierung und Lenkung zustande, denn entdeckendes Lernen sollte nicht als offen im Sinne von unstrukturiert missverstanden werden (vgl. Neber 2009; Leuders 2014). In der Mathematikdidaktik finden sich daher Bezeich-nung wie ‚gelenktes Entdecken' (vgl. Winter 2016) sowie ‚Entdeckendes Lernen mit Unterstützung' (vgl. Leuders 2014). Solche gestützten Formen des entde-ckenden Lernens erweisen sich in Studien insgesamt als effektiver (vgl. ebd.). Ergebnisse zu Langzeiteffekten sowie zur Wirksamkeit hinsichtlich allgemeiner Kompetenzen und Transferleistungen von Lernenden fehlen allerdings bislang (vgl. zusammenfassend ebd.). Insgesamt gilt das entdeckende Lernen als „keine eindeutig definierte Lehr-/Lernform, sondern umfasst vielmehr ein Lernverständ-nis, das Lernen nicht als eher passive, reaktive Aufnahme von Wissen, sondern als aktive Konstruktion begreift" (Werning & Lütje-Klose 2012, 150). Wird ent-deckendes Lernen im Sinne dieses Verständnisses herausgefordert, unterstützt es

die Erfüllung der Forderung Feusers nach einer erlebnisrelevanten tätigen Auseinandersetzung mit dem gemeinsamen Gegenstand, die Erkenntnis bildet (vgl.
Feuser 2013; auch Abschn. 2.1.4) und eignet sich zur Umsetzung im inklusiven
Unterricht in besonderem Maße. Betrachtet man die Bedeutung des Prinzips für
einen (inklusiven) Unterricht, sind bspw. die Förderung der Eigenaktivität von
Lernenden, die Anknüpfung an deren Vorkenntnisse und die Realisierung einer
natürlichen Differenzierung sowie eine ganzheitliche Erschließung von Inhalten
zentral (vgl. Käpnick 2014, 37). Allerdings wird die von einer konstruktivistischen Grundannahme ausgehende Einschätzung, dass aktives Tun bzw. eigene
Erfahrungen wirkungsvollere Erkenntnisse als Belehrung oder imitierendes Nach-
lernen ermöglicht (vgl. z. B. Winter 2016; Wittmann 1990), bisweilen immer
noch für Lernende mit besonderem Unterstützungsbedarf kontrovers diskutiert
(vgl. dazu auch Holubek et al. 2013; Scherer 2017b). Dabei betont der Para-
digmenwechsel im Verständnis von Lehren und Lernen die Eigenaktivität von
Lernenden in aktiv-entdeckenden Lernprozessen, was als Grundhaltung bezogen
auf das Mathematiklernen *aller* Lernender in inklusiven Settings aufgegriffen
werden kann (vgl. Scherer 1999). Dem entgegen stehen traditionelle sonderpädagogische Ansätze, mit einer kleinschrittig-reproduktiven Vorgehensweise,
die komplexe Lerninhalte reduzieren, Schwierigkeiten isolieren und bestimmte
Lösungswege verfolgen (vgl. ebd; auch Moser Opitz et al. 2014, 45). Eine solche
Engführung, verbunden mit speziellen Lernarrangements für bestimmte Lernende,
erweist sich weder für die Unterrichtsorganisation als ökonomisch noch für das
soziale Lernen der Schülerinnen und Schüler als förderlich und kann sich negativ
auf deren Selbstvertrauen auswirken (vgl. Scherer 2007, 73 f.). Das Festhalten
an tradierten Prinzipien kommt möglicherweise durch verschiedene Studien bzw.
Meta-Analysen zustande, die einer direkt instruierten Wissensvermittlung positive Effekte zuschreiben (vgl. bspw. Gersten et al. 2009; Kroesbergen & Van Luit
2003; Kroesbergen et al. 2004). Zugleich ist jedoch kritisch anzumerken, wie
stark das Verständnis des Begriffs ‚Instruktion' und diesbezügliche Umsetzun-
gen innerhalb der Studien differieren (vgl. dazu auch Scherer et al. 2016). Im
fachdidaktischen Diskurs werden meist auf die Arithmetik bezogene Diskussi-
onspunkte zitiert, die die wirkungsvollen Erkenntnisprozesse durch entdeckendes
Lernen für Schülerinnen und Schüler mit sonderpädagogischem Unterstützungsbedarf in Frage stellen. Diesbezüglich werden Aspekte genannt, wie bspw. eine
eventuelle Überforderung beim Entdecken fachlicher Zusammenhänge, bei der
Problemlösung, beim eigenständigen Denken oder Begründen sowie die Erzeugung von Verwirrung durch vielfältig mögliche Lösungswege, den Vergleich
von mathematischen Ideen oder der Beschreibung unterschiedlicher Erkenntnisse
(vgl. zusammenfassend Häsel-Weide & Nührenbörger 2017b, 10). Empirische

Studien zeigen dagegen, dass lernbeeinträchtige Schülerinnen und Schüler mit besonderem Unterstützungsbedarf in der Lage sind, nach dem Prinzip des aktiv-entdeckenden Lernens erfolgreich zu lernen (vgl. bspw. Moser Opitz 2002; Scherer 1999). Auch Walter et al. (2001) kommen zu diesem Ergebnis bezogen auf Lernende mit einer Lernbeeinträchtigung und führen aus, dass diese Schülerinnen und Schüler „durchaus in der Lage [sind], im Zusammenhang komplexer Situationen zu lernen, sich konstruktiv eigene Lösungswege zu suchen, diese anzuwenden und konstruktiv ihr Wissen und ihre Fertigkeiten im Fach Mathematik zu erwerben" (ebd., 150). Lernende sollten daher, entsprechend ihrer Fähigkeiten und Fertigkeiten, Zusammenhänge und Strukturen zentraler fachlicher Inhalte möglichst selbstständig erkunden und im Austausch mit anderen artikulieren (vgl. Wember 2013, 382 f.; Häsel-Weide & Nührenbörger 2017a, 5; Scherer 2017a). Häsel-Weide und Nührenbörger (2017b) stellen zusammenfassend fest:

> „Für den inklusiven Mathematikunterricht ist daher von Bedeutung, dass dieser nicht einzelne Schülerinnen und Schüler vor den mathematischen Strukturen zu „schützen" versucht, indem man ihnen die Mathematik möglichst einfach und konkret vor- oder darstellt oder aber die Lernenden nur rezeptiv mathematische Handlungen nachvollziehen" (ebd., 10).

Darüber hinaus ist die Interaktion mit anderen Lernenden für erfolgreiches Lernen der Schülerinnen und Schüler mit Förderschwerpunkt Lernen von großer Bedeutung (vgl. Gersten et al. 2009). Um im inklusiven Mathematikunterricht prozessbezogene Kompetenzen herausfordern und fördern zu können, sollte es sich um einen sozial-interaktiven Unterricht handeln (vgl. dazu auch Abschn. 4.1). Dazu ist eine gewisse Kompetenz der Lernenden bzgl. des individuellen Sprach-handelns nötig, um an diesem Unterricht partizipieren zu können (vgl. dazu auch Werner 2019, 59). In einer Studie von Berg et al. (2019) wurde der Zusammenhang sprachlich-kommunikativer und mathematischer Fähigkeiten betrachtet. In klinischen Einzelinterviews wurden neben Grundschülern und Lernenden mit dem Förderschwerpunkt Sprache, auch Schülerinnen und Schülern mit dem Förderschwerpunkt Lernen der Jahrgangsstufe 6 einer Förderschule Mathematik-aufgaben vorgelegt und deren Verbalisierung untersucht. Ergebnisse dieser Studie sind z. B., dass Schülerinnen und Schüler mit dem Förderschwerpunkt Lernen mathematische Inhalte meist alltagssprachlich ausdrücken (vgl. ebd., 78). Die Autorinnen vermuten, dass mathematische und sprachliche Kompetenzen unabhängig vom Förderort von generellen Lernmöglichkeiten beeinflusst sind (vgl. ebd., 82). Sie plädieren für einen sprachsensiblen und kommunikationsfördernden Fachunterricht, der die Teilhabe aller gewährleistet (vgl. ebd., 83). Dies würde für

einen aktiv-entdeckenden sozial-interaktiven Mathematikunterricht sprechen, der eine Basis solcher Förderung darstellen kann.
Auch die aktuellen Bildungsstandards für das Fach Mathematik im Primarbereich (vgl. KMK 2005, 6) betonen aktiv-entdeckende, verstehensorientierte Lernformen. In manchen Bundesländern mit separaten Lehrplänen für das Fach Mathematik, die explizit für den Förderschwerpunkt Lernen gelten, bzw. die mit Materialien den Lehrplan der allgemeinen Schule für diese Schülergruppe ergänzen, wird das entdeckende Lernen zum Teil als eines neben anderen Unterrichtsprinzipien genannt und es bleibt offen, ob es den Charakter einer übergeordneten Leitidee hat:

> „Unterricht an der Schule zur Lernförderung nimmt für den Schüler bedeutsame Probleme und Aufgabenstellungen der Lebenswelt als Lernanlass. Dabei können unter Berücksichtigung des Leistungsvermögens und in Abhängigkeit von den Lernzielen sowohl Frontalunterricht und direkte Instruktion, als auch handelndes entdeckendes und selbstgesteuertes Lernen zum Einsatz kommen" (Lehrplan Sachsen, SBS 2010, XI).

In Nordrhein-Westfalen haben die ‚Richtlinien für die Schule für Lernbehinderte (Sonderschule)‘ (vgl. KMNRW 1977) nach wie vor Gültigkeit und wurden vor der paradigmatischen Wende verfasst. Durch Aussagen, wie „Der mathematische Unterricht hat eine fachwissenschaftliche Überbetonung mathematisch-theoretischer Strukturen zu vermeiden, ohne dabei ausschließlich praktische Sachverhalte zu berücksichtigen" (ebd., 29), bleibt offen, inwiefern die Empfehlung im Sinne der Orientierung an mathematischen Grundideen und des ganzheitlichen Lernens zu verstehen ist. Es ist fragwürdig, ob aktiv-entdeckendes Lernen eine übergeordnete Leitidee ist, wenn es heißt: „Durch Vergleichen verschiedener Lösungswege können optimale Verfahren gefunden werden, die dann – soweit nötig und sinnvoll – eingeprägt, geübt und angewendet werden" (ebd., 29). In einem Unterricht, der das Prinzip des entdeckenden Lernens in vollem Umfang berücksichtigt, wird dagegen in allen Phasen des Lernens aktiv-entdeckend gelernt (vgl. Wittmann & Müller 1992, 177 ff.), d. h. es wird „entdeckend geübt und übend entdeckt" (Winter 1984a, 6 f.). Selbst beim automatisierenden Üben wird eine mechanische Praxis abgelehnt (vgl. Krauthausen 2018, 86). Im hessischen ‚Lehrplan Mathematik‘ für die Schule für Lernhilfe (vgl. HKM 2009) wird das entdeckende Lernen in einen Kontext gebracht, bei dem nicht eindeutig zu sein scheint, inwiefern es an ganzheitlichen Inhalten oder innerhalb eines isolierten Teilbereichs ermöglicht werden soll:

„Lernhemmnisse sollten durch einen schrittweisen Aufbau komplexer Erkenntnisse isoliert werden. Es sollten Lernsituationen gestaltet werden, in die sich die Kinder von ihrer unterschiedlichen Ausgangslage her einbringen und in denen sie Sachverhalte entdecken können. Daher ist die frühe Vorgabe von Regeln und die Vorwegnahme von Erkenntnissen möglichst zu vermeiden" (ebd., 4).

In den Empfehlungen für den Förderschwerpunkt Lernen anderer Bundesländer, wie Baden-Württemberg und Niedersachsen, wird dagegen das aktiv-entdeckende Lernen explizit gefordert oder, wie in Bayern, in allgemeinen Vorgaben verankert. Hier wird die generelle Bedeutung dieses Prinzips den empirischen Forschungsergebnissen und der theoretischen Diskussion gemäß (vgl. bspw. Moser Opitz 2002; Scherer 1999; Wittmann 2000) auch für Schülerinnen und Schüler mit dem Förderschwerpunkt Lernen anerkannt. Unterrichtsinhalte sind somit hinsichtlich ihres Potentials für aktiv-entdeckende Lernprozesse zu prüfen und Entscheidungen hinsichtlich der ‚Organisation und Aktivität' anstelle der ‚Leitung und Rezeptivität' (vgl. Wittmann 2000, 10) zu treffen. Für konkrete Unterrichtsvorhaben sind Entscheidungen zum Grad der Strukturierung und der Lenkung zu treffen, die dem Grundgedanken des Prinzips nicht zuwiderlaufen. Hier ergibt sich ein generelles Forschungsdesiderat (vgl. Kollosche 2017), im Besonderen allerdings für den inklusiven Unterricht, der gemeinsames, aber auch individuelles (zieldifferentes) Lernen fördern soll.

3.2.3 Natürliche Differenzierung

Dem Spannungsfeld zwischen gemeinsamem Mathematiklernen und der individuellen Förderung jedes einzelnen Lernenden zu begegnen, ist eine zentrale Aufgabe des inklusiven Mathematikunterrichts (vgl. Häsel-Weide 2017a). Formen klassischer innerer Differenzierung (vgl. z. B. Hurych 1976) versuchen hinsichtlich sozialer, methodischer, medialer, quantitativer, qualitativer oder inhaltlicher Dimensionen (vgl. nähere Ausführungen dazu in Krauthausen & Scherer 2014) eine Möglichkeit zu schaffen, um auf die Verschiedenheit der Lernenden im Grundschulunterricht zu reagieren, mit dem Ziel, jeden einzelnen Lernenden individuell zu fördern. Ungeklärt bleibt auf diese Differenzierungsformen bezogen, ob die Einschätzungen der Lehrperson zutreffend und daraus abgeleitete Differenzierungsmaßnahmen für den jeweiligen Lernenden passend sind (vgl. Krauthausen & Scherer 2014; auch Scherer 2015, 169). Ebenso ist mit einem fachdidaktischen Fokus auf die Differenzierung kritisch zu hinterfragen, ob es sich um

vordergründig organisatorisch-methodische Maßnahmen handelt und dabei inhaltliche Aspekte, gefordert etwa durch die Bildungsstandards (vgl. KMK 2005),
evtl. in den Hintergrund treten (vgl. Krauthausen & Scherer 2014, 269 f.). Wird
Individualisierung zudem mit isoliertem Lernen gleichgesetzt, wird nicht nur
soziales Lernen vernachlässigt, sondern den Lernenden auch die Möglichkeit zum
gemeinsamen Diskurs vorenthalten (vgl. Scherer 2015, 268). Gerade Letzteres ist
allerdings aus fachlicher und fachdidaktischer Sicht notwendig, um neben inhaltsbezogenen auch die allgemeinen mathematischen Kompetenzen (vgl. KMK 2005)
herauszufordern und zu fördern.

Anders als bei klassischen inneren Differenzierungsformen stellt die natürliche
Differenzierung (vgl. z. B. Wittmann & Müller 2004; Hirt et al. 2012; Krauthausen & Scherer 2014) ein alternatives Konzept dar, das die Differenzierung vom
fachlichen Inhalt ausgehend ermöglicht und gleichzeitig soziales Lernen explizit
mitanspricht. Folgt der Unterricht dem Prinzip der natürlichen Differenzierung,
so ist das Lernangebot für alle Kinder gleich. Lernangebote, die im Sinne der
natürlichen Differenzierung konzipiert sind, erfüllen die Kriterien *Offenheit* (vgl.
Hengartner 2010; Hirt et al. 2012; Scherer 2015, 273 ff.) und *Komplexität* (vgl.
Wittmann 1990). Das bedeutet, dass ein Lerninhalt in einem ganzheitlichen Sinn-
zusammenhang, hinreichend komplex angeboten wird und somit naturgemäß auf
unterschiedlichen Schwierigkeitsniveaus bearbeitet werden kann.

> „Offenheit und Komplexität sollten dabei für das Verständnis nicht erschwerend,
> sondern hilfreich sein, da in ganzheitlicheren Zusammenhängen mehr Bedeutung
> und damit mehr Anknüpfungspunkte für individuelle Lösungswege enthalten sind
> als in isolierten Teilaufgaben" (Scherer 2015, 270).

Natürlich differenzierende Lernangebote sind zusätzlich offen für die Nutzung
unterschiedlicher Arbeits- bzw. Hilfsmittel und erlauben freie Entscheidungen
hinsichtlich der Darstellungen oder Notationen (vgl. ebd.). Sie ermöglichen durch
eine niedrige Eingangsschwelle (vgl. Hengartner 2010; Hirt et al. 2012) allen Lernenden einen Zugang zum mathematischen Inhalt, bieten aber auch „Rampen"
für leistungsstärkere Schülerinnen und Schüler (vgl. ebd.). Durch dieses Spektrum des Anspruchsniveaus und die fachliche Zielspanne (vgl. Abschn. 3.1) sind
natürlich differenzierende Lernangebote flexibel in verschiedenen Jahrgangsstufen
einsetzbar und damit für das gemeinsame Lernen im inklusiven Unterricht geeignet. Auf diese Weise kann einerseits dem gleichschrittigen Vorgehen auf einer
vermeintlich mittleren Niveaustufe, andererseits einer Über- oder Unterforderung
entgegengewirkt werden (vgl. Wittmann 1990, 164).

Scherres (2013, 187 ff.) konnte in einer Studie zur Feststellung der Niveauangemessenheit verschiedener Bearbeitungsniveaus bei Lernenden in einer selbstdifferenzierenden geometrischen Lernumgebung nachweisen, dass in den Schülerbearbeitungen der selbstdifferenzierenden Aufgaben, verschiedene mathematische Niveaus zu identifizieren waren. Unterschiedliche Niveaus ließen sich auch innerhalb verschiedener Phasen eines Arbeitsprozesses von Lernenden finden. Es konnte zudem beobachtet werden, dass Lernende mit Schwierigkeiten im Mathematiklernen über ihrem zuvor erhobenen Leistungsniveau arbeiteten, ohne ein Überforderungsgefühl zu äußern. Insgesamt konnte Scherres (2013) zusätzlich bestimmte Unterrichtskontexte beobachten, durch die sich niveauangemessenes Arbeiten teilweise, aber nicht zwingend, einstellte. Als zentrale Aspekte nennt sie fachlich korrekt ausgeführte metakognitive Aktivitäten der Lernenden, adaptive Lehrerinterventionen und intensive, auf fachliche Inhalte bezogene Schülerkooperationen.

Weskamp (2019) untersuchte Bearbeitungsprozesse von Lernenden in natürlich differenzierenden substanziellen Lernumgebungen hinsichtlich unterschiedlicher Bearbeitungsniveaus im Kontext der Anforderungsbereiche der Bildungsstandards ‚Reproduzieren', ‚Zusammenhänge herstellen' und ‚Verallgemeinern und Reflektieren' (vgl. KMK 2005). Identifiziert wurde, dass alle Lernenden einen Zugang zur Aufgabe finden konnten. In seltenen Fällen war dazu die Unterstützung der Lehrperson nötig. Die untersuchten Lernumgebungen ließen ein großes Bearbeitungsspektrum zu und die Arbeitsprozesse der Lernenden zeigten individuelle Niveauverläufe. Trotz mangelnder Reproduktionskompetenzen konnten Lernende innerhalb der substanziellen Lernumgebungen dennoch Zusammenhänge herstellen oder waren in der Lage, Verallgemeinerungen oder Reflexionen vorzunehmen. Ebenso ließen sich bei Bearbeitungsaspekten der Lernumgebungen Überlappungen und Wechselbeziehungen bspw. bezogen auf den Bereich ‚Darstellen' ausmachen (vgl. Weskamp 2019, 301 ff.).

Im Rahmen des EU-Projekts NaDiMa (‚Natural Differentiation in Mathematics') konnten Krauthausen und Scherer (2010) bezogen auf arithmetische Lernumgebungen zeigen, dass Schülerinnen und Schüler die inhaltliche Substanz bei der Bearbeitung von Lernumgebungen nutzten, indem unterschiedliche Niveaus in den Schülerbearbeitungen nachgewiesen wurden, was sowohl inhaltsbezogene als auch allgemeine mathematische Kompetenzen betraf. Ebenso wurde das Begründungs- und Beweisbedürfnis der Lernenden geweckt.

Weitere Studien mit arithmetischen Inhaltsschwerpunkten zeigen, dass durch ein ganzheitliches Vorgehen, bspw. in substanziellen Lernumgebungen, die natürliche Differenzierung und das Arbeiten auf unterschiedlichen Niveaus auch für leistungsschwächere Lernende ermöglicht werden kann (vgl. bspw. Scherer 1995,

1999; Moser Opitz 2002). Dabei ist eine Berücksichtigung des Prinzips der natürlichen Differenzierung in der Unterrichtsplanung sicher kein „Allheilmittel für
den Umgang mit lernschwachen Kindern, sie ist jedoch eine wichtige Voraussetzung" (vgl. Scherer 1998, 104). Lernschwache Schülerinnen und Schüler können
bei der Bearbeitung von natürlich differenzierenden Lernangeboten durch Ent-
scheidungshilfen bei der Wahl der Darstellungsform, des Hilfsmittels oder der
Auswahl des Lösungsweges unterstützt werden. Ebenso erscheinen Hinweise auf
besondere Anforderungen hilfreich zu sein. Dies kann sowohl durch die Lehrperson als auch durch andere Lernende geschehen (vgl. Scherer & Moser Opitz
2010, 58).

Die Studien weisen im schulischen Kontext verschiedener Länder sowie in
speziellen Umgebungen wie Lehr-Lern-Laboren nach, dass eine Differenzierung,
die in den fachlichen Kontext selbst implementiert ist, zu einer Vielfalt an Bearbeitungsniveaus in leistungsheterogenen Gruppen führen kann. Daher ist das
Prinzip der natürlichen Differenzierung aus mathematikdidaktischer Perspektive
von besonders großer Bedeutung, wenn der inklusive Unterricht der Vielfalt aller
Lernenden gerecht werden soll, die an einem gemeinsamen Gegenstand lernen
bzw. arbeiten. Allerdings steht die Beforschung von Grenzen dieses Prinzips
noch aus, vor allem hinsichtlich des Umgangs mit dem Spannungsfeld zwischen
individuellem und gemeinsamem Lernen. Ungeklärt ist, ob es bei der gemeinsamen Auseinandersetzung mit natürlich differenzierenden Lerngegenständen zu
einer produktiven Partizipation jedes Lernenden kommt. Ebenso ist noch offen,
inwiefern die natürliche Differenzierung im Bereich der Arithmetik so umsetz-
bar ist, dass auch der mathematische Basisstoff Berücksichtigung findet, und
wie mit dem Spannungsfeld zwischen diesem Basisstoff und der mathematischen
Reichhaltigkeit umgegangen wird, wenn es zu einem substanziellen Austausch
zwischen Lernenden kommen soll (vgl. Häsel-Weide 2016a). Die o. g. Studien
machen diesbezüglich keine Aussagen, denn das Prinzip der natürlichen Differenzierung fokussiert ursprünglich nicht gemeinsames Lernen inklusiver Settings.
Dennoch wird die Umsetzung des Prinzips im inklusiven Mathematikunterricht
als bedeutsam eingestuft, findet sich in entsprechenden Unterrichtsvorschlägen
(vgl. z. B. Benölken, Veber et al. 2018) und wird darüber hinaus als „Leitlinie
des Förderns im inklusiven Mathematikunterricht" (Häsel-Weide & Nührenbörger
2017c) bezeichnet. Zusätzlich werden auch Überlegungen angestellt, das Prinzip
der natürlichen Differenzierung bspw. durch Formen innerer Differenzierung zu
ergänzen (vgl. Benölken, Veber et al. 2018). Offen bleibt, inwiefern solche Adaptionen den Grundgedanken dieses Prinzips beeinflussen oder im Extremfall dem
Prinzip zuwiderlaufen.

Durch den Grundgedanken, dass jedes Kind seiner Lern- und Leistungsvoraussetzungen gemäß, einen Zugang zu einem mathematischen Thema findet und die eigene Bearbeitungstiefe mitbestimmt, wird entwicklungsorientiertes Lernen begünstigt. So erfüllt das Prinzip der natürlichen Differenzierung das Qualitätskriterium des materialistischen Paradigmas (vgl. Abschn. 2.2.2) für den inklusiven Unterricht und bietet damit eine Basis, aktiv-entdeckendes Lernen zu ermöglichen. Die Differenzierung geht dabei von den Lernenden selbst aus. Diese bestimmen individuelle Anspruchsniveaus, innerhalb der von der Lehrperson festgelegten fachlichen Rahmung, selbst (vgl. Krauthausen 2018, 274). Somit kann das Prinzip der natürlichen Differenzierung im Kontext von inklusivem Mathematikunterricht, in dem immer wieder alle Lernenden gemeinsam an einem gemeinsamen Inhalt lernen sollten, als ein zentrales Prinzip betrachtet werden (vgl. bspw. Scherer & Hähn 2017). Der gemeinsame Gegenstand kann hier als ‚Kern der Sache' verstanden werden (vgl. Abschn. 2.1.4), denn durch die individuelle Passung und Eröffnung individueller Leistungsmöglichkeiten für Lernende, wird dieser auch individuell bedeutsam für sie. Natürlich differenzierende Lernangebote sollten darüber hinaus den Diskussionsbedarf herausfordern, bspw. über Lösungswege, sowie zum Beschreiben und Begründen von Mustern und Strukturen auffordern (vgl. z. B. Hengartner et al. 2010; Hirt et al. 2012; Nührenbörger 2009). Dieser Austausch über den gemeinsamen Gegenstand bietet ein hohes kognitives Aktivierungspotential. Durch die Möglichkeit zur Kommunikation bzw. zu Ko-Konstruktionsprozessen zwischen Lernenden (vgl. Abschn. 4.1.1) fördert das mit- und voneinander Lernen inhaltliche sowie allgemeine mathematische Kompetenzen (vgl. KMK 2005) gleichermaßen. Durch das Prinzip der natürlichen Differenzierung kann somit die Voraussetzung für gemeinsames Lernen an einem gemeinsamen Gegenstand geschaffen werden. Dieses Prinzip kann im Sinne des interaktionistischen Paradigmas eine Vielzahl individueller und gemeinsamer Lernsituationen ermöglichen und dazu beitragen, dieses Qualitätskriterium für den inklusiven Unterricht zu erfüllen. Durch das Angebot, Repräsentationen auf unterschiedlichen Ebenen zu nutzen, können Lernende zusätzlich unterstützt werden, individuelle Zugangsweisen oder Lösungswege zu finden. Enaktive, ikonische und symbolische Repräsentationsformen sind dabei nicht hierarchisch zu durchlaufen (vgl. dazu auch Roos & Ruwisch 2017). Handlungsorientierte Zugänge sind nicht automatisch die Einfacheren und symbolische Repräsentationen nicht per se die Schwierigsten. Lerninhalte sollten daher auf verschiedenen Repräsentationsebenen zugänglich gemacht werden und nicht im Sinne einer hierarchischen Stufenfolge durchlaufen werden (vgl. dazu auch Krauthausen 2018, 185 f.). Damit wird zusätzlich das Qualitätskriterium des ökologischen Paradigmas einer Pädagogik bei Lernbeeinträchtigung erfüllt, sensorische Vielfalt anzubieten und selbsttätige Prozesse anzuregen. Die Berücksichtigung verschiedener Repräsentationsebenen bei der Darbietung natürlich differenzierender Lernangebote wird ebenso dadurch gestützt, dass das Wechseln zwischen verschiedenen Repräsentationsebenen (intermodaler Transfer) oder der Darstellungswechsel innerhalb einer Repräsentationsebene (intramodaler Transfer) als heuristische Strategie gilt (vgl. bspw. Aebli 1994; Krauthausen 2018, 32). Ebenso eignen sich Darstellungen auf der enaktiven oder ikonischen Repräsentationsebene nicht nur zur Unterstützung von Lernprozessen, sondern auch als Argumentations- bzw. Beweismittel. Auf diese Weise können sich Lernende trotz (schrift)sprachlicher Schwierigkeiten sachgerecht ausdrücken (vgl. dazu auch Krauthausen 2018, 329 ff.), was zur Barrierefreiheit eines Lerngegenstands (vgl. Abschn. 2.1.4) beigetragen kann.

Insgesamt kann durch die Berücksichtigung der natürlichen Differenzierung, in Verbindung mit an Grundideen orientierten Inhalten, die Voraussetzung für aktiventdeckendes und sozial-interaktives Mathematiklernen geschaffen werden. Auf diese Weise kann die erfolgreiche Verbindung individuellen und gemeinsamen Lernens im inklusiven Mathematikunterricht zwar nicht zwangsläufig ausgelöst, aber begünstigt werden. In besonderem Maße wird diese Realisierung im Konzept der substanziellen Lernumgebungen möglich, was im Folgenden eingehend betrachtet wird.

3.3   Konzeptionelle Umsetzung durch substanzielle Lernumgebungen

Ein möglicher mathematikdidaktischer Ansatz zur Erfüllung der Anforderungen, die an das gemeinsame, inklusive Mathematiklernen am gemeinsamen Gegenstand gestellt werden, sind substanzielle Lernumgebungen im Sinne Wittmanns (1995). Diese werden in theoretischen Überlegungen diskutiert sowie als Grundlage für Unterrichtskonzeptionen für inklusive Settings genutzt (vgl. z. B. Fetzer 2016; Hähn & Scherer 2017; Häsel-Weide 2016a; Käpnick 2016; Nührenbörger et al. 2018; Rottmann & Peter-Koop 2015; Transchel et al. 2013; Scherer 2017a; Scherer et al. 2016). Die Entwicklung und Erforschung gehaltvoller Aufgaben ist ein zentraler Aspekt des Mathematikunterrichts und der mathematikdidaktischen Forschung (vgl. Häsel-Weide 2016c; Krauthausen & Scherer 2014; Matter 2017). Vor allem aufgrund internationaler Vergleichsstudien wurde eine veränderte Aufgabenkultur in der Vergangenheit intensiv diskutiert und der Blick auf die Qualität von Aufgaben gerichtet (vgl. Krauthausen 2018, 258 ff.). Daraus resultierende Entwicklungen geeigneter Aufgaben werden dabei unterschiedlich bezeichnet, bspw. als ‚gute Aufgaben' (Ruwisch 2003), ‚große Aufgaben' (KMK 2005), ‚ergiebige Aufgaben' (MSW 2008), ‚strukturgleiche Aufgaben' (Nührenbörger & Pust 2018), ‚substanzielle Aufgabenformate' (Häsel-Weide & Nührenbörger 2015; Scherer 1997; Wittmann 1995) oder ‚substanzielle Lernumgebungen' (Hengartner et al. 2010; Wittmann 1998; Wollring 2009). Der Grundgedanke der Definitionen ist dabei ähnlich, aber nicht identisch. Es zeigen sich insgesamt unterschiedliche Auslegungen und nicht immer eindeutige Definitionen bezogen auf die Begriffe (vgl. dazu auch Krauthausen & Scherer 2014, 113 f.). Insgesamt handelt es sich allerdings um Aufgaben, die die Förderung aller Schülerinnen und Schüler durch substanzielle Inhalte anstreben und orientiert an aktuelle Standards konzipiert werden (vgl. Krauthausen 2018, 256).

Der für die vorliegende Arbeit zentrale Begriff der ‚substanziellen Lernumgebung' (vgl. Wittmann 1998) lässt sich von einem pädagogischen bzw. methodisch-organisatorischen Verständnis einer Lernumgebung abgrenzen. Substanzielle Lernumgebungen sind durch ein inhaltliches Verständnis geprägt (vgl. Krauthausen 2018, 255). Durch die Betonung des aktiv-entdeckenden Lernens als übergeordnete Idee des Mathematiklernens (vgl. Abschn. 3.2.2), wird ein hoher inhaltlicher Anspruch an den fachlichen Gehalt der Unterrichtsplanung gestellt (vgl. Krauthausen 2018, 255 f.), was das Konzept der substanziellen Lernumgebung aufgreift. Eine substanzielle Lernumgebung ermöglicht eigenverantwortliches, soziales und fachlich substanzielles Lernen, wenn sie mit Beachtung bestimmter Kriterien konstruiert wird. In der Definition nach Wittmann (1998) sind substanzielle Lernumgebungen „Lernumgebungen bester Qualität" (vgl. Wittmann 1998, 337) bzw. „high quality Produkte" (Wittmann 1995, 528) oder „substanzielle Unterrichtseinheiten" (ebd., 530), die folgende Kriterien erfüllen:

„1. Sie müssen zentrale Ziele, Inhalte und Prinzipien des Mathematikunterrichts repräsentieren.

2. Sie müssen reiche Möglichkeiten für mathematische Aktivitäten von Schüler/innen bieten.

3. Sie müssen flexibel sein und leicht an die speziellen Gegebenheiten einer bestimmten Klasse angepaßt werden können.

4. Sie müssen mathematische, psychologische und pädagogische Aspekte des Lehrens und Lernens in einer ganzheitlichen Weise integrieren und daher ein weites Potential für empirische Forschung bieten" (Wittmann 1998, 337 f.).

Mit dem ersten Kriterium werden aktuelle Mathematikcurricula der Grundschule angesprochen, die im Sinne der Anschlussfähigkeit bzw. des Spiralprinzips (vgl.

Abschn. 3.2.1) in substanziellen Lernumgebungen, auch mit Bezug zu später thematisierten Inhalten und Zielen des Mathematikunterrichts der weiterführenden Schule, Berücksichtigung finden (vgl. Krauthausen 2018, 257 f.). Inhaltliche und allgemeine mathematische Kompetenzen werden dabei integrativ gefördert (vgl. Krauthausen & Scherer 2014, 110). In Verbindung mit dem zweiten Kriterium bedeutet dies, die an mathematischen Grundideen orientierten Inhalte substanzieller Lernumgebungen (vgl. Abschn. 3.2.1) mit vielfältigen mathematischen Aktivitäten in ganzheitlichen Sinnzusammenhängen zu verbinden (vgl. Abschn. 5.2.2) und damit aktiv-entdeckendes Lernen (vgl. Abschn. 3.2.2) anzuregen. Sowohl kognitive Prozesse als auch die Handlungsorientierung sind in diesem Punkt gleichermaßen berücksichtigt (vgl. Krauthausen & Scherer 2014, 110). Werden substanzielle Lernumgebungen nicht nur inhaltlich ganzheitlich, sondern auch mit Berücksichtigung des Prinzips der natürlichen Differenzierung (vgl. Abschn. 3.2.3) geplant und durchgeführt, erfüllen sie das dritte Kriterium. Ausgehend von einem fachlichen Inhalt wird hier die Offenheit und Komplexität von Lernumgebungen als Differenzierungsmöglichkeit genutzt, um der Heterogenität von Lerngruppen zu begegnen (vgl. dazu auch Krauthausen & Scherer 2014, 110 f.). Das vierte Kriterium fokussiert bspw. die Berücksichtigung lernpsychologischer oder pädagogischer Erkenntnisse, die eine (sozial)konstruktivistische Grundhaltung in der Planung bzw. Organisation einer substanziellen Lernumgebung beachten (vgl. dazu auch Hirt et al. 2012, 12). Damit wird auch die Voraussetzung für das aktiv-entdeckende (vgl. Abschn. 3.2.2) bzw. kokonstruktive Lernen (vgl. Abschn. 4.1.1) geschaffen. Auf der Basis der Definition von Lernumgebungen nach Wittmann (1995) existieren mittlerweile weiterentwickelte Ansätze und Konkretisierungen (vgl. bspw. Hengartner et al. 2010; Hirt & Wälti 2012; Wollring 2009). Dabei wird sowohl ein konstruktivistisch geprägtes Lernverständnis als auch das sozial-interaktive Lernen hervorgehoben (vgl. Hirt & Wälti 2012; Wollring 2009). Wollring (2009, 13) bezeichnet eine Lernumgebung als Erweiterung der traditionellen ‚guten Aufgabe' und beschreibt sie als „flexible große Aufgabe" (ebd.), bestehend „aus einem Netzwerk *kleinerer Aufgaben, die durch bestimmte Leitgedanken zusammengebunden werden*" (ebd., Hervorh. i. O.). Besitzt eine Aufgabe Flexibilität bezogen auf ihre Organisationselemente, bspw. hinsichtlich des Umfangs oder Schwierigkeitsgrads, kann von ‚Aufgabenformat' gesprochen werden (vgl. Wollring 2009). Diese „aussteuerbaren Aufgabenformate" (vgl. ebd., 16) ermöglichen die Umsetzung des Prinzips der natürlichen Differenzierung (vgl. ebd., 16 f.). Häsel-Weide und Nührenbörger (2015) definieren ‚Aufgabenformate' auf der Basis der Kriterien substanzieller Lernumgebungen nach Wittmann (1995), integrieren dabei die natürliche

Differenzierung und betten Lerninhalte in kooperatives Lernen ein. Um ‚Lernumgebungen' handelt es sich nach Wollring (2009), wenn Aufgabenformate in unterrichtlichen Lernsituationen konkret realisiert werden. Das sozial-interaktive Lernen findet einerseits im spontanen Austausch zwischen Lernenden statt, andererseits auch durch fachliche Dialoge, die die Lehrperson initiiert (vgl. auch Hirt & Wälti 2012, 19).

Wie bereits aufgezeigt, integrieren die Kriterien substanzieller Lernumgebungen auch die Orientierung an Grundideen, das aktiv-entdeckende und sozial-interaktive Lernen sowie die natürliche Differenzierung, die gleichzeitig Ansprüche materialistischer, interaktionistischer, systemisch-konstruktivistischer und ökologischer paradigmatischer Qualitätskriterien für den inklusiven Unterricht, an dem lernbeeinträchtigte Schülerinnen und Schüler teilnehmen, erfüllen (vgl. Abschn. 3.2.1, 3.2.2 und 3.2.3). Aus diesem Grund eignen sich substanzielle Lernumgebungen in hohem Maße zum Einsatz im inklusiven Mathematikunterricht. So können sie nicht nur als Grundlage für (fachdidaktische) empirische Forschung im Allgemeinen dienen (vgl. dazu auch Wittmann 1995, 1998), sondern auch zur Erforschung des inklusiven Mathematikunterrichts – mit einer möglichen Fokussierung auf Lernprozesse von lernbeeinträchtigten Schülerinnen und Schülern. Zum Einsatz substanzieller Lernumgebungen in inklusiven Settings der Grundschule lassen sich bisher vor allem normative Überlegungen finden (vgl. bspw. Wollring 2015). Dort werden neben den o. g. Kriterien substanzieller Lernumgebungen (vgl. Wittmann 1995) auch die Bedeutung der sozial-interaktiven Teilhabe an substanziellen fachlichen Unterrichtsinhalten, der Anerkennung von Teilleistungen, der Zuwendung durch Lehrpersonen oder multiprofessionelle Teams und der diagnosebasierten Förderung herausgestellt (vgl. Wollring 2015). Erste empirische Untersuchungen des Einsatzes substanzieller Lernumgebungen in inklusiven Settings lassen den Schluss zu, dass das Arbeiten bzw. Lernen sowie der fachliche Austausch trotz unterschiedlicher Voraussetzungen der Lernenden möglich ist (vgl. Häsel-Weide 2016a, 2016c; Korten 2017; Lass & Nührenbörger 2018). Analysen im Rahmen der Studie ‚LUIS-M' (vgl. Häsel-Weide 2017b), in der das gemeinsame Lernen im inklusiven Unterricht untersucht wurde, konnten das Potential natürlicher Differenzierung in Lernumgebungen zeigen, indem Einsichten und Kompetenzen von Lernenden auf unterschiedlichen Niveaus lagen, während sie an einem gemeinsamen mathematischen Gegenstand tätig waren (vgl. ebd., 27). Dennoch ist für weitere substanzielle Lernumgebungen zu überprüfen, inwiefern der mathematische Basisstoff Berücksichtigung findet, die Aufgabenstellung allen Lernenden einen Zugang bietet und gemeinsames Lernen ermöglicht wird (vgl. ebd.).

In der Verbindung des Kriteriums der Offenheit für individuelle Lernprozesse in Verbindung mit der Berücksichtigung des sozialen inhaltlichen Austauschs mit anderen Lernenden wird auch bezogen auf substanzielle Lernumgebungen das Spannungsfeld des individuellen und gemeinsamen Lernens deutlich. Zentral für die Unterrichtsplanung ist daher die Identifikation geeigneter Lernumgebungen für das gemeinsame Lernen und die damit verbundene Entscheidung „wie viel Gemeinsamkeit für die jeweilige Lerngruppe möglich und wie viel Individualisierung nötig ist" (Lütje-Klose & Miller 2015, 24). Damit stellen die Planung, Durchführung und Analyse natürlich differenzierender substanzieller Lernumgebungen für das gemeinsame Lernen in inklusiven Settings eine große Herausforderung dar. Abhängig von der Zielsetzung können jedoch unterschiedliche Schwerpunkte gesetzt werden. Im Sinne des *gemeinsamen* Lernens kann bspw. der fachliche Austausch innerhalb einer Lernumgebung zentral sein. Dies kann kooperationsfördernd wirken, ggf. das Ausschöpfen individueller inhaltsbezogener Potentiale begrenzen, gleichzeitig aber zum Auf- und Ausbau allgemeiner mathematischer Kompetenzen beitragen. Mit der Betonung der Offenheit der substanziellen Lernumgebung für *individuelle* Lernprozesse ist es dagegen möglich, den Erwerb grundlegender, gleichzeitig aber auch darüber hinausgehender fachlicher Kompetenzen anzuregen. Dazu muss eine Lernumgebung mit einer entsprechend weitreichenden fachlichen Zielspanne (vgl. Abschn. 3.1) geplant werden (vgl. Häsel-Weide 2017b; Häsel-Weide & Nührenbörger 2017c). Insgesamt besteht für die fachdidaktische empirische Forschung diesbezüglich noch erheblicher Forschungsbedarf. Die durch Wittmann (1998, 330) bereits in den 1990er Jahren aufgezeigten Forschungsziele könnten dazu auf den inklusiven Unterricht übertragen werden: Unterrichtsinhalte für bestimmte Lernendengruppen zugänglich zu machen, substanzielle Lernumgebungen zu entwickeln und deren Einsatz bzw. die unterrichtliche Umsetzung und damit verbundene Lehr-/Lernprozesse zu erforschen, sowie Methoden zur Beobachtung und Analyse von Unterricht zu entwickeln. Dies liegt auch im Forschungsinteresse der vorliegenden Arbeit (vgl. Abschn. 5.1). Da vor allem ein Forschungsdesiderat bezogen auf geometrische Lernumgebungen besteht (vgl. Peter-Koop & Rottmann 2015), widmet sich die Studie diesem Inhaltsbereich, der im Folgenden in seiner Bedeutung für einen (inklusiven) Unterricht, an dem lernbeeinträchtigte Schülerinnen und Schüler teilnehmen, dargestellt wird.

3.4 Zum Inhaltsbereich Geometrie

Der Geometrieunterricht in der Grundschule wird anschlussfähig im Sinne eines Spiralcurriculums einführend bzw. vorbereitend auf den Unterricht der Sekundarstufe verstanden, ohne Systematiken, Begrifflichkeiten oder Betrachtungsweisen vorwegzunehmen (vgl. Krauthausen 2018, 57). Im Gegensatz zur Arithmetik, die einen hierarchischen Aufbau, bspw. im Bereich der Zahlenräume oder Operationen aufweist, entwickelt sich die Geometrie in der Grundschule nicht systematisch (vgl. Scherer & Moser Opitz 2010; Wittmann 1999). Eine Planung von Lernangeboten kann sich neben den Lehrplänen des jeweiligen Bundeslandes (vgl. bspw. MSW 2008) und den nationalen Bildungsstandards (vgl. KMK 2005) auch an ‚Rahmenthemen‘ (vgl. Radatz & Rickmeyer 1991, 9 f.), ‚Kernbereichen‘ (vgl. de Moor & van den Brink 1997, 16 f.; Franke & Reinhold 2016, 38), ‚fundamentalen geometrischen Ideen‘ (vgl. Winter 1976), oder ‚Grundideen der Elementargeometrie‘ (vgl. Wittmann 1999, 201 ff.) orientieren. Damit verbundene Lerninhalte lassen sich im Sinne des Spiralprinzips (vgl. Abschn. 3.2.1) über die gesamte Grundschulzeit vertiefend auf- und ausbauen und mit der Förderung allgemeiner (prozessbezogener) mathematischer Kompetenzen verknüpfen. Dabei lassen sich geometrische Inhalte mit anderen Bereichen der Mathematik, wie bspw. der Arithmetik (vgl. z. B. Eichler 2007; Knoop 2004) oder dem Sachrechnen (vgl. u. a. Franke & Ruwisch 2010; Radatz & Rickmeyer 1991) sinnvoll vernetzen. Um die Relevanz der Geometrie für inklusive Settings zu erörtern, wird die Bedeutung des Geometrieunterrichts einerseits allgemein, andererseits für die fokussierte Lernendengruppe dargestellt.

3.4.1 Bedeutung der Geometrie für den Mathematikunterricht der Grundschule

Betrachtet man die aktuellen Bildungsstandards (vgl. KMK 2005), zeigt sich die Bedeutung der Geometrie dort durch den Stellenwert des Bereichs ‚Raum und Form‘ bzw. ‚Muster und Strukturen‘, der der gleichen Hierarchieebene entspricht wie ‚Zahlen und Operationen‘ oder ‚Größen und Messen‘. Schon seit den 1960er Jahren plädierten Fachdidaktiker für die Aufnahme geometrischer Inhalte in die Lehrpläne der Grundschule (vgl. dazu zusammenfassend Franke & Reinhold 2016, 2). Begründet wurde diese Haltung bspw. mit der Wichtigkeit geometrischer Aktivitäten für (vgl. Bauersfeld 1967, 1992; Besuden 1973; Freudenthal 1981; Radatz & Rickmeyer 1991; Radatz & Schipper 1983; Franke & Reinhold 2016; Winter 1971, 1976; Müller & Wittmann 1984):

- die Umwelterschließung und Alltagsbewältigung,
- die Entwicklung visuellen bzw. räumlichen Vorstellungsvermögens und mentaler Operationen,
- die Aufnahme und Verarbeitung anschaulich-konkreter Unterrichtsinhalte,
- die Förderung elementarer Fähigkeiten wie dem Ordnen und Klassifizieren,
- die Unterstützung beim Erwerb arithmetischer Konzepte,
- die Förderung allgemeiner mathematischer Kompetenzen,
- die Eröffnung von Möglichkeiten zum entdeckenden Lernen (vgl. Abschn. 3.2.2) und zum Vorstellungsaufbau,
- die Bearbeitung von natürlich differenzierenden Lernangeboten (vgl. Abschn. 3.2.3) auf unterschiedlichen Anforderungsniveaus durch die Lernenden,
- die Möglichkeit, einen niederschwelligen Einstieg in Lernangebote zu offerieren, ohne explizite Vorkenntnisse zu fordern,
- die Nutzung ihres Potentials für einen fächerverbindenden Unterricht sowie
- die Ermöglichung, dass Lernende ein hohes Maß an Eigenaktivität und Kreativität in den Unterricht einbringen können.

Die Bedeutung, die Wittmann (1999) schon vor 20 Jahren herausstellte, mit dem Verweis auf wichtige mathematische Fähigkeiten, die Alltagsrelevanz besitzen, lässt sich in unterschiedlichen Facetten aufzeigen. So ist das Lesen von Karten, Plänen, Skizzen zur Orientierung, sowie die Bedeutung geometrischer Kenntnisse für naturwissenschaftliche, technische oder künstlerische Berufe bedeutsam. Des Weiteren wird durch die Geometrie ganzheitliches, anschauliches und intuitives Denken angesprochen, was Wittmann als „im weitesten Sinne geometrisches Denken" (ebd., 206) benennt. Die Sprache der Geometrie wird als eine „natürliche (und vielleicht unersetzliche) Zwischenstufe zwischen der Umgangssprache und der algebraischen Sprache" (ebd., 207) betrachtet. Mit Hilfe geometrischer Themen können anschauliche Probleme auf unterschiedlichen Schwierigkeitsniveaus bearbeitet und viele heuristische Strategien für andere Inhaltsbereiche erarbeitet werden, wie z. B. das systematische Probieren, die Betrachtung von Beispielen, Untersuchung von Teilproblemen, das Analogisieren und Spezialisieren bzw. Verallgemeinern (vgl. ebd.). Der Geometrieunterricht bietet gleichzeitig auch die Chance, allgemeine mathematische Kompetenzen (weiter) zu entwickeln (vgl. Franke & Reinhold 2016).

Die allgemeine Bedeutung geometrischer Inhalte für den Mathematikunterricht der Grundschule ist aktuell unumstritten. Entgegen der genannten Argumente, die für die Berücksichtigung des Geometrielernens in der Grundschule sprechen, scheint die Geometrie in der Praxis jedoch noch nicht den Stellenwert erreicht zu haben, den andere Inhaltsbereiche bereits einnehmen (vgl. dazu Backe-Neuwald 2000; Besuden 1988; Franke & Reinhold 2016, 2 ff.; Hähn & Scherer 2017). Lorenz (2011) betont:

> „Geometrische Fähigkeiten sind unabdingbar für das Erlernen mathematischer Grundschulinhalte. Dass Geometrie immer noch ein Mauerblümchendasein im Unterricht führt, liegt an einer chronischen Unterschätzung ihrer basalen Funktion für die kognitive Entwicklung der Kinder und der Grundlage mathematischen Verstehens" (ebd., 13).

Auf der Ebene von Unterrichtsinhalten erscheint die Stoffauswahl im Bereich Geometrie in Schulbüchern oder im Unterricht eher beliebig, das Spiralprinzip wird nicht mit der gleichen Intensität wie bei der Arithmetik verfolgt, und Vernetzungsmöglichkeiten dieser beiden Inhaltsbereiche werden von Lehrpersonen noch zu wenig genutzt. Insgesamt liegt die Entscheidung zum Verzicht auf geometrische Unterrichtsinhalte bei etwaiger „Zeitnot" nahe (vgl. Franke & Reinhold 2016, 4). Dabei dürfte gerade durch die starke Fokussierung arithmetischer Inhalte im *inklusiven* Unterricht, der „genetische Zusammenhang" (Bauersfeld 1992, 7) in den Mittelpunkt rücken, denn „[d]as Ausbilden arithmetischer Begriffe hängt eng mit der Entwicklung geometrischer Grundvorstellungen zusammen" (ebd.). Mit der Perspektive auf die Vernetzung beider Inhaltsbereiche kommt durch die Betonung der Bedeutsamkeit des einen Inhaltsbereichs auch dem damit verbundenen anderen Inhaltsbereich Bedeutung zu. Kompetenzen in beiden Bereichen sind daher bei Lernenden zu fördern (vgl. dazu auch Scherer & Moser Opitz 2010, 179). In der Unterrichtspraxis wird der Geometrieunterricht allerdings noch zu oft als Abwechslung, insbesondere zu arithmetischen Inhalten betrachtet, was die Gefahr bergen kann, weniger anspruchsvolle geometrische Inhalte anzubieten. Möglicherweise werden dadurch notwendige Lerngelegenheiten, die bspw. den Erwerb arithmetischer Kompetenzen fördern würden, nicht eröffnet (vgl. Franke & Reinhold 2016, 5).

Für Schülerinnen und Schüler, die Schwierigkeiten beim Erwerb arithmetischer Kompetenzen zeigen, kann die Chance bestehen, im Bereich Geometrie erfolgreich zu sein (vgl. dazu Hähn & Scherer 2017; Hellmich 2007, 652; Scherer & Moser Opitz 2010, 179). Diese Schülerinnen und Schüler könnten somit bei geometrischen Aufgaben besonders motiviert sein (vgl. Scherer & Moser Opitz 2010, 201), u. a. deshalb, weil diese zunächst nicht so voraussetzungsreich erscheinen (vgl. Scherer 2015). Dadurch bietet dieser Inhaltsbereich gerade lernbeeinträchtigten Schülerinnen und Schülern Gelegenheit, Erfolgserlebnisse zu sammeln und das eigene leistungsbezogene Selbstvertrauen zu stärken (vgl. Hellmich 2007, 652). Dies ist wichtig, um bei solchen Lernenden Vertrauen in die eigenen Leistungen aufzubauen und Freude am Mathematiklernen zu entwickeln (vgl. Scherer & Moser Opitz 2010, 201). Eine besondere Bedeutung hat dieser Aspekt auch für das materialistische Paradigma, dem ein kompetenzorientiertes Menschenbild zu Grunde liegt (vgl. Abschn. 2.2.2).

Zentral für den Geometrieunterricht der Grundschule ist ein inhaltlich-anschauliches Vorgehen im Sinne des operativen Prinzips, das die Konstruktionen geometrischer Objekte sowie Operationen mit ihnen berücksichtigt: „Indem man untersucht, welche Eigenschaften Objekten durch Konstruktionen aufgeprägt werden und wie sie sich „verhalten", wenn man sie operativ verändert, erhält man nämlich die beste Einsicht in sie" (Wittmann 1987, 53). Zusammenhänge zwischen Inhalten können dabei durch ‚erfahrungs- und umweltbezogenes Lernen' verstärkt werden (vgl. Radatz & Rickmeyer 1991, 10). Von ebenso großer Bedeutung und häufig mit dem operativen Prinzip verbunden, ist die Handlungsorientierung (vgl. bspw. Besuden 1988). Bereits in der Vergangenheit befürworteten namhafte Pädagogen den handlungsorientierten Unterricht. Bspw. forderte Pestalozzi Anschauung und die Ermöglichung von Handlungserfahrung für Lernende, Fröbel setzte sich für niveauvolle Tätigkeiten für Lernende im Kleinkindalter ein und Galperin betonte die Wichtigkeit geeigneter äußerer Handlungen für die Ausbildung geistiger Handlungen (vgl. zusammenfassend Eichler 2007, 25 f.). Geht man von dem Verständnis nach Piaget bzw. Aebli aus, dass Denken ‚verinnerlichtes Handeln' bzw. ‚Ordnen des Tuns' ist, kann konkretes Handeln mit geometrischen Objekten als besonders bedeutsam für die Entwicklung spezifischer Denkweisen oder grundlegender kognitiver Kompetenzen erachtet werden (vgl. Radatz & Rickmeyer 1991, 8). Die praktisch-gegenständliche Tätigkeit ist jedoch erst wirksam, wenn sie auch zur geistigen Tätigkeit bezogen auf den Lerngegenstand anregt (vgl. Besuden 1988). Dies ist mit substanziellen Lernumgebungen vereinbar, in denen es darum geht, „in den Gegenständen und den auf sie bezogenen Aktivitäten substanzielle mathematische Ideen und mathematische Strategien anzusprechen" (Wollring 2009, 14). Gerade geometrische Lernumgebungen eröffnen dabei anschauliche, handlungsorientierte, u. U. fächerübergreifende Zugänge für alle Lernenden (vgl. Hähn & Scherer 2017, 230). Dadurch herausgeforderte Grundfertigkeiten können zudem planvoll und langfristig gefördert sowie perfektioniert werden, damit Lernende eine Geläufigkeit entwickeln, die dann, zielgerichtet eingesetzt, nicht nur Unterrichtszeit spart, sondern bloßes Vor- und Nachmachen überflüssig werden lässt, was sich ohnehin als wenig zielführende Tätigkeit erweist (vgl. Eichler 2007, 27). Da auch im geometrischen Bereich gilt, dass Unterrichtsmaterialien selbst Lerngegenstand sind, ist es von Vorteil, Materialien sparsam und wiederkehrend, d. h. im Sinne eines spiraligen Aufbaus, einzusetzen. Auf diese Weise können Lernende damit verbundenes Handeln vervollkommnen bzw. teilweise automatisieren (vgl. ebd., 27 f.). Bauersfeld spricht in diesem Zusammenhang von der „Kultur des gemeinsamen Umgehens mit den Materialien" (ebd. 1992, 21). Nicht nur das Ergebnis der geometrischen Handlung ist schließlich von Bedeutung, sondern auch der aktive Wissenskonstruktionsprozess, in dem Lernende bspw. mittels praktisch-gegenständlicher Tätigkeiten mathematische Entdeckungen und Lösungen demonstrieren, beschreiben, begründen und darstellen können. Dabei erhalten die Lernenden die Möglichkeit zu zeigen, inwiefern sie bspw. Lösungsmethoden, die Geometrisierung oder den Transfer bereits beherrschen (vgl. Eichler 2007, 29). Werden diese Aspekte berücksichtigt, ist ein Geometrieunterricht lernzielorientiert und fördert bzw. fordert auch die geistige Tätigkeit, kann gezielt zur Beantwortung arithmetischer Fragestellungen beitragen sowie als Ausgangspunkt für arithmetische Erkenntnisse genutzt werden. Neben der Förderung praktischer bzw. handwerklicher Grundfertigkeiten bietet ein solcher Unterricht die Möglichkeit, im Sinne des Spiralprinzips Kenntnisse systematisch weiterzuentwickeln und zu vertiefen. Insgesamt ist die Leitidee der Handlungsorientierung aus der Perspektive des materialistischen Paradigmas (vgl. Abschn. 2.2.2) auch besonders bedeutsam für den inklusiven Unterricht. Die tätige Auseinandersetzung hilft bei der Überwindung sprachlicher Barrieren (vgl. Abschn. 3.2.2), eröffnet auf diese Weise Möglichkeiten zur Partizipation und trägt zur Denkentwicklung bei.

3.4.2 Förderung des geometrischen Verständnisses von lernbeeinträchtigten Schülerinnen und Schülern

Mit einem mathematikdidaktischen Fokus sind Schwierigkeiten sowie Bedingungen des Kompetenzerwerbs im Bereich der Geometrie bei lernbeeinträchtigten Schülerinnen und Schülern bislang nur wenig exploriert (vgl. Hellmich 2007, 635; 2012, 304). Es fehlen zudem Evaluationen unterrichtlicher Interventionen und Förderprogramme (vgl. Scherer & Moser Opitz 2010, 196), und nicht hinreichend geklärt ist, wie geometrische Kompetenzen bei lernbeeinträchtigten Schülerinnen und Schülern gefördert werden sollten (vgl. Hellmich 2012, 298). Es existieren lediglich theoretische Überlegungen über deren individuelle oder schulische Bedingungen des Kompetenzaufbaus. Damit verbundene Hypothesen sind bislang kaum empirisch belegt, und es wird davon ausgegangen, dass geometrische Unterrichtsinhalte erfolgreich gelehrt bzw. gelernt werden, wenn sie „auf individuelle

Bedingungen sowie spezifische Schwierigkeiten von Kindern und Jugendlichen abgestimmt werden" (Hellmich 2012, 298). Über Schwierigkeiten im Bereich Geometrie wird häufig nur spekuliert, da sie kaum Gegenstand von Untersuchungen sind (vgl. ebd.). Hier besteht in Anbetracht der dargestellten Relevanz geometrischer Kompetenzen (vgl. Abschn. 3.4.1) ein großer Forschungsbedarf. Im Gegensatz zum arithmetischen Bereich (vgl. dazu bspw. Schneider et al. 2013) liegen zudem keine Studien vor, die einen Zusammenhang zwischen bestimmten Fähigkeiten und Fertigkeiten zur Begünstigung des Erwerbs geometrischer Kompetenzen bei Schülerinnen und Schülern identifizieren (vgl. Hellmich 2012, 299). Maier (1999) kommt in einer Metaanalyse von 40 Studien zu dem Ergebnis, „dass räumliches Vorstellungsvermögen bei Probanden unterschiedlichen Alters trainierbar ist" (ebd., 81). Jedoch sind diese Ergebnisse nicht ohne Weiteres auf Schülerinnen und Schüler mit sonderpädagogischem Unterstützungsbedarf übertragbar. Hellmich und Hartmann (2002) stellten in einer Studie zum Training räumlicher Fähigkeiten und Transferleistungen bezogen auf Schülerinnen und Schüler mit dem Förderschwerpunkt Lernen fest, „dass sich räumliche Fähigkeiten nicht durch ein relativ kurzzeitiges Training beeinflussen lassen" (ebd., 60) und „dass Mechanismen des Erwerbs oder Trainings räumlicher Fähigkeiten nicht so klar sind wie sie vielfach erscheinen" (ebd.). Die Autoren merken zudem an, dass Förderungseffekte bei einem engen inhaltlichen Zusammenhang von Trainings- und Testaufgaben am wahrscheinlichsten sind (vgl. ebd.).

Grüßing (2002) ordnete in einer Studie Lernende zunächst hinsichtlich ihres räumlichen Vorstellungsvermögens unterschiedlichen Leistungsgruppen zu. Sie analysierte die Bewältigung räumlich-geometrischer Aufgaben dieser Lernenden und fand heraus, dass dabei unterschiedliche Strategien gezeigt wurden. Sie identifizierte dabei einerseits das Nutzen analytischer Strategien mit logischschlussfolgendem Denken, andererseits holistische, räumlich-visuelle Strategien. Ebenso ließ sich eine Präferenz für bestimmte Bearbeitungsstrategien bei verschiedenen Schülerinnen und Schülern erkennen. Lernende des unteren Leistungsspektrums nutzten häufig sequentielle Strategien, wenn in Aufgaben viele Merkmale betrachtet werden mussten. Bei räumlichen Bewegungen wurden zudem unterstützend die Hände benutzt, was vor allem leistungsschwächere Lernende taten, die eine holistische Vorgehensweise zeigten (vgl. ebd.). „Insbesondere stützen die Ergebnisse zum Zusammenhang von räumlichen Fähigkeiten und Mathematikleistung die Forderung, der Entwicklung räumlicher Fähigkeiten im Mathematikunterricht einen größeren Stellenwert beizumessen" (Grüßing 2015, 51). Ob Grüßings Ergebnisse auch auf lernbeeinträchtigte Schülerinnen und Schüler übertragbar sind, ist nicht beantwortbar. Jedoch kann als Konsequenz für empirische Forschungsvorhaben die Berücksichtigung von Gesten bei der

Analyse geometriebezogener Aktivitäten lernbeeinträchtigter Schülerinnen und Schüler angestrebt werden.

Aufgrund fehlender Forschungsergebnisse stützen sich theoretische Überlegungen aktuell auf die von Piaget und Inhelder entwickelte Stufentheorie zur Entwicklung räumlicher Fähigkeiten (vgl. Piaget & Inhelder 1971). Geometrische Kompetenzen werden häufig über das Erreichen verschiedener Niveaustufen bei der Entwicklung geometrischen Denkens beschrieben (vgl. bspw. van Hiele 1986, 1999), die als Grundlage für Überlegungen zur Entwicklung bzw. Analyse von Lernangeboten dienen können. Auf den Unterricht der Förderschule sieht Hellmich (2012, 301) nur die ersten drei Stufen übertragbar. Diese Stufen umfassen die ganzheitliche Erfassung der Objekte und der Reproduktion von Repräsentanten (Stufe 1: räumlich-anschauungsgebundenes Denken), die Analyse geometrischer Objekte hinsichtlich ihrer Eigenschaften, deren Beschreibung und Klassifikation (Stufe 2: analysierend-beschreibendes Denken), sowie die Feststellung von Beziehungen zwischen Eigenschaften geometrischer Figuren und Nutzung diesbezüglicher Erkenntnisse in Begründungen (Stufe 3: abstrahierend-relationales Denken).

Trotz der fehlenden Forschungsbefunde wird in theoretischen Überlegungen davon ausgegangen, dass geometrische Inhalte besonders bedeutsam für einen inklusiven Mathematikunterricht sind. In der wissenschaftlichen Diskussion wird bspw. für lernbeeinträchtigte Schülerinnen und Schüler auf die Wichtigkeit der Bewältigung alltäglicher Problemstellungen und Herausforderungen, die geometrische Fähigkeiten und Fertigkeiten erfordern, hingewiesen (vgl. Hellmich 2012, 294). Räumlich-geometrische Fähigkeiten sind für Schülerinnen und Schüler mit dem Förderschwerpunkt Lernen bedeutsam, da sie in der Regel praktische bzw. handwerkliche Berufe ergreifen, die anwendungsorientierte bzw. geometrische Fähigkeiten und Fertigkeiten erfordern (vgl. ebd., 294). Diesbezüglich stellten Werner und Schäfer (2018), auf der Grundlage einer Befragung von 280 Unternehmen aus Industrie, Handel und Dienstleistung, folgende zentrale Aspekte für den Bereich ‚Raum und Form' heraus:

- „Analysieren, d. h. Eigenschaften realer Objekte erkennen und beschreiben oder in Begründungen verwenden
- Erzeugen von geometrischen Objekten
- Operieren mit geometrischen Objekten" (ebd., 262)

Ebenso wird die Bedeutung räumlich-geometrischer Fähigkeiten mit dem arithmetischen Begriffserwerb begründet, bspw. beim Umgang mit Veranschaulichungsmitteln bezogen auf den kardinalen oder ordinalen Zahlaspekt oder auch zur

Entwicklung von tragfähigen Grundvorstellungen, die die Ablösung vom Material und den Aufbau innerer Bilder einer Operation fokussiert (vgl. Hellmich 2007, 635 f.). Dabei identifizieren Studien bei Grundschülerinnen und -schülern mit Lernschwierigkeiten in Mathematik Schwächen in der visuell-geometrischen Kompetenz (vgl. Lorenz 2008; Lorenz & Radatz 1986). Sie haben zudem „massive Schwierigkeiten [...] im Verständnis und der Darstellung geometrischer Sachverhalte" (Schneider et al. 2013, 189).

Spezifische Empfehlungen für die Förderung geometrischer Kompetenzen bei Schülerinnen und Schülern mit dem sonderpädagogischen Unterstützungsbedarf im Lernen bleiben meist allgemein. Hellmich (2012, 301) weist aufgrund der heterogenen individuellen Lernvoraussetzungen auf die Schwierigkeit hin, einheitliche Zieldimensionen für den Mathematik- bzw. Geometrieunterricht für lernbeeinträchtigte Schülerinnen und Schüler zu formulieren, fordert jedoch, zur Berücksichtigung leistungsstärkerer Schülerinnen und Schüler, eine Öffnung nach oben (vgl. ebd., 295). Mit gelingenden Initiierungen von Lehr-Lernprozessen werden die Berücksichtigung inhaltlicher, aktivitätsbezogener und kontextueller Aspekte in Lehr-Lern-Prozessen verbunden, die auch zur Auswahl und Herstellung von Fördermaterialien herangezogen werden (vgl. Hellmich 2007, 635 f.). Als *inhaltlicher Aspekt* wird dabei die Förderung der visuellen Wahrnehmungsfähigkeit gerade bei lernbeeinträchtigten Schülerinnen und Schülern aus (sonder)pädagogischer Perspektive als bedeutsam eingestuft (vgl. Greisbach 2007; Hellmich 2007, 636), denn Störungen der Wahrnehmungen lassen sich in Erklärungsmodellen zur Entstehung einer Lernbeeinträchtigung finden (vgl. Schröder 2000). Auch in den Empfehlungen zum Förderschwerpunkt Lernen benennt die Kultusministerkonferenz (vgl. KMK 1999) neben der Berücksichtigung soziokulturell bedingter Benachteiligungen und sozialer Randständigkeit, folgendes Ziel sonderpädagogischer Förderung:

„Auswirkungen von Beeinträchtigungen vor allem in den grundlegenden Bereichen der Lernentwicklung wie Denken, Gedächtnis, sprachliches Handeln, Wahrnehmung, Motorik, Emotionalität und Interaktion werden gemindert und durch Förderung individueller Stärken kompensiert" (ebd., 3).

Dazu würde ein substanzieller Geometrieunterricht beitragen, und die Vernachlässigung geometrischer Inhaltsbereiche im Unterricht könnte dagegen gerade für lernbeeinträchtigte Schülerinnen und Schüler negative Konsequenzen haben (vgl. dazu auch Scherer & Moser Opitz 2010, 179). Für die Förderung *aktivitätsbezogener Aspekte* des Geometrielernens lernbeeinträchtigter Schülerinnen und Schüler werden fachdidaktische Vorschläge für den (allgemeinen) Geometrieunterricht der

Primarstufe als uneingeschränkt geeignet eingestuft (vgl. Hellmich 2007, 638 f.). Auch Freudenthal betont die Eignung der Geometrie für *alle* Lernenden, unabhängig ihres Alters und ihrer arithmetischen Fähigkeiten: „Man kann sie sehr viel Geometrie sehr früh treiben lassen, unabhängig von allem Rechnen und aller anderen Mathematik" (ebd. 1974, 167). Betrachtet man „Geometrie als integralen Teil der Mathematik" (Wollring 2009, 22), so ist darüber hinaus ihre Bedeutung als selbstständiger Inhaltsbereich nicht zu unterschätzen, in dem gemeinsames Mathematiktreiben unabhängig von Arithmetikkenntnissen der Lernenden möglich ist und allgemeine mathematische Kompetenzen gefördert werden können (vgl. auch Abschn. 3.4.1). Dies ist gerade für lernbeeinträchtigte Schülerinnen und Schüler in einem inklusiven Setting von großer Bedeutung, wenn sie im arithmetischen Bereich zieldifferent gefördert werden, dagegen bei geometrischen Inhalten gemeinsam mit anderen an einem gemeinsamen Gegenstand (vgl. Abschn. 2.1.3, 2.1.4) lernen und arbeiten können. Werden die Inhalte zudem an Schülerinteressen orientiert und gelingt gemeinsames, aktiv-entdeckendes Lernen, erreicht der gemeinsame Unterricht sein wesentliches Ziel: „Die Marginalisierung von weniger leistungsfähigen Kindern zu verhindern und deutlich zu machen, dass Teilhabe aller möglich ist" (Benkmann 2009, 155). Bezogen auf *kontextuelle Aspekte* des Geometrielernens lernbeeinträchtigter Schülerinnen und Schüler wird im Rahmen eines aktiven konstruktiven Wissenserwerbs die Herstellung von Anwendungsbezügen im Sinne reichhaltiger authentischer bzw. realitätsbezogener Aufgaben als zentral erachtet. Dies könnte auch zur Förderung des Interesses an mathematischen Aufgabenstellungen beitragen (vgl. Hellmich 2007, 641; Hellmich & Moschner 2003). Die aktiv-konstruktive, praktisch-gegenständliche Tätigkeit ist jedoch erst wirksam, wenn sie auch zur geistigen Tätigkeit, bezogen auf den Lerngegenstand, anregt (vgl. Eichler 2007, 26). Dies ist bspw. mit substanziellen Lernumgebungen vereinbar, in denen es darum geht, „in den Gegenständen und den auf sie bezogenen Aktivitäten substanzielle mathematische Ideen und mathematische Strategien anzusprechen" (Wollring 2009, 14). Gerade geometrische Lernumgebungen eröffnen oft anschauliche, handlungsorientierte, u. U. fächerübergreifende Zugänge für alle Lernenden (vgl. Hähn & Scherer 2017, 230), die zudem auch mit Realitätsbezügen geplant werden können (vgl. bspw. Abschn. 5.3.4).

3.5 Folgerungen für die vorliegende Studie

Dem sozial-interaktiven und gleichzeitig aktiv-entdeckenden Lernen (vgl. Abschn. 3.2.2) an einem gemeinsamen Lerngegenstand kann aus fachdidaktischer

Perspektive ein besonderer Stellenwert zugesprochen werden. Dies gilt insbesondere auch bezogen auf den inklusiven Mathematikunterricht (vgl. Abschn. 3.1). Durch die Verknüpfung des Prinzips der Orientierung an Grundideen (vgl. Abschn. 3.2.1), das das fachliche Lernen an einem gemeinsamen Gegenstand eröffnet, mit dem Prinzip der natürlichen Differenzierung (vgl. Abschn. 3.2.3), das die Berücksichtigung individueller Voraussetzungen impliziert, können sowohl individuelle als auch gemeinsame Lerngelegenheiten geschaffen werden. Durch den Einsatz substanzieller Lernumgebungen (vgl. Wittmann 1995) sind die genannten fachdidaktischen Prinzipien vereint realisierbar, wodurch Qualitätskriterien für den inklusiven Unterricht mit lernbeeinträchtigten Schülerinnen und Schülern erfüllt werden können (vgl. Abschn. 3.2, 3.3 und 3.4). Aufgrund theoretischer Argumentationen und diesbezüglicher Desiderate (vgl. Abschn. 3.4.1 und 3.4.2), scheint ein geometrischer Inhalt zudem besonders geeignet zu sein, um das gemeinsame Lernen in inklusiven Settings herauszufordern und diesbezügliche Prozesse zu beforschen. Durch natürlich differenzierende substanzielle Lernumgebungen, bei denen Lernende sich gemeinsam mit dem *gleichen* Lerngegenstand auseinandersetzen, wird das Erreichen individueller Ziele auf unterschiedlichen Stufen ermöglicht (vgl. Abschn. 3.1). Dadurch gewinnen die ganzheitlichen Lerninhalte für Lernende auch an subjektiver Bedeutung. Zusätzlich ist es möglich, verschiedene Lernumgebungen zu vernetzen, sodass Lernende vielfältige fachliche Beziehungen herstellen können (vgl. Abschn. 3.3). Die für die Studie entwickelten substanziellen Lernumgebungen (vgl. Abschn. 5.2.4) entsprechen einer solchen Vernetzung. Vier Lernumgebungen wurden im Kontext desselben übergeordneten geometrischen Gegenstands konzipiert, zu dem die Lernenden verschiedene Phänomene und Eigenschaften aktiv entdecken können (vgl. dazu auch Abschn. 5.3.2 bis 5.3.5). Die Lernumgebungen wurden im Hinblick auf ihren natürlich differenzierenden Charakter pilotiert (vgl. Abschn. 5.3.1), um deren Eignung für heterogene Lerngruppen abzusichern. Die geometrischen Inhalte der Lernumgebungen sollten Anforderungen stellen, aber keine Überforderung darstellen, für alle zugänglich sein und verschiedene Bearbeitungsniveaus ermöglichen. Diesbezügliche Barrieren wurden bereits in der Pilotierungsphase abgebaut. Auf diese Weise sollen sich alle Lernenden produktiv in die Bearbeitung der Lernumgebungen einbringen können. Die entwickelten Lernumgebungen wurden schließlich in inklusiven Settings eingesetzt, in denen Lernende mit und ohne Förderschwerpunkt Lernen zusammenarbeiteten (vgl. Abschn. 5.4.1). Ein diesbezüglicher Forschungsfokus der vorliegenden Studie bezieht sich auf individuelle sowie sozial-interaktive Prozesse (vgl. Abschn. 5.1). Das Potential substanzieller Lernumgebungen wird somit für die fachdidaktische empirische Forschung (vgl. Wittmann 1998; Abschn. 3.3) genutzt: Sowohl der Einsatz bzw. die unterrichtliche Umsetzung substanzieller Lernumgebungen als auch damit verbundene Prozesse lernbeeinträchtigter Schülerinnen und Schüler werden erforscht und ein Analyseinstrument (weiter)entwickelt (vgl. Kap. 6). Die Entwicklung dieses Analyseinstruments sowie die Fokussierung bestimmter Lernender kommt letztlich dem Anspruch eines barrierefreien Unterrichts im Sinne eines weiten Inklusionsbegriffs entgegen, denn die Ergebnisse können genutzt werden, um für Potentiale und Grenzen individueller Prozesse zu sensibilisieren, die in gemeinschaftliche Prozesse eingebunden stattfinden (vgl. dazu Kap. 7; auch Carle 2017).

Innerhalb der Studie kamen geometrische substanzielle Lernumgebungen zum Einsatz, da die Berücksichtigung des Auf- und Ausbaus geometrischer Kompetenzen von Lernenden einerseits generell im Mathematikunterricht der Grundschule bedeutsam ist (vgl. Abschn. 3.4.1), anderseits besondere Relevanz für lernbeeinträchtigte Schülerinnen und Schüler hat (vgl. Abschn. 3.4.2). Hier sollen unabhängig von einer zieldifferenten arithmetischen Förderung der Lernenden gemeinsame Lernsituationen an einem gemeinsamen geometrischen Lerngegenstand ermöglicht werden, da die Erforschung diesbezüglicher Ko-Konstruktionsprozesse (vgl. Abschn. 4.1.1) von Interesse ist. Die Lernumgebungen wurden dabei so konzipiert, dass sie im Sinne des entdeckenden Lernens eine handelnde Auseinandersetzung mit einem geometrischen Objekt ermöglichen (vgl. zur Bedeutung der Handlungsorientierung Abschn. 3.4.1), wodurch Erfahrungen gesammelt, Zusammenhänge entdeckt und Beziehungen zu bereits vorhandenem Wissen herstellt werden können. Die Lernenden können dabei verbal und nonverbal agieren und auf enaktive, ikonische und symbolische Weise arbeiten oder diese ergänzend nutzen, um mit anderen zu interagieren (vgl. ebd.). So wird eröffnet, dass Lösungen und Argumentationen unterschiedlich repräsentierbar sind, was zur Barrierefreiheit von Lernumgebungen beitragen kann. Der intermodale Transfer kann zudem ko-konstruktive Prozesse von Lernenden bereichern (vgl. auch Abschn. 4.1.1). Allgemeine und inhaltsbezogene mathematische Aktivitäten, die innerhalb der situationsbezogenen Performanz (vgl. Chomsky 1981) der Schülerinnen und Schüler in der Interaktion beobachtbar sind, wurden schließlich analysiert (vgl. Kap. 6). Als Konsequenz der Ergebnisse geometriebezogener Studien (vgl. Abschn. 3.4.2) wurden Gesten und handlungsbezogene Aktivitäten in der Auswertung der Studie mitberücksichtigt. Relevant für die Analyse war zudem der geometrische Schwerpunkt der jeweiligen Lernumgebung in Verbindung mit allgemeinen mathematischen Aktivitäten. Die Analysekategorien wurden für den jeweiligen Teil der Lernumgebung induktiv konkretisiert (vgl. Abschn. 6.1). Auf diese Weise wurden durch das empirische Forschungsprojekt mathematische Aktivitäten von Schülerinnen und Schülern in einer konkreten Lernumgebung deskriptiv erfasst.

Partizipation an gemeinsamen mathematischen Lernsituationen

Eine Voraussetzung für die erfolgreiche Umsetzung schulischer Inklusion (vgl. Abschn. 2.1) und die damit verbundene Berücksichtigung der Heterogenität bzw. Vielfalt der Schülerinnen und Schüler beim gemeinsamen Lernen ist die ermöglichte Partizipation an gemeinsamen unterrichtlichen Lehr-Lernprozessen. Im Beschluss der Kultusministerkonferenz zur ‚Inklusive[n] Bildung von Kindern und Jugendlichen mit Behinderungen in Schulen' (vgl. KMK 2011) heißt es bezogen auf diesen Aspekt:

> „Das übergreifende Ziel [...] liegt darin, das individuelle Recht auf gleichberechtigten Zugang zum allgemeinen Bildungssystem für Kinder und Jugendliche mit sonderpädagogischem Förderbedarf zu sichern und ihnen damit gleichberechtigte, selbstbestimmte und aktive Teilhabe an Bildung, Arbeit und am Leben in der Gesellschaft zu ermöglichen" (ebd., 8).

Die Partizipation lernbeeinträchtigter Lernender ist unabhängig vom Förderort ein zentrales Ziel für deren Förderung:

> „Unabhängig vom Förderort ist Ziel der Sonderpädagogik die bestmögliche Förderung der betroffenen Schülerinnen und Schüler. Sie orientiert sich am Prinzip von Aktivität und Teilhabe, nicht am Prinzip der Fürsorge. Im Zusammenhang mit inklusiven schulischen Angeboten werden die Begrifflichkeiten des sonderpädagogischen Förderbedarfs und die Systematik der Förderschwerpunkte weiterentwickelt" (ebd., 5).

Partizipation entsteht nicht von selbst, sondern ist u. a. durch pädagogische Maßnahmen im Unterricht, wie bspw. die Beseitigung von Barrieren, zu erreichen (vgl. Werner 2019, 168 f.; Wocken 2012, 127). Bezogen auf den Mathematikunterricht

© Der/die Autor(en), exklusiv lizenziert durch Springer Fachmedien Wiesbaden GmbH, ein Teil von Springer Nature 2021
K. Hähn, *Partizipation im inklusiven Mathematikunterricht*, Essener Beiträge zur Mathematikdidaktik, https://doi.org/10.1007/978-3-658-32092-8_4

fordert Werner, dass ein Maßstab für didaktisch-methodische Entscheidungen die Frage ist: „Welchen Beitrag leistet dieses Setting für den Erwerb teilhaberelevanter (mathematischer) Kompetenzen?" (Werner 2019, 169), denn „[e]in Bildungsangebot ist dann inklusiv, wenn es einen nachhaltigen Beitrag zur Sicherung der Teilhabe des einzelnen Schülers in der jeweiligen sozialen Situation (z. B. Mathematikunterricht [...]) leistet" (ebd.).

In diesem dritten Zugang der vorliegenden Arbeit zum gemeinsamen Lernen im inklusiven Unterricht, wird der inklusive Mathematikunterricht im Sinne des gemeinsamen Lernens (vgl. Abschn. 2.1.3) als sozial-interaktives Geschehen betrachtet, an dem die Lernenden an einem substanziellen fachlichen Inhalt (vgl. Abschn. 3.2.1 und 3.3) partizipieren. Mit einer interaktionistischen konstruktivistischen Perspektive wird gemeinsames Lernen von mindestens zwei Personen als Ko-Konstruktion in Interaktionsprozessen betrachtet, in denen sich das Thema der Interaktion entfaltet (vgl. Abschn. 4.1). Die produktive bzw. rezeptive Partizipation von Lernenden an solchen Ko-Konstruktionen wird im Anschluss fokussiert und diesbezügliche Studienergebnisse in den Blick genommen (vgl. Abschn. 4.2). Das Kapitel schließt mit Folgerungen für die Studie dieser Arbeit im dargestellten interaktionistischen Rahmen (vgl. Abschn. 4.3).

4.1   Zum sozial-interaktiven Mathematiklernen

Der Begriff ‚Ko-Konstruktion' ist nicht eindeutig definiert (vgl. Brandt & Höck 2011, 245). Er kann einerseits mit Lern- und Entwicklungsprozessen im Sinne Vygotskys ‚Zone der nächsten Entwicklung' in Verbindung mit einem „kompetenteren" Interaktionspartner verstanden werden (vgl. bspw. Fthenakis 2009). Andererseits werden mit ‚Ko-Konstruktionsprozessen' Aushandlungs- oder Kooperationsprozesse gleichberechtigter Interaktionspartner in Verbindung gebracht (vgl. Brandt & Höck 2011, 245). Letztgenanntes Begriffsverständnis liegt dieser Arbeit zu Grunde und wird im Folgenden aufgegriffen (vgl. Abschn. 4.1.1). In den Interaktionsprozessen von Lernenden entwickelt sich das Thema der Interaktion, das im Folgenden im Kontext einer interaktionsanalytischen Betrachtungsweise und in Verbindung mit Studien zur Erfassung von Interaktionsprozessen und -strukturen bei Partner- bzw. Gruppenarbeiten dargestellt wird (vgl. Abschn. 4.1.2).

4.1.1   Ko-konstruktive Lernprozesse

Mit dem Begriff ‚gemeinsames Lernen' wird in einem interaktionistischen Verständnis, bspw. im Rahmen von mathematikdidaktischen Lernprozessanalysen
(vgl. z. B. Brandt 2004; Höck 2015; Naujok 2000), eine auf eine fachliche Aufgabe bezogene Interaktion verbunden. Eine ‚soziale Interaktion' betont dabei die
Wechselwirkung bzw. -beziehung, in der kommunizierende Personen und/oder
Gruppen aufeinander bezogen handeln und sich in ihren Erwartungen und Handlungen gegenseitig beeinflussen (vgl. Reinhold 2000, 305). In diesen dialogisch
konstituierten Lernprozessen werden Interaktionen in einem Prozess wechselseiti-
ger Abhängigkeit erzeugt. Gemeinsames bzw. kooperatives Lernen wird in diesem
Zusammenhang als deskriptives Phänomen betrachtet, da die Exploration der im
Unterricht hervorgebrachten Strukturen im Vordergrund steht, und es nicht um
normative Vorstellungen oder Forderungen geht (vgl. auch Krummheuer 2007,
61). Die mit den Begriffen verknüpften methodischen Unterrichtsorganisations-
konzepte zur Förderung des sozialen Lernens werden an dieser Stelle ebenso nicht
fokussiert.

Die Verbindung von gemeinsamem und individuellem Lernen lässt sich durch
eine konstruktivistische, und erweitert um eine sozial-konstruktivistische Perspektive skizzieren. Im Kontext des interaktionistischen Konstruktivismus wird
beides vereint betrachtet (vgl. Sutter 2009). Mit einer konstruktivistischen Perspektive auf das Lernen werden zunächst Denk- bzw. Erkenntnisprozesse einem
konstruktiv-handelnden Subjekt zugewiesen (vgl. Bauersfeld 2009, 16). Lernende werden als aktive Konstrukteure des eigenen Wissens betrachtet (vgl.
Krummheuer & Naujok 1999, 59). Erweitert durch die sozial-konstruktivistische
Auffassung werden diese Konstruktionsprozesse nicht primär individuell, sondern
in einem sozialen Zusammenhang konstruiert bzw. im soziokulturellen Kontext
dialogisch ko-konstruiert (vgl. Reusser 2006, 155). ‚Ko-Konstruktionsprozesse'
werden im Rahmen der Arbeit als Aushandlungs- oder Kooperationsprozesse
gleichberechtigter Interaktionspartner verstanden (s. o.; vgl. auch Brandt &
Höck 2011, 249 f.). Die damit verbundene soziologische Ausrichtung des Konstruktivismus, inspiriert durch Mead und Dewey, wurde bspw. in Luhmanns
Systemtheorie aufgegriffen (vgl. Auch Abschn. 2.2.2). Lernen ist demnach sozial
gerahmt und erfolgt in ko-konstruktiven Prozessen durch kollektive bzw. interaktive Bedeutungsaushandlungen (vgl. Reusser 2006, 155). Grundschülerinnen
und Grundschüler, und darin einbezogen selbstverständlich auch jene mit einem
sonderpädagogischen Unterstützungsbedarf, werden im Rahmen der vorliegenden
Arbeit somit als „Mitgestaltende der situativ erzeugten Unterrichtsstruktur und

damit der eigenen Lernbedingung" (Brandt 2006, 19) verstanden. Diese Mitgestaltung ist mehr als eine Annahme, Ablehnung oder individuelle Verarbeitung eines Lernangebots (vgl. ebd.). Es handelt sich darüber hinaus um eine Generierung des Lernarrangements, das aufgrund der spezifischen Beteiligung der Lernenden erzeugt wird. Werden lediglich die Interaktionsprozesse in ihrer Gesamtheit fokussiert betrachtet, besteht die Gefahr, individuelle Beteiligungen von Lernenden nicht ausreichend zu beachten. Beides wird jedoch im Ansatz des interaktionistischen Konstruktivismus berücksichtigt, der systemtheoretische Überlegungen mit den o. g. subjektbezogenen bzw. sozialtheoretischen Ansätzen verbindet (vgl. Beer & Grundmann 2004). In diesem Zugang werden subjektive Konstruktionsprozesse in soziale Konstruktionsprozesse zwar als eingebunden betrachtet, jedoch gleichzeitig auch klar differenziert (vgl. Sutter 2004, 172).

Um individuelle Prozesse der Lernenden innerhalb ihrer Beteiligung an unterrichtlichen Strukturen von Interaktionsprozessen zu betrachten, bspw. innerhalb von Partner- oder Kleingruppenarbeitsprozessen, wird der vorliegenden Arbeit das Konzept des interaktionistischen Konstruktivismus (vgl. Sutter 2009) zu Grunde gelegt. Dieser von Sutter (2009) dargestellte strukturgenetische Ansatz beruht auf verschiedenen Grundannahmen, von denen er zwei besonders hervorhebt:

• „Subjekte bauen die Strukturen der eigenen Innenwelt wie auch der jeweils gegebenen natürlichen und sozialen Außenwelt in einem aktiven Konstruktionsprozeß erst auf (Annahme des Konstruktivismus).
• Dabei besteht ein interaktives Wechselverhältnis zwischen den handelnden Subjekten und der gegebenen Außenwelt. Neben dem Umgang mit der natürlichen Außenwelt ist vor allem die Einbindung der sich entwickelnden Subjekte in soziale Interaktionen zu berücksichtigen (Annahme des Interaktionismus)." (ebd., 24 f.)

Für das Mathematiklernen ist es somit nicht nur von Bedeutung, gemeinsames Lernen mit dem Fokus der Partizipation aller Beteiligten, sondern auch im Sinne individuellen Lernens innerhalb von bzw. durch Interaktionen zu betrachten. Zurückgehend auf Soeffner (1989, 12) kann der Mathematikunterricht als „unmittelbarer Anpassungs-, Handlungs-, Planungs- und Erlebnisraum" (ebd.) betrachtet werden (vgl. auch Brandt & Krummheuer 2000, 199). Geht man von einem sozial konstituierten Lernen in der Grundschule aus, sind Belehrungen nur indirekt möglich, denn „Lernen wird durch Partizipation an entsprechenden sozialen Interaktionsprozessen ermöglicht, erleichtert und geleitet, aber nie zwangsläufig ausgelöst" (Krummheuer 2007, 63).

Wird Mathematiklernen als ein sozialer bzw. kollektiver Prozess betrachtet (vgl. Krummheuer 1992; Miller 1986), der auf der interaktiven, fachlichen Aushandlung bzgl. der Koordination mentaler Aktivitäten von mindestens zwei Personen beruht (vgl. bspw. Krummheuer 2007, 61 f.), bringen Schülerinnen und Schüler in Interaktionsprozessen spezifische Lernbedingungen für sich oder andere hervor (vgl. Krummheuer 2003, 128 ff.). Bedeutungen von (Sprech)Handlungen werden interaktiv zwischen den Interaktionspartnern ausgehandelt. Dabei kann eine gemeinsam geteilte Bedeutung gefunden werden, was allerdings auch scheitern kann (vgl. Krummheuer & Brandt 2001, 14). Darüber hinaus kann sowohl Strittiges als auch Unstrittiges diskutiert werden, da unterschiedliche Zugänge zu einem Lerngegenstand ausgehandelt werden können und sollen (vgl. Gellert 2013; Krummheuer 2008). Unter Alltagsbedingungen des Klassenunterrichts, an dem wenige Agierende aktiv teilnehmen bzw. konstruktiv tätig sind, sind auch viele nicht-agierende Rezipienten zugegen. Daher müssen für den Unterricht sowohl konstruktive als auch rezeptive Lernformen Berücksichtigung finden (vgl. Krummheuer & Fetzer 2010, 151; Abschn. 4.2.2). Bauersfeld (2009, 20) gibt in diesem Zusammenhang zu bedenken, ob der direkten Wissensvermittlung und -einübung in der Forschung ein zu großer Wert beigemessen und viel Unterrichtszeit zugestanden wird, dagegen die Lernprozesse während des beiläufigen Mitlernens durch stumme Zuhörer zu wenig Beachtung finden.

Da lernbeeinträchtigte Schülerinnen und Schüler in der im Rahmen dieser Arbeit durchgeführten Studie fokussiert betrachtet werden, ist von Bedeutung, dass verschiedene konversations- und gesprächsanalytische Studien bereits belegen, dass sich auch lernbeeinträchtigte Personen an Interaktionsregeln, wie dem ‚adjacency pair‘, der ‚Redezugverteilung‘ oder ‚Bedeutungsaushandlung‘ orientieren (vgl. Hitzler 2018, 49). Hitzler hält in diesem Zusammenhang fest: „[U]nabhängig vom Grad der kognitiven Kompetenz lässt sich zumindest eine Orientierung an gesellschaftlich gültigen Interaktionsregeln feststellen, was sowohl die Fähigkeit, derartige Ordnung wahrzunehmen und zu analysieren als auch Bestrebungen, den dieser Ordnung zu Grunde liegenden Regeln selbst gleichermaßen gerecht zu werden, voraussetzt" (ebd., 50). Als Konsequenz dieser Feststellung gelten für die fokussierte Lernendengruppe der Studie zunächst dieselben Grundlagen, wie für alle anderen Interagierende. Allerdings sagen die Studien, die sich auf die Inklusion von Lernenden mit sonderpädagogischem Unterstützungsbedarf in der Regelschule beziehen, nur wenig aus, bezogen auf die Inklusion in der unterrichtlichen Interaktion bzw. Handlungspraktik (vgl. Hackbarth 2017, 10). Gleichzeitig erfasst die Forschung zur Jahrgangsmischung sowie zur Inklusion kaum die Art und Weise der Partizipation von Lernenden am inklusiven Grundschulunterricht (vgl. ebd., 12). Bezogen auf lernbeeinträchtigte

Schülerinnen und Schüler ist kaum etwas über die Aushandlungsprozesse mit nicht-lernbeeinträchtigten Interaktionspartnern im inklusiven Unterricht bekannt, weder im Hinblick auf förderliche noch hinderliche Wirkungen (vgl. Benkmann 2010, 132). Dies lässt sich auch aktuell für den inklusiven Mathematikunterricht der Grundschule bestätigen. In Anbetracht der Einschätzung der fachdidaktischen Bedeutung von Aushandlungsprozessen für das gemeinsame Mathematiklernen ist hier ein wichtiges Forschungsdesiderat festzuhalten.

Forschungsergebnisse
Verschiedene Forschungsergebnisse liegen bereits zum ko-konstruktiven Lernen vor. Krummheuer und Brandt (2001) untersuchten Interaktionen dahingehend „wie Äußerungen von den Beteiligten in der Interaktion selbst zu Aussagen über Gedanken, Ideen, Absichten und/oder Intentionen *gemacht* werden und welche Veränderungsprozesse dabei diese Deutungszuschreibungsbemühungen durchlaufen" (ebd., 15, Hervorh. i. O.). So kann die Struktur von Interaktionen betrachtet werden, die durch aufeinanderfolgende Äußerungen von Gesprächsteilnehmern geschaffen wird (vgl. ebd., 24). In lerntheoretischen Überlegungen gehen Krummheuer und Brandt (2001, 201) von einer „Vorstellung vom Lernen als schrittweise zunehmende Handlungsautonomie im Rahmen von interaktiv stabilisierten Interaktionsstrukturen" (ebd., 20) aus und kritisieren alltagspädagogische Vorstellungen, „bei denen gewöhnlich differenzierte Abstufungen autonomen Handelns unter der dominierenden Perspektive des aktiven, epistemologisch autarken Wissenskonstrukteurs zu wenig bedacht werden" (ebd., 201). Mathematische Lernprozesse lassen sich nach Krummheuer und Brandt (ebd., 20) im Autonomiezuwachs von Schülerinnen und Schülern identifizieren, wenn sich innerhalb kollektiver Argumentationen (zum Begriff vgl. Miller 1986) zunehmend eigenverantwortliche Beiträge rekonstruieren lassen. Die inhaltliche Verantwortlichkeit für die Bedeutungsgenese in der thematischen Gesprächsentwicklung ist dabei zentral (vgl. ebd., 40 f.), denn Schülerinnen und Schüler partizipieren mit ihren jeweiligen fachlichen Kompetenzen auf unterschiedliche Weise an Unterrichtssituationen (vgl. Krummheuer 2007, 63 sowie Abschn. 4.2.2). Finden Gespräche bspw. in Gruppenarbeit statt, ergeben sich dadurch Lernmöglichkeiten, sowohl in konstruktiver als auch in rezeptiver Form (vgl. Bauersfeld 2009; Krummheuer 2007, 64 sowie Abschn. 4.2.2).

Weitere Studien versuchen, Ko-Konstruktionsprozesse im Mathematikunterricht in unterschiedlichen Settings genauer zu erfassen und zu beschreiben. Das Forschungsinteresse bezieht sich dabei auf die Entstehung und die Verläufe von Ko-Konstruktionsprozessen und wie diese hinsichtlich eines bestimmten Fokus beschrieben werden können. Barron (2000) untersuchte die Entfaltung von Ko-Konstruktionsprozessen in Kleingruppeninteraktionen leistungsstarker Schülerinnen und Schüler. Sie identifizierte in der Analyse drei verschiedene Dimensionen: Durch den ‚wechselseitigen Austausch', die ‚gemeinsame Aufmerksamkeitsfokussierung' sowie die ‚Koordination gemeinsamer Zielsetzungen' kamen Ko-Konstruktionsprozesse unter Lernenden zustande. Barnes und Todd (1995) untersuchten die Interaktionsverläufe von 13-jährigen Schülerinnen und Schülern hinsichtlich sozialer und kognitiver Aspekte. Dabei arbeiteten sie vier Grundelemente (‚discourse moves') heraus, die den mathematischen Diskurs beeinflussen und einen Beitrag zu einem gelingenden Gruppenaustausch leisten:

1) die Verantwortlichkeit einer Person für die Initiierung des inhaltsbezogenen Themas (‚initiating'),
2) die Aufrechterhaltung des Gesprächs durch Nachfragen inhaltsbezogener Informationen oder Einschätzungen (‚eliciting'),
3) die Weiterentwicklung genannter Informationen (‚extending') und
4) die Würdigung bzw. Einordnung der Interaktionsbeiträge des Lernpartners auch hinsichtlich deren Bedeutung (‚qualifying'; vgl. ebd., 79; auch Höck 2015, 52 f.).

Der erste Punkt zeigt einen ähnlichen Fokus, der auch in der Studie von Krummheuer und Brandt (2001) eingenommen wird. Die Punkte 2 bis 4 können in Bezug zu Barrons Studie als eine Ausdifferenzierung ko-konstruktiver Prozesse verstanden werden, durch die der wechselseitige Austausch konkretisiert wird (vgl. Barron 2000). Barnes und Todd (1995) ordneten zudem auch Interaktionen auf sozialer Ebene ein, die hinsichtlich ihres Beitrags für einen reibungslosen erfolgreichen Gesprächsverlauf (‚progress through talk'), ihrer fachlichen oder sozialen Konkurrenz (‚competition and conflict') oder ihrer Funktion zur gegenseitigen Stützung (‚supportive behaviour') eingeschätzt wurden (vgl. ebd., 79). Durch die Zuordnung von Äußerungen zur sozialen Beziehungsebene sowie zur fachlichen Inhaltsebene, wird die Komplexität von Interaktionen aufgrund vielfacher Variationsmöglichkeiten deutlich. Beide Ebenen sind dabei stark miteinander verbunden und oft nur innerhalb der Analyse differenzierbar (vgl. ebd., 78 f.). Der interaktionsanalytische Fokus der vorliegenden Studie richtet sich auf dieselben grundlegenden Ebenen, die auch in theoretischen Überlegungen, bezogen auf gemeinsame Lernsituationen inklusiver Settings (vgl. Wocken 1998), zu finden sind. Hier zeigt sich eine Verbindungsmöglichkeit inklusionsbezogener Theorien und interaktionsanalytischer Beforschung, die die vorliegende Arbeit aufgreift (vgl. Abschn. 6.2). Eine Verbindung von Inhalts- und Beziehungsaspekten in inklusiven Settings stellen mathematikdidaktische Studien aktuell nur selten her. Als ein Beispiel sei die Studie von Schöttler (2019) genannt, die sich auf dyadische Interaktionen in inklusiven Partnerarbeitssettings von Fünft- bzw. Sechstklässlern fokussiert. Hier wurde die Verknüpfung epistemologischer und partizipatorischer Analysemethoden genutzt. Für einen gemeinsamen arithmetischen Aufgabenkontext wurde ein Spektrum von fachlich getrennten Arbeitsphasen bis zu gemeinschaftlichen Ideenentwicklungen rekonstruiert. Lernpartner zeigten sich dabei in der Ideenentwicklung gleichberechtigt, oder sie nahmen ungleiche Rollen ein. Nicht im Rahmen von Partner- bzw. Gruppenarbeit, sondern während der Wochenplanarbeit, in der Schülerinnen und Schüler an unterschiedlichen Aufgaben individuell arbeiteten, untersuchten Krummheuer und Naujok (1999) sich ergebende Kooperationssituationen von Lernenden. Während der Wochenplanarbeit variierten dabei sowohl die Gesprächsthemen als auch die Art und Weise der Beteiligung der Lernenden an solchen Gesprächen. Die Analysen von Krummheuer und Naujok (1999) bezogen sich einerseits auf Verläufe von Kooperationsprozessen, andererseits auf die Vorstellungen von ‚Helfen‘, die in den Kooperationssituationen rekonstruierbar waren (ebd., 89). Dabei konnten Pertubationen des kognitiven Gleichgewichts identifiziert werden, die in theoretischen Betrachtungen als potentielle Lernanlässe eingeschätzt werden (ebd., 90).

Howe (2009) untersuchte ko-konstruktive Prozesse eines wechselseitigen Austauschs mit dem Schwerpunkt auf einen Inhaltsaspekt. Im Konkreten wurde die gemeinsame Generierung von Ideen betrachtet und eine Verantwortlichkeit für deren Ursprung rekonstruiert. Howe analysierte Verläufe von Ko-Konstruktionsprozessen, bezeichnet als ‚joint construction‘, hinsichtlich der gemeinsamen Lösungsfindung. Dazu wurden 8- bis 12-jährige Schülerinnen und Schüler im Kontext des Problemlösens zu sachunterrichtlichen Themen beobachtet. Im Fokus der Untersuchung standen Interaktionen, die dahingehend unterschieden wurden, ob in einem symmetrischen Verlauf verschiedene Ideen aller Beteiligten zu einer gemeinsamen Lösung weiterentwickelt wurden (‚Typ 1‘) oder in einem asymmetrischen Verlauf die Idee eines – möglicherweise kompetenteren – Lernpartners durch die Lerngruppe akzeptiert, aufgegriffen und weiterentwickelt wurde (vgl. ‚Typ 2‘ in Howe 2009, 217 ff.). Die Typenbildung ist dabei nicht statisch zu verstehen, sondern impliziert viele mögliche Subtypen (vgl. Howe 2009, 217). Für das gemeinsame Mathematiklernen wurden diese Ergebnisse, durch eine Untersuchung von Brandt und Höck (2011), um einen weiteren Typ (‚Typ 0‘) ergänzt. Dieser Typ kennzeichnet Interaktionen, in denen direkt zu Beginn die gleiche, für alle Lernpartner schlüssige Idee verfolgt wird, wodurch sich eine Aushandlung divergierender Ideen erübrigt (vgl. ebd., 274 ff.).

Die Studien zeigen insgesamt die Bedeutung der Erforschung ko-konstruktiver Lernprozesse auf, um verschiedene Aspekte sozial-interaktiver Lernprozesse zu identifizieren sowie gemeinsames Lernen zu beschreiben und verstehen zu können. Ihnen gemeinsam ist dabei die Erfassung der interaktionalen Wechselbeziehung sowie individueller Verantwortlichkeiten. Dabei stehen Aspekte auf der Inhalts- sowie der Beziehungsebene mit unterschiedlichen Schwerpunkten im Zentrum des Interesses. Die Ergebnisse widersprechen sich zunächst nicht. Sie sind allerdings nicht zwingend auf andere Settings übertragbar. So können möglicherweise Resultate aus Untersuchungen von Dyaden u. U. auf den Klassenunterricht nicht übertragen werden. Schöttler (2019) gibt für die eigene Studie einschränkend zu bedenken, dass Lehrpersonen die Lernpartner für die inklusiven Settings hinsichtlich ihrer mathematischen Leistung und Kooperationsbereitschaft auswählten, was Einfluss auf ko-konstruktive Prozesse haben kann. Auch Erkenntnisse bezogen auf Kleingruppensituationen leistungsstarker Schülerinnen und Schüler (vgl. Barron 2000) fallen u. U. bei heterogenen Gruppen oder Gruppen mit leistungsschwachen Lernenden anders aus. Anlass zum Zweifel gibt zumindest die Studie von Matter (2017) zum Lernerfolg beim gemeinsamen Mathematiklernen in der Partnerarbeit an substanziellen Aufgaben in jahrgangsgemischten Settings. Matter kommt zu dem Ergebnis, dass Verläufe der Partnerarbeit von fachlichen und sozialen Prozessen beeinflusst werden und sich u. a. hinsichtlich der fachlichen bzw. sozialen Ausgewogenheit bzw. Unausgeglichenheit typisieren lassen. Waren die fachlichen Fähigkeiten von Lernenden einer Partnergruppe vergleichbar, identifizierte Matter einen Lernzuwachs durch Ko-Konstruktionsprozesse beider Lernender, unabhängig von deren sozialer Ausgeglichenheit (vgl. ebd., 299 ff.). Bei unterschiedlichen fachlichen Fähigkeiten der Lernenden waren Lernerfolge beider identifizierbar, sofern die leistungsstärkere Person den Partner in einen Austausch einband (vgl. ebd., 303). Zeigten sich die Lernenden dagegen sowohl fachlich als auch sozial unausgeglichen, indem kein gemeinsamer Austausch stattfand, erzielten beide keine Lernfortschritte, da keine gemeinsame Wissenskonstruktion entstand (vgl. ebd., 300 ff.). Matter fasst zusammen: „Je nach sozialem Verhalten der Partner entwickelte sich auch bei unterschiedlicher Ausprägung mathematischer Kompetenzen ein inhaltlich ausgeglichener Austausch. Andererseits garantierten individuell vorhandene fachliche Fähigkeiten noch keinen ausgeglichenen Verlauf der Zusammenarbeit" (ebd., 296). Bezogen auf die Erforschung von Ko-Konstruktionsprozessen im Rahmen des Mathematiklernens fokussieren andere Studien die Inhaltsebene, im Besonderen hinsichtlich der Entfaltung des Themas (vgl. dazu auch Abschn. 4.1.2). Dies ist häufig mit der Betrachtung von Partizipationsprozessen von Lernenden verbunden, da die Ebene der Themenentfaltung mit der Ebene der individuellen Beteiligung eines Lernenden an diesem Prozess eng verknüpft ist (vgl. Abschn. 4.2.2).

4.1.2 Thematische Entwicklung der Interaktion

Im interaktiven Wechselspiel zwischen Lernenden läuft die aufgabenspezifische Bearbeitung sequenziell ab. Krummheuer und Fetzer (2010, 45) sprechen in diesem Zusammenhang, angelehnt an Erickson (1982), von ‚academic task structure‘, in der sich die formale Struktur einer Argumentation widerspiegeln kann. Diese analysieren bspw. Krummheuer und Brandt (2001) mit Hilfe der ‚Funktionalen Argumentationsanalyse‘ nach Toulmin (1969). Im Ablauf des Sprechwechsels, angelehnt an den Begriff ‚participation structure‘ von Erickson (1982), kann die soziale Beteiligungsstruktur (vgl. Abschn. 4.2.2) und ggf. eine damit verbundene Regelmäßigkeit dargestellt werden, bspw. in Form eines Interaktionsmusters (vgl. Krummheuer & Fetzer 2010, 49 ff.).

In der *Situationsdefinition* interpretieren alle Interaktionspartner auf ihre jeweils individuelle Art und Weise in einer permanenten Aktivität innerhalb des Interaktionsgeschehens die Wirklichkeit und schreiben dieser eine Bedeutung zu (vgl. Krummheuer 1984; Krummheuer & Fetzer 2010). Hierbei handelt es sich um einen Prozess, der stets vorläufig ist und unabgeschlossen bleibt (vgl. Krummheuer 1984, 286). Deutungen sind dabei bereits interaktiv orientiert (vgl. Krummheuer & Fetzer 2010) und durch Deutungsmuster strukturiert sowie durch Vorerfahrungen und -kenntnisse des Individuums geprägt (vgl. Krummheuer 1984, 286). Es handelt sich um Koproduktionen der Interaktion durch die Interaktionsteilnehmer, die sich gegenseitig beeinflussen, indem sie ihren Standpunkt darstellen und ggf. begründen. Dies kann explizit-diskursiv sowie implizit-reflexiv stattfinden (vgl. Krummheuer & Fetzer 2010, 142). Im Zentrum stehen die gemeinsame Aushandlung, Abänderung oder Einigung auf eine gemeinsame Sichtweise bezogen auf Bedeutungen, Strukturierungen und Geltungsnormen sowie die Verständigung über die Interpretation bestimmter Handlungen bspw. durch wechselseitige Bestätigung. Zur Aufrechterhaltung bzw. Weiterentwicklung der Interaktion werden in dieser *Bedeutungsaushandlung* individuelle Deutungen wechselseitig eröffnet und Situationsdefinitionen ständig abgeglichen, um eine *gemeinsam geteilt geltende Bedeutung* zu erreichen (vgl. Krummheuer 1992, 17 ff.). Diese unterliegt einem ständigen Veränderungsprozess und findet sowohl statt, wenn es sich um eine symmetrische Interaktion von ähnlich kompetenten Interaktionspartnern handelt, als auch in asymmetrischen

Interaktionen mit ungleich kompetenten Interaktionspartnern. Erwartungshaltungen, Normvorstellungen und Interpretationen mit Inhaltsbezug können sich dabei ausformen und eine situationsüberdauernde Geltung erlangen (vgl. Krummheuer & Fetzer 2010, 16 ff.). Zentral ist, dass die Dynamik der Interaktion schließlich zu Ergebnissen führt und diese nicht in der Verantwortung eines einzelnen Individuums liegen. Als Gegenstand steht zudem nicht der Inhalt, sondern die diesbezügliche, durch die Interaktion hervorgebrachte, geteilt geltende Bedeutung im Zentrum. In Studien von Krummheuer und Brandt (2001) wurde die Entwicklung eines fachbezogenen Inhalts betrachtet, der sich innerhalb der mathematischen Themenentwicklung entfaltet (vgl. dazu auch Krummheuer & Naujok 1999). Das bedeutet, dass die Autoren die *mathematische Themenentwicklung*, bei der es sich um eine auf Verständigung und Kooperation ausgerichtete Interaktion handelt, die den Inhalt mehrperspektivisch thematisiert, vom *mathematischen Inhalt* unterschieden, der nicht-verhandelbare, fachlich autorisierte, wahre mathematische Aussagen umfasst (vgl. Krummheuer & Brandt 2001; Krummheuer & Fetzer 2010). Fokussierten Interaktionsteilnehmer ihre Gesprächsbeiträge Zug um Zug aufeinander, und das im Hinblick auf ein bestimmtes Thema, war es möglich, thematische Zusammenhänge und Entwicklungen zu rekonstruieren (vgl. Krummheuer & Brandt 2001, 28 f.). Dies ist bedeutsam für die interpretative Unterrichtsforschung. Krummheuer und Brandt (2001) betrachteten innerhalb solcher Bedeutungsaushandlungen argumentative Gesprächsabschnitte, indem sie zu einer Argumentation zugehörige Gesprächsbeiträge als ‚Argumentationsstrang' identifizierten (vgl. ebd., 40). Während der Bedeutungsaushandlung können Angleichungsprozesse von Situationsdefinitionen zu einem zueinander passenden ‚Arbeitsinterim bzw. -konsens' führen, der für die Aufrechterhaltung und Weiterentwicklung der Interaktion mit einer thematischen Offenheit sorgt. Arbeitsinterim bzw. -konsens umschreiben somit in erster Linie den Funktionalitätsaspekt von Interaktionen und keine inhaltlichen Übereinstimmungen, die allerdings gleichzeitig möglich sind (vgl. Krummheuer & Fetzer 2010, 16 ff.). Die Deutung der Situationsdefinition von Lernenden ist oft nicht eindeutig rekonstruierbar. Sie kann in einem interpretativen Vorgang, bspw. im Rahmen einer Interaktionsanalyse (vgl. Abschn. 5.5.1) vorgenommen werden. Dabei sind Spektren alternativer Deutungsmöglichkeiten zu berücksichtigen. Die Betrachtung des Interaktionsverlaufs schafft jedoch die Möglichkeit, sich auf eine plausible Interpretation zu beschränken (vgl. Krummheuer & Fetzer 2010, 21).

In Interaktionen zwischen Lernenden in der Gruppen- oder Partnerarbeit, die fachlich-inhaltlich bezogen auf eine mathematische Aufgabe stattfinden, lassen sich im Kontext der interpretativen Unterrichtsforschung unterschiedliche Forschungsinteressen unterscheiden. Diese können bspw. stärker auf soziale

Beziehungen oder inhaltliche Lern- bzw. Interaktionsprozesse fokussiert sein sowie sich auf Zusammenhänge zwischen beiden richten (vgl. Naujok et al. 2008, 788). Exemplarisch sollen an dieser Stelle Studien aufgeführt werden, in denen Aspekte der fachlichen Aushandlung bzw. Themenentwicklung im Vordergrund stehen. Da dies in ko-konstruktiven Strukturen eingebettet stattfindet, zeigen sich teilweise Bezüge zum vorangegangenen Kapitel. Die dargestellten Studien können in ihren Ergebnissen als sich ergänzend betrachtet werden, da sie einen jeweils unterschiedlichen Blick auf die Themenentwicklung in Interaktionsprozessen einnehmen. Forschende rekonstruieren mit Hilfe von Interaktionsanalysen unterschiedliche Ebenen bzw. Tiefenstrukturen von Interaktionsprozessen. Dabei zeigt sich zusätzlich eine unterschiedlich breite Interpretation dessen, was als Interaktant gilt. Verschieden ist zudem, wie viele Modalitäten der Ausdrucksweise in Analysen mit einbezogen werden.

Höck (2015) betrachtete Problemlösegespräche von Grundschulkindern in einer Gruppenarbeit und unterschied zur Rekonstruktion des mathematischen Themas, ähnlich wie Barnes und Todd (1995), Interaktionen zunächst hinsichtlich ihres Inhalts-, Beziehungs- und Organisationsaspekts, um in einem zweiten Schritt die Themenentwicklung und das kollektive Ergebnis zu betrachten (vgl. Höck 2015, 55 ff.). Dabei bedingten sich diese Aspekte gegenseitig, traten aber in kollektiven Aushandlungen mit unterschiedlichen situationsspezifischen Schwerpunkten auf (vgl. ebd., 57). Höck (2015) stellte fest, dass fachlich-inhaltliche Aushandlungen zu einem mathematischen Aspekt einer Aufgabe dann in Erscheinung traten, wenn soziale und organisatorische Diskussionen nicht mehr verhandelt wurden. Dabei setzten sich nicht immer fachlich korrekte Ansätze durch (vgl. ebd., 310 ff.). In der Analyse der Gesprächsstrukturen von Lernenden konnte das Unterbrechen von Kernphasen sowie ein erneutes Wiederaufgreifen eines mathematischen Themas beobachtet werden, in denen die Lernenden neue mathematische Aspekte einbrachten, die den Aushandlungsprozess voranbrachten. Zudem ließen sich Ko-Konstruktionspausen identifizieren, die auf Phasen der intrapersonalen Verarbeitung wahrgenommener Widersprüche hindeuteten und anschließend Raum für neue ko-konstruktive Problemlösungen eröffneten (vgl. ebd., 381 f.).

Anders als Barnes und Todd (1995) oder Höck (2015), legte Fetzer (2017) den Fokus auf Objekte und deren Rolle im Interaktionsprozess von Lernenden. Fetzer hebt, rückgreifend auf die soziologische Betrachtung von Objekten in der ‚Actor-Network-Theory' von Latour (2005), die Bedeutung von Objekten als Akteure innerhalb von Aushandlungs- bzw. Argumentationsprozessen hervor und betrachtet sie als Partizipienten in Interaktionsprozessen (vgl. Fetzer 2017). Sie betrachtet das Handeln von Lernenden dabei nicht isoliert, sondern im strukturellen Kontext der Interaktion bei ‚Turn-Übernahmen' (vgl. ebd., 47), in denen Handlungen als Reaktion auf ein vorheriges Handeln gezeigt werden (vgl. ebd., 47 ff.). In der Struktur von Interaktionsprozessen konnte sie im Rahmen einer Studie die „Spuren von Objekten" (ebd., 55) nachweisen. Objekte konnten bspw. zur Aufrechterhaltung von Interaktionen beitragen (vgl. ebd.). Wurden die Objekte aktiv in der Interaktion genutzt, konnten sie einen unterschiedlich starken Aufforderungscharakter haben, der durch die Lernenden an- bzw. aufgenommen oder abgelehnt werden konnte (vgl. ebd., 334). Auch auf inhaltlicher Ebene wurden Lösungsprozesse durch Objekte beeinflusst (vgl. ebd., 55). Objekte trugen zur Komplexität der Argumentation von Lernenden bei und halfen diesen, ihre Ideen explizit zu machen. Dabei agierten menschliche und nicht-menschliche Akteure vernetzt miteinander (vgl. ebd., 56 f.).

Auch Vogel und Huth (2010) schreiben unterschiedlichen Ausdrucksweisen, und damit auch der Verwendung von Objekten bzw. der Handlung am Material, Bedeutung im Interaktionsprozess von Lernenden zu. Sie untersuchten mathematische Vorstellungen von Kindern in Gesprächssituationen innerhalb einer kombinatorischen Problemstellung. Ausgangspunkt ihrer Analyse war die Annahme, dass junge Lernende mathematische Vorstellungen multimodal, d. h. lautsprachlich, gestisch, materialbezogen handelnd, mimisch und schriftlich ausdrücken können (vgl. dazu auch Arzarello 2006). Die verschiedenen Ausdrucksformen können dabei in- und aufeinander wirken (vgl. Vogel & Huth 2010). Die Analyse fokussierte neben sprachlichen Äußerungen vor allem auch Gestik und Handlung am Material, die in der Lern- bzw. Konzeptforschung häufig unberücksichtigt bleiben, jedoch interaktionale Aushandlungsprozesse mitbestimmen (vgl. ebd., 178; auch Givry & Roth 2006, 1087). Vogel und Huth (2010) definieren Gestik als „Bewegungen der Arme und Hände, die Teil des kommunikativen Aktes sind und dabei keine funktionalen Handlungen an einem Objekt darstellen" (ebd., 186). Somit unterscheiden sie diese von Handlungen am Material oder schriftlichen Dokumentationen. Gestische und lautsprachliche Ausdrucksweisen betrachten sie als zugehörig zu einem integrativen Sprachsystem und in engem Zusammenhang stehend (vgl. ebd.). Gesten ordnen sie dabei Kategorien zurückgehend auf McNeill (1992) zu, die sie allerdings als nicht trennscharf ausweisen. Unterschieden werden ikonische Gesten, mit denen bspw. Formen konkreter Objekte dargestellt werden, metaphorische Gesten, die abstrakte Inhalte oder Gedanken ausdrücken, deiktische Gesten bzw. Zeigegesten sowie Beat-Gesten, die die Sprechrhythmik betonen (vgl. ebd., 12 ff. sowie Vogel & Huth 2010, 186). In Analysen der Gestik und Lautsprache identifizierten Vogel und Huth (2010) in den unterschiedlichen Ausdrucksweisen der Lernenden durchaus verschiedene Vorstellungen eines mathematischen Sachverhalts, was eine Relevanz für Perspektiverweiterungen bzw. für verdichtete Lernmöglichkeiten hatte (vgl. Huth 2010, 156 ff.; Vogel & Huth 2010, 187). Insgesamt konnten sie durch die Analyse der drei Modalitäten ,lautsprachliche Äußerung', ,Gestik' und ,Handlung am Material' zeigen, dass die Rekonstruktion mathematischer Konzepte durch die gleichzeitige Betrachtung der verschiedenen Modalitäten unterstützt werden kann (vgl. Vogel & Huth 2010, 203). Ein wichtiges Ergebnis war, dass Handlungen am Material sich insgesamt als bedeutsam hinsichtlich der Thematisierung bzw. Entwicklung mathematischer Vorstellungen von Lernenden erwiesen (vgl. ebd., 188).

Naujok (2000) erfasste in ihrer Studie die Schüleraktivitäten in Kooperationsprozessen einer jahrgangsgebundenen sowie einer jahrgangsübergreifenden Klasse (Jg. 1 bis 3) während des Wochenplanunterrichts, der sich auf verschiedene Fächer bezog. Sie definiert Kooperationsprozesse hinsichtlich des Inhaltsaspekts als „[j]ede Art von aufgabenbezogener Interaktion" (ebd., 12), die zur Lösung bzw. Erledigung einer Aufgabe beiträgt (ebd., 158). Als Ergebnis ihrer Untersuchung generiert sie verschiedene Beschreibungskriterien zur Erfassung der Kooperationsprozesse von Lernenden (vgl. ebd., 157 ff.; 2002, 66 f.):

• Themenfokussierung durch Zuordnung der Themenkonstituierung der Interaktion zu den Beiträgen der Interagierenden und Unterscheidung von Fachlichem, äußeren Arbeitsvoraussetzungen bzw. Arbeitsmaterialien, Methodischem und Persönlichem
• Explizität der Kooperation aufgrund ihrer Thematisierung durch Lernende
• Thematisierung und Bewertung von Autonomie- und Lernförderlichkeit
• Aufgabenbezogene Beziehungsstruktur durch Unterscheidung symmetrischer (gleich kompetenter) oder asymmetrischer Kooperation bezogen auf die Voraussetzungen der Lernenden sowie der thematischen Ausgangssituation der Arbeit an gleichen oder unterschiedlichen Aufgaben
• Dauer der Kooperation
• Intensität der Kooperation in starker Ausprägung durch thematische Fokussierung oder in geringer Ausprägung durch sporadischen Austausch
• Offenheit der Kooperation für die Beteiligung weiterer Lernender

In einem zweiten Ansatz zur Beschreibung der Kooperation identifizierte Naujok (2000, 164 ff.) interaktionsbezogene Handlungen innerhalb der Kooperation von Lernenden, typisierte diese als ,Kooperationshandlungen' und deutete sie zum Teil als symmetrisch bzw. asymmetrisch. Als asymmetrisch betrachtet sie ,Erklären', ,Vorsagen' und ,Abgucken' (vgl. ebd., 156 ff.). Begründet ist diese Zuordnung damit, dass der Erklärende über einen Wissensvorsprung verfügt, der

Vorsagende etwas weitergibt, das „nachsagefertig" (vgl. ebd., 166) ist und der Abguckende, anders als beim Vorsagen, sich in eigener Verantwortung selbst hilft, sich aber gleichzeitig, wie beim Vorsagen, über Lösungen informiert, die ohne einen Austausch mit dem Lernpartner zugänglich sind (vgl. ebd., 167). Eine Kooperationshandlung, die sowohl symmetrisch als auch asymmetrisch gedeutet werden kann, ist das Prüfen der Ergebnisqualität durch ‚Vergleichen', denn hier können Lernmöglichkeiten entstehen, sofern durch den Vergleich Unstimmigkeiten auftreten, die zu einem gegenseitigen Austausch der Lernenden führen können. Andererseits kann dem Vergleichen, bei dem einer der Lernpartner keinen oder einen geringen Beitrag leistet, eine dem ‚Abgucken' ähnliche Asymmetrie zugeordnet werden. Auch das ‚Zur-Verfügung-Stellen von Arbeitsmaterialien' kann sowohl symmetrisch als auch asymmetrisch im Hinblick auf eine mögliche Verbesserung von Arbeitsvoraussetzungen gedeutet werden (vgl. ebd., 170). Das ‚Erfragen', im Sinne eines ‚Hilfe-Suchens', ordnet Naujok (2000, 170 f.) keinem Spektrum von Symmetrie zu. Es zielt auf eine Erwiderung und kann zur Initiierung von Kooperationsprozessen dienen oder auch als eine Teilhandlung innerhalb anderer Kooperationsprozesse betrachtet werden (vgl. ebd., 170). Mit der Kooperationshandlung ‚Metakooperieren' erfasst Naujok (2000, 171) explizite Verhandlungen der Lernenden über bestimmte Kooperationsmethoden. Das Handeln bzw. die Kooperation der Lernenden werden von ihnen explizit thematisiert. Mit Zusammenführung und Bündelung der identifizierten Kooperationshandlungen sowie der Beschreibungskriterien von Kooperationsprozessen unterscheidet Naujok (2000, 171 ff.) schließlich drei Kooperationstypen, die Struktur- und Prozessaspekte integrieren und dabei vor allem hinsichtlich der Intensität der Kooperation, ihrer aufgabenbezogenen Beziehungsstruktur sowie der Themenfokussierung beschreibbar und abgrenzbar sind. Es sind das ‚Nebeneinanderher-Arbeiten', das ‚Helfen' sowie das ‚Kollaborieren', die sich durch eine zunehmende Gemeinsamkeit charakterisieren lassen.

Damit das ‚Nebeneinanderher-Arbeiten' als kooperativ gelten kann, ist ein Mindestmaß an Intensität erforderlich (vgl. ebd., 172). Die aufgabenbezogene Beziehung ist allerdings irrelevant für die Beschreibung dieses Kooperationstyps. Der Fokus der Lernenden kann auf gleichen oder unterschiedlichen Aufgaben liegen. Beim Helfen bzw. Kollaborieren interagieren die Lernenden intensiver und zeigen eine größere Übereinstimmung in der Themenfokussierung, indem sie stärker auf denselben Gegenstand und aufeinander eingehen (vgl. ebd.). Die Unterscheidung zwischen dem Helfen und dem Kollaborieren liegt einerseits darin, dass beim Kollaborieren der fokussierte Gegenstand beiden Lernenden gleichermaßen zugeordnet werden kann, wogegen beim Helfen die fokussierte Aufgabe ursprünglich einem Lernenden zugeordnet werden kann. Andererseits können Helfen und Kollaborieren hinsichtlich der Symmetrie, in der sich Lernende aufeinander beziehen, unterschieden werden. Das Kollaborieren ist symmetrisch geprägt, das Helfen dagegen asymmetrisch, da sich eine Lernende bzw. ein Lernender in diesem Fall in einer günstigeren Voraussetzung befindet, die der Helfende einbringt, was möglicherweise die Autonomie des Hilfeempfängers befördern kann (vgl. ebd., 172 f.). Beiläufig geleistete Hilfe ordnet Naujok allerdings dem Nebeneinanderher-Arbeiten zu, da sich die Hilfe in diesem besonderen Fall auf Einzeläußerungen beschränkt und nicht dazu führt, dass die Lernenden intensiv kooperieren (vgl. ebd., 172). Zusätzlich kann der Hilfeprozess noch hinsichtlich der Person, die diesen initiiert, differenziert werden. Ebenso ist unterscheidbar, ob der Hilfeprozess zustande kommt, indem erbetene Hilfe gegeben bzw. angebotene Hilfe angenommen wird oder das Hilfegesuch bzw. -angebot verweigert bzw. abgelehnt wird. Somit ist nicht jeder Versuch des Kooperationsaufbaus erfolgreich. Abb. 4.1 verdeutlicht die Struktur des Hilfeprozesses, die Naujok (2000) nach der Interaktionsanalyse und Komparation folgendermaßen zusammenfasst:

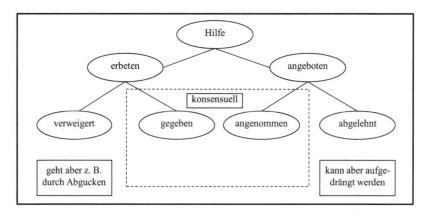

Abbildung 4.1 Initiierung des Helfens. (Nachbildung aus: Naujok 2000, 178)

Insgesamt können folgende Kooperationstypen nach Naujok (2000, 174) zusammengefasst werden (vgl. Tab. 4.1):

Tabelle 4.1 Kooperationstypen. (i. A. a. Naujok 2000, 174)

Kooperationstyp	Intensität der Interaktion	aufgabenbezogene Beziehungsstruktur	Themenfokussierung
Nebeneinanderher-Arbeiten	gering	unbedeutend entwickelt/irrelevant	potentiell differierend
Helfen	stark	asymmetrisch	übereinstimmend (fokussierter Gegenstand ist einem Lernenden zuzuordnen)
Kollaborieren	stark	symmetrisch	übereinstimmend (fokussierter Gegenstand ist beiden Lernenden zuzuordnen)

Da die Lernenden im Wochenplanunterricht an individuellen Aufgaben arbeiteten, die sowohl gleich als auch unterschiedlich sein konnten, und die in der untersuchten Lerngruppe offensichtlich in erster Linie als Einzelarbeit betrachtet wurden (ebd., 186), ist zu prüfen, inwieweit sich die Ergebnisse auf die gemeinsame Arbeit an einer gemeinsamen Aufgabe übertragen lassen. Daher könnte ein Grund für das häufige Auftreten des Kooperationstyps 'Helfen' sein, dass in der Klassengemeinschaft kompetentere Lernende anderen Mitlernenden mit Schwierigkeiten helfen bzw. dass sie um Hilfe gebeten werden, da es sich bei der Wochenplanarbeit nicht um einen *gemeinsamen* Problemlöseprozess handelt. Bei einer gemeinsamen Bearbeitung einer Aufgabe könnten zudem Kategorien wie 'Vergleichen' in einer anderen Erscheinungsform oder gar nicht auftreten. Des Weiteren kann ein geringer Grad an Komplexität, den die Aufgaben aufweisen, anhand der Aufgabendarstellung und der Transkriptionsausschnitte vermutet werden. Auch hier ist die Übertragbarkeit der Ergebnisse auf ein Setting, das bspw. substanzielle Lernumgebungen einsetzt, kritisch zu prüfen. Letztgenannte Forschungslücke greift Lange (2013), aufbauend auf Naujok (2000), auf. Sie analysierte Kooperationsprozesse von Schülerinnen und Schülern in Kleingruppen bei der Bearbeitung von Problemaufgaben und differenziert als Ergebnis die von Naujok (2000) aufgestellten Kooperationshandlungen 'Abgucken', 'Vorsagen', 'Erklären', 'Vergleichen' und 'Erfragen' weiter aus. Kooperation ist auch in Langes Studie (2013) in einem interaktionistischen Kontext mit einem weiten Verständnis nach Naujok (2000) definiert und umfasst auch solche Prozesse, in denen Lernpartner Aufgabenbearbeitungen

untereinander aufteilen (vgl. Lange 2013, 59). Ziel der Studie, die mit Fünftkläss-
lern einer außerschulischen Arbeitsgruppe durchgeführt wurde, ist u. a. die Analyse
des Zusammenhangs von Kooperationsformen und Barrierestellen bei der Aufgabenbearbeitung. Es sollten Kooperationsarten, die als barrierespezifisch charakterisiert
werden können, beschrieben werden. Die Studie geht der Frage nach, welche Handlungen oder bestimmten Ausprägungen von Handlungen nur in Verbindung mit
Barrieren auftreten oder häufiger an Barrieren als im restlichen Interaktionsprozess
identifizierbar sind (vgl. ebd., 119). Als Ergebnis identifizierte Lange keinen generellen Zusammenhang im Auftreten bestimmter Kooperationshandlungen an Barrierestellen. Lediglich das ‚Wie/Warum-Überlegungen-in-den-Raum-Stellen‘, eine
Handlung, die ähnlich dem lauten Denken ist, wurde signifikant häufiger an Barrierestellen identifiziert als im restlichen Interaktionsprozess und konnte in bestimmter
Ausprägung nur an Barrierestellen rekonstruiert werden (vgl. ebd., 545 f.). Die Gültigkeit der Ergebnisse und Übertragbarkeit auf den herkömmlichen Unterricht ist
zu prüfen, da es sich hier um eine Laborsituation handelte, an der möglicherweise
ausschließlich mathematisch interessierte Lernende teilnahmen.

Im Gegensatz zu Lange (2013) griff Gysin (2017) gezielt die Dimension der Heterogenität im Setting ihrer Untersuchung auf. Im Mittelpunkt der Analyse standen
Lerndialoge von Schülerinnen und Schülern in Partnerarbeit im jahrgangsgemischten Mathematikunterricht des 1. und 2. Schuljahres. Lerntandems wurden dabei
aus je einem jahrgangsälteren Kind und einem jahrgangsjüngeren Kind gebildet
(vgl. ebd., 170 ff.). Diese arbeiteten an substanziellen arithmetischen oder geometrischen Lernumgebungen zum Bereich ‚Muster und Strukturen‘ (vgl. ebd., 144).
Im Forschungsfokus stand u. a. sowohl die Erfassung als auch die Beschreibung
lernförderlicher Interaktionen und Zugangsweisen der Lernenden zu einer Aufgabe
(vgl. ebd., 128 ff.). Gysin (2017) identifizierte fünf Oberkategorien zur Beschreibung potentiell lernförderlicher Interaktionen: ‚Moderationsimpulse an den Partner‘,
‚Impulse inhaltlicher Art an den Partner‘, ‚Reaktionen auf Impulse des Partners‘, ‚Impulse inhaltlicher Art, mit denen ein Kind bei sich bleibt‘ und ‚Impulse, die von beiden
Kindern ausgehen‘ (vgl. ebd., 213 f.). Jahrgangsältere sowie -jüngere Kinder nutzten Impulse jeder Kategorie gleichermaßen, und es konnte keine Dominanz bspw.
bei Moderationsimpulsen oder inhaltlichen Impulsen durch die Älteren identifiziert
werden (vgl. ebd., 331). Bei den Zugangsweisen zeigten sich gemeinsame Kategorien wie ‚lautes Denken‘, ‚Äußern einer Idee‘ und ‚Widersprechen‘, die sowohl bei
den Jahrgangsälteren als auch -jüngeren identifizierbar waren, jedoch unterschieden
sie sich in der Art und Weise, wie sie in der jeweiligen Altersgruppe in Erscheinung
traten (vgl. ebd., 340).

Die Jahrgangsmischung, die in den Studien von Naujok (2000) und Gysin
(2017) Teil des Settings ist, erhöht zumindest das Spektrum der Heterogenität.

Fraglich bleibt, inwieweit Ergebnisse auf einen inklusiven Unterricht mit Lernenden mit sonderpädagogischem Unterstützungsbedarf übertragbar sind. Naujok
(2002, 77) erhebt allerdings auch keinen „universalistischen und dekontex-
tualisierten Geltungsanspruch" für ihre Ergebnisse. Es geht vielmehr darum,
„kontextbezogen theoretische Begriffe und Konzepte zu entwickeln, die in den
Analysen des untersuchten Gegenstandbereiches zur Anwendung kommen, weil
sie zur erklärenden Interpretation geeignet sind" (ebd.).

Unterschiedliche Kontexte liegen den verschiedenen oben dargestellten Studien zu Grunde, und die Studien setzen unterschiedliche Schwerpunkte für
das jeweilige Setting. Es werden bspw. die Analyse und Komparation von
Interaktionen in mehreren Fächern oder bspw. nur auf das Fach Mathematik
bezogen fokussiert. Unterrichtsinhalte werden bewusst nicht vorgegeben, um den
Unterrichts*alltag* zu erfassen, oder es wird gezielt auf die Rekonstruktion der
gemeinsamen Bearbeitung konkreter, vorgegebener Aufgabenformate durch Lernende geachtet. Aus diesem Grund sind auch große Unterschiede hinsichtlich der
Komplexität von bearbeiteten Aufgaben auszumachen. Ebenso ist unterschiedlich, inwiefern das kooperative Arbeiten im Setting als vorgegeben verankert
ist oder das spontane Auftreten kooperativer Interaktionen während bestimmter
Unterrichtsformen, wie bspw. der Wochenplanarbeit, erfasst wird. Ein weiterer Punkt ist die Berücksichtigung der Heterogenitätsdimension bei kooperativ
arbeitenden Lernenden. Die Heterogenität wird begründend für ein Setting ange-
führt, wenn bspw. gezielt ein jahrgangsälteres mit einem jahrgangsjüngeren Kind
zusammenarbeiten soll. Andererseits werden auch bewusst leistungshomogene
Lerntandems gebildet, indem leistungsstärkere Kinder zusammenarbeiten. Untersuchungen finden zudem im schulischen Kontext in bestehenden Schulklassen
oder in außerschulischer Umgebung mit Kindern einer bestimmten Altersgruppe statt. Die Forschenden sind meist Beobachtende, z. T. begleiten sie den
Arbeitsprozess der Lernenden aber auch als Lehrende oder Interviewende. All
diese unterschiedlichen Aspekte im Forschungsdesign machen das Spannungsfeld
deutlich, in dem die einzelnen Settings der Studien entstehen, wenn möglichst
„natürlich" auftretende Schülerinteraktionen im Mathematikunterricht beforscht
werden, die mit einem konkreten, u. U. auf bestimmte Vorgaben zurückgehenden,
Forschungsfokus verbunden sind.

Betrachtet man die Ergebnisse der Studien zusammenfassend, so kann festgehalten werden, dass Objekte bzw. unterschiedliche Ausdrucksformen die Themenentwicklung der Interaktion zu beeinflussen scheinen. Ideen werden durch sie
explizit gemacht oder unterschiedliche Vorstellungen von Lernenden zum Ausdruck gebracht. Neben der inhaltlichen, mathematischen Aushandlung werden
zudem Beziehungs- und Organisationsaspekte ausgehandelt. Dabei sind in den

Verläufen der Aushandlungsprozesse Kernphasen, deren Initiierung und deren Unterbrechung bzw. Wiederaufnahme, Aufrechterhaltung oder Weiterentwicklung sowie die Bewertung oder Würdigung von Inhalten durch die Lernenden identifizierbar. Auch mathematische Aktivitäten (vgl. Auch Abschn. 6.1.1.1), wie bspw. das Erklären oder Überprüfen, werden zur Beschreibung der Kooperationsaktivität genutzt. Verschiedene Kooperationsformen sind zudem in der Regel als unabhängig von Barrierestellen identifizierbar und Impulsarten in heterogenen Lerngruppen nicht aufgrund der Kompetenz von Lernenden zuzuordnen.

In der Beschreibung von Interaktionsstrukturen bzw. -prozessen mittels Kooperationstypen durch Naujok (2000) hinsichtlich der aufgabenbezogenen Beziehungsstruktur sowie der Themenfokussierung, werden wiederum Parallelen zu inklusionstheoretischen Überlegungen hinsichtlich gemeinsamer Lernsituationen nach Wocken (1998) deutlich (vgl. Abschn. 2.1.5). Die Beschreibung und Abgrenzung der Kategorie ‚Nebeneinanderher-Arbeiten' weist Ähnlichkeiten zu koexistenten Lernsituationen auf, in denen unterschiedliche Inhalte mit keinem bzw. geringem sozialen Austausch identifizierbar sind. Auch die Kategorie ‚Helfen' hat einen Bezug zur Asymmetrie in subsidiär-prosozialen Lernsituationen. Subsidiär-unterstützende Lernsituationen wären nach den Ausführungen Naujoks allerdings eher dem ‚Nebeneinanderher-Arbeiten' zuzuordnen, da hier die Hilfe beiläufig geleistet wird und der eigene Handlungsplan weiterhin im Fokus bleibt. Das Kollaborieren kann den kooperativ-solidarischen Lernsituationen zugeordnet werden, da in der symmetrisch geprägten Interaktion auf einen gemeinsamen Gegenstand fokussiert wird. Die theoretisch entwickelten und als typische bzw. prägnant charakterisierten Muster gemeinsamer Lernsituationen inklusiver Settings (vgl. Wocken 1998) lassen sich in einigen Aspekten somit in den Ergebnissen der empirischen Unterrichtsforschung, bezogen auf ein heterogenes jahrgangsgemischtes Setting (vgl. Naujok 2000), wiederfinden. Gemeinsame Lernsituationen inklusiver Settings müssten somit mit Hilfe interaktionsanalytischer Methoden operationalisierbar sein (vgl. dazu ausführlich Abschn. 6.2).

4.2   Zur Partizipation von Lernenden

Nachdem das sozial-interaktive Lernen erörtert wurde (vgl. Abschn. 4.1) soll im Folgenden die individuelle Partizipation an gemeinsamen Lernsituationen betrachtet werden. Diese ist vor allem in inklusiven Settings von zentraler Bedeutung, denn gerade hier gehört die Partizipation zu den Gelingensbedingungen der Umsetzung schulischer Inklusion (vgl. Abschn. 2.1.1). Der Begriff ‚Partizipation' wurde im Rahmen dieser Arbeit bereits mit verschiedenen Schwerpunkten in unterschiedlichen Kontexten verwendet. Einerseits wurde die Bedeutung der Partizipation in einem inklusionsorientierten Verständnis, im Sinne einer gleichberechtigten Teilhabe an der Gesellschaft, am Bildungssystem bzw. am Unterricht herausgestellt (vgl. Kap. 2), was in Abschn. 4.2.1 noch einmal aufgegriffen und deutlicher ausdifferenziert wird. Andererseits wurde Partizipation im Rahmen des gemeinsamen fachlichen Lernens im inklusiven Mathematikunterricht dargestellt (vgl. Kap. 3), in dem die Lernenden ihre eigene Kompetenz einbringen können (vgl. dazu auch Häsel-Weide & Nührenbörger 2017b, 11). Lernprozesse, die aktiv-entdeckend und gleichzeitig sozial-interaktiv angelegt sind (vgl. Abschn. 3.2.2), bieten neben selbsttätigen Lernmöglichkeiten auch Grundlagen für Austauschprozesse zwischen Lernenden, die Anregungen zum Darstellen, Begründen oder Weiterentwickeln von Entdeckungen oder Sichtweisen liefern (vgl. dazu auch Nührenbörger & Schwarzkopf 2010). Hier knüpft das gemeinsame Lernen mit einem interaktionistischen Verständnis an, und zwar als interaktiver Partizipationsprozess an einem gemeinsamen Thema, im Sinne eines geteilten Bewusstseins und gemeinsamen Handelns, das als persönlich bedeutsam erlebt wird. Beschrieben werden kann die Partizipation von Lernenden in einer gemeinsamen Lernsituation dabei einerseits durch die Rekonstruktion ihres konstruktiven (‚Produktionsdesign'), andererseits ihres rezeptiven (‚Rezipientendesign') Anteils an der Beteiligungsstruktur bzw. -strukturierung von Unterrichtsgesprächen (vgl. Abschn. 4.2.2; auch Brandt 2006, 21 ff.). Der Begriff ‚Partizipation' wird hier im Kontext des inklusiven, gemeinsamen Mathematiklernens fokussiert und durch ein interaktionistisches Verständnis weiter präzisiert. Dies bildet das der vorliegenden Arbeit zu Grunde liegende Verständnis (vgl. Abschn. 4.2.1). Die vernetzte Betrachtung mit einem interdisziplinären Fokus soll später helfen, interaktionsanalytisch gewonnene Erkenntnisse für einen inklusiven Mathematikunterricht zu reflektieren. Ergänzend werden Studien betrachtet, die die Partizipation von Lernenden interaktionsanalytisch erfassen. Folgerungen für die Studie bilden den Abschluss des Kapitels (vgl. Abschn. 4.3).

4.2.1 Partizipationsbegriff

Der Begriff ‚Partizipation' kann aus dem Lateinischen abgeleitet werden von ‚pars' (‚Teil'), ‚capio' (‚nehmen') sowie von ‚particeps' (‚teilnehmend', ‚teilhaftig', ‚beteiligt'; vgl. Stowasser et al. 2006). ‚Partizipation' wird in Publikationen häufig im Zusammenhang bzw. synonym mit den Begriffen ‚Teilhabe', ‚Inklusion' oder ‚Integration' verwendet, was zu einer Unschärfe bis hin zur Bedeutungsreduktion des Begriffs führt (vgl. Schwab 2016, 127; Simon 2018,

123; Weisser 2016). Auch werden „ähnliche Termini wie Teilhabe, Teilnahme, Beteiligung, Einbeziehung bzw. einbezogen sein oder Mitbestimmung oftmals als Surrogat verwendet" (Schwab 2016, 127). Im wissenschaftlichen Diskurs zur Definition des Begriffs ‚Partizipation' wird vor allem die Übersetzung der UN-Behindertenrechtskonvention (vgl. UN-BRK 2006) kritisiert, die ‚participation' mit ‚Teilhabe' übersetzt. Grund dafür ist, dass Partizipation über eine aktive Beteiligung hinausgeht, und auch Möglichkeiten der Mitsprache, Mitgestaltung und Mitbestimmung von Gemeinschafts- bzw. Gesellschaftsmitgliedern in einem sozialen System inbegriffen sind (vgl. Schwab & Theunissen 2018, 9). Der Begriff ‚Teilhabe' wird weniger umfassend als der Begriff ‚Partizipation' verstanden. In diesem Zusammenhang werden auch Unterschiede zwischen ‚Teilhabe' und ‚Teilnahme' kritisch reflektiert und die Begriffe voneinander abgegrenzt. ‚Teilnahme' wird dabei als Aktivität eines Individuums betrachtet, die ‚Teilhabe' dagegen zunächst als politische Vergabe von Rechten oder Leistungsgewährung gesehen, die eine aktive Mitgestaltung, -wirkung oder -bestimmung nicht automatisch impliziert (vgl. Beck et al. 2018): „Wenn Teilhabe und Teilnahme nicht unterschieden und Teilhabe stillschweigend in Teilnahme umdefiniert wird, kann aus dem Teilhaberecht eine Teilnahmepflicht werden und der Einzelne muss sich als ‚teilnahmewillig und -fähig' erweisen" (ebd., 19). Erweiternd lässt sich zudem der Begriff ‚Teilgabe' in der Literatur finden. ‚Teilgabe' umschreibt den Beitrag, den jede Person in das Miteinander einbringt. Im Kontext der Diskussion um Teilhaberechte wird die ausreichende Berücksichtigung der Teilgabebedürfnisse in Frage gestellt (vgl. Heimlich 2014b, 4). Der Partizipationsbegriff umfasst dagegen sowohl Teilhabe als auch Teilnahme und Teilgabe.

Die Abgrenzung von ‚Partizipation' zu den Begriffen ‚Inklusion' und ‚Integration' macht Krämer (2013, 11) mit einer Drei-Seiten-Medaillen-Metapher deutlich:

> „Inklusion steht für die Vorderseite der Medaille mit dem Fokus auf der Einbeziehung behinderter Menschen in allen Lebensbereichen. Betrachtet man nur diese Seite, bleiben die beiden anderen verborgen. Die Rückseite ist die Integration. Sie steht für den positiven Umgang mit Unterschiedlichkeit […]. Der Rand der Medaille, die verbindende dritte Seite, ist die Partizipation, hier verstanden als Mittel zum Einbringen eigener Interessen und als Beteiligung an der Fortentwicklung der Gesellschaft."

Die ‚soziale Partizipation', bspw. im inklusiven Grundschulunterricht, bezieht sich zudem auf die erfolgreiche Partizipation aller Kinder – unabhängig von den jeweiligen Lernvoraussetzungen (vgl. Hellmich et al. 2017, 99). Das Verständnis der ‚sozialen Partizipation' impliziert zusätzlich z. B. auch Freundschaften, positive

Interaktionen, Kontakte und Selbstwahrnehmung sowie gegenseitige Akzeptanz (vgl. ebd.), was im Rahmen dieser Arbeit allerdings nicht im Forschungsfokus liegt.

Bezogen auf die Partizipation lautet eine zentrale Frage: „Wer kann auf welche Weise woran Teil haben und Einfluss nehmen?" (Weisser 2016, 421) Damit sind Akteure (Wer?), Form bzw. Ausmaß (Auf welche Weise?) und Sphären der Beteiligung (Woran?) berücksichtigt. Letzteres ist zunächst offen und lässt sich im Bildungsbereich bspw. durch Lern- und Entwicklungsmöglichkeiten näher erfassen (vgl. ebd.). ‚Partizipation' ist damit nicht nur ein Begriff, der einen normativen Anspruch formuliert, der an das (inklusive) Unterrichtsgeschehen gestellt wird, sondern auch ein Begriff, der Prozesse und deren Emergenz in konkreten Situationen erfasst und rekonstruktiv beschreibt: „Schule ist nicht nur ein von der Regierung auf parlamentarisch-demokratischem Wege vorgegebenes Regelwerk, sondern sie wird vor Ort von – im Idealfall – allen Schulbeteiligten konkret gestaltet" (Kötters et al. 2001, 93). Kötters et al. (2001) untersuchten diesbezüglich die Partizipation im Unterricht. Als Konsequenz empfehlen sie die Mitbestimmung bei Lernprozessen. Günstig erscheinen ihnen dabei vier Dimensionen chanceneröffnender methodischer Ausrichtungen der Unterrichtsgestaltung, um Partizipation zu ermöglichen. Dabei nennen sie u. a. das Lernen in verschiedenen Kooperationsformen zwischen Schülerinnen und Schülern, wie bspw. in Partner- oder Gruppenarbeit (vgl. ebd., 97 ff.), was die vorliegende Studie in besonderem Maße aufgreift (vgl. Abschn. 4.3).

4.2.2 Partizipation am gemeinsamen Mathematiklernen

Bezogen auf die mathematikdidaktische Unterrichtsforschung ist das dargestellte Begriffsverständnis anschlussfähig an einen interaktionistisch ausgerichteten Partizipationsbegriff im Kontext des gemeinsamen Mathematiklernens, denn innerhalb des interaktiven, gemeinsamen Lernens findet beim ko-konstruktiven Lernen (vgl. Abschn. 4.1.1) Teilhabe an gemeinsamen Lernprozessen statt, die Möglichkeiten der Mitsprache, -gestaltung und -bestimmung eröffnet und somit auch die Teilgabe und Teilnahme impliziert. Markowitz (1986) betrachtet die ‚Partizipation' aus interaktionistischer Perspektive als bestehend aus zwei Aspekten, bei denen zunächst offenbleibt, welcher dominanter ist. Zum einen ist es der *rezeptive* Aspekt des Handelns eines Individuums innerhalb einer Interaktion, in dem eigenes Handeln, an dem der Interaktionspartner orientiert ist. Dagegen wirkt der *mitgestaltende* Aspekt des eigenen Handelns als Orientierung für das Handeln

der anderen (vgl. ebd., 9). Studien mit einer interaktionsanalytischen Vorgehensweise können diesbezüglich vielfältige Schwerpunkte bzw. Fragestellungen
fokussieren. Im Rahmen der interpretativen Forschung in der Mathematikdidaktik (vgl. Krummheuer & Naujok 1999), die seit den 1980er Jahren in
Deutschland zur Erforschung des Unterrichts beiträgt, wird der Forschungsfokus auf die Analyse interaktiver Wechselbeziehungen in Unterrichtsprozessen
gelegt. In diesem Kontext werden im Rahmen von Interaktionsanalysen sowohl
die Rezeption als auch die aktive Mitgestaltung von Lernenden an Interaktionsprozessen erforscht. Im Folgenden werden Partizipationsstatus dargestellt,
die im Rahmen der empirischen mathematikdidaktischen Unterrichtsforschung
durch Interaktions- und Partizipationsanalysen von Krummheuer und Brandt
(2001) im Projekt ‚Rekonstruktion von Formaten kollektiven Argumentierens im
Mathematikunterricht der Grundschule‘ rekonstruiert wurden und den Ausgangspunkt für weitere Forschungsarbeiten darstellten (vgl. bspw. Brandt 2004; Fetzer
2007; Höck 2015; Schütte 2009). Grundlegend für diese Analysemethode ist das
o. g. Verständnis, dass unterrichtliche Interaktionsprozesse und damit verbundene
Lernprozesse unterschiedlich ausgestaltet werden: Sie können konstruktiv sowie
rezeptiv erfolgen (vgl. Krummheuer 2007, 62).

Um Interaktionen zwischen mehreren Personen (‚polyadische Interaktionen‘;
vgl. ebd., 65) in der Grundschule differenzierter beschreiben zu können, modifi-
zieren Krummheuer und Brandt (2001) Begriffe wie ‚Hörer‘ und ‚Sprecher‘ (vgl.
ebd., 16 f.). Bei der Erfassung von Äußerungen in polyadischen Interaktionen
wird der Hörerstatus hinsichtlich der Art der zuhörenden Beteiligung an Gesprächen analysiert (vgl. ebd., 91): Ist eine Person direkt oder indirekt an einem
Gespräch beteiligt? Wird sie direkt oder indirekt adressiert (vgl. Krummheuer
2007, 69)? Krummheuer und Brandt (2001) nutzen den Begriff ‚Rezipientendesign‘ im Kontext von Unterrichtsgesprächen, in dem die Partizipation eines
Lernenden im Spektrum von Teilsein und Teilnehmen rekonstruiert wird. Auch
die Form der Verantwortung sowie der Originalität wird bezüglich der Formulierung und/oder des Inhalts bei der Produktion einer Äußerung in polyadischen
Interaktionen betrachtet. Dies führt zu einer Ausdifferenzierung des Sprechersta-
tus zur Beschreibung des ‚Produktionsdesigns‘ einer Unterrichtsszene (vgl. ebd.,
16 f.; Krummheuer 2007, 75), in der die Verantwortung eines Lernenden für eine
mathematische Idee erfasst werden kann (vgl. Höck 2015, 141 ff.).

Zur Beschreibung des Produktionsdesigns (vgl. z. B. Krummheuer 2007)
werden innerhalb der mathematischen Themenentwicklung der Interaktion (vgl.
Abschn. 4.1.2) drei Bestandteile einer Äußerung betrachtet, die auf unterschiedliche Personen verteilt sein können: ihre akustische Realisierung, die verbale
Formulierung sowie die inhaltliche Funktion (vgl. Krummheuer & Brandt 2001,

41 ff.). Für jede akustisch getätigte Äußerung wird die Verantwortlichkeit eines Lernenden für die Produktion des mathematischen Inhalts und dessen Formulierung rekonstruiert. Krummheuer und Brandt (2001, 41 ff.) unterscheiden zwischen Kreator, Traduzierer, Paraphrasierer und Imitierer (vgl. Tab. 4.2).

Tabelle 4.2   Produktionsdesign. (i. A. a. Brandt 2009; Krummheuer 2007)

		Verantwortung für den Inhalt einer Äußerung	Verantwortung für die Formulierung einer Äußerung
abnehmende produktive Verantwortlichkeit	Kreator	+	+
	Traduzierer	+	−
	Paraphrasierer	−	+
	Imitierer	−	−

Nimmt man nun die situative Verantwortung von Personen in den Blick, die in einem Gesprächszug die Rolle von Sprechenden einnehmen, so können folgende Partizipationsstatus unterschieden werden: Eine Person handelt als ‚Kreator', wenn sie sowohl die Formulierungs- als auch die Inhaltsfunktion übernimmt. Verknüpft sie eine übernommene Formulierung einer anderen Person mit eigenen inhaltlichen Ideen bzw. einem veränderten Sinn, ist sie ‚Traduzierer'. Werden dagegen inhaltsbezogene Vorstellungen einer anderen Person vom Sprechenden übernommen und mit eigenen Worten formuliert, handelt es sich um einen ‚Paraphrasierer'. Als ‚Imitierer' agiert eine Person, wenn sie sowohl den Inhalt als auch die Formulierung einer anderen Person aufgreift (vgl. Krummheuer & Brandt 2001, 41 ff.; Krummheuer & Fetzer 2010, 74 ff.). Die Verantwortung für eine Idee nimmt dabei vom Kreator, über den Traduzierer und Paraphrasierer, bis hin zum Imitierer ab (vgl. Brandt 2009, 349).

Zeigen sich Lernende nur ein einziges Mal tätig-werdend und nehmen dabei in der Argumentation die Imitiererrolle ein, erreichen sie in der Einschätzung von Krummheuer und Fetzer (2010, 154) die untere Spektrumsgrenze von Autonomiegraden. Ein Zwischenstadium des Autonomiezuwachses wird durch Lernende erreicht, die mehrere Argumentationsbeiträge in der Paraphrasierer- oder Traduziererrolle aufzeigen, die sich auf andere Interaktanten beziehen (vgl. Krummheuer & Brandt 2001, 58). Als Endstadium können Argumentationen betrachtet werden, die von einem Lernenden in der Kreatorrolle vollständig entwickelt werden (vgl. Krummheuer & Fetzer 2010, 154). Lernende, die nicht tätig werden, können ebenfalls wachsende autonome Einsicht erlangen, wenn sie

Schritte der mathematischen Argumentationen anderer verfolgen bzw. nachvollziehen. Allerdings kann in diesem Fall zunächst nichts über deren Lernfortschritt ausgesagt werden (vgl. ebd., 154 f.). Die Partizipation rezeptiv teilnehmender Lernender wird durch das Rezipientendesign erfasst (vgl. Krummheuer & Brandt 2001, 54 ff.). Dabei wird zwischen der direkten bzw. indirekten Beteiligung eines Rezipienten an einer Interaktion unterschieden. Innerhalb der Partnerarbeit entstehen oft wechselseitige, aufeinander bezogene Interaktionen der Lernpartner, in denen ein Sprechender den Lernpartner explizit, aber auch implizit adressiert. Dieser direkt beteiligte Rezipient ist ‚Gesprächspartner'. Das Recht, mit einer direkten Folgeäußerung auf Gesagtes zu reagieren, geht hier mit der Verpflichtung zu hoher Aufmerksamkeit einher (vgl. Krummheuer 2007, 69). Ein weiterer direkt beteiligter Rezipient, der vom Sprechenden zwar mit angesprochen, aber nicht direkt adressiert wird, ist ‚Zuhörer' (vgl. ebd.). Ein nicht direkt beteiligter Rezipient ist dagegen vom Sprechenden lediglich geduldet und ‚Mithörer' oder vom Sprechenden als ‚Lauscher' ausgeschlossen (vgl. ebd.). Die Adressierung bzw. die Möglichkeit, rezeptiv zuzugreifen, nimmt im Rezipientendesign folgendermaßen vom Gesprächspartner zum Lauscher ab (vgl. Tab. 4.3):

Tabelle 4.3 Adressierungen und Zugriffsmöglichkeiten im Rezipientendesign. (i. A. a. Brandt 2009; Krummheuer 2007)

Erreichbarkeit einer Äußerung			
direkte Beteiligung des Rezipienten an der Äußerung		nicht direkte Beteiligung des Rezipienten an der Äußerung	
vom Sprechenden adressiert	vom Sprechenden mit angesprochen	vom Sprechenden geduldet	vom Sprechenden ausgeschlossen
Gesprächspartner	Zuhörer	Mithörer	Lauscher

abnehmende Adressierung/rezeptive Zugriffsmöglichkeit

⟶

Auch im Gruppenunterricht können das Produktions- und Rezipientendesign erfasst werden (vgl. Krummheuer & Fetzer 2010, 107 ff.). Bei der Gruppen- bzw. Partnerarbeit handelt es sich um eine polyadische bzw. dyadische Interaktion. Die Gruppe bzw. das Tandem kann einerseits in der Binnenstruktur als geschlossene Einheit, andererseits in ihrer Außenbeziehung zu anderen Tandems oder Gruppen betrachtet werden (vgl. ebd., 111). In diesem Zusammenhang werden auch gleichzeitig stattfindende Aktivitäten und deren Verbindungen relevant. Aktivitäten von Lehrpersonen finden in diesem Kontext durch das Hin- und Herpendeln zwischen

Gruppen bzw. Tandems statt. Auf diese Weise nimmt die Lehrperson partiell an deren Interaktionen teil (vgl. ebd., 108 f.).
Krummheuer und Fetzer (2010) rekonstruieren das Rezipientendesign zur Schülergruppenarbeit folgendermaßen (vgl. Abb. 4.2):

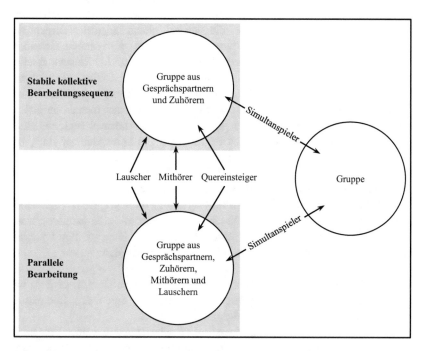

Abbildung 4.2 Rezipientendesign zur Schülergruppenarbeit. (Nachbildung aus: Krummheuer & Fetzer 2010, 112)

Eine bestimmte Erscheinungsform von Gruppenarbeit bezeichnen Krummheuer und Brandt (2001, 69) als ‚stabile kollektive Bearbeitungssequenz'. Die Gruppenmitglieder sprechen in diesem Fall nicht durcheinander. Es gibt einen Sprechenden und mehrere Rezipienten. In einem unterstellten Idealfall sind diese Rezipienten alle ‚Gesprächspartner' des Sprechenden, die auch einen nächsten Turn übernehmen können. Spricht der Sprechende dagegen nur mit *bestimmten* Gruppenmitgliedern, indem er diese namentlich adressiert oder nur zu ihnen Blickkontakt aufbaut, sind die übrigen, weitgehend stillen Lernenden ‚Zuhörer'. Es ist ebenfalls möglich, dass an der Gruppe unbeteiligte Schülerinnen und

Schüler die Gruppenarbeitsphase von außen als ‚Mithörer' mitverfolgen. Möglicherweise ist dieses Mithören nicht erlaubt, oder die nicht zur Gruppe gehörenden Lernenden kommen als ‚Lauscher' auf diese Weise zu Lösungen. Mithörer oder Lauscher können aktiv in die Gruppeninteraktion als ‚Quereinsteiger' eingreifen. Auch ist das Entstehen weiterer paralleler Interaktionsprozesse möglich.

In Interaktionsanalysen von Gruppenarbeitsprozessen fokussierten Krummheuer und Brandt (2001) Lernende, die sich seit einem längeren Zeitraum *vor* einer parallel dazu entstandenen Interaktion in einem ‚fokussierten Gespräch' befinden (vgl. ebd., 23; Krummheuer & Fetzer 2010, 109 f.). Entsteht darüber hinaus während der Bearbeitung einer Aufgabe in Einzelarbeit ein Gespräch unter Lernenden, wird dieses als ‚parallele Bearbeitung' bezeichnet (vgl. Krummheuer & Brandt 2001, 52). Sind Lernende zudem an mehr als einer Interaktion gleichzeitig beteiligt, werden sie als ‚Simultanspieler' gekennzeichnet (vgl. ebd., 69). Neben dieser Ausdifferenzierung der Partizipation von Lernenden für ein spezifisches Unterrichtssetting lassen sich auch andere Weiterentwicklungen der Partizipationsanalyse (vgl. Krummheuer & Brandt 2001) verzeichnen, die zunächst dargestellt und später zusammenfassend diskutiert werden.

In Höcks Untersuchung ko-konstruktiver Problemlösegespräche (vgl. Höck 2015 sowie zusammenfassend in Abschn. 4.1.2) wurden Partizipationsoptionen in Interaktionen unterschieden (vgl. Höck 2015, 239 ff.). Folgende fünf Optionen konnten in Gruppenarbeitsphasen von Lernenden rekonstruiert werden:

- ‚Fokusbildung': Ein Lernpartner übernimmt den ersten Gesprächsschritt mit dem Fokus auf die mathematische Aufgabe, was durch den Lernpartner inhaltsbezogen aufgegriffen wird.
- ‚Entdeckung': Es wird eine mathematische Entdeckung durch einen bzw. beide Lernende geäußert, die teilweise durch ausdrucksstarke Gestik, Mimik oder Tonfall begleitet wird.
- ‚Nachforschung': Inhaltsbezogene Fragen eines Lernenden fordern Gespräche heraus, die sich als fachlich intensiv und mit engem Bezug der Gesprächspartner aufeinander rekonstruieren lassen.
- ‚Stabilisierung': Der Rückgriff auf Aufgabendetails oder bereits genannte Informationen wird paraphrasiert.
- ‚Formulierung einer Problemlösung': Verbale oder schriftliche Formen der Ergebnisfixierung werden hervorgebracht.

Solch unterschiedliche Möglichkeiten der Partizipation, die der alltägliche Unterricht für Lernende bietet, bezeichnet Brandt (2004, 58 ff.) als ‚Partizipationsspielraum'. Dabei sind Unterrichtssituationen hinsichtlich der Partizipation von Lernenden nicht vollständig vorausplanbar (vgl. Krummheuer & Brandt 2001, 203).
In ihrer Untersuchung fokussierte Brandt (2004) Grundschulkinder innerhalb der
mathematischen Themenentwicklung in Unterrichtsgesprächen, an der eine Lehrperson mitbeteiligt war (vgl. ebd., 9 ff.). Im Mittelpunkt der Analyse stand die
Partizipation der Lernenden hinsichtlich ihrer rezeptiven und produktiven Beteiligung an der Partizipationsstruktur von Interaktionen (vgl. Brandt 2004, 58 ff.).
Brandt betrachtete eine gebündelte Vielfalt von Interaktionsvariationen und rekon-
struierte, durch die Beschreibung der Teilnahme von Lernenden an kollektiven
Argumentationsprozessen, verschiedene, allerdings keine stabilen, sondern von
der jeweiligen Situation abhängige, flexible Partizipationsprofile dieser Lernenden
(vgl. ebd., 10 ff.). Die Partizipationsprofile konkretisierten sich in einem Spannungsverhältnis von Rezeption (strukturelle Dimension; vgl. ebd., 203) und der
mitgestaltenden Produktion (inhaltliche Dimension; vgl. ebd.) und stellten keine
Partizipationstypisierungen dar. Dabei konnten sich die Partizipationsbemühun-
gen von Lernenden unterschiedlich günstig auf deren Lernbedingungen auswirken
(vgl. ebd., 12 f.). Brandt stellte Partizipationsvarianten im Rezipientendesign fest:
Einerseits zeigte das Rezipientendesign ‚Anpassung bzw. Unauffälligkeit', wenn
die Lernenden gemäß der Prozedur des Meldens und Aufgerufenwerdens unauf-
fällig waren, andererseits zeigte es ‚Spontaneität bzw. Direktheit', wenn Lernende
ohne Rederecht-Zuweisung versuchten, an der Themenentwicklung teilzunehmen
(vgl. ebd., 203 ff.). Bezogen auf das Produktionsdesign identifizierte Brandt auf
der inhaltlichen Dimension die Gegenpole ‚Autonomieorientierung', wenn der
Sprechendenstatus die Kreator- bzw. Traduziererrolle umfasste sowie ‚Sicherheitsorientierung', wenn es sich um Äußerungen mit geringer Verantwortung für
den Inhalt in der Rolle von Paraphrasierer oder Imitierer handelte (vgl. ebd.,
204 ff.). Damit knüpft Brandt an die Differenzierung von Orientierungsstilen im
Spannungsverhältnis von Gewissheits- oder Ungewissheitsorientierung von Lernenden nach Huber und Roth (1999) an. Die Ungewissheitsorientierten wenden
sich Neuem zu, dagegen konzentrieren sich Gewissheitsorientierte auf Bekanntes
(vgl. ebd., 96). Letzteres steht in Einklang mit dem interaktionalen Gleich-
fluss (vgl. Abschn. 4.1.2), was eine produktive Beteiligung bedeutet, die sich
an vorangegangenen Beiträgen mit neuen Ideen orientiert, die zuvor von anderen Lernenden eingebracht wurden, was eine gewisse Sicherheit bieten kann. Die
lernförderliche interaktionale Verdichtung (vgl. ebd.) entsteht eher durch Ungewissheitsorientierung. Brandt (2006, 46) gibt allerdings kritisch zu bedenken,
dass eine Ungewissheitsorientierung nicht bei allen Schülerinnen und Schülern zu

erwarten ist, es dementgegen aber bspw. vom konstruktivistisch orientierten aktiv-entdeckenden Unterricht eingefordert wird. Sie leitet von Ergebnissen ihrer Studie ab, dass es für die Unterrichtspraxis wichtig ist, die Vielfalt der unterschied-lichen Partizipationsprofile mit ihren Handlungsorientierungen sowie den sich daraus ergebenden Lernbedingungen im Interaktionsgeschehen wahrzunehmen (vgl. Brandt 2004, 210).

Brandts Ergebnisse, bezogen auf ein prozesshaftes, dynamisches Partizipati-onsprofil (vgl. Brandt 2004; Höck 2015, 151), das innerhalb der Wechselbe-ziehung von individueller Orientierung in der Interaktion und durch die in der Interaktion kollektiv gegründeten Lernprozesse in Erscheinung tritt (vgl. Brandt 2006, 20 f.), werden auch durch eine Studie von Spranz-Fogasy (1997) gestützt. Orientiert an der linguistischen Gesprächsanalyse, untersuchte er Strukturen in der Kommunikation. Seinen Ergebnissen zufolge lassen sich Interaktionsprofile zwar charakterisieren, Personen verfügen aber über kein feststehendes Profil, sondern das jeweilige Interaktionsprofil ist abhängig von äußeren Einflussfakto-ren (vgl. ebd., 250 ff.). Das Interaktionsprofil beschreibt er als eine ‚prozessual konstituierte Handlungskonfiguration', die durch den jeweiligen Teilnehmenden und dessen Interaktionspartner sowie den Interaktionsprozess bestimmt wird. Es ist stets situationsbezogen, sodass situationsübergreifende empirische Stu-dien den Fokus auf Herausbildungsprozesse systematischer Strukturen und damit verbundene interaktive Bedingungen setzen müssen (vgl. ebd., 48 f.).

Im Projekt ‚erStMaL' (vgl. Brandt & Vogel 2017, 212) wurden Kinder hin-sichtlich ihrer „Entwicklungslinien des mathematischen Denkens und Lernens in verschiedenen mathematischen Bereichen [...] unter Berücksichtigung sozial-konstitutiver Momente zur frühen mathematischen Denkentwicklung" (Brandt & Vogel 2017, 212) untersucht. Als Ergebnis der Analyse wurde auch das theoreti-sche Modell der ‚interaktionalen Nische mathematischer Denkentwicklung' (vgl. Krummheuer 2011) konkretisiert, das dazu dient, mathematisches Lernen mehr-perspektivisch und über einen längeren Zeitraum zu beschreiben (vgl. Brandt & Vogel 2017, 207). Innerhalb des Modells wird u. a. einerseits unterschieden zwi-schen dem inhaltlichen Allokationsaspekt, d. h. den zur Verfügung stehenden, bereitgestellten Ressourcen, die in Form von Materialien zu einem bestimmten Inhalt vorliegen, sowie andererseits dem inhaltlichen Situationsaspekt, d. h. der Nutzung der Ressourcen in der Handlungssituation, innerhalb themenbezogener Beiträge von Beteiligten in inhaltlichen Aushandlungsprozessen (vgl. ebd., 215). Ebenso wird die Kooperation in der Erhebungssituation betrachtet, und es werden Partizipationsspielräume sowie Partizipationsstrukturen bzw. -profile analysiert (vgl. ebd., 215 f.). In den Analysen identifizierten Brandt und Vogel (2017, 219), dass sich das mathematische Handeln und Argumentieren von Lernenden über mehrere Niveaustufen erstreckte, und dass Entwicklungen von individuellen zu intendierten mathematischen Konzepten in einer großen Bandbreite und Dynamik nicht kontinuierlich, sondern sprunghaft stattfanden. Ebenso wurde auf der Grundlage einer videobasierten Qualitativen Inhaltsanalyse gefolgert, dass sich sowohl die mathematischen Handlungen verschiedener Bereiche der Lernenden mit der Zeit ausdifferenzierten als auch Material und Instruktionen auf diese Handlungen Einfluss nahmen (vgl. ebd.). Die ‚individuellen Entwicklungslinien des mathematischen Denkens' wurden dabei situativ durch den angebotenen mathematischen Inhalt, die Art der Kooperation sowie durch die Vermittlung beeinflusst (vgl. ebd.). Daher konnten Lernende im Kontext mit anderen erwachsenen Lehr- bzw. Begleitpersonen und dem dadurch ggf. veränderten Partizipationsspielraum andere mathematische Konzepte zeigen (vgl. ebd.). In den Beobachtungen fiel auf, dass einzelne Lernende dazu neigten, Handlungsimpulse der Begleitperson oder Aktivitäten von Mitlernenden zu imitieren, andere Lernende dagegen Freiräume zur Äußerung eigener Ideen nutzten.

Aufgrund des Forschungsfokus der vorliegenden Arbeit soll ergänzend auch auf die Studie von Hackbarth (2017) eingegangen werden. Sie verfolgte keine mathematikdidaktische Fragestellung, fokussierte allerdings auf Interaktionen von Lernenden in inklusiven Settings. Auch Hackbarth (2017, 10) nimmt in ihrer Studie eine deskriptive Perspektive auf die Interaktion von Lernenden ein und betrachtet Kooperation als ein empirisches Phänomen. Sie untersuchte aufgabenbezogene Interaktionen von Lernenden hauptsächlich zu Deutsch- und Mathematikaufgaben innerhalb der Wochen- bzw. Arbeitsplanzeit an einer Förderschule zur Sprachheilförderung mit Jahrgangsmischung 1/2 und einer inklusiven Grundschule mit Jahrgangsmischung 1 bis 4 (vgl. ebd., 64 f.). Die Studie geht u. a. der Frage nach Handlungspraktiken und Orientierungen in aufgabenbezogenen Interaktionen bezüglich des Erklärens sowie der sozialen Dimension der Interaktionsgestaltung nach (vgl. ebd., 12). Im Folgenden werden nur die für die vorliegende Arbeit relevanten Ergebnisse fokussiert. Hackbarth (2017, 14) identifizierte symmetrische, gleichberechtigte Interaktionen, bei denen in der aufgabenbezogenen Auseinandersetzung mit einem Problem eine Wissensveränderung rekonstruierbar war (vgl. ebd., 81). Sie benennt diesen Typ als ‚Ko-Konstruktion' und ordnet ihm einen inkludierenden Interaktionsmodus zu, „was sich in […] Elaborationen und Enaktierungen sowie Konklusionen zeigt" (Hackbarth 2017, 101). Elaborationen sind Aus- bzw. Weiterbearbeitungen, bei Enaktierungen werden Propositionen nonverbal, bspw. im Zusammenhang mit Gesten, Handlungen oder in Bezug zu Objekten umgesetzt (vgl. ebd., 76 f.). Die Lernenden nehmen wechselseitig aufeinander Bezug, wodurch ein „konjunktives Verstehen" (ebd., 101) deutlich wird. Der Typ ‚Instruktion' ist dagegen durch Asymmetrie, Hierarchie und Exklusion gekennzeichnet (vgl. ebd.), bspw. durch kleinschrittige Anweisungen, die Lernende anderen Lernenden geben (vgl. ebd., 116 f.). Dieser Typ kann u. U. aufgrund einer Ergebnis- bzw. Produktorientierung auftreten oder mit dem Ziel der Steuerung einer zügigen Aufgabenbearbeitung und Befolgung dieser Steuerung (vgl. ebd.). Allerdings wird dabei keine vertiefende Auseinandersetzung bzw. Aneignung des Lerngegenstands sichtbar, und die aufgabenbezogene Interaktion der Lernenden weist eine ungleiche Teilhabe auf, was als Exklusion erfasst wird (vgl. ebd., 116). Durch den Typ ‚Konkurrenz' werden einerseits Wettbewerbssituationen bei der Aufgabenbearbeitung erfasst. Andererseits gehören auch oppositionelle Haltungen in der aufgabenbezogenen Interaktion dazu, die zusammen mit einer sozialen Dimension auftreten, wie bspw. beim Zurückweisen von Hierarchisierungen (vgl. ebd.). Hackbarth klassifiziert diesen Typ als asymmetrisch, aber nicht hierarchisierend (vgl. ebd., 137), da es sich um einen „konjunktiven Erfahrungsraum" (ebd., 116) dynamischer, konkurrierender Positionierungen handelt, die auf der peer-bezogenen Ebene einen inkludierenden Interaktionsmodus zeigen. Die Teilhabe an der aufgabenbezogenen Interaktion wird hier dynamisch ausgehandelt (vgl. ebd.; Tab. 4.4).

Tabelle 4.4 Typen aufgabenbezogener Schülerinteraktionen. (Auszug, i. A. a. Hackbarth 2017, 137)

	Ko-Konstruktion	**Instruktion**	**Konkurrenz**
Differenzkonstruktionen (Können vs. Nicht-Können)	symmetrisch	asymmetrisch	asymmetrisch
Positionierung	gleichberechtigt	hierarchisierend	dynamisch
Teilhabe	Inklusionen	Exklusionen	Inklusionen (bezogen auf die peer-Ebene)

Trotz der Unterschiedlichkeit der dargestellten Studien, die sich mit der Rekonstruktion der Lernendenpartizipation in gemeinsamen Lernprozessen befassen, wird als Gemeinsamkeit deutlich, dass ein ähnliches Spektrum ermittelt wird. Dies bewegt sich zwischen den Polen der Rezeption, über die Rolle des Imitierens bzw. Paraphrasierens bis hin zur Traduktion bzw. Kreation. Die inhaltliche Verantwortlichkeit für die mathematische Themenentwicklung erhöht sich entsprechend (vgl. Tab. 4.2). Werden neben dyadischen auch polyadische Interaktionen betrachtet, eröffnen sich weitere Rezeptions- bzw. Partizipationsmöglichkeiten (vgl.

Abb. 4.2). Fasst man die Ergebnisse der verschiedenen Studien zusammen, können zwei Pole aktiver Partizipationsrollen ausgemacht werden, bei denen es sich allerdings um keine feststehenden, sondern situativ eingenommene Rollen handelt, und zu denen folgende Hypothesen gebildet werden können:

- Die Rolle eines Imitierers bzw. Paraphrasierers scheint gewissheits- bzw. sicherheitsorientiert zu sein, zeigt eine geringere inhaltliche Verantwortlichkeit in ko-konstruktiven Prozessen und kann durch ein Turn-Angebot eines Lernpartners initiiert werden. Lernende, die diese Rolle einnehmen, können zur Stabilisierung der Interaktion, im Sinne des interaktionalen Gleichflusses (vgl. Krummheuer & Brandt 2001, 56 ff.), beitragen.
- Die Rolle des Kreators erscheint eher autonom, ungewissheitsorientiert und Freiräume nutzend. Eine solche Rolle wird u. U. durch selbstständige Turn-Ergreifung eingenommen. Personen, die in dieser Rolle an der Interaktion partizipieren, zeigen eine hohe inhaltliche Verantwortlichkeit für die Themenentwicklung. In kooperativen Prozessen kann in dieser Rolle ein erster inhaltlicher Fokus für die gemeinsame Arbeit gesetzt werden. Ebenso kann diese Rolle zu einer lernförderlichen interaktionalen Verdichtung (vgl. Krummheuer & Brandt 2001, 56) beitragen.

Mit der Empfehlung, die Vielfalt unterschiedlicher Partizipationsrollen in Interaktionen wahrzunehmen, ist gleichzeitig der Hinweis verbunden, dass nicht von allen Lernenden die Einnahme jeder Rolle erwartbar ist (vgl. Brandt 2004, 2006), was für inklusive Settings im Mathematikunterricht überprüft werden sollte. Für die Partizipationsforschung erscheint zudem relevant, inwiefern das Zusammenwirken verschiedener Partizipationsrollen zu Inklusions- oder Exklusionsprozessen in bestimmten Gestaltungsformen des Mathematikunterrichts beiträgt.

4.3 Folgerungen für die vorliegende Studie

Der Mathematikunterricht kann als sozial-interaktives Geschehen betrachtet werden, an dem Lernende gemeinsam an einem substanziellen fachlichen Inhalt partizipieren. Gemeinsames Lernen wird dabei als ko-konstruktiver Prozess aufgefasst (vgl. Abschn. 4.1.1), in dem sich das mathematische Thema entfaltet (vgl. Abschn. 4.1.2). Ko-Konstruktionsprozesse werden dabei als Aushandlungs- bzw. Kooperationsprozesse gleichberechtigter Interaktionspartner verstanden (vgl. Abschn. 4.1). Dies ist bedeutsam für gemeinsames fachliches Lernen (vgl. Abschn. 3.2 und 3.3) an einem gemeinsamen Gegenstand (vgl. Abschn. 2.1.4) und steht zudem in Zusammenhang mit der Grundhaltung eines weiten Inklusionsbegriffs (vgl. Abschn. 2.1.1). Aus diesem Grund wurden innerhalb dieser Studie den Lernenden mit bzw. ohne sonderpädagogischen Unterstützungsbedarf natürlich differenzierende Lernangebote (vgl. Abschn. 3.2.3) in Form von substanziellen Lernumgebungen (vgl. Abschn. 3.3) eröffnet, bei denen zunächst bei keinem der Lernenden ein Wissensvorsprung per se vorausgesetzt wird. Unterstützt durch kooperationsanregende Arbeitsaufträge, die in Partnerarbeit zu bearbeiten waren (vgl. ebd. und 5.3), wurden auf diese Weise Voraussetzungen für Ko-Konstruktionsprozesse geschaffen. Durch die individuelle Beteiligung an der Bearbeitung der Lernumgebungen strukturieren Lernende die eigenen Lernbedingungen mit und beeinflussen auch die Dynamik der Bedeutungsaushandlung bzw. der spezifischen Themenentwicklung in der gemeinsamen Lernsituation (vgl. Abschn. 4.2.2). In Interaktionsanalysen können schließlich sowohl subjektive Konstruktionsprozesse, also individuelle Prozesse der Lernenden, als auch deren soziale Eingebundenheit innerhalb der Struktur des Interaktionsprozesses rekonstruiert und differenziert betrachtet werden (vgl. Abschn. 4.1.1; Sutter 2004). Als Hintergrundtheorie dient hier der interaktionistische Konstruktivismus (vgl. Abschn. 4.1.1; Sutter 2009).

Um „natürlich" auftretende Schülerinteraktionen im Mathematikunterricht beforschen zu können, wurden die in der Studie eingesetzten Lernumgebungen im Modell ‚Parallelunterricht' (vgl. Wember 2013, 385) von der gewohnten Lehrperson der Lerngruppe durchgeführt, um eine größere Nähe zum Unterrichtsalltag herzustellen, als dies bspw. Interviewstudien leisten können. Der zentrale Arbeitsauftrag in Partnerarbeit wurde schließlich interaktionsanalytisch untersucht. Gerade die Partnerarbeit wird als bedeutsam für gemeinsame Aushandlungsprozesse hervorgehoben, da sich Lernende in dieser Sozialform auf einen Lernpartner einlassen, mit dem eine gemeinsame Strategie bzw. ein gemeinsamer Lösungsweg gefunden werden soll (vgl. Abschn. 4.1.1). Auch im Hinblick auf die Erfüllung des Qualitätskriteriums des interaktionistischen Paradigmas für den inklusiven Unterricht (vgl. Abschn. 2.2.2) ist dies bedeutsam. So wird in der Partnerarbeit an einem gemeinsamen Lerngegenstand individuelles und gemeinsames Lernen angeregt, und es werden, bezogen auf Qualitätskriterien des systemisch-konstruktivistischen Paradigmas (vgl. Abschn. 2.2.2), Gelegenheiten zu ko-konstruktiven Lernprozessen geboten. Jedoch sind im Konzept des Parallelunterrichts (vgl. Wember 2013, 385) auch Interaktionen innerhalb einer Gruppe möglich (vgl. Abb. 4.2), die in der Analyse Berücksichtigung finden sollten.

Neben der Struktur einer gemeinsamen Lernsituation bzw. eines Interaktionsprozesses von Lernenden, in der sich das gemeinsame Thema entfaltet, sollte in der Datenanalyse der vorliegenden Studie auch die Partizipation von Lernenden betrachtet werden (vgl. Abschn. 6.1). Der Begriff ‚Partizipation', der Teilhabe, Teilnahme und Teilgabe umfasst (vgl. auch Abschn. 4.2.1), wird im Kontext der Arbeit in einem inklusionsorientierten Verständnis als gleichberechtigte Partizipation am Unterricht (vgl. Kap. 2), in einem fachdidaktischen Verständnis als Partizipation am gemeinsamen, sozial-interaktiven fachlichen Lernen betrachtet (vgl. Kap. 3) sowie gleichsam in einem interaktionistischen Verständnis als interaktive Beteiligung an der mathematischen Themenentwicklung (vgl. Kap. 4). ‚Partizipieren' wird hier zunächst normativ, im Sinne eines weiten Inklusionsbegriffs (vgl. Abschn. 2.1.1), unter Einbezug der gleichberechtigten Mitsprache, Mitgestaltungsmöglichkeit und Mitbestimmung innerhalb des gemeinsamen Arbeitsprozesses von zwei oder mehreren Lernenden definiert. Mit dieser Grundhaltung wurden auf der konstruktiven Ebene natürlich differenzierende Lernumgebungen entwickelt. Im Rahmen der Datenanalyse wurde die Partizipation allerdings durch die Beschreibung dynamischer Prozesse von Lernenden innerhalb konkreter Lernsituationen deskriptiv erfasst (vgl. Abschn. 6.2). Dazu eignen sich besonders Methoden der interpretativen Unterrichtsforschung, die fachliche Interaktionen auf der Inhaltsebene sowie die damit verbundenen Beteiligungsstrukturen auf der Beziehungsebene in das Zentrum der Analyse stellen. Dies erfüllt für eine mathematikdidaktische Betrachtungsweise in besonderem Maße die Interaktions- und Partizipationsanalyse nach Krummheuer & Brandt (2001; Abschn. 4.2.2, 5.5.1), die zur Analyse der empirischen Daten der vorliegenden Studie eingesetzt wurde (vgl. Abschn. 6.1.1.2). Innerhalb dieser Analyse werden sowohl produktive als auch rezeptive Formen der Partizipation von Lernenden rekonstruiert. Dazu gehört die Erfassung der Verantwortung und Originalität von Beiträgen sowie der Direktheit der Beteiligung bzw. Adressierung im Interaktionsprozess (vgl. Abschn. 4.2.2). Zu beforschen ist, inwiefern die bereits durch Studien identifizierten produktiven und rezeptiven Partizipationsstatus für ein inklusives Setting bestätigt werden können.

Da bereits eine Vielfalt von Begrifflichkeiten zu verzeichnen ist, die Partizipationsprozesse von Lernenden beschreiben, nutzt die vorliegende Arbeit die Bezeichnung ‚Partizipationsstatus' (vgl. Krummheuer & Brandt 2001). Um die Prozesshaftigkeit und Situiertheit der Partizipation von Lernenden zu betonen, wird auf einen ‚Profilbegriff' bzw. ‚Orientierungsbegriff' (vgl. Abschn. 4.2.2; Brandt 2004; Höck 2015) verzichtet und lediglich von situativ eingenommenen ‚Partizipationsrollen' gesprochen. Um gesamte Verläufe ko-konstruktiver Prozesse abbilden zu können, wurde aufgrund dargestellter Studienergebnisse, neben der Inhalts- und Beziehungsebene auch die inhaltsunabhängige Organisationsebene in die Interaktionsanalyse integriert (vgl. Abschn. 6.1.1.1). Darüber hinaus wurde zur umfassenden Rekonstruktion der Inhaltsebene die Multimodalität im Ausdruck mathematischer Ideen in der Datenanalyse berücksichtigt, da Studien nachweisen, dass verschiedene Modalitäten die inhaltliche Themenentwicklung von Lernenden beeinflussen (vgl. Abschn. 4.1.2).

Wie bereits dargestellt, lautet eine auf die Partizipation bezogene zentrale Frage: „Wer kann auf welche Weise woran Teil haben und Einfluss nehmen?" (Weisser 2016, 421). Damit sind Akteure (Wer?), Form bzw. Ausmaß (Auf welche Weise?) und Sphären der Beteiligung (Woran?) berücksichtigt (vgl. Abschn. 4.2.1). Im Fall der vorliegenden explorativen Studie wird die Partizipation von Lernenden innerhalb einer durch eine Lernumgebung vorgegebene Situation untersucht und der zweite Teil der o. g. Frage beforscht, indem die übrigen Elemente entsprechend konkretisiert werden können: Auf welche Weise partizipieren Schülerinnen und Schüler mit dem sonderpädagogischen Unterstützungsbedarf im Lernen in Partnerarbeitsphasen an geometrischen Lernumgebungen, und wie nehmen sie Einfluss auf das Interaktionsgeschehen bzw. die mathematische Themenentwicklung (vgl. dazu auch Abschn. 5.1)?

Design der empirischen Untersuchung

5

Im folgenden Kapitel werden Forschungsdesiderate zusammengefasst, die sich auf inklusive Settings beziehen, in denen Schülerinnen und Schüler mit und ohne sonderpädagogischen Unterstützungsbedarf im Lernen innerhalb substanzieller geometrischer Lernumgebungen gemeinsam Mathematik lernen. Im Fokus der Darstellung stehen einerseits das gemeinsame Lernen an einem gemeinsamen Gegenstand und andererseits die individuelle Partizipation lernbeeinträchtigter Schülerinnen und Schüler. Dabei werden mathematikdidaktische zusammen mit inklusions- bzw. sonderpädagogischen Forschungsbedarfen vernetzt betrachtet. Ein Forschungsziel mit konkretisierten Forschungsfragen wird schließlich daraus abgeleitet (vgl. Abschn. 5.1). Zur Beantwortung der Forschungsfragen wurden vier substanzielle Lernumgebungen zum Thema ‚Kreis‘ entwickelt und in einem inklusiven Setting eingesetzt. Die Entscheidung für dieses inhaltliche Thema wird durch seinen mathematischen Gehalt und seine Relevanz begründet (vgl. Abschn. 5.2). Der mathematische Gehalt des Themas wird in der fachlichen Einordnung (vgl. Abschn. 5.2.1) in Verbindung mit elementargeometrischen Grundideen im Kontext eines Einsatzes im Mathematikunterricht der Grundschule deutlich (vgl. Abschn. 5.2.2). Die Relevanz des Themas zeigt sich u. a. durch Studienergebnisse zu Vorstellungen von Grundschulkindern zum Kreis (vgl. Abschn. 5.2.3). In einem schlussfolgernden Kapitel (vgl. Abschn. 5.2.4) wird eine Auswahl substanzieller Inhalte zum Thema ‚Kreis‘ für die Konzeption von vier Lernumgebungen getroffen, die ein breites Spektrum elementargeometrischer Grundideen abdecken. Mit dem Rückbezug auf vorangegangene Kapitel

Elektronisches Zusatzmaterial Die elektronische Version dieses Kapitels enthält Zusatzmaterial, das berechtigten Benutzern zur Verfügung steht.
https://doi.org/10.1007/978-3-658-32092-8_5

werden schließlich Konzeptionselemente für Lernumgebungen inklusiver Settings zusammengefasst, indem die Kriterien für substanzielle Lernumgebungen nach Wittmann (1998) durch zentrale fachdidaktische Prinzipien für ein inklusives Setting mit einem weiten Inklusionsverständnis konkretisiert werden. Darüber hinaus finden, auf der Grundlage sonderpädagogischer Paradigmen, auch Qualitätskriterien für den inklusiven Unterricht mit lernbeeinträchtigten Schülerinnen und Schülern Berücksichtigung. Die Konkretisierungen der Konzeptionen der vier Lernumgebungen werden vorgestellt (vgl. Abschn. 5.3.2 bis 5.3.5) und deren Grundstruktur und Pilotierung skizziert (vgl. Abschn. 5.3.1). Bezogen auf die Durchführung der vier Lernumgebungen in inklusiven Settings wird neben der Datenerhebung und -aufbereitung (vgl. Abschn. 5.4) auch die Analysemethode (vgl. Abschn. 5.5) erläutert.

5.1   Forschungsdesiderate, Forschungsziele und Forschungsfragen

Fachdidaktische, empirische Unterrichtsforschung bezogen auf inklusive Settings gibt es in Deutschland noch vergleichsweise selten (vgl. Hackbarth & Martens 2018, 192; Lütje-Klose & Miller 2015, 19). Forschungsdesiderate der inklusiven Unterrichtsentwicklung werden zunächst im Hinblick auf Erhebungsmethoden gesehen, die Lernprozesse von Schülerinnen und Schülern sowie deren Beteiligung an Lehr-Lernprozessen erfassen (vgl. Hackbarth & Martens 2018, 193). Bemängelt wird auch das Fehlen fundierter Forschungsergebnisse bezogen auf „die Modalitäten und Bedingungen der Verknüpfungen von fachlichem, fachdidaktischem und sonderpädagogischem Wissen für die Planung und Umsetzung eines qualitativ hochwertigen Unterrichts in inklusiven Lerngruppen" (Heinrich et al. 2013, 85). Als Forschungs- und Entwicklungsaufgabe einer inklusiven Fachdidaktik wird die Verknüpfung eines gemeinsamen Gegenstands mit zieldifferenten Bildungsangeboten gesehen (vgl. Werner 2017, 1047). Auf die Mathematikdidaktik bezogen ist zu bedenken, dass bisher noch keine vollständigen Konzepte für einen inklusiven Mathematikunterricht entwickelt worden sind, die erprobt und evaluiert wurden und eine Orientierung für Lehrpersonen darstellen könnten (vgl. Rottmann & Peter-Koop 2015, 6). Ähnlich wie in der Diskussion um eine allgemeine inklusive Didaktik (vgl. Abschn. 2.1.2) ist es allerdings auch hier fraglich, ob gänzlich neue Konzepte entwickelt werden müssen, oder ob zunächst bestehende, Heterogenität und Vielfalt berücksichtigende Konzepte im Einsatz in inklusiven Settings im Hinblick auf zentrale Fragestellungen reflektiert, erprobt und evaluiert werden sollten. Inklusive Didaktik und Fachdidaktik zu verzahnen, wird dabei als ein erstrebenswertes Ziel angesehen (vgl. bspw. Scheidt 2017, 227). Da Schülerinnen und Schüler mit dem Förderschwerpunkt Lernen die größte Gruppe an inklusiv beschulten Lernenden mit Unterstützungsbedarf ausmachen (vgl. Klemm 2018, 14), wird die Beforschung und Unterstützung dieser Schülerinnen und Schüler im inklusiven Fachunterricht als besonders bedeutsam betrachtet (vgl. Rottmann & Peter-Koop 2015, 5).

Speziell für den Geometrieunterricht fehlen inklusive Ansätze und Konzepte bislang weitgehend und die Entwicklung unterrichtspraktischer Erprobungen inklusiver Lernumgebungen und deren theoriegeleitete Reflexion werden für diesen Inhaltsbereich gefordert (vgl. Peter-Koop & Rottmann 2015, 213). Auch bezogen auf die Förderung geometrischer Kompetenzen lernbeeinträchtigter Schülerinnen und Schüler besteht weiterhin erheblicher Forschungsbedarf (vgl. Hellmich 2007, 2012). „Sowohl individuelle als auch schulische Bedingungen des geometrischen Wissenserwerbs sowie ihrer wechselseitigen Interdependenzen sind weitgehend ungeklärt" (Hellmich 2007, 652). Forschungsarbeiten mit hypothesengenerierendem Charakter, die erste Annäherungen an Schwierigkeiten im Umgang mit geometrischen Inhalten bei Schülerinnen und Schülern mit dem Förderschwerpunkt Lernen identifizieren, werden als wünschenswert betrachtet, denn es wird vermutet, dass sich gerade dieser Inhaltsbereich positiv auf die Motivation dieser Lernenden auswirken könnte (vgl. ebd.). Offen ist zudem, wie Lehrerinterventionen oder das Unterrichtsklima damit verbundene mathematische Lernprozesse beeinflussen (vgl. ebd., 653).

Neben der Konkretisierung von Lernumgebungen für den inklusiven Unterricht, wird auch die Erforschung der durch sie ausgelösten gemeinsamen Lernprozesse als Aufgabe fachdidaktischer Entwicklungsforschung betrachtet (vgl. bspw. Häsel-Weide 2017b). Die empirische Untersuchung unterrichtlicher Prozesse unter Berücksichtigung eines weiten Inklusionsbegriffs stellt bis heute ein Desiderat dar (vgl. Lütje-Klose & Miller 2015; Pfister et al. 2015). Vor allem die Ermöglichung und Erforschung der Art und Weise des Austauschs, des Einflusses von Lehrerimpulsen und der Verortung der inhaltlichen Gemeinsamkeit innerhalb kooperativer Lernformen im inklusiven Unterricht wird diskutiert (vgl. Korff 2012, 143; Moser Opitz 2014).

Die mathematikdidaktische Forschung erfasst aktuell in empirischen Untersuchungen und damit verbundenen theoretischen Reflexionen nur in geringem Maße die Art und Weise der Partizipation von Lernenden am inklusiven Unterricht (vgl. Lütje-Klose & Miller 2015; Peter-Koop & Rottmann 2015). Im inklusiven Setting ist zudem, bezogen auf lernbeeinträchtigte Schülerinnen und Schüler, kaum etwas

über deren Aushandlungsprozesse mit nicht-lernbeeinträchtigten Interaktionspart-
nern bekannt, was sowohl förderliche als auch hinderliche Bedingungen betrifft
(vgl. Benkmann 2010, 132; Abschn. 4.1.1). Benkmann (2007, 89) fordert im
Kontext des interaktionistischen Paradigmas (vgl. Abschn. 2.2.2) eine „minuziöse
Beobachtung von Ko-Konstruktionsprozessen". Seifert und Wiedenhorn (2018)
sehen u. a. in der inklusiven Unterrichtsforschung den Bedarf an rekonstruktiver
Forschung, die sich mit Inklusions- und Exklusionspraktiken im gemeinsamen
Unterricht, bezogen auf unterschiedliche didaktische Settings, beschäftigt (vgl.
ebd., 221). Dies macht eine mikroanalytische Betrachtung von Partizipationsprozessen notwendig. Diesbezüglich wurden Interaktionsprozesse von Lernenden in
einem inklusiven Setting bezogen auf einen geometrischen Inhalt bisher noch
nicht erforscht.

Insgesamt können somit Desiderate ausgemacht werden, hinsichtlich der Konstruktion und Analyse geometrischer Lernumgebungen in inklusiven Settings, der
mikroanalytischen Erfassung gemeinsamer Lernprozesse an einem gemeinsamen
geometrischen Lerngegenstand sowie der Erfassung und Beschreibung fachlicher und sozial-interaktiver Partizipationen lernbeeinträchtigter Schülerinnen und
Schüler. Zusätzlich existieren bislang kaum fachdidaktische Forschungsergebnisse zur Darstellung von mathematischen Lehr-Lernprozessen zum Inhaltsbereich Geometrie, die spezifische Phänomene in Prozessverläufen bzw. günstige
oder ungünstige Bedingungen für eine fachliche Partizipation von lernbeeinträchtigten Schülerinnen und Schülern aufzeigen. Die vorliegende explorative,
deskriptive Studie möchte in den genannten Bereichen einen Beitrag zur fachdidaktischen empirischen Entwicklungsforschung leisten. Die Studie hat daher
zum Ziel, sowohl gemeinsame Lernsituationen von Schülerpaaren in inklusiven Settings als auch die mathematische und sozial-interaktive Partizipation
lernbeeinträchtigter Schülerinnen und Schüler in Form von Partizipationsprozessen (vgl. Abschn. 4.2.2) innerhalb substanzieller geometrischer Lernumgebungen
(vgl. Abschn. 3.3 und 5.2.4) beschreibend zu erfassen sowie beides vernetzt zu
betrachten. Folgende vier Forschungsfragen sind im Rahmen der Analyse leitend:

1. Welche mathematische und sozial-interaktive Partizipation zeigen lernbeeinträchtigte Schülerinnen und Schüler an gemeinsamen Lernsituationen inklusiver Settings bei der Bearbeitung substanzieller geometrischer Lernumgebungen zum Thema ‚Kreis'?
2. Unter welchen Bedingungen dominiert ein bestimmter Partizipationsstatus den
   Prozess dieser Lernenden?

3. Welche Typen gemeinsamer Lernsituationen lassen sich während der Bearbeitung der substanziellen geometrischen Lernumgebungen zum Thema ‚Kreis' im inklusiven Setting identifizieren?

4. Welche Typen gemeinsamer Lernsituationen ermöglichen lernbeeinträchtigten Schülerinnen und Schülern, produktiv an den Lernumgebungen zu partizipieren?

Der Studie liegt die lerntheoretische Position zu Grunde, dass Lernen in einem wechselseitigen Austauschprozess stattfindet, in dem sich das mathematische Thema entwickelt (vgl. Abschn. 4.1.2) und an dem Individuen individuell mathematisch sowie sozial-interaktiv partizipieren (vgl. Abschn. 4.2.2). Der Schwerpunkt liegt auf der Erforschung von Interaktionsprozessen, die sich in inklusiven Settings ereignen. Um die Partizipation von Lernenden an einem gemeinsamen Gegenstand (vgl. Abschn. 2.1.4) herauszuarbeiten, eignet sich die Interaktions- und Partizipationsanalyse (vgl. Abschn. 4.2.2 und 5.5.1) für inklusive Settings, die im Sinne der zentralen Forschungsfragen ggf. adaptiert werden muss. Mittels Qualitativer Inhaltsanalyse (vgl. Abschn. 5.5.2) kann sowohl die Dynamik gemeinsamer Lernsituationen von Schülerpaaren als auch die damit verbundene Partizipation einzelner lernbeeinträchtigter Schülerinnen und Schüler erfasst werden (vgl. Abschn. 5.5.3). Durch die Entwicklung des Analyseinstruments wird ein Beitrag zur Deskription der partizipatorischen Aktivitäten in gemeinsamen Lernsituationen inklusiver Settings im Mathematikunterricht geleistet. Dies soll nun im Einzelnen genauer erläutert werden.

Konzeption und Einsatz substanzieller Lernumgebungen
Ausgangspunkt für die vorliegende Studie ist zunächst die Konzeption substanzieller Lernumgebungen, die als gemeinsamer Gegenstand (vgl. Abschn. 2.1.4) in einer gemeinsamen Lernsituation (vgl. Abschn. 2.1.5) von Lernenden mit und ohne sonderpädagogischen Unterstützungsbedarf im Lernen (vgl. Abschn. 2.2) bearbeitet werden können. Zur Berücksichtigung genannter Forschungsdesiderate (s. o.) wurde dazu ein geometrischer Schwerpunkt gewählt. Im Fokus der Konstruktion der Lernumgebungen stand die Verknüpfung von Kriterien für substanzielle Lernumgebungen (vgl. Wittmann 1998) mit fachdidaktischen Prinzipien, die einerseits mit einem weiten Inklusionsbegriff verbunden werden können, der grundsätzlich alle Lernenden gleichermaßen berücksichtigt (vgl. Abschn. 2.1.1), und andererseits mit Qualitätskriterien einer Pädagogik bei Lernbeeinträchtigung für den inklusiven Unterricht (vgl. Abschn. 2.2.2) vereinbar sind (vgl. Abschn. 5.2.4). Damit wurden inklusions- und sonderpädagogische Erkenntnisse

in Verbindung mit fachdidaktischen Prinzipien für die Konzeption substanzieller geometrischer Lernumgebungen genutzt (vgl. Abschn. 5.3). Die konzipierten Lernumgebungen kamen in einem inklusiven Setting im Parallelunterricht (vgl. Abschn. 5.4.1; Wember 2013, 385) zum Einsatz und bildeten den gemeinsamen Gegenstand der Lernenden. Lernendentandems, die aus einem Lernenden mit und einem Lernenden ohne sonderpädagogischen Unterstützungsbedarf im Lernen bestanden, bearbeiteten in Partnerarbeit zentrale Arbeitsaufträge. Die Konstruktion der Lernumgebungen hatte zum Ziel, ko-konstruktive Lernprozesse und mit ihnen verbundene Interaktionen der Schülerinnen und Schüler anzuregen. Voraussetzung dafür ist, dass jeder Lernende einen Zugang zum Lerngegenstand findet. Der fachliche Inhalt sollte dabei für alle gleich sein, und in seiner Reichhaltigkeit, Komplexität und Ganzheitlichkeit uneingeschränkt allen angeboten werden. Durch substanzielle Lernumgebungen, deren fachlicher Kern durch fachliche und fachdidaktische Analysen bestimm- und ausdifferenzierbar ist, sollte dabei dem Spannungsfeld individuellen und gemeinsamen Lernens begegnet werden, denn als gemeinsamer Gegenstand sind die Lernumgebungen an Grundideen der Mathematik orientiert. Daher berücksichtigen sie auch das Spiralprinzip, was die Individualisierung von Lernprozessen unterstützt. Allerdings herrscht keine Garantie, dass solche Lernangebote erfolgreiche individuelle Lernprozesse auslösen (vgl. Krauthausen & Scherer 2014, 116 f.). Es ist somit ein wesentliches Forschungsinteresse der vorliegenden Arbeit, die Ko-Konstruktionsprozesse der Lernenden in den durchgeführten Lernumgebungen im Rahmen einer rekonstruktiven Analyse zu betrachten und diesbezügliche Phänomene in Bezug auf die individuelle Partizipation und die gemeinsame Lernsituation zu identifizieren.

Partizipationsprozesse lernbeeinträchtigter Schülerinnen und Schüler
Die Interaktions- und Partizipationsanalyse eignet sich, um mathematische und sozial-interaktive Partizipationsprozesse von Lernenden zu betrachten. Die mathematische Partizipation eines Lernenden lässt sich im Inhaltsaspekt identifizieren, d. h. in den fachlichen, dabei inhaltsbezogenen sowie prozessbezogenen mathematischen Beiträgen eines Lernenden zur mathematischen Themenentwicklung der Interaktion (vgl. Abschn. 4.1.2). Innerhalb des Beziehungsaspekts dieser Themenentwicklung kann auch die sozial-interaktive Partizipation eines Lernenden, analysiert werden. Durch den Hörerstatus, den ein Individuum im Rezipientendesign einnimmt und durch die situative Verantwortung an der mathematischen Themenentwicklung im Produktionsdesign kann innerhalb des Gesprächszugs der konstruktive und rezeptive Anteil von Lernenden in der Beteiligungsstruktur bzw. -strukturierung der Unterrichtsgespräche ausgemacht werden. Auf diese Weise wird der jeweilige Partizipationsprozess eines Lernenden (vgl. Abschn. 4.2.2)

erfassbar. Diese Prozesse sind allerdings keine stabilen, sondern von der jeweiligen Situation abhängige, flexible Partizipationsprozesse der Lernenden. In der vorliegenden Studie wurden die Partizipationsprozesse von Schülerinnen und Schülern mit dem sonderpädagogischen Unterstützungsbedarf im Lernen rekonstruiert (vgl. Abschn. 6.1). Diese Lernendengruppe ist in sich jedoch als heterogen einzustufen (vgl. bspw. Scherer et al. 2016). So können Ergebnisse qualitativer Forschung einen Beitrag zur lokalen Theorieentwicklung leisten, die allerdings gleichzeitig die Weiterentwicklung des inklusiven Mathematikunterrichts gemäß dem weiten Inklusionsverständnis unterstützen kann.

Typen und Verläufe gemeinsamer Lernsituationen
Das Verhältnis von Beziehungs- und Inhaltsaspekt einer Interaktion kann auf der Grundlage inklusionsdidaktischer Überlegungen als symmetrisch oder asymmetrisch klassifiziert bzw. hinsichtlich der Dominanz der Aspekte eingeordnet werden (vgl. Abschn. 4.2.2 und 6.1.1.2). Über die Operationalisierung durch Partizipationsprozesse von Lernenden sowie diesbezügliche Wechselbeziehungen werden verschiedene Typen gemeinsamer Lernsituationen identifizierbar (vgl. Abschn. 6.2.1) und gemeinsame Lernsituationen inklusiver Settings rekonstruierbar (vgl. Abschn. 6.2.2). Die Erfassung verschiedener Typen und deren zeitliches Auftreten sowie deren Abfolgen können im Rahmen einer Qualitativen Inhaltsanalyse (vgl. Abschn. 5.5.1) die Beschreibungsgrundlage für Verläufe gemeinsamer Lernsituationen bilden.

Ermöglichung einer produktiven mathematischen und sozial-interaktiven Partizipation lernbeeinträchtigter Schülerinnen und Schüler
Die Partizipationsprozesse lernbeeinträchtigter Schülerinnen und Schüler können mit den Verläufen der Lernsituation vernetzt betrachtet werden. Dadurch kann eine komplexe, gleichzeitig differenzierte Darstellung der gemeinsamen Lernsituation sowie der Partizipation an dieser generiert werden. So sind sowohl rezeptive als auch produktive Phasen in Partizipationsprozessen von lernbeeinträchtigten Schülerinnen und Schülern auch im Kontext bestimmter Phasen einer gemeinsamen Lernsituation analysierbar. Auf dieser Grundlage können einerseits Aussagen zum gemeinsamkeitsstiftenden Potential einer substanziellen Lernumgebung in einem inklusiven Setting getroffen werden, andererseits können Phänomene in Verläufen gemeinsamer Lernsituationen aufgezeigt und mit individuellen Partizipationsprozessen verbunden betrachtet werden. So kann die Individualität von Lernenden im gemeinsamen sozial-interaktiven Prozess verortet werden. Dadurch ist es möglich, Hypothesen für Gelingensbedingungen oder

Hürden bezogen auf die mathematische und sozial-interaktive Partizipation lern-beeinträchtigter Schülerinnen und Schüler an substanziellen Lernumgebungen zu bilden. Als Konsequenz können daraus abgeleitete Leitfragen für die Konzep-tion substanzieller Lernumgebungen für inklusive Settings schließlich zu einer barrierefreien Partizipation dieser Lernenden beitragen.

5.2   Das Thema ‚Kreis' im Mathematikunterricht der Grundschule

Die Beschreibung gemeinsamer Lernsituationen und individueller Partizipations-prozesse soll im Rahmen von Analysen an substanziellen Lernumgebungen zum Thema ‚Kreis' herausgearbeitet werden. Im Folgenden wird daher die Bedeutsam-keit des Themas ‚Kreis' für den Mathematikunterricht der Grundschule genauer betrachtet.

Weigand (2011) beschreibt den Kreis als einen Prototyp für einen geometri-schen Begriff bzw. ein geometrisches Objekt, der sich dem Spiralprinzip gemäß über das gesamte Mathematik-Curriculum hinweg entwickelt (vgl. ebd.). Die Vorstellung von Lernenden zum Kreis wird in der Grundschule, aufbauend auf außerschulische Vorerfahrungen der Lernenden gefördert und erfährt vor allem in der weiterführenden Schule eine sukzessive Erweiterung (vgl. Scherer & Weigand 2017, 30). Ziel der Förderung des Begriffsverständnisses in der Grund-schule ist, dass die Schülerinnen und Schüler das Objekt benennen und sich zu ihm äußern können sowie mit dem Begriffswort eine Vorstellung verbinden (vgl. Franke & Reinhold 2016, 130). Hierzu zählt, dass sich Lernende über die Eigenschaften eines Kreises bewusst werden. Eine Definition des Kreises zu ver-balisieren, wie etwa „In einer Ebene ist ein Kreis k durch seinen Mittelpunkt M und seinen Radius r festgelegt als Ort aller Punkte der Ebene, die von M den Abstand r haben" (Aumann 2015, 2) ist dabei nicht das Ziel. Die Empfehlung aus fachdidaktischen Handbüchern für den Geometrieunterricht der Grundschule zur Begriffsbeschreibung bzw. zur Definition lautet stattdessen:

„Am Ende des 4. Schuljahres sollten die Kinder wissen: *Ein Kreis ist eine ebene Figur. Jeder Punkt der Kreislinie hat den gleichen Abstand vom Mittelpunkt. Diesen Abstand nennt man Radius*" (vgl. Franke & Reinhold 2016, 245 f., Hervorh. i. O.).

Die Bildungsstandards der Grundschule lassen in der allgemeinen Beschreibung „ebene Figuren nach Eigenschaften sortieren und Fachbegriffe zuordnen" (vgl.

KMK 2005, 10) offen, ob eine vertiefte Auseinandersetzung bezogen auf die Kreiseigenschaften stattfindet.

Im Folgenden sollen substanzielle, anschlussfähige Inhalte zum Thema ‚Kreis' sowie deren Umsetzung betrachtet werden. Dazu wird zunächst der fachliche Hintergrund durch die Darstellung von Definitionen und Eigenschaften des Kreises geklärt, auf die grundschulrelevante Lernumgebungen aufbauen könnten (vgl. Abschn. 5.2.1). Ergänzend wird der Kreis im Kontext elementargeometrischer Grundideen betrachtet (vgl. Abschn. 5.2.2), denn substanzielle Inhalte für den Grundschulunterricht können aus diesen Grundideen abgeleitet werden. Bestimmte Inhalte sind dabei nicht festgelegt, werden aber im weiteren Verlauf dieser Arbeit ergänzend in vertiefenden Betrachtungen einzelner, der Studie zu Grunde liegender Lernumgebungen, konkretisiert (vgl. Abschn. 5.3). Um die Relevanz der Thematisierung des Kreises im inklusiven Mathematikunterricht der Grundschule zu klären, werden schließlich Studien beschrieben, die sich mit der Erforschung der Konzepte von Grundschülerinnen und -schülern zum Begriff ‚Kreis' befassen und Überlegungen bezogen auf die Förderung des geometrischen Begriffsverständnisses lernbeeinträchtigter Schülerinnen und Schüler dargestellt (vgl. Abschn. 5.2.3). Abschließend werden konzeptionelle Überlegungen zusammengefasst, die substanzielle Lernumgebungen in einem inklusiven Setting unter Beteiligung lernbeeinträchtigter Schülerinnen und Schüler betreffen (vgl. Abschn. 5.2.4).

5.2.1   Fachliche Einordnung

Ein Kreis ist, abgesehen von der Variation in seiner Größe, eindeutig festgelegt (vgl. Helmerich & Lengnink 2016, 72). Er kann mit unterschiedlichen Perspektiven definiert werden. In einer genetischen Definition, bei der die Entstehung des Objekts im Fokus steht, heißt es: „Ein *Kreis* entsteht, wenn sich ein Punkt einmal im festen Abstand um einen (festen) Punkt bewegt" (Weigand 2018, 99, Hervorh. i. O.). Der Vorteil einer solchen Definition kann in der Anschaulichkeit gesehen werden. Die Definition kann auf enaktiver und ikonischer Ebene nachvollzogen werden (vgl. ebd., 100). Um eine charakterisierende Definition handelt es sich dagegen, wenn die Begriffsbeschreibung des Kreises aufgrund seiner Eigenschaften formuliert wird, wie bspw. „Ein *Kreis* ist die Menge aller Punkte, die von einem gegebenen Punkt denselben Abstand haben" (ebd., Hervorh. i. O.). Dieser gegebene bzw. feste Punkt wird auch als ‚Mittelpunkt' bezeichnet (vgl. Abb. 5.1). Der Mittelpunkt des Kreises ist Teil der Definition des Kreises, ohne Teil vom Kreis selbst zu sein. Es handelt sich um einen festen Ort in der Dimension 0 (vgl.

Wittmann 2009, 28). Der ‚Radius' ist gemäß Kreisdefinition als der Abstand von Mittelpunkt und Kreislinie definiert.

Betrachtet man Geraden hinsichtlich ihrer Lage zum Kreis, sind diese folgendermaßen definiert (vgl. Abb. 5.1 sowie Helmerich & Lengnink 2016, 74):

- Schneidet eine Gerade einen vorgegebenen Kreis nicht, wird sie ‚Passante' genannt002E
- Schneidet eine Gerade einen vorgegebenen Kreis in genau einem Punkt, wird sie als ‚Tangente' bezeichnet.
- Schneidet eine Gerade einen vorgegebenen Kreis in zwei Punkten, wird sie ‚Sekante' genannt. Als ‚Sehne' wird die Strecke zwischen den beiden Schnittpunkten bezeichnet. Verläuft die Sehne durch den Mittelpunkt, nennt man diese ‚Durchmesser'. Auch die Länge der durch den Mittelpunkt verlaufenden Sehne, ggf. expliziert durch Maßzahl und Längeneinheit, wird als ‚Durchmesser' bezeichnet.

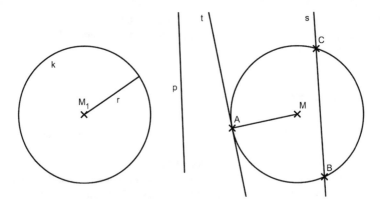

Abbildung 5.1 Kreis k mit Mittelpunkt M1 und Radius r (links) sowie Kreis mit Passante p, Tangente t, Sekante s und Sehne (rechts)

Betrachtet wird der Kreis im Folgenden zunächst in seinem Verständnis als ‚Kreislinie'. Die Kreislinie ist zusammen mit der geraden Linie grundlegend für die Analyse anderer (glatter) Linien, die durch Tangenten lokal approximiert werden können. D. h., dass eine Linie ausgehend von einem festen Punkt und seiner Verbindung durch eine Gerade zu einem Nachbarpunkt betrachtet wird. Durch

Annäherung des Nachbarpunkts an den festen Punkt, geht die Verbindungsgerade in die Tangente des festen Punktes über. Genauer kann dies durch einen festen Punkt und zwei Nachbarpunkte geschehen. Wenn diese drei Punkte nicht auf einer Geraden liegen, bestimmen die drei Punkte einen Kreis. Durch Heranwandern der Nachbarpunkte an den festen Punkt, konvergiert der Kreis, auf dem die Punkte liegen, gegen den Krümmungskreis an der Stelle des festen Punktes. Die Größe des Krümmungskreises ist abhängig von der Krümmung der Linie an der Stelle des festen Punktes. Dabei gilt: Je geringer die Linie an einer Stelle gekrümmt ist, desto größer ist der Krümmungskreis (vgl. Wittmann 2009, 30 f.).

Als nächstes soll die Länge der Kreislinie, also der Umfang eines Kreises betrachtet werden. „Die Kreiszahl π wird definiert als das Verhältnis des Umfangs U eines Kreises zu seinem Durchmesser d" (Helmerich & Lengnink 2016, 141). Es gilt also $\pi = U{:}d$. „Das Verhältnis von Umfang zu Durchmesser ist eine Konstante" (Krauter & Bescherer 2013, 120), wodurch alle Kreise einander ähnlich sind (vgl. Hölzl 2018, 203). Ein Kreis mit dem Durchmesser der Längeneinheit 1 hat somit den Umfang π (vgl. Helmerich & Lengnink 2016, 141). Eine näherungsweise Bestimmung des Kreisumfangs liefert die Betrachtung des Umfangs eines einbeschriebenen n-Ecks mit der Seitenlänge s_n. Mit $U_n = n{\cdot}s_n$ kann sich dem Umfang des Einheitskreises angenähert werden. Zusammen mit der Berechnung für umbeschriebene regelmäßige n-Ecke können Eingrenzungen für den Kreisumfang berechnet werden (vgl. Krauter & Bescherer 2013, 118; zur Approximation durch ein- bzw. umbeschriebene n-Ecke vgl. auch Wittmann 1987, 296 ff.). Näherungsweise erhält man schließlich . Weiter gilt: π „ist eine irrationale, ja sogar transzendente Zahl und daher nicht abbrechend und nicht periodisch und nicht Lösung einer algebraischen Gleichung" (Krauter & Bescherer 2013, 121). Meist werden nur die ersten Nachkommastellen von π angegeben, z. B. = 3,14159..., und „für alle bisher bekannten praktischen Anwendungen reichen auch mit genügender Genauigkeit maximal 38 Nachkommastellen aus" (Helmerich & Lengnink 2016, 141).

Im Kontext der o. g. Definition wird der Kreis als Kreis*linie* verstanden. „Es ist aber oft auch die Menge der Punkte innerhalb dieser Linie gemeint, wenn man von „Kreis" spricht" (ebd., 72). Die zweidimensionale Kreisfläche umschreibt die Menge aller Punkte innerhalb der Kreislinie (vgl. ebd.). Wird die Kreislinie durch eine Gerade in den Punkten A und B geschnitten, entsteht ein Teil eines Kreises: der Kreisbogen (vgl. bspw. Wittmann 1987, 66 f.). Die Bögen AB und BA bilden zusammen einen Kreis. Teilflächen eines Kreises, wie bspw. Kreissektoren (vgl. z. B. Helmerich & Lengnink 2016, 142 f.), werden durch den Kreisbogen und zwei Radien eines Kreises begrenzt. Kreissektoren sind deckungsgleich, wenn sie in der Länge des Radius und im Mittelpunktwinkel übereinstimmen.

Ein Kreissektor mit dem Winkelmaß 90°, kann als Viertelkreis bezeichnet werden (weitere Betrachtungen, vgl. Abschn. 5.3.3). Die Kreisfläche kann aufgrund ihrer gekrümmten Begrenzungslinie nicht mit polygonalen Figuren, wie bspw. Einheitsquadraten, ausgelegt werden. Ein solcher Versuch, mit bspw. immer kleiner werdenden Einheitsquadraten führt lediglich zu einer Näherung an den Flächeninhalt. Im Folgenden wird der Zusammenhang von Umfang und Flächeninhalt eines Kreises betrachtet. Dies geschieht mit Hilfe der Zerlegung des Kreises in Sektoren und Zusammenfügen derselben zu einer rechteckähnlichen Fläche A (vgl. Abb. 5.2). Danach gilt, aufgrund der Definitionen von Kreiszahl und Durchmesser $\pi = U{:}d$ und $d = 2 \cdot r$, dass $A = \frac{1}{2} U \cdot r = \frac{1}{2} \cdot d \cdot \pi \cdot r = \pi \cdot r^2$ ist und somit auch $U = 2 \cdot r$ (vgl. dazu bspw. Scheid & Schwarz 2017, 92 ff.).

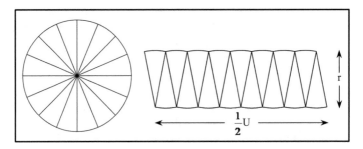

Abbildung 5.2 Kreisumfang und Kreisflächeninhalt

Der Kreis ist symmetrisch, denn er erfüllt die Definition „Eine Figur heißt *achsensymmetrisch*, wenn es eine Gerade g gibt, für die gilt: $S_g(F) = F$" (Helmerich & Lengnink 2016, 63, Hervorh. i. O.). Beim Kreis gilt dies für jede beliebige Geraden g durch den Mittelpunkt M. Die Anzahl der Symmetrieachsen ist somit unendlich (vgl. ebd., 72).

5.2.2 Elementargeometrische Grundideen

Mathematische Aktivitäten an substanziellen Inhalten im Geometrieunterricht der Grundschule können ebenso im Kontext der ‚Rahmenthemen‘ (vgl. Radatz & Rickmeyer 1991, 9 f.), der ‚Kernbereiche‘ (vgl. de Moor & van den Brink 1997, 16 f.; Franke & Reinhold 2016, 38), der ‚fundamentalen geometrischen Ideen‘ (vgl. Winter 1976), oder der ‚Grundideen der Elementargeometrie‘ (vgl. Wittmann

1999, 201 ff.) bzw. ‚Grundideen der Geometrie' (vgl. Wittmann & Müller 2004, 8) betrachtet werden (vgl. Abschn. 3.4). Allerdings gibt es bisher keine überschneidungsfreien, festen Definitionen oder einen allgemeingültigen Konsens über den Charakter solcher Strukturierungen oder Einordnungen, da bewusst nicht auf die Entwicklung einer Lehrgangssystematik gezielt wird (vgl. Franke & Reinhold 2016, 9 ff.; Graumann et al. 1996). Festzuhalten ist: Die Grundideen strukturieren die Fachinhalte. Sie können als Leitidee der Mathematikdidaktik dazu beitragen, fachliche Einzelheiten in einem Gesamtzusammenhang zu betrachten (vgl. Deutscher 2012, 75 ff.). Stellvertretend soll an dieser Stelle Winter (1976, 15) bezogen auf die fundamentalen (geometrischen) Ideen zitiert werden:

> „Grob gesagt (das ist keine Definition im strengen Sinn) handelt es sich um Ideen, die starke Bezüge der Wirklichkeit haben, verschiedene Aspekte und Zugänge aufweisen, sich durch hohen inneren Beziehungsreichtum auszeichnen und in den folgenden Schuljahren immer weiter ausgebaut werden."

Backe-Neuwald (2000, 80 ff.) verweist zur Bedeutsamkeit der Geometrie in der Grundschule auf das Spektrum der Deutungen und Wertungen fundamentaler Ideen und fasst verschiedene Definitionen zusammen. Sie kommt zu dem Ergebnis, dass fundamentale Ideen aus unterschiedlichen Perspektiven betrachtbar sind. Sie geben, „Aufschluß darüber, für wen und wozu diese Ideen fundamental und wichtig sind" (ebd., 87):

1. Ausgehend von der Mathematik als Disziplin kennzeichnen fundamentale Ideen „den Kern, das Wesentliche eines mathematischen Themas und Inhaltes" (ebd.).
2. Aus mathematikdidaktischer Perspektive können sie als Leitlinien bspw. für das Lehren bzw. Lernen von Mathematik oder die Unterrichtsgestaltung verstanden werden (vgl. ebd.).
3. Im Kontext der Grundlegung einer mathematischen Grundbildung stellen sie „Elemente von Bildung und Kultur" (ebd.) dar.

Ein Mathematikunterricht, der sich an fundamentalen Ideen orientiert, kann mit jeder der oben genannten Perspektiven sinnstiftend für Lernende sein. Er regt u. a. die Beschäftigung mit Mathematik an und hilft, den Sinn der mathematischen Tätigkeit zu erschließen (vgl. ebd., 94). Wittmann greift schon 1974 fundamentale Begriffe und Ideen für den Mathematikunterricht auf. Aus dem Spiralcurriculum leitet er die Prinzipien des vorwegnehmenden Lernens und der

Fortsetzbarkeit ab (vgl. Wittmann 1981, 86). Im Folgenden werden die Grundideen nach Wittmann und Müller (2004, 7 f.) fokussiert betrachtet, da diese für den Grundschulunterricht konkretisiert und auch im Hinblick auf Schülerinnen und Schüler mit sonderpädagogischem Unterstützungsbedarf im Bereich ‚geistige Entwicklung‘ nur mit geringen Anpassungen formuliert wurden (vgl. Ratz & Wittmann 2011). Sie dienen später der Einordnung des Lerngegenstands in die Kriterien substanzieller Lernumgebungen, die zentrale Inhalte berücksichtigen sollen (vgl. Abschn. 5.3).

Wittmann und Müller (2004, 7 f.) bauen in einer weiterentwickelten Überlegung auf „einen Ansatz zu einem einheitlichen stufenübergreifenden Konzept des Geometrieunterrichts" (Wittmann 1999, 205) auf. Für die Ausgangsüberlegungen galt bereits:

> „Bei der Entwicklung dieser Liste wurde die „Geometrie" nicht nur als ein Zweig der Elementarmathematik und der Hochschulmathematik, sondern auch als ein breites Entwicklungs- und Anwendungsfeld quer über verschiedenste Tätigkeitsfelder der Gesellschaft betrachtet. Dieser weite Bereich wurde auf Strukturen untersucht, die vom Standpunkt der Allgemeinbildung wichtig und interessant sind. Dabei wurde auf Begriffe, Beziehungen, geometrische Gesetzmäßigkeiten und Muster und auf Anwendungen geachtet, die in dem Sinne „fundamental" sind, dass sie in vielfachen Zusammenhängen auftreten und eine große Erklärungskraft besitzen" (ebd., 211).

Wittmann und Müller plädieren für die Konzentration im Unterricht auf tragende Grundideen, „die für die Umwelterschließung und für ein Verständnis der Fachstruktur unerlässlich sind" (Wittmann & Müller 2004, 7). Die von ihnen formulierten Grundideen für den Bereich ‚Geometrie‘ gelten bis zum Ende der Sekundarstufe I und darüber hinaus und können nach dem Spiralprinzip immer wieder aufgegriffen und vertieft werden. Dabei stellen Wittmann und Müller Bezüge zum Bereich ‚Arithmetik‘ her und betonen die Struktur- und Anwendungsorientierung „als zwei Seiten ein und derselben Medaille" (ebd., 7). Die Grundideen der Geometrie (G1 bis G7) sind folgende:

- G1: Geometrische Formen und ihre Konstruktion
- G2: Operieren mit Formen
- G3: Koordinaten
- G4: Maße
- G5: Geometrische Gesetzmäßigkeiten und Muster
- G6: Formen in der Umwelt
- G7: Übersetzung in die Zahl- und Formensprache

G7 stellt dabei die Schnittmenge zu arithmetischen Grundideen dar. Im Folgenden werden die Grundideen zunächst allgemein erläutert, dann am Lerngegenstand Kreis konkretisiert.

Im Sinne des operativen Prinzips umfassen die ersten beiden Grundideen, um welche Objekte es sich handelt, wie sie konstruiert werden, welche Eigenschaften und Beziehungen sie besitzen und welcher Veränderung sie unterliegen, wenn man operativ auf sie einwirkt. Dies wiederum ist die Grundlage zur Entdeckung und Begründung von Gesetzmäßigkeiten und Mustern, was der fünften Grundidee entspricht (vgl. Wittmann 1999, 212). Im Einzelnen bedeutet das, dass in der ersten Grundidee Formen unterschiedlicher Dimensionen und deren vielfältige Konstruktionsmöglichkeiten Berücksichtigung finden. Die zweite Grundidee fokussiert auf die Bewegung geometrischer Gebilde, d. h. bspw. Verschiebung, Drehung oder Spiegelung sowie auf deren Veränderung, wie bspw. Verkleinerung, Vergrößerung oder Zerlegung, durch die vielfältige geometrische Beziehungen entstehen. Die Grundidee ‚Koordinaten' (G3) schafft im Sinne des Spiralprinzips die Basis für die analytische Geometrie und die graphische Darstellung von Funktionen, indem die Lage von Punkten auf Linien, Flächen oder im Raum beschrieben wird. Die Grundidee ‚Maße' (G4) impliziert die Erkenntnis, dass sich Längen, Flächen, Volumina und Winkel (durch bestimmte Maßeinheiten) messen lassen und sich diese Maße zu Berechnungen nutzen lassen. Die Grundidee ‚Geometrische Gesetzmäßigkeiten und Strukturen' (G5) umfasst Beziehungen von geometrischen Gebilden und deren Maße sowie das Entstehen von Mustern und Gesetzmäßigkeiten. Ihre tieferen Zusammenhänge führen zu einer systematischen Entwicklung innerhalb geometrischer Theorien. Die (angenäherte) Beschreibung realer Gegenstände mittels geometrischer Begriffe gehört zur Grundidee ‚Formen in der Umwelt' (G6; vgl. Wittmann & Müller 2004). Zusammen mit der Idee ‚Übersetzung in die Zahl- und Formensprache' (G7) werden Mathematisierungen bzw. Geometrisierungen der Umwelt vorgenommen. Bezogen auf Lernende mit einer Beeinträchtigung, gibt es bislang nur Überlegungen von Ratz und Wittmann (2011) für den Förderschwerpunkt geistige Entwicklung, die für diese Zielgruppe dieselben Grundideen der Geometrie formulieren. Einziger Unterschied zur o. g. Liste ist das Einfügen der inhaltlichen Vorläuferfähigkeit ‚Formbewusstheit' und Streichung des Punktes ‚Übersetzung in die Zahl- und Formensprache' (G7), was an anderer Stelle auch als ‚Geometrisierung' bezeichnet wird (vgl. Wittmann 1999, 211). Bei der Entwicklung der Formbewusstheit geht es darum, ein begriffliches Netz bezüglich geometrischer Objekte, ihrer Benennung und ihrer Eigenschaften aufzubauen. Berücksichtigung finden dabei auch niederschwellige Aktivitäten (vgl. Ratz & Wittmann 2011, 138).

Dass es sich beim Kreis als Kurve um einen spiralig anschlussfähigen und substanziellen Inhalt handelt, zeigt die Auseinandersetzung von Haftendorn (2017). Sie stellt dar, „dass Kurven durch ihre eindrücklichen Konstruktionen und Visualisierungen Fragen aufwerfen, die dann das Lernen mathematischen „Handwerks" mit Sinn erfüllen. Dazu zählen sowohl elementargeometrische Argumentationen als auch Repräsentationen der Kurven im kartesischen Koordinatensystem, Verwendung von Parameter- und Polargleichungen und die entsprechenden Beweise" (ebd., Vorwort). Die Auseinandersetzung bietet „eine zeitgemäße Gesamtdarstellung zu Kegelschnitten und höheren Kurven [...]. Einzelne Aspekte können [...] für ganz normale Klassen und Kurse vom 8. Schuljahr bis zum 8. Semester [...] herausgegriffen werden" (ebd.) und integrieren computerunterstützte Darstellungen. Kreise und Geraden lassen dabei die unterschiedlichsten Kurven entstehen. Die Darstellung Haftendorns setzt bei der Kreisgleichung als „Grundverständnis von Kurvengleichung und Verschiebungen von Kurven" (ebd., 8) an.

Die Grundideen nach Wittmann und Müller (2004) sollen im Folgenden, ergänzt um die Grundidee ‚Formbewusstheit' (G0), zum Thema ‚Kreis' konkretisiert werden. Dies wird mit Blick auf grundschulrelevante Inhalte mit Ausblick auf die untere Sekundarstufe konkretisiert.

Zur Grundidee 0: Formbewusstheit
Intuitive Vorkenntnisse zum Begriff können bereits zu Beginn der Grundschulzeit bei Lernenden im Rahmen der Formbewusstheit (vgl. Wittmann & Müller 2009, 15 ff.) bestehen, indem sie Prototypen des Kreises, wie sie durch Modelle, Bilder oder konkrete Gegenstände repräsentiert werden, als Kreis erkennen, benennen und Repräsentanten erstellen können, bspw. durch näherungsweises Freihandzeichnen eines Kreises. Zur Grundidee der Formbewusstheit gehören bereits die ersten alltagsbezogenen Konzepte, was ein Kreis ist und was nicht. Erste intuitive Vorstellungen zum Kreis beziehen sich dabei auf Repräsentanten aus der Umwelt, wie bspw. Geldstücke, Pizzen oder Räder, die bestimmte Eigenschaften aufweisen, bspw. ‚rund', ‚flach', ggf. auch ‚symmetrisch' sind. Gegenstände wie z. B. kreisförmige Ohrringe, Tischplatten, Spiegel oder Uhren werden als kreisförmig erkannt und mit dem Begriff ‚Kreis' bezeichnet. Gleiches gilt für Abbildungen von Kreisen bspw. in Bilderbüchern. Neben kreisförmigen Objekten, wie einem Tassenrand, werden auch annähernd kreisförmige Objekte, wie die Freihandzeichnung eines Kreises sowie kreiszylinderähnliche Gegenstände mit einer geringen Höhe, wie bspw. runde Untersetzer aus Glas oder Filz als ‚Kreis' identifiziert. Die mathematische Ungenauigkeit der Krümmung der Kreislinie oder das vorhandene Volumen eines Körpers wird in diesem Fall im Abstraktionsprozess (vgl. dazu Winter 1983, 191) ignoriert.

Klein- und Vorschulkinder erwerben bereits erste Vorstellungen zum Kreis durch das Vergleichen ebener Formen und diesbezügliche Generalisierungen. Kreise werden bspw. unter Vierecken, Quadraten oder Rechtecken als von den restlichen verschieden identifiziert und als ‚Kreis' benannt (vgl. Weigand 2015, 275, vgl. dazu auch Abschn. 5.2.3). Beispiele und Gegenbeispiele von Figuren zu suchen, zu erkennen oder bewusst Gemeinsamkeiten von Einzelfällen zu betrachten, führen auf diese Weise zu einer ganzheitlichen Vorstellung. Auch Sortierspiele, die das Unterscheiden der Eigenschaften ‚eckig' und ‚rund' betreffen, können dieser Grundidee zugeordnet werden, denn sie werden als gegensätzlich in ihren Eigenschaften wahrgenommen. Ebenso können Kreise unterschiedlicher Größe als eine Klasse mit der Bezeichnung ‚Kreis' zusammengefasst werden. Kinder nehmen somit die Ähnlichkeit von Kreisen im Sinne der zentrischen Streckung (vgl. Aumann 2015, 20) wahr, selbstverständlich ohne sich über solche mathematischen Hintergründe bewusst zu sein.

Repräsentationen eines Kreises können die Schülerinnen und Schüler durch das Umzeichnen bzw. Drucken von Kreiszylindergrundrissen, halbierten kugelförmigen Objekten, aber auch mit Kreisschablonen herstellen, bei denen der Mittelpunkt jedoch unberücksichtigt bzw. implizit bleibt. Erste niederschwellige Konstruktionstätigkeiten können neben dem Freihandzeichnen eines Kreises bspw. das kreisförmige Legen eines Fadens oder das näherungsweise Ausschneiden einer kreisförmigen Figur sein.

Zur Grundidee 1: Geometrische Formen und ihre Konstruktion
Im Kontext dieser Grundidee ist der Kreis einerseits neben Dreiecken oder Vierecken (im Speziellen Quadraten oder Rechtecken) oder anderen n-Ecken (wie Sechs- oder Achtecken) eine ebene Form. Andererseits kann der Kreis zur Bezeichnung von Eigenschaften räumlicher Objekte genutzt werden. So können Kreise bspw. als Fläche eines Kreiskegels, Kreiszylinders (vgl. Scheid & Schwarz 2017, 72 f.) oder auch im Kugelschnitt durch Lernende identifiziert werden. Anschlussfähig zur Identifizierung von Kreisflächen ist neben der Zerlegung bspw. in Halbkreise auch die Rotation eines Kreises um einen Durchmesser zur Kugelerzeugung (vgl. Wittmann 1999, 210). Für die Grundschule nicht im Fokus, aber wichtig zu nennen ist der Kreis bezogen auf die Kegelschnitte Ellipse, Parabel und Hyperbel (vgl. Scheid & Schwarz 2017, 241 ff.). Der Kreis kann als „besondere Ellipse" gelten, wenn für eine Ellipse mit der Definition „Alle Punkte, die von zwei gegebenen Punkten gleiche Entfernungssummen haben, liegen auf einer Ellipse" (Schupp 1988, 19) gilt, dass die beiden gegebenen Punkte gleich sind.

Zur Entdeckung von Kreiseigenschaften kann im Kontext dieser Grundidee bspw. die ‚Gärtnerkonstruktion' beitragen, bei der eine Schnur an einem Ende auf einem Arbeitsblatt fixiert wird und dann der Kreis mit einem am anderen Ende angebrachten Stift um diesen Fixpunkt konstruiert wird (vgl. Franke 2000, 205; Franke & Reinhold 2016, 246; Scherer et al. 2009). Die Lernenden erleben durch das gespannte Stück Schnur den konkreten Abstand zum Fixpunkt und somit die Konstanz des Radius, wodurch der Stift im gleichen Abstand zum fixierten Punkt den Kreis zeichnet. Eine weitere zeichnerische Auseinandersetzung mit Kreisen ist die Arbeit mit dem Zirkel. Dieser kann eingesetzt werden, um Zeichenaufträge auszuführen oder Kreise zu analysieren (vgl. Schipper et al. 2000, 148) sowie zur Erzeugung von Kreismustern (vgl. Franke 2000, 206; Wittmann 1999, 210), bei denen sich Kreise in der Konstruktion überlagern können (vgl. Abb. 5.4). Viele Lernende kennen den Zirkel schon vor dem unterrichtlichen Einsatz. Im zeichnerischen Prozess mit ihm wird nicht nur die Zeichenfertigkeit, sondern auch das Wahrnehmungs- und Vorstellungsvermögen geschult. Gleichzeitig können anschlussfähige Einsichten zu Radius, Umkreis, Inkreis und Linien am Kreis angebahnt werden, wenn bspw. Muster aus Kombinationen von Kreisen mit Vielecken erzeugt werden (vgl. Franke 2000, 207). Durch die verschiedenen zeichnerischen Aktivitäten werden die Vorstellungen der Lernenden zum Kreis ausdifferenziert. Er wird als Grundform, als gekrümmte und geschlossene Linie, als Kreis*linie* eingeordnet.

Zur Grundidee 2: Operieren mit Formen
Zum Operieren mit dem Kreis zählen u. a. die Verschiebung, Drehung, Verkleinerung bzw. Vergrößerung, Projektion oder Stauchung bzw. Dehnung des Kreises, Zerlegung in Teilfiguren mit Erhaltung des Flächeninhalts, Zusammensetzung, Überlagerung oder auch der Schnitt von Kreisen mit anderen ebenen Figuren zu komplexen Figuren. „Dabei ist es interessant herauszufinden, welche Beziehungen entstehen und welche Eigenschaften bei diesen Operationen erhalten bleiben oder sich in gesetzmäßiger Weise verändern" (Wittmann 2009, 27). Auch Handlungen, die die Entdeckung der Symmetrie des Kreises zur Konsequenz haben, können zu dieser Grundidee gezählt werden. Mit Hilfe von Faltung kann diese bspw. erforscht und erkannt werden, und vielfältige Umweltbezüge sind herstellbar (vgl. Scherer & Weigand 2017, 30). Die Drehung um den Mittelpunkt und Spiegelung an einer Geraden durch den Mittelpunkt eines Kreises wird hier als Abbildung auf sich selbst erkannt. Das Verkleinern oder Vergrößern zeigt im Sinne der Ähnlichkeitsabbildung, dass alle Kreise zueinander ähnlich sind. Die Erhaltung des Winkelmaßes ist den Lernenden der Grundschule hier noch nicht bewusst, ist aber entsprechend anschlussfähig in der Sekundarstufe thematisierbar.

Der Zusammenhang der Isoperimetrie des Kreises mit dessen maximaler Symmetrie (vgl. dazu Heitzer 2010) kann ebenfalls später anschlussfähig zum Thema gemacht werden. Wird die Kreisfläche zerlegt und damit operiert (vgl. dazu bspw. Rasch 2012, 2014), werden weitere Erkenntnisse zum Kreis bezogen auf Passung und Deckungsgleichheit gesichert. Die Kongruenz, also die Gleichheit von Strecken und Winkeln, ist durch das Übereinanderlegen deckungsgleicher Figuren (Kreise, Kreisteile) erfahrbar und kann anschlussfähig in der Sekundarstufe aufgegriffen werden. Kreissektorflächen mit dem Winkelmaß 180°, 90° oder 45° als Teile eines Kreises können durch halbierende, deckungsgleiche Faltung und Zerschneiden hergestellt werden. Kreisteile können ebenso zur Kreisflächenauslegung kombiniert werden. Auf diese Weise können Beziehungen sowie gesetzmäßige Veränderungen erkannt werden (vgl. ausführlich dazu Abschn. 5.3.3).

Zur Grundidee 3: Koordinaten

Bezogen auf den Kreis können zu dieser Grundidee bereits Wegbeschreibungen gezählt werden, die Beschreibungen wie „kreisförmig um den Ortskern herum" (Helmerich & Lengnink 2016, 15 f.) enthalten. Auch die Orientierung sowie Bewegungen auf krummlinig-orthogonalen Koordinatensystemen (vgl. Abb. 5.3) lassen sich dieser Grundidee zuordnen.

Abbildung 5.3 Geradlinig-orthogonales und krummlinig-orthogonales Koordinatensystem

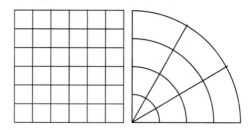

Im Sinne der Umwelterschließung sind Lerngelegenheiten zur Orientierung auf dem Gradnetz eines Globus anschlussfähig zu Lerninhalten der unteren Sekundarstufe des Geographieunterrichts. In Anlehnung an Lernumgebungen, die eine Orientierung in geradlinig-orthogonalen Koordinatensystemen fördern, wie bspw. ‚Eckenhausen' (vgl. Hasemann & Gasteiger 2014, 196 ff.; Wittmann et al. 2017, 114 f.), könnten ebenso Punkte auf einem krummlinig-orthogonalen Koordinatensystem angegeben oder gefunden werden. Die Punkte lassen sich dabei durch einen Winkel, der zwischen einer Geraden durch den Ursprung und der x-Achse eingeschlossen ist, und den Radius des Kreises verorten (vgl. dazu auch Helmerich & Lengnink 2016, 27).

Zur Grundidee 4: Maße

Bezogen auf Maße im Kreis können in der Grundschule Kreise nach Vorgabe der Radiuslänge mit dem Zirkel konstruiert werden. Lerngelegenheiten, die die Einsicht ermöglichen, mit Hilfe des Zirkels gleichseitige Dreiecke zu konstruieren, können der Grundidee ‚Maße' als auch der Grundidee ‚Geometrische Formen und ihre Konstruktion' zugeordnet werden. Ebenfalls können Längen von Durchmesser oder Radius mit Hilfe des Lineals durch Lernende abgemessen werden. Darüber hinaus können Radien in ihrer Länge verglichen und ggf. als gleich lang identifiziert werden, indem sie bspw. mit dem Lineal als Abstand zwischen Mittelpunkt und Kreislinie gemessen werden. Dadurch können qualitative Aussagen zum Längenunterschied gemacht werden. Ebenso können Radien mit dem Zirkel verglichen und als gleich lang oder kürzer bzw. länger erkannt werden. Sind Radien gleich lang, geht damit die logische Folgerung einher, dass dann auch die Kreise gleich groß bzw. deckungsgleich sein müssen. Auch im Hinblick auf die Kreiszahl π, die Mathematiker Jahrtausende lang beschäftigte (vgl. Weigand 2011) und die in der Regel in der oberen Sekundarstufe behandelt wird, können Problemstellungen auf Grundschulniveau angeboten werden. Hierunter fallen handlungsorientierte Zugänge, wie das Messen von Längenabschnitten sowie die näherungsweise Ermittlung der Länge gekrümmter Linien bspw. mit Hilfe eines Fadens und der Darstellung des Verhältnisses von Umfang zu Durchmesser (vgl. dazu auch Abschn. 5.3.5). Anschlussfähig sind die Begründung der Konstanz dieses Verhältnisses sowie alle weiteren Betrachtungen, in denen die Kreiszahl π zum Tragen kommt.

Im Sinne der Grundidee ‚Maße' können zusätzlich, bezogen auf die Kreisfläche, Flächenstücke, die Kreissektoren entsprechen, zu Vollkreisen zusammengesetzt werden (vgl. dazu ausführlich Abschn. 5.3.3), Darüber hinaus sind Flächenvergleiche denkbar, bspw. dass ein Halbkreis so groß wie zwei Viertelkreise ist (vgl. ebd.). Das direkte Übereinanderlegen von Kreisen und der direkte Vergleich, ggf. mit anschließendem Ordnen nach der Größe, sind im Sinne dieser Grundidee. Prinzipiell können, ähnlich wie beim Tangram, auch Entdeckungen bezogen auf zerlegungsgleiche Flächen durch Nach- bzw. Auslegung mit Kreisteilen thematisiert werden. Anschlussfähig im Kontext von Flächen- und Längenvergleichen sind schließlich Umfangs- und Flächeninhaltsformeln oder die Winkelmessung und -berechnung, die aber in der Grundschule noch nicht zum Tragen kommen.

Zur Grundidee 5: Geometrische Gesetzmäßigkeiten und Muster

Zu dieser Grundidee zählt bereits die Ergänzung fehlender Teile eines Musters, das aus Kreisen besteht (vgl. Deutscher 2012, 125). Ein weiteres, bekanntes

Beispiel aus dem Mathematikunterricht der Grundschule sind Konstruktionen aus gleich großen Kreisen, die mit dem Zirkel hergestellt werden und einem bestimmten Muster folgen (vgl. Schipper et al. 2000, 149), in denen dann bspw. Parkettierungen der Ebene (vgl. Franke & Reinhold 2016, 295) aus gleichseitigen Drei- bzw. Sechsecken entstehen können (vgl. Wittmann 1987, 10 f. sowie Abb. 5.4). Muster gleich großer Kreise können auch auf einer Geraden oder zwischen zwei Parallelen gezeichnet werden und auf diese Weise Bandornamente erzeugen (vgl. Schipper et al. 2000, 149).

Abbildung 5.4 Kreismuster aus gleich großen Kreisen mit regelmäßigem Drei- und Sechseck (i. A. a. Wittmann 1987, 11)

Ebenfalls kann die Anzahl von Schnittpunkten und Berührpunkten einer vorgegebenen Anzahl an Kreisen Entdeckungsmöglichkeiten bieten, bspw. hinsichtlich des Minimalfalls von 0 Schnittpunkten und der maximalen Erhöhung der Anzahl der Schnittpunkte um $2 \cdot (n-1)$ für jeden hinzukommenden Kreis sowie bezogen auf die Unmöglichkeit, *einen* Schnittpunkt zu erhalten (vgl. Käpnick 2016, 180 ff.).

Im Rahmen der Grundidee ‚Geometrische Gesetzmäßigkeiten und Muster' werden aber auch Punkte, Linien, Flächen und ihre Maße in Beziehung gesetzt. Bezogen auf die Thematisierung des Kreises im Mathematikunterricht der Grundschule ist hierzu die Betrachtung regelmäßiger Kreismuster als Beispiel anzuführen, die durch die Verbindung zweier Punkte auf der Kreislinie durch Sehnen entstehen (vgl. Hirt & Wälti 2012, 219 ff.; Winter 1986). Wird ein Kreis durch eine bestimmte Anzahl an Kreispunkten gleichmäßig unterteilt, können sich beim fortlaufenden Abtragen einer bestimmten Sehnenlänge Muster ergeben. Bspw. ergibt sich bei 20 Kreispunkten und dem fortlaufenden Abtragen von Sehnen mit dem Abstand von sechs Punkten ein geschlossener Stern. Neben der Beobachtung der Art der Muster sind auch Gesetzmäßigkeiten zu erkennen, etwa ob alle Punkte verbunden werden können oder nach wie vielen Sehnen sich eine Figur schließt. Bezogen auf die Grundidee ,Übersetzung in die Zahl- und Formensprache' können innerhalb dieses Aufgabenformats auch Aussagen zu Teilern und Vielfachen, Teilerfremdheit sowie zu geraden und ungeraden Zahlen gemacht werden (vgl. Eichler 2010). Eine andere Möglichkeit, eine elementare geometrische Gesetz-mäßigkeit im Kreis zu entdecken, ist die Betrachtung des Längenverhältnisses von Umfang zu Durchmesser im Kreis, was sich als anschlussfähig zur Kreis-umfangsformel erweist (vgl. Abschn. 5.3.5) und die Grundideen ,Maße' sowie ,Geometrische Gesetzmäßigkeiten und Muster' verknüpft.

Zur Grundidee 6: Formen in der Umwelt
Ein niederschwelliges Beispiel für den Grundschulunterricht entsprechend dieser Grundidee ist das Wiederfinden von Kreisen in der Umwelt. Ein erster Schritt kann dabei durch die Beschreibung der Formen in der Umwelt durch geome-trische Begriffe geleistet werden. Konstruktionen in Kunstwerken (vgl. Weigand 2009) oder architektonische Elemente (vgl. Ettl 2010 sowie Abschn. 5.3.4), die auf der Basis von Kreisen konstruiert wurden, bieten die Möglichkeit, den Kreis als Gestaltungselement kennenzulernen und in Analysen weitere Zusammenhänge zu erarbeiten, zu vernetzen oder zu vertiefen (vgl. dazu auch Roth 2009). Mit Aufgabenstellungen in diesem Kontext kann auch die Grundidee ,Geometrische Gesetzmäßigkeiten und Muster' (vgl. Wittmann & Müller 2004) Berücksichtigung finden. Muster auf der Basis von Kreisen können bspw. durch Nachlegen oder Nachzeichnen entdeckt werden, wie etwa bei der Analyse von Maßwerkstrukturen (vgl. bspw. Binding 1989; Ettl 2010; Knyrim 2012; Schmidt 2015; Weber 1954) mit Kreisen als formgebenden Elementen (vgl. dazu ausführlich Abschn. 5.3.4). Anschlussfähig daran sind Betrachtungen von Türen und Fenstern hinsichtlich Linien und Bögen (vgl. Schipper et al. 2000, 151) oder Überlegungen zur goti-schen Architektur und deren Konstruktion, wie bspw. Neveling (1996) dies bzgl. der Nachkonstruktionen von Gebäudegrundrissen, Bögen oder Gewölben für die Sekundarstufe exemplarisch aufspannt. Aber auch ausgehend von der bildenden Kunst können Kunstwerke zu Berührkreisen geometrisch nachkonstruiert werden. Einen Vorschlag dazu liefert Wörler (2011) für die Jahrgangsstufen 10 bis 12. Ebenso ist die Analyse und Konstruktion drehsymmetrischer Kreismuster in der Natur und Umwelt, wie bspw. bei Blumen, Eiskristallen (vgl. Binding 1989) oder

Mandalas (vgl. dazu Böer 2011; Knyrim 2004; Schipper et al. 2000, 152 f.) der Grundidee ‚Formen in der Umwelt' zuzuordnen.

Zur Grundidee 7: Übersetzung in die Zahl- und Formensprache
Zu dieser Grundidee gehört bspw. die Darstellung von Viertel-, halben und Dreiviertelstunden als Färbung einer geometrischen Kreisfläche, die in der Grundschule als Unterstützung zur Lösungsfindung bei Sachaufgaben zum Größenbereich Zeit dienen kann. Auch die anschauliche Behandlung von Brüchen und deren geometrische Darstellung in Kreisen wird für den Mathematikunterricht der Grundschule als möglicher Inhalt betrachtet (vgl. dazu umfangreiche Ausführungen in Schipper et al. 2000, 173 ff.). Anschlussfähig daran ist, bezogen auf die weiterführende Schule, bspw. die geometrische Repräsentation der Addition von Brüchen (vgl. Hanewinkel 2006) sowie die Auseinandersetzung mit Stammbrüchen oder mit Äquivalenzen von einfachen Brüchen (vgl. dazu bspw. Padberg 2002). Ebenso kann die Entwicklung der Grundvorstellung des Bruchs als Teil eines Ganzen mit einem geometrischen Gebilde in Form eines Kreises veranschaulicht werden (vgl. Padberg & Wartha 2017, 24 ff.; Winter 2004). Im Kontext der Deckungsgleichheit von einem bzw. mehreren Kreisteilen kann zudem die Vorstellung zum ‚Erweitern' bzw. ‚Kürzen' des dynamischen Grundverständnisses der Verfeinerung oder Vergröberung der Einteilung am Kreis veranschaulicht werden (vgl. Wittmann 2006, 52 ff.).

Bezogen auf den Kreis werden in der Grundschule auch schon erste Übersetzungen der Zahl- in die Formensprache bei der Datendarstellung vorgenommen. Durch die anteilige Färbung von Kreisdiagrammen werden Anzahlen bzw. Verhältnisse optisch sichtbar und leichter vergleichbar. Auch Wahrscheinlichkeiten und diesbezügliche Darstellungen von unmöglichen, wahrscheinlichen und sicheren Ereignissen, bspw. durch Färbung eines Glücksrades, fördert hypothetisches Denken, wenn bspw. gewählt werden soll, mit welchem Glücksrad ein Ereignis am wahrscheinlichsten bzw. unwahrscheinlichsten eintreffen wird oder ein entsprechendes Glücksrad kreiert werden soll (vgl. Lorenz 2011).

Neben diesen Beispielen ist häufig im Grundschulunterricht die Kreisform in ikonisch dargestellten Wendeplättchen zu finden, die bspw. zur figurierten Zahldarstellung benutzt werden. Diese veranschaulichen z. B. arithmetische Muster und Strukturen durch räumliche Anordnungen in der Ebene. Als Beispiel seien hier Entdeckungen bezogen auf den Zusammenhang zweier benachbarter Dreieckszahlen oder Quadratzahlen genannt (vgl. bspw. Hasemann & Gasteiger 2014, 199 f.; Wittmann & Müller 1988).

Die Konkretisierungen der einzelnen Grundideen zum Begriff Kreis zeigen, dass dieser Begriff für den Mathematikunterricht der Grundschule in einem

Ideenkatalog gut verankerbar ist und vielfältige Anschlussmöglichkeiten bietet.
Einzelne Ideen können dabei in Lernumgebungen verknüpft Berücksichtigung finden, wie dies bereits exemplarisch herausgestellt wurde (vgl. dazu weiterführend
auch Abschn. 5.3.2 bis 5.3.5). Insgesamt handelt es sich beim Thema ‚Kreis‘
um einen Inhalt, der auch für den Geometrieunterricht der Grundschule sub-
stanziell und bedeutsam ist. Zu klären ist, welche Vorstellungen Lernende im
Grundschulalter zum Kreis haben, um adaptiv daran anknüpfen zu können.

5.2.3 Vorstellungen von Grundschulkindern zum Kreis

Da Begriffsbildungsprozesse von Grundschulkindern zum Kreis bislang wenig
erforscht sind, werden exemplarisch Studien dargestellt, die sich mit Vorstellungen von Lernenden zum Kreis befassen. Reemer und Eichler (2005) untersuchten
mathematische Begriffskenntnisse, u. a. zum Kreis, von 1000 Kindern zu Schulbeginn. Aus der Studie geht hervor, dass die meisten Kinder den ‚Kreis‘ als
Alltagsbegriff sicher verwenden können, denn 93,5 % der Kinder konnten beim
Sortieren verschiedener Formenplättchen alle Kreise identifizieren. Die übrigen
Kinder verwendeten den Begriff nicht bzw. kannten ihn nicht oder konnten ihn
nicht richtig benutzen (vgl. ebd., 38 ff.). Dies bestätigen weitere Studien: Kinder
im Alter von 3 bis 6 Jahren erkennen die Grundformen Kreis wieder (vgl. Clements et al. 1999, 269). Schwierigkeiten ergeben sich bei den jüngeren Kindern
dabei in der Abgrenzung zur Ellipse (vgl. ebd., 201) sowie in der Beschreibung von Eigenschaften des Kreises, der als ‚rund‘ bezeichnet wird (vgl. ebd.,
203). Dies bestätigt auch eine Untersuchung von Gunčaga et al. (2017), die
Vorstellungen bzw. Fehlvorstellungen von Vor- und Grundschulkindern zu ele-
mentaren ebenen Formen untersuchten. Die Forscher fanden heraus, dass die
Kreisgröße einen Einfluss auf eine sichere Wiedererkennung der Form hat und
dass den Kreisen neben Ellipsen häufig auch regelmäßige Zwölfecke zugeordnet werden. Eine Studie von Maier und Benz (2012) belegt, dass Kinder aus
England und Deutschland im Alter zwischen 4 und 6 Jahren Kreise identifizieren können, wobei die deutschen Kinder häufig auch ovale Formen dem Begriff
Kreis zuordneten, im Gegensatz zu den englischen Kindern, die ausschließlich
Kreise als solche identifizierten. Bezogen auf Studien zum Begriffsverständnis zum Kreis von Grundschulkindern können die Studien von Douaire und
Emprin (2017) sowie Chassapis (1998) genannt werden. Douaire und Emprin
(2017) untersuchten alltagsgebundene und geometrische Konzepte von 6- bzw.
7-jährigen Grundschulkindern, indem sie den Übergang einer allgemeinen Sichtweise, bezogen auf die Wahrnehmung der Regelmäßigkeit einer Form, zu einer

analytischen Sichtweise, die auf geometrische Eigenschaften abhebt, betrachteten. Im Lauf der Intervention, in der die Lernenden Abbildungen gekrümmter Linien so zusammensetzen sollten, dass sich geschlossene Kurven ergeben, zeigte sich, dass sich eine differenziertere Sicht der Lernenden auf den Kreis entwickelte, basierend auf dem Vergleich zu anderen geschlossenen Kurven, wie bspw. Ellipsen (vgl. Douaire & Emprin 2017, 602). Chassapis (1998) untersuchte in seiner Studie auf der Basis einer kleinen Stichprobe Lernender im Grundschulalter (n = 8) mathematische Konzepte zum Kreis, die durch die Nutzung verschiedener Zeichengeräte zur Kreiskonstruktion sichtbar wurden. Unterschiedliche Konstruktionsweisen wurden dabei einander gegenübergestellt: Die Freihandzeichnung, die Nutzung von Positivschablonen, mit denen ein Kreis durch das Umfahren einer Schablone konstruiert werden kann, die Nutzung von Negativschablonen, mit deren Hilfe Kreise durch Entlangfahren der Innenseite einer Aussparung erzeugt werden können sowie die Kreiskonstruktion mittels Zirkel. Chassapis (1998) zieht zur Beschreibung der Ergebnisse verschiedene Klassifikationen von spontanen oder formalen Definitionen bzw. Konzepten zum Kreis bei Grundschulkindern aus einer Studie von Artigue und Robinet (1982) heran. Diese identifizierten allgemeine oder punktuelle, statische oder dynamische Konzepte bezogen auf die Krümmung des Kreises sowie implizit oder explizit auf definierende Kreiseigenschaften bezugnehmende Konzepte, die sich auf den Mittelpunkt, Radius oder Durchmesser beziehen (vgl. Chassapis 1998, 281). Chassapis (1998, 291 f.) kommt zu dem Ergebnis, dass bei den an der Studie teilnehmenden Kindern die spontanen Konzepte zum Kreis zunächst vorherrschten und als allgemeine und statische Krümmungskonzepte charakterisiert werden können, die sich nicht auf grundlegende Definitionsmerkmale eines Kreises zurückführen lassen. Sie beziehen sich größtenteils auf optisch wahrnehmbare Eigenschaften des Kreises. Durch die Zirkelnutzung wurden, im Gegensatz zu den anderen Konstruktionsweisen, mathematische Konzepte bezogen auf Mittelpunkt und Radius angeregt. Ein auf diese Weise unterstütztes handlungsbezogenes Denken wirkt sich, so Chassapis (1998), positiv auf die Entwicklung eines formalen mathematischen Konzepts zum Kreis aus. Einschränkend gibt Chassapis jedoch zu bedenken, dass im Rahmen der Studie die Reflexionen der Lernenden bezogen auf den Kreis durch einen Interviewer herausgefordert wurden und dieses Setting die Entwicklung eines Konzepts zum Kreis, neben der Werkzeugnutzung, zusätzlich beeinflusst (vgl. ebd., 292). Eine Untersuchung von Neel-Romine et al. (2012) zur Kreisdefinition durch 12- bis 13-jährige Schülerinnen und Schüler zeigte, dass einerseits Kreise durch ihr Aussehen, andererseits aufgrund ihrer Eigenschaften definiert wurden. Die Prüfung von Schülerdefinitionen durch die Lernenden selbst brachte zum Vorschein, dass auch andere Figuren als Kreise auf deren Grundlage konstruierbar und die Definitionen unvollständig waren. Eine Aktivität zur Kreiskonstruktion mit einem selbstgebauten Stangenzirkel (vgl. Abschn. 5.3.2; Vollrath 2003, 256) führte die Lernenden, begleitet mit Reflexionsfragen durch Lehrpersonen, zu einer vollständigen Kreisdefinition.

Insgesamt zeigen die verschiedenen Studien, dass Grundschulkinder in der Regel bereits zu Schulbeginn erste Konzepte zum Begriff ‚Kreis' aufgebaut haben. Mit entsprechenden Interventionen können analytische bzw. formale mathematische Sichtweisen, die sich bspw. auf die Kreiseigenschaften beziehen, herausgefordert werden. Bezogen auf lernbeeinträchtigte Schülerinnen und Schüler der Grundschule, sind Vorstellungen zum Kreis bislang noch nicht beforscht worden. Der Begriffserwerb im geometrischen Bereich wird für lernbeeinträchtigte Schülerinnen und Schüler generell als besonders herausfordernd betrachtet (vgl. Hellmich 2012, 301). Empfohlen wird, an Vorkenntnissen bzw. alltäglichen Erfahrungen anzuknüpfen (vgl. ebd.), was allerdings für alle anderen Lernenden ebenso Geltung hat (vgl. Weigand 2018, 88). Zudem wird für lernbeeinträchtigte Schülerinnen und Schüler ein Begriffsaufbau bzw. eine Begriffsentwicklung durch konkrete Handlung am Material gefordert (vgl. Hellmich 2012, 301). Auch dies kann im Rahmen des Geometrieunterrichts der Grundschule für alle Lernenden als zielführend betrachtet werden. Die Wichtigkeit der Förderung der Begriffsbildung stellt Winter (1983, 200) generell heraus: „Wir brauchen die Förderung begrifflichen Denkens, weil Begriffe die Komplexität der Erscheinungswelt reduzieren und damit überhaupt erst erkennbar machen." Vorstellungen zu Begriffen können dabei sprachlich, bildlich oder handlungsbezogen geprägt sein.

5.2.4 Folgerungen für die Konzeption von Lernumgebungen zum Kreis für inklusive Settings

In den vorangegangenen Erörterungen wurde gezeigt, dass der Kreis als ein substanzieller geometrischer Inhalt, auch schon im Kontext des Mathematikunterrichts der Grundschule betrachtet werden kann. Dazu wurden wesentliche fachliche Aspekte dargestellt (vgl. Abschn. 5.2.1) und anschlussfähige, grundschulrelevante Konkretisierungen der elementargeometrischen Grundideen aufgezeigt (vgl. Abschn. 5.2.2). Aus den wenigen Studien zu Schülervorstellungen zum Kreis lässt sich lediglich ableiten, dass Lernende beim Schuleintritt bereits über ein alltagsbezogenes Verständnis zum Kreis verfügen, was sich im Laufe der Grundschulzeit, bspw. durch Interventionen zur Kreiskonstruktion mit verschiedenen Hilfsmitteln, ausdifferenzieren lässt (vgl. Abschn. 5.2.3). Für ein inklusives Setting mit lernbeeinträchtigten Schülerinnen und Schülern liegen dagegen keine expliziten Erkenntnisse fachdidaktischer Forschung vor. Bislang werden bezogen auf diese Lernende nur einzelne normative Vorstellungen besprochen mit der Betonung einer handlungs- bzw. materialgestützten Vorstellungsentwicklung zu geometrischen Begriffen (vgl. ebd.).

Vor allem wenn Begriffe den Alltagserfahrungen der Lernenden entspringen, wird der Vorstellungsaufbau in der Grundschule meist auf dieser Basis und ohne ihre vorherige Definition oder genaue Beschreibung angebahnt (vgl. Franke & Reinhold 2016, 129). Vorstellungen können sich, in Verbindung mit sprachlicher Begleitung, durch Handlungen, Materialerkundungen und Eigenproduktionen der Lernenden aufbauen und werden in Beziehung zu bisherigem Wissen gespeichert (vgl. ebd.). Dabei könnten diese Handlungen, Erkundungen und Produktionen an substanziellen, anschlussfähigen Inhalten vorgenommen und diesbezügliche Erkenntnisse aus der Grundschule in der weiterführenden Schule aufgegriffen und explizit thematisiert werden. Innerhalb der vorliegenden Studie wird das Potential des Themas ‚Kreis' im Mathematikunterricht der Grundschule aufgegriffen, indem vier substanzielle Lernumgebungen zu diesem Thema konzipiert und in einem inklusiven Setting durchgeführt wurden. Durch die Analyse kokonstruktiver Lernprozesse von Lernenden sowie die Betrachtung individueller Partizipationsprozesse lernbeeinträchtigter Schülerinnen und Schüler wird ein Beitrag zur fachdidaktischen Entwicklungsforschung geleistet.

Die vier substanziellen Lernumgebungen decken verschiedene fachliche Schwerpunkte und ein breites Spektrum an elementargeometrischen Grundideen ab (vgl. ausführlich dazu Abschn. 5.3.1). Als Konsequenz der vorangegangenen Überlegungen zur Konzeption substanzieller geometrischer Lernumgebungen für einen inklusiven Mathematikunterricht mit lernbeeinträchtigten Schülerinnen und Schülern sollen dabei vor allem die Kriterien für substanzielle Lernumgebungen nach Wittmann (1998) leitend sein:

1. die Repräsentation zentraler Ziele, Inhalte und Prinzipien des Mathematikunterrichts,
2. die Ermöglichung reichhaltiger mathematischer Aktivitäten,
3. die flexible Anpassbarkeit an spezifische Gegebenheiten einer Klasse sowie
4. die ganzheitliche Integration mathematischer, psychologischer und pädagogischer Lehr-Lernaspekte, wodurch substanziellen Lernumgebungen ein besonderes Potential für empirische Forschung zugeschrieben wird (vgl. Wittmann 1998, 337 f.; Abschn. 3.3).

Diese Kriterien wurden in einem inklusiven Setting mit einem weiten Inklusionsverständnis umgesetzt, wobei gleichzeitig Qualitätskriterien einer Pädagogik bei Lernbeeinträchtigung für den inklusiven Unterricht mitberücksichtigt wurden. Zur Erfüllung des 1. Kriteriums fanden in der Lernumgebungskonzeption inhaltsbezogene Kompetenzerwartungen bezogen auf die Leitidee ‚Raum und Form' (vgl. KMK 2005, 10), die Grundideen der Elementargeometrie (vgl. Abschn. 3.2.1; Wittmann 1999) sowie das Prinzip des aktiv-entdeckenden Lernens (vgl. Abschn. 3.2.2) Berücksichtigung. Zur Erfüllung des 2. Kriteriums wurde in der Konzeption der Lernumgebungen beachtet, dass den Lernenden in einem sozial-interaktiven Setting vielfältige mathematische Aktivitäten eröffnet werden, die zunächst an den Kompetenzerwartungen bzgl. allgemeiner mathematischer Kompetenzen der Bildungsstandards (vgl. KMK 2005, 7 f.) orientiert sind. Zur Erfüllung des 3. Kriteriums berücksichtigte die Konzeption vor allem das Prinzip der natürlichen Differenzierung in Verbindung mit der Ermöglichung einer handlungsorientierten Bearbeitung und Lösungsfindung auf unterschiedlichen Repräsentationsebenen sowie der Bearbeitung auf unterschiedlichen Anforderungsniveaus. All dies sollte einen Beitrag leisten, die Qualitätskriterien einer Pädagogik bei Lernbeeinträchtigung (vgl. Abschn. 2.2.2) zu berücksichtigen: die Ermöglichung entwicklungsorientierten Lernens dem materialistischen Paradigma gemäß, die Anregung einer Vielzahl individueller und gemeinsamer Lernsituationen im Sinne des interaktionistischen Paradigmas, das Schaffen von Gelegenheiten zu Konstruktionsprozessen im sozialen Austausch an reichhaltigen und komplexen gemeinsamen Gegenständen gemäß dem systemisch-konstruktivistischen Paradigma sowie die Ermöglichung sensorisch vielfältiger Lernerfahrungen nach dem ökologischen Paradigma. Die Erfüllung des 4. Kriteriums zeigt sich im Rahmen der auf die Forschungsfragen (vgl. Abschn. 5.1) bezogenen Analysen und der diesbezüglichen Ergebnisse (vgl. Kap. 6).

5.3   Konzeption der Lernumgebungen zum Thema ‚Kreis'

Um die Forschungsfragen im Rahmen der Studie beantworten zu können, wurden vier geometrische Lernumgebungen zum Einsatz in der vierten Jahrgangsstufe entwickelt, um später die während der Durchführung entstandenen Interaktionsprozesse der Lernenden untersuchen zu können. Die Lernumgebungen wurden zum gemeinsamen Gegenstand (vgl. Abschn. 2.1.4) ‚Kreis' für ein inklusives Setting mit lernbeeinträchtigten Schülerinnen und Schülern (vgl. Abschn. 5.4.1) konzipiert. Bei den Lernumgebungen handelt es sich um substanzielle Lernumgebungen, die die Kriterien nach Wittmann (1998) erfüllen. In den folgenden Unterkapiteln werden diesbezügliche Aspekte in einer fachdidaktischen Betrachtung zusammen mit der Darstellung der Lernumgebung und ihrer fachlichen Klärung verknüpft (vgl. Abschn. 5.3.2 bis 5.3.5). Dazu werden zunächst strukturelle Überlegungen für die vier Lernumgebungen dargestellt, die ihre Konzeptionsgrundlagen und Konsequenzen aus der Pilotierung umfassen (vgl. Abschn. 5.3.1). Daran anknüpfend werden wesentliche Inhalte und Ziele jeder Lernumgebung genannt und eine fachliche und fachdidaktische Einordnung des zentralen mathematischen Inhalts vorgenommen, der von den Lernenden in einem aktiv-entdeckenden Prozess erkundet werden kann (vgl. Abschn. 5.3.2 bis 5.3.5). Dabei wird besonders auf die für die Studie und Analyse relevante Phase des zentralen Arbeitsauftrags eingegangen[1].

5.3.1 Grundstruktur und Pilotierung

Die für die Studie konzipierten, substanziellen natürlich differenzierenden Lernumgebungen fördern eine aktiv-entdeckende Auseinandersetzung (vgl. Abschn. 3.2.2) mit dem geometrischen Objekt ‚Kreis'. Insbesondere handlungsorientierte Zugangs- und Bearbeitungsmöglichkeiten finden dabei Berücksichtigung, um allen Lernenden die Auseinandersetzung mit dem Lerngegenstand multimodal und auf individuellem Niveau zu ermöglichen. Zusammen mit dem Ziel, kooperativ-solidarische Lernsituationen anzuregen (vgl. Abschn. 2.1.5), sollen durch die Sozialform der Partnerarbeit nicht nur das gemeinsame Lernen in inklusiven Settings (vgl. Abschn. 2.1.3), sondern auch Ko-Konstruktionen (vgl. Abschn. 4.1.1) und eine damit verbundene mathematische Themenentwicklung der Interaktion (vgl. Abschn. 4.1.2) angeregt werden. Dies eröffnet den Lernenden schließlich die Möglichkeiten zur fachlichen und sozial-interaktiven Partizipation (vgl. Abschn. 3.1 und 4.2).

Im Rahmen substanzieller Lernumgebungen können Themen angebahnt werden, die über Grundschulinhalte hinausgehen und sich als anschlussfähig erweisen (vgl. Krauthausen & Scherer 2014, 110), was bei den Lernumgebungen zum Thema ‚Kreis' teilweise der Fall ist. Die vier Lernumgebungen stellen unterschiedliche Phänomene und Zusammenhänge bezogen auf das geometrische Objekt ‚Kreis' in den Mittelpunkt. Vernetzt betrachtet tragen sie zur Förderung und Ausdifferenzierung des Begriffsverständnisses der Lernenden zum Kreis bei. Die Themen der Lernumgebungen und deren geometrische Schwerpunkte sind:

---

[1]Beispiele zur konkreten Unterrichtsdurchführung befindet sich in tabellarischer Kurzform im Anhang (vgl. A1 und A2). Die Verlaufsdarstellung lag den durchführenden Lehrpersonen der Studie ausführlicher, zusammen mit fachlichen und fachdidaktischen Hintergrundinformationen vor.

- LU1: Kreiseigenschaften und Kreiskonstruktion (der Kreis als Ortslinie mit festem Mittelpunkt und konstantem Radius)
- LU2: Kombination von Kreisteilen zu Vollkreisen (die Zerlegung und Zusammensetzung der Kreisfläche)
- LU3: Drei- bzw. Vierpassvarianten und Dreischneuß (der Kreis als strukturgebendes Element geometrischer Konstruktionen in der Umwelt)
- LU4: Darstellung des Verhältnisses von Umfang zu Durchmesser (Längen im Kreis und die Darstellung ihres Verhältnisses zueinander)

Innerhalb der Lernumgebungen können viele mathematische Aktivitäten mit deutlichem Prozesscharakter realisiert und Phänomene zum Objekt Kreis betrachtet werden, die verschiedenen Grundideen zuzuordnen sind (vgl. Tab. 5.1):

Tabelle 5.1 Zuordnung der Lernumgebungen zu geometrischen Grundideen

Lernumgebung	Grundideen							
	G0	G1	G2	G3	G4	G5	G6	G7
LU1	x	x						
LU2		x	x			x		x
LU3		x	x				x	
LU4					x	x		

Die erste Lernumgebung (LU1) thematisiert Kreiseigenschaften und die Kreiskonstruktion mit der fachlichen Fokussierung auf die Kreislinie als Ortslinie mit einem festen Mittelpunkt und konstanten Radius, unter Berücksichtigung der Grundideen ‚Formbewusstheit' (G0) und ‚Geometrische Formen und ihre Konstruktion' (G1). Des Weiteren wird die Kombination von Kreisteilen zu Vollkreisen (LU2), mit der fachlichen Fokussierung auf den Vollkreis als zerleg- und zusammensetzbare Fläche, im Sinne der Grundideen ‚Geometrische Formen und ihre Konstruktion' (G1), ‚Operieren mit Formen' (G2), ‚Geometrische Gesetzmäßigkeiten und Muster' (G5) und ‚Übersetzung in die Zahl- und Formensprache' (G7) angeregt. In der Analyse und Konstruktion von Drei- bzw. Vierpassvarianten und dem Dreischneuß (LU3) wird aus fachlicher Perspektive der Kreis als strukturgebendes Element geometrischer Konstruktionen in der Umwelt betont, und dabei werden die Grundideen ‚Formen in der Umwelt' (G6), ‚Geometrische Formen und ihre Konstruktion' (G1) und ‚Operieren mit Formen' (G2) berücksichtigt. In der Auseinandersetzung mit Längenverhältnissen im Kreis (LU4) kommen aus fachlicher Sicht die Darstellung des Verhältnisses von Umfang zu

Durchmesser und gleichzeitig die Grundideen ,Geometrische Gesetzmäßigkeiten und Muster' (G5) sowie ,Maße' (G4) zum Tragen. Werden die vier Lernumgebungen verknüpft betrachtet, sind mit ihnen alle elementargeometrischen Grundideen (vgl. Wittmann 1999; Wittmann & Müller 2004), ausgenommen ,Koordinaten' (G3) berücksichtigt.

Jede Lernumgebung besteht aus einer Hinführung in einer Kleingruppe (vgl. weitere Einzelheiten zum Setting in Abschn. 5.4.1), an die sich zum Teil ein hinführender Arbeitsauftrag anschließt, der entweder in Einzelarbeit (LU1 und LU3) oder in Gruppenarbeit (LU4) stattfindet. Im Mittelpunkt jeder Lernumgebung steht ein zentraler Arbeitsauftrag in Partnerarbeit. Abschließend findet eine Reflexionsphase in der Kleingruppe statt (vgl. Tab. 5.2).

Tabelle 5.2 Planungs- und Durchführungsstruktur der einzelnen Lernumgebungen

1.	Hinführung im Kleingruppengespräch zusammen mit der Lehrperson (ggf. inkl. hinführendem Arbeitsauftrag)
2.	Zentraler Arbeitsauftrag in Partnerarbeit
3.	Reflexionsphase im Kleingruppengespräch mit der Lehrperson

Konzeptionell soll während des zentralen Arbeitsauftrags in der Partnerarbeit eine ko-konstruktive Aktivität angeregt werden, indem die gemeinsame Zusammenarbeit schon im Arbeitsauftrag betont und an diese, während der Arbeitsphase, durch die Lehrperson erinnert wird. Die Verknappung von Arbeitsmaterial soll zusätzlich das gemeinsame Lernen unterstützen, da die Einzelarbeit beider Lernpartner erschwert wird. Auch die Arbeitsblätter, auf denen Ergebnisse ikonisch bzw. symbolisch festgehalten werden, sind nur in einfacher Ausführung für das Tandem vorhanden. Der gemeinsame Umgang mit dem Arbeitsmaterial soll zielführende Handlungen erleichtern und auf diese Weise die Initiierung kooperativer Prozesse der Lernenden begünstigen. Durch die Materialien besteht zusätzlich ein hoher Aufforderungscharakter, der mit niederschwelligen Tätigkeiten verbunden ist, wie bspw. dem Experimentieren und Zusammenbauen (LU1), dem Zusammensetzen bzw. Puzzeln (LU2), dem Zeichnen bzw. Schablonieren (LU3) und dem Nachlegen bzw. Abmessen, Schneiden und Kleben (LU4). Neben der Möglichkeit, sich sprachlich zu äußern, können die Lernenden auch andere Darstellungsformen (vgl. Abschn. 3.2.3) wie enaktive (in jeder LU), ikonische (in LU1, LU3, LU4) und symbolische (in LU2 und LU4) nutzen.

Zur Überprüfung, dass die Lernumgebungen im Sinne der konzeptionellen Überlegungen (vgl. Abschn. 5.2.4) durchführbar sind, wurden sie vor der Hauptstudie pilotiert. Eine Pilotierung dient u. a. dazu, den Gegenstandsbereich offen zu erkunden. Gleichzeitig bieten sich dadurch Möglichkeiten, Erhebungs- und Auswertungsinstrumente und erste Überlegungen hinsichtlich möglicher Kategorienbildungen zu tätigen. „Das ganze Instrumentarium qualitativer Analyse kommt hier zum Einsatz" (vgl. Mayring 2015, 23). Die Lernumgebung ‚Kreiseigenschaften und Kreiskonstruktion' wurde mit ca. 260, die übrigen drei Lernumgebungen mit jeweils ca. 100 Schülerinnen und Schülern der vierten Jahrgangsstufe in heterogenen, z. T. inklusiven Settings, pilotiert. Dazu wurden die Lernumgebungen in Kleingruppen von Schulklassen des vierten Schuljahres durchgeführt. Diese Erprobungen fanden einerseits im schulischen Kontext (März bis Juni 2015) statt, durchgeführt von der Autorin selbst, andererseits im Lehr-Lern-Labor der Fakultät für Mathematik der Universität Duisburg-Essen (Oktober 2015 bis April 2016), durchgeführt von Bachelorstudierenden des Lehramts Grundschule. Die Pilotierung fokussierte, ob Schwerpunkte, die für die Konzeption substanzieller Lernumgebungen mit der Berücksichtigung der Verschränkung inklusions-, sonderpädagogischer und fachdidaktischer Überlegungen gelten (vgl. Abschn. 5.2.4), durch die konzipierten Lernumgebungen umgesetzt wurden. Zur Einschätzung, ob die Lernumgebung natürlich differenzierend wirkt, wurde analysiert, ob alle Lernenden, unabhängig von ihren Vorkenntnissen, einen Zugang zum zentralen Arbeitsauftrag fanden und ob dabei verschiedene Zugänge zum Lerngegenstand, unterschiedliche Strategien, Repräsentationsebenen und Materialnutzungen beobachtbar waren, darüber hinaus ob unterschiedliche Bearbeitungsniveaus im Sinne der Anforderungsbereiche ersichtlich wurden. In der Pilotierungsphase wurden Anpassungen in zwei Lernumgebungen (LU2 und LU3, s. u.) vorgenommen. Auch Formulierungen von Arbeitsaufträgen, Lehrerimpulse und die Organisation der Lernumgebung zur Weiterentwicklung und Finalisierung der Verlaufspläne der einzelnen Teile der Lernumgebung für die an der Studie teilnehmenden Lehrpersonen wurde fokussiert. Die Daten aus der Pilotierung wurden zudem genutzt, um das Analyseinstrument der Studie zu erproben und auszuschärfen (vgl. Hähn 2016).

Bezogen auf das aktiv-entdeckende Lernen sowie auf die Orientierung an Grundideen wurde identifiziert, ob der fachliche Kern in seinem Spektrum von den Lernenden selbstständig entdeckt und ob damit verbundene elementargeometrische Grundideen realisiert werden konnten. Ebenso wurde erfasst, ob und in welchem Maße inhaltsbezogene und allgemeine mathematische Aktivitäten beobachtbar waren.

Insgesamt wurden die inhaltlichen Planungen der Lernumgebungen bestätigt. Ergebnisse der Analysen der Pilotierung trugen vor allem zur Optimierung der Verlaufspläne für an der Studie teilnehmende Lehrpersonen bei, da nun sensible Stellen innerhalb der Durchführung der Lernumgebungen herausgearbeitet waren. Für die zweite und dritte Lernumgebung (vgl. Abschn. 5.3.3 und 5.3.4) wurden im Rahmen der Pilotierung Veränderungen vorgenommen. Für die Lernumgebung ‚Kombination von Kreisteilen zu Vollkreisen' (vgl. Abschn. 5.3.3) wurden Vorgehensweisen und damit verbundene Materialien angepasst und schließlich zu Gunsten eines zügigeren und zielgerichteteren Ablaufs der Reflexionsphase optimiert, was weitere Pilotierungen bestätigten. Im Rahmen der Pilotierung der Lernumgebung ‚Drei- bzw. Vierpassvarianten und Dreischneuß' (vgl. Abschn. 5.3.4) wurden weitere Zugänge zur Bearbeitung des zentralen Arbeitsauftrags angeboten, die den Lernenden nicht nur weitere Analysemöglichkeiten und Anknüpfungspunkte für eigene Konstruktionen eröffneten, sondern auch das Spektrum der Aufgabenbearbeitung im Sinne der natürlichen Differenzierung erweiterten.

Durch die Pilotierung im Lehr-Lern-Labor stellte sich zudem sehr deutlich heraus, dass sich eine verständliche und gleichzeitig präzise Formulierung von Arbeitsaufträgen für das aktiv-entdeckende Lernen als förderlich und unterstützend erwies. Da die Lernumgebung im Lehr-Lern-Labor durch Studierende durchgeführt wurde, wurden diese zusätzlich besonders in diesem Punkt geschult. Aus der Schulung und Umsetzung ergaben sich schließlich Formulierungen, die in Analysen als besonders förderlich für das entdeckende Lernen wahrgenommen wurden. Diese wurden als Formulierungsvorschläge in die Verlaufspläne für die durchführenden Lehrpersonen (vgl. Abschn. 5.4.1) in der Studie aufgenommen. Auch Lehrerimpulse und deren Auswirkungen auf die mathematische Themenentwicklung innerhalb des Arbeitsprozesses während der Partnerarbeitsphasen wurden betrachtet. Neben dem Hinweis auf Zurückhaltung in der Partnerarbeitsphase wurden einige wenige Vorschläge zur Unterstützung des mathematischen Entdeckungsprozesses in den Verlaufsplan aufgenommen, die die Offenheit für Lernende nicht einschränkten, sondern Denkanstöße bereithielten. Ebenfalls zeigte die Auswertung der Pilotierung, dass sich Lernsituationen zwischen der Lehrperson und einem Lernendem ergeben können, was bei der Identifizierung von Verläufen von Lernsituationen nicht vernachlässigt werden kann und in das Kategoriensystem der Analyse aufgenommen wurde (vgl. Abschn. 6.2.1.3).

Ein besonderes Augenmerk wurde zudem auf sozial-interaktive Aktivitäten der Lernenden in der Partnerarbeit gelegt. Da im Rahmen der Pilotierung sichergestellt werden konnte, dass ein Spektrum gemeinsamer Lernsituationen im Rahmen aller vier Lernumgebungen in Erscheinung treten konnte, wurde an der Offenheit festgehalten, dass die Lernenden die Gestaltung und Organisation ihrer

Partnerarbeitsphase selbst bestimmten. D. h., dass die Entscheidung bestätigt
wurde, die Partnerarbeit nicht weiter zu methodisieren, da innerhalb von Ko-
Konstruktionsprozessen der Lernenden eine Eigendynamik zu verzeichnen war,
in der unterschiedliche Lernsituationen emergierten.

5.3.2 Lernumgebung 1: Kreiseigenschaften und Kreiskonstruktion

Diese Lernumgebung thematisiert Eigenschaften von Kreisen und die Kreiskonstruktion (vgl. Hähn 2015a). Der inhaltliche Schwerpunkt lässt sich den
Grundideen ‚Formbewusstheit‘ und ‚Geometrische Formen und ihre Konstruktion‘ (vgl. Abschn. 5.2.2) zuordnen. Die einzelnen Phasen der Lernumgebung
(vgl. Tab. 5.3) sind folgendermaßen inhaltlich ausgerichtet:

Tabelle 5.3 Unterrichtsphasen der Lernumgebung ‚Kreiseigenschaften und Kreiskonstruktion‘

Unterrichtsphase	Inhalt
Hinführung mit hinführendem Arbeitsauftrag	Ebene Formen sortieren und benennen Symmetrie des Rechtecks Symmetrie von Kreis und Ellipse
Zentraler Arbeitsauftrag	Entwicklung eines Werkzeugs zur Kreiskonstruktion
Reflexion	Präsentation entwickelter Werkzeuge und Fokussierung auf Kreiseigenschaften

Fachlicher und fachdidaktischer Schwerpunkt der Lernumgebung
Innerhalb der *Hinführung*, wird zunächst ein phänomenologischer Vergleich geometrischer Formen vorgenommen (vgl. auch Müller & Wittmann 1984, 224).
Dabei ist die Grundidee der Formkonstanz wesentlich, denn mit der Formkonstanz ist eine Fähigkeit verbunden, mit der Lernende gleich aussehende Objekte
erkennen und Formen nach ihren Eigenschaften ordnen und sortieren können,
auch dann, wenn sich die Lage der Objekte unterscheidet (vgl. Lorenz 2011,
10). Ziel der Phase ist es, eckige und runde Formen zu unterscheiden und deren
Eigenschaften zu beschreiben (vgl. dazu auch Müller & Wittmann 1984, 222 f.).
Die Lernenden betrachten dazu ein gleichseitiges und ein gleichschenkliges Dreieck, ein Rechteck, je zwei unterschiedlich große Quadrate und Kreise sowie

zwei Ellipsen unterschiedlicher Größe und Streckung. Vielecke können durch die Lernenden hinsichtlich ihrer Anzahl der Ecken sortiert werden. Die Lernenden nehmen zudem die zentrische Streckung bzw. die Ähnlichkeitsabbildung wahr, wenn sie Kreise unterschiedlicher Größe als ähnlich identifizieren und einander zuordnen. Bezogen auf die Bildungsstandards (vgl. KMK 2005) werden im Bereich ‚Raum und Form' vor allem die inhaltsbezogenen Kompetenzen „geometrische Figuren erkennen, benennen und darstellen" (ebd., 10) gefördert, da die Lernenden „ebene Figuren nach Eigenschaften sortieren und Fachbegriffe zuordnen" (ebd.). In der Hinführung können durch den Sortierauftrag Zusammenhänge erkannt und begründet werden. Dies fördert vor allem die allgemeine mathematische Kompetenz des Argumentierens (vgl. ebd., 8). Die Lernumgebung trägt ebenso dazu bei, den geometrischen Fachwortschatz zu sichern oder auf- bzw. auszubauen, was der Förderung des Kommunizierens (vgl. ebd.) entspricht.

Während des *hinführenden Arbeitsauftrags* betrachten Lernende die Symmetrie von Kreis und Ellipse, indem sie Papierkreise falten oder mittels eines halbtransparenten MIRA-Spiegels im Hinblick auf deren Achsensymmetrie untersuchen. Die Lernenden machen Entdeckungen im Kontext geometrischer Abbildungen, indem sie „Eigenschaften der Achsensymmetrie erkennen, beschreiben und nutzen" (ebd., 10). Darstellungen und Darstellungswechsel sind hier enaktiv und sprachlich möglich, denn die Schülerinnen und Schüler benennen und begründen die Anzahl und Lage der Symmetrieachsen durch die Deckungsgleichheit bei der Faltung bzw. in Bezug zur abgebildeten Figur. Dabei erkennen sie die Besonderheit des Objekts ‚Kreis', der unendlich viele Symmetrieachsen aufweist, da er bezogen auf jeden Durchmesser symmetrisch ist (vgl. Abschn. 5.2.1). Durch die Betrachtung und den Vergleich der Besonderheiten der Längen von Symmetrieachsenabschnitten im Kreis werden gleich lange Strecken identifiziert und ggf. durch Messen oder Aufeinanderfaltung überprüft. So wird ein Beitrag zu inhaltsbezogenen Kompetenzen im Bereich der ‚Größenvorstellung' geleistet, indem die Lernenden Größen vergleichen, messen, aber auch schätzen (vgl. ebd., 11). Die Strecken werden als ‚Radius' bzw. ‚Durchmesser' bezeichnet. Die deckungsgleiche Faltung liefert den Schnittpunkt der Symmetrieachsen im Kreis. Dieser Punkt wird als ‚Mittelpunkt' des Kreises bezeichnet. Im hinführenden Arbeitsauftrag werden vor allem die allgemeinen mathematischen Kompetenzen ‚Argumentieren' und ‚Kommunizieren' sowie ‚Darstellen' (vgl. ebd., 8) herausgefordert und gefördert. Die Lernenden vermuten, überprüfen und begründen die Anzahl und Lage der Symmetrieachsen in Rechteck, Ellipse und Kreis, was der allgemeinen mathematischen Kompetenz des Argumentierens (vgl. KMK 2005) zugeordnet werden kann. Gerade die Unendlichkeit der Anzahl von Symmetrieachsen im Kreis erfordert die anschauliche Beschreibung eigener Vorgehensweisen,

damit Mitschülerinnen und Mitschüler diese nachvollziehen und über enaktiv
bzw. sprachlich dargestellte Begründungen gemeinsam reflektieren können. Möglich ist dabei, immer wieder eine neue Symmetrieachse zwischen zwei bereits
gefundenen Symmetrieachsen zu erzeugen, was nach mehreren Wiederholungen
schließlich nicht mehr handelnd sondern, im Sinne der damit verbundenen mathematischen Idee, nur noch argumentativ fortgeführt werden kann. In der Pilotierung
(vgl. Abschn. 5.3.1) nutzten die Kinder die Metapher einer Lupenvergrößerung,
die die immer kleiner werdenden Zwischenräume zwischen Symmetrieachsen
sichtbar macht, wodurch im jeweiligen Zwischenraum dann eine weitere Symmetrieachse gefaltet werden kann. Das Ganze wurde als nicht-endender Prozess
beschrieben, indem immer stärkere Lupen genutzt wurden.

Der im Folgenden dargestellte *zentrale Arbeitsauftrag* ist die für die Studie
und Analyse relevante Phase der Lernumgebung. Eingeleitet wird diese Phase der
Lernumgebung mit der Aufforderung, ein Hilfsmittel zur Kreiskonstruktion zu
entwickeln, was zunächst eine Zäsur darstellt. Beim Objekt ‚Kreis', das zuvor
als Papierkreis repräsentiert wurde, trat vor allem materialbedingt die Kreisfläche in Erscheinung. Die Existenz von Radius und Durchmesser und auch
der Mittelpunkt konnten durch Faltung oder Spiegelung und Einzeichnen sichtbar gemacht und benannt werden. Soll nun der Kreis zeichnerisch konstruiert
werden, ist die Beziehung zu den vorher entdeckten Eigenschaften des Kreises
zunächst nicht explizit. Die Lernenden versuchen experimentell und problemlö-
send, mittels der Kombination von zur Verfügung stehenden Materialien sowie
durch die Optimierung des Zusammenbaus eines Hilfsmittels, eine gleichmäßig
gekrümmte Kreislinie zu erzeugen. Schon Descartes betrachtete Zeicheninstru-
mente als bedeutsam für Erkenntnisprozesse. Mittels kontinuierlicher Bewegung
von Werkzeugen, wie bspw. Fadenzirkeln, kann ein Zugang zu den Eigenschaften von Kurven ermöglicht werden (vgl. van Randenborgh 2015, 31 f.). Beim
Fadenzirkel verbindet eine Schnur einen Bleistift mit einem einen Punkt fixieren-
den Gegenstand. Ebenso sind Kurven mit Hilfe eines Stangenzirkels konstruierbar
(vgl. Vollrath 2003, 256): Hier verbindet anstelle eines Fadens ein starrer Gegenstand, wie bspw. ein Stab, die beiden o. g. Gegenstände. Kreise können auch
mit Hilfe von Werkzeugen konstruiert werden, die Gelenkmechanismen enthalten
(vgl. van Randenborgh 2015, 34 ff.). Mit solchen Zirkeln können Kreise verschiedener Radien aufgrund zweier über ein Gelenk drehbar miteinander verbundener
Schenkel konstruiert werden (vgl. Vollrath 2003, 256). Das bei diesen Zirkeln
auftretende Problem der starken Schrägstellung von Spitze und Bleistiftmine bei
großen Radien, kann beim Faden- als auch Stangenzirkel vermieden werden. Insgesamt gibt es eine große Anzahl von Zirkelentwicklungen (zu einem Überblick
vgl. Fischer 2005; Vollrath et al. 2000), auf die an dieser Stelle nicht im Einzelnen

eingegangen werden kann. Anschlussfähig an die Zirkel sind im Sinne des Spiralprinzips (vgl. Abschn. 3.2.1) auch Zeichengeräte für Ellipsen (vgl. z. B. Scherer
et al. 2009; Vollrath 2003), Parabeln oder Hyperbeln (vgl. bspw. van Randenborgh
2015, 36 ff.).

Die Lernenden stellen gemäß der Kompetenzerwartungen zur Leitidee ‚Raum
und Form' in der Lernumgebung die geometrische Figur des Kreises her (vgl.
KMK 2005, 10), indem sie „Zeichnungen mit Hilfsmitteln [...] anfertigen" (ebd.)
und sammeln Erfahrungen, indem sie konstruierend tätig sind. Das Konstruieren
zählt im Geometrieunterricht zu einer fundamentalen mathematischen Aktivität
(vgl. auch Holland 1996, 69) im Sinne der Grundidee ‚Geometrische Formen
und ihre Konstruktion'. Die zielführende Konstruktion ist ein Problemlöseprozess
(vgl. ebd.). „Aktivitäten zum Konstruieren durchziehen das gesamte Geome-
triecurriculum. Sie dienen der Begriffsbildung, der Entdeckung geometrischer
Zusammenhänge und der Förderung der Problemlösefähigkeit" (ebd., 74). Die
Lernenden erleben, dass die Herstellung eines Kreises, im Sinne der mathematischen Korrektheit, eine große Herausforderung darstellt und zentrale Aspekte
dabei Beachtung finden müssen. Dadurch werden Lernende gleichzeitig auch
auf Schwächen ihres Zeichengeräts aufmerksam, bzw. sie spüren Grenzen und
Zwänge bezogen auf die Bauweise (mechanische Eigenschaft) sowie die Funktionsweise (Zeichenmöglichkeit) ihres Zeichengeräts auf, was mathematische
Entdeckungen ermöglicht (vgl. dazu im Kontext historischer Zeichenwerkzeuge
van Randenborgh 2015, 60). Den Lernenden werden operative Prozesse bewusst,
die auf die ebene Form einwirken und deren Eigenschaften verändern (vgl. dazu
auch Wollring 2011, 10). Das Zeichengerät wird durch die Lernenden bewegt,
lenkt somit deren Tätigkeit und produziert einen mehr oder weniger präzisen Kreis
(i. A. a. die ‚Instrumentation' nach van Randenborgh 2015, 61 f.). Dieser Prozess
kann wiederholt oder verändert werden (vgl. ebd.) und gibt Anlass zur Diskussion,
auch über Alltagsvorstellungen zum Kreis sowie über die Konstruktion des mathematischen Objekts ‚Kreis' (vgl. dazu auch Graumann et al. 1996, 209 ff.). Dies
macht u. U. eine Fortführung der Problemlösung notwendig. Im Zentrum steht
somit nicht der rein praktische Einsatz des Geräts, sondern die Entdeckung mathematischer Ideen bezogen auf das Objekt ‚Kreis', wie der feste Mittelpunkt und
der konstante Radius. Diese werden nicht, wie im hinführenden Arbeitsauftrag,
als Elemente eines Kreises erfahren, sondern als *notwendige Voraussetzung* erlebt,
um eine ebene Form zu erzeugen, die als ‚Kreis' bezeichnet wird. Somit bietet der
zentrale Arbeitsauftrag einen Zugang, um die Definition bzw. die mathematische
Idee, die dem Kreis zu Grunde liegt, durch die Analyse der eigenen Handlungen
zu entdecken (vgl. zum entdeckenden Lernen Abschn. 3.2.2). Vollrath (2003, 256)
fasst diesbezüglich zusammen: „Dass man mit einem Zirkel einen Kreis zeichnen

kann, ist unmittelbar klar, denn er ist so konstruiert, dass mit ihm eine Linie gezeichnet wird, deren Punkte von einem festen Punkt gleichen Abstand haben. Das ist ja gerade die definierende Eigenschaft des Kreises. Der Zirkel ist also Träger einer mathematischen Idee". In der geometrischen Aktivität zur Herstellung des Kreises und dem damit verbundenen Ergebnis, wird für die Lernenden die Korrektheit der geschlossenen Kurve sichtbar (vgl. Kadunz 2015, 79):

> „Die Entstehung des Sichtbaren besitzt eine unmittelbare Begründung. Die Zeichen-aktivität wird also durch die Relation gesteuert und die sichtbare Spur „meldet" mir zurück, ob ich „richtig" konstruiere. Relation und sichtbares Zeichen sind eng miteinander verbunden" (ebd., 82).

Ganz im Sinne des operativen Prinzips (vgl. Abschn. 3.4.1) können Veränderungen beim Bau oder im Gebrauch des Werkzeugs hinsichtlich der Wirkung auf die Eigenschaften des Werkzeugs, der Konstruktion oder der konstruierten Objekte betrachtet werden. Durch die Vergrößerung bzw. Verkleinerung des Radius im Rahmen der Spannweite des Geräts, können darüber hinaus im Sinne des operativen Prinzips, die Radiuslänge und die Kreisgröße als voneinander abhängige Elemente des Kreises entdeckt und die Bedeutung der zentrischen Streckung erlebt werden, auch ohne diese als solche zu benennen. Dabei tritt eine weitere Herausforderung für die Lernenden auf: Die Flexibilität bzw. Beweglichkeit benötigt ein wenig Spielraum innerhalb des Geräts, was wiederum zu Ungenauigkeiten in der Konstruktion führen kann (vgl. dazu auch Vollrath 2003, 263 f.).

So wie die Auseinandersetzung mit historischen Zeichengeräten ein vertieftes Verständnis eines mathematischen Sachverhalts unterstützen kann und einen Einblick in das Denken ihrer Erfinder gibt (vgl. ebd., 264), so bringt auch die eigene Entwicklung eines Kreis-Zeichengeräts die Vorstellungen der Schülerinnen und Schüler zum Ausdruck und fördert ein tieferes Verstehen. Dies gilt auch für Lernende, die bspw. den Gelenkzirkel als ein Werkzeug (vgl. Schmidt-Thieme & Weigand 2015, 462; van Randenborgh 2015, 53 ff.) bereits kennen. Eine Lernumgebung, wie die hier vorgestellte, eröffnet die Möglichkeit, diesem Werkzeug mit größerer Einsicht bezogen auf dessen mathematische Idee, Funktionsweise und Materialbeschaffenheit zu begegnen. Zu einem tieferen Verständnis kann zusätzlich auch beitragen, dass die Entwicklung des Zeichengeräts in Partnerarbeit stattfindet. Hier treffen u. U. unterschiedliche Vorstellungen der Lernenden aufeinander, die im Rahmen der mathematischen Themenentwicklung miteinander ausgehandelt werden (vgl. Abschn. 4.1.2) und die ko-konstruktive Lernprozesse fördern (vgl. Abschn. 4.1.1). Die angebotenen Materialien zum Bau des Konstruktionsgeräts wurden in der Pilotierung (vgl. Abschn. 5.3.1) erprobt. Es wurde darauf geachtet, dass einerseits verschiedene Arten von Zeichengeräten damit gebaut werden können und andererseits die Funktion eines Materials möglichst nicht schon im Vorfeld festgelegt ist. Es handelt sich dabei nicht nur um zielführend einsetzbares Material. Das Problemlöseverhalten der Kinder wird dabei stark herausgefordert. Neben dem Bleistift, der Teil des Werkzeugs sein muss, können die übrigen zur Verfügung stehenden Materialien auf verschiedene Weise genutzt werden:

- Scheren: zum Kürzen oder Zerteilen anderer Materialien, als Gelenk für ein zirkelähnliches Werkzeug
- Klebeband (bzw. Klebebandrolle): zur Verbindung, Befestigung oder Stabilisierung anderer Materialien, als Schablone zur Kreiskonstruktion
- Pricknadeln: zur Fixierung eines Punktes, als Teil eines Stangen- oder Fadenzirkels
- Styrodurwürfel: zur Verbindung, Befestigung oder Stabilisierung anderer Materialien
- Schaschlikspieße: als Schenkel eines Gelenkzirkels, als Teil eines Stangenzirkels, ggf. zur Fixierung eines Punktes
- Kordel: zur Verbindung, Befestigung oder Stabilisierung anderer Materialien, als Teil eines Fadenzirkels
- Lineale: als Teil eines Stangenzirkels, zum mehrfachen Abtragen gleichentfernter Punkte von einem Mittelpunkt
- Knete: Verbindung, Befestigung oder Stabilisierung anderer Materialien
- Papier (DIN A4, DIN A3, Flipchartbögen): als Zeichengrundlage für die Kreiskonstruktion oder zur Erstellung einer Kreisschablone, bei deren Optimierung die Symmetrie des Kreises genutzt wird, indem Kreisbögen mittels Aufeinanderfaltung schrittweise einander angenähert werden

Die Verschriftlichung der Bauanleitung des Werkzeugs liefert zusätzlich die Möglichkeit, zeichnerisch bzw. schriftlich auf wesentliche Elemente aufmerksam zu machen oder diese zu betonen. Somit sind innerhalb des zentralen Arbeitsauftrags dieser Lernumgebung Darstellungen auf enaktiver, ikonischer und sprachlicher Ebene sowie damit verbundene Darstellungswechsel möglich.

Der zentrale Arbeitsauftrag fördert die allgemeinen mathematischen Kompetenzen Problemlösen, Argumentieren, Kommunizieren und Darstellen (vgl. KMK 2005, 8). Die zeichnerische Darstellung eines Kreises ist das Ziel des Arbeitsauftrags. Daher kommt dem Darstellen sowie dessen Bewertung an dieser Stelle eine hohe Bedeutung zu. Dennoch ist es verbunden mit anderen allgemeinen mathematischen Kompetenzen zu betrachten. In der Partnerarbeitsphase ist vor allem das

Vermuten, Überprüfen und Begründen (vgl. ebd.: Argumentieren) von Bedeutung, wenn es darum geht, eine gemeinsame Idee bzw. Strategie zu finden, um das Zeichenwerkzeug zu bauen bzw. zu optimieren. Dazu ist es ebenfalls notwendig, eigene Ideen transparent zu machen, um die Aufgabe gemeinsam zu bearbeiten und darüber reflektieren zu können (vgl. ebd.: Kommunizieren).

Die Lernumgebung bietet im Sinne der natürlichen Differenzierung die Möglichkeit, auf unterschiedlichen Niveaus zu arbeiten (vgl. dazu auch Abschn. 5.3.1). Es können verschiedene Anforderungsbereiche (AB) sichtbar werden: ‚Reproduzieren' (AB1), ‚Zusammenhänge herstellen' (AB2) und ‚Verallgemeinern und Reflektieren' (AB3, vgl. ebd., 13). Die Lernenden können Kreise ausgehend von einem alltagsbezogenen Begriffsverständnis bspw. näherungsweise nach Augenmaß mit einer Kordel legen oder aus freier Hand zeichnen und diese Vorgehensweise versuchen, mit Hilfe der angebotenen Materialien zu optimieren. Ebenso ist das Schablonieren möglich, indem bspw. die Klebebandrolle formvorgebend genutzt wird. Beides kann dem Anforderungsbereich ‚Reproduzieren' (AB1) zugeordnet werden. Auf verschiedene Weise können zirkelähnliche Werkzeuge mit zwei Schenkeln zusammengesetzt werden. Manchen Lernenden kann der Gelenkzirkel bereits bekannt sein. Sie müssen bei seinem Nachbau dennoch ihre Vorstellung über seine wesentlichen Elemente und Eigenschaften durch die vorhandenen Materialien umsetzen. Optimiert werden kann dieses Hilfsmittel schließlich, indem der Winkel zwischen beiden Schenkeln bestmöglich stabilisiert wird und ein Schenkel in einem Punkt fixierbar ist. Je nach Art der Optimierung und deren Begründung können dabei schon hergestellte Zusammenhänge sichtbar werden (AB2). Hier ist die Herstellung von Zusammenhängen bis zu reflektierenden Verallgemeinerungen (AB3) möglich. Ebenso ist ein experimenteller Zugang denkbar, der ein zirkelähnliches Werkzeug zum Ergebnis hat. Die Herstellung eines Kreises mittels Gärtner- bzw. Fadenkonstruktion (vgl. van Randenborgh 2015, 29) ist eine weitere Möglichkeit. Hierbei kommt es zusätzlich auf die Handhabung des ‚Fadenzirkels' (vgl. Oldenburg 2009) an, denn die Kordel muss während der gesamten Kreiskonstruktion gespannt sein, um die Konstanz des Radius zu erreichen. Zusätzlich stellt sich den Lernenden die Hürde, dass sich je nach Bauweise des Werkzeugs, die Kordel um den Bleistift oder die fixierte Mitte wickeln kann, was zu einer schleichenden Verkürzung des Radius führt. Dies nehmen Lernende möglicherweise erst wahr, wenn keine geschlossene Kurve entsteht und Gründe, die nicht an der Handhabung des Werkzeugs liegen, dafür gesucht werden. Wird der Anspruch des Arbeitsauftrags durch die Herausforderung erhöht, unterschiedlich große Kreise mit demselben Hilfsmittel zu erzeugen, muss zusätzlich ein flexibel einstellbarer Radius berücksichtigt werden, der während der Kreiskonstruktion jedoch konstant bleibt.

Insgesamt können die Lernenden bereits während der Bearbeitung des zentralen Arbeitsauftrags alle Anforderungsbereiche (vgl. KMK 2005, 13) erreichen. In der *Reflexionsphase* werden, neben der Präsentation der Bauanleitung sowie der selbstgebauten Werkzeuge, die Kreiskonstruktion vorgeführt, beachtenswerte Aspekte herausgestellt sowie Hürden und Entdeckungen kindgemäß versprachlicht. An dieser Stelle der Lernumgebung verknüpft sich die Förderung der inhaltsbezogenen Kompetenzerwartungen der Bereiche ‚zeichnerische Darstellung einer geometrischen Figur mit einem Hilfsmittel' und die ‚Zuordnung von Fachbegriffen' (vgl. ebd., 10). Das Verallgemeinern und Reflektieren (AB3) wird explizit herausgefordert, Entdeckungen diesbezüglich analysiert und Ergebnisse gesichert. Auch hier sind Darstellungen, deren Kombinationen sowie Wechsel auf enaktiver, ikonischer und sprachlicher Ebene möglich.

5.3.3   Lernumgebung 2: Kombination von Kreisteilen zu Vollkreisen

Die zweite substanzielle Lernumgebung zum Kreis fokussiert die Kreisfläche sowie deren Zerlegung in Kreisteile (vgl. Hähn 2015b). Dies wird in Form von zueinander kongruenten Kreissektoren realisiert. Zur Vereinfachung wurden die Kreissektoren in der konkreten Durchführung der Lernumgebung als ‚Kreisteile' bzw. als Halb-, Drittel-, Viertel-, Fünftel- oder Sechstelkreise bezeichnet und jede Kreisteilgröße mit einem andersfarbigen Punkt gekennzeichnet (vgl. Abb. 5.5). Die Kombination von Halb-, Drittel-, Viertel-, Fünftel- und Sechstelkreisteilen ist der Schwerpunkt der Lernumgebung. Die Lernumgebung trägt somit auch zu einer Grundlegung des Verständnisses von Kongruenzen in der Ebene bei (vgl. dazu auch Franke & Reinhold 2016, 309 ff.). Die einzelnen Phasen der Lernumgebung sind folgendermaßen inhaltlich ausgerichtet (vgl. Tab. 5.4):

Tabelle 5.4 Unterrichtsphasen der Lernumgebung ‚Kombination von Kreisteilen zu Vollkreisen'

Unterrichtsphase	Inhalt
Hinführung	Kreisflächenzerlegung, Benennung von Kreisteilen
zentraler Arbeitsauftrag	Kombination von Kreisteilen zu Vollkreisen, tabellarische Notation
Reflexion	materialgestützte Ergebnisstrukturierung und Strategiedarstellung

Fachlicher und fachdidaktischer Schwerpunkt der Lernumgebung

In der *Hinführungsphase* wird eine Kreisfläche zunächst in zwei, dann in vier zueinander kongruente Kreissektoren zerlegt. Ziel ist es, dass die Lernenden Halb- und Viertelkreise herstellen, um zu verstehen, was es bedeutet, zueinander kongruente Kreisteile zu erzeugen. Auch die Bezeichnung der einzelnen Kreisteile wird erarbeitet. Alltagsbezogene Vorerfahrungen der Lernenden hinsichtlich einer gerechten Teilung von Pizzen oder Torten in gleich große Stücke sind hier ein Anknüpfungspunkt. Die Kreisteile werden innerhalb der Lernumgebung jedoch in ihrer geometrischen Darstellung ohne Alltagsbezug verwendet und die Exaktheit der Teilung durch Deckungsgleichheit überprüft.

In einer fachlichen Betrachtung handelt es sich beim Zerschneiden von Papierkreisen in zwei bzw. vier gleich große Flächen um die Erzeugung

- der Fläche eines Halbkreises mit dem Mittelpunktswinkel 180° und dem Flächeninhalt $\frac{180}{360} \cdot \pi \cdot r^2$ bzw. $\frac{1}{2} \cdot \pi \cdot r^2$ und
- der Fläche eines Viertelkreises mit dem Mittelpunktswinkel 90° und dem Flächeninhalt $\frac{90}{360} \cdot \pi \cdot r^2$ bzw. $\frac{1}{4} \cdot \pi \cdot r^2$

Bei der Zusammensetzung und Betrachtung weiterer Kreisteile handelt es sich um

- Drittelkreise mit dem Mittelpunktswinkel 120° und dem Flächeninhalt $\frac{120}{360} \cdot \pi \cdot r^2$ bzw. $\frac{1}{3} \cdot \pi \cdot r^2$
- Fünftelkreise mit dem Mittelpunktswinkel 72° und dem Flächeninhalt $\frac{72}{360} \cdot \pi \cdot r^2$ bzw. $\frac{1}{5} \cdot \pi \cdot r^2$ und
- Sechstelkreise mit dem Mittelpunktswinkel 60° und dem Flächeninhalt $\frac{60}{360} \cdot \pi \cdot r^2$ bzw. $\frac{1}{6} \cdot \pi \cdot r^2$ (zu Sektorflächen des Kreises vgl. auch Krauter & Bescherer 2013, 121).

Bei der Zerlegung des Kreises werden ebene Figuren (Kreisteile) nach ihren Eigenschaften (Größe der Fläche bzw. implizit nach Winkelgröße) sortiert und Fachbegriffen zugeordnet, wodurch die entsprechenden inhaltsbezogenen Kompetenzen den Bildungsstandards gemäß gefördert werden können (vgl. KMK 2005, 10). Durch die Repräsentation von Kreisteilen, können darüber hinaus im Sinne von Kompetenzerwartungen der Leitidee 'Größen und Messen' der Bildungsstandards, die im Alltag gebräuchlichen einfachen Bruchzahlen wiedererkannt und verstanden werden (vgl. ebd., 11). Bezogen auf die allgemeinen mathematischen Kompetenzen sind vor allem die Bereiche Argumentieren, Kommunizieren und Darstellen (vgl. ebd., 8) relevant.

Innerhalb des *zentralen Arbeitsauftrags* sollen die Lernenden in Partnerarbeit Halb-, Drittel-, Viertel, Fünftel- und Sechstel-Legekreise zu Vollkreisen kombinieren. Es handelt sich um eine Adaption des Montessori-Materials ‚Bruchrechenkreise aus rotem Plastik' (vgl. zum Material Hanewinkel 2006, 39), bei dem die Kennzeichnung der Kreisteile durch Bruchschreibweise[2] mit farbigen Klebepunkten überdeckt ist. Da alle Kreisteile rot sind, wurden Halbkreise mit Punkten in grau beklebt sowie Drittelkreise in gelb, Viertelkreise in blau, Fünftelkreise in lila und Sechstelkreise in grün. Die Lernenden sollen gefundene Lösungen tabellarisch auf einem Arbeitsblatt notieren (vgl. Abb. 5.5).

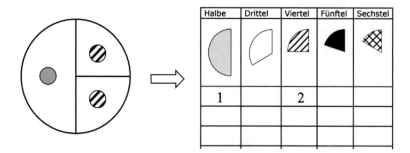

Abbildung 5.5 Zusammengesetzter Kreis und tabellarische Dokumentation der Lösung auf dem Arbeitsblatt (Die Klebepunkte und Kreisteile auf dem Arbeitsblatt liegen den Lernenden farbig vor (Halbes: grau, Drittel: gelb, Viertel: blau, Fünftel: lila, Sechstel: orange, Achtel: grün). Bei den Abbildungen in der vorliegenden Arbeit handelt es sich um Nachbildungen in schwarz-weiß.)

Zwölf verschiedene Kombinationsmöglichkeiten können gefunden werden, was im Folgenden gezeigt und schließlich tabellarisch zusammengefasst wird. Die Lösung der Aufgabe verlangt eine Partition mit gegebenen endlichen Summanden. Zur Lösung der Aufgabe werden nun alle Kombinationsmöglichkeiten von Halb-, Drittel-, Viertel-, Fünftel- und Sechstelkreisen, bzw. die Lösungen folgender Gleichungen, betrachtet:

---

[2]Eine symbolische Bezeichnung der Kreisteile wird auf dem Arbeitsblatt bewusst vermieden.

Sei $a_1, a_2, a_3, a_4, a_5 \in N_0$. Es ist die Lösungsmenge

L: $= \{(a_1, a_2, a_3, a_4, a_5): 360° = a_1 \cdot 180° + a_2 \cdot 120° + a_3 \cdot 90° + a_4 \cdot 72°$ $+ a_5 \cdot 60°\}$ zu bestimmen. In der folgenden Fallunterscheidung gelte $a_i \neq 0$.

1. Fall: $a_1 \neq 0$

Die Gleichung $360° = a_1 \cdot 180° + a_2 \cdot 120° + a_3 \cdot 90° + a_4 \cdot 72° + a_5 \cdot 60°$ kann in diesem Fall durch $(2,0,0,0,0)$, $(1,1,0,0,1)$, $(1,0,2,0,0)$, $(1,0,0,0,3) \in L$ gelöst werden.

2. Fall: $a_2 \neq 0$

Die Gleichung $360° = a_1 \cdot 180° + a_2 \cdot 120° + a_3 \cdot 90° + a_4 \cdot 72° + a_5 \cdot 60°$ kann in diesem Fall durch $(1,1,0,0,1)$, $(0,3,0,0,0)$, $(0,2,0,0,2)$, $(0,1,2,0,1)$, $(0,1,0,0,4) \in L$ gelöst werden.

3. Fall: $a_3 \neq 0$

Die Gleichung $360° = a_1 \cdot 180° + a_2 \cdot 120° + a_3 \cdot 90° + a_4 \cdot 72° + a_5 \cdot 60°$ kann in diesem Fall durch $(1,0,2,0,0)$, $(0,1,2,0,1)$, $(0,0,4,0,0)$, $(0,0,2,0,3) \in L$ gelöst werden.

4. Fall: $a_4 \neq 0$

Da 72 teilerfremd zu den anderen Mittelpunktswinkelgrößen ist, ist eine Kombination von Fünftelkreisteilen mit den anderen Kreisteilen nicht möglich. Die einzige Lösung für die Lösungsmenge $360° = a_4 \cdot 72°$ ist folglich $a_4 = 5$.

Die Lösung $(0,0,0,5,0) \in L$ gilt somit für den 4. Fall.

5. Fall: $a_5 \neq 0$

Die Gleichung $360° = a_1 \cdot 180° + a_2 \cdot 120° + a_3 \cdot 90° + a_4 \cdot 72° + a_5 \cdot 60°$ kann in diesem Fall durch $(1,1,0,0,1)$, $(1,0,0,0,3)$, $(0,2,0,0,2)$, $(0,1,2,0,1)$, $(0,1,0,0,4)$, $(0,0,2,0,3)$, $(0,0,0,0,6) \in L$ gelöst werden.

Die aus den Fällen gebildete disjunkte Menge liefert 12 Lösungen, die in der tabellarischen Darstellung des Arbeitsblattes, als Vektorlösung der Elemente a_i für eine Lösung, folgendermaßen dargestellt werden können (vgl. Tab. 5.5):

Tabelle 5.5 Tabellarische Darstellung der Lösungen

Halbkreis (a_1)	Drittelkreis (a_2)	Viertelkreis (a_3)	Fünftelkreis (a_4)	Sechstelkreis (a_5)
2	0	0	0	0
1	1	0	0	1
1	0	2	0	0
1	0	0	0	3
0	3	0	0	0

(Fortsetzung)

Tabelle 5.5   (Fortsetzung)

Halbkreis (a_1)	Drittelkreis (a_2)	Viertelkreis (a_3)	Fünftelkreis (a_4)	Sechstelkreis (a_5)
0	2	0	0	2
0	1	2	0	1
0	1	0	0	4
0	0	4	0	0
0	0	2	0	3
0	0	0	5	0
0	0	0	0	6

Durch die Kombination gleich bzw. verschieden großer Kreissektoren können geometrische Beziehungen entdeckt werden. Die Eigenschaften des Kreises, die die Lernenden in der ersten Lernumgebung entdeckten, werden nun um die Erkenntnis erweitert, dass der Kreis auch eine zerlegbare, ebene Fläche darstellt. Der inhaltliche Schwerpunkt liegt auf der geometrischen Grundidee ‚Operieren mit Formen' (vgl. Abschn. 5.2.2) mit einer Nähe zum operativen Prinzip (vgl. Wittmann 1997), kann aber auch mit den Grundideen ‚Geometrische Formen und ihre Konstruktion' sowie ‚Geometrische Gesetzmäßigkeiten und Muster' (vgl. Wittmann & Müller 2004; Abschn. 5.2.2) als vernetzt betrachtet werden. Zentrale geometrische Aktivitäten stehen in Bezug zur Passung sowie der Deckungs- und Zerlegungsgleichheit von Flächen.

Die Lernumgebung könnte bspw. auch als geometrische Repräsentation der Addition von Brüchen (vgl. Hanewinkel 2006) verstanden werden. Zusätzlich könnte ein Beitrag geleistet werden zur Vorerfahrung mit Stammbrüchen oder Äquivalenzen von einfachen Brüchen (vgl. dazu bspw. Padberg 2002), der Entwicklung der Grundvorstellung ‚Bruch als Teil eines Ganzen (hier als geometrisches Gebilde in Form eines Kreises)' (vgl. Padberg & Wartha 2017, 24 ff.; Winter 2004), oder zum ‚Erweitern' bzw. ‚Kürzen' des dynamischen Grundverständnisses der ‚Verfeinerung oder Vergröberung der Einteilung' im Kontext der Deckungsgleichheit von einem bzw. mehreren Bruchteilen (vgl. Wittmann 2006, 52 ff.). Genanntes könnte im Sinne des Spiralprinzips später auch aufgegriffen werden. Dennoch hat die Lernumgebung o. g. geometrischen Schwerpunkt, da in ihrer Durchführung weder Grundvorstellungen zu oder die Notation von Brüchen noch eine Zahlbereichserweiterung im Mittelpunkt stehen. Im Kontext der Geometrie sind im Sinne des Spiralprinzips bspw. Lernumgebungen zu platonischen oder archimedischen Parkettierungen (vgl. Wittmann 1987, 10 ff.;

Wittmann 2014) und Betrachtungen von Winkelsummen anschlussfähig. Auch das anschauliche geometrische Beweisen bspw. des Satzes von Pythagoras (vgl. Wittmann 1997) bietet eine reichhaltige Anschlussaufgabe in höheren Schuljahren. Bereits schon vorher, etwa in Klasse 2, können offene experimentelle Zugänge zur Kreisfläche (vgl. Rasch 2012), in denen Lernende Kreisflächen zerlegen und zusammensetzen, einer solchen substanziellen Lernumgebung vorausgehen.

Aufgrund der Anzahlbestimmung verschiedener Kombinationsmöglichkeiten werden zusätzlich auch Kompetenzen im Bereich der Kombinatorik gefördert. Auch dies erweist sich als anschlussfähig, um das Probieren bzw. systematische Vorgehen in kombinatorischen Kontexten (vgl. KMK 2005, 9) zu fördern, ist jedoch an dieser Stelle nicht Fokus der Lernumgebung, sondern verdeutlicht vielmehr deren Reichhaltigkeit und Substanz.

Aus mehreren Gründen handelt es sich um eine substanzielle Lernumgebung, und die Kriterien nach Wittmann (1998) werden erfüllt. Die Lernumgebung ist durch die Bildungsstandards (vgl. KMK 2005) legitimierbar, die im Folgenden an entsprechender Stelle aufgeführt werden. Die substanzielle Lernumgebung eröffnet den Lernenden „reiche Möglichkeiten für mathematische Aktivitäten" (Wittmann 1998, 337 sowie Abschn. 3.3). Dazu gehört neben der Relevanz des aktiv-entdeckenden Lernens (vgl. Abschn. 3.2.2) auch das Mathematiktreiben als konstruktiver Prozess (vgl. Abschn. 4.1.1 sowie Krauthausen & Scherer 2014, 110), was im Folgenden für die Lernumgebung präzisiert werden soll. Die Repräsentation von Kreisen bzw. Kreisteilen durch das Material ermöglicht den Lernenden im Sinne der Kompetenzerwartung der Leitidee ‚Raum und Form', die ebene Figur ‚Kreis' durch Zerlegung und Zusammenfügen zu untersuchen (vgl. KMK 2005, 10). Neben der Förderung dieser inhaltsbezogenen Kompetenz wird auch der Vergleich von Flächeninhalten ebener Figuren durch Zerlegung angeregt (vgl. ebd.). Im Sinne des operativen Prinzips führt die Zerlegung von Figuren und das Zusammensetzen mehrerer gleicher oder verschiedener Teile (vgl. auch Wittmann 1987, 113 f.) zur Erkenntnis über die Invarianz des Flächeninhalts und der Passung im Hinblick auf die Winkelsumme des Vollkreises, was den Lernenden natürlich noch nicht bewusst ist, aber implizit in der Vollständigkeit einer Fläche enthalten ist, die weder Aussparungen noch Überlappungen aufweist. Die Idee des Passens kann schon zu Beginn der Grundschulzeit unterrichtlich gefördert werden (vgl. Überlegungen von Wittmann 2014). Bei der Kompetenzerfassung zu diesem Bereich wird bspw. im Rahmen des ‚ElementarMathematischen BasisInterviews' zum Bereich ‚Größen und Messen, Raum und Form' (vgl. Wollring et al. 2011) untersucht, ob ein Kind aus gegebenen Flächenstücken mental eine Auswahl treffen und eine gegebene Fläche auslegen bzw. eine Fläche zusammensetzen kann (vgl. ebd., 20). Wittmann (1997) bezeichnet das Passen als leitende psychologische Idee, wenn Kinder durch konkretes, motorisch-taktiles Handeln Erkenntnisse gewinnen. Durch die Lernumgebung werden Lernenden weitere Lerngelegenheiten geboten, wenn diese zusätzlich ergründen, warum etwas passt bzw. nicht passt und dies zu ersten Vermutungen hinsichtlich geometrischer Gesetzmäßigkeiten bei der Kombination von Kreisflächen führt. Erste Erfahrungen können hierbei zur Flächeninhaltsgleichheit durch Zerlegungsgleichheit gemacht werden. Deckungsgleiche Figuren können entdeckt werden, wie dies bspw. bei einem Halbkreis und den zusammengesetzten Figuren aus zwei Viertelkreisen oder drei Sechstelkreisen usf. der Fall ist. Schließlich gilt diese Erkenntnis auch für den Vollkreis, der mit 12 Kombinationen aus den vorgegebenen Kreisteilen dargestellt werden kann. Auf diese Weise können auch inhaltsbezogene Kompetenzen im Bereich ‚Muster und Strukturen' gefördert werden, indem Gesetzmäßigkeiten in geometrischen Mustern erkannt, in der Partnerarbeit beschrieben und innerhalb einer systematischen Veränderung von Lösungen ausgenutzt werden (vgl. KMK 2005, 10). Hier werden somit verschiedene Lerngelegenheiten geboten, Zusammenhänge im Sinne der Anforderungsbereiche der Bildungsstandards herzustellen (vgl. ebd., 13: AB2). Nutzen die Lernenden zudem während des Problemlösens (vgl. ebd., 8) Strategien, indem bspw. systematisch das größte Kreisteil fixiert wird und Kombinationen von Kreisteilen in absteigender Größe ausprobiert werden, arbeiten die Lernenden reflektiert und im Sinne des Anforderungsbereichs ‚Verallgemeinern und Reflektieren' (AB3) der Bildungsstandards (vgl. ebd., 13). Im Rahmen einer komplexen Tätigkeit wird hier eine systematische Strukturierung vorgenommen. Diesen Anforderungsbereich erreichen auch Lernende, die verallgemeinernde Entdeckungen machen. Dazu gehören bspw. das systematische Ausnutzen der Deckungsgleichheit von Kreisteilkombinationen zu Halbkreisen oder, bei der Nutzung deckungsgleicher Kreisteile zur Kreisflächenauslegung, die Erkenntnis, dass sich die Anzahl der benötigten Teile erhöht, wenn sich die Größe der Kreisteile verringert. Auch erkannte arithmetische Zusammenhänge können zu diesem Punkt gezählt werden, etwa, wenn die Bezeichnung eines Kreisteils in Verbindung gebracht wird mit der Anzahl der deckungsgleichen Kreisteile, in die der Kreis zerlegt wurde und dies, unabhängig von durchführbaren Handlungen, für andere Kreisteile generalisiert werden kann. Der Anforderungsbereich ‚Verallgemeinern und Reflektieren' (AB3) wird zudem durch eine fakultative Erweiterung des zentralen Arbeitsauftrags herausgefordert, in dem die Lernenden, sofern sie überzeugt sind, alle Lösungen gefunden zu haben, weitere Lösungen durch Zugabe von Achtelkreisen finden sollen. Hinzukommende Lösungen sollen auf einem weiteren Arbeitsblatt mit der bekannten Tabelle, erweitert um die Spalte ‚Achtel', eingetragen werden. Zunächst werden den Lernenden nur zwei grün markierte Achtelkreise angeboten, um herauszufordern, dass bewusst gewordene geometrische Zusammenhänge zur Lösungsfindung argumentativ genutzt werden. Sind die Lernenden weiterhin auf eine handlungsbasierte Strategie angewiesen, können ihnen selbstverständlich weitere Achtelkreise angeboten werden. Die erweiterte Aufgabenstellung umfasst weitere zehn Lösungen.

Wesentlich für die Lernumgebung ist, dass die Lernenden Zusammenhänge aktiv selbst entdecken können (vgl. dazu auch Abschn. 3.2.2). Dies wird zusätzlich dadurch unterstützt, dass die Lehrperson nur wenige Impulse gibt und die Lernenden in der Partnerarbeit individuelle bzw. gemeinsame Strategien entwickeln und Lösungswege suchen können. Das Prinzip der natürlichen Differenzierung (vgl. Abschn. 3.2.3) findet Berücksichtigung, indem Lernende eigene Zugänge nutzen, die durch die Handlung mit den Kreisteilen auf enaktiver Ebene, durch individuelle Entdeckungen hinsichtlich der Deckungsgleichheit oder Passung, später auch durch die Auseinandersetzung mit der tabellarischen Notation auf symbolischer Ebene angeregt werden können. Die tabellarische Notation fordert zudem den Darstellungswechsel (vgl. ebd.) zwischen enaktiver und symbolischer Ebene heraus. Enaktiv gefundene Lösungen müssen in ihrer Darstellungsweise ‚übersetzt‘ und symbolisch eingetragen werden. In der tabellarischen Struktur können nun leichter doppelte Lösungen entdeckt werden, deren Zerlegungsgleichheit auf enaktiver Ebene nicht bewusst wurde, oder auch neue Lösungshypothesen generiert werden, deren Überprüfung dann wiederum enaktiv realisiert werden kann. Die tabellarische Notation fördert somit auch die inhaltsbezogene Kompetenz, Daten – in diesem Fall Lösungen – strukturiert darzustellen (vgl. KMK 2005, 11). Nutzen Lernende auch diese, durch die Lernumgebung eröffnete Lerngelegenheit, wird die geometrische Grundidee der ‚Übersetzung in Zahl- und Formensprache‘ realisiert (vgl. Wittmann & Müller 2004; Abschn. 5.2.2).

In vielen Facetten zeigt sich die Flexibilität der substanziellen Lernumgebung (vgl. Wittmann 1998, 338 sowie Abschn. 3.3). Hinsichtlich der Sprache eröffnet die Lernumgebung den Lernenden die Möglichkeit, Kreisteile mit Fachbegriffen wie ‚Viertelkreis‘ zu beschreiben, oder auch durch Farben zu benennen. Dies stellt für sprachschwache Schülerinnen und Schüler eine Entlastung dar und trägt zur Barrierefreiheit der Lernumgebung im Sinne des UDL bei (vgl. Abschn. 2.1.4). Vor allem wenn der Fokus von sprachschwachen Lernenden auf der Darstellung von Strategien oder Lösungen liegt, deren Darstellung unter Beachtung von Fachbegriffen für diese dann erheblich erschwert oder unmöglich wird, trägt die farbliche Kennzeichnung von Kreisteilen zum Barriereabbau bei. Gleichzeitig kann in ko-konstruktiven Gesprächen auch Sprachförderung stattfinden, wenn Lernpartner unter Verwendung von Fachbegriffen Nachfragen stellen oder ihr Verstehen signalisieren. Eine andere niederschwellige mathematische Aktivität dieser Lernumgebung lässt sich auf Puzzleaktivitäten zurückführen, die bezogen auf die Zusammensetzung von Kreisteilen stattfinden können. Zum Puzzeln müssten alle Lernenden bereits Vorerfahrungen aus dem vorschulischen Bereich haben, so dass das Zusammensetzen von Figuren somit zu einer Routinetätigkeit gehören sollte und dem Anforderungsbereich ‚Reproduzieren' (AB1) der Bildungsstandards (vgl. KMK 2005, 13) zugeordnet werden kann. In diesem Sinne können die Lernenden auch durch Probieren und mittels Versuch und Irrtum zu einer Lösung und dadurch auch zu einer Strategie finden. Gleichzeitig sichert dies u. a. die Barrierefreiheit der Lernumgebung im Sinne des UDL (vgl. Abschn. 2.1.4). Kreisteile können an passende oder auch an unpassende Stellen gelegt werden, wenn sie andere Teile überlappen oder eine durch ein weiteres Teil nicht zu schließende Lücke lassen. Die visuelle Wahrnehmung ist stark gefordert, wenn durch einen optischen Vergleich abgeschätzt wird, ob ein fehlendes Teil passend sein könnte, um einen Vollkreis zu erhalten. Hier wird u. U. gleichzeitig kopfgeometrisch die Lage von Kreisteilen geändert. Daher kann bei dieser mathematischen Aktivität, bezogen auf die Passung von Kreisteilen, von einem hohen Aktivierungspotential der Lernenden ausgegangen werden, wenn ersichtlich wird, dass Teile nicht willkürlich ausprobiert, sondern (annähernd) passend ausgewählt werden, obwohl sie nicht in der richtigen Position liegen, sondern zum Einsetzen gedreht werden müssen (vgl. dazu auch Lorenz 2011). Insgesamt ist die Lernumgebung somit in heterogenen (vgl. Krauthausen & Scherer 2014, 111) bzw. inklusiven Lerngruppen einsetzbar. Durch den gegenseitigen Austausch innerhalb des ko-konstruktiven Prozesses in der Partnerarbeit werden zudem gemeinsame Herangehensweisen, Strategien und Lösungswege ausgehandelt oder, sofern die Lernenden auch phasenweise individuell arbeiten, fremde Strategien und Lösungen wahrgenommen und ggf. erläutert. Dies kann zu Perspektiv- oder Darstellungswechseln, einer Veränderung eigener Herangehensweisen oder zur Erweiterung von Strategien beitragen. Insgesamt werden so auch (Teil)Leistungen von Lernenden (vgl. Abschn. 3.3) in Form von Strategien bzw. Strategieansätzen oder Lösungen bzw. Lösungsansätzen, die Lernende erbringen, zu nutzbaren Beiträgen und erlangen subjektive Bedeutsamkeit, was zur Stärkung des Selbstkonzepts beitragen kann. Unterstützt wird die Zusammenarbeit am gemeinsamen Lerngegenstand einerseits durch den Arbeitsauftrag, in dem Zusammenarbeit gefordert wird, andererseits durch die Materialverknappung sowie die Notation der Lösungen auf einem gemeinsamen Arbeitsblatt. Auf diese Weise wird eine Basis für das sozial-interaktive Lernen (vgl. Abschn. 3.2.2) geschaffen, und lernpsychologische bzw. pädagogische Erkenntnisse, die eine (sozial)konstruktivistische Grundhaltung widerspiegeln, finden Berücksichtigung. Allgemeine mathematische Kompetenzen, die die Lernumgebung herausfordert, wie das Problemlösen und Darstellen, erhalten durch die Austauschmöglichkeiten in der Partnerarbeit vor allem um die Bereiche ,Argumentieren' und ,Kommunizieren' eine Erweiterung. Bei der gemeinsamen Aufgabenbearbeitung müssen Verabredungen getroffen und eingehalten werden, eigene Strategien und Lösungen beschrieben und die der anderen nachvollzogen sowie Aussagen hinterfragt und deren Korrektheit überprüft werden (vgl. KMK 2005, 8).

In der *Reflexionsphase* stellen die Lernenden ihre Ergebnisse vor, überprüfen deren Richtigkeit mit dem Material und ordnen die Ergebnisse gemeinsam. Zum flexiblen Ordnen von Lösungen in dieser Phase der Lernumgebung werden gelegte und überprüfte Lösungen durch Reflexionskarten ersetzt (vgl. Abb. 5.6), auf denen Lösungen ikonisch und tabellarisch dargestellt sind.

Abbildung 5.6 Beispiel
für eine Reflexionskarte

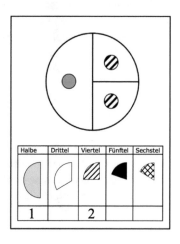

Die Ergebnisse werden durch das Ordnen (vgl. zu dessen Relevanz Prediger et al. 2011) bzw. durch die Strategiedarstellung und Klassenbildung strukturiert, und die Vollständigkeit kann sowohl verbal als auch enaktiv argumentativ dargestellt werden. Durch die Präsentation von Lösungen und die enaktive Überprüfung wird inhaltlich der Vollkreis stark in den Mittelpunkt gerückt und ebenso werden die im zentralen Arbeitsauftrag entdeckten Zusammenhänge hinsichtlich Passung oder Deckungsgleichheit thematisiert. Die Lösungen sind von den auf dem Tisch liegenden Lösungen ableitbar. Die Lernenden, die sich mit der erweiterten Aufgabenstellung auseinandergesetzt haben, können nun zunächst mit dem konkreten Material (Achtelkreise) die Deckungsgleichheit von zwei Achtelkreisen mit einem Viertelkreis, vier Achtelkreisen mit einem Halbkreis, vier Achtelkreisen mit drei Sechstelkreisen usw. zeigen und auf dieser Argumentationsgrundlage eine oder mehrere Tabellenzeilen an eine Lösung anlegen und Kreisteile nun durch Achtelkreise ersetzen (vgl. Abb. 5.7).

Abbildung 5.7 Reflexion
der erweiterten
Aufgabenstellung am
Beispiel des Ersetzens
eines Viertelkreises durch
zwei Achtelkreise

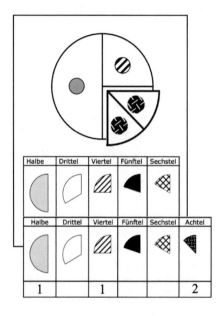

Ein Schwerpunkt der Lernumgebung liegt in der Reflexionsphase auf der Förderung allgemeiner mathematischer Kompetenzen wie dem Argumentieren, Kommunizieren und Darstellen (vgl. KMK 2005, 8). Es werden vor allem eigene Strategien beschrieben sowie Lösungswege anderer nachvollzogen und reflektiert (vgl. ebd.: Kommunizieren). Mathematische Aussagen werden hinterfragt, deren Korrektheit überprüft und Begründungen der Strategien anderer nachvollzogen bzw. hinterfragt (vgl. ebd.: Argumentieren). Die Lernenden wechseln und vergleichen Darstellungsformen (vgl. ebd.: Darstellen), indem tabellarische Lösungen mit gelegten Lösungen und Darstellungen auf Reflexionskarten verglichen werden. Somit werden hier neben sprachlichen Darstellungen auch solche auf enaktiver, ikonischer und symbolischer Ebene relevant.

5.3.4 Lernumgebung 3: Drei- bzw. Vierpassvarianten und Dreischneuß

Die Schülerinnen und Schüler setzen sich in der dritten Lernumgebung (vgl. Hähn 2015d) mit dem Kreis im Kontext der Architektur auseinander. Die Kreisform wird anwendungsorientiert genutzt, um gotisches Maßwerk (zur Begriffsdefinition vgl. z. B. Binding 1989, 12 ff.) im Rahmen entdeckenden Lernens zu erforschen, zu beschreiben, zu verstehen und nachzukonstruieren. Die Schülerinnen und Schüler lernen das gotische Maßwerk als ein raumgestaltendes Element kennen, das aus geometrischen Formen zusammengesetzt ist und bei dem Kreise eine zentrale Rolle spielen (vgl. Aumann 2015, 6). Dies bedeutet, dass die Lernenden die räumliche Anordnung von Kreisen in Drei- und Vierpassvarianten (vgl. Abb. 5.8) sowie im Dreischneuß (vgl. Abb. 5.15) zuerst analysieren und diese dann mit Hilfe von Kreisschablonen nachkonstruieren. Die Lernumgebung bietet den Lernenden somit die Möglichkeit, Kreise als ein formgebendes Gestaltungselement für gotische Kirchen zu erkennen sowie als Analysewerkzeug für den sie umgebenden Raum zu nutzen. Unterrichtsreihen mit der Betonung ihres Potentials für das entdeckende Lernen lassen sich bezogen auf das Thema ‚Maßwerk' vor allem für die weiterführende Schule finden (vgl. u. a. Graebenteich 1995; Schmidt 1995). In der fachdidaktischen Literatur wird das Thema als anschaulich, interessant, motivierend und anspruchsvoll, aber auch als geeignet für den Einsatz in der Grundschule beschrieben (vgl. bspw. Knyrim 2012, 186). Die einzelnen Phasen der Lernumgebung (vgl. Tab. 5.6) sind folgendermaßen inhaltlich ausgerichtet:

Tabelle 5.6 Unterrichtsphasen der Lernumgebung ‚Drei- bzw. Vierpassvarianten und Dreischneuß'

Unterrichtsphase	Inhalt
Hinführung	Identifikation von Kreisen in der Fensterrose von Notre Dame
hinführender Arbeitsauftrag	Analyse und Konstruktion von Drei- und Vierpassvarianten
zentraler Arbeitsauftrag	Analyse und Konstruktion eines Dreischneußes
Reflexion	Präsentation der Konstruktion

Fachlicher und fachdidaktischer Schwerpunkt der Lernumgebung
In der Hinführungsphase werden zunächst Kreise auf großen Abbildungen der Kathedrale Notre Dame durch die Lernenden wiederentdeckt, was der Grundidee ‚Formen in der Umwelt' und der Kompetenzerwartung ‚Ebene Figuren in der Umwelt wiedererkennen' (vgl. KMK 2005, 10) zuzuordnen ist. Lerngelegenheiten wie diese fördern die Fähigkeit des Erkennens der Formkonstanz: Objekte, wie der Kreis, können im Raum zwar die Lage verändern oder unterschiedliche Größen haben, die Form bleibt jedoch gleich (vgl. dazu auch Lorenz 2011). Gleichaussehende Objekte werden aufgrund ihrer Eigenschaften erkannt. Hier können die Lernenden auch ihr Wissen zum Kreis aus den anderen beiden Lernumgebungen nutzen.

Im *hinführenden Arbeitsauftrag* entdecken die Lernenden in der Fensterrose der Kathedrale Notre Dame neben Kreisformen auch Drei-, Vier- und Sechsspassvarianten. Passkonstruktionen, die ursprüngliche Form des Maßwerks, sind mehrere gleich große, in einem gemeinsamen Umkreis symmetrisch angeordnete Kreisbögen (vgl. Blaser 1991, 14 und 161), die im Mauerwerk sichtbar sind (vgl. Ettl 2010, 23). Die einzelnen Passe können dabei mit sich überlappenden Kreisen oder Berührkreisen konstruiert sein (vgl. Abb. 5.9 bis 5.12). Die Passkonstruktionen werden nach der Anzahl der angeordneten Kreise benannt und als ‚Dreipass', ‚Vierpass', ‚Fünfpass', ‚Sechspass' oder ‚Mehrpass' bezeichnet (Binding 1989, 14). Auf diese Weise können arithmetische, sprachliche und geometrische Zusammenhänge hergestellt und diesbezügliche Muster erkannt werden, denn möglicherweise ergeben sich in Unterrichtsgesprächen auch Fragen hinsichtlich der Existenz und des Aussehens eines Hundertpasses bzw. eines Ein- oder Zweipasses. Somit wird die Kompetenz im Bereich ‚Raum und Form' bezogen auf das Benennen von Figuren unter Berücksichtigung ihrer Eigenschaften sowie das Erkennen räumlicher Beziehungen (vgl. KMK 2005, 10) gefördert, bspw. bei der Anordnung der Kreise für die Unterkonstruktion von Passvarianten. Aufgabe der Lernenden ist es, die Drei- und Vierpassvarianten mit Hilfe von drei oder vier gleich großen Legekreisen nachzulegen und später den Umriss dieser Figur nachzuzeichnen, um auf diese Weise einen Drei- bzw. Vierpass zu konstruieren. Unterstützend wird auch ein Blatt mit konzentrischen Kreisen angeboten, von denen die Lernenden einen Kreis als Umkreis auswählen können (vgl. Abb. 5.8).

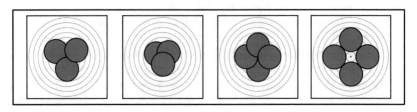

Abbildung 5.8 Verschiedene Drei- und Vierpassvarianten aus Legekreisen auf konzentrischen Kreisen

Im Kontext der Bildungsstandards ist dies im Bereich der Kompetenzerwartung des Erkennens, Benennens und Darstellens geometrischer Figuren zu verorten, indem ebene Figuren untersucht und bspw. durch Legen und Zusammenfügen sowie durch Zeichnungen mit Hilfsmitteln hergestellt werden, wie hier durch Schablonieren (vgl. ebd.). Sich berührende sowie überlappende Kreise werden im hinführenden Arbeitsauftrag beim Dreipass sowie beim Vierpass unterschieden (zur Konstruktion vgl. Abb. 5.8 bis 5.12 sowie Aumann 2015, 12; Binding 1989, 15; Ettl 2010, 23). Es bieten sich Lerngelegenheiten zu Lagebeziehungen und figürlichen Anordnungen in der Ebene (vgl. Ettl 2010, 22).

Die Konstruktion eines Dreipasses sowie Vierpasses mit sich berührenden Kreisen kann auch mit Zirkel und Lineal konstruiert werden, was im Rahmen der Lernumgebung jedoch nicht von den Schülerinnen und Schülern gefordert wird. Die Konstruktion sei als fachlicher Hintergrund jedoch an dieser Stelle erläutert: Zunächst werden für den Dreipass (vgl. Abb. 5.9) ein gleichseitiges Dreieck ABC und drei Berührkreise k_1, k_2, k_3 mit der Radiuslänge einer halben Dreiecksseite konstruiert. Die Mittelpunkte der Berührkreise sind gleich der Eckpunkte des Dreiecks. Durch die Konstruktion der Mittelsenkrechten zu jeder Dreiecksseite entstehen der Mittelpunkt M des Umkreises k sowie die Eckpunkte des gleichseitigen Dreiecks A'B'C', die mit r = $\overline{\text{MA}'}$ die Länge des Radius des Umkreises k darstellen. Der Vierpass (vgl. Abb. 5.10) wird auf der Grundlage eines Quadrats ABCD konstruiert. Durch die Mittelsenkrechten der Quadratseiten wird der Radius r = $\overline{\text{AE}}$ bestimmt, und vier Kreise (k_1, k_2, k_3, k_4) können mit diesem Radius um die jeweiligen Eckpunkte des Quadrats konstruiert werden. Die Schnittpunkte der verlängerten Diagonalen des Quadrats mit diesen vier Berührkreisen sind gleich dem Mittelpunkt M des Umkreises k des Quadrats A'B'C'D'. Der Radius des Umkreises beträgt somit r = $\overline{\text{MA}'}$.

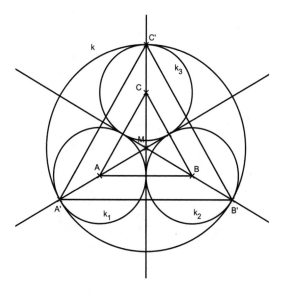

Abbildung 5.9 Dreipasskonstruktion mit sich berührenden Kreisen

Besteht die Unterkonstruktion eines Maßwerks aus sich überlappenden Kreisen, sind sichtbare Kreisbögen kürzer. Konstruieren kann man dies auch durch einen Kreis k zu einem gleichseitigen Dreieck ABC (vgl. Abb. 5.11). Die Mittelpunkte der Dreiecksseiten sind die Kreismittelpunkte der Kreise (M_1, M_2, M_3) mit der Radiuslänge r = $\overline{MM_1}$. Für den Vierpass wählt man, in der analogen Konstruktion zu oben, vier gleiche Radien mit der Länge der halben Seitenlänge des Quadrats ABCD. Mittelpunkte der Kreise sind die Mittelpunkte E, F, G, H der Seiten des Quadrats ABDC (vgl. Abb. 5.12). Der Schnittpunkt M der Geraden EG und FH ist zudem Mittelpunkt des Umkreises k. Aus den Schnittpunkten der Berührkreise k_1, k_2, k_3, k_4 mit den Seitenhalbierenden des Quadrats kann ein Quadrat $E'F'G'H'$ konstruiert werden. Der Radius des Umkreises k entspricht der Länge $\overline{ME'}$.

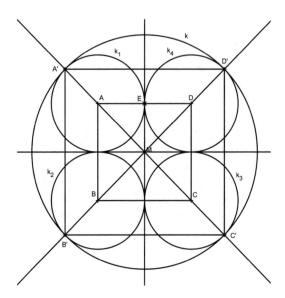

Abbildung 5.10 Vierpasskonstruktion mit sich berührenden Kreisen

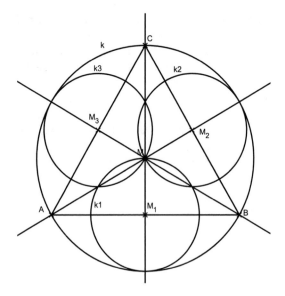

Abbildung 5.11 Dreipasskonstruktion mit sich schneidenden Kreisen

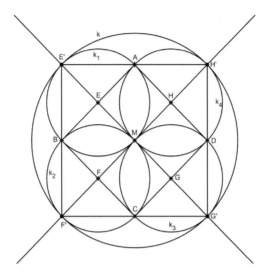

Abbildung 5.12 Vierpasskonstruktion mit sich schneidenden Kreisen

Die Entdeckungen aus der Hinführungsphase sollen dazu beitragen, den deutlich anspruchsvolleren *zentralen Arbeitsauftrag* zu bewältigen, in dem es darum geht, die Konstruktion eines Dreischneußes auf der Basis von Kreisen zu analysieren und diesen Dreischneuß mittels Kreisschablonen vergrößert in einen gegebenen Kreis zu konstruieren. Der Dreischneuß (vgl. Abb. 5.13) besteht aus drei zueinander drehsymmetrischen Kreisbögen, die ein blasenförmiges Muster bilden.

Abbildung 5.13 Dreischneuß im Kreuzgang des Essener Doms

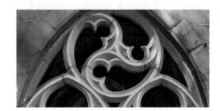

Die zu Grunde liegende Konstruktion ist selbstähnlich, wie bei fraktalen Strukturen und identisch mit der eines Dreipasses (s. o.), wobei die Berührkreise jeweils wieder zu Umkreisen für drei weitere Berührkreise werden. Um den Dreischneuß zu konstruieren, muss ein Dreipass in einen vorgegebenen Kreis k_1 mit dem

Abbildung 5.14 Konstruktion
des Dreipasses in einen
vorgegebenen Kreis

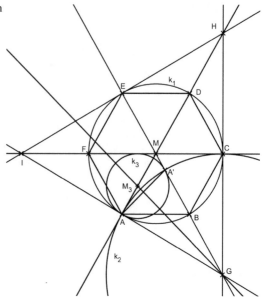

Radius r und Mittelpunkt M konstruiert werden (vgl. Abb. 5.14). In diesen wird
ein einbeschriebenes Sechseck ABCDEF konstruiert, indem sechsmal die Radiuslänge r auf dem Kreisbogen abgetragen wird. Am Punkt A wird eine Senkrechte
zur Geraden AD konstruiert. Ebenso konstruiert man eine Senkrechte in C zur
Geraden CF und eine Senkrechte in E zur Geraden BE. Es entsteht ein gleichseitiges Dreieck GHI. Nun wird ein Kreis k_3 in das Dreieck GMI konstruiert. Dazu
muss der Kreis k_2 mit Mittelpunkt G und Radius GA konstruiert werden. Dieser
schneidet die Strecke GM in A'. Die Mittelsenkrechte von $\overline{AA'}$ schneidet $\overline{AM}$ im
Punkt M_3. Dies ist der gesuchte Mittelpunkt für den Kreis k_3 mit dem Radius
$\overline{M_3A}$. Analog wird der Kreis k_4 mit M_4 in das Dreieck GHM und der Kreis
k_5 mit Mittelpunkt M_5 in das Dreieck HIM konstruiert. Verbindet man die drei
Mittelpunkte M_3, M_4 und M_5, erhält man ein gleichseitiges Dreieck, auf dessen
Grundlage der Dreipass zuvor konstruiert wurde. Insgesamt erhält man die Unter-
konstruktion des Dreischneußes (vgl. Abb. 5.15 links), bzw. durch Betonung oder
Löschung von Kreisbögen den Dreischneuß selbst (vgl. Abb. 5.15 rechts).

Abbildung 5.15 Konstruktion
des Dreischneußes mit
Hilfe von Kreisschablonen
ohne Hilfslinien (links) und
mit Hilfslinien (rechts)

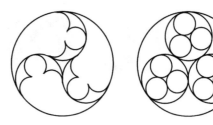

Zur Analyse des Dreischneußes erhalten die Lernenden die Abbildung eines Dreischneußes und mehrere Kreise in vier verschiedenen Größen (vgl. Abb. 5.16) sowie Folienstifte.

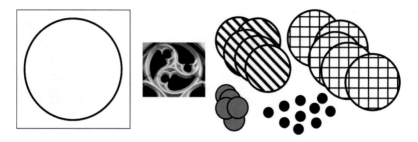

Abbildung 5.16 Material für die Partnerarbeit (LU3). Die Legekreise liegen den Lernenden farbig vor (größter Kreis: blau, zweitgrößter Kreis: grün, drittgrößter Kreis: gelb, kleinster Kreis: rot). Bei den Abbildungen in der vorliegenden Arbeit handelt es sich um Nachbildungen in schwarz-weiß

Mit dem kleinsten und nächstgrößeren Kreis können der Dreischneuß bzw. der große und die drei kleinen Dreipasse in der Abbildung nachgelegt werden (vgl. Abb. 5.17). Der zweitgrößte Legekreis entspricht der Größe des Umkreises in der Dreischneußabbildung. Nutzen die Lernenden die Folienstifte, können die Kreise auf der Vorlage eingezeichnet werden (vgl. ebd.).

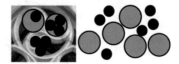

Abbildung 5.17 Untersuchungsmöglichkeiten der Dreischneußkonstruktion während der Gruppenarbeit

Die Lernenden sollen schließlich in Partnerarbeit eine Vergrößerung des Dreischneußes zeichnen. Zielführend sind dabei die beiden Kreisschablonen mittlerer Größe. Der größte Kreis ist nicht zielführend einsetzbar (vgl. Abb. 5.18).

Abbildung 5.18 Kombination der Legekreise zur Konstruktion des vergrößerten Dreischneußes

War in der Hinführung noch ein großer Teil von Kreisbögen visuell wahrnehmbar, ist die Analyse des Dreischneußes nur noch schrittweise durch sukzessives Nach- bzw. Auslegen zu erschließen. Räumliche Beziehungen zwischen den einzelnen Kreisteilen, wie ein Nebeneinander, Übereinander oder die kreisförmige Anordnung, müssen von den Lernenden erfasst werden, genauso wie die Dreipassstruktur, die sich in jedem Kreis des großen Dreipasses befindet. Die Lernenden setzen sich im Rahmen einer geometrischen Abbildung mit einem symmetrischen Muster auseinander (vgl. KMK 2005, 10). Zusätzlich ist das Erkennen und Umsetzen der Ähnlichkeitsabbildung von Bedeutung, indem der Dreischneuß nicht in der gleichen Größe, sondern vergrößert konstruiert wird, Beziehungen von Kreisen zueinander jedoch bestehen bleiben. Auch die Bildungsstandards fordern Kompetenzen in diesem Bereich, indem Abbildungen bspw. durch Vergrößern dargestellt werden sollen (vgl. ebd.). Um den Dreischneuß mittels Kreisschablonen zu zeichnen, müssen die Lernenden Teile des Dreischneußes durch die Umrisse zusammengesetzter Legekreise, andere Teile durch die Fokussierung auf den entstandenen Hintergrund wahrnehmen, was einen Beitrag zur Förderung der Figur-Grund-Wahrnehmung leistet. Aktivitäten wie Zeichnen und Legen können zudem Problemlöseprozesse unterstützen und zur Analyse geometrischer Figuren beitragen. Zeichenaktivitäten sind im Sinne der Bildungsstandards bezogen auf die Zeichnung geometrischer Figuren mit Hilfsmitteln (vgl. KMK 2005, 10) zu fördern bzw. herauszufordern. Das Legen und Zeichnen im Geometrieunterricht sind zudem wichtige Handlungen, um die allgemeine Kompetenz des Darstellens zu fördern (vgl. Franke & Reinhold 2016, 25 f.). Auch die Herstellung ebener Figuren durch das Legen bzw. Zusammenlegen ist in den Kompetenzerwartungen des Bereichs ‚Raum und Form' in den Bildungsstandards zu finden (vgl. KMK 2005, 10). Zusätzlich existieren in der Kunstpädagogik Vorschläge, eine Analyse von Bildern durch Rekonstruktion, Dekonstruktion oder Konstruktion vorzunehmen (vgl. Peez 2008, 150 f.), deren Betrachtung sich in diesem fachübergreifenden Zusammenhang als hilfreich erweisen kann. In der Rekonstruktion werden Formen durch eine Kompositionszeichnung analysiert, die u. a. Symmetrien erfassen oder indem ein Vorbild abgepaust oder abgezeichnet wird. Eine dekonstruktive Analyse würde bedeuten, Bildelemente herauszuschneiden, eine konstruktive Analyse, mittels eines Urbilds zu eigenen Bildideen zu gelangen. Dies wären für den Geometrieunterricht und auch die vorliegende Lernumgebung weitere Möglichkeiten, sich mit dem Thema ‚Maßwerk' auseinanderzusetzen. Die hier vorgestellte Ausrichtung der Lernumgebung lässt sich einem rekonstruierenden Zugang zuordnen.

Im Rahmen des hinführenden sowie zentralen Arbeitsauftrags eröffnet das Nachlegen der Figuren mit Hilfe von Legekreise die Option, im Sinne des operativen Prinzips, die Formen und deren Lage, die der Konstruktion zu Grunde liegen, zu entdecken. Einsichten in den konstruktiven Gesamtzusammenhang erhalten die Lernenden an dieser Stelle durch das Nachlegen, das Überlappungen oder Berührpunkte und Bezüge zu einem Umkreis sowie einem gemeinsamen dreh- bzw. achsensymmetrischen Mittelpunkt deutlich werden lässt. Somit liegt der inhaltliche Schwerpunkt vor allem auf der geometrischen Grundidee (vgl. dazu Wittmann & Müller 2004 sowie Abschn. 5.2.2) ‚Formen in der Umwelt' (G6), da gestalterische Architekturelemente unserer Umwelt analysiert werden. Verknüpft wird dies mit der Grundidee ‚Operieren mit Formen' (G2), da die Analyse durch die Zusammensetzung von Kreisflächen und deren Figur- bzw. Grundbetrachtung realisiert wird. Durch das Nachzeichnen der Kreisschablonen zur Konstruktion des Maßwerks wird auch die Grundidee ‚Geometrische Formen und ihre Konstruktion' (G1) realisiert.

Im Sinne der natürlichen Differenzierung ermöglicht die Lernumgebung enaktive, ikonische sowie sprachliche Zugänge zum mathematischen Inhalt sowie deren Verknüpfung. Zusätzlich wird die Auseinandersetzung im Kontext unterschiedlicher Anforderungsbereiche eröffnet. Lernende können zunächst durch

das Nachlegen bzw. Hineinlegen von Kreisen in die Bildvorlage des Dreischneußes durch Versuch und Irrtum der Grundkonstruktion näherkommen, was
ähnlich einer niederschwelligen Tätigkeit, wie dem Puzzeln, ist. Diese schrittweise
Näherungsmöglichkeit an eine Konstruktionsanalyse entspricht dem Anforderungsbereich ‚Reproduzieren‘ (AB1, vgl. KMK 2005, 13), was gleichzeitig zur
Barrierefreiheit der Lernumgebung im Sinne des UDL (vgl. Abschn. 2.1.4)
beitragen kann. Dazu gehört auch, dass ein Schneuß evtl. durch eine Freihandzeichnung reproduziert wird, was sichtbar macht, welche Strukturen bereits durch
Lernende erfasst wurden. Die Problemlösung wird darüber hinaus durch die Möglichkeit zu legen und zu zeichnen bzw. zu schablonieren unterstützt, wodurch
eine weitere niederschwellige Herangehensweise geschaffen wird. Dabei können auf der Ebene des Anforderungsbereichs ‚Reproduzieren‘ (AB1) zunächst
einzelne Entdeckungen in die Übertragung auf die eigene Zeichnung in *gleicher* Größe aufgenommen werden, wenn Lernende die Vergrößerung zunächst
unberücksichtigt lassen. Solche Dreischneußkonstruktionen werden zwar innerhalb des vorgegebenen Umkreises der Vorlage gezeichnet, weisen jedoch keinen
geometrischen Bezug zum Umkreis auf. Werden Zusammenhänge zwischen den
einzelnen Kreisgrößen hergestellt und diese auch innerhalb der Zeichnung berücksichtigt, erreichen Lernende bereits den Anforderungsbereich ‚Zusammenhänge
herstellen‘ (AB2, vgl. KMK 2005, 13). Sie erkennen und nutzen die Größenver-
hältnisse von Umkreis und den Berührkreisen, die den Dreipass bilden. Hierbei
kann es auch zu einer Teillösung kommen, wenn Lernende die Unterkonstruktion
zwar analysieren und übertragen, jedoch nicht den Dreipass durch das Entfernen
bzw. Betonen von Hilfslinien vollständig darstellen. Wird dagegen dies geleistet
und die Konstruktion sprachlich verallgemeinert, indem der Dreipass im Dreipass erkannt wird und die jeweiligen Elemente, die die Figur bzw. den Grund
bilden benannt werden, analysieren die Lernenden bereits die Konstruktion dem
Anforderungsbereich ‚Verallgemeinern und Reflektieren‘ gemäß (AB3, vgl. KMK
2005, 13). Sie können die damit verbundene komplexe Tätigkeit beschreiben
sowie andere Konstruktionen von Mitschülerinnen und Mitschülern auf dieser
Grundlage hinsichtlich ihrer Richtigkeit bzw. Genauigkeit beurteilen, denn die
Dreischneußkonstruktion impliziert eine gewisse Präzision bezogen auf die Drei-
passkonstruktionen, lässt jedoch eine gewisse Freiheit in der Ausrichtung der
einzelnen Schneuße zu, was den Vergleich mit dem Original erfordert.

Da der zentrale Arbeitsauftrag der Lernumgebung in Partnerarbeit bearbeitet
wird, wird zudem die allgemeine mathematische Kompetenz des Kommunizierens sowie des Argumentierens (vgl. KMK 2005, 8) gefördert, da die Aufgabe
gemeinsam bearbeitet wird und Verabredungen getroffen und eingehalten werden

müssen. Ebenso müssen eigene Ideen, erkannte Zusammenhänge oder Vermutungen für den Lernpartner verständlich erläutert werden, damit dieser sie versteht und gemeinsam darüber reflektiert werden kann. Dazu gehört auch, die Korrektheit der Lösungskonstruktion zu überprüfen.

In der Reflexionsphase werden die Entdeckungen schließlich verbalisiert und die eigenen Konstruktionen von Dreischneußen präsentiert sowie deren zu Grunde liegende Konstruktion erläutert. Dies fördert vielfältige allgemeine mathematische Kompetenzen (vgl. dazu auch KMK 2005, 8), wie bspw. das Kommunizieren, bei dem eigene Vorgehensweisen beschrieben und Lösungswege anderer verstanden werden, was für eine gemeinsame Reflexion notwendig ist. Auf der anderen Seite ist auch das Argumentieren von Bedeutung, wenn Konstruktionen auf ihre Korrektheit überprüft, mathematische Zusammenhänge erkannt und Vermutungen geäußert werden. Schließlich vergleichen die Lernenden die unterschiedlichen Dreischneußdarstellungen miteinander und bewerten diese.

5.3.5   Lernumgebung 4: Längenverhältnisse im Kreis

Die Schülerinnen und Schüler setzen sich in der vierten Lernumgebung auf handlungsorientierte Weise mit dem Verhältnis von Umfang zu Durchmesser im Kreis und somit indirekt mit der Kreiszahl π, auseinander (vgl. Hähn 2015c). Dazu werden zunächst Seitenlängenverhältnisse ausgewählter Rechtecke thematisiert. Daran anschließend wird das Verhältnis von Umfang zu Durchmesser verschiedener Kreise untersucht. Im Rahmen der vorliegenden Lernumgebung für die Grundschule wird die Entdeckung herausgefordert, dass der Umfang für die zu untersuchenden Kreise „etwas mehr als das Dreifache des Durchmessers" beträgt, was sich der Grundidee ‚Geometrische Gesetzmäßigkeiten und Muster' (vgl. Wittmann & Müller 2004) zuordnen lässt. Die Lernumgebung berücksichtigt darüber hinaus die Grundidee ‚Maße' (vgl. Wittmann & Müller 2004), da die Problemlösung auch die Ermittlung bzw. den Vergleich von Strecke und Längen, u. a. gekrümmter Linien, beinhaltet. Ein großer Schwerpunkt liegt zudem darauf, dass die Lernenden in Partnerarbeit nicht nur einen Zugang zur Problemlösung, sondern auch eine geeignete Darstellung des Verhältnisses von Umfang zu Durchmesser finden müssen, was die aktive Entdeckung eines Phänomens unterstützt. Darüber hinaus können die Lernenden zur Vermutung kommen, dass für Kreise, unabhängig von deren Größe, gilt, dass das gesuchte Vielfache niemals kleiner oder gleich dem Dreifachen bzw. größer oder gleich dem Vierfachen sein kann. Die Lernenden können zudem vermuten, dass es sich um ein konstantes Verhältnis von Umfang zu Durchmesser bei allen Kreisen handelt. Die Begriffe ‚Umfang' und ‚Durchmesser' als Elemente eines Kreises werden nun in einer bestimmten Beziehung zueinander betrachtet. Die einzelnen Phasen der Lernumgebung (vgl. Tab. 5.7) sind folgendermaßen inhaltlich ausgerichtet:

Tabelle 5.7 Unterrichtsphasen der Lernumgebung ‚Längenverhältnisse im Kreis'

Unterrichtsphase	Inhalt
Hinführung	Begriffsklärung ‚Umfang' und ‚Durchmesser'
hinführender Arbeitsauftrag	Seitenlängenverhältnisse ausgewählter Rechtecke
zentraler Arbeitsauftrag	Darstellung des Verhältnisses von Umfang zu Durchmesser
Reflexion	Präsentation und Generalisierung

Fachlicher und fachdidaktischer Schwerpunkt der Lernumgebung
Besuden (1984) plädiert für den Unterricht der Hauptschule, dass, bezogen auf das Verständnis der Kreisumfangsformel, Schülererfahrungen durch „Vorüberlegungen, Vermutungen, Abschätzungen und Bestätigungen" (ebd., 90) Berücksichtigung finden sollten, um das entsprechende Verständnis für die Formel $U = \pi \cdot d$ und eine damit verbundene Bewusstheit für das zu Grunde liegende Phänomen aufzubauen. Die Kreisumfangsformel drückt Proportionalität bezogen auf Längen im Kreis aus. Schon in der Grundschule kann sich diesem Phänomen handlungsorientiert angenähert werden und auf diese Weise funktionales Denken bezogen auf geometrische Beziehungen gefördert werden, wie hier im Hinblick auf die Proportionalität (vgl. dazu Büchter 2011) oder, anders ausgedrückt, bezogen auf „die Abhängigkeit des Umfangs vom Durchmesser eines Kreises" (Vollrath 1989, 12). Schon die Betrachtung von Kreisen lässt vermuten, dass ein größerer Kreis sowohl einen größeren Durchmesser als auch einen größeren Umfang hat. Durch das Messen von Umfang und Durchmesser und einen indirekten Vergleich von Längen (vgl. dazu Franke & Reinhold 2016, 307) ergibt sich, nach der Untersuchung mehrerer Kreise, die Vermutung der Proportionalität von Umfang zu Durchmesser. Vorschläge für eine solche empirische Herangehensweise, die dann – anders als in der vorliegenden Lernumgebung – mit einem rechnerischen Längenvergleich verknüpft sind, lassen sich für Lernende der Sekundarstufe finden (vgl. bspw. Büchter 2011; Engel 2011; Neumann 2011; Tent 2001).

Im Folgenden sollen nun einzelne Lerngelegenheiten der Lernumgebung genauer betrachtet werden, mit einem Fokus auf einen in einem Verhältnis ausgedrückten Längenvergleich, auf die Ermittlung der Länge gekrümmter Linien und auf die Darstellung des Verhältnisses von Umfang zu Durchmesser. Zunächst soll der fachliche Hintergrund des zentralen Arbeitsauftrags, bezogen auf das Verhältnis von Umfang zu Durchmesser, beleuchtet werden. Der fachliche Hintergrund kann auf unterschiedliche Weise dargestellt werden. An dieser Stelle wird bewusst ein anschaulicher Zugang[3] zur Darstellung des fachlichen Hintergrunds dieser Lernumgebung gewählt. Der Grundgedanke dieses Zugangs hätte darüber hinaus im Sinne des aktiv entdeckenden Lernens das Potential, innerhalb einer adaptierten Version der vorliegenden Lernumgebung, Schülerinnen und Schülern der Grundschule oder Sekundarstufe weitere Lerngelegenheiten zu eröffnen. Das Verhältnis von Umfang zu Durchmesser wird durch das sechsmalige Abtragen des Radius r auf der Kreislinie und der Konstruktion eines einbeschriebenen Sechsecks mit dem Umfang $3 \cdot d$ sowie durch ein den gleichen Kreis umbeschriebenes Quadrat mit dem Umfang $4 \cdot d$ dargestellt (vgl. Abb. 5.19). Die Umfangslänge des Kreises liegt somit zwischen dem Dreifachen und dem Vierfachen der Durchmesserlänge: $3 \cdot d < U < 4 \cdot d$.

Abbildung 5.19 Kreis
mit einbeschriebenem
Sechseck (Seitenlänge r)
und umbeschriebenem
Quadrat (Seitenlänge 2r)

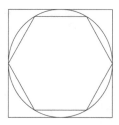

Da dies unabhängig von der Kreisgröße ist, gilt dieser Vergleichswert für jeden Kreis. Die Proportionalität ist dadurch allerdings noch nicht bewiesen, was erst in höheren Jahrgängen mit Hilfe der Gesetze der Ähnlichkeit zu beweisen ist (vgl. Besuden 1984, 91), an dieser Stelle der Vollständigkeit halber jedoch erwähnt sein soll: Im Sinne des Gesetzes der Ähnlichkeit herrscht ein konstantes Verhältnis von Umfang zu Durchmesser, denn „[b]ei ähnlichen Figuren stehen entsprechende Strecken in ein und demselben Verhältnis zueinander" (ebd., 90). Wird der Kreis mittels einbeschriebener Vielecke als Grenzfall betrachtet, folgt die Proportionalität aus dem zweiten Strahlensatz (vgl. dazu auch Engel 2011, 6 f.). „Werden zwei Strahlen mit dem gemeinsamen Anfangspunkt Z von zwei parallelen Geraden in den Punkten A, B bzw. A′, B′ geschnitten, so gilt $\overline{AB} : \overline{A'B'} = \overline{ZA} : \overline{Z'A'}$" (Scheid & Schwarz 2017, 21). Der gemeinsame Anfangspunkt ist in diesem Fall

---

[3]Weitere fachliche Betrachtungen der Kreiszahl lassen sich bspw. in Borwein & Devlin (2011) oder Schwengeler (1998) finden.

der Mittelpunkt zweier verschieden großer Kreise, die beiden Radien entsprechen der Länge $\overline{ZA}$ bzw. $\overline{ZA'}$ und die Sehne des einbeschriebenen Vielecks entspricht der Länge $\overline{AB}$ bzw. $\overline{A'B'}$ (vgl. Abb. 5.20). Damit ist das Verhältnis von Umfang zu Durchmesser proportional.

Abbildung 5.20 Proportionalität
von Radius und Umfang
(i. A. a. Engel 2011)

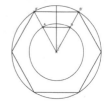

Um die Substanz der Lernumgebung aufzuzeigen, werden nun einzelne Phasen der Lernumgebung genauer betrachtet. Dabei soll insgesamt den Kriterien nach Wittmann (1998) gemäß herausgestellt werden, dass sich die Lernumgebung an Grundideen (vgl. Abschn. 5.2.2) orientiert, natürlich differenzierend (vgl. Abschn. 3.2.3) konzipiert ist, entdeckendes Lernen (vgl. Abschn. 3.2.2) ermöglicht, zentrale Ziele der Bildungsstandards (vgl. KMK 2005) berücksichtigt und sozial-interaktives Lernen innerhalb der Partnerarbeit eröffnet.

In der *Hinführung* wird die Bedeutung der Bezeichnungen ‚Umfang‘ und ‚Durchmesser‘ eines Kreises geklärt. Dies ist im Sinne der Leitidee ‚Raum und Form‘, denn ebenen Figuren werden Eigenschaften und Fachbegriffe zugeordnet (vgl. KMK 2005, 10). Gleichzeitig wird Transparenz über den zentralen Arbeitsauftrag sowie den Aufbau der Lernumgebung gegeben, um daran anschließend in einem *hinführenden Arbeitsauftrag* innerhalb eines Plenumsgesprächs von Lernenden und der Lehrperson die Seitenlängenverhältnisse ausgewählter Rechtecke zu thematisieren. Dies entspricht der Untersuchung von Modellen ebener Figuren (vgl. ebd.) verbunden mit der Förderung der Kompetenz, Größen zu vergleichen und zu messen (vgl. ebd., 11) und ggf. mit Messgeräten, wie einem Lineal oder Maßband, sachgerecht zu messen (vgl. ebd.). Schülerinnen und Schüler der Grundschule haben vielfältige, systematische und unsystematische Erfahrungen in unterschiedlichen Größenbereichen (vgl. Franke & Ruwisch 2010, 206). Dabei ist ihnen der Größenbereich der Längen vertrauter, auch im Hinblick auf alltagssprachliche Längenvergleiche (vgl. ebd., 204 f.). Eventuell haben die Lernenden jedoch noch keine Erfahrungen mit der Darstellung von Längenverhältnissen, durch die ausgedrückt wird, dass „eine Länge x-mal in die andere Länge passt". Im Gegensatz dazu stehen absolute Angaben einer Länge bzw. ein relationaler Längenvergleich der Form „eine Länge ist um x [cm] länger bzw. kürzer als die andere Länge". Diese Tatsache macht einen hinführenden Arbeitsauftrag notwendig, der die Darstellung und Ermittlung von Längen*verhältnissen* thematisiert. Dazu werden den Lernenden drei unterschiedliche Rechtecke angeboten (A: 20 cm × 10 cm, B: 21 cm × 7 cm, C: 10 cm × 15 cm), deren jeweilige Länge und Breite so gewählt ist, dass ein zweifaches, dreifaches und 1,5-faches Verhältnis von Seitenlängen entdeckt und dargestellt werden kann. Als Materialien stehen den Lernenden ein Arbeitsblatt zu jedem Rechteck zur Verfügung, auf dem der Umriss des jeweiligen Rechtecks abgebildet ist sowie Kordeln, Scheren, Klebeband, Bleistifte, 30-cm-Lineale, 1-m-Maßbänder aus Papier und weißes DIN A4- und A3-Papier. Zentral ist die zunächst eingeforderte Vermutung über das Seitenlängenverhältnis, die auf einem Arbeitsblatt eingetragen werden soll, bspw. „Die kurze Seite passt x-mal in die lange Seite".

Im Rahmen der Bearbeitung der Lernumgebung soll dies durch eine Darstellung bestätigt oder widerlegt werden. Dabei sind verschiedene Vorgehensweisen denkbar: Vergleiche können die Lernenden z. B. durch den Vergleich von Kordel- bzw. Maßbandlängen in Rechteckseiten darstellen. Um den Faktor des Längenverhältnisses zu erhalten, müssen bei einer Lösung auf enaktiver oder ikonischer Ebene (vgl. Bruner 1974, 17 ff.) Repräsentanten für die jeweils kürzeren Strecken so oft aneinandergelegt oder gezeichnet werden, bis sie der längeren Strecke entsprechen oder Repräsentanten der längeren Strecke so oft gefaltet oder gleichmäßig geteilt werden, bis die Länge der kürzeren Strecke entspricht. Eine andere Möglichkeit ist das Abtragen und Nebeneinanderzeichnen von Strecken der jeweiligen Seitenlängen. Indirekte Vergleiche sind auch durch das Messen der einzelnen Längen und den Vergleich der Maßzahlen durch Errechnen des arithmetischen Verhältnisses möglich. Werden die Verhältnisse auf der symbolischen Ebene rechnerisch ermittelt, kann der jeweilige Faktor als Divisionsaufgabe oder multiplikativ als Platzhalteraufgabe ermittelt werden (zur Multiplikationsvorstellung vgl. Krauthausen 2018, 66 ff., zum multiplikativen Vergleich sowie zur Divisionsvorstellung vgl. Padberg & Benz 2011, 132 ff.).

Im *zentralen Arbeitsauftrag* arbeiten die Lernenden in Partnerarbeit und sind zunächst aufgefordert, das Verhältnis von Umfang zu Durchmesser zu schätzen. Zur Überprüfung und Darstellung ihrer Vermutung werden den Lernenden fünf verschieden große Pappkreise sowie gleich große Moosgummikreise mit jeweiliger Mittelpunktkennzeichnung (mit d = 4 cm, d = 5 cm, d = 10 cm, d = 16 cm und d = 20 cm) als Untersuchungsgegenstand angeboten. Zu jedem Kreis existieren wiederum Arbeitsblätter mit der Umrisszeichnung des jeweiligen Kreises und eingezeichnetem Mittelpunkt. Ebenso stehen die gleichen Materialien aus der vorangegangenen Phase der Lernumgebung zur Verfügung. Mit diesen Materialien erweitern die Lernenden ihre Kompetenz, ein Modell einer ebenen

Figur, insbesondere deren Umfang zu untersuchen (vgl. KMK 2005, 10). Die Materialien bieten unterschiedliche Ermittlungsmöglichkeiten der Umfangs- bzw. Durchmesserlänge:

- Maßbänder: Sie können zur Längenermittlung von Durchmesser oder Umfang genutzt werden. Die Längen können einerseits als Maßzahl erfasst werden, andererseits kann durch entsprechendes Zuschneiden des Maßbands ein Repräsentant der Länge des Durchmessers oder Umfangs hergestellt werden.
- Kordeln: Sie können zur Längenermittlung von Durchmesser oder Umfang genutzt werden. Die Herstellung von Repräsentanten von Umfang oder Durchmesser ist damit möglich.
- Lineale: Sie können zur Längenermittlung des Durchmessers genutzt werden. Die entsprechende Maßzahl ist ablesbar. Wird der Kreis an einem Lineal entlang abgerollt, kann auf diese Weise auch die Länge des Umfangs und die entsprechende Maßzahl ermittelt werden. Die Lineale können darüber hinaus zum Zeichnen von Strecken, die der Länge des Durchmessers oder des Umfangs entsprechen, genutzt werden.
- DIN A4- und A3-Papier und Arbeitsblatt: Die unterschiedlichen Angebote lassen die Darstellung des Längenverhältnisses orientiert an der gekrümmten Kreislinie oder des Kreisdurchmessers auf dem Arbeitsblatt sowie einer freien Darstellung auf Blankopapier zu. Hier können bspw. Umfang und Durchmesser als Strecken dargestellt und zueinander in Beziehung gesetzt werden.
- Moosgummikreise bzw. Pappkreise mit Mittelpunktkennzeichnung: Sie können genutzt werden, um mit den o. g. Materialien die Länge von Umfang und Durchmesser zu ermitteln.

Um, analog zum hinführenden Arbeitsauftrag, nun das Verhältnis von Umfang zu Durchmesser zu ermitteln und darstellen zu können, muss der Verlauf des Durchmessers durch den Mittelpunkt und die Durchmesserlänge ermittelt werden. Um die Länge des Umfangs zu erhalten, muss die Länge einer gekrümmten Linie gemessen werden. Dies kann für Lernende der Grundschule eine neue Einsicht im Kontext der Grundvorstellung ‚Maße‘ (vgl. Wittmann & Müller 2004) ermöglichen, gleichzeitig auch eine Herausforderung für sie darstellen. Die gekrümmte Kreislinienlänge kann mit einem Hilfsmittel erfasst werden. Dabei kann das Ergebnis die Herstellung eines Repräsentanten der Länge oder eine Maßzahl sein. Die ermittelte Länge muss schließlich mit der Strecke des Durchmessers verglichen werden, was die Kompetenzen der Lernenden im Bereich ‚Größen und Messen‘ (vgl. KMK 2005, 11) bezogen auf den Längenvergleich sowie das Messen von Längen und den damit u. U. verbundenen sachgerechten Umgang mit Messgeräten fördert bzw. herausfordert. Dabei ist

es möglich, den Umfang von Kreisscheiben mittels einer Kordel oder eines Maß-
bandes nachzulegen und ggf. auszumessen. Eine weitere Option ist die Abwicklung
eines Kreises, indem die Kreisscheiben bspw. an einem Lineal entlang gerollt werden (zur computergestützten Simulation einer solchen Abwicklung vgl. Lichti 2019,
147 ff.). Bei diesen Messverfahren muss der Anfangspunkt gleich dem Endpunkt
sein. Durch diese Möglichkeiten der Herangehensweise werden niederschwellige
Zugänge im Sinne des Anforderungsbereichs ‚Reproduzieren' (AB 1, vgl. KMK
2005, 13) geschaffen, da sich der Herstellung von Repräsentanten bzw. der Längenermittlung, bspw. durch das Nachlegen von Strecken oder Linien mit einer Kordel, auf
handlungsorientierte materialgestützte Weise genähert werden kann, was zur Barrierefreiheit der Lernumgebung im Sinne des UDL (vgl. Abschn. 2.1.4) beiträgt.
Die deutlichen Längenunterschiede von Umfang und Durchmesser werden durch die
Aktivitäten selbst sowie durch deren Ergebnis sichtbar. Feinmotorisch ist die Schwierigkeit zu überwinden, die Länge des Umfangs mit Hilfe einer Kordel zu ermitteln,
die exakt auf die Kreislinie gelegt wird. Ggf. versuchen Lernende auch, die Länge
des Umfangs mit einem Maßband zu messen, was eine größere feinmotorische Herausforderung darstellen kann. Mit Hilfe der Moosgummikreise ist dies einfacher zu
leisten. Zur gegenseitigen Kontrolle oder zur Überwindung motorischer Schwierigkeiten bei der Erfassung der Länge gekrümmter Linien, ist das gemeinsame Arbeiten
und der gegenseitige Austausch über das Tun arbeitserleichternd, was wiederum eine
kooperative gemeinsame Lernsituation auslösen kann.

Die Darstellung des Verhältnisses von Umfang zu Durchmesser eröffnet den
Lernenden die Möglichkeit, Zusammenhänge herzustellen (AB2, vgl. KMK 2005,
13). Im Sinne des Prinzips der natürlichen Differenzierung können dabei verschiedene Darstellungsarten gewählt werden, die u. a. aufgrund des Materialangebots
ermöglicht werden. Zur ikonischen Darstellung der Verdreifachung des Durchmessers kann eine Repräsentation des Umfangs, bspw. durch eine gezeichnete Strecke
mit der dreimal aneinander gezeichneten Strecke des Durchmessers verglichen und
eine Restlänge erkannt werden, die kürzer als die Durchmesserlänge ist. Analog
ist es auf enaktiver Ebene möglich, entsprechende Kordelstücke aufzukleben und
zu vergleichen. Mit einer anderen Perspektive kann ein Kordelstück der Länge des
Umfangs dreimal in der Länge des Durchmessers geknickt und ein Rest erkannt
werden. Umfangs- und Durchmesserlängen können auch auf symbolischer Ebene
rechnerisch verglichen werden, was Kompetenzen der Lernenden im Bereich ‚Zahlen und Operationen' herausfordert (vgl. ebd., 9). Da Schülerinnen und Schüler
des vierten Schuljahres Dezimalzahlen in der Regel noch nicht dividieren können,
ist es bei entsprechender Messgenauigkeit lediglich möglich, näherungsweise zu
bestimmen, dass der Durchmesser dreimal in den Umfang passt, dabei aber ein Rest

bleibt, der kleiner als die Durchmesserlänge ist. Dies kann bspw. durch eine Über-
schlagsrechnung ermittelt werden. Für den Kreis mit d = 5 cm und U = 15,7 cm
bedeutet dies: 15,7 cm : 5 cm = 3 + 0,7 cm : 5 cm oder 15 : 5 = 3 und ein Rest
von 0,7 cm bleibt übrig. Lernende, die bereits in der Lage sind, Dezimalzahlen
zu dividieren, erhalten bereits ein ungefähres Ergebnis von 3,14 in Abhängigkeit
ihrer Messgenauigkeit. Anders als bei Vorschlägen für die Sekundarstufe, in denen
das Verhältnis von Umfang zu Durchmesser rechnerisch ermittelt wird, müssen die
Lernenden im Rahmen der vorliegenden Lernumgebung das Verhältnis auf selbstge-
wählte Weise darstellen. Die allgemeine mathematische Kompetenz des Darstellens
(vgl. ebd., 7 f.) ist hier im Zusammenhang mit der Kompetenz ‚Problemlösen‘ (vgl.
ebd., 7) von besonders großer Bedeutung, da zur Problembearbeitung eine geeignete Darstellung entwickelt, ausgewählt und genutzt werden muss. Sie steht in enger
Verbindung mit dem ‚Argumentieren‘ (vgl. ebd., 7 f.), da mathematische Zusammenhänge mit Hilfe der Darstellung durch die Lernenden erkannt und diesbezügliche
Vermutungen entwickelt werden können. Untersuchen die Lernenden mehr als einen
Kreis, können zudem im Sinne des Anforderungsbereichs ‚Verallgemeinern und
Reflektieren‘ (AB3, vgl. ebd.) Reflexionen mit verallgemeinernden Vermutungen
entstehen. Da jede neue Kreisuntersuchung von einem Arbeitsblatt begleitet wird,
die eine Vermutung zum Verhältnis von Umfang zu Durchmesser vor der Untersuchung einfordert, können u. U. diesbezügliche Reflexionen sowie Stabilisierungen
von Strategien beobachtbar sein. Diese können im Kontext einer fakultativen Anwen-
dungsaufgabe, bei der es um die Bestimmung des Umfangs eines Mondkraters geht,
schließlich angewendet werden. Der Transfer von zuvor Entdecktem findet statt, und
die Abhängigkeit zwischen Längen im Kreis wird genutzt. Die Lernenden können
an dieser Stelle Vermutungen anstellen, um eine Länge einzugrenzen, die sie nicht
handlungsorientiert messen bzw. überprüfen können.

In der Reflexionsphase sind die Lernenden aufgefordert, eigene Vorgehensweisen
zu beschreiben und die Lösungswege bzw. Darstellungen der anderen zu verstehen,
zu vergleichen und zu bewerten, was der Förderung der allgemeinen mathematischen Kompetenzen ‚Kommunizieren‘ sowie ‚Darstellen‘ (vgl. KMK 2005, 7 f.)
zuzuordnen ist. Vor allem bei gleich großen Kreisen, die durch verschiedene Lernendentandems untersucht wurden, können Lösungen in unterschiedlichen Darstellungen betrachtet, verglichen und deren Korrektheit geprüft werden, was wiederum
die Kompetenz ‚Argumentieren‘ (vgl. ebd.) herausfordert bzw. fördert. Ergibt sich
zudem die Betrachtung der Beziehungen der Umfangs- und Durchmesserlängen der
Kreise untereinander, kann dies ein weiteres Mal die Gelegenheit zu verallgemeinernden Vermutungen gemäß dem Anforderungsbereich 3 (AB3, vgl. KMK 2005,

13) schaffen. Im Sinne der Kompetenzerwartung des Bereichs ‚Muster und Strukturen' kann ein Beitrag zur Förderung der Fähigkeit zur Beschreibung geometrischer Gesetzmäßigkeiten geleistet werden (vgl. KMK 2005, 10).

5.4 Datenerhebung und Datenaufbereitung

Die Daten für die Hauptstudie wurden im Zeitraum von Juni 2016 bis Februar 2017 erhoben. Im Folgenden wird das Setting der Kleingruppensituation (vgl. Abschn. 5.4.1), verbunden mit der Methode der anschließend geführten leitfadengestützten Einzelinterviews (vgl. Abschn. 5.4.2) sowie das entstandene Datenmaterial und die Szenenauswahl (vgl. Abschn. 5.4.3) zur Aufbereitung für die Analyse dargestellt.

5.4.1 Setting der Kleingruppensituationen

An der Studie nahmen fünf Schulklassen der Jahrgangsstufe 4 aus verschiedenen Grundschulen sowie ihre Klassenlehrerinnen bzw. -lehrer, die die Klassen auch regulär in Mathematik unterrichteten, teil. Vier der fünf Lehrpersonen haben Unterrichtserfahrungen von mehr als 25 Jahren. Die fünfte, jüngere Lehrperson, ist im Bereich der sonderpädagogischen Förderung zusätzlich qualifiziert. Die Einzugsgebiete der Schulen unterscheiden sich bspw. hinsichtlich der sozialen Herkunft der Lernenden, der Inklusionsquote sowie im Anteil von Kindern mit Migrationshintergrund.

Fünf Mädchen und fünf Jungen mit dem Förderschwerpunkt Lernen standen im Fokus der Studie (vgl. Tab. 5.8). Ein Junge hatte einen zusätzlich festgestellten Förderschwerpunkt im Bereich Sprache. Bei drei der Mädchen und drei der Jungen lag zusätzlich ein Migrationshintergrund vor. Innerhalb des regulären Mathematikunterrichts wurden alle Lernenden im Bereich der Arithmetik zieldifferent im Zahlenraum bis 100 bzw. 1000 unterrichtet. Sie rechneten im vierten Schuljahr überwiegend mit Hilfe von Arbeitsmitteln handlungs- und materialgestützt. Die unterrichtlichen Vorkenntnisse der Klasse zu den einzelnen Inhalten der Lernumgebungen wurden durch einen Fragebogen erfasst, den die Lehrpersonen ausfüllten.

Tabelle 5.8 Hintergrundinformationen zu den in der Analyse fokussierten lernbeeinträchtigten Schülerinnen und Schülern

Name des/r lernbeeinträchtigten Schülers/in (Kodierung)	Förderschwerpunkt (FSP) Migrationshintergrund (MIG)
Antonella (A)	FSP Lernen, MIG
Carolin (C)	FSP Lernen
Dogan (D)	FSP Lernen, MIG
Emil (E)	FSP Lernen
Firat (F)	FSP Lernen, FSP Sprache, MIG
Hira (H)	FSP Lernen, MIG
Julian (J)	FSP Lernen
Melina (M)	FSP Lernen
Tahia (T)	FSP Lernen, MIG
Yusuf (Y)	FSP Lernen, MIG

Die Namen der Schülerinnen und Schüler sowie der Lehrpersonen wurden aus Datenschutzgründen geändert

In der Studie wurde das Modell des Parallelunterrichts (vgl. Abb. 5.21 sowie Wember 2013, 385) realisiert. Dabei handelt es sich um ein Modell inklusiven Unterrichts, in dem die Klasse in zwei gleich oder unterschiedlich große Teilgruppen aufgeteilt

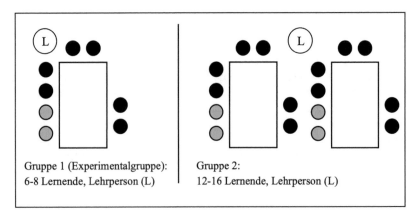

Gruppe 1 (Experimentalgruppe): 6-8 Lernende, Lehrperson (L)

Gruppe 2: 12-16 Lernende, Lehrperson (L)

Abbildung 5.21 Realisierung des Modells ‚Parallelunterricht' in der Studie

wird. Jede Teilgruppe wird von je einer Lehrperson zum gleichen Inhalt unterrichtet. Die an der Studie teilnehmenden Klassen waren mit verschiedenen Formen der Gruppenarbeit vertraut. Auch ein Unterricht, den eine Grundschullehrperson und ein Sonderpädagoge bzw. eine Sonderpädagogin zeitgleich in verschiedenen Räumen durchführen, gehörte zu ihrem Unterrichtsalltag, war allerdings nicht zwingend mit der Behandlung des gleichen Inhalts verbunden.

Für das Setting der Studie (vgl. auch Hähn 2017, 2018b) wurden die Lehrpersonen gebeten, die Schülerinnen und Schüler ihrer Klasse in zwei Gruppen einzuteilen. Eine Gruppe sollte dabei etwa einem Drittel, die andere Gruppe zwei Dritteln der Gesamtklassengröße entsprechen. Die kleinere Gruppe bildete jeweils die Experimentalgruppe der Studie, in der sich je sechs bis acht Lernende, darunter zwei Schülerinnen bzw. Schüler mit dem Förderschwerpunkt Lernen, befanden. Für den Erhebungszeitraum sollten diese Gruppen konstant bleiben.

Wie es auch im regulären Unterricht der Fall wäre, bestimmte die Lehrperson neben der Gruppenkonstellation auch die Sitzordnung in der Experimentalgruppe und legte somit auch die zusammenarbeitenden Tandems für die Partnerarbeitsphasen der Lernumgebung fest (vgl. Tab. 5.9), denn innerhalb der Lernumgebungen gibt es Einzel-, Partner- und Plenumsarbeitsphasen. Auf diese Weise sollte eine möglichst authentische Unterrichtssituation für die Studie geschaffen werden. Einzige Vorgabe für die Tandembildung war, dass die Tandems über den Erhebungszeitraum nicht geändert werden sollten. Begründungen zur Kleingruppen- und Tandemzusammensetzung sowie zur Sitzposition der lernbeeinträchtigten Schülerinnen und Schüler (vgl. ebd.) wurden im Vorfeld ebenfalls durch einen Fragebogen erfasst. Vier Lehrkräfte gaben als Auswahlbegründung für den Lernpartner des lernbeeinträchtigten Kindes die Teamfähigkeit des Lernpartners an, eine weitere Lehrkraft die gegenseitige Ergänzung bzgl. bestimmter Fertigkeiten. Zentral waren dabei die Lese- und Schreibfertigkeit. Für zwei Lehrpersonen war wichtig, dass die Lernpartner der lernbeeinträchtigten Schülerinnen und Schüler leistungsstark waren. Möglicherweise liegt dieser Entscheidung die Idee eines Helfersystems (vgl. Moosecker 2008) zu Grunde. Eine Lehrperson begründete die Entscheidung zudem mit einer größeren Sicherheit in der Erreichung bestimmter Lernziele der Lernumgebungen. Zwei Lehrpersonen wählten dagegen bewusst Lernpartner aus dem mittleren bzw. mittleren bis unteren Leistungsspektrum aus. Vier Lehrpersonen wählten Lernpartner für die lernbeeinträchtigten Schülerinnen und Schüler aus, die zuvor in gemeinsamen Lernsituationen als kooperativ wahrgenommen wurden. Zwei Lehrpersonen platzierten ein bis zwei lernbeeinträchtigte Schülerinnen und Schüler bewusst direkt neben sich bzw. in ihre Nähe, eine andere Lehrperson achtete bewusst auf einen Abstand zwischen sich und der lernbeeinträchtigten Schülerin.

Tabelle 5.9 Begründungen für Tandempartner und geplante Sitzposition von lernbeeinträchtigten Schülerinnen und Schülern aus dem Lehrerfragebogen

Name des/r lernbeeinträchtigten Schülers/in (Kodierung) Überlegung der Lehrperson zur Sitzposition dieser Lernenden	Name des/r Lernpartners/in (Kodierung)	Begründung für die Auswahl des/r Lernpartners/in durch die Lehrperson
Antonella (A) Sitzposition nicht neben der Lehrperson	Elif (El)	kooperativ
Carolin (C)	Johanna (Jo)	oberes Leistungsniveau, kooperativ
Dogan (D)	Hannes (Ha)	kooperativ
Emil (E)	Ben (B)	oberes Leistungsniveau, kooperativ
Firat (F)	Aylin (Ay)	mittleres bis unteres Leistungsniveau, gute Lesefertigkeit
Hira (H) Sitzposition neben Lehrperson	Nora (N)	mittleres Leistungsniveau, kooperativ
Julian (J)	Eva (Ev)	oberes Leistungsniveau, gute Sozialkompetenz
Melina (M)	Tim (Ti)	oberes Leistungsniveau, gute Sozialkompetenz
Tahia (T) Sitzposition in der Nähe der Lehrperson	Dunja (Du)	mittleres Leistungsniveau
Yusuf (Y) Sitzposition neben Lehrperson	Philipp (P)	mittleres Leistungsniveau, kooperativ

Insgesamt entschieden sich drei Lehrpersonen für heterogen-zusammengesetzte Kleingruppen. Eine Lehrperson bildete eine Gruppe aus lernbeeinträchtigten Schülerinnen und Schülern und weiteren Lernenden des oberen Leistungsniveaus, eine andere Lehrperson bildete eine Gruppe aus lernbeeinträchtigten Schülerinnen und Schülern und weiteren Lernenden des mittleren Leistungsniveaus (vgl. Tab. 5.10).

Tabelle 5.10 Kleingruppenübersicht mit Begründung für deren Zusammensetzung aus dem Lehrerfragebogen

Kleingruppennummer (KG) Gruppengröße	Name der Schülerin bzw. des Schülers mit Lernbeeinträchtigung (Kodierung in Transkripten)	Begründung für die Zusammensetzung der Kleingruppe
KG1 8 Kinder	Julian (J) Melina (M)	heterogene Zusammensetzung, gleiche Anzahl Mädchen und Jungen
KG2 6 Kinder	Firat (F) Tahia (T)	heterogene Zusammensetzung, repräsentativ für die Klassenzusammensetzung
KG3 6 Kinder	Carolin (C) Emil (E)	Gruppe aus vier Lernenden des oberen Leistungsniveaus und zwei mit Lernbeeinträchtigung
KG4 6 Kinder	Antonella (A) Dogan (D)	heterogene Zusammensetzung
KG5 6 Kinder	Hira (H) Yusuf (Y)	Gruppe aus vier Lernenden des mittleren Leistungsniveaus und zwei mit Lernbeeinträchtigung

Die Lehrpersonen erhielten im Vorfeld Hintergrundinformationen und Verlaufspläne[4] zu den einzelnen Teilen der Lernumgebung ‚Kreis' (vgl. Abschn. 5.3.1). Jede Lehrperson führte jede der vier Lernumgebungen zum Thema Kreis in einer Unterrichtsdoppelstunde von ca. 90 Minuten mit der Experimentalgruppe durch. Dies geschah zeitgleich und mit identischen Materialien und Methoden auch im Parallelunterricht der zweiten, größeren Gruppe, die eine studentische Hilfskraft unterrichtete. Um eine gute Qualität von Ton- und Bildaufnahmen der Experimentalgruppe zu erhalten, wurde sie räumlich von der anderen Gruppe getrennt unterrichtet. Im Anschluss an jede durchgeführte Lernumgebung fanden Einzelinterviews mit den lernbeeinträchtigten Schülerinnen und Schülern statt, in denen

---

[4]Eine gekürzte tabellarische Zusammenfassung des Ablaufs der einzelnen Lernumgebungen befindet sich im Anhang (vgl. Anhang A1 und A2).

sie Reproduktions- und Transferaufgaben zum mathematischen Inhalt bearbeiteten (vgl. dazu auch Hähn 2017, 2018b). Tab. 5.11 fasst eine Übersicht zum Setting
zusammen:

Tabelle 5.11 Ablaufdarstellung der Studie

Ablauf	Konkretisierung	
im Vorfeld	Gruppeneinteilung durch die Lehrperson; Ausgefüllter Fragebogen durch die Lehrperson mit Begründung der Gruppeneinteilung und der Wahl der Lernpartner für die lernbeeinträchtigten Schülerinnen und Schüler (n = 10) sowie unterrichtliche Vorkenntniserhebung zu den Inhalten der einzelnen Lernumgebungen	
	Informationstexte und Verlaufspläne zu den vier Lernumgebungen	
Durchführung der Lernumgebung mit der Experimentalgruppe (n = 20), anschließende Einzelinterviews (n = 39) mit den lernbeeinträchtigten Schülerinnen und Schülern, parallele Durchführung der Lernumgebung im Klassenraum mit den übrigen Lernenden der Klasse	**Experimentalgruppe**	**Parallelgruppe, die im Klassenraum unterrichtet wird**
	Durchführung der LU1 Einzelinterview mit Schüler/in X Einzelinterview mit Schüler/in Y	Durchführung der LU1
	Durchführung der LU2 Einzelinterview mit Schüler/in X Einzelinterview mit Schüler/in Y	Durchführung der LU2
	Durchführung der LU3 Einzelinterview mit Schüler/in X Einzelinterview mit Schüler/in Y	Durchführung der LU3
	Durchführung der LU4 Einzelinterview mit Schüler/in X Einzelinterview mit Schüler/in Y	Durchführung der LU4

5.4.2 Einzelinterviews

Das für die Studie konzipierte Interview wurde im Januar und Februar 2016 pilotiert und ist ein Leitfadeninterview (LI) mit Elementen des problemzentrierten Interviews (PZI; vgl. Misoch 2015; Witzel 2000; Anhang A1 und A2). Es wird ergänzend zur Datenerhebung der Kleingruppensituation eingesetzt, mit dem Ziel, die Rekonstruktion der mathematischen Aktivitäten der lernbeeinträchtigten Schülerinnen und Schüler in der Kleingruppensituation hinsichtlich der Handlungsautonomie dieser Lernenden (vgl. Abschn. 4.1.1) abzusichern (*Problemzentrierung des PZI*, Witzel 2000), denn: „Erfolgreiches Lernen drückt sich dann in einer Zunahme autonomer Handlungsakte durch den Lernenden aus" (Krummheuer 2007, 63). Durch die Interviews wird den lernbeeinträchtigten Schülerinnen und Schülern die Möglichkeit gegeben, sich retrospektiv zur Partnerarbeit und den mathematischen Aktivitäten in der Kleingruppensituation zu äußern. Zur Beantwortung der Forschungsfragen können weitere Informationen hinsichtlich des mathematischen Verständnisses bzgl. des Lerninhalts der Partnerarbeitsphase gewonnen werden. Dies ist bedeutsam für die Auswertung der Studie, um Lernsituationen einordnen zu können, wenn das lernbeeinträchtigte Kind die mathematischen Aktivitäten des Lernpartners in der Partnerarbeit „lediglich" beobachtet (vgl. Abschn. 6.1.1.2). Werden diese mathematischen Aktivitäten später im Interview durch die Lernenden autonom reproduziert bzw. transferiert, kann auf einen aktiven Beobachtungsprozess geschlossen werden (vgl. Abschn. 6.1.3.3).

Generell wird eine erzählgenerierende Kommunikationsstrategie (vgl. Witzel 2000) verfolgt. Eine erste Frage fordert zur Rekapitulation der unterrichtlichen Situation bewusst zum freien Erzählen auf. Im weiteren Verlauf des Interviews dienen diese Informationen als Ausgangspunkt und werden in allgemeinen Sondierungs- und konkreten Nachfragen aufgegriffen, um genauere Eindrücke zu prozeduralen oder deklarativen Kenntnissen zu erhalten. Ad-hoc-Fragen, die Bereiche ansprechen, die Schülerinnen und Schüler nicht genannt haben, vervollständigen dies. Damit die Lernenden auf verschiedene Weise ihre Kompetenzen zeigen können, sind Antworten auf Fragen sowohl rein verbal als auch handlungsgestützt möglich. Ergänzend dazu kommt eine verständnisgenerierende Kommunikationsstrategie (vgl. Witzel 2000) zum Einsatz: Neben spezifischen Sondierungsfragen sind vor allem auch Verständnisfragen relevant, um Lernprozesse analysieren zu können. Konfrontationsfragen werden nur wenn nötig gestellt, um die Lernenden nicht zu verunsichern. Ihr Einsatz dient der

Klärung, ob es sich um Versprecher oder Missverständnisse zwischen der interviewenden Person und dem Kind handelt oder wie differenziert das Verständnis des Lernenden bzgl. eines fachlichen Aspekts ist.

Das Interview folgt der Phasenstruktur eines Leitfadeninterviews (vgl. Misoch 2015, 68) mit Informationsphase, Aufwärm- und Einstiegsphase, Hauptphase, Ausklang- sowie Abschlussphase und wird hypothesengenerierend eingesetzt. Durch den verwendeten Leitfaden wird das Interview gesteuert und halbstrukturiert. Die thematische Rahmung und inhaltliche Fokussierung erhält das Interview durch die Orientierung an spezifischen inhaltsbezogenen mathematischen Aktivitäten der jeweiligen Lernumgebung zum Kreis (vgl. Abschn. 5.3), ergänzt durch die Herausforderung der allgemeinen (prozessbezogenen) mathematischen Aktivitäten „Vermuten", „Beschreiben", „Darstellen", „Begründen" und „Bewerten". Der generierte Ablauf und die Fragen ergeben sich aufgrund von theoretischen, d. h. fachlichen und fachdidaktischen Überlegungen zu zentralen (Teil)Bereichen der Lernumgebung Kreis (vgl. Abschn. 5.3.2 bis 5.3.5) und fließen deduktiv in die Interviewplanung ein.

Im Verlauf des Interviews stellt sich der Interviewende flexibel auf das Geschehen ein (*Offenheitsprinzip des LI*, vgl. Misoch 2015). Der Leitfaden wird nach jedem Interview reflektiert und gegebenenfalls angepasst. Dadurch entwickelt er sich in einem induktiv-deduktiven Wechselspiel weiter (*Prozessorientierung des PZI*, vgl. Misoch 2015, 71 ff.). Die Themenreihenfolge der reproduktiven Elemente kann sich ggf. verändern. Sie werden aber in jedem Fall vor den Transferaufgaben behandelt. Das Einbringen von Schülerprodukten oder verwendeten Unterrichtsmaterialien dient als stummer oder unterstützender Impuls und ist mit einer offenen Frage verbunden, um die Lernenden so wenig wie möglich zu beeinflussen, wenn sie ihre Arbeits- und Lernprozesse der Kleingruppensituation rekapitulieren (*Gegenstandsorientierung des PZI*, vgl. Misoch 2015, 72, verbunden mit dem *Prozesshaftigkeitsprinzip des LI*, vgl. Misoch 2015, 67). Die geplanten Fragen des Leitfadens dienen der Orientierung. Umformulierungen oder Veränderungen ihrer Reihenfolge sind dabei situationsabhängig möglich. Die verständliche Formulierung von Fragen, somit die Anpassung an das Sprachniveau des Kindes, wird ebenso beachtet (*Kommunikationsprinzip des LI*, vgl. Misoch 2015). Der Interviewende greift bei begrifflicher Unsicherheit zunächst die Bezeichnungen der Kinder auf. Finden die Interviewten keinen Begriff, lässt sich der Interviewende das Umschriebene zeigen, um ggf. den (Fach)Begriff eingeben zu können.

5.4.3 Datenmaterial und Szenenauswahl

Im Rahmen der Studie wurden die Unterrichtsprozesse der fünf Experimentalgruppen video- und audiographiert. Dazu wurde eine Kamera auf einem Stativ leicht erhöht, frontal positioniert. Eine zweite, auf die Gruppentischfläche ausgerichtete Kamera am Galgenstativ videographierte die Lehrperson und die beiden Tandems mit den lernbeeinträchtigten Schülerinnen bzw. Schülern aus der Vogelperspektive, um vor allem einzelne Handlungsschritte am Material für die Auswertung zu erfassen. Ergänzend audiographierte ein auf dem Tisch stehendes Mikrophon in zwei gegenüberliegende Richtungen die Gespräche der Kinder und erzeugte je zwei Datenquellen mit unterschiedlichem Audiofokus. Sowohl Lehrpersonen als auch Lernende wurden im Vorfeld darauf hingewiesen, dass sie die Mikrophone versetzen könnten, sofern sie ihren Arbeitsprozess einschränkten.

Die erste Planung des Settings sah vor, dass die Forscherin parallel zur Datenerhebung die Lernumgebung mit der anderen, größeren Gruppe durchführte, um den Verlauf der Kleingruppensituation nicht zu beeinflussen. Dies wirkte sich jedoch nachteilig auf die Adaptivität der Interviews aus. Daher befand sich die Forscherin ab der zweiten Datenerhebung mit im Raum und griff nur auf Verlangen der Lehrperson organisatorisch in das Geschehen ein, bspw. wenn diese ein bestimmtes Material nicht finden konnte. Dies kam jedoch äußerst selten vor.

Die Videos der Kleingruppensituationen wurden durch Zuordnung zu einzelnen Unterrichtsphasen (Hinführung mit hinführendem Arbeitsauftrag, zentraler Arbeitsauftrag, Reflexionsphase; vgl. Abschn. 5.3.1) gegliedert und deren Start- und Endpunkt identifiziert. Für die Auswertung wurde die Sequenz der Partnerarbeitsphase gewählt, in der die Lernenden gemeinsam am zentralen Arbeitsauftrag arbeiten. Die beiden Videoperspektiven, von vorne und von oben, wurden zeitsynchron zu einem Analysevideo zusammengeschnitten. Da Gespräche in Verbindungen mit Handlungen nur dann sinnvoll kodiert werden können, wenn sie bestmöglich verstanden werden, wurden verbale Äußerungen der lernbeeinträchtigten Schülerinnen und Schüler und deren Lernpartner innerhalb der Partnerarbeitsphase sowie auf diese Personen bezogene verbale Äußerungen der übrigen Lernenden und der Lehrperson transkribiert. Mit Hilfe der Transkription wurden die zu analysierenden Videosequenzen untertitelt und für die Mikroanalyse aufbereitet. Paraverbale Informationen, bspw. über Intonation oder Prosodie, mussten die Transkripte nicht abbilden, da die Auswertung der Interaktion am Video vorgenommen wurde. Aufgrund der unterschiedlichen Perspektiven der Forschungsfragen auf den Forschungsgegenstand wurde auf eine im Vorfeld interpretativ einschränkende Transkription von Aktivitäten der Lernenden verzichtet. In verschiedenen Analyseschritten können auf diese Weise unterschiedliche Aspekte wie bspw. Handlungen am Material (zur Erfassung mathematischer Aktivitäten) oder Blickrichtungen (zur Erfassung des Interaktionsaufbaus) fokussiert werden. Lediglich für Vorträge oder die Darstellung von Analysebeispielen in der vorliegenden Arbeit, wurden Transkripte im Sinne des jeweiligen Analyseschwerpunkts zur besseren Nachvollziehbarkeit durch Transkription der Handlungen oder Abbildungen angereichert.

Die Einzelinterviews mit den lernbeeinträchtigten Schülerinnen und Schülern wurden mit einer leicht erhöht, frontal positionierten Kamera videographiert und mit einem Mikrofon auf dem Tisch zusätzlich audiographiert. Aufgrund ihrer guten Verständlichkeit wurden diese nicht transkribiert. Sie bilden zusammen mit den Analysevideos der Kleingruppensituation den Datenkorpus der Studie. Er umfasst 20 Unterrichtseinheiten und 39 Interviews (anstatt 40, bedingt durch die einmalige Erkrankung einer lernbeeinträchtigten Schülerin). Um Verläufe gemeinsamer Lernsituationen verbunden mit Partizipationsprozessen und mathematischen Aktivitäten lernbeeinträchtigter Schülerinnen und Schüler beschreiben zu können (vgl. Abschn. 5.1) ist eine Mikroanalyse mit mehreren Analyseschritten und Kategoriensystemen notwendig. Aufgrund dessen fokussiert die Studie sozial-interaktive und mathematische Prozesse der zehn Schülerinnen und Schüler mit ausgewiesenem Förderschwerpunkt Lernen innerhalb der fünf Kleingruppen. Nach der Entwicklung des komplexen Analyseinstruments der Studie (vgl. Kap. 6) mit Daten aus den vier verschiedenen Lernumgebungen, wurde die Entscheidung getroffen, für die finale mikroanalytische Auswertung, die beiden ersten Lernumgebungen (vgl. Abschn. 5.3.2 und 5.3.3) zu fokussieren. Zur Beantwortung der Forschungsfragen wird zudem jeder Partnerarbeitsprozess, an dem ein lernbeeinträchtigter Schüler bzw. eine lernbeeinträchtigte Schülerin zusammen mit dem Lernpartner beteiligt ist, einzeln betrachtet. Somit werden die sozial-interaktiven und mathematischen Aktivitäten der zehn lernbeeinträchtigten Schülerinnen und Schüler in 19 Partnerarbeitsprozessen[5] analysiert und mit Hilfe der Datenanalyse aus den dazugehörigen 19 Interviews gestützt. Der zeitliche Rahmen der Partnerarbeitsphasen in der Kleingruppensituation umfasst im Durchschnitt 25 Minuten. Die Dauer der Einzelinterviews liegt bei durchschnittlich 37 Minuten.

---

[5]S. o., da eine Schülerin einmal aufgrund einer Erkrankung fehlte.

5.5 Methode der Datenanalyse

Die Studie ist im Sinne ihrer Hintergrundtheorie des Interaktionistischen Kon-struktivismus (vgl. Sutter 2009, vgl. Abschn. 4.1.1) soziologisch orientiert und in den Bereich der Interpretativen Unterrichtsforschung (vgl. Krummheuer & Nau-jok 1999, 13 ff.) einzuordnen, die theoretischen Ansätze des Konstruktivismus und Interaktionismus verbindet (vgl. Krummheuer 1992). Um die Forschungsfragen beantworten zu können und dem explorativen, aber auch deskriptiven Charakter der Studie gerecht zu werden, müssen die Daten mit Hilfe qualitativer Forschungs-methoden analysiert werden, die im Rahmen mathematikdidaktischer Forschung „die spezifische Fokussierung auf mathematische Inhalte als konstitutives Element ihrer Analyseverfahren berücksichtigen" (Schreiber et al. 2015, 592).

Im Rahmen der vorliegenden Studie werden zur Beantwortung der Forschungs-fragen Interaktionen von Partnerarbeitsprozessen einer Kleingruppensituation sowie ergänzende Einzelinterviews ausgewertet. Die Analyse der Interaktions-prozesse der Partnerarbeit, in denen Lernende partizipative Rollen einnehmen und neben der mathematischen Themenentwicklung auch die Art ihrer Zusam-menarbeit (mit)gestalten, verlangt eine mikrosoziologische Methode im Sinne der Methodologie des Symbolischen Interaktionismus (vgl. Blumer 1981; Den-zin 2017), die neben der Rekonstruktion von Sinnzusammenhängen auch die Beschreibung zu Grunde liegender Kommunikationsstrukturen ermöglicht. Dies leistet die Videointeraktionsanalyse (vgl. Krummheuer & Naujok 1999, 68 ff.; Tuma et al. 2013; ausführlich Abschn. 5.5.1). Zur Operationalisierung von Typen gemeinsamer Lernsituationen sowie zur ergänzenden Analyse der Interviewdaten wird der Fokus auf inhaltliche Aspekte und deren Zusammenhänge gelegt. Dazu eignet sich die Videoinhaltsanalyse (vgl. Mayring 2015, 98; Mayring & Brun-ner 2010, 326 f.; ausführlich Abschn. 5.5.2). In den folgenden Kapiteln werden beide Analysemethoden der vorliegenden Studie allgemein dargestellt sowie für die vorliegende Studie konkretisiert.

5.5.1 Videointeraktionsanalyse

Die Beantwortung der Forschungsfragen verlangt in einem ersten Schritt eine interaktionsanalytische Vorgehensweise. Durch interaktionsanalytische Verfahren lässt sich das Material inhaltlich strukturieren, denn „strukturierende Verfahren verfolgen einzelne Analyseaspekte systematisch durch das Material hindurch" (Mayring & Brunner 2010, 326). Mit dem Verfahren der Interaktionsanalyse (vgl. Krummheuer 2012; Krummheuer & Naujok 1999), die auf der Grundlage der ethnomethodologischen Konversationsanalyse basiert (vgl. z. B. Eberle 1997), können zunächst thematische Entwicklungen von Interaktionsprozessen während der Kleingruppensituation rekonstruiert werden. Dabei stehen Äußerungen in einem spezifischen Zusammenhang zu vorherigen und rufen auf spezifische Weise Folgeäußerungen hervor. In diesem wechselseitigen Prozess voneinander abhängiger Gesprächszüge (vgl. Krummheuer & Brandt 2001, 23 f.) bzw. Rede- und Handlungszüge von Interaktionspartnern, findet eine Bedeutungsaushandlung statt (vgl. Krummheuer 2007, 64; Krummheuer 2012, 234). Kinder drücken dabei ihre mathematischen Ideen oder Vorstellungen auf vielfältige Art und Weise aus (vgl. bspw. Vogel & Huth 2010). Fetzer (2015, 14) stellt die Bedeutung nonverbaler Formen der Argumentation heraus. Als Beispiele führt sie das Zeigen oder Verweisen auf das Gegebene an, das Lernende auf diese Weise nonverbal explizit machen oder Handlungen, wie bspw. Zerschneiden, Schieben und Falten, durch die Lernende mathematische Schlüsse veranschaulichen. Da sich die Methode der Interaktionsanalyse in der Regel auf die Interpretation von Textmaterialien (u. a. Videotranskriptionen) bezieht, kann sie durch die Videointeraktionsanalyse (vgl. Tuma et al. 2013, 85 ff.) erweitert werden. Dabei bleibt das Ablaufmodell (vgl. Tab. 5.13) erhalten. Statt auf Texte, bezieht sich die Datenanalyse der vorliegenden Studie auf untertitelte Videos als Datenquelle. Dadurch bleiben komplexe situative Einbettungen von Interaktionssequenzen erhalten und reichern analytische Perspektiven an, wodurch eine genaue Analyse gestärkt wird, die sich gleichzeitig auch als Herausforderung erweist (vgl. dazu Asbrand & Martens 2018, 104 ff.; Tuma et al. 2013, 114 f.). Gleichzeitig ist es durch den vorhandenen Zeitindex des Videos möglich, Partizipationsprozesse von Lernenden oder Verläufe gemeinsamer Lernsituationen zeitlich exakt zu erfassen.

Die Vorgehensweise der Interaktionsanalyse (vgl. Brandt et al. 2001) sieht einen bestimmten Ablauf vor, der aber durch Über- und Zurückspringen in der Reihenfolge mögliche Bereicherungen erfährt (vgl. Tab. 5.12; Krummheuer 2012, 236 ff.):

Tabelle 5.12 Ablauf der Interaktionsanalyse (i. A. a. Krummheuer 2012, 236 ff.)

Schritt	Vorgehensweise
1	Gliederung in Interaktionseinheiten
2	Beschreibung der Interaktionseinheiten
3	Interpretation von Einzeläußerungen mit Interpretationsalternativen
4	Turn-by-Turn-Analyse: Rekonstruktion der Themenentwicklung der Interaktion
5	Zusammenfassung der Gesamtinterpretation, ggf. Theoriegenese

Der erste Schritt des Vorgehens ist die Gliederung der Daten in Interaktions-
einheiten. Dies erfolgt im Sinne des Forschungsinteresses, bspw. auf fachdidaktischer Grundlage, mit der Identifizierung von Beginn und Ende eines Bearbeitungsprozesses eines Interaktionspartners. Daran schließt eine erste allgemeine
Beschreibung der Interaktionseinheit an. Dem Gesprächsverlauf folgend, werden
aufeinanderfolgende Einzeläußerungen schließlich ausführlich, unter Berücksichtigung der (Re)Konstruktion von Interpretationsalternativen, analysiert. Nach
einer Turn-by-Turn-Analyse, die Deutungsalternativen aufgrund der Analyse von
Folgehandlungen in der Interaktion wieder ausschließt und die Themenentwicklung der Interaktion rekonstruiert, werden die Daten in einem vorläufig letzten
Schritt interpretierend zusammengefasst. Auf dieser Grundlage kann die Theorie-
genese erfolgen (vgl. Krummheuer 2012, 236 ff.). Ziel ist dabei die Entwicklung
lokaler Theorien im Sinne der Interpretativen Unterrichtsforschung, die als Erklä-
rungsversuche empirischer Phänomene und deren Zusammenhängen fungieren
(vgl. Krummheuer & Naujok 1999, 22 ff.).

Für die vorliegende Studie wird die mathematische Themenentwicklung in den
Fokus der Analyse gesetzt, die sich bezogen auf den Lerngegenstand Kreis bzw.
den zentralen Arbeitsauftrag der jeweiligen Lernumgebung bezieht (vgl. dazu
ausführlich Abschn. 6.1.1.1). Dies ist die Grundlage für die Betrachtung der mitgestaltenden und rezeptiven Prozesse von Lernenden am ko-konstruktiven Prozess
der mathematischen Themenentwicklung.

Mit Hilfe einer auf die Partizipationsanalyse nach Krummheuer und Brandt
(2001, vgl. ausführlich dazu Abschn. 4.2.2) aufbauende, für das inklusive Setting
adaptierte Analyse werden mathematische und sozial-interaktive Partizipationsprozesse von Lernenden erfasst (vgl. Abschn. 6.1.1.2).

5.5.2 Qualitative Videoinhaltsanalyse

Die Inhaltsanalyse hat ihren Ursprung in den Kommunikationswissenschaften
(vgl. Mayring & Brunner 2010) und betrachtet den Kontext des Datenmaterials im Sinne der Lasswell'schen Formel: „Wer? sagt was? in welchem Kanal
(Medium)? zu wem? mit welchem Effekt?" (ebd., 325). In einer systematischen,
regelgeleiteten, gleichzeitig selektiven, kategorienbezogenen, iterativen Vorgehensweise findet eine theoriegeleitete Interpretation statt, bei der die Festlegung
eines konkreten Ablaufmodells sowie eine Überarbeitungsphase des Kategoriensystems zentral ist (vgl. Mayring 2015, 50 ff.; Tab. 5.13). Als Methode zur
Analyse gemeinsamer Lernsituationen wird im Rahmen dieser Studie das Verfahren der Qualitativen Inhaltsanalyse (vgl. Mayring 2015) mit einer strukturierenden

Analysetechnik (vgl. Mayring & Brunner 2010, 326 f.) angewandt. Die Erfassung gemeinsamer Lernsituationen geschieht dabei durch Kategorien, die einem thematischen Kriterium folgen, denn „[d]ie inhaltliche Struktur, die Abfolge thematischer Blöcke, die inhaltliche Gliederung des Materials sollen herausgearbeitet werden" (Mayring 2015, 100). Diese formal-strukturierende Analyse betrachtet die Schülerpartizipation zusätzlich unter Berücksichtigung von Kategorien mit einem dialogischen bzw. semantischen Kriterium. Dadurch bezieht die Analyse Abfolgen von Gesprächsbeiträgen und die Beziehung zwischen einzelnen Bedeutungseinheiten mit ein (vgl. ebd., 101). Zur Beantwortung der Forschungsfragen werden jeweils inhaltsanalytische Einheiten (Kodiereinheit, Kontexteinheit, Auswertungseinheit) definiert (vgl. ebd., 61) und Strukturierungsdimensionen (vgl. Tab. 5.13: Schritt 2) theoriegeleitet festgelegt. Auf diese Weise wird die Partnerarbeit formal strukturiert (vgl. Tab. 5.13: Schritt 1). Zur Explizierung der Fragestellung, später auch der Feinanalyse, wird der Stand der Forschung zum Gegenstandsbereich oder zu vergleichbaren Gegenstandsbereichen systematisch herangezogen (vgl. Mayring 2015, 52 f.). Auf dieser Grundlage werden die deduktiv festgelegten Kategorien (vgl. Tab. 5.13: Schritt 3) angewandt und dabei induktiv in der Arbeit am Material adaptiert (vgl. Tab. 5.13: Schritt 7) und weiterentwickelt. Dazu werden für jedes Kategoriensystem zuerst die Kategorien definiert, konkrete, für diese typische Textstellen (*Ankerbeispiele*) gesucht und benannt sowie Zuordnungsregeln bzw. Abgrenzungen zu anderen Kategorien am Material entwickelt und formuliert (*Kodierregeln*; vgl. Tab. 5.13: Schritt 4; Mayring 2015, 97 f.). In einer ersten Pilotierung der Analyse wird das Kategoriensystem erprobt und, wie auch in jedem weiteren Materialdurchlauf, überprüft, ggf. überarbeitet und die Kodiervorgaben in einem Kodierleitfaden zusammengetragen (vgl. Tab. 5.13: Schritt 4 bis 7; Mayring & Brunner 2010, 328). Das Kategoriensystem entwickelt sich somit in einem Wechselverhältnis zwischen Theorie und Datenmaterial durch Überarbeitung und Rücküberprüfung und wird durch Konstruktions- und Zuordnungsregeln definiert (vgl. Mayring 2015, 61). Nach der Bestimmung der Feinstruktur der einzelnen Kategoriensysteme (vgl. Tab. 5.13: Schritt 8) ist die Konstruktion einer übergeordneten Struktur der letzte Schritt, um die Ergebnisse aufzubereiten (vgl. Tab. 5.13: Schritt 9; Mayring 2015, 97 f.).

Qualitative Videoinhaltsanalyse der Kleingruppensituation
Für die vorliegende Studie konkretisiert bedeutet dies, dass zunächst theoriegeleitet Kategorien gebildet wurden, um die Partnerarbeit in der Kleingruppensituation formal strukturieren zu können. Dazu wurden die bereits ausführlich dargestellten theoretischen Überlegungen zu Typen gemeinsamer Lernsituationen nach

Wocken (1998; ausführlich in Abschn. 2.1.5), mit den interaktionsanalytisch erfassten Kategorien zur Beschreibung der Partizipation (vgl. Abschn. 5.5.1, 6.1.1.2) zusammengeführt. Um dies leisten zu können, müssen die durch Wocken unterschiedenen Ebenen ,Inhaltsaspekt' und ,Beziehungsaspekt' operationalisiert werden. Der Inhaltsaspekt wird durch die in der Interaktionsanalyse (vgl. Abschn. 5.5.1) identifizierten Themen beschreibbar, die die Lernenden bezogen auf die Aufgabenstellung im Rahmen der mathematischen Themenentwicklung der Interaktion hervorbringen (vgl. Abschn. 6.1.1.1). Der Beziehungsaspekt der Lernenden während dieser Themenentwicklung ist über das Partizipationsdesign an dieser Themenentwicklung erfassbar (ausführlich vgl. Abschn. 6.1.1.2). Dadurch können einzelne verbale oder nonverbale Handlungen innerhalb der mathematischen Themenentwicklung dahingehend betrachtet werden, in welcher Verbindung sie zueinander stehen und inwiefern sie aufeinander bezogen sind (vgl. dazu ausführlich Abschn. 6.2.1). Die Bestimmung des Inhalts- und Beziehungsaspekts führt schließlich mit Hilfe der zu einer kategorialen Einordnung in einen bestimmten Lernsituationstyp. Das Kategoriensystem wird dabei induktiv weiterentwickelt und ausgeschärft, was ein Beschreibungssystem aus Typen gemeinsamer Lernsituationen zum Ergebnis hat (vgl. Abschn. 6.2.1.1 bis 6.2.1.4.). Zur Betrachtung der Struktur gemeinsamer Lernsituationen werden diese abschließend in einer graphischen Verlaufsdarstellung abgebildet (vgl. Abschn. 6.2.2).

Im Ablaufmodell der strukturierenden Inhaltsanalyse der vorliegenden Studie (vgl. Tab. 5.13) wurden für die vorliegende Studie einzelne Interpretationsschritte festgelegt, in die die Konstruktion spezifischer Kategoriensysteme eingebettet ist, wodurch die Analyse für andere nachvollziehbar, intersubjektiv überprüfbar und auf andere Gegenstände übertragbar sein soll (vgl. Mayring 2015, 51 ff.):

Tabelle 5.13   Ablauf und Konkretisierung der Inhaltsanalyse (i. A. a. Mayring 2015)

Schritt	Konkretisierung
1 Bestimmung der Analyseeinheit	Interaktionen der Partnerarbeitsphase (lautsprachliche, schriftliche, gestische und materialbezogenen Handlungen und deren Verknüpfung)
2 Festlegung der Strukturierungsdimension	Formale Strukturierung mit thematischem Kriterium (unter gleichzeitiger Berücksichtigung dialogischer und semantischer Kriterien)
7 Überarbeitung (ggf. Revision) →→ 3 Bestimmung der Ausprägung 4 Erstellen des Kodierleitfadens 5 Materialdurchlauf und Fundstellenbezeichnung 6 Materialdurchlauf: Bearbeitung und Extraktion der Fundstellen	Beschreibung gemeinsamer Lernsituation durch die Entwicklung von Kategoriensystemen zur Erfassung von Typen gemeinsamer Lernsituationen durch die Verknüpfung der Ergebnisse der adaptierten Partizipationsanalyse mit der Theorie gemeinsamer Lernsituationen (vgl. Wocken 1998)
8 Zusammenstellung der Feinstruktur	
9 Konstruktion der Grobstruktur	Beschreibung der mathematischen und sozial-interaktiven Partizipation lernbeeinträchtigter Schülerinnen und Schüler in Verläufen gemeinsamer Lernsituationen

Qualitative Videoinhaltsanalyse der Einzelinterviews

Zur Analyse der Interviewdaten wird das Verfahren der Qualitativen Videoinhaltsanalyse (vgl. Mayring et al. 2005; Mayring 2015) mit einer inhaltlich-strukturierenden Analysetechnik (vgl. Mayring 2015, 98; Mayring & Brunner 2010, 326 f.) angewandt. Diese Methode erlaubt es, komplexe Phänomene zu erfassen und eignet sich z. B. für explorative Studien (vgl. Mayring et al. 2005, 13). Die interaktionsanalytisch gewonnenen Kategorien zur Beschreibung mathematischer Aktivitäten innerhalb der Themenentwicklung der Interaktion, die in der Analyse der Kleingruppensituation gewonnen wurden (vgl. Abschn. 5.5.1), finden dabei deduktiv Anwendung. Ziel ist es, durch die Identifizierung inhaltstragender Videosequenzen bestimmte inhaltliche Aspekte im Interview zu fokussieren, die innerhalb der mathematischen Themenentwicklung in der Kleingruppensituation Gegenstand waren, und von den lernbeeinträchtigten Schülerinnen und Schülern ausschließlich beobachtet wurden. Diese Inhalte werden in der Interviewanalyse extrahiert und zusammenfassend betrachtet, um die Rekonstruktion der sozial-interaktiven und mathematischen Aktivitäten von lernbeeinträchtigten Schülerinnen und Schülern und damit die Verläufe gemeinsamer Lernsituationen zu stützen.

Triangulation
Während der Kleingruppensituation ist die Beobachtung konkreter Verläufe von Lernsituationen sowie damit verbundener sozial-interaktiver und mathematischer Partizipationsprozesse zentral. Individuelle Beweggründe, Ideen, Begründungen, Probleme und dergleichen bleiben dabei aber oft implizit. Das in der Studie eingesetzte Interview (vgl. Abschn. 5.4.2) bietet die Möglichkeit, die genannten Aspekte zugänglicher zu machen. Es geht dabei um ein tieferes Verständnis der Aktivitäten von lernbeeinträchtigten Schülerinnen und Schülern, mit dem Deutungshypothesen der Analyse innerhalb der Kleingruppensituation generiert, gestützt oder verworfen werden können. In der Studie wurde daher eine Triangulation von Daten vorgenommen (vgl. Flick 2011a). Die Verknüpfung von Interaktions- bzw. Handlungsdaten der polyadischen oder dyadischen Interaktion *in* der Kleingruppe mit retrospektiven Erzählungen in den Einzelinterviews *über* die Kleingruppensituation ist möglich. Als wesentlich ist die durch die Interviews ermöglichte Option hervorzuheben, die Handlungsautonomie der lernbeeinträchtigten Schülerinnen und Schüler im Interview zu betrachten. Durch die Bearbeitung von Reproduktions- und Transferaufgaben im Einzelinterview mit ergänzender Aufforderung zum Vermuten, Beschreiben, Darstellen, Begründen und Bewerten, kann die Analyse des Autonomiezuwachses durch tätige Partizipation bzw. nicht-tätige Rezeption (vgl. dazu Krummheuer & Brandt 2001, 55 ff.) während der Kleingruppensituation gestützt oder verworfen werden. Die vorliegende Analyse der Studie verwendet die Triangulation zur Herstellung von Bezügen auf Einzelfallebene (vgl. Flick 2011b), da Prozesse und Aktivitäten derselben Lernenden sowohl in einer Kleingruppensituation als auch in einem Einzelinterview untersucht werden. Dabei können die Ergebnisse konvergieren, wenn verknüpfte Daten übereinstimmen. Sie können ebenso divergieren oder komplementär sein, wenn sie sich ergänzen.

5.5.3 Analyseschritte

Zusammenfassend kann der Ablauf der Datenanalyse folgendermaßen dargestellt werden (vgl. Abb. 5.22):

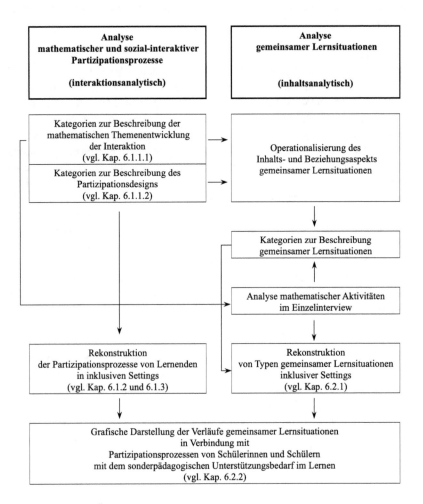

Abbildung 5.22 Übersicht über die Analyseschritte der Studie

Zunächst werden mit Hilfe der Interaktions- und Partizipationsanalyse die mathematische Themenentwicklung der Interaktion sowie die Partizipationsprozesse von Lernenden rekonstruiert. Zur Erfassung gemeinsamer Lernsituationen auf der Grundlage der Theorie nach Wocken (1998; vgl. ausführlich Abschn. 2.1.5) werden die gewonnenen Kategorien zur Erfassung der mathematischen Themenentwicklung als Grundlage zur Operationalisierung der Ebene ‚Inhaltsaspekt‘ genutzt. Die Kategorien zur Beschreibung der Partizipationsprozesse von Lernenden werden zur Operationalisierung der Ebene ‚Beziehungsaspekt‘ verwendet. Auf diese Weise entsteht ein Kategoriensystem zur Beschreibung von Typen gemeinsamer Lernsituationen, das im Rahmen einer thematisch-formalstrukturierenden inhaltsanalytischen Vorgehensweise mit einem dialogischen bzw. semantischen Kriterium deduktiv angewendet und induktiv weiterentwickelt wird (vgl. Mayring 2015, 94 ff.; Abschn. 5.5.2). Die Interviews werden schließlich mit einer inhaltlich-strukturierenden Inhaltsanalyse (vgl. Mayring 2015, 98; Mayring & Brunner 2010, 326 f.) betrachtet, wobei Kategorien mathematischer Themen aus der Interaktionsanalyse deduktiv angewandt werden. In der Inhaltsanalyse wird die Handlungsautonomie lernbeeinträchtigter Schülerinnen und Schüler bezogen auf mathematische Themen betrachtet, die in der interaktionalen Themenentwicklung der Kleingruppensituation Gegenstand waren, an der sie allerdings ausschließlich beobachtend teilnahmen. Durch die Ergebnisse der Analyse der empirischen Daten wird das theoretische Modell gemeinsamer Lernsituationen weiterentwickelt. Über unterschiedliche Zeiträume können verschiedene Typen dieser gemeinsamen Lernsituationen während der Partnerarbeit in Erscheinung treten. Zur Beschreibung der gesamten gemeinsamen Lernsituation kann das zeitliche Auftreten, der Umfang und die Abfolgen von Typen gemeinsamer Lernsituationen betrachtet und als Verläufe gemeinsamer Lernsituationen grafisch erfasst werden (vgl. Abschn. 6.2.2.1). Durch die parallelisierte Betrachtung der Verlaufsstruktur gemeinsamer Lernsituationen und der Partizipationsprozesse lernbeeinträchtigter Schülerinnen und Schüler (vgl. Abschn. 6.2.2.2) lassen sich Chancen oder Hürden für die mathematische und sozial-interaktive Partizipation lernbeeinträchtigter Schülerinnen und Schüler identifizieren (vgl. Abschn. 6.2.2.3 und 6.2.2.4). Die einzelnen Analyseschritte sowie die damit verbundenen Ergebnisse werden im folgenden Kapitel konkretisiert.

Rekonstruktive Datenanalyse und Ergebnisse

In den theoretischen Kapiteln dieser Arbeit wurden zentrale Aspekte für gemeinsames Lernen (vgl. Abschn. 2.1.3) an einem gemeinsamen Gegenstand (vgl. Abschn. 2.1.4) im inklusiven Mathematikunterricht (vgl. Abschn. 3.1) herausgestellt. Dabei ist die mathematische und sozial-interaktive Partizipation (vgl. Abschn. 4.1 und 4.2) jedes Lernenden an der gemeinsamen Lernsituation (vgl. Abschn. 2.1.5) von zentraler Bedeutung. Natürlich differenzierenden Lernumgebungen (vgl. Abschn. 3.2.3 und 3.3) mit substanziellen Inhalten (vgl. Abschn. 3.2.1) wird dabei gerade im Kontext des entdeckenden Lernens (vgl. Abschn. 3.2.2) das Potential zugeschrieben, sowohl mathematische als auch sozial-interaktive Partizipationsprozesse (vgl. Abschn. 4.2.2) auslösen zu können. Aufgrund des bestehenden Forschungsdesiderats zur Partizipation lernbeeinträchtigter Schülerinnen und Schüler an gemeinsamen Lernsituationen inklusiver Settings (vgl. Abschn. 2.2) werden daher die Partizipationsprozesse dieser Lernendengruppe gezielt betrachtet. In einer Partizipationsanalyse der fokussierten Gruppe ist die Berücksichtigung der Partizipation der Partnerkinder aber unabdingbar und daher Teil der Analyse, was an relevanten Stellen ergänzend dargestellt wird. Die Ergebnisse, die sich bezogen auf die fokussierte Gruppe ergeben, leisten letztlich wiederum einen Beitrag zur Barrierefreiheit für die Partizipation *aller* Lernenden (vgl. Abschn. 6.1.4, 6.2.3 und 7).

Die im Folgenden dargestellten Analysen rekonstruieren mathematische und sozial-interaktive Partizipationsprozesse lernbeeinträchtigter Schülerinnen und Schüler (vgl. Abschn. 6.1) sowie Typen gemeinsamer Lernsituationen (vgl. Abschn. 6.2). Zur Beantwortung der Forschungsfragen (vgl. Abschn. 5.1) müssen vier Aspekte innerhalb des inklusiven Settings fokussiert betrachtet werden:

K. Hähn, *Partizipation im inklusiven Mathematikunterricht*, Essener Beiträge zur Mathematikdidaktik, https://doi.org/10.1007/978-3-658-32092-8_6

1) Die mathematischen und sozial-interaktiven Partizipationsprozesse lernbeeinträchtigter Schülerinnen und Schüler,
2) die Bedingungen unter denen ein Partizipationsstatus dominiert,
3) die in Erscheinung tretenden Typen gemeinsamer Lernsituationen im inklusiven Setting sowie
4) die Typen gemeinsamer Lernsituationen, an denen lernbeeinträchtigte Schülerinnen und Schüler produktiv partizipieren.

Dazu wurde der Datenkorpus der Studie (vgl. Abschn. 5.4.3) mit Hilfe verschiedener Kategoriensysteme (vgl. Abschn. 6.1.1 und 6.2.1) und einer graphischen Verlaufsdarstellung der Partnerarbeitsprozesse (vgl. Abschn. 6.2.2) im Sinne der Forschungsfragen ausgewertet. Fokussiert wurde die Bearbeitung des zentralen Arbeitsauftrags der verschiedenen Lernumgebungen (vgl. Abschn. 5.3), der in Partnerarbeit stattfindet. Die Interviewdaten dienten der Stützung der Datenanalyse der Arbeitsphase (vgl. Abschn. 5.4.3). Da sie die Analysen lediglich flankieren, werden ihre Ergebnisse im Folgenden zur Darstellung und Argumentation ergänzend eingebracht und bilden keinen Schwerpunkt. In den folgenden Kapiteln werden die verschiedenen Kategoriensysteme sowie deren Entwicklung dargestellt und ihre Anwendungen exemplarisch veranschaulicht (vgl. Abschn. 6.1.1 und 6.2.1). Zur Entwicklung des sehr ausdifferenzierten Beschreibungs- und Analyseverfahrens der dialogisch geprägten Interaktionen wurden zunächst alle vier Lernumgebungen genutzt. Die mikroanalytische Rekonstruktion mathematischer und sozial-interaktiver Aktivitäten sowie die Darstellung der Ergebnisse wird im Folgenden fokussiert auf zwei Lernumgebungen (vgl. Abschn. 5.3.2 und 5.3.3) dargestellt.

6.1   Partizipationsanalyse

Zur Beantwortung der Forschungsfrage 1 „Welche mathematische und sozial-interaktive Partizipation zeigen lernbeeinträchtigte Schülerinnen und Schüler an gemeinsamen Lernsituationen inklusiver Settings bei der Bearbeitung substanzieller geometrischer Lernumgebungen zum Thema ‚Kreis'?" (vgl. Abschn. 5.1) wurden fachliche und sozial-interaktive Partizipationsaktivitäten von Lernenden innerhalb gemeinsamer Lernsituationen analysiert. Beschreibungskategorien aus der Interaktionsforschung (vgl. Brandt 2004; Krummheuer & Brandt 2001; Krummheuer 2007) waren die Grundlage der Interaktions- und Partizipationsanalyse inklusiver Settings, um Partizipationsprozesse von lernbeeinträchtigten Schülerinnen und Schülern an der mathematischen Themenentwicklung der Interaktion zu rekonstruieren. Als Ergebnis entstanden Kategorien zur Beschreibung der mathematischen und sozial-interaktiven Partizipation (vgl. Abschn. 6.1.1). Zur Beantwortung der Forschungsfrage 2 „Unter welchen Bedingungen dominiert ein bestimmter Partizipationsstatus den Prozess dieser Lernenden?" (vgl. Abschn. 5.1) fokussierte die Analyse Fallbeispiele, bei denen sich eine deutliche Dominanz eines bestimmten Partizipationsstatus bei lernbeeinträchtigten Schülerinnen und Schülern zeigte (vgl. Abschn. 6.1.2 und 6.1.3). Die Analyse und deren Ergebnisse werden im Folgenden dargestellt und abschließend zusammenfassend diskutiert (vgl. Abschn. 6.1.4).

6.1.1 Mathematische und sozial-interaktive Partizipation

6.1.1.1 Mathematische Themenentwicklung der Interaktion

Zur Analyse der mathematischen Themenentwicklung der Interaktion wird auf Krummheuer und Brandt (2001) zurückgegriffen, die Gesprächsabschnitte betrachten, in denen sie zugehörige Gesprächszüge identifizieren (vgl. Brandt 2004; Krummheuer & Brandt 2001, 40). Ein zu analysierender Partnerarbeitsprozess umfasst mehrere aufeinanderfolgende mathematische Themenstränge, bei denen es sich im Rahmen der vorliegenden Arbeit um einzelne Handlungs- oder Gesprächszüge handelt, die sich auf einen übergeordneten (mathematischen) Schwerpunkt beziehen. Aufgrund der Tatsache, dass Lernende in der Partnerarbeit auch unterschiedliche Ideen entwickeln und sich nicht zwingend darüber austauschen, treten teilweise zwei parallele Themenstränge in Erscheinung. Die Themen werden dabei von den Lernenden in der Interaktion durch mathematische Aktivitäten hervorgebracht, die Teil des Interaktionsprozesses der Partnerarbeit sind. Teilweise sind an den Interaktionsprozessen auch Lehrpersonen oder weitere Mitschülerinnen und Mitschüler beteiligt.

Der Begriff der ‚mathematischen Aktivität' wird im Rahmen der Arbeit als empirische Einheit innerhalb eines Arbeitsprozesses von Lernenden verstanden (vgl. dazu auch Scherres 2013, 13). Die mathematische Aktivität eines Lernenden kann sich in verbalen und/oder nonverbalen Handlungen zeigen (vgl. Schuler 2017) und stellt eine potentielle Lerngelegenheit für andere an der Interaktion beteiligte Schülerinnen und Schüler dar (vgl. ebd.). Durch die Einordnung der situationsbezogenen Performanz der Lernenden (vgl. Chomsky 1981) in ein Kategoriensystem werden diese Aktivitäten rekonstruiert. Auch in anderen mathematikdidaktischen Studien werden mathematische Aktivitäten gemäß ihrer Fragestellung in Verbindung mit dem spezifischen Inhaltsbereich bzw. der konkreten Lerngelegenheit identifiziert und kategorial konkretisiert (vgl. bspw. Scherres 2013; Schuler 2017; Weskamp 2019). Alle Kodierungen der mathematischen Themenentwicklung innerhalb der Interaktionsprozesse beziehen sich sowohl auf lautsprachliche als auch schriftliche, gestische oder materialbezogene Handlungen von Lernenden sowie deren Verknüpfung. Die mathematischen Aktivitäten müssen dabei nicht zwingend aufeinander bezogen stattfinden. Während der Materialanalyse werden Themenstränge identifiziert, und die Interaktion wird durch einzelne mathematische Themenstränge innerhalb der mathematischen Themenentwicklung der Interaktion sequenziert. Auf dieser Grundlage wurden später auch die auf die Themenentwicklung bezogenen Partizipationsprozesse von Lernenden analysiert sowie der Typ der gemeinsamen Lernsituation bestimmt.

Themenentwicklung der Lernumgebung 1
Für den zentralen Arbeitsauftrag der Lernumgebung ‚Kreiseigenschaften und Kreiskonstruktion' (LU1, vgl. Abschn. 5.3.2) zeigten sich in der Beschreibung der (mathematischen) Themenentwicklung der Interaktion verschiedene Aspekte, die als Kategorien definiert werden können. Die Tabelle 6.1 stellt das Ergebnis dar.

Tabelle 6.1   Kodierung der (mathematischen) Themenentwicklung der Interaktion (LU1)

Code	Mathematische Themenentwicklung der Interaktion (MT)
MT1-1	Mittelpunkt (bzw. dessen Fixierung)
MT1-2	Radius (bzw. dessen Konstanz)
MT1-3	Durchmesser
MT1-4	Kreislinie (bzw. deren Krümmung und Geschlossenheit; Umfang)
MT1-5	Kreisfläche (bzw. deren Symmetrie)
MT1-6	Verschriftlichung einer Konstruktionsanleitung
MT1-7	Vorschlagen/Vermuten
MT1-8	Überprüfen/Beurteilen
MT1-9	Begründen
MT1-10	Beschreiben von (10.1 Problemen/Fehlern, 10.2 Strategien, 10.3 lösungsrelevanten Tätigkeiten, 10.4 Kreiseigenschaften)
MT1-11	Auffordern zum (11.1 Vorschlagen/Vermuten, 11.2 Überprüfen, 11.3 Beurteilen, 11.4 Explizieren bzw. Begründen, 11.5 Tätigwerden, 11.6 Zuschauen)
MT1-12	Isolierter mathematischer Aspekt
	Themenentwicklung der Interaktion ohne mathematischen Schwerpunkt (TI)
TI1-1	Unspezifische Aktivität (ohne erkennbares mathematisches Ziel)
TI1-2	Organisatorische Aspekte des Arbeitsprozesses (2.1 Organisation der Kooperation; 2.2 Sonstige organisatorische Aspekte bezogen auf den Bearbeitungsprozess der Aufgabe)

Die Kategorien beschreiben die den Aktivitäten zu Grunde liegende mathematische Idee, die sich einerseits durch den Schwerpunkt der Fokussierung auf den mathematischen Gegenstand (vgl. Tab. 6.1, MT1-1 bis MT1-6), andererseits durch mit ihr in Verbindung stehende allgemeine mathematische Aktivitäten (MT1-7 bis MT1-11) identifizieren lässt. In der Lernumgebung ging es um die Herstellung eines Kreiszeichengeräts. Daher können diesbezügliche Eigenschaften des Kreises und seine Konstruktion im Fokus eines Themenstrangs stehen (vgl. dazu ausführlich Abschn. 5.3.2). Vorbereitend zur Kodierung wurde das Material in Phasen strukturiert. Im Rahmen von LU1 konnten folgende Phasen ausgemacht werden, die teilweise mehrfach von den Lernenden durchlaufen wurden: die Aushandlung des Arbeitsauftrags, die Herstellung des (bzw. eines weiteren) Zeichengeräts, die Erprobung des Zeichengeräts, die Analyse und Optimierung bestimmter Elemente eines Zeichengeräts sowie die Verschriftlichung einer Konstruktionsanleitung. Innerhalb dieser Phasen können, als Ergebnis der Interaktionsanalyse, Schwerpunkte der mathematischen Themenentwicklung ausgemacht werden. Ebenso zeigen Lernende mathematische Aktivitäten (vgl. dazu auch Aebli 1994; Bauersfeld 2000; Bruner 1974; Franke & Reinhold 2016; Freudenthal 1982; Hirt et al. 2012; KMK 2005; Krauthausen 2018; Radatz 2007; Radatz & Rickmeyer 1991; Winter 1975, 1984b, 2016; Wittmann 1996; Wittmann & Müller 1990) innerhalb ko-konstruktiver Prozesse, die die mathematische Themenentwicklung beeinflussen können (MT1-7 bis MT1-11): Vorschlagen bzw. Vermuten, Überprüfen bzw. Beurteilen, Begründen, Beschreiben (von Problemen bzw. Fehlern, von Strategien, von lösungsrelevanten Tätigkeiten und Kreiseigenschaften), Auffordern (zum Vorschlagen/Vermuten, Überprüfen, Beurteilen, Explizieren bzw. Begründen, Tätigwerden oder zum Zuschauen). Aufforderungen entsprachen dabei Impulsen, die bezogen auf den Inhalt waren, und gleichzeitig zur Aufrechterhaltung des gemeinsamen Prozesses beitrugen (vgl. Abschn. 4.1.1; auch Barnes & Todd 1995). Entsprechende Impulse identifizierte auch Gysin (2017) und stufte sie zusätzlich als lernförderlich ein (vgl. Abschn. 4.1.2).

Um später Partizipationsprozesse darstellen zu können, wurden innerhalb des Kodierungsprozesses auch isolierte mathematische Aspekte ohne Bezug zum mathematischen Schwerpunkt der Lernumgebung (MT1-13), unspezifische Handlungen, die keinen Bezug zum mathematischen Schwerpunkt der Lernumgebung haben (TI1-1) sowie organisatorische Aspekte des Arbeitsprozesses (TI1-2) durch Kodierungen abgebildet. Die Kodierung wurde so vorgenommen, dass sich die Zuschreibung der Kategorie auf die Zeitspanne bezog, für die die Kategorie vergeben werden konnte. Dabei wurden im Sinne der Interaktionsanalyse auch solche Phasen miteinbezogen, die sich rückwirkend einer bestimmten mathematischen Themenentwicklung bereits zuordnen ließen (vgl. Abschn. 5.5.1). Die

Phase der mathematischen Themenentwicklung dauerte so lange an, bis sie von einer anderen abgelöst wurde.

Ein Themenstrang mit dem Schwerpunkt ‚Mittelpunkt (bzw. dessen Fixierung)' (MT1-1) bezieht sich auf Äußerungen von Lernenden mit Bezug auf den Mittelpunkt eines Kreises. Dazu gehört, wenn der Mittelpunkt benannt, faltend erzeugt, eingezeichnet, gezeigt bzw. verortet oder die Einstichstelle eines zirkelähnlichen Geräts durch das Gespräch oder die Handlung fokussiert wird. Es handelt sich um diesen Themenstrang, wenn die Handlung das Ziel verfolgt, den Mittelpunkt zu befestigen, zu fixieren, zu präzisieren bzw. zu optimieren. Dies kann z. B. durch Materialaustausch oder Befestigung des Materials am Untergrund geschehen. Dabei kann der Mittelpunkt fokussiert werden, genauso wie ein fixierender oder stabilisierender Bereich um den Mittelpunkt herum.

Wird in einem Themenstrang der Schwerpunkt ‚Radius (bzw. dessen Konstanz)' (MT1-2) ausgemacht, handelt es sich um verbale oder nonverbale Aktivitäten von Lernenden, die sich auf die Beschreibung oder Erzeugung bzw. Repräsentation der Radiuslänge beziehen. Dies kann sich bspw. in einer entsprechenden Materialverwendung, wie bspw. einer Kordel im Fadenzirkel oder im (konstanten) Abstand von Zirkelschenkeln zeigen. Auch eine Aktivität wie das straff Halten einer Kordel, um während der Kreiskonstruktion mit dem Fadenzirkel die Konstanz des Radius zu wahren, zählt zu diesem mathematischen Schwerpunkt. Darüber hinaus werden in einem solchen Themenstrang Lernende erfasst, die Radiuslängen messen, benennen, zeigen oder die Konstanz der Länge des Radius optimieren, bspw. durch Stabilisierung eines Materials. Ebenso fallen unter einen solchen Themenstrang lautsprachliche, schriftliche, gestische oder materialbezogene Handlungen hinsichtlich Überlegungen und Ideen zur Herstellung eines variabel einstellbaren Radius, d. h., wenn im Sinne der zentrischen Streckung eine gezielte Veränderung des Radius erreicht werden soll, um verschieden große Kreise zu konstruieren.

Ein Themenstrang zum ‚Durchmesser' (MT1-3) umfasst Äußerungen bezogen auf den Durchmesser. Der Durchmesser kann benannt, gezeigt, gemessen oder seine Länge erzeugt werden. Dies kann u. a. bedeuten, dass der Durchmesser etwa durch einen Holzspieß dargestellt wird, mit dem die Korrektheit eines konstruierten Kreises überprüft wird. Auch kann die mehrfache gegenständliche Repräsentation des Durchmessers von den Lernenden zur Kreiskonstruktion genutzt werden.

Zum Themenstrang ‚Kreislinie[1] (bzw. deren Krümmung und Geschlossenheit; Umfang)' (MT1-4) gehört die Erzeugung einer Kreislinie durch einen Repräsentanten, wie bspw. eine zum Kreis gelegte Kordel. Wird die Länge des Repräsentanten fokussiert, handelt es sich indirekt um Überlegungen zum Kreisumfang. Ein solcher Themenstrang entsteht darüber hinaus durch das Benennen oder Zeigen sowie die gestische Veranschaulichung von Kreislinien. Dazu gehört auch die Betrachtung von Präzision bzw. Abweichung der Konstanz der Krümmung oder Geschlossenheit der Kreislinie sowie deren Optimierung. Auch die Konstruktion der Kreislinie mit dem selbstgebauten Kreiszeichengerät gehört in Verbindung mit einer analysierenden Betrachtung durch die Lernenden zu einem Themenstrang mit diesem Schwerpunkt.

Beziehen sich Äußerungen oder Handlungen der Lernenden auf die Erzeugung der Kreisfläche, werden sie als Themenstrang zur ‚Kreisfläche (bzw. deren Symmetrie)' (MT1-5) erfasst. Dazu gehört, dass Lernende das Ziel verfolgen, mit Material eine kreisförmige Fläche auszulegen. Wird eine Schablone hergestellt, indem eine Papierkreisfläche durch mehrfaches deckungsgleiches Falten und Zuschneiden einem Kreis angenähert wird, ist dies ebenfalls ein Themenstrang zur ‚Kreisfläche'.

Die Verschriftlichung der Konstruktionsanleitung wurde als ein weiterer Schwerpunkt in der mathematischen Themenentwicklung kodiert, der einen Themenstrang abbildet, in dem sich die Lernenden dem Arbeitsblatt zuwenden und ihre Idee nun zeichnerisch oder schriftlich darstellen. Mathematische Aktivitäten dieser Art wurden auch in anderen interaktionsanalytischen Studien erfasst (vgl. Abschn. 4.2.2; bspw. Höck 2015). Teilweise waren in den Analysen dieser Phasen auch Doppelkodierungen notwendig, bspw. wenn spezifische andere mathematische Schwerpunkte in diesem Zusammenhang ausgehandelt wurden, wenn weitere allgemeine mathematische Aktivitäten (vgl. MT1-7 bis MT1-11) identifiziert werden konnten oder wenn sich in der Interaktion ohne einen mathematischen Schwerpunkt bspw. Überlegungen zur Rechtschreibung zeigten (als sonstiger organisatorischer Aspekt bezogen auf den Bearbeitungsprozess der Aufgabe; vgl. T1-2.2).

In manchen Fällen waren verbale oder nonverbale Äußerungen von Lernenden auszumachen, die aber nicht in Verbindung mit fachlichen Schwerpunkten

---

[1]Der thematische Schwerpunkt ‚Punktmenge mit einer Relation zu einem Mittelpunkt', bei der bspw. mit Hilfe eines Lineals mehrfach derselbe Abstand zu einem Mittelpunkt um diesen herum abgetragen wurde, konnte zwar in der Pilotierung und bei Kindern, die nicht im Fokus der Studie standen, ausgemacht werden, jedoch nicht bei den lernbeeinträchtigten Kindern und deren Lernpartnern. Somit wird dies hier der Vollständigkeit halber genannt, jedoch nicht im Kategoriensystem aufgelistet.

der Lernumgebung standen. Wird der Auftrag eines Kindes, aus Knete Kugeln zu formen (vgl. T2), von einem anderen Kind ausgeführt, ohne dass der Zusammenhang mit der Aufgabenstellung – also der Herstellung des Zeichengeräts – explizit ist, handelt es sich um einen Themenstrang mit einem isolierten mathematischen Aspekt ohne Bezug zum mathematischen Schwerpunkt der Lernumgebung (vgl. MT1-13). Wird dagegen im Interaktionsverlauf deutlich, dass die Aktivität zu einem mathematischen Schwerpunkt gehört und lässt sich in der Interaktion rekonstruieren, dass dies dem Kind bewusst ist, wird der entsprechende Themenstrang kodiert.

Fälle, bei denen die Schüleraktivitäten keinem konkreten mathematischen Thema zugeordnet werden konnten, wurden mit der Kategorie ,unspezifische Aktivitäten (ohne erkennbares mathematisches Ziel (TI1-1)' erfasst. Dies ist bspw. der Fall, wenn Kinder mit den Materialien spielen, z. B. die zur Verfügung stehenden Holzspieße wie chinesische Essstäbchen nutzen oder Knete hochwerfen und fangen. Diese Aktivitäten gehören nicht zur mathematischen Themenentwicklung der Interaktion, dennoch sind sie Teil der Interaktion und treten an die Stelle der mathematischen Aktivität in der interaktionalen Themenentwicklung. Auch ,organisatorische Aspekte des Arbeitsprozesses' (TI1-2) gehören zu einer Betrachtung der interaktionalen Themenentwicklung außerhalb mathematischer Schwerpunkte. Sie können allerdings mit ihnen verbunden sein. Organisieren Lernende ihre Kooperation (TI1-2.1), sind Absprachen bezüglich der Arbeitsstruktur beobachtbar, bspw. abwechselnd oder arbeitsteilig zu arbeiten. Derartige Vereinbarungen haben möglicherweise Auswirkungen auf nachfolgende ko-konstruktive Prozesse im Kontext einer mathematischen Themenentwicklung. Diesbezügliche Beobachtungen in der vorliegenden Studie bestätigen Ergebnisse von Naujok (2000), die ebenfalls das Explizit machen der Kooperation identifizieren konnte (vgl. Abschn. 4.1.2) Neben der Kooperationsorganisation konnten in gemeinsamen Lernsituationen auch Phasen sonstiger organisatorischer Aspekte bezogen auf den Bearbeitungsprozess der Aufgabe (TI1-2.2) identifiziert werden, in denen Lernende bspw. mit dem Beschaffen, Sortieren oder Aufräumen von Material oder Eintragen des Namens und Datums auf dem Arbeitsblatt beschäftigt waren. Auch diese Aktivitäten sind Teil der Interaktion und treten an die Stelle der mathematischen Aktivität in der interaktionalen Themenentwicklung, was auch in anderen Studien herausgestellt wurde (vgl. Abschn. 4.1.2; Höck 2015).

Exemplarische Analyse der mathematischen Themenentwicklung der Interaktion für Lernumgebung 1

Um die Analyse der mathematischen Themenentwicklung zu veranschaulichen, werden im Folgenden mehrere Ausschnitte aus der Partnerarbeitsphase des Schülers Firat (F, FSP LE und SQ) mit seiner Lernpartnerin Aylin (Ay) dargestellt und analysiert. Die Analyse dieser Partnerarbeit eignet sich besonders zur Darstellung verschiedener Themenentwicklungen, da einerseits durch Ablehnung von Ideen, andererseits durch verschiedene Vorschläge als Unterstützungsbemühung, unterschiedliche mathematische Schwerpunkte in Erscheinung treten. Die Lehrperson (L) hat den Arbeitsauftrag bereits erklärt und durch „Ihr sprecht euch zu zweit ab. Ja? Also ihr als Team sollt eine Lösung finden" auf die Zusammenarbeit hingewiesen. Die Partnerarbeitsphase des zentralen Arbeitsauftrags der Lernumgebung ‚Kreiseigenschaften und Kreiskonstruktion' (LU1), in der ein Kreiszeichengerät entwickelt werden soll, beginnt (vgl. T1).

1	Ay	[*nimmt ein Kordelknäuel*]
2	F	Warte, wir brauchen das [*nimmt einen Bleistift und einen Spieß in die Hand*] ja und das brauchen wir.

3	Ay	[*nimmt die Schere, schüttelt den Kopf*] Du musst einen Kreis machen. Du Schlaukopf.
4	F	Ja, Schlaukopf. Mach! # Du musst das wickeln, und dann kann ich das so ## [*dreht Spieß und Stift wie einen Zirkel mit der Hand, ohne einen Punkt zu fixieren*].
5	Ay	# [*schneidet eine Stück Kordel ab*] ## [*schüttelt den Kopf*]
6	F	Herr Krüger? # Geht das auch so? Herr Krüger?
7	Ay	# [*legt das Knäuel in die Mitte des Tisches*]
8	F	## Geht das auch so?
9	Ay	## [*legt die Kordel zu einem Kreis*]
10	F	### Kann ich das auch so [*dreht Spieß und Stift wie einen Zirkel mit der Hand*]? Kreis sein soll?
11	Ay	### [*schneidet ein Stück Tesakrepp ab*]
12	L	Besprich das mit Aylin!
13	Ay	[*blickt kurz zum Lehrer*]
14	F	Ja. [Wir] müssen ja Kreis machen [deshalb].

Transkript T1: KG2LU1, 07:05–07:33, Aylin, Firat und Lehrer (Die Transkriptkodierung setzt sich zusammen aus der Kleingruppe (KG; vgl. Tab. 5.10), der Lernumgebung (LU; vgl. Abschn. 5.3.1), des Zeitabschnitts der Partnerarbeitsphase sowie den an der Interaktion beteiligten Personen.)

Obwohl Firats Äußerungen oft aus unvollständigen Sätzen bestehen oder handlungsbegleitend gesprochen werden, können sie in Verbindung mit seinen materialbezogenen Handlungen gedeutet werden. Es lässt sich die Idee des Baus eines Gelenkzirkels identifizieren (T1/Z2, Z4, Z10), der sich zur Kreiskonstruktion eignet (T1/Z14). Der Schwerpunkt der mathematischen Themenentwicklung liegt hier, bedingt durch die Werkzeugidee, auf der Fokussierung von Mittelpunkt (MT1-1) und Radius (MT1-2). Die Idee drückt Firat zudem durch die Beschreibung einer lösungsrelevanten Tätigkeit aus (MT1-10.3), verbunden mit der Aufforderung, dass Aylin im Sinne seiner Idee tätig werden soll (MT1-11.5). Einen anderen mathematischen Schwerpunkt verfolgt Aylin. Zunächst können neben der Vorbereitung des Materials (T1/Z1, Z3, Z5, Z7) für ihre Idee, die zu diesem Zeitpunkt nicht explizit gemacht wird, Ablehnungen der Idee des Lernpartners durch Kopfschütteln (T1/Z3, Z5) oder durch den Verweis auf den Arbeitsauftrag (T1/Z5), beobachtet werden. Auch die ironische Bezeichnung des Lernpartners als „Schlaukopf" (T1/Z4) verstärkt die eingenommene Kontraposition. Die materialbezogene Handlung, eine Kordel zu einem Kreis zu legen (T1/Z9), zeigt schließlich die Fokussierung auf die Darstellung der Kreislinie (MT1-4). Das abgeschnittene Stück Tesakrepp (T1/Z11) nutzt Aylin kurze Zeit später, um die Kordelenden zu verbinden und somit eine geschlossene Kreislinie zu erzeugen.

Das mathematische Thema, das Aylin verfolgt, ist bereits ab Zeile 1 rückwirkend zu identifizieren, wird in Zeile 9 schließlich explizit. Firats Idee zeigt sich bereits in Zeile 2 und wird in Zeile 4 präzisiert. Somit lassen sich in dieser Phase der Partnerarbeit Unterschiede in der Situationsdefinition der Lernenden ausmachen (vgl. Abschn. 4.1.1). Auf diese Weise entstehen zwei parallele Themenstränge in der mathematischen Themenentwicklung. Wenig später appelliert der Lehrer an die gesamte Kleingruppe, mit dem jeweiligen Lernpartnern zusammenzuarbeiten. Aylin fordert daraufhin Firat auf, im Sinne ihrer Idee tätig zu werden (vgl. T2/Z3, MT1-11.5), ohne ihren zu Grunde liegenden Plan zu explizieren.

1	Ay	Warte! Kannst du Kugeln machen? Kugeln, kleine, okay?
2	F	Ja, okay.
3	Ay	Mach du Kugeln.
4	F	[*formt Kugeln aus Knetmasse und legt sie vor Aylin*] Hier.
5	Ay	[*befestigt mit Knete zwei sich in der Mitte kreuzende Spieße*]

Transkript T2: KG2LU1, 09:01–09:21, Aylin und Firat

Durch die fehlende Transparenz der instruierten Tätigkeit handelt es sich beim mathematischen Thema dieser Phase der Partnerarbeit um einen isolierten mathematischen Aspekt ohne direkten Bezug zum mathematischen Schwerpunkt der Lernumgebung (MT1-12). Firat akzeptiert (T2/Z2) die Aufforderung, Kugeln zu formen (T2/Z1, Z3) und führt die Instruktion aus (T2/Z4). Währenddessen bereitet Aylin ein Grundgerüst aus sich in einem Mittelpunkt kreuzenden Spießen vor, das später zur Optimierung der Kreislinie dient. In der Kodierung werden hier für jeden Lernenden unterschiedliche mathematische Themen kodiert: Ein isolierter mathematischer Aspekt (MT1-12) für Firat sowie die Fokussierung auf eine Verbindung von Mittelpunkt und Durchmesser (MT1-1 und MT1-3) für Aylin.

Im weiteren Verlauf der gemeinsamen Lernsituation ist rekonstruierbar, dass Aylin die Krümmung der Kreislinie mit Hilfe von Holzspießen, die in der Funktion von Durchmessern eingesetzt werden, zu optimieren versucht. Ihr Lernpartner Firat partizipiert an diesem Prozess (vgl. T3).

1	Ay	Jetzt. [*nimmt ein Stück Kordel, legt es weg, nimmt zwei Holzspieße, drückt einen der beiden in Knete, die zwei andere Spieße mittig zusammenhält*]
2	F	Hier. Mit Tesafilm kleben [*hält Tesafilm in seiner Hand*]?
3	Ay	Nein, mit Knete ist besser (unverständlich) [*nimmt Knete und verstärkt die Verbindung der Spieße*].
4	F	[*legt Tesafilm weg, zum Lehrer:*] Mit. Was machen wir mit das [*hält je ein Stück Styropor in jeder Hand*]? Herr Krüger?
5	Ay	[*drückt den nächsten Spieß in die Knete*]
6	F	Ich hab eine Idee mit das!
7	L	Ja, dann besprich das mit Aylin! # Nicht mit mir!
8	F	# [*zu Aylin:*] Wir können das hier reinlegen.

9	Ay	[*schüttelt den Kopf*] Nein [*drückt etwas Knete auf die gekreuzten Spieße*].
10	F	Ach Mann [*legt die Styroporstücke weg*]! Du kannst auch so machen, Aylin. Du nimmst ein Kreis # [*rollt ein Stück Kordel ab, legt einen Kreis damit, legt ein Styroporstück in die Mitte*] und das legst du da rein. Herr Krüger!
11	Ay	# [*drückt Knete fest*]
12	Ay	Wie sollen wir das zusammenmachen [*legt Kordel entlang der Enden der Spieße*]?
13	F	Ja. Mit Kleber kleben.
14	Ay	Aber, wie, Kleber [*zieht ihre Hände vom Material weg*]? Aber wir brauchen [*Stäbchen, sonst ist das nicht richtig*].
...		...
15	F	Hier [*legt mehrere Styroporstücke in den Kordelkreis*]. Ich will so, dann ist das ein Kreis.

Transkript T3: KG2LU1, 09:33–12:17, Aylin und Firat

Aylin stellt aus Holzspießen eine Art Gerüst für den Kordelkreis her (T3/Z1, Z3, Z5, Z9, Z11, Z12). Zur Fixierung des Mittelpunkts (MT1-1), in dem sich die Spieße kreuzen, nutzt Aylin Knete (T3/Z1). Das mathematische Thema entwickelt sich zu diesem Zeitpunkt mit einem Schwerpunkt auf der Krümmung der Kreislinie (MT1-4), verbunden mit Durchmessern (MT1-3), die sich in einem Mittelpunkt (MT1-1) schneiden. Firats diesbezüglicher Vorschlag (MT1-7), zur Fixierung des Mittelpunkts Tesafilm zu nutzen (T3/Z2), wird abgelehnt (T3/Z3). Anschließend schlägt er vor, ein Styroporstück zu nutzen und legt dieses in den Kordelkreis, zwischen zwei Spieße (T3/Z8; MT1-7). An dieser Stelle bleibt offen, ob der Vorschlag noch im Kontext der mathematischen Themenentwicklung zu kodieren ist, und er sich auf die Fixierung der repräsentierten Durchmesser im Mittelpunkt (MT1-1 und MT1-3) bezieht, oder ob das Auslegen der Kreisfläche (MT1-5) mit mehreren Styroporstücken dem Ziel einer gleichmäßig gekrümmten Kreislinie (MT1-4) dient. Letztere Interpretationsvariante scheint sich später zu bestätigen, indem Firat Aylins Kordelkreis nachahmend herstellt und diesen dann mit Styroporstücken auslegt (T3/Z15). Da die vorherigen Vorschläge in der Themenentwicklung auf dieses Ziel zulaufen, werden die ersten diesbezüglichen Interaktionen (T3/Z8) bereits mit dieser Kodierung versehen. Insgesamt ist in dieser Phase eine gemeinsame Themenentwicklung zu verzeichnen, die sich nachfolgend in unterschiedlicher Weise entfaltet.

Im Verlauf der gemeinsamen Partnerarbeitsphase entwickelt Aylin eine weitere Idee. Sie möchte nun einen Kreis zeichnen und erhält vom Lehrer (L) dazu ein weißes DIN A4-Blatt. Vor Firat liegt eine kreisförmig arrangierte Kordel, deren Enden er zuvor mit Knete zusammengefügt hat.

1	L	[*reicht Aylin und den beiden anderen Partnergruppen je ein weißes Blatt*]
2	F	[*zu Mitschüler Kemal:*] Wo ist eure Bleistift # [*dreht den Spieß, sodass der Kordelkreis wie ein Lasso schwingt, singt*]? [Dedeee, dedeee].
3	Ay	# [*faltet das Blatt mittig*]
4	F	[*schaut zu einer anderen Partnergruppe, schaut auf das Material in seiner Hand, dreht es erneut, singt*] ## [Dede dedee, dededee]. [*schaut zu Aylin, schaut zur anderen Partnergruppe*].
5	Ay	## [*beginnt einen Halbkreis aus dem gefalteten Blatt auszuschneiden*]
6	L	[*zu Firat:*] Firat. Hmhm [*schüttelt den Kopf*].
7	F	Ja # [*schaut zu Aylin*].
8	Ay	# [*schneidet den Halbkreis aus, faltet ihn auseinander, schaut kurz zum Lehrer*] Warte, ich mach das da drauf.
9	F	## [*schaut abwechselnd auf den Kordelkreis am Spieß in seiner Hand und zu Aylin*]
10		## [*faltet den Kreis 90 Grad versetzt zur vorherigen Faltung*]
11	F	[*zum Lehrer:*] ### Herr Krüger!
12	L	### [*zu Aylin:*] Dann guck mal, ob die jetzt genau deckungsgleich sind, Aylin.
13	Ay	#### [*schneidet die Kreisränder nach*]
14	F	#### [*schaut zu Aylin*]
15	F	Herr Krüger, guck mal. Ich hab ein (unverständlich). Guck mal, Herr Krüger [*wirft ein Styroporstück durch den Kordelkreis am Spieß*]. Oh Herr Krüger!
16	L	[*zu Firat:*] Äh, pass auf, das hat mit dem Arbeitsauftrag gerade nix mehr zu tun, ne, was du,
17	Ay	Fertig!
18	L	[*zu Aylin:*] Mmh.

Transkript T4: KG2LU1, 14:37–15:48, Aylin, Firat und Lehrer

Diese Situation zeigt Firat in einer unspezifischen Handlung ohne ein erkennbares Ziel (vgl. T4/Z2, Z4). Unterstützt wird diese Deutung durch das ablehnende Kopfschütteln des Lehrers (T4/Z6). Als Firat dem Lehrer kurze Zeit später die mit dem Spieß verbundene Kordel und damit verbundene Tätigkeiten zeigen möchte (T4/Z15), weist dieser deutlich darauf hin, dass dies in keiner Verbindung zum Arbeitsauftrag steht (T4/Z16). Parallel zu alldem schneidet Aylin aus einem gefalteten Blatt einen Halbkreis aus (T4/Z5), den sie später auseinanderfaltet (T4/Z8) und mit Hilfe der 90° deckungsgleichen Faltung korrigierend zuschneidet (T4/Z10, Z13). Während Firat eine unspezifische Handlung ohne erkennbares Ziel durchführt (TI1-1), entwickelt sich das mathematische Thema, das Aylin verfolgt, mit dem Schwerpunkt auf die Kreisfläche unter Ausnutzung deren Symmetrie (MT1-5). Im Anschluss an diese Szene wendet sich Firat wieder seiner Ursprungsidee zu, einen Stift und einen Spieß wie einen Gelenkzirkel zu nutzen (T1/Z2, Z4, Z10; MT1-1 und MT1-2).

Themenentwicklung der Lernumgebung 2

Auch das Datenmaterial der Lernumgebung ‚Kombination von Kreisteilen zu Vollkreisen' wurde vorbereitend in Phasen strukturiert. Für die Lernumgebung (LU2) konnten die Phasen ‚Aushandlung des Arbeitsauftrags', ‚Finden von (weiteren) Lösungen' und ‚Überprüfung von Lösungen' als typisch identifiziert werden. Diese Phasen wurden von den Lernenden mehrfach, nicht zwingend in der genannten Reihenfolge durchlaufen. Bezogen auf mögliche mathematische Themenentwicklungen des zentralen Arbeitsauftrags dieser Lernumgebung (vgl. Abschn. 5.3.3) konnten durch die Interaktionsanalyse verschiedene Kategorien gewonnen werden, die einzelne Themenstränge erfassen, die den Schwerpunkt der Fokussierung auf den mathematischen Lerngegenstand beschreiben. Das Kategoriensystem bildet ab, dass in der Aufgabenbearbeitung durch die Lernenden unterschiedliche Strategien (MT2-1 bis MT2-6) zur Lösungsermittlung ausgemacht werden können. Darüber hinaus können mathematische Aktivitäten, wie die Identifizierung doppelter Lösungen (MT2-7) oder falscher Ergebnisse (MT2-8), die zählende Ermittlung der Anzahl von Kreisteilen innerhalb einer Lösung (MT2-9), die Darstellung einer Lösung (MT2-10) sowie die Betrachtung der Lösungsgesamtheit (MT2-11) beobachtet werden. In Ko-konstruktiven Prozessen zeigten Lernende zudem weitere mathematische Aktivitäten (vgl. dazu auch Aebli 1994; Bauersfeld 2000; Bruner 1974; Franke & Reinhold 2016; Freudenthal 1982; Hirt et al. 2012; KMK 2005; Krauthausen 2018; Radatz 2007; Radatz & Rickmeyer 1991; Winter 1975, 1984b, 2016; Wittmann 1996; Wittmann & Müller 1990), die die mathematische Themenentwicklung beeinflussen können (MT2-12 bis MT2-16): Vorschlagen bzw. Vermuten, Überprüfen bzw. Beurteilen, Begründen, Beschreiben (von Problemen bzw. Fehlern, von Strategien, von lösungsrelevanten Tätigkeiten und Kreiseigenschaften) sowie Auffordern (zum Vorschlagen/Vermuten, Überprüfen, Beurteilen, Explizieren bzw. Begründen, Tätigwerden oder zum Zuschauen). Zur Erfassung des gesamten Bearbeitungsprozesses wurden ergänzend unspezifische Aktivitäten ohne erkennbares mathematisches Ziel (TI2-1; vgl. auch Abschn. 6.1.1.1: TI1-1) und organisatorische Aspekte des Arbeitsprozesses (TI2-2; vgl. auch Abschn. 6.1.1.1: TI1-2) erfasst. Das Ergebnis der Interaktionsanalyse ist ein Kategoriensystem, mit dessen Hilfe (mathematische) Themenstränge innerhalb der thematischen Entwicklung der Interaktion für diese Lernumgebung erfassbar sind (vgl. Tab. 6.2).

Tabelle 6.2 Kodierung der (mathematischen) Themenentwicklung der Interaktion (LU2)

Code	Mathematische Themenentwicklung der Interaktion (MT)
MT2-1	Strategie ‚Gleiche Kreisteile'
MT2-2	Strategie ‚Fixierung'
MT2-3	Strategie ‚Deckungsgleichheit'
MT2-4	Strategie ‚Bildung von Halbkreisen'
MT2-5	Strategie ‚Geometrische Passung: Ausprobieren' sowie ‚Geometrische Passung: Legen eines Vollkreises'
MT2-6	Strategie ‚Nutzen der tabellarischen Notation'
MT2-7	Identifizieren doppelter Lösungen
MT2-8	Identifizieren falscher Ergebnisse bzw. fehlender Passung
MT2-9	Zählende Ermittlung der Anzahl von Kreisteilen
MT2-10	Darstellen einer Lösung: (10.1 verbal, 10.2 enaktiv, 10.3 ikonisch, 10.4 symbolisch/tabellarisch)
MT2-11	Betrachtung der Lösungsgesamtheit
MT2-12	Vorschlagen/Vermuten
MT2-13	Überprüfen/Beurteilen
MT2-14	Begründen
MT2-15	Beschreiben von (15.1 Problemen/Fehlern, 15.2 Strategien, 15.3 lösungsrelevanten Tätigkeiten, 15.4 Kreiseigenschaften)
MT2-16	Auffordern zum (16.1 Vorschlagen/Vermuten, 16.2 Überprüfen, 16.3 Beurteilen, 16.4 Explizieren bzw. Begründen, 16.5 Tätigwerden, 16.6 Zuschauen)
	Themenentwicklung der Interaktion ohne mathematischen Schwerpunkt (TI)
TI2-1	unspezifische Aktivität (ohne erkennbares mathematisches Ziel)
TI2-2	Organisatorische Aspekte des Arbeitsprozesses (2.1 Organisation der Kooperation; 2.2 Sonstige organisatorische Aspekte bezogen auf den Bearbeitungsprozess der Aufgabe)

In den Bearbeitungsprozessen konnte die Strategie ‚Gleiche Kreisteile' (MT2-1) identifiziert werden. Hier nutzen die Lernenden gezielt gleich große Kreisteile und kombinieren ausschließlich diese zu Vollkreisen. Die Strategie wird zum Teil verbal beschrieben mit „Jetzt mit Fünfteln" oder „Jetzt nehmen wir mal nur Vierer". In der tabellarischen Notation zeigen sich entsprechende Abschnitte, in denen gleich große Kreisteile zur Vollkreisbildung Verwendung finden (vgl. Abb. 6.1).

Halbe	Drittel	Viertel	Fünftel	Sechstel
[...]				
2				
	3			
		4		
			5	
				6
[...]				

Abbildung 6.1 Tabellarische Notation von Dunja und Tahia. (Nachbildung eines Ausschnitts)

Nicht alle Lernenden gehen dabei systematisch vor, bspw. der Größe der Kreisteile aufsteigend oder absteigend folgend (vgl. Abb. 6.2).

Halbe	Drittel	Viertel	Fünftel	Sechstel
[...]				
				ЖI
	III			
			Ж	
II				
		IIII		
[...]				

Abbildung 6.2 Tabellarische Notation von Eva und Julian. (Nachbildung eines Ausschnitts)

Ebenso werden nicht zwingend mit dieser Strategie alle o. g. fünf Lösungen gefunden (vgl. Abb. 6.3).

Halbe	Drittel	Viertel	Fünftel	Sechstel
[...]				
	3			
			5	
				6
		4		
[...]				

Abbildung 6.3 Tabellarische Notation von Aylin und Firat. (Nachbildung eines Ausschnitts)

Möglicherweise ergeben sich Kombinationen gleicher Kreisteile auch als Ergebnis anderer Strategien, bspw. ‚Geometrische Passung'. In diesem Fall werden sie in der Kodierung durch die entsprechende Strategie erfasst.

Innerhalb der Strategie ‚Fixierung' (MT2-2) konnte beobachtet werden, dass Lernende systematisch bspw. mit dem größten Teil (Halbkreis), beginnen und davon ausgehend Kombinationen mit kleiner werdenden Kreisteilen herstellen (vgl. Abb. 6.4).

Halbe	Drittel	Viertel	Fünftel	Sechstel
[...]				
1	1	0	0	1
1	0	2	0	0
1	0	0	0	3
[...]				

Abbildung 6.4 Tabellarische Notation von Melina und Tim. (Nachbildung eines Ausschnitts)

Die Strategie kann theoretisch auch ausgehend von einem Sechs-Sechstelkreis angewandt werden, bei dem Sechstelkreisteile systematisch durch größer werdende Kreisteile ausgetauscht werden. Dies konnte im Datenmaterial jedoch nicht identifiziert werden.

Bei Lernenden, die die Strategie ‚Deckungsgleichheit' (MT2-3) nutzen, konnte beobachtet werden, dass sie gezielt Kreisteile bzw. Kreisteilkombinationen austauschen, die deckungsgleich sind. Dies geschieht auf der Basis, dass für die in der Lernumgebung angebotenen Kreisteilgrößen gilt: $\frac{1}{2} = \frac{2}{4} = \frac{1}{3} + \frac{1}{6}$ sowie $\frac{1}{3} = \frac{2}{6}$. Identifiziert werden konnte diese Strategie vor allem nach einer Hilfe durch die Lehrperson, wenn explizit dazu aufgefordert wurde, Kreisteile auszutauschen und dabei von einer gefundenen Lösung auszugehen.

Über die genannten Strategien hinaus konnte in den Analysen die ‚Bildung von Halbkreisen' (MT2-4) beobachtet werden (vgl. T5). Diese Strategie wird besonders deutlich in einer Szene der Partnerarbeit von Dunja (Du) und Tahia (T, FSP LE), die mit dem Ziel Halbkreise zu erzeugen (T5, Z1), einen Drittel- und Sechstelkreis sowie einen Drittel- und Fünftelkreis kombinieren.

1	Du	Guck mal, wir müssen eine Halbe machen oder? # Ist das nicht eine Halbe [*legt ein Fünftel und ein Drittel zusammen*]?
2	T	# Ein Halber, so [*zeigt auf den vor ihr liegenden Drittel- und Sechstelkreis*].
3	L	[*zu Dunja:*] Ist das 'ne Halbe?
4	T	# Ja [*nickt*].
5	Du	# [*schaut Lehrer an*]
6	L	Wie kannst du das denn überprüfen?
7	Du	Nein, nein, nein, nein, nein [*nimmt den Drittelkreis weg*] das ist eine Halbe.
8	T	Mit das [*fasst den Halbkreis auf dem Tisch an*].
9	L	[*zu Tahia:*] Ja genau, super Tahia. Gute Idee, damit könntest du das überprüfen.
10	T	Das ist ein Halbe [*nimmt den Halbkreis in die Hand*].
11	L	Ja und jetzt guckst du, ob das auch ein Halbes ist, # was die Dunja gerade gelegt hat.
12	Du	# Warte [*legt den Fünftel- und Drittelkreis wieder zusammen*]. Nein, das ist kein Halbe. ## Das ist keine Halbe.
13	T	## [*legt den Halbkreis auf die zusammengelegte Kombination aus Fünftel- und Drittelkreis*] Das ist kein Halbe. Das ist schräg.
14	L	Genau, so, so kannst du das überprüfen. Gute Idee.

Transkript T5: KG2LU2, 19:27–19:51, Dunja, Tahia und Lehrer

Zur Überprüfung, ob es sich um einen aus zwei Kreisteilen zusammengesetzten Halbkreis handelt, schlägt Tahia vor (MT2-12), einen Halbkreis zum direkten Vergleich zu nutzen (T5/Z8). Sie überprüft die Kombination aus einem Fünftel- und Drittelkreis, mit dem Versuch, einen Halbkreis deckungsgleich darüber zu legen (T5/Z13; MT2-13). Durch die verbale Zuordnung „Das ist ein Halbe" (T5/Z10) zum Halbkreis und die Beschreibung „Das ist kein Halbe" (T5/Z13) der Kombination aus Fünftel- und Drittelkreis beurteilt sie die beiden Elemente als nicht-deckungsgleich (T5/Z13; MT2-13). Sie begründet (MT2-14) ihre Entscheidung, indem sie versucht, ihre visuelle Beobachtung unterschiedlicher Winkel in Worte zu fassen (T5/Z13): „Das ist schräg". Diese Äußerung kann in der Analyse mit der vorangegangenen Äußerung als logisch verknüpft betrachtet werden: „Das ist kein Halbe, [denn; Erg. KH] das ist schräg". Die Kombination aus einem Drittel- und Sechstelkreis wird im weiteren Verlauf als deckungsgleich identifiziert. So finden Dunja und Tahia die passende Kombination, die zusammen mit einem Halbkreis einen Vollkreis ergibt. Die Lösung wird schließlich tabellarisch notiert (vgl. Abb. 6.5; MT2-10.4).

Halbe	Drittel	Viertel	Fünftel	Sechstel
[...]				
1	1			1
[...]				

Abbildung 6.5 Tabellarisch Notation von Dunja und Tahia. (Nachbildung eines Ausschnitts)

Mit der Kodierung der Strategie ‚Geometrische Passung' werden Arbeitsphasen von Lernenden erfasst, in denen sie Kreisteile im Hinblick auf ihre geometrische Passung und Kombinierbarkeit ausprobierend zu Vollkreisen zusammensetzen. Dies geschieht ähnlich einer Puzzletätigkeit. Identifizierbar war in diesem Zusammenhang häufig auch das Erzeugen doppelter Lösungen bzw. das mehrfache Erzeugen derselben Kombinationen, die annähernd einen Vollkreis bilden. Dies lässt deutlich werden, dass in Arbeitsphasen, in denen mit Hilfe dieser Strategie Lösungen gesucht werden, keine weiteren o. g. Strategien (vgl. MT2-1 bis MT2-4) zum Tragen kommen. Als Strategie ‚Geometrische Passung' wird auch erfasst, wenn außerhalb der o. g. Strategien auf Anhieb ein korrektes Ergebnis gelegt wird, bei dem mindestens zwei verschiedene Kreisteilgrößen verwendet werden. Hier kann man davon ausgehen, dass die visuelle Abschätzung der Passung von Kreisteilen zur Lösungsfindung führt. Insgesamt zeigt sich vor allem an dieser Strategie die Auswirkung des Einsatzes des Fünftelkreises als Arbeitsmaterial. Der Fünftelkreis, der nur mit seinesgleichen kombiniert zu einem Vollkreis zusammengesetzt werden kann, erweist sich als ein Element, mit dem vor allem auf enaktiver Ebene das genaue geometrische Zusammenfügen und in der Überprüfung die genaue Beobachtung der Passung notwendig ist und herausgefordert wird. Ein oberflächliches Arbeiten führt dagegen zu falschen Ergebnissen. Für den geometrischen Schwerpunkt der Lernumgebung ist dies essentiell, um einer Fehlvorstellung vorzubeugen, dass Kreisteile immer problemlos zu Vollkreisen kombinierbar wären. Die Strategie ‚Geometrische Passung' eröffnet darüber hinaus häufig auch Situationen, in denen Lernende während der gemeinsamen Suche nach einer neuen Lösung enaktive geometrische Vorschläge zur Passung machen können, indem sie ihrem Lernpartner ein bestimmtes Kreisteil anreichen. Der nachfolgende Transkriptausschnitt (vgl. T6) zeigt, wie Eva (Ev) und Julian (J, FSP LE) mit der Strategie ‚Geometrische Passung' eine neue Lösung finden.

1	Ev	[*legt einen Drittel-, Viertel- und Fünftelkreis aneinander*] Halt mal so.
2	J	[*hält den Drittelkreis vor Eva fest*]
3	Ev	Und hol mal noch einen Lilanen.
4	J	[*lässt den Drittelkreis los, nimmt einen Fünftelkreis und schiebt ihn zu Eva*]
5	Ev	[*hält die zusammengelegten Kreisteile fest*] Steck mal rein, mal gucken.
6	J	Ja [*versucht, den Fünftelkreis in die Lücke zu schieben*].
7	Ev	Nee. Hol mal einen Blauen.
8	J	[*legt den Fünftelkreis weg, # nimmt einen Viertelkreis*]
9	Ev	# Und wenn blau nicht passt, dann nehmen wir einen.
10	Ev	Steck rein!
11	J	[*versucht, den Viertelkreis in die Lücke zu schieben*] Nein.
12	Ev	Passt nicht.
13	J	# [*schiebt den Viertelkreis weg*]
14	Ev	# Lila!
15	J	[*nimmt einen Fünftelkreis*] Hatten wir doch schon. Passte nicht [*versucht, den Fünftelkreis in die Lücke zu schieben*].
16	J	# [*schiebt den Fünftelkreis wieder weg*]
17	Ev	# Dann passt das ganze Ding schon wieder nicht.
18	Ev	Also, den da raus [*schiebt den Fünftelkreis weg, nimmt einen Viertelkreis*]. Den rein. Und jetzt.
19	J	[*versucht, einen Fünftelkreis in die Lücke zu schieben, # legt den Fünftelkreis wieder weg*]
20	Ev	# Und hol mal Orangene.
21	J	Wollte ich gerade machen [*nimmt einen Sechstelkreis, schiebt ihn in die Lücke*].
22	Ev	Passt. Aufschreiben! Zwei Blaue. Ich diktiere dir. Einen Gelben, einen Orangenen. Orange. Jetzt darfst du bauen.
23	J	[*notiert die Lösung nach Evas Diktat in die Tabelle auf dem Arbeitsblatt*]

Transkript T6: KG1LU2, 16:40–17:56, Julian und Eva

In dieser Analyseeinheit legt Eva einen Teilkreis aus einem Drittel-, Viertel- und Fünftelkreis (T6/Z1ff.), später aus einem Drittel- und zwei Viertelkreisen (T6/Z18ff.) und hält den Teilkreis jeweils mit den Händen zusammen, während Julian die Passung verschiedener Kreisteile zu einem Vollkreis ausprobiert. Dies geschieht mehrmals aufgrund der Aufforderung durch Eva (T6/Z3, Z5, Z7, Z10). Die Strategie ‚Geometrische Passung‘ (MT2-5) in Kombination mit Überprüfungstätigkeiten, die Beurteilungen hinsichtlich der Passung beinhalten (bspw. T6/Z12, Z22; MT2-13), tritt an dieser Stelle deutlich hervor. Die Lernenden probieren – symbolisch veranschaulicht – in folgender Reihenfolge die Kreisbildung aus: $\frac{1}{5} + \frac{1}{3} + \frac{1}{4} + \frac{1}{5} = \frac{59}{60}$ (T6/Z3 bis Z6), $\frac{1}{5} + \frac{1}{3} + \frac{1}{4} + \frac{1}{4} = \frac{62}{60}$ (T6/Z7 bis Z13), erneut $\frac{1}{5} + \frac{1}{3} + \frac{1}{4} + \frac{1}{5} = \frac{59}{60}$ (T6/Z14 bis Z17). In ihrer Lösungsfindung wird ersichtlich, dass nur Kreisteile genutzt werden, die in ihrer Größe als annähernd passend betrachtet werden können. Die Passung von Halb-, Drittel- und Sechstelkreisen wird an dieser Stelle gar nicht erst ausprobiert, sondern scheinbar schon ausgeschlossen. Da in den bisherigen Versuchen entweder eine kleine Lücke ($\frac{59}{60}$) verbleibt oder die Kreisteile mehr als einen Vollkreis ausmachen ($\frac{62}{60}$), verwerfen die Lernenden den o. g. Teilkreis und bilden einen neuen aus zwei Viertelkreisen und einem Drittelkreis (T6/Z18). Diesen kombinieren sie zuerst mit einem Fünftelkreis $\frac{2}{4} + \frac{1}{3} + \frac{1}{5} = \frac{62}{60}$ (Z19) und danach mit einem Sechstelkreis $\frac{2}{4} + \frac{1}{3} + \frac{1}{6} = 1$. Hier handelt es sich um eine enaktiv repräsentierte Lösung (MT2-10.2). Diese Lösung wird als passend beurteilt (T6/Z22; MT2-13), verbal durch die Nennung der Farben dargestellt (MT2-10.1) und tabellarisch notiert (T6/Z23; MT2-10.4).

Mit Hilfe der Kategorie ‚Nutzen der tabellarischen Notation‘ (MT2-6) werden Aktivitäten von Lernenden erfasst, in denen sie die tabellarische Notation nutzen, um zu überprüfen, ob eine Lösung bereits in der Tabelle eingetragen ist. Die tabellarische Notation wurde zudem auch durch Lernende genutzt, um ausgehend von einer bereits eingetragenen Lösung eine weitere zu finden, indem diese in einem intermodalen Transferprozess noch einmal enaktiv realisiert wurde. Unter die Kategorie ‚Nutzen der tabellarischen Struktur‘ fallen ebenso Lösungsprozesse, bei denen mit Hilfe erkannter struktureller Zusammenhänge in der Tabelle neue Lösungen rein gedanklich aufgrund von Überlegungen generiert werden. Letztere Vorgehensweise findet sich in einer Szene in der Arbeitsphase von Julian (J, FSP LE) und Eva (E). Nach einer längeren Arbeitsphase mit der Strategie ‚Geometrische Passung‘ werden gemeinsam verschiedene Kombinationen ausprobiert. Anschließend arbeitet Julian mit der Strategie ‚Gleiche Kreisteile‘ und findet auf diese Weise den Vollkreis aus sechs Sechstelkreisen und aus drei Drittelkreisen. Eva notiert beide Lösungen tabellarisch, nachdem sie durch Julian gelegt wurden. Während Julian die Lösung aus Fünftelkreisen enaktiv ermittelt, leistet Eva bereits den Transfer und notiert die zu erwartende Lösung in der Tabelle (fünf Fünftelkreise). Melina (M, FSP LE), eine Mitschülerin einer anderen Partnergruppe beobachtet den tabellarischen Eintrag sowie dass dieser unabhängig von der enaktiven Überprüfung erfolgt und spricht Eva (Ev) auf ihr Tun an, indem sie sie auffordert, ihr Vorgehen zu explizieren (vgl. T7/Z2; MT2-16.4).

1	Ev	[*notiert fünf Striche in der 12. Zeile, Spalte ‚Fünftel‘ der Tabelle*]
2	M	Was machst du da Eva?
3	Ev	Das darf ich!
4	M	Ihr müsst auch erst mal legen.
5	Ev	Nee, wir überlegen.

Transkript T7: KG1LU2 und KG1LU2, 26:52–27:05, Eva und Melina

Eva betont, dass die Ergebnisse nicht durch *Legen* sondern durch *Überlegen* gefunden wurden (T7/Z5). Eva nutzt die Erkenntnis über das arithmetische Muster bei zusammengesetzten Kreisen durch Mehrfachnutzung derselben Kreisteilgröße: Drei Drittel-, vier Viertel-, fünf Fünftel- und sechs Sechstelkreise werden benötigt, um einen Vollkreis zu bilden.

Im Arbeitsprozess der Lernenden waren, über die bisher genannten Kategorien hinaus, weitere mathematische Aktivitäten der Lernenden beobachtbar, die die mathematische Themenentwicklung beeinflussten, dabei aber strategieunabhängig stattfanden. Eine dieser Aktivitäten ist das ‚Identifizieren doppelter Lösungen' (MT2-7). Einerseits identifizierten Lernende innerhalb der tabellarischen Notation doppelte bzw. gleiche Lösungen. Andererseits nutzten sie die tabellarische Notation und verglichen diese mit einer enaktiv generierten Lösung. Hier setzten die Lernenden enaktive und symbolische Lösungsrepräsentationen in Beziehung. Wenn eine Lösung bereits vorhanden war, wurde dies in der Regel verbal ausgedrückt, bspw. mit „Hatten wir schon!". In manchen Fällen war beobachtbar, dass die tabellarische Nutzung mit einem bestätigenden Nicken oder verneinenden Kopfschütteln auf die Aufforderung zur Überprüfung (MT2-16.2) verbunden war. Die Verneinung wurde als ‚Identifizierung falscher Ergebnisse bzw. fehlender Passung' (MT2-8) kodiert. Zu dieser Kategorie zählt ebenso die Überprüfung der Vollständigkeit des Kreises mit Hilfe des Materials, indem Kreisteile exakt zusammengefügt werden und zusammengesetzte Figuren auf Lücken oder Überlappungen untersucht werden. Hier handelt es sich um die Kontrolle der Vollständigkeit des Kreises auf enaktiver Ebene.

Bevor Lernende gefundene Kreisteilkombinationen notierten, die einen Vollkreis ergaben, ermittelten sie die Anzahl der Kreisteile. Bei den hier angebotenen Materialien kann dies einerseits durch die Betrachtung der farbigen Punkte simultan erfassend gelöst, andererseits durch das Verstehen von Zusammenhängen logisch erschlossen werden. In beiden Fällen ist keine Aktivität beobachtbar. Bei Schülerinnen und Schülern, die die Anzahl von Kreisteilen zählend ermitteln, kann diese mathematische Aktivität explizit beobachtet und kodiert werden (MT2-9). Unter die Betrachtung der Lösungsgesamtheit (MT2-10) fallen Aussagen zur gefundenen Anzahl von Lösungen sowie Vermutungen, wie viele Lösungen noch gefunden werden müssen, damit die Aufgabe vollständig gelöst ist. Auch die Vorgehensweise der Ermittlung kann dabei im Mittelpunkt stehen und ausgehandelt werden, bspw. wenn Lernende anstelle jeder Zeile jede Zahl auf dem Arbeitsblatt zählen und auf diese Weise zu einem falschen Ergebnis kommen.

Mit Hilfe der dargestellten Kategoriensysteme ist es möglich, bezogen auf beide Lernumgebungen mathematische und nicht-mathematische Themenstränge der Interaktion zu identifizieren und den gesamten Verlauf der Partnerarbeitsphase durch Kodierungen zu erfassen und abzubilden.

6.1.1.2 Partizipationsdesign

Durch die Analyse der mathematischen Themenentwicklung (vgl. Abschn. 6.1.1.1) kann die Entfaltung des mathematischen Gesprächs für konkrete Lernumgebungen rekonstruiert werden. Im Folgenden wird dargestellt, wie die Partizipation einzelner Lernender an dieser Themenentwicklung rekonstruierbar ist, indem deren inhaltliche Verantwortlichkeit in der Bearbeitung der Lernumgebung erfasst wird.

Partizipation tätig werdender Schülerinnen und Schüler
Innerhalb dieser Studie wurde das gemeinsame Lernen in substanziellen Lernumgebungen mit Arbeitsaufträgen herausgefordert, die die Lernenden kooperativ bearbeiten sollten. Ein Lernen durch Partizipation kann damit zwar ermöglicht, aber nicht zwingend ausgelöst werden (vgl. Krummheuer 2007, 63). Im Rahmen des empirischen Forschungsbeitrags der vorliegenden Arbeit ist es von Bedeutung, eine Analysemethode zu verwenden, die einen deskriptiven Zugang zu Schülerkooperationen bietet (vgl. dazu auch Brandt 2006), um partizipative Strukturen innerhalb gemeinsamer Lernsituationen identifizieren und beschreiben zu können. Zur Analyse und Beschreibung der mitgestaltenden und rezeptiven Prozesse von Lernenden in Ko-Konstruktionen wurde im Rahmen der vorliegenden Arbeit ein Analyseinstrument entwickelt, das auf die Interaktions- und Partizipationsanalyse nach Krummheuer und Brandt (2001) zurückgeht. Wie bereits dargestellt, basiert die Partizipationsanalyse auf der Interaktionsanalyse (vgl. Abschn. 4.2.2), wobei Krummheuer und Brandt (2001) ihre Analysen hauptsächlich auf lautsprachliche, argumentative Prozesse beziehen (vgl. Brandt & Naujok 2010, 90). In der adaptierten Partizipationsanalyse der vorliegenden Studie wurde dies weiter gefasst und um die Analyse nonverbaler Handlungen von Lernenden erweitert, da festgestellt wurde, dass lernbeeinträchtigte Schülerinnen und Schüler ihre Ideen in den geometrischen Lernumgebungen zum Thema ‚Kreis‘ häufig durch gestische bzw. materialbezogene Aktivitäten zum Ausdruck brachten sowie durch die Verknüpfung dieser Realisierungsmöglichkeiten mit der Lautsprache. Diese Ausdrucksformen bildeten die Grundlage zur Erfassung mathematischer Aktivitäten (vgl. Abschn. 6.1.1), die in der adaptierten Partizipationsanalyse an die Stelle der Betrachtung von Argumentationsformaten (vgl. Krummheuer & Brandt 2001) traten. So war es möglich, die z. T. niederschwelligen Aktivitäten lernbeeinträchtigter Schülerinnen und Schüler als Beitrag zur mathematischen

Themenentwicklung der Interaktion zu berücksichtigen. Zur Adaption der Partizipationsanalyse wurden im Rahmen der Interaktionsanalyse die von Krummheuer und Brandt (2001) konzeptualisierten Partizipationsstatus von Lernenden für erste Analysen genutzt und induktiv weiterentwickelt. Mit Hilfe dieser adaptierten Partizipationsanalyse waren die Aktivitäten bzw. Äußerungen lernbeeinträchtigter Schülerinnen und Schüler in dyadischen oder polyadischen Interaktionen im Kontext ihrer Bedeutung für einzelne Themenstränge der mathematischen Themenentwicklung einzuordnen. Innerhalb der Interaktionsanalyse konnten so mathematische und sozial-interaktive Partizipationsprozesse in inklusiven Settings mikroanalytisch betrachtet werden. Das adaptierte Kategoriensystem der Partizipationsanalyse diente schließlich als Grundlage zur kategorialen Erfassung von Typen gemeinsamer Lernsituationen in inklusiven Settings (vgl. Abschn. 6.2.1).

Das Forschungsinteresse der vorliegenden Arbeit richtet sich im Speziellen auf Partizipationsprozesse von Schülerinnen und Schülern mit dem Förderschwerpunkt Lernen. Daher wurden in den Analysen Interaktionssequenzen fokussiert betrachtet, an denen diese Lernenden beteiligt waren bzw. solche, in denen sie mit der Intention eines Interaktionsaufbaus adressiert wurden. Die Partizipationsprozesse dieser Lernenden wurden durch das Produktionsdesign für tätig werdende Schülerinnen und Schüler sowie das Rezipientendesign für nicht tätig werdende Schülerinnen und Schüler (vgl. Abschn. 6.1.1.2) erfasst. Als Kodiereinheit galten gemäß der Interaktionsanalyse (vgl. Abschn. 5.5.1) kleinste Einheiten wie Lautsprache, Schrift, Gestik, materialbezogene Handlungen sowie die Verknüpfung verschiedener Realisierungsmöglichkeiten, die kategorial erfasst wurden, wenn sie im Sinne der Genese des mathematischen Themenstrangs (vgl. Abschn. 6.1.1.1) bedeutsam waren. Ebenso war aber auch die Kodierung größerer Bestandteile ganzer Kontexteinheiten möglich, wenn sich die Verantwortlichkeit für einen inhaltlich zusammenhängenden Gesprächs- oder Handlungszug einer interagierenden Person erst in länger andauernden Sequenzen ergab. Ausgewertet wurden die Kategorien in der Reihenfolge der Gesprächsbeiträge innerhalb der Interaktion.

Zur Erfassung des Produktionsdesigns der Interaktion wurden in Anlehnung an Krummheuer (2007, 76) sowie Brandt (2009, 349) neben der Realisierung einer verbalen oder nonverbalen Äußerung auch die Verantwortlichkeit eines Lernenden für deren inhaltliche Funktion (vgl. Tab. 6.3, 2. Spalte) sowie für deren Formulierung bzw. Ausführung (vgl. Tab. 6.3, 3. Spalte) rekonstruiert. Das Kategoriensystem von Krummheuer und Brandt (2001) unterscheidet die vier Partizipationsstatus ‚Kreator‘, ‚Traduzierer‘, ‚Paraphrasierer‘ und ‚Imitierer‘ (vgl. Abschn. 4.2.2; Tab. 4.2). In der hier aufgezählten Reihenfolge nimmt die Verantwortlichkeit für die Idee innerhalb der mathematischen Themenentwicklung ab (vgl. Tab. 6.3, 4. Spalte; ausführlich dazu auch Abschn. 4.2.2). Im Rahmen der Adaption der Partizipationsanalyse entstanden folgende Kategorien zur Darstellung der Partizipation von tätig werdenden Lernenden im inklusiven Setting, die im Weiteren genauer dargestellt und exemplarisch veranschaulicht werden (vgl. Tab. 6.3).

Tabelle 6.3 Schema des Partizipationsdesigns (vgl. auch Brandt 2009; Krummheuer 2007)

Partizipationsstatus	Verantwortlichkeit für den mathematischen Inhalt (MI)	Verantwortlichkeit für die Formulierung (F) bzw. Handlung (H)	produktive inhaltliche Verantwortlichkeit
Kreator (K)	+	+	
Weiterentwickler (W)	+	+	
Instruierender (I)	+	-	abnehmend
Umsetzender (U)	-	+ (H)	
Paraphrasierer (P)	-	+ (F)	
Imitierer (Imi)	-	-	
Akzeptierender (Akz)	-	-	marginal
Ablehnender (Abl)	-	-	
Zuschauender (Z)	keine	keine	keine

In der Rolle ‚Kreator' handeln Lernende, die innerhalb eines mathematischen Themenstrangs der Interaktion eine originäre Idee entwickeln und diese über einen gewissen Zeitraum ohne Einfluss eines Lernpartners weiterentwickeln. Die Rolle, in der ein Thema in ko-konstruktiven Prozessen initiiert wird, findet sich implizit auch in der Studie von Barnes und Todd (1995; auch Abschn. 4.1.1). Auch Höck (2015) identifizierte in ihrer Studie die Fokusbildung als einen möglichen Beitrag von Lernenden in ko-konstruktiven Prozessen, die im Sinne einer Kreatorrolle gedeutet werden können (vgl. Abschn. 4.2.2). Ein Kreator ist sowohl für den Inhalt als auch für dessen Formulierung bzw. die damit verbundene Handlung verantwortlich (vgl. ebd.). Besonders deutlich wird das in folgender Szene einer koexistenten Lernsituation (vgl. Abschn. 6.2.1.1) zwischen Aylin (Ay) und Firat (F, FSP LE und SQ), in der die beiden je eine eigene Lösung entwickeln (vgl. T8).

1	Ay	[*versucht, einen Drittel-, Sechstel-, # Fünftel- sowie einen weiteren Drittelkreis zu einem Kreis zusammenzusetzen*] Gefunden, uh!
2	F	# [*versucht, einen Fünftel-, Drittel- und Halbkreis zu einem Kreis zusammenzusetzen*]
3	Ay	## [*tauscht den Fünftelkreis gegen einen Sechstelkreis*]
4	F	## [*ersetzt den Drittelkreis durch einen Viertelkreis und den Fünftelkreis durch einen Viertelkreis*]
5	Ay	Gefunden. (unverständlich) ### zwei Gelbe und zwei Oränge [*notiert die Lösung in der Tabelle auf dem Arbeitsblatt*].
6	F	### [*tauscht den Halbkreis gegen drei Sechstelkreise. Zu Aylin:*] Kann du drei, haben wir drei, drei Orange, drei Orange und zwei [B], ähm, Blauen?
7	Ay	[*notiert die von Firat genannte Lösung in der Tabelle*]

Transkript T8: KG2LU2, 27:54–28:41, Aylin und Firat

Beide Kinder befinden sich im Kreatorstatus, da sie, ohne an der Idee des jeweils anderen zu partizipieren, ihre eigene Kreation fokussieren (T8/Z1-4). Auch die Notation (T8/Z5) bzw. die Verbalisierung der eigenen Lösung (T8/Z6) liegt in der jeweiligen Verantwortlichkeit *eines* Kreators. Erst als Aylin Firats diktierte Lösung notiert (T8/Z7), agiert sie als Weiterentwicklerin. Der Status ‚Weiterentwickler' hat eine ähnlich hohe produktive Verantwortlichkeit wie der hier dargestellte Kreator. Der Weiterentwickler greift die Idee eines Kreators oder eine bereits weiterentwickelte Idee auf. Sowohl auf inhaltlicher Ebene als auch in der Äußerungsform wird die Weiterentwicklung dabei ersichtlich. Die Weiterentwicklung umfasst u. a. intermodale Transferprozesse, bei der eine Lösung oder Bearbeitung unaufgefordert in eine andere Darstellungsform übertragen bzw. in dieser fortgeführt wird. Auch eine begründete Ablehnung der Kreation des Lernpartners, die Einfluss auf die mathematische Themenentwicklung hat, zählt zu einer Weiterentwicklung. Die Weiterentwicklerrolle scheint implizit auch in den Studien von Barnes und Todd (1995) sowie von Hackbarth (2017) integriert zu sein. Etwaige Aktivitäten wurden im empirischen Material in ko-konstruktiven Prozessen identifiziert und sorgten für die Weiterbearbeitung einer Idee, was zu einem Inklusionsprozess beitrug (vgl. Abschn. 4.2.2). Die Partizipation an einer mathematischen Themenentwicklung in der Rolle eines Weiterentwicklers wird im empirischen Material der vorliegenden Studie nun exemplarisch aufgezeigt. Die Szene ereignet sich zu Beginn der Arbeitsphase von Philipp (P) und seinem Lernpartner Yusuf (Y, FSP LE) in der Lernumgebung ‚Kombination von Kreisteilen zu Vollkreisen' (LU2). Philipp hält zunächst zwei Halbkreise aneinander mit den Worten „Die zwei zusammen sind ja einer, ne?" Er notiert mit handlungsbegleitendem Sprechen „2" in die 1. Zeile der Spalte ‚Halbe'. Wie folgt setzt sich die Partnerarbeit fort (vgl. T9).

1	Y	Ich mache mal jetzt einen, soll ich?
2	P	[*nickt*]
3	Y	Ich mache jetzt so einen Bunten [*legt einen Fünftel- und einen Drittelkreis zusammen*]
4	P	Hat noch nicht ganz geklappt.
5	Y	[*legt einen Sechstelkreis an*] So vielleicht? [*legt einen Viertelkreis an; die zusammengelegten Teile bilden eine schmale Lücke*] Ah, wie war das noch mal?
6	P	Mmm.
7	Y	Na ja.
8	P	Nee, nimm lieber den [*nimmt einen Sechstelkreis vom Materialhaufen in die Hand*].
9	Y	Ja, nehme ich wieder auch.
10	Y+P	[*schieben gemeinsam das Viertel wieder aus der Kombination heraus, schieben gemeinsam die Kombination aus einem Drittel-, Fünftel- und Sechstelkreis sorgfältig zusammen*]
11	Y	Ja, den nehme ich. Gib mal!
12	P	[*gibt Yusuf den Sechstelkreis an*]
13	Y	Ja # [*legt den Sechstelkreis an*].
14	P	# [*optimiert die Lage eines anderen Kreisteils der Kombination*] Hier kann man, glaube ich, noch einen davon nehmen.
15	Y	Von denen [*greift zum Materialhaufen mit Sechstelkreisen*], ne [*schiebt einen Sechstelkreis in die Lücke; auf dem Tisch liegt eine Kombination aus drei Sechstelkreisen, einem Fünftel- und einem Drittelkreis*]?
16	P	Mmh, warte [*schiebt die Kreisteile sorgfältig aneinander*].
17	Y	[*flüsternd*] Kannst du mir sagen?
18	P	[*murmelnd*] Das muss erst mal ganz vorsichtig zusammengelegt werden.
19	Y	Damit das nicht kaputt geht direkt. Na [*wackelt mit dem Kopf hin und her*]?
20	P	Nee, das passt nicht [*legt den Fünftelkreis weg*]. Dann müssen wir noch einen
21	Y	Von denen [*zeigt auf das Häufchen Sechstelkreise*].
22	P	nehmen [*nimmt einen Sechstelkreis*]. Dann haben wir jetzt # ganz schön viel davon.
23	Y	# Könnten wir die ganze Pizza mit ausschmücken.
24	P	Ja. So, da haben wir vier Sechstel
25	Y	Äh schreib, nein, drei [*schaut auf den zusammengesetzten Kreis*], # ach so vier.
26	P	# [*notiert „4" in der 4. Zeile/Spalte ,Sechstel'*] Vier. Und
27	Y	Einen Drittel.
28	P	[*notiert „1" in der 4. Zeile/Spalte ,Drittel'*] Ein Drittel.
29	Y	Das packen wir jetzt weg [*räumt die Kreisteile zurück auf die jeweiligen Materialhaufen*].

Transkript T9: KG5LU2, 09:10–10:14, Philipp und Yusuf

Yusufs Äußerung (T9/Z1) zeigt zunächst, dass die gemeinsame Vorgehensweise ausgehandelt wird. Das Angebot, dass er nun eine weitere Lösung erstellen will, wird von Philipp nickend akzeptiert (T9/Z2). Yusuf macht in der Rolle des Kreators seinen Plan für den Lernpartner transparent, indem er durch „so einen Bunten" (T9/Z3) andeutet, dass er zur Zusammensetzung eines Vollkreises nun verschiedene Kreisteilgrößen verwenden wird[2]. Dies steht im Gegensatz zur ersten gefundenen Lösung aus zwei Halbkreisen. Yusuf legt einen Fünftel- und Drittelkreis zusammen (T9/Z3). Philipp kommentiert Yusufs Handlung in der Rolle des Weiterentwicklers, indem er verbalisiert, dass der Kreis so noch nicht vollständig ist (T9/Z4). Yusuf legt einen Sechstel- und einen Viertelkreis an und fordert entweder den Lernpartner zu einer Bewertung bzw. Stellungnahme auf oder denkt laut nach (T9/Z5). Dieser reagiert nachdenklich (T9/Z6). Auch Yusuf ist noch nicht von der Lösung überzeugt, was er durch „na ja" deutlich macht (T9/Z7). Philipp schlägt als Weiterentwickler schließlich vor, einen Sechstelkreis zu verwenden (T9/Z8), was Yusuf akzeptiert (T9/Z9). Zeitgleich entfernen die beiden Jungen das Viertel aus der gelegten Kombination. Diese Handlung geschieht synchron, sodass die Entscheidung, welches Kreisteil durch den Sechstelkreis ersetzt wird, von beiden gleichermaßen als Weiterentwickler getroffen wird (T9/Z10). Auch das exakte Zusammenschieben der übrigen Drittel-, Fünftel- und Sechstelkreise verfolgen beide Lernende gleichzeitig als Weiterentwickler der Idee (T9/Z10). Yusuf geht schließlich akzeptierend auf Philipps Idee ein, einen weiteren Sechstelkreis zu verwenden. Der durch Philipp gereichte Sechstelkreis (T9/Z12) wird von Yusuf angelegt (T9/Z13), während Philipp die Lage der Kreisteile weiter optimiert (T9/Z14). Beide Lernende arbeiten gemeinsam als Weiterentwickler an einer gemeinsamen Lösung. Noch deutlicher wird dies im weiteren Verlauf, in dem sich die Lernenden entscheiden, einen weiteren Sechstelkreis zu verwenden (T9/Z14f.). Philipp schlägt als Weiterentwickler zunächst vor: „Hier kann man, glaube ich, noch einen davon nehmen" (T9/Z14). Interessant ist, wie Philipps unspezifische Aussage „noch einen davon" (T9/Z14) durch Yusufs Ergänzung „von denen, ne?" (T9/Z15) und durch sein Greifen zu den Sechstelkreisen expliziert wird. Es scheint sich um dieselbe Idee zu handeln, da Philipp auf Yusufs Reaktion zustimmend reagiert (T9/Z16). Was Yusuf genau mit der Aussage „Kannst du mir sagen?" (T9/17) bezweckt, bleibt unklar. Es führt jedoch dazu, dass Philipp seine Handlung sprachbegleitend erklärt: „Das muss erst mal ganz vorsichtig zusammengelegt werden" (T9/Z18). Die Interpretation liegt nahe, dass er damit die Überprüfung andeutet, die auf enaktiver Ebene nötig ist, um sicher zu sein, dass es sich um einen Vollkreis handelt. Auf diese Weise werden Gedanken explizit, und es wird eine Voraussetzung

---

[2]Im Original sind verschiedene Kreisteilgrößen durch farbige Klebepunkte gekennzeichnet (vgl. Abschn. 5.3.3).

für die gemeinsame Weiterarbeit geschaffen. Yusuf erweitert die Aussage weiterentwickelnd mit der Benennung eines Grundes: „Damit das nicht kaputt geht direkt" (T9/Z19). Es bleibt an dieser Stelle offen, ob er sich auf die geometrische Passung bzw. das lückenlose Legen einer Kreisfläche oder eine alltagsbezogene Deutung des Zusammensetzens einer Fläche bezieht, bei dem sich Teile verschieben können, wenn ein neues Element hinzugefügt wird. Für den gemeinsamen Arbeitsprozess handelt es sich jedoch im Kontext beider Deutungen um das Aufgreifen und Weiterentwickeln einer Aussage durch die Eröffnung eines weiteren Aspekts. Was Yusufs Kopfwackeln und langgezogenes „Na?" (T9/Z19) bereits andeutet, wird von Philipp bestätigt: „Nee, das passt nicht" (T9/Z20). Dies entspricht einer Weiterentwicklung im Sinne einer begründeten Ablehnung durch den Hinweis auf die fehlende Passung der Teile. Im Folgenden bilden beide Lernpartner sogar nacheinander sprechend einen gemeinsamen Satz: „Dann müssen wir noch einen von denen [Sechstelkreise, Anm. KH] nehmen" (T9/Z20 bis Z-22). Hier wird eine gemeinsame Idee gemeinsam verbal und gestisch expliziert und ausgeführt. Beide Kinder agieren als Weiterentwickler der Idee. Philipps anschließende Beschreibung „dann haben wir jetzt ganz schön viel davon" (T9/Z22) ist eine Anspielung auf die Menge verwendeter Kreisteilgrößen und kann wiederum als Weiterentwicklung gedeutet werden. Auch Yusufs Überlegung „Könnten wir die ganze Pizza mit ausschmücken" (T9/Z23) deutet auf eine anschlussfähige Überlegung hin, einen Vollkreis aus Sechsteln zu kreieren, was wiederum eine Weiterentwicklung deutlich werden lässt. Diese Aussage wird zusätzlich durch Philipp bestätigt (T9/Z24). Die anschließende Notation der Lösung entwickeln ebenfalls beide Lernende gemeinsam (T9/Z24 bis Z28). Philipp überträgt als Weiterentwickler die enaktive Lösung in eine symbolische Form innerhalb einer Tabelle (T9/Z26, Z28). Er benennt dabei die Teile fachsprachlich korrekt als „vier Sechstel" und „ein Drittel". Die verbale Bezeichnung der Teillösung „vier Sechstel" bringt er zuerst ein (T9/Z24), die verbale Bezeichnung „ein Drittel" entwickelt Yusuf (T9/Z27), was Philipp lediglich imitierend wiederholt und nur grammatisch korrigiert (T9/Z28). Dass Yusuf, obwohl Philipp schreibt, dennoch am gesamten Prozess der Notation partizipiert, zeigt vor allem die Ablehnung der Teillösung ‚vier Sechstel' durch „nein drei" (T9/Z25). Yusufs überprüfender Blick auf den zusammengesetzten Kreis in der Rolle des Weiterentwicklers, der die Lösung absichert, beinhaltet einen intermodalen Transfer von der symbolischen zur enaktiven Repräsentationsebene. Ihm folgt seine, Philipps Lösung akzeptierende Korrektur „ach so vier" (T9/Z25). Die Analysesequenz endet an dieser Stelle, was durch das Wegräumen der genutzten Kreisteile deutlich wird (T9/Z29).

Insgesamt erweist sich die Szene als reichhaltig, um ein Spektrum an Weiterentwicklungsmöglichkeiten einer Idee aufzuzeigen:

- Durch einen geäußerten Vorschlag (T9/Z8, Z14), der vom Lernpartner aufgegriffen (T9/Z9, Z11) und ggf. weiterentwickelt oder expliziert wird (T9/Z13, Z15),
- durch eine begründete Ablehnung (T9/Z20),
- durch die Weiterentwicklung einer noch unvollständigen Lösung (T9/Z10, Z13),
- durch die Präzisierung und Überprüfung einer (Teil)Lösung (T9/Z10, Z14, Z16, Z18, Z25),
- durch die Eröffnung oder Explizierung weiterer Aspekte innerhalb einer Idee (T9/Z19, Z22),
- durch intermodale Transferprozesse (T9/Z24-27), u. a. auch durch die verbale Kommentierung handlungsorientierter Lösungsprozesse des Lernpartners (T9/Z4) oder die gestisch-gestützte Explizierung einer verbalen Äußerung des Lernpartners (T9/Z21) und
- durch Andeutungen, wie die Idee über die aktuelle Lösungsidee hinaus weiterentwickelt werden könnte (T9/Z23).

Das originäre Kategoriensystem zur Erfassung der Partizipation von Lernenden von Krummheuer und Brandt (2001) beinhaltet neben dem ‚Kreator‘ den Partizipationsstatus ‚Traduzierer‘ (vgl. ausführlich Abschn. 4.2.2), in dem Lernende unter Verwendung der Formulierung einer vorangegangenen Äußerung eine neue Idee einbringen und somit Verantwortlichkeit für den mathematischen Inhalt, nicht aber für die Formulierung übernehmen. Dies konnte in der Analyse inklusiver Settings kaum trennscharf und in Reinform identifiziert werden. Durch die Erweiterung der adaptierten Partizipationsanalyse auf gestische und nonverbal handlungsgestützte Interaktionen ist allerdings der Status ‚Instruierender‘ beobachtbar, in dem mit einer inhaltlichen Verantwortlichkeit Ideen geäußert werden deren Umsetzung aber explizit an einen Interaktionspartner abgegeben wird. Auch Hackbarth (2017) identifizierte in ihrer Studie Instruierende und schreibt dieser Rolle zu, dass sie Exklusionsprozesse auslöst (vgl. Abschn. 4.2.2). In der vorliegenden Studie reagierten Interaktionspartner eines Instruierenden u. a. als ‚Umsetzende‘, indem die Instruktion in Form einer gestischen oder materialbezogenen Handlung ausgeführt wurde. Wichtig war, dass in der Umsetzung der Instruktion die Eigenleistung des Umsetzenden deutlich wurde. Wenn die Instruktion allerdings bereits als verbale *und* handelnde Unterweisung vorgegeben wird und der Interaktionspartner daraufhin lediglich imitiert, zählt dies nicht zum Partizipationsstatus eines Umsetzenden, da in diesem Fall auch keine Verantwortlichkeit hinsichtlich der Ausführung ausgemacht werden kann. Der nachfolgende Transkriptausschnitt stellt eine Lernsituation zwischen Eva (Ev) und Julian (J,

FSP LE) im Partizipationsstatus eines Instruierenden und Umsetzenden dar (vgl. T10[3]).

1	Ev	[*legt einen Drittel-, Viertel- und Fünftelkreis aneinander*] Halt mal so.
2	J	[*hält den Drittelkreis vor Eva fest*]
3	Ev	Und hol mal noch einen Lilanen.
4	J	[*lässt den Drittelkreis los, nimmt einen Fünftelkreis und schiebt ihn zu Eva*]
5	Ev	[*hält die zusammengelegten Kreisteile fest*] Steck mal rein, mal gucken.
6	J	Ja [*versucht, den Fünftelkreis in die Lücke zu schieben*].
7	Ev	Nee. Hol mal einen Blauen.
8	J	[*legt den Fünftelkreis weg, # nimmt einen Viertelkreis*]
9	Ev	# Und wenn blau nicht passt, dann nehmen wir einen
10	Ev	Steck rein!
11	J	[*versucht, den Viertelkreis in die Lücke zu schieben*] Nein.
12	Ev	Passt nicht.
13	J	# [*schiebt den Viertelkreis weg*]
14	Ev	# Lila!
15	J	[*nimmt einen Fünftelkreis*] Hatten wir doch schon. Passte nicht [*versucht, den Fünftelkreis in die Lücke zu schieben*].
16	J	# [*schiebt den Fünftelkreis wieder weg*]
17	Ev	# Dann passt das ganze Ding schon wieder nicht.
18	Ev	Also, den da raus [*schiebt den Fünftelkreis weg, nimmt einen Viertelkreis*]. Den rein. Und jetzt.
19	J	[*versucht, einen Fünftelkreis in die Lücke zu schieben, # legt den Fünftelkreis wieder weg*]
20	Ev	# Und hol mal Orangene.
21	J	Wollte ich gerade machen [*nimmt einen Sechstelkreis, schiebt ihn in die Lücke*].
22	Ev	Passt. Aufschreiben!
23	J	[*nimmt den Bleistift*]
24	Ev	Zwei Blaue.
25	J	[*macht in der 5. Zeile des Arbeitsblatts zwei Striche in der Spalte 'Viertel'*]
26	Ev	Ich diktiere dir.
27	Ev	Einen Gelben, # einen Orangenen.
28	J	# [*macht in der gleichen Zeile je einen Strich in den Spalten 'Drittel' und 'Sechstel'*]

Transkript T10: KG1LU2, 16:40–18:03, Julian und Eva

---

[3]Beim Transkript T10 handelt es sich um das um fünf Zeilen ergänzte Transkript T6, dessen Analyse der Themenentwicklung bereits dargestellt wurde (vgl. Abschn. 6.1.1.1).

In der Bemühung einen Vollkreis zu bilden, gibt Eva als Instruierende ihrem Lernpartner Julian verschiedene Anweisungen: Dieser soll zunächst die zusammengelegten Kreisteile festhalten (T10/Z1), danach bestimmte Kreisteile zum Ausprobieren heraussuchen und in die Lücke einfügen (T10/Z3, Z5, Z7, Z10, Z14, Z20). Dabei fallen ihre Anweisungen teilweise kurz und befehlsartig aus: „Steck rein!" (T10/Z10), „Lila!" (T10/Z14), „Aufschreiben!" (T10/Z22). Auch das anschließende Diktat der Lösung (T10/Z24, Z27) gleicht zusammen mit der Aussage „Aufschreiben!" (T10/Z22) und „Ich diktiere dir" (T10/Z26) einer Instruktion. Julians Reaktionen unterstützen diese Interpretation. Er verhält sich als Umsetzender, indem er die entsprechenden Kreisteile heraussucht und versucht, in die Lücke zu schieben (T10/Z4, Z6, Z8, Z11, Z15) oder die Lösung entsprechend dem Diktat verschriftlicht (T10/Z25, Z28). Obwohl Julian einer Idee sogar ablehnend begegnet, indem er anmerkt, dass der Fünftelkreis bereits ausprobiert wurde und nicht passend war (T10/Z15), beugt er sich der Instruktion und führt die Überprüfung der Passung ein weiteres Mal aus (T10/Z15). Eva dominiert als Instruierende in dieser Analyseeinheit die gesamte Entwicklung der Lösungsfindung, vor allem auch dadurch, dass sie zwischen dem Verwerfen einer Kombination direkt die nächste Idee vorgibt und entsprechende Instruktionen ausspricht. Julian trägt zwar zur Lösung bei, indem er angibt, zeitgleich dieselbe Idee gehabt zu haben (T10/Z21), jedoch kann in diesem Fall lediglich eine doppelte Kodierung vorgenommen werden als Umsetzender sowie Weiterentwickler von Evas Kreation, einen Vollkreis mit der Strategie ‚Geometrische Passung' (vgl. Abschn. 6.1.1.1) zusammenzusetzen. Die dargestellte Szene zeigt, dass die Instruktion dafür sorgt, dass der Umsetzende eine geringere inhaltliche Verantwortlichkeit für die mathematische Themenentwicklung übernimmt. Da Hackbarth (2017) die Rolle des Instruierenden als Exklusionsprozesse auslösend, dagegen die des Umsetzenden als Inklusionsprozesse auslösend betrachtet, ist fraglich, wie die Wechselwirkung von Instruktion und Umsetzung gewertet werden kann. In der vorliegenden Studie führte der ko-konstruktive Zusammenhang von Instruierendem und Umsetzendem nicht zur Exklusion eines Lernenden. Somit können die Ergebnisse von Hackbarth (2017) nicht vollständig auf die vorliegende Studie übertragen werden.

Im Rahmen der Qualitativen Inhaltsanalyse (vgl. Mayring 2015) konnte neben den bisher dargestellten Partizipationsmöglichkeiten als Kreator, Weiterentwickler, Instruierender und Umsetzender der Status ‚Paraphrasierer' (vgl. Krummheuer & Brandt 2001, 41 ff.; Krummheuer & Fetzer 2010, 74 ff.; Abschn. 4.2.2) bestätigt und in das Kategoriensystem für inklusive Settings übernommen werden. Diese Partizipationsrolle nehmen Lernende ein, die die Handlungen anderer Lernender lautsprachlich, d. h. fach- oder alltagssprachlich (um)formulieren. Der Paraphrasierer bringt somit einen in der Verantwortlichkeit des Interaktionspartners liegenden mathematischen Inhalt durch eigene Worte zum Ausdruck. Auch die Umformulierung einer zuvor getätigten lautsprachlichen Äußerung anderer Lernender oder der Lehrperson zählt zur Paraphrasierung im Sinne dieses Partizipationsstatus. Sowohl der Paraphrasierer als auch der Umsetzende sind nur in geringem Maße für den mathematischen Inhalt verantwortlich. Ein Beispiel für die Partizipation als Paraphrasierer liefert die Szene zwischen Philipp (P) und Yusuf (Y, FSP LE), die eine Lösung für einen zusammengesetzten Vollkreis suchen und bereits zwei Fünftel- und drei Sechstelkreise aneinandergelegt haben (vgl. Abb. in T11).

| 1 | P | Schitte, es gibt keine so Dünnen. |
| 2 | Y | Ja. Da müsst jetzt [*zeigt auf die Lücke zwischen Fünftel- und Sechstelkreis*] so ein richtig Dünner rein. |

(Abb. nachgestellt)

Transkript T11: KG5LU1, 29:00–29:03, Philipp und Yusuf

Philipp macht auf ein Problem aufmerksam, dass „es keine so Dünnen" (T11/Z1) gibt. Gemeint ist, dass im vorliegenden Lösungsansatz ein kleineres Kreisteil als der Sechstelkreis nötig wäre, um einen Vollkreis zusammenzusetzen. Yusuf paraphrasiert Philipps Äußerung mit dem zusätzlichen Verweis auf die gemeinte Stelle (T11/Z2) und zeigt durch die Paraphrase, dass er der Lernsituation gedanklich folgt, auch wenn er an der Ideenentwicklung von Philipp zuvor lediglich zuschauend partizipierte. Das Beispiel macht deutlich, wie fließend die Übergänge zwischen den einzelnen Partizipationsstatus sind. Um eine Weiterentwicklung handelt es sich an dieser Stelle nicht, da weder die Zeigehandlung noch die Paraphrase die inhaltliche Idee weiterentwickelt, sondern lediglich den vorliegenden mathematischen Inhalt ausdrückt. Ein weiteres Beispiel (vgl. T12) zeigt die Umsetzung einer fachsprachlichen in eine alltagssprachliche Äußerung.

1	P	Wenn wir [fü], fünf Fünftel nehmen, haben wir auch wieder einen Kreis. Guck [*sucht Fünftelkreise aus einem Häufchen gemischter Kreisteilgrößen heraus*]!
2	Y	Ja.
3	P	Dann hätten, hätten wir auch schon wieder was.
4	Y	Dann mach eine ganze lilane Pizza.
5	P	Ganze lila Pizza.

Transkript T12: KG5LU1, 16:55–17:03, Philipp und Yusuf

Während der Durchführung der Lernumgebung ‚Kombination von Kreisteilen zu Vollkreisen' (LU2) kam es in der Kleingruppe immer wieder zu Assoziationen mit Pizzen, wie bspw. ‚Pizza Salami' oder ‚Pizza Ananas' bzw. ‚Pizza Bananas'. Yusuf paraphrasiert Philipps Aussage, dass fünf Fünftel einen Kreis bilden (T12/Z1), indem er ‚Fünftel' durch ‚lilane' und ‚Kreis' durch ‚ganze […] Pizza' umformuliert (T12/Z4). In Yusufs Aussage steckt zudem durch die Aussage „Dann mach" implizit auch eine Instruktion, die allerdings nicht als solche kodiert wird, da es sich in diesem Fall nicht um *seine* Idee handelt, deren Umsetzung instruiert wird, vielmehr fährt Philipp bereits während Yusufs Paraphrase mit der eigenen Kreation fort. In der Folgeaussage von Philipp „Ganze lila Pizza" (T12/Z5) ist schließlich eine verbale Imitation der vorhergehenden Aussage „Dann mach eine ganze lilane Pizza" (T12/Z4) zu erkennen. Die grammatische Verbesserung des Adjektivs kann an dieser Stelle vernachlässigt werden, da auf ihr keine Betonung liegt. Wird die Aussage nur im Kontext mit der vorangegangenen Äußerung betrachtet, handelt Philipp in diesem Augenblick als Imitierer. Lernende, die aus dem Partizipationsstatus des Imitierers heraus agieren, zeigen weder Verantwortlichkeit für die Generierung mathematischer Inhalte innerhalb der Themenentwicklung noch für die lautsprachliche oder nonverbale Realisierung einer Idee. Sie ahmen Lernpartner nach oder imitieren vorgegebene Instruktionen, ohne einen erkennbaren eigenen Beitrag einzubringen. Neben der veranschaulichten verbalen Imitation können ebenso eine Gestik bzw. eine materialbezogene Handlung imitiert werden. Dies wird in folgender Szene deutlich, in der die Schülerinnen Dunja (Du) und Tahia (T, FSP LE) Holzspieße (als repräsentierte Durchmesserlängen) im Kreismittelpunkt mit Knete fixieren. Dunja ist Kreatorin der Idee, die durch Tahia nach einer Beobachtungszeit von neun Sekunden imitiert wird (vgl. T13).

1   Du   # Das muss ein bisschen hinkriegen [*drückt die Knete fester auf die zwei sich kreuzenden Holzspieße, zuerst mit den Daumen, dann mit den Zeigefingern*].

(Abb. nachgestellt)

2   T   # [*beobachtet Dunjas Handlung*]

3   T   Warte, geh mal [*schiebt Dunjas rechte Hand ein wenig zur Seite, drückt mit dem rechten Daumen, dann mit dem linken Zeigefinger auf die Knete*]

Transkript T13: KG2LU2, 11:44–11:57, Dunja und Tahia

Innerhalb der bisher dargestellten Partizipationsstatus sind Lernende aktiv tätig. Darüber hinaus konnten in Interaktionsprozessen auch marginale Schüleraktivitäten beobachtet werden, bei denen es sich um eine kurze Reaktion auf eine verbale oder nonverbale Äußerung des Lernpartners handelte. Positive, bestätigende oder zustimmende Reaktionen wurden als ‚Akzeptierender' kodiert. Durch kurzes Nicken oder verbale Zustimmung wurde Einverständnis bekundet (vgl. T5/Z24, T9/Z22). Ebenso waren kurze negative, widersprechende Reaktionen in Form eines Kopfschüttelns (vgl. T1/Z3, Z5) oder einer verbalen Ablehnung (vgl. T19/Z15, Z17) identifizierbar, die Lernende in der Rolle ‚Ablehnender' zeigten. Im Unterschied zum Weiterentwickler handelte es sich allerdings um unbegründete Zustimmungen oder Ablehnungen. Es ist spekulativ, den Beitrag einzuschätzen, den diese Partizipationsstatus zur mathematischen Themenentwicklung leisten. Sie können im Sinne der Ergebnisse der Studie von Barnes und Todd (1995) als Würdigung bzw. Einordnung von Beiträgen fungieren (vgl. Abschn. 4.1.1). In einigen Fällen wirkte eine Bestätigung verstärkend und eine Ablehnung verunsichernd auf Lernpartner, was sich auf die weitere mathematische Themenentwicklung auswirken konnte. In anderen Fällen schien es sich eher um die Bemühung zu handeln, die gemeinsame Lernsituation bzw. die Interaktion oder den ko-konstruktiven Prozess aufrecht zu erhalten, indem marginale Reaktionen gezeigt wurden. Akzeptierende oder ablehnende Reaktionen wurden auch auf Aufforderungen zur Überprüfung bzw. Beurteilung innerhalb der mathematischen Themenentwicklung der Interaktion gezeigt (vgl. Abschn. 6.1.1.1). Insgesamt wird der Partizipationsstatus eines Ablehnenden bzw. Akzeptierenden jedoch im Spektrum seiner Verantwortlichkeit auf Grund seiner sehr kurzen zeitlichen Aktivität für die mathematische Themenentwicklung als marginal hinsichtlich des mathematischen Inhalts und der Formulierung bzw. Handlung eingeschätzt. Marginale Interaktionsaktivitäten wie das Akzeptieren oder Ablehnen erweisen sich als Möglichkeit, jederzeit in die Entwicklung des mathematischen Themas mit einer größeren individuellen Verantwortlichkeit (wieder) einzusteigen. Da allerdings auch marginale Aktivitäten im Produktionsdesign Auswirkungen auf die gemeinsame Lernsituation hatten und einen Beitrag zu deren Erfassung leisteten, wurde das Produktionsdesign in der vorliegenden Studie entsprechend erweitert kodiert. Nehmen Lernende ohne produktive inhaltliche Verantwortlichkeit an gemeinsamen Lernsituationen teil, werden sie im Status ‚Zuschauende' erfasst.

Partizipation nicht tätig werdender Schülerinnen und Schüler
Neben der aktiven Partizipation, die durch das Produktionsdesign erfasst wird, ist auch die Analyse der stillen Partizipation im inklusiven Setting von Bedeutung,

d. h. die Beschreibung der Partizipation für nicht tätig werdende Schülerinnen und Schüler, bei denen keine erkennbaren Aktivitäten zu verzeichnen sind. Diese Lernenden befinden sich in einer Beobachterrolle, die von Interaktionspartnern dennoch wahrgenommen werden kann. Präzise erfasst werden kann dieser Partizipationsstatus in der Beschreibung des Rezipientendesigns, das die direkte bzw. nicht direkte Beteiligung des Lernenden erfasst (vgl. dazu ausführlich Abschn. 4.2.2). Aufbauend auf Überlegungen von Krummheuer und Brandt (2001) expliziert Krummheuer (2007) das Kategoriensystem für die kooperative Gruppenarbeit, worauf sich die Analyse des Rezipientendesigns stützt. Adaptionen waren insofern nötig, als dass die Kategorien für das spezifische inklusive Setting ausdifferenziert werden mussten, u. a. um darauf aufbauend Typen gemeinsamer Lernsituationen definieren zu können (vgl. Abschn. 6.2.1). In ihrer Grundausrichtung wurden die Kategorien jedoch nicht verändert.

Krummheuer (2007) definiert für Settings, in denen Lernende in Partner- oder Gruppenunterricht zusammenarbeiten, das Rezipientendesign von Interaktionen auf der Grundlage der Erreichbarkeit einer Äußerung. Damit wird erfasst, inwiefern nicht tätig werdende Interaktionspartner adressiert und dadurch direkt bzw. nicht direkt beteiligt werden (vgl. dazu ausführlich Abschn. 4.2.2 sowie Tab. 6.4). Innerhalb der Partnerarbeit gelten die Lernenden im wechselseitigen, aufeinander bezogenen Gespräch als ‚Gesprächspartner‘. Ebenso besteht dieser Rezipientenstatus, wenn Lernende bzw. das Lerntandem von anderen Personen, wie bspw. der Lehrperson oder anderen Mitschülerinnen oder Mitschülern, direkt adressiert werden. Der Status verpflichtet einerseits zu hoher Aufmerksamkeit und ermöglicht andererseits uneingeschränkt die Reaktion auf eine vorangegangene Äußerung. Ein Beispiel für ein solches Rezipientendesign findet sich im bereits analysierten Transkript T9. Philipp und Yusuf sind Gesprächspartner des anderen, adressieren sich gegenseitig und beziehen ihre Gesprächsbeiträge wechselseitig aufeinander.

Tabelle 6.4 Schema des Rezipientendesigns (vgl. Krummheuer 2007)

Erreichbarkeit einer Äußerung			
direkte Beteiligung des Rezipienten an der Äußerung		nicht direkte Beteiligung des Rezipienten an der Äußerung	
vom Sprechenden adressiert	vom Sprechenden mit angesprochen	vom Sprechenden geduldet	vom Sprechenden ausgeschlossen
Gesprächspartner	Zuhörer	Mithörer	Lauscher

Im Partizipationsstatus ‚Zuhörer' befinden sich dagegen Lernende, wenn diese an einem Gespräch partizipieren, das zwischen dem Lernpartner und der Lehrperson geführt wird, die als Gesprächspartner interagieren. Es kann davon ausgegangen werden, dass der Lernende als Teil des Lerntandems durch die Lehrperson mitadressiert wird, es sei denn, diese würde einen Ausschluss von der Beteiligung explizit verdeutlichen. Die implizite Beteiligung eines Lernenden am Gespräch zwischen Lehrperson und Lernpartner wird zudem noch deutlicher, wenn die Lehrperson zwar in der Interaktion ausschließlich den Lernpartner adressiert, dieser aber in seinen Antworten das Partnerkind durch die Verwendung des Personalpronomens „wir" mit einbezieht.

‚Mithörer' sind im Rahmen der Gruppenarbeit Rezipienten der Interaktion anderer Partnergruppen oder deren Interaktionen mit der Lehrperson. Der Mithörer ist dabei von den Interaktanten in der Interaktion nicht mitbedacht, wird aber von ihnen geduldet und nicht ausgeschlossen. Mithörer sind an dieser Interaktion somit nicht direkt beteiligt. ‚Lauscher' werden als Rezipienten dagegen deutlich ausgeschlossen, indem andere Partnergruppen während der Interaktion durch Flüstern oder Verdecken von Materialien oder Handlungen den Rezeptionszugang offensichtlich erschweren bzw. verwehren.

Für die Analyse der Partnerarbeitsphasen inklusiver Settings mussten die Analysekategorien zusätzlich um die Kategorie ‚Zuschauender' erweitert werden, denn die Analyse muss auch längere Phasen erfassen können, in denen Lernende während einer Handlung bzw. Gestik gar nicht sprechen, das Partnerkind aber deren Aktivität beobachtet. Auch Handlungen bzw. Gesten sind Teil von Interaktionsprozessen und transportieren Informationen, die durch Beobachtende aufgenommen werden. Werden die Beobachtenden nicht explizit ausgeschlossen, handelt es sich um Zuschauende, die ähnlich wie Gesprächspartner oder Zuhörer direkt beteiligt sind und durch die Zugehörigkeit zu einer Lerngruppe bzw. zu einem Lerntandem adressiert werden. Hier wird zunächst offengehalten, ob die Grundhaltung der gesamten Kleingruppe so ist, dass sie sich als *eine* Gruppe versteht, die an einer *gemeinsamen* Aufgabe arbeitet und zusätzlich in Tandems unterteilt worden ist, was ein Zuschauen bei anderen Tandems legitimiert. Im anderen Fall kann ein Zuschauen bei einem anderen Tandem als unerlaubt und unangemessen betrachtet werden, was vor allem dann deutlich wird, wenn Sprechende den Ausschluss der Rezeptionsbeteiligung offen verbalisieren: „Ey, nicht abgucken [*verdeckt währenddessen das Material mit beiden Händen*]!" Unabhängig von der unterschiedlichen Adressierung ist die Rezeption jedoch die eines ‚Zuschauenden'. Sie wird ggf. insofern differenziert, indem ein Zuschauender eine Idee möglicherweise imitiert (vgl. Abschn. 6.2.1.3), was dann im Produktionsdesign (vgl. Abschn. 6.1.1.2) durch die Kodierung der Partizipation als Imitierer deutlich wird. Wird in Anlehnung an Krummheuer (2007) das Rezipientendesign auf nonverbale Handlungen ausgeweitet (vgl. Tab. 6.5), kann die Art der Beteiligung bzw. Adressierung zwar theoretisch unterschieden werden, der Rezeptionsstatus wird allerdings in allen Fällen in der Analyse der vorliegenden Studie als Zuschauender kodiert. Hiermit werden Lernende erfasst, die rezeptiv, auf unterschiedliche Aufmerksamkeitsarten, zuhörend oder zuschauend an der mathematischen Themenentwicklung partizipieren (vgl. auch Brandt & Krummheuer 2000, 219).

Tabelle 6.5 Adaption des Rezipientendesigns für beobachtete Handlungen (i. A. a. Krummheuer 2007)

Beobachtung einer (non)verbalen Handlung		
direkte Beteiligung des Rezipienten (als Lernpartner des Lerntandems bzw. der gesamten Lerngruppe)	nicht direkte Beteiligung des Rezipienten (als Außenstehender zur Lerngruppe bzw. zum Lerntandem)	
vom Handelnden (mit)adressiert	vom Handelnden geduldet	vom Handelnden ausgeschlossen
Zuschauender		

Um die theoretisch dargestellte Analyse des Rezipientendesigns zu veranschaulichen, wird nun ein Ausschnitt aus der Partnerarbeit innerhalb der Lernumgebung ,Kombination von Kreisteilen zu Vollkreisen' (LU2) von Nora (N) und Hira (H, FSP LE) betrachtet. Folgende Lösungen haben die beiden bereits gefunden (vgl. Abb. 6.6).

Abbildung 6.6 Tabellarische Notation (Nachbildung) von Hira und Nora zum Zeitpunkt 13:09 min

Halbe	Drittel	Viertel	Fünftel	Sechstel
(Bild)	(Bild)	(Bild)	(Bild)	(Bild)
		3		
	1	2		1
2				
			5	
			2	3
1		2		

1	N	Wir könnten auch einfach jetzt davon [*nimmt zwei Halbe in die Hand*] zwei nehmen.
2	H	Ja, ganz einfach.
3	N	[*legt zwei Halbkreise zu einem Vollkreis aneinander, trägt „2" bei „Halbe" in die 7. Zeile der Tabelle ein.*]
4	H	Aber das hatten wir schon [*zeigt auf die „2" in der Spalte „Halbe" in der 3. Zeile der Tabelle*].
5	N	Moah [*radiert „2" wieder weg*].

Transkript T14: KG5LU2, 13:09–13:23, Hira und Nora

In der Szene T14 agiert jede Schülerin als Gesprächspartnerin der anderen. Die beiden adressieren sich gegenseitig und beziehen ihre Gesprächsbeiträge wechselseitig aufeinander. Während Nora radiert, bringt sich die Lehrerin (L) in das Gespräch ein (vgl. T15).

1	L	Aber Nora, wenn du eins hast, kannst du vielleicht einfach mal liegen lassen # und überlegen, wie man das noch verändern kann.
2	N	# Okay.
3	N	[*fasst die beiden Halbkreise an*] Das kann man schlecht verändern.
4	L	Das kann man, aber du kannst vielleicht eins wegnehmen und austauschen?

Transkript T15: KG5LU2, 13:24–13:35, Hira, Nora und Lehrerin

Die Lehrperson adressiert explizit Nora und macht sie somit zu ihrer Gesprächspartnerin. Hira, die das Gespräch verfolgt, wird zur Zuhörerin, da sie von der Lehrerin nicht direkt adressiert wird, sich aber aufgrund der Zugehörigkeit als Noras Tandempartnerin mitangesprochen fühlen kann (vgl. T16).

1	N	[*schiebt einen Halbkreis weg*] Gegen den [*setzt einen Viertelkreis an den Halbkreis*]?
2	H	# [*reicht N einen Viertelkreis*]
3	N	# Und den haben wir, glaub ich, aber auch schon. Zwei? Warte [*sucht in der Tabelle, zeigt auf Zeile 6*]. Ja, ## das haben wir schon.
4	L	## Ah, okay.

Transkript T16: KG5LU2, 13:36–13:47, Hira, Nora und Lehrerin

Hira beobachtet zunächst in der Rolle der Zuschauerin bzw. Zuhörerin Noras Handlung und Verbalisierung (T16/Z1). Sie versucht, sich als Weiterentwicklerin durch einen nonverbalen Vorschlag (T16/Z2) wieder aktiv in die Lernsituation einzubringen, erreicht allerdings noch nicht wieder den Rezipientenstatus einer Gesprächspartnerin. Ihre direkte Beteiligung als Rezipientin in der Rolle einer

Zuhörerin wird jedoch durch Noras Verwendung des Personalpronomens „wir"
(T16/Z3) der Lehrerin gegenüber verstärkt. Durch das darauffolgende Abwenden
der Lehrperson und die indirekte Adressierung durch ihre Lernpartnerin durch
„wir" (T17/Z1) wird Hira schließlich wieder zu deren Gesprächspartnerin (vgl.
T17).

1	N	Dann müssen wir # [*legt einen Drittelkreis an den Halbkreis*] das
2	H	# [*greift nach einem Viertelkreis, legt diesen wieder weg*]
3	N	und das ## [*schiebt einen Fünftelkreis in die Lücke*] passt nicht.
4	H	## [*greift nach einem Sechstelkreis und reicht ihn Nora*]
5	N	[*nimmt den Sechstelkreis und legt ihn in die Lücke*]
6	N	Davon haben wir [*fährt mit dem Finger hoch und runter über die Spalte ‚Halbe' der Tabelle*], das haben wir, glaub ich, nicht. Nein. Gut. Eins, gelb. Eins [*trägt die Lösung der Kombination aus einem Halb-, Drittel- und Sechstelkreis in die 7. Zeile der Tabelle ein*].

Transkript T17: KG5LU2, 13:48–14:10, Hira und Nora

Auch wenn Hira Nora nicht verbal antwortet, ist sie in der Rezipientenrolle der Gesprächspartnerin an der Interaktion direkt beteiligt, da sie an der
Weiterentwicklung der Idee aktiv mitarbeitet. In der anschließenden Phase der
tabellarischen Überprüfung der Lösung hinsichtlich der Lösungsdopplung sowie
der Lösungsnotation (T17/Z6) kann sie schließlich lediglich als Zuschauende
erfasst werden, da sie keinen erkennbaren Beitrag leistet, die Situation aber
aufmerksam verfolgt.

6.1.2 Partizipation lernbeeinträchtigter Schülerinnen und Schüler

Nach der Identifizierung und Darstellung verschiedener Partizipationsstatus, in
denen Lernende an der Lernumgebung zum Kreis partizipieren können, sollen nun
die Ergebnisse für die beiden fokussierten Lernumgebungen dargestellt werden
(vgl. Abschn. 6.1.2.1 und 6.1.2.2). Durch die Interaktions- und Partizipationsanalyse der einzelnen Kleingruppensituationen liegen für LU1 und LU2 insgesamt 19
ausgewertete Partizipationsprozesse lernbeeinträchtigter Schülerinnen und Schüler an der Bearbeitung des zentralen Arbeitsauftrags der Lernumgebungen vor.
Diese Prozesse werden nun hinsichtlich der Höhe ihrer Verantwortlichkeit für die
Entwicklung des mathematischen Themas betrachtet, um auf dieser Grundlage
Einzelfallbeispiele auswählen zu können, mit deren Darstellung das Spektrum der
Partizipation lernbeeinträchtigter Lernender an gemeinsamen Lernsituationen in
diesen substanziellen Lernumgebungen repräsentiert werden kann.

6.1.2.1 Partizipation in Lernumgebung 1

Im Rahmen der Betrachtungsweise der Interaktionsanalyse wurde die Partizipation an der mathematischen Themenentwicklung der Interaktion fortlaufend am Video kodiert, so dass die Partizipationsprozesse der Lernenden für die gesamte Zeit der Arbeitsphase vorliegen. Da diese Prozesse aus Wechseln der Partizipationsstatus bestehen, können mit der Betrachtung dieser Prozesse zunächst Häufungen über längere Zeiträume eines bestimmten Status wahrgenommen werden. Wird die Partizipation zusätzlich nach den verschiedenen Status sortiert dargestellt und somit vom Prozess abgelöst, können Zeiträume (vgl. Abb. 6.7) bzw. Anteile (vgl. Abb. 6.8) unterschiedlicher Partizipationsstatus eines Lernenden betrachtet werden. Im Folgenden werden zunächst die kategorial sortierten Partizipationen der lernbeeinträchtigten Schülerinnen und Schüler dargestellt. Diese werden in einem weiteren Schritt weiter zusammengefasst, um zu ermitteln, ob der Schwerpunkt der Partizipation mit einer inhaltlich höheren bzw. geringeren Verantwortlichkeit für die mathematische Themenentwicklung der Interaktion verbunden ist oder ob die Partizipation in ihrem Schwerpunkt rezeptiv ist. Auf dieser Ebene werden einzelne Fallbeispiele (vgl. Abschn. 6.1.3) ausgewählt und später betrachtet, indem die Prozessverläufe in die Diskussion der Ergebnisse einbezogen werden.

Insgesamt zeigten sich für die Lernumgebung ‚Kreiseigenschaften und Kreiskonstruktion‘ folgende Partizipationen der fokussierten Lernenden (vgl. Abb. 6.7):

Abbildung 6.7 Partizipation lernbeeinträchtigter Schülerinnen und Schüler (LU1)

Die Grafik veranschaulicht zunächst den zeitlichen Umfang der verschiedenen Partizipationsstatus, die die einzelnen Lernenden über den Zeitraum der Partnerarbeitsphase hinweg einnehmen, in der sie am zentralen Arbeitsauftrag der jeweiligen Lernumgebung arbeiten. Ergänzt wird die Darstellung mit der Kategorie ‚Sonstiges', die Kodierungen der Themenentwicklung der Interaktion ohne mathematischen Schwerpunkt (TI, vgl. Abschn. 6.1.1.1) umfasst, um zunächst die gesamte Lernendenaktivität abzubilden. Über die Dauer der Partnerarbeitsphasen entscheiden die jeweiligen Lehrpersonen, die die Arbeitsphasen eröffnen und beenden. Diese Arbeitsphasen dauern in den verschiedenen Kleingruppen unterschiedlich lang. Die Kleingruppe, in der Antonella und Dogan als Lernende teilnehmen, arbeitete mit ca. 40 Minuten deutlich länger am zentralen Arbeitsauftrag als bspw. die Lerngruppe von Firat und Tahia mit ca. 15 Minuten. Gemäß den vorher dargestellten Ergebnissen der Analyse können Lernende mit einer unterschiedlich hohen produktiven Verantwortlichkeit an gemeinsamen Lernsituationen partizipieren. In der Rolle eines Kreators, Weiterentwicklers oder Instruierenden haben sie eine höhere produktive Verantwortlichkeit für mathematische Inhalte (vgl. Tab. 6.6). Nehmen sie die Rolle eines Umsetzenden, Paraphrasierers oder Imitierers ein, handelt es sich um eine geringere Verantwortlichkeit für den mathematischen Inhalt. Auch die mit einer marginalen Verantwortlichkeit verbundenen Partizipationsstatus von Akzeptierenden oder Ablehnenden können dazu gezählt

Tabelle 6.6 Verantwortlichkeit für den mathematischen Inhalt im Partizipationsdesign (vgl. auch Brandt 2009, 349; Krummheuer 2007, 76)

Partizipationsstatus	Verantwortlichkeit für den mathematischen Inhalt (MI)	Verantwortlichkeit für die Formulierung (F) bzw. Handlung (H)	produktive inhaltliche Verantwortlichkeit
Kreator Weiterentwickler	+ +	+ +	höher
Instruierender	+	−	
Umsetzender	−	+ (H)	geringer
Paraphrasierer	−	+ (F)	
Imitierer	−	−	
Akzeptierender Ablehnender	−	−	
Zuschauender[a]	keine	keine	keine

[a]‚Zuschauender' wird hier verstanden als eine Person, die rezeptiv, mit unterschiedlichen Aufmerksamkeitsarten zuhörend und zuschauend an der Genese der mathematischen Themenentwicklung partizipiert (vgl. dazu auch Brandt & Krummheuer 2000, 219).

werden. Sie fallen jedoch in dieser Betrachtungsweise durch die Kürze ihres Auftretens bei der Darstellung kaum ins Gewicht, da ein Kopfschütteln oder Nicken keinen großen zeitlichen Umfang umschreibt. In der Rolle von Zuschauenden übernehmen die Lernenden schließlich keine produktive Verantwortlichkeit für den mathematischen Inhalt.

Betrachtet man die Verantwortlichkeit im Kontext der Dauer der Partnerarbeitsphase kann als erstes Ergebnis festgehalten werden, dass länger andauernde Partnerarbeitsphasen nicht zwingend ein höheres Potential für eine produktive Partizipation für die an der Studie teilnehmenden lernbeeinträchtigten Schülerinnen und Schüler bieten, denn bspw. Tahia nimmt trotz einer kürzeren Gesamtdauer der Partnerarbeitsphase mit einem größeren zeitlichen Umfang hoher Verantwortlichkeit am mathematischen Thema teil als fünf andere Lernende (Yusuf, Hira, Antonella, Emil und Carolin), die zusammen mit ihren Lernpartnern den zentralen Arbeitsauftrag der Lernumgebung in einer längeren Arbeitsphase bearbeiten. Im Folgenden wird nun betrachtet, inwiefern lernbeeinträchtigte Schülerinnen und Schüler für den mathematischen Inhalt eine höhere, geringere oder keine produktive Verantwortlichkeit übernehmen.

Höhere produktive Verantwortlichkeit für den mathematischen Inhalt als Kreator, Weiterentwickler oder Instruierender
Betrachtet man die einzelnen Partizipationsstatus, die die Lernenden innerhalb der Lernumgebung ‚Kreiseigenschaften und Kreiskonstruktion' (LU1) einnehmen, sind unterschiedliche zeitliche Umfänge an höherer und geringerer inhaltlicher Verantwortlichkeit für den mathematischen Inhalt erkennbar. Zunächst kann festgehalten werden, dass nicht jeder Lernende in dieser Lernumgebung jeden möglichen Partizipationsstatus einnimmt. Als Kreator, der eigene Ideen entwickelt, partizipiert Hira gar nicht, Carolin nur in einer einzelnen Situation, die in der zusammenfassenden graphischen Darstellung nicht mehr in Erscheinung tritt, und Yusuf nur in geringem Maße. Im Gegensatz dazu partizipieren von allen lernbeeinträchtigten Schülerinnen und Schülern Tahia und Firat am häufigsten an LU1 in der Rolle des Kreators und nehmen damit eine höhere Verantwortlichkeit für den mathematischen Inhalt ein. Im Partizipationsstatus Weiterentwickler nehmen alle Lernenden in unterschiedlichem Ausmaß teil. Yusufs aktive Partizipation zeigt diesen Status am häufigsten. Auch bei Dogan und Emil ist er umfänglich beobachtbar. Die Rolle des Instruierenden wird im Partizipationsprozess der fokussierten Lernenden nur in äußerst geringem zeitlichem Umfang eingenommen, von der Schülerin Hira als Einzige gar nicht. Dies ist dadurch erklärbar, dass Instruktionen in einem zeitlich kürzeren Umfang verbal, teilweise mit Unterstützungen durch Gestik oder materialbezogene Handlungen ausgedrückt werden, wodurch sie insgesamt einen geringeren Anteil an der gesamten

Partizipation eines Lernenden ausmachen und ggf. nachfolgend den Lernpartner in die Umsetzungs- oder Imitiererrolle versetzen können. In der Grafik ist die Einnahme dieses Partizipationsstatus lediglich bei Tahia noch ersichtlich, die an einer Stelle ihres Partizipationsprozesses ihrer Lernpartnerin Dunja instruierende Anweisungen erteilt. Insgesamt kann festgehalten werden, dass jeder Partizipationsstatus mit einer höheren inhaltlichen Verantwortlichkeit bei mindestens einem Lernenden identifiziert werden kann, so dass eine Rolleneinnahme als Kreator, Weiterentwickler oder Instruierender prinzipiell für lernbeeinträchtigte Schülerinnen und Schüler im Rahmen von LU1 möglich ist. Besonders auffällig ist die Partizipation mit höherer inhaltlicher Verantwortlichkeit für den mathematischen Inhalt von Tahia. Die Partizipationsprozesse dieser Schülerin werden daher in einer Einzelfalldarstellung noch einmal besonders betrachtet (vgl. Abschn. 6.1.3.1).

Geringere produktive Verantwortlichkeit für den mathematischen Inhalt als Umsetzender, Paraphrasierer oder Imitierer

Alle lernbeeinträchtigten Schülerinnen und Schüler nehmen zeitweise die Rolle des Umsetzenden ein. Im Partizipationsprozess von Tahia, die im Gesamtprozess eine höhere Verantwortlichkeit für den mathematischen Inhalt zeigt, nimmt diese Rolle allerdings einen so geringen Anteil ein, dass sie in der zusammenfassenden Grafik nicht mehr identifizierbar wird. Bei Hira und Carolin dominiert dagegen dieser Partizipationsstatus und nimmt auch bei Julian einen deutlichen Anteil im gesamten Partizipationsprozess ein. Der Status des Paraphrasierers ist in der grafischen Zusammenfassung der Partizipation kaum auszumachen. Dies liegt daran, dass die Paraphrasierung ausschließlich sprachlich stattfindet und somit im Kontext der Berücksichtigung von materialbezogenen Handlungen zeitlich weniger umfangreich ausfällt. Die Rolle des Paraphrasierers nimmt Hira gar nicht, Emil nur einmal ein. Als deutlicher Anteil wird dies lediglich in Firats Fall identifizierbar, als dieser in der Aushandlung des Verständnisses des Arbeitsauftrags, die Anweisungen seines Lehrers mehrmals paraphrasiert. Wird die Imitiererrolle fokussiert betrachtet, kann festgehalten werden, dass Yusuf diese Rolle innerhalb der Partnerarbeitsphase von LU1 überhaupt nicht einnimmt, und Tahia nur in Ansätzen, die von äußerst kurzer Dauer sind, sodass dies in der zusammenfassenden Grafik nicht mehr ins Gewicht fällt. Alle anderen nahmen diese Rolle zeitweise ein. Besonders umfangreich im Verhältnis zur Gesamtzeit der Partnerarbeitsphase zeigt sie sich bei Julian (vgl. dazu auch Abb. 6.8). Akzeptierende oder ablehnende Aktivitäten während der Partizipation umfassen äußerst kurze Zeiträume, sodass sie in der zusammenfassenden grafischen Auswertung der Partizipation eines Lernenden nicht mehr ersichtlich werden. Sie sind vielmehr in der Betrachtung der gemeinsamen Lernsituationen von

Bedeutung (vgl. Abschn. 6.2.1). Insgesamt kann festgehalten werden, dass jeder Partizipationsstatus mit geringerer inhaltlicher Verantwortlichkeit bei mindestens einem Lernenden identifiziert werden kann, so dass eine Rolleneinnahme als Umsetzender, Paraphrasierer, Instruierender sowie als Akzeptierender oder Ablehnender prinzipiell für lernbeeinträchtigte Schülerinnen und Schüler im Rahmen von LU1 möglich ist. Es können zudem Lernende wie Hira und Carolin identifiziert werden, die insgesamt mit einer geringeren Verantwortlichkeit für den mathematischen Inhalt an LU1 partizipieren. In einer Einzelfalldarstellung werden die Partizipationsprozesse dieser Lernenden noch einmal besonders betrachtet (vgl. Abschn. 6.1.3.2).

Keine produktive Verantwortlichkeit für den mathematischen Inhalt
Die Grafik bildet ebenso ab, dass in der Gesamtzeit der Partnerarbeitsphase alle Lernenden, mit Ausnahme von Yusuf, an der Lernumgebung produktiv bzw. rezeptiv partizipieren und nur mit einem geringen Anteil mit sonstigen, inhaltsunabhängigen Aspekten beschäftigt sind (vgl. dazu Abschn. 6.1.1.1: TI). Allerdings gehören zu den inhaltsunabhängigen Aktivitäten auch organisatorische Aspekte, die sich auf den Bearbeitungsprozess beziehen, wie bspw. das Aufräumen oder die Materialbeschaffung. Beides hat zwar implizit etwas mit den Arbeitsprozessen zu tun, trägt allerdings nicht zur Weiterentwicklung des Themas bei. Im Fall von Yusuf ist der hohe zeitliche Umfang der inhaltsunabhängigen Aspekte (vgl. Abb. 6.7: Sonstiges) so zu erklären, dass er und sein Lernpartner bereits nach der Hälfte der Arbeitsphase den Arbeitsauftrag bearbeitet hatten und keine Aufforderung zur weiterführenden oder vertiefenden Auseinandersetzung mit dem mathematischen Inhalt erhielten, sich stattdessen frei im Raum bewegten, sich mit inhaltsunabhängigen Aktivitäten beschäftigten oder anderen Lerntandems zusahen. Wird diese zweite Hälfte der Arbeitsphase ausgeklammert, reduziert sich die Zeit des Zuschauens und die der sonstigen Aktivitäten. Dennoch sind die Anteile sonstiger Aktivitäten bei Yusuf weiterhin höher als bei anderen Lernenden. Die Betrachtung der konkreten Lernsituation zeigt Yusuf als Lernenden, der häufig ohne Bezug zum mathematischen Inhalt mit Mitschülerinnen und Mitschülern kommuniziert und in diesen kommunikativen Phasen die Entwicklungen des Arbeitsprozesses nicht beachtet. Auch dies kann als Phänomen möglicher Partizipation in Arbeitsphasen substanzieller Lernsituationen identifiziert werden. Hier wird der Beziehungsaspekt stark über einen außermathematischen Bereich aufrechterhalten (vgl. dazu auch Abschn. 6.2.1.2).

Die zusammenfassende Grafik stellt darüber hinaus vor allem deutlich heraus, dass die Lernenden mit einem hohen zeitlichen Umfang als Zuschauende partizipieren. Anteilig hoch fällt diese Rolle vor allem bei längeren Partnerarbeitsphasen aus, was eine Grafik noch deutlicher hervorhebt, die die mathematische Themenentwicklung fokussiert und Anteile einzelner Partizipationsstatus im Verhältnis zur gesamten Dauer darstellt (vgl. Abb. 6.8).

Auswahl zur Einzelfalldarstellung

Das Spektrum der Verantwortlichkeit der Lernenden für die Entwicklung des mathematischen Inhalts reicht, wie oben dargestellt, von einer hohen Verantwortlichkeit, in der Ideen in der Rolle eines Kreators, Weiterentwicklers oder Instruierenden entwickelt werden, über eine geringere Verantwortlichkeit, in der als Paraphrasierer, Umsetzender, Imitierer, Ablehnender oder Akzeptierer inhaltliche Ideen eines anderen ausgeführt bzw. bewertet werden, bis hin zu keiner Verantwortlichkeit, in der ein Zuschauender an der Entwicklung einer inhaltlichen Idee rezeptiv partizipiert. Mit dieser theoretischen Vollständigkeit auf der Makroebene, werden nun die Anteile der Lernenden an der produktiven inhaltlichen Entwicklung des mathematischen Gegenstands betrachtet[4] (vgl. Abb. 6.8), um gezielt Fallbeispiele mit einem besonders hohen Anteil einer bestimmten produktiven inhaltlichen Verantwortlichkeit zu identifizieren:

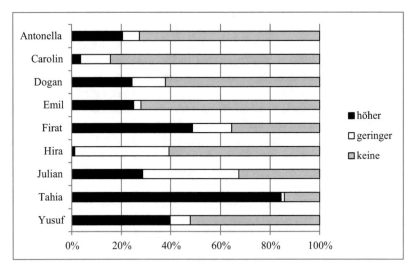

Abbildung 6.8 Höhe der inhaltlichen Verantwortlichkeit an der mathematischen Themenentwicklung im Bearbeitungsprozess (LU1)

---

[4]Zur Fokussierung auf den mathematischen Inhalt werden Themenentwicklungen der Interaktion ohne mathematischen Schwerpunkt (TI1 bis TI2; vgl. Abschn. 6.1.1.1) ausgeklammert.

Die Grafik zeigt eine Bandbreite an Partizipationsmöglichkeiten, die die substanzielle Lernumgebung ‚Kreiseigenschaften und Kreiskonstruktion' (LU1) für lernbeeinträchtigte Schülerinnen und Schüler bietet. Dabei fällt auf, dass ein Drittel der Lernenden eher produktiv, die übrigen eher rezeptiv an der mathematischen Themenentwicklung partizipieren. Um das Spektrum der Partizipationsmöglichkeiten für lernbeeinträchtigte Schülerinnen und Schüler darzustellen, die diese Lernumgebung bieten kann, sollen besondere Einzelfälle nachfolgend beschrieben werden:

- Tahias (vgl. Abschn. 6.1.3.1) produktive Partizipation umfasst mit über 80 % einen hohen Anteil der höheren inhaltlichen Verantwortlichkeit an der mathematischen Themenentwicklung.
- Hira (vgl. Abschn. 6.1.3.2) zeigt sich mit einem rezeptiven Partizipationsanteil von 60 % zunächst vergleichbar mit anderen Lernenden. Allerdings partizipiert sie produktiv fast ausschließlich mit einer geringeren inhaltlichen Verantwortlichkeit, wodurch sie sich von den übrigen Lernenden deutlich unterscheidet.
- Carolin (vgl. Abschn. 6.1.3.3) zeigt mit über 80 % den höchsten Anteil rezeptiver Partizipation, in der sie keine inhaltliche Verantwortlichkeit an der mathematischen Themenentwicklung übernimmt. Ihre produktive Partizipation ist zudem mit einer geringeren inhaltlichen Verantwortlichkeit verbunden.
- Bei Julian (vgl. Abschn. 6.1.3.4) ist die Besonderheit auszumachen, dass er mit etwa ausgeglichenen Anteilen höherer, geringerer und keiner inhaltlichen Verantwortlichkeit an der mathematischen Themenentwicklung partizipiert.

6.1.2.2 Partizipation in Lernumgebung 2

Im Folgenden wird die Partizipation der lernbeeinträchtigten Schülerinnen und Schüler innerhalb der Lernumgebung ‚Kombination von Kreisteilen zu Vollkreisen' (LU2) betrachtet (vgl. Abb. 6.9).

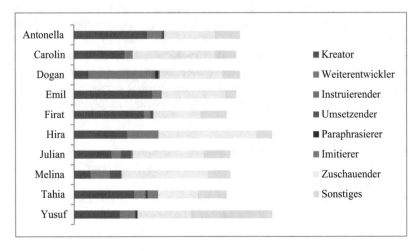

Abbildung 6.9　Partizipation lernbeeinträchtigter Schülerinnen und Schüler (LU2)

Abbildung 6.9 stellt den zeitlichen Umfang dar, in dem die Lernenden mit unterschiedlichen Partizipationsstatus an der Themenentwicklung der Interaktion innerhalb der Partnerarbeit teilnehmen. Im Vergleich zur oben dargestellten Partizipation innerhalb der Lernumgebung ‚Kreiseigenschaften und Kreiskonstruktion' (LU1; vgl. Abschn. 6.1.2.1) fällt auf, dass der zeitliche Umfang in den einzelnen Kleingruppen diesmal ähnlicher war, in dem die Lernenden am zentralen Arbeitsauftrag in Partnerarbeit arbeiteten: Am längsten arbeitete die Kleingruppe von Hira und Yusuf mit ca. 22 Minuten, am kürzesten die Kleingruppe von Firat und Tahia mit ca. 17 Minuten. Durch die Darstellung der Partizipation, sortiert nach einzelnen Partizipationsstatus, können diese zunächst vom Prozess abgelöst betrachtet werden und die Dominanz verschiedener Status in ihrem Anteil dargestellt werden, den sie am gesamten Partizipationsprozess bilden (vgl. Abb. 6.10):

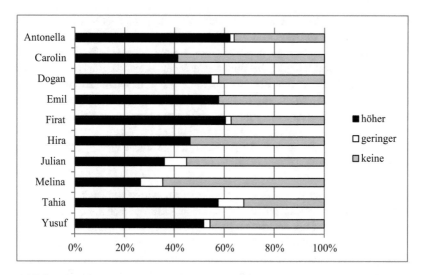

Abbildung 6.10 Höhe der inhaltlichen Verantwortlichkeit an der mathematischen Themenentwicklung im Bearbeitungsprozess (LU2)

Im Folgenden wird die Partizipation von Lernenden hinsichtlich ihrer Verantwortlichkeit für den mathematischen Inhalt betrachtet. Dabei kann wiederum eine höhere oder geringere produktive Verantwortlichkeit unterschieden werden. Des Weiteren können Anteile betrachtet werden, in denen Lernende keine diesbezügliche produktive Verantwortlichkeit übernehmen. Darüber hinaus werden abschließend Gemeinsamkeiten und Unterschiede dominierender Anteile eines bestimmten Partizipationsstatus im Vergleich zu LU1 diskutiert.

Höhere produktive Verantwortlichkeit für den mathematischen Inhalt als Kreator, Weiterentwickler oder Instruierender
Die zusammenfassende Darstellung der Partizipationsanalyse zeigt, dass alle Lernenden in ihrer Partizipation im Rahmen einer höheren inhaltlichen Verantwortlichkeit für den mathematischen Inhalt an der gemeinsamen Lernsituation dieser Lernumgebung partizipieren. Besonders auffällig ist dabei die Partizipation von Dogan, die einen hohen Anteil des Partizipationsstatus als Weiterentwickler enthält (vgl. Abb. 6.10). Daher wird dieser Prozess im Rahmen einer Einzelfallanalyse genauer betrachtet (vgl. Abschn. 6.1.3.1).

Geringere produktive Verantwortlichkeit für den mathematischen Inhalt als Umsetzender, Paraphrasierer oder Imitierer
Die Betrachtung der geringeren produktiven Verantwortlichkeit für den mathematischen Inhalt zeigt lediglich bei Julian und Melina einen deutlichen, aber nicht dominanten Anteil, der ihre Partizipation in der Rolle Umsetzender abbildet (vgl. Abb. 6.10). Des Weiteren fällt Tahia durch einen ähnlichen Anteil in der Rolle Imitierer auf. Alle weiteren Lernenden zeigen nur wenige Partizipationsanteile mit einer geringeren produktiven Verantwortlichkeit (s. Yusuf, Antonella, Dogan, Carolin und Firat). Bei anderen Lernenden tritt eine solche Partizipation gar nicht auf (s. Hira und Emil).

Keine produktive Verantwortlichkeit für den mathematischen Inhalt
Alle Lernenden zeigen innerhalb der Partnerarbeitsphase von LU2 Anteile einer rezeptiven Partizipation am mathematischen Inhalt. Dabei lassen sich Lernende identifizieren, bei denen dieser Partizipationsstatus den größten Anteil umfasst (s. Julian, Melina, Carolin und Hira). Vor allem Melinas Partizipation an der mathematischen Themenentwicklung zeigt den größten Anteil rezeptiver Partizipation und wird daher in der Einzelfallanalyse[5] später genauer betrachtet. Der Anteil sonstiger, inhaltsunabhängiger Aktivitäten der Lernenden beträgt weniger als ein Fünftel der gesamten Partnerarbeitsphase. Auch bezogen auf diese Lernumgebung zählen zu diesen Aktivitäten auch organisatorische Aspekte, wie bspw. das Aufräumen von Kreisteilen, das implizit zum Bearbeitungsprozess dazugehört, jedoch streng genommen keine inhaltsbezogene Aktivität darstellt. Besonders im Fall Yusuf wird jedoch deutlich, wie mit einem mehr als doppelt so großen Anteil im Vergleich zu den anderen Lernenden, die kommunikativen Prozesse dieses Lernenden die inhaltsbezogene Partizipation reduzieren.

Um die Darstellung des Spektrums der Partizipationsmöglichkeiten für lernbeeinträchtigte Schülerinnen und Schüler auszudifferenzieren, die durch diese Lernumgebung über die bisher dargestellten Phänomene hinausgeht, werden nun besondere Einzelfälle fokussiert:

- Dogans (vgl. Abschn. 6.1.3.1) produktive und rezeptive Partizipationsanteile an der mathematischen Themenentwicklung sind fast ausgeglichen. Interessant ist in Dogans Fall, dass die höhere inhaltliche Verantwortlichkeit dabei

---

[5]Eine vergleichende Betrachtung ihrer Partizipation an LU1 kann leider nicht vorgenommen werden, da sie krankheitsbedingt an dieser nicht teilnahm, die Inhalte jedoch mit der Lehrerin vor der Durchführung von LU2 nachholte.

hauptsächlich durch seine Partizipationsrolle als Weiterentwickler zustande kommt.

- Melina (vgl. Abschn. 6.1.3.3) zeigt den geringsten Anteil an einer höheren inhaltlichen Verantwortlichkeit für den mathematischen Inhalt. Dabei liegt ihr rezeptiver Partizipationsanteil bei über 60 % und ist im Vergleich zu allen anderen Lernenden am höchsten.

Bezogen auf eine geringere inhaltliche Verantwortlichkeit kann kein Partizipationsprozess eines Lernenden für diese Lernumgebung als charakteristisch herausgestellt werden. Es können lediglich Phasen in den Partizipationsprozessen von Julian (vgl. Abschn. 6.1.3.4), Melina (vgl. Abschn. 6.1.3.3) und Tahia (vgl. Abschn. 6.1.3.5) betrachtet werden, die diese Form der Verantwortlichkeit über einen kurzen Zeitraum einnehmen.

6.1.3 Fallstudien

Durch Einzelfallbetrachtungen werden die Partizipationsmöglichkeiten[6] an den mathematischen Inhalten der Lernumgebungen aufgezeigt. Dazu wurden vorausgehend auf der Makroebene Extremfälle hinsichtlich der inhaltlichen Verantwortlichkeit für die mathematische Themenentwicklung identifiziert (vgl. Abschn. 6.1.2), um das Spektrum der Partizipation aufspannen und konkretisieren zu können. Zur Beantwortung der Forschungsfrage 2 (vgl. Abschn. 5.1), werden durch Einzelfallbetrachtungen Bedingungen herausgearbeitet, die zur Dominanz einer bestimmten mathematischen und sozial-interaktiven Partizipation von lernbeeinträchtigten Schülerinnen und Schülern führen. Dabei wird davon Abstand genommen, die Lernenden hinsichtlich einer Partizipationsorientierung (vgl. Höck 2015) oder eines Partizipationsprofils (vgl. Brandt 2004; auch Abschn. 4.2.2) einzuordnen. Analysierte Szenen zeigen vielmehr den individuellen Charakter einer Partizipation auf. Es handelt sich daher nicht um allgemeingültige Beispiele. Dennoch kann durch die Betrachtung von Einzelfällen das Spektrum der Partizipation an gemeinsamen Lernsituationen für lernbeeinträchtige Schülerinnen und Schüler erfasst und eine lokale Theorie entwickelt werden, die dabei keinen Anspruch auf Vollständigkeit erhebt (vgl. dazu auch Brandt 2004, 147 f.).

---

[6]In diesem Kapitel werden in den grafischen Darstellungen die Partizipationen ‚Akzeptierender' und ‚Ablehnender' nicht dargestellt, da sie durch die Kürze mit der sie auftreten sowohl in einem Verlauf als auch in dessen Zusammenfassung nicht zu veranschaulichen sind. Sie finden jedoch in der Analyse von Lernsituationen Berücksichtigung (vgl. Abschn. 6.2.1).

6.1.3.1 Produktive Partizipation mit höherer inhaltlicher Verantwortlichkeit

Zur Darstellung von Bedingungen einer Partizipation mit höherer inhaltlicher Verantwortlichkeit für die Entwicklung des mathematischen Themas, werden die Partizipationsprozesse der Schülerin Tahia (vgl. Abb. 6.11) und des Schülers Dogan (vgl. Abb. 6.12) betrachtet. Beide Lernende haben den Förderschwerpunkt Lernen und nehmen in ihrem Partizipationsprozess mit einem besonders hohen Anteil eine höhere inhaltliche Verantwortlichkeit für die Entwicklung des mathematischen Themas ein.

Tahias Partizipation (LU1)
Tahia zeigt, wie bereits dargestellt, einen größeren Anteil einer höheren inhaltlichen Verantwortlichkeit bei der Bearbeitung von LU1 als andere Lernende (vgl. Abschn. 6.1.2.1). Im Folgenden werden vier Phasen im Partnerarbeitsprozess von Tahia (T, FSP LE) und ihrer Lernpartnerin Dunja (Du) betrachtet (vgl. Abb. 6.11).

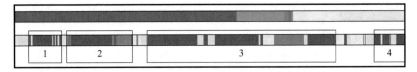

Abbildung 6.11 Partizipation von Tahia (LU1) in anteiliger Zusammenfassung (oben) und in der Verlaufsdarstellung (unten). Die Streifen zeigen den kodierten Partizipationsstatus in der anteiligen Zusammenfassung (oberer Streifen) sowie die prozesshafte Partizipation im Verlauf (unterer Streifen). Der Verlauf ist dabei von links nach rechts zu lesen und bildet Dauer und Wechsel von Partizipationsstatus innerhalb des kompletten Zeitraums der Partnerarbeitsphase ab. Die in der Darstellung fokussierten Abschnitte werden durch Kästen und Nummerierungen kenntlich gemacht. Die farbliche Kodierung entspricht der bereits verwendeten Kodierung einzelner Partizipationsstatus (vgl. Abb. 6.7)

Der Arbeitsauftrag des Lehrers lautet (vgl. T18):

1   L   Deine Aufgabe ist jetzt, wie kannst du einen genauen, einen exakten, exakt ist ein komisches Wort, einen genauen Kreis zeichnen? Du sollst den Stift dort [*zeigt auf einen Bleistift*] mit irgendeinem Material von denen, die ihr dort habt, so zusammenbauen, dass du damit einen Kreis zeichnen kannst. Also eine Art Werkzeug, ja, so 'n Kreiszeichenmittel.

Transkript T18: KG2LU1, 04:31–05:11, Lehrer

Nach der Regelung sonstiger organisatorischer Aspekte des Arbeitsprozesses zu Beginn (TI1-2), versucht Tahia als Kreatorin eine Kreislinie zu erzeugen, repräsentiert durch eine Kordel (T19/Z5, Z13; MT1-4). Ihre Lernpartnerin Dunja stellt zunächst in Frage, ob sich dieses Material eignet, um einen Kreis zu erzeugen (T19/Z2, Z6), und hinterfragt die Länge der Kordel bzw. die Kreisgröße (T19/Z6, Z14, Z16; MT1-4). Tahia ignoriert diese Einwände (T19/Z3, Z5, Z7) und lehnt sie schließlich deutlich ab (T19/Z15, Z17). Die Betrachtung der Phase zeigt, dass eine hohe inhaltliche Verantwortlichkeit durch starkes Durchsetzungsvermögen eines Lernenden, verbunden mit der Ignoranz bzw. Ablehnung von Einwänden anderer entstehen kann.

1	T	[rollt Kordel von einen Knäuel ab; schneidet ein Stück davon ab]
2	Du	Damit ein Kreis? Hier [fasst die Kordel an; wird von einem Mitschüler angestoßen]? Au, Firat!
3	T	So. Schere ham wir.
4	Du	So ein großes Kreis? Warte.
5	T	[legt die Kordel kreisähnlich vor sich auf den Tisch]
6	Du	Nein, das ist nicht ein Kreis. So 'n großes Kreis brauchen wir nicht. He, das ist kein Kreis [zieht die Kordel zu sich]. So ein großes Kreis brauchen wir nicht, Tahia. Warum hast du das jetzt?
7	T	[nimmt Dunja die Kordel aus der Hand]
8	L	Ich sehe im Moment nur, dass alle Kinder alleine arbeiten. Partnerarbeit macht ihr gar nicht.
9	T	Samira, kannst du das da geben [zeigt auf die Klebebandrolle]? Mmh [nimmt das Klebeband entgegen].
10	Du	[nimmt die Kordel wieder in die Hand] Hier ist ein (unverständlich).
11	T	Gib mal [nimmt Dunja die Kordel aus der Hand].
12	Du	Wir müssen als erstes ein Kreis machen.
13	T	[Werd] daraus ein Kreis [legt die Kordel kreisähnlich vor sich auf den Tisch].
14	Du	Warum hast du so ein großes geschnitten? Wir schneiden das.
15	T	Nein.
16	Du	Nein, so ein großes Kreis.
17	T	[aggressiv:] Lass ma'!

Transkript T19: KG2LU1, 07:39–08:50, Tahia, Dunja und Lehrer

In der darauffolgenden zweiten Phase löst möglicherweise die Lehrerintervention (T19/Z8) aus, dass Dunja Tahias Ideen nun unterstützt, um in der Partnerarbeit gemeinsam zu agieren. In dieser Phase (vgl. Abb. 6.11: 2) wird die durch die Kordel repräsentierte Kreislinie nun mit Hilfe von Klebeband geschlossen (MT1-4). In der Rolle einer Instruierenden fordert Tahia befehlsartig zur

Umsetzung auf (bspw. „Warte, schneid!"), die sie nicht begründet, und die Dunja als Umsetzende ausführt. Die Instruktionen sind dabei nicht immer explizit und fordern Dunja heraus, sich stetig in Tahias Plan hineinzudenken. Dies zeigt sich z. B., wenn auf Tahias Instruktion „Mach noch ein ab!" Dunjas Nachfrage und Vermutung folgt: „Ein ab? Oh, wo ist der Pflaster?" Da Tahia das darauffolgende Anreichen eines Klebebandstücks akzeptiert, erscheint die Umsetzung im Sinne ihres Plans. Schließlich greift Tahia zu den Holzspießen und veranschaulicht handlungsbegleitend ihre Idee, mit Hilfe von Holzspießen innerhalb des Kreises den Durchmesser zu repräsentieren (MT1-3): „Und ein paar davon [*greift ein paar Holzspieße*]. So, so dieses [*fährt mittig mit der Handkante vom Kordelkreisabschnitt oben zum gegenüberliegenden Kordelkreisabschnitt*]". Für Dunja könnte diese Idee zu diesem Zeitpunkt noch wenig explizit sein.

Tahia generiert die Idee als Kreatorin und nimmt Dunja, die gerade Knete knetet, das Material aus der Hand mit den Worten: „Ich mach ein Stückchen ab". Dunja legt weiterentwickelnd ein Styroporstück in die Mitte des Kreises, was Tahia als Ablehnende wieder weglegt. Die Aktivitäten des Wegnehmens bzw. Weglegens durch Tahia zeigen, dass sie weiterhin die Gestaltung der mathematischen Themenentwicklung kontrolliert und verhindert, dass ggf. andere mathematische Ideen ihrer Lernpartnerin explizit werden. Tahia sticht nun einen Holzspieß durch die Knete und legt die mittig am Spieß positionierte Knete in die Kordelkreismitte (MT1-1). Der Weiterentwicklungsidee von Dunja, noch einen weiteren Spieß, um ca. 90 Grad versetzt durch die Knete zu stechen und mittig zu positionieren (MT1-3), stimmt Tahia zu durch „Ja, mach ich doch!" In ihrer Aussage bekräftigt sie durch die Verwendung von „ich" anstatt „wir" die Dominanz ihrer Rolle, greift Dunjas Vorschlag aber auf und führt dies als Umsetzende aus. Schließlich wird die fehlende Beziehung von Kreis und der Mittelpunkt-Durchmesser-Konstruktion aus Holzspießen und Knete betrachtet (MT1-1, MT1-3 und MT1-4). Tahia merkt an: „Jetzt, der Kreis muss ein bisschen kleiner sein [*schiebt den Kordelkreis überlegend hin und her*]". Dunja erwidert: „Guck mal, ich hab gesagt, ein so großes Kreis brauchen wir nicht". In der Rolle von Weiterentwicklern geraten die Lernenden nun in einen Disput, inwiefern das erkannte Problem gelöst werden soll, kommen allerdings nicht zu einer Einigung, sondern akzeptieren in diesem Moment den Arbeitsstand. Insgesamt zeigt sich Tahia in dieser beschriebenen zweiten Phase in der Rolle einer Instruierenden, Kreatorin sowie Weiterentwicklerin bezogen auf die inhaltlichen Fokussierungen

- der Geschlossenheit der Kreislinie (MT1-4),
- der Erzeugung eines Durchmessers (MT1-3) und Mittelpunkts (MT1-1) sowie

- der Betrachtung eines fehlenden Zusammenhangs der Kreislinie als ein Kreisumfang von Durchmessern, die durch Spieße repräsentiert werden (MT1-3 und MT1-4).

Die höhere inhaltliche Verantwortlichkeit kann Tahia einnehmen, da die Lernpartnerin ihre Ideen akzeptiert und diese mit einer geringeren inhaltlichen Verantwortlichkeit unterstützt.

Nach kurzem Zuschauen der Ideenentwicklung anderer Lerntandems und einer außermathematischen Aktivität, in der Tahia bspw. mit Knete wirft, bringt eine Lehrerintervention ihren Fokus zurück auf den zentralen Arbeitsauftrag. Sie wendet sich nun in einer dritten Phase der Partnerarbeit (vgl. Abb. 6.11: 3) wieder der fehlenden Beziehung der Repräsentationen von ‚Umfang' und ‚Durchmesser' zu, entscheidet die kreisförmig geschlossene Kordel wieder zu öffnen und schneidet schließlich ein kürzeres Stück Kordel ab. Dunja imitiert Tahias Idee der Erzeugung einer Kreislinie, indem sie die Kordelenden wieder zusammenklebt. Währenddessen trifft Tahia die Entscheidung „So, jetzt zeichnen wir einen Kreis!". Sie zeichnet daraufhin frei Hand einen Kreis auf das vor ihr liegende Arbeitsblatt. Damit reagiert sie möglicherweise auf eine vorausgehende Lehrerintervention (vgl. T20/Z1).

| 1 | L | Ich glaub, ihr habt alle 'n bisschen den Forscherauftrag aus den Augen verloren. Gibst du mir das [*zeigt auf einen Bleistift*] mal bitte? Ihr sollt nämlich den Stift mit einem Material so verbinden, dass ihr einen Kreis machen könnt. Es könnte auch sein, dass ihr den Kreis zeichnen sollt. |

Transkript T20: KG2LU1, 13:11–13:33, Lehrer

Dunja stellt sich erneut auf Tahias Idee ein, organisiert ein weißes Blatt für sie, beschwert sich aber nun zum ersten Mal: „Boah, Tahia macht alles!" Dunja beobachtet nun, während sie weiterhin den Kordelkreis herstellt, wie Tahia las Kreatorin erneut einen Kreis frei Hand zeichnet, später das Papier halbiert und wiederum frei Hand einen Kreis aufzeichnet. Ausgeschnitten und aufgefaltet ähnelt die Form dem Umriss einer Acht. Tahia schneidet nun nach Augenmaß eine kreisähnliche Fläche aus (MT1-5) und konstatiert (vgl. T21/Z1):

1   T   So, so ist ein Kreis [*klopft auf den vor ihr liegenden Papierkreis, den sie frei Hand ausgeschnitten hat*]. Jetzt Knete.

2   Du Was, was machst du? Musst du das so zeichnen [*legt den Holzspieß in den ausgeschnittenen Papierkreis*]? Herr Krüger, müssen wir das so machen [*hält den Holzspieß weiter in den Papierkreis; schaut den Lehrer fragend an*]?

3   L   Das weiß ich nicht, wie ihr das machen sollt. Ihr solltet den Bleistift mit einem von den Materialien verbinden, so dass ihr # da einen Kreis draus machen könnt.

4   Du # Hey, ich hab 'ne Idee, ich hab 'ne Idee. Guck mal, wir können das hier [*zeigt auf den Holzspieß*] aufkleben und dann, äh, können wir das hier so [*zeigt auf das obere Spießende, das über die Papierkreisfläche hinausragt*] abschneiden und hier [*zeigt auf das untere Spießende*] auch, damit das so

5   T   Ja, guck, aber wir müssen auch Bleistift. Ja, und Bleistift machen wir auch so. Ja, so [*klebt Knete ungefähr in die Kreisflächenmitte*].

6   Du Warte, nein, nein, nein, nein. Wir müssen als erst, guck mal, wir müssen # hier [*nimmt ein Lineal*].

7   T   # (unverständlich) [*nimmt die Tesafilmrolle*]

8   Du Nein, nein [*hält die Tesafilmrolle fest*]. Moah, ich zeig dir was, was wir machen sollen [*legt die Tesafilmrolle weg*].

9   T   [*nimmt die Klebebandrolle*] Ich weiß. Ich bin nicht dumm. Also so # [*schneidet ein Stück Klebeband ab*].

10 Du [*schaut zu einem anderen Tandem, das einen Spieß auf einem ausgeschnittenen Kreis festhält*] # Hey! Hey. Ja! Sollen wir auch so?

Transkript T21: KG2LU1, 16:43–17:39, Dunja, Tahia und Lehrer

Dunja fordert Tahia mit einer Vermutung zur Explizierung ihrer Idee auf (T21/Z2). Ihre Nachfragen an Tahia und die Lehrperson zeigen Überlegungen, Tahias erste und zweite Idee zu verbinden, indem die Repräsentation des Durchmessers durch den Holzspieß nun mit der Papierkreisfläche verknüpft betrachtet wird (T21/Z2, Z4; MT1-3, MT1-4 und MT1-5). Dunja zeigt deutliche Aktivitäten als Weiterentwicklerin. Der Lehrer reagiert auf Dunjas Nachfrage mit einer Paraphrase des Arbeitsauftrags (T21/Z3). Tahia agiert weiterhin als Kreatorin einer eigenen Idee. Ihre Entgegnung auf Dunjas Vorschläge konkretisiert sie nicht, sondern bezieht sich auf die Aussage des Lehrers, dass ein Bleistift genutzt werden muss (T21/Z5). Ihre Antwort wird weder durch Handlung noch durch Gestik gestützt und ist auf diese Weise nicht eindeutig, sondern aufgrund des Ausdrucks „aber" als Ablehnung interpretierbar. Das Aufkleben der Knete in der Mitte des Kreises (MT1-1 und MT1-5) kann ggf. darauf hindeuten, dass auch sie eine Verbindung der ersten und zweiten Idee anstrebt. Dunja lehnt dies jedoch ab (T21/Z6). Inwiefern der Einsatz der Tesa- bzw. Klebebandrollen durch Tahia expliziert wird (T21/Z7), kann nicht rekonstruiert werden, da die Audiographie dies nicht zulässt. Allerdings lehnt Dunja weiterhin Tahias Aktivitäten ab (T21/Z8), mit dem Verweis, Tahia zu erklären, was die Aufgabe ist. Das weist schließlich Tahia deutlich auf einer persönlichen Ebene zurück (T21/Z9). Dunjas Vorschlag, wie ein anderes Tandem zu verfahren (T21/Z10), ignoriert Tahia. Die Situation zeigt, dass Tahia sich einer inhaltlichen Um- bzw. Neuorientierung widmet, die nicht expliziert wird und auf die sich ihre Lernpartnerin, möglicherweise mit einem Partizipationsstatus mit geringerer Verantwortlichkeit, neu einstellen muss. Hinzu kommt die fehlende inhaltliche Begründung der Ablehnung von Dunjas Ideen, wodurch Tahia weiterhin die mathematische Themenentwicklung mit einer hohen inhaltlichen Verantwortlichkeit dominiert.

Schließlich versuchen die Lernenden, das Verständnis des Arbeitsauftrags auszuhandeln. Ausgangspunkt ist, dass die Lernenden letztlich doch die Kreisfläche mit dem Spieß und der Knete zusammensetzen und Tahia zusätzlich den Bleistift durch die Knete steckt mit der Begründung „Herr Krüger hat gesagt, wir sollen das zusammenmachen". Hier könnte sie sich auf die Aussage des Lehrers beziehen „Ihr solltet den Bleistift mit einem von den Materialien verbinden, so dass ihr da einen Kreis draus machen könnt" (T21/Z3). Die Verbindung der Aussagen „den Bleistift mit den Materialien verbinden" und „da einen Kreis draus machen" führt nicht zwingend zu einem Verständnis des Arbeitsauftrags im Sinne der Kreiskonstruktion. Es sind ebenso, wie in Tahias Fall, Deutungen denkbar, die die Repräsentation eines Kreises durch einen Bleistift und andere Materialien fokussieren. Die Lehrerintervention kann zur Entstehung entsprechender Deutungsdifferenzen der Lernenden beigetragen haben. Dunja beschwert sich über den Aushandlungsprozess in ihrer Partnerarbeit schließlich beim Lehrer mit den Worten „Wie sollen wir auf Bleistift schreiben! Was ist das?" Aufgrund Dunjas Sprachschwierigkeiten ist ihr Vorbehalt zunächst nicht eindeutig zu interpretieren. Durch die Betrachtung des weiteren Verlaufs der Lernsituation kann rekonstruiert werden, dass sie die Funktion des Bleistifts zur Kreiskonstruktion fokussiert, was sie in Tahias Idee nicht identifizieren kann. Für eine kooperative Partnerarbeit entsteht durch die unterschiedlichen Situationsdefinitionen zusammen mit den sprachlichen Barrieren eine große Herausforderung.

Tahia und Dunja folgen anschließend im Rezipientendesign ‚Mithörer' (vgl. Abschn. 6.1.1.2) einem Gespräch zwischen dem Lehrer und einem anderen Lerntandem. Es geht um die Kreis*konstruktion* und deren Genauigkeit. Dieser Unterbrechung des Arbeitsprozesses folgt eine vierte Phase der Partnerarbeit (vgl. Abb. 6.11: 4): Während Dunja den Bleistift nun wieder aus der Knete zieht, nachfolgend damit ein gelenkzirkelähnliches Gerät baut und einen Kreis damit konstruiert, fügt Tahia ihrer Kreisrepräsentation aus einem näherungsweise ausgeschnittenen Kreis, weitere Holzstäbe als Durchmesser hinzu. In dieser Phase zeigen sich beide Lernende im Kreatorstatus und arbeiten an ihren individuellen Ideen, ohne die Idee der Lernpartnerin mitzuverfolgen. Die Situation zeigt, dass es aufgrund unterschiedlicher Deutungen des Arbeitsauftrags zu einer hohen inhaltlichen Verantwortlichkeit beider Lernender kommt, indem sie nicht zusammenarbeiten, sondern unterschiedliche individuelle Ideen verfolgen.

Dogans Partizipation (LU2)
Dogan partizipiert an der Partnerarbeit in LU2 mit einem hohen Anteil in der Rolle des Weiterentwicklers, unterbrochen durch viele kurze Phasen des Zuschauens.

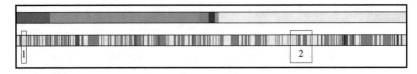

Abbildung 6.12 Partizipation von Dogan (LU2) in anteiliger Zusammenfassung (oben) und in der Verlaufsdarstellung (unten)

    Betrachtet man den partizipativen Prozessverlauf ist die Partizipation durchweg durch diese Rollen geprägt, mit Ausnahme zweier Phasen (vgl. Abb. 6.12: 1 und 2). Die Ergebnisse der Mikroanalyse zeigen, dass der gesamte ko-konstruktive Prozess in der Lernsituation durch eine hohe Aktivität beider Lernender, vor allem im Bereich der allgemeinen mathematischen Aktivitäten geprägt ist (vgl. Abschn. 6.1.1.1, MT2-10 bis MT2-16). Durch Vorschläge bzw. Vermutungen, Überprüfungen bzw. Beurteilungen, Begründungen, Beschreibungen beziehen Dogan und sein Lernpartner ihre Aussagen wechselseitig aufeinander. Vor allem durch gegenseitige Aufforderungen zum Vorschlagen bzw. Vermuten, Überprüfen, Beurteilen, Explizieren bzw. Begründen, Tätigwerden oder zum Zuschauen (vgl. MT2-16.1 bis 16.5) finden aufeinander bezogene Prozesse statt. Dass mit dem hohen Anteil einer Partizipation als Weiterentwickler auch eine ähnlich hohe Partizipation als Zuschauender einhergeht, liegt dabei auf der Hand: Wenn Lernende auf Ideen, Vorschläge oder Einwände von Lernpartnern eingehen, bedarf es der Betrachtung und des Zuhörens der Perspektive des Gegenübers. Zuschauen und Weiterentwickeln bilden so einen gemeinsamen, dynamischen Prozess. Da dies für den ko-konstruktiven Prozess der beiden Lernenden charakteristisch ist, werden im Folgenden nicht die gesamte Lernsituation, sondern exemplarisch die ersten Minuten der Partnerarbeit intensiv betrachtet.

Das Transkript setzt ein, nachdem Dogan (D, FSP LE) seinen Namen, den Namen seines Lernpartners Hannes (Ha) sowie das Datum auf das gemeinsame Arbeitsblatt geschrieben hat (vgl. T22). Hannes hat währenddessen bereits versucht, zwei Drittelkreise mit zwei Viertelkreisen zu einem Vollkreis zu kombinieren. Er verwirft die Idee, und vor ihm liegen zwei aneinandergelegte Drittelkreise.

1	Ha	Da müssen wir wahrscheinlich noch zwei von denen hier nehmen [*nimmt zwei Fünftelkreise, legt diese an*], von denen, ansonsten passt das nicht.
2	D	Ich glaube, das reicht. Warte [*versucht, die Teile exakt aneinander zu legen*].
3	Ha	[*hält die Drittelkreise fest, murmelt*] Das hat sonst nicht gepasst.
4	D	Ja. Und jetzt [*nimmt den Bleistift*]? Wie viel?
5	Ha	[*schiebt die Kreisteile noch einmal genauer aneinander*] Nee, das passt immer noch nicht [*schiebt einen Fünftelkreis weg*]! Guck, aber
6	D	Warte [*greift nach einem Drittelkreis*]
7	Ha	Dann brauchen wir, glaub ich, noch ein Sechstel. Ich glaub, ein Sechstel # [*legt den Sechstelkreis an die Kombination aus zwei Drittel- und einem Fünftelkreis*].
8	D	# Ich hab ein Drittel.
9	Ha	[*schiebt die Kreisteile noch einmal genauer aneinander*]
10	D	Sechs, [o] okay.
11	Ha	Nee [*schiebt den Sechstelkreis wieder weg*].
12	D	Sechstel hätte auch nicht gereicht, wenn du den # [*schiebt den Drittelkreis an die beiden anderen Drittelkreise, schiebt zusammen mit Hannes die Kreisteile genauer aneinander*]
13	Ha	Drittel # [*schiebt den Fünftelkreis weg, schiebt zusammen mit Dogan die Kreisteile genauer aneinander*]
14	D	Nein, dann wäre es einfach.
15	Ha	Ja, mach doch, mach doch!
16	D	Drei Drittel # [*notiert die Lösung tabellarisch*]
17	Ha	# [*schaut Dogan zu*]
18	D	[*legt den Stift weg*] Wir sind schon, eine, eine haben wir [scho], zwei haben wir schon.

Transkript T22: KG4LU2, 09:43–10:27, Dogan und Hannes

Die Lernenden versuchen zunächst, mit der Strategie ‚Geometrische Passung' (vgl. Abschn. 6.1.1.1, MT2-5) die erste Lösung zu generieren. Hannes vermutet als Kreator, dass zwei Drittel und zwei Fünftel zu einem Vollkreis zusammenfügbar sind (T22/Z1). Dogan bestätigt die Vermutung und erweitert die Aussage mit „das reicht", womit er sich auf die Deckungsgleichheit der Fläche zweier Fünftelkreise und der noch auszufüllenden Fläche beziehen könnte (T22/Z2). Beide Lernende überprüfen die Passung enaktiv (T22/Z2, Z3, Z5; MT2-13; MT2-10.2). Hannes damit verbundene Aussagen zur Passung, könnten der Ansatz einer Beschreibung eines Problems bzw. Fehlers sein (MT2-15.1), mit Bezug zur zuvor gescheiterten Kombination aus zwei Drittel- und zwei Viertelkreisen. Dogan fordert ihn nun auf, die Lösung explizit zu nennen (T22/Z4; MT2-16.4). Hannes beurteilt daraufhin die Überprüfung (MT2-13) als nicht-passend (T22/Z5). Er fordert durch „Guck" Dogan auf, seinem nächsten Vorschlag zu folgen (T22/Z5; MT2-16.6). Hannes vermutet die Passung eines Sechstelkreises (T22/Z7). Dogan wehrt zunächst durch „warte" ab und macht als Weiterentwickler nonverbal einen Gegenvorschlag (MT2-12) durch das Greifen nach einem Drittelkreis (T22/Z6). Dogan verfolgt als Zuschauender, wie Hannes mit der Strategie ‚Geometrische Passung' versucht, die Kreisteilkombination zu einem Vollkreis zusammenzulegen (T22/Z7). Auf die handlungsbegleitende Versprachlichung der Vermutung (MT2-12) „Ich glaub', ein Sechstel" durch Hannes (T22/Z7) reagiert Dogan als Weiterentwickler mit einer verbalen Formulierung seines Gegenvorschlags (MT2-12): „Ich hab ein Drittel." (T22/Z8). Er beobachtet Hannes Überprüfungsversuch (MT2-13) und zeigt sich schon akzeptierend (T22/Z10), als Hannes die fehlende Passung erkennt (T22/Z11; MT2-8). Dogan ergänzt Hannes Erkenntnis um eine nicht vollständig ausgedrückte Begründung (MT2-15), die hinsichtlich der zu geringen Fläche des Sechstelkreises, bezogen auf die auszufüllende Lücke, interpretiert werden kann (T22/Z12). Dogan schiebt in der Rolle des Weiterentwicklers erneut nonverbal vorschlagend (MT2-12) den Drittelkreis an die beiden anderen Drittelkreise (T22/Z12), was Hannes akzeptiert. Beide Lernende überprüfen die Kombination enaktiv hinsichtlich der Passung (T22/Z12f.; MT2-5, MT2-13). Dogan beschreibt ein Problem, indem er diese Lösung als zu einfach beurteilt und ablehnt (T22/Z14; MT2-13, MT2-15.1). Hannes dagegen widerspricht und fordert Dogan zum Tätigwerden auf (T22/Z15; MT2-16.5). Dogan stellt die Lösung daraufhin in der Rolle eines Weiterentwicklers im Rahmen eines intermodalen Transfers verbal (MT2-10.1) und tabellarisch (MT2-10.4) dar. Dem folgt Hannes als Zuschauender (T22/Z17). In der Rolle des Kreators, der eine neue Perspektive einnimmt, nennt Dogan die bisherige Gesamtlösungsmenge von zwei Lösungen (T22/Z18; MT2-11), da er die zuvor gemeinsam in der Kleingruppe gefundene, notierte Lösung mitbetrachtet.

Anschließend finden die beiden Lernenden in gemeinsamen Prozessen, die sie mit der Strategie ‚Fixierung' (vgl. Abschn. 6.1.1.1: MT2-2) entwickeln, die Lösungen $\frac{1}{2} + \frac{2}{4}$ und $\frac{1}{2} + \frac{1}{3} + \frac{1}{6}$. Dabei ergänzen sie wechselseitig ihre Handlungen und ihre Verbalisierungen von Ideen. Es sind zudem Paraphrasierungen des handlungsbegleitenden Sprechens beobachtbar, indem Vorschläge oder Lösungen fachsprachlich, durch die Angabe der Bruchteilgröße sowie alltagssprachlich, durch Benennung der Farben, dargestellt werden. Ab der schließlich folgenden Lösung $\frac{1}{2} + \frac{3}{6}$ entwickelt Dogan selbstständig die Routine, neue Lösungen auch tabellarisch zu überprüfen (MT2-6) und identifiziert dadurch ggf. doppelte Lösungen (MT2-7). Bis zum Ende der Partnerarbeitsphase arbeiten die beiden Lernenden in diesem ko-konstruktiven, aufeinander bezogenen Prozess, an dem beide mit einer höheren inhaltlichen Verantwortlichkeit für die Entwicklung des mathematischen Themas partizipieren. Die Beschäftigung mit sonstigen, außermathematischen Dingen findet in zwei kurzen Phasen statt, einmal zu Beginn aufgrund organisatorischer Aspekte (vgl. Abb. 6.12: 1; TI2-2.1), wie die Beschriftung des Arbeitsblattes mit Namen und Datum, sowie im letzten Drittel (vgl. Abb. 6.12: 2) aufgrund kommunikativer Prozesse mit anderen Lernenden. Es lässt sich zudem eine Phase herausstellen, in der Dogan als Instruierender auftritt. In dieser Rolle diktiert er seinem Lernpartner bis dahin gefundene, tabellarisch notierte Lösungen, damit der sie enaktiv hinsichtlich der Vollständigkeit eines Kreises überprüft. Aber auch dieser kurzzeitig als asymmetrisch erscheinende Partizipationsprozess verändert sich zu einer gemeinsamen Lösungsüberprüfung mit einer Vielzahl verschiedener, vor allem allgemeiner mathematischer Aktivitäten.

Zusammenfassende Betrachtung
Beide Fallbeispiele zeigen, dass das Spektrum der Bedingungen groß ist, in dem Lernende eine höhere inhaltliche Verantwortlichkeit einnehmen. Insgesamt kann festgehalten werden, dass eine höhere inhaltliche Verantwortlichkeit im Partizipationsprozess eines Schülers bzw. eine Schülerin entstehen kann, wenn diese/r

1) als *Weiterentwickler*, zusammen mit einem anderen Weiterentwickler in einem symmetrischen Partizipationsprozess, Ideen diskutiert oder gemeinsam weiterentwickelt und dabei beide ein hohes Maß (allgemeiner) mathematischer Aktivitäten zeigen,
2) als *dominierender Kreator oder Instruierender* Einwände des Lernpartners ignoriert oder ablehnt sowie die Entwicklung konkurrierender mathematischer Ideen verhindert oder unbegründet ablehnt,
3) als *Kreator einer inhaltlichen Um- oder Neuorientierung* agiert, die nicht expliziert wird und auf die sich der Lernpartner neu einstellen muss sowie
4) als *einer von zwei Kreatoren* innerhalb eines Lerntandems auftritt und eine eigene, unabhängige Idee verfolgt, möglicherweise aufgrund eines unterschiedlichen Verständnisses hinsichtlich der Voraussetzungen oder der Ziele des Arbeitsauftrags.

Auch in anderen Studien zeigten sich gleichberechtigte oder ungleiche Rolleneinnahmen, in denen eine fachliche Aufgabenbearbeitung getrennt oder gemeinsam erledigt wird (vgl. Abschn. 4.1.1; Schöttler 2019). Bei ungleichen Rolleneinnahmen können dominante Lernpartner identifiziert werden, die die gemeinsame Ideenentwicklung maßgeblich dominieren (vgl. Abschn. 4.1.1; Howe 2009: Typ II). Bei gleichberechtigten Rolleneinnahmen (Punkt 1) zeigt sich im empirischen Material der vorliegenden Studie die konkrete Umsetzung von Partizipation gemäß dem normativen Anspruch an Inklusion durch Teilhabe, Teilnahme und Teilgabe (g. Abschn. 4.2.1; Heimlich 2014b). Hier wird in besonderem Maße das Potential der substanziellen Lernumgebung für inklusive Settings deutlich. Die Analyse des empirischen Materials kann in diesem Punkt ebenfalls eine gemeinsame Ideengenerierung von Beginn an durch beide Lernende rekonstruieren. Damit können Ergebnisse von Brandt & Höck (2011: Typ 0; vgl. auch Abschn. 4.1.1) bestätigt werden. Zusätzlich bestätigt sich die Bedeutung von eingesetztem Material zur Entwicklung des mathematischen Themas (vgl. Abschn. 4.1.2; Fetzer 2017).

Im Fall eines dominierenden Kreators oder Instruierenden (Punkt 2) führen Aushandlungsprozesse nicht zu einem Arbeitskonsens (vgl. Abschn. 4.1.1; Krummheuer & Fetzer 2010, 16 ff.). Unbegründete Ablehnungen können zu einem Exklusionsprozess bezogen auf den Lernpartner führen (vgl. dazu Abschn. 4.2.2; Hackbarth 2017). Die inhaltliche Neu- oder Umorientierung (Punkt 3) stellt zunächst eine neue Fokusbildung dar (vgl. auch Abschn. 4.2.2; Höck 2015) oder führt, wie im gezeigten Beispiel, zu möglichen Differenzen in der Situationsdefinition (vgl. Krummheuer & Fetzer 2010). Dies kann, wie im Fallbeispiel dargestellt, auch durch einen unterschiedlich interpretierbaren Arbeitsauftrag verstärkt werden, den die Lehrperson nicht eindeutig formuliert.

Agieren beide Lernende als Kreatoren und entwickeln Ideen unabhängig voneinander (Punkt 4), kann dies im Kontext eines Arbeitsauftrags, der partnerschaftlich zu einer Lösung führen soll, auch als Konkurrenzsituation betrachtet werden. Insgesamt finden durch beide Pole des Spektrums (Punkt 1 und 4), die sich als symmetrisch charakterisieren lassen, keine direkten Exklusionsprozesse eines Lernenden statt (vgl. dazu auch Abschn. 4.2.2; Hackbarth 2017). In den beiden anderen Fällen, so zeigen die Fallbeispiele, hängt es maßgeblich von der Reaktion des Lernpartners ab, ob dieser einer Exklusion entgegenwirkt. Entgegen der Ergebnisse von Hackbarth (2017) kam es in der vorliegenden Studie nicht zwingend zu Exklusionsprozessen.

6.1.3.2 Produktive Partizipation mit geringerer inhaltlicher Verantwortlichkeit

Um Phänomene in Partizipationsprozessen mit einer geringeren inhaltlichen Verantwortlichkeit für die mathematische Themenentwicklung zu identifizieren, wird der Prozess der Schülerin Hira betrachtet, der einen hohen Anteil einer solchen Partizipation aufweist (vgl. Abb. 6.13).

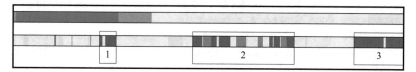

Abbildung 6.13 Partizipation von Hira (LU1) in anteiliger Zusammenfassung (oben) und in der Verlaufsdarstellung (unten)

Wie in der Verlaufsdarstellung des Partizipationsprozesses von Hira deutlich wird, handelt es sich um drei Abschnitte, in denen sie eine geringere inhaltliche Verantwortlichkeit für die Entwicklung des mathematischen Themas zeigt. Die Arbeitsphase wird durch die Lehrerin mit dem Arbeitsauftrag eröffnet: „So, das ist jetzt eure Aufgabe: Ihr in euren Zweiergruppen, ich rutsch gleich ein bisschen weg, dann habt ihr mehr Platz, ihr sollt mit den Materialien ein Ding bauen, mit dem man einen exakten Kreis zeichnen kann. Ja?" Die gemeinsame Lernsituation von Nora (N) und Hira (H, FSP LE), in der ein Fadenzirkel (vgl. Abb. 6.14) hergestellt wird, ist geprägt durch Noras Aktivitäten als Kreatorin, die Hira meist in der Rolle der Zuschauenden beobachtet.

Abbildung 6.14 Fadenzirkel von Hira und Nora in einer Halterung aus Knete

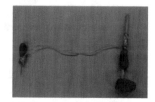

In manchen Situationen erkundet Hira das Material, bspw. indem sie knetet oder sich mit dem Holzspieß in die Hand sticht. Nora verbalisiert während ihrer Aktivitäten eigene Gedanken durch Handlungsbeschreibungen und Begründungen und fordert Hira zu Beurteilungen auf. Das durch Nora entwickelte Kreiszeichengerät umfasst schließlich einen Bleistift mit einem Griff aus Knete, an den eine Kordel geknotet ist. Die Verbindung ist mit Klebeband verstärkt (vgl. auch Abb. 6.14). Nora äußert weiterhin Ideen und Handlungspläne als Kreatorin, bspw. eine Pricknadel zu nutzen (MT1-1), verbunden mit der Begründung, den

Radius einstellen zu können (MT1-2), indem ein Faden um den Pricknadelgriff gewickelt wird (vgl. T23/Z1). Hiras Griff zur Klebebandrolle könnte als nonverbaler Vorschlag einer Weiterentwicklerin gedeutet werden (T23/Z2). Nora scheint zunächst akzeptierend zu reagieren. Der Vorschlag wird schließlich nur teilweise angenommen, denn Nora ändert die Auswahl des Klebematerials und stellt die Tesafilmrolle vor Hira, begleitet mit dem Vorschlag, diese zu nutzen (T23/Z3). Hira reagiert darauf wie auf eine Instruktion, indem sie, ihr Einverständnis als Akzeptierende signalisierend, den isolierten Aspekt einer Materialvorbereitung in der Rolle als Umsetzende übernimmt (T23/Z4, Z6). Diese Phase wird insofern weiterhin von Nora kontrolliert, als dass sie auch über deren Ende entscheidet (T23/Z7), was Hira humorvoll akzeptiert (T23/Z8).

1	N	So. Sollte reichen [*legt die Klebebandrolle weg*]. Und jetzt irgendwie, 'n Lineal könnte man [*steckt den Bleistift in das Loch im 30-cm-Lineal*], nein. Ähm, sollen wir auch (...) damit stechen wir ein [*greift eine Pricknadel*]. Und dann können wir das da schön drumwickeln [*schaut Hira an, während sie die Kordel um den Griff der Pricknadel wickelt*], um den Radius einzustellen.
2	H	[*greift zur Klebebandrolle*]
3	N	Okay [*beginnt, die Kordel abzuwickeln*]. Oder sollen wir das mit Tesafilm machen [*nimmt die Tesafilmrolle, stellt sie vor Hira*]?
4	H	Ja, können wir # [*reißt ein Stück Klebestreifen ab, reicht es Nora*].
5	N	# Gut. Erst mal mach ich 'nen Knoten. Ich mach erst mal 'nen Knoten [*knotet die Kordel an den Pricknadelgriff, nimmt den Tesastreifen von Hira und verstärkt die Verbindung von Kordel und Pricknadel durch Überkleben mit Tesafilm*].
6	H	[*reißt ein zweites Stück Klebestreifen ab*]
7	N	So, das reicht, glaub ich, schon.
8	H	[*deutet an, den Klebestreifen aufessen zu wollen, zerknüllt diesen*]
9	N	[*lacht*]

Transkript T23: KG5LU1, 05:35–06:49, Nora und Hira

Auch wenn Hira eine geringere inhaltliche Verantwortlichkeit zeigt, kann aufgrund der nonverbal geäußerten Überlegung, Klebeband zur Verbindung von Mittelpunkt und Radius zu nehmen, von einem aktiven gedanklichen Mitverfolgen des Handlungsplans ausgegangen werden. Inwiefern mathematische Zusammenhänge an dieser Stelle verstanden wurden, kann nicht mit Sicherheit gesagt werden, obwohl Nora durch die explizite Verwendung des Fachbegriffs ‚Radius‘ ihre praktischen Ideen der entsprechenden Kreiseigenschaft zuordnet und für Hira transparent macht (T23/Z1). Im späteren Interview zeigt sich, dass Hira den Mittelpunkt in einem Kreis sowie das Element eines Faden- und Stangenzirkels, das diesen erzeugt, identifizieren kann. Allerdings veranschaulicht sie den ‚Radius‘

gestisch als einen um 90 Grad gedrehten Durchmesser. Auch am eigenen Zeichengerät aus der Partnerarbeitsphase mit Nora kann sie nicht zuordnen, was für die Konstanz des Radius verantwortlich ist. Hier zeigt sich, dass Hira den laut geäußerten Überlegungen von Nora möglicherweise doch nicht inhaltlich folgte oder die inhaltsbezogenen Aspekte nicht langfristig behalten konnte.

Eine weitere Rolleneinnahme von Hira als Umsetzende wird durch die Lehrerin initiiert. Nora macht erste Kreiskonstruktionsversuche auf einem großen Blatt Papier auf dem Boden, während Hira zuschaut. Die Lehrerin fordert sie auf: „Hira, was kannst du machen? Kannst du was festhalten vielleicht?" Die Lehrerintervention erhöht Hiras rezeptive Partizipation zwar auf einen produktiven Status, allerdings auf niedrigem Niveau. Durch das Angebot „Willst du mal versuchen?", fordert Nora Hira nun zum Tätigwerden auf (MT2-16.5). Hira imitiert die Kreiskonstruktion nach Noras Vorbild und wird von dieser durch das Festhalten des Zeichengeräts im Mittepunkt unterstützt. In darauffolgenden Kreiskonstruktionen durch Nora, hält Hira weiterhin die Unterlage fest. Möglicherweise wirkt die Aufforderung der Lehrerin über diesen längeren Zeitraum handlungsleitend. Ihre vier eigenen Durchführungen der Kreiskonstruktion zeigen, im Sinne einer Imitation, keine Unterschiede zu Noras erster Aktivität. Nora dagegen hält unterschiedlich fest, dreht sich z. T. während der Konstruktion mit dem gesamten Körper um das Blatt herum oder überprüft den Untergrund. Hira beobachtet neben ihrer Rolle als Umsetzende zwischenzeitlich Aktivitäten der Lernpartnerin als Zuschauende, spricht dabei aber nicht. Inhaltliche Diskussionen finden zwischen Nora und der Lehrerin oder anderen Lernenden statt, entweder parallel zu Hiras imitierenden Aktivitäten, oder indem Hira dem Gespräch als Zuhörerin bzw. Zuschauende folgt. Thematisch kommen dabei zahlreiche mathematische Aspekte zur Sprache:

- Vorschläge bezogen auf die Konstanz des Radius (MT1-2, MT1-7),
- Beschreibungen von Vor- und Nachteilen der Nutzung von Hilfsmitteln auf oder unter dem Papier zur Fixierung des Mittelpunkts (MT1-1, MT1-10),
- Beurteilungen der Gleichmäßigkeit der Krümmung der Kreislinie (MT1-4, MT1-8),
- Begründungen der Vorteile eines Fadenzirkels im Vergleich zum Gelenkzirkel, bezogen auf die Größe konstruierbarer Kreise (MT1-4, MT1-9),
- Beurteilungen, ob die Fläche auf der konstruiert wird, eben ist (MT1-8, MT1-12, indirekt MT1-2) sowie
- Beurteilungen, welcher Kreis näherungsweise exakt ist (MT1-4, MT1-8).

Nora radiert anschließend Konstruktionsversuche aus, die den Ansprüchen nicht genügen, näherungsweise kreisförmig zu sein (MT1-4, MT1-8). In dieser Phase

der Lernsituation fordert sie Hira auf, aktiv zu werden (MT1-11.5) und ihrem
Beispiel zu folgen. Die Lehrerin schlägt vor, einen misslungenen Versuch bestehen zu lassen, um daran Schwierigkeiten diskutieren zu können. Das Entfernen
von Konstruktionsversuchen würde hier für Hira Potential für die Partizipation als Weiterentwicklerin bieten, indem Kreislinien hinsichtlich ihrer Exaktheit
bewertet und entfernt werden könnten. Diese Entscheidungen werden allerdings
allein von Nora getroffen. Hiras Aktivität als Umsetzende zeigt dagegen weiter eine geringere Verantwortlichkeit für das mathematische Thema, indem sie
kleine Entscheidungen über das Entfernen von Linien trifft, nie aber eigenständig
entscheidet, einen der Konstruktionsversuche vollständig zu entfernen.

Das Beispiel veranschaulicht, dass Partizipationsprozesse eine deutliche
Asymmetrie aufweisen können. Eine Lernende wie Nora partizipiert produktiv
mit einer hohen Verantwortlichkeit, gestaltet die mathematische Themenentwicklung aus und bestimmt ihren Verlauf. Eine Lernpartnerin wie Hira partizipiert
dagegen rezeptiv oder produktiv mit einer geringeren Verantwortlichkeit. Dabei
kann auch auf nonverbale Weise die Höhe der Verantwortlichkeit für die
mathematische Themenentwicklung ausgehandelt werden, indem nonverbale Weiterentwicklungsvorschläge auf nonverbale Gegenvorschläge treffen oder nahezu
nonverbal Instruktionen ausgedrückt werden (vgl. dazu auch Fetzer 2017; Vogel
& Huth 2010). Versprachlichen Lernende, die mit einer hohen inhaltlichen
Verantwortlichkeit partizipieren, ihre Denkprozesse innerhalb asymmetrischer
Partizipationsprozesse, haben deren Lernpartner zumindest die Chance, an der
Entwicklung als Zuschauende bzw. Zuhörer umfassend rezeptiv zu partizipieren.

Die produktive Partizipation mit einer geringeren inhaltlichen Verantwortlichkeit kann durch Instruktionen von Lehrpersonen oder Lernpartnern ausgelöst
werden, die möglicherweise sogar über einen längeren Zeitraum Wirkung zeigen.
Das Fallbeispiel zeigt darüber hinaus, dass Aufforderungen durch Lehrpersonen
oder Lernpartner eine bestimmte Höhe der Verantwortlichkeit bezogen auf das
mathematische Thema implizieren können, wenn sie sich auf einen konkreten
isolierten Aspekt beziehen, anstatt eine offene Frage zu stellen, die verschiedene Partizipationsmöglichkeiten eröffnen würde. Im Interaktionsverlauf können
somit Lehrerinterventionen oder Instruktionen durch Lernpartner auftreten, die
möglicherweise in erster Linie darauf abzielen, eine rezeptive Partizipation zu
beenden und in ein produktives Partizipieren mit Verantwortlichkeit für die mathematische Themenentwicklung zu verändern. Dies muss jedoch nicht mit dem
Anspruch verbunden sein, dass diese Verantwortlichkeit höchstmöglich ist. Die
im dargestellten Fallbeispiel identifizierte zentrale Instruktion der Lehrerin stellt
kein Potential für eine höhere inhaltliche Verantwortlichkeit der lernbeeinträchtigten Schülerin dar, schränkt stattdessen Partizipationsmöglichkeiten ein oder gibt

diese, vermutlich sogar über einen längeren Zeitraum, vor. In zuvor dargestellten Studien werden Partizipationen mit einer Sicherheitsorientierung der Lernenden in Verbindung gebracht (vgl. Abschn. 4.2.2; Brandt 2004). In der Auswertung der empirischen Daten der vorliegenden Studie erscheint die Dominanz der Einnahme solcher Rollen neben einem zurückhaltenden, aber kooperativen Verhalten in der Partnerarbeit, zusätzlich durch Zuschreibungsprozesse durch Mitlernende und Lehrpersonen zustande zu kommen, wenn diese durch Instruktionen oder Aufforderungen keine Spielräume hinsichtlich verschiedener Partizipationsoptionen lassen (vgl. auch Abschn. 6.1.4).

6.1.3.3 Rezeptive Partizipation

Die Partizipationsprozesse aller Lernenden finden phasenweise im Partizipationsstatus ‚Zuschauender' statt. Zur Betrachtung von Phänomenen in Partizipationsprozessen, in denen Lernende in der Rolle des Zuschauenden keine produktive Verantwortlichkeit für die Entwicklung des mathematischen Themas einnehmen, werden die Partizipationsprozesse von Melina (vgl. Abb. 6.15) und Carolin (vgl. Abb. 6.16) betrachtet, da diese im Vergleich zu den anderen Lernenden mit einem besonders hohen Anteil rezeptiv an der gemeinsamen Lernsituation partizipieren.

Melinas Partizipation (LU2)
In einer ersten Phase der Partnerarbeit in LU2 (vgl. Abb. 6.15: 1) vereinbaren Melina (M, FSP LE) und ihr Lernpartner Tim (Ti), dass er die Lösungen sucht und sie diese notiert.

Abbildung 6.15 Partizipation von Melina (LU2) in anteiliger Zusammenfassung (oben) und in der Verlaufsdarstellung (unten)

    Auf diese Weise zeigt sich Melina in der Rolle der Zuschauenden sowie der Weiterentwicklerin, wenn sie die von Tim verbal, z. T. fachsprachlich dargestellten Lösungen, in die tabellarische Darstellung notiert und damit einen intermodalen Transfer leistet (vgl. bspw. T24/Z17). Sie benötigt zu Beginn ein wenig Hilfe, um zu verstehen, dass jede Lösung jeweils in eine Zeile notiert wird. Tim begründet dies mit „Das ist nämlich *eine* Möglichkeit." Danach notiert

Melina weitere Lösungen selbstständig, fordert Tim jedoch weiterhin zur Beurteilung der Richtigkeit der Notation auf. Dadurch werden in dieser Phase der Partnerarbeit zwei Lösungen gefunden und notiert ($\frac{1}{2} + \frac{1}{3} + \frac{1}{6}$; $\frac{1}{2} + \frac{2}{4}$). Eine erste Intervention durch die Lehrerin (L), die darauf hinweist, keine festgelegten Rollen einzunehmen, sondern abwechselnd zu arbeiten, zeigt zunächst keine Veränderung im Partizipationsprozess (vgl. T24/Z1).

1	L	Wechselt euch auch ruhig mal ab, ne? Nicht immer nur einer schreibt und einer nicht, ne?
2	Ti	Melina wollte schreiben [*tauscht aus der vor ihm liegenden Lösung aus einem Halb- und zwei Viertelkreisen einen Viertelkreis gegen einen Fünftelkreis*].
3	M	Ich wollte schreiben.
4	L	Ihr könnt aber auch gleich, [*zu Melina:*] du darfst auch gern mal legen, ne?
5	Ti	Können wir auch [*tauscht den Fünftelkreis gegen zwei Sechstelkreise*].
6	L	Genau. Ihr habt ja keine Sekretärin, ne? Ihr habt ja 'n Team.
7	Ti	# [*legt die Viertel- und Sechstelkreise weg; legt zwei Fünftelkreise an den Halbkreis an; tauscht einen Fünftelkreis gegen zwei Sechstelkreise; legt alle Kreisteile bis auf den Halbkreis auf das Materialtablett*]
8	M	# [*schaut Tim zu*]
9	M	Du kannst auch nur bauen. Tim? Okay?
10	Ti	Du kannst gern auch bauen, wenn du möchtest.
11	M	Ich möchte aber nicht.
12	Ti	Ich würd dir helfen.
13	M	Ich schreib lieber.
14	Ti	Okay [*legt drei Sechstelkreise an den Halbkreis*]. Eine Hälfte. Ähm, Melina.
15	M	Was?
16	Ti	Eine Hälfte und drei Sechstel.
17	M	[*notiert die diktierte Lösung in die Tabelle*]

Transkript T24: KG1LU2, 12:26–14:00, Melina, Tim und Lehrerin

Auch eine weitere Aufforderung durch die Lehrerin, die Rollen zu tauschen, ändert nichts an der Vereinbarung zwischen Melina und Tim (vgl. T25).

1	L	Melina? Kommst du auch da dran [*hält Melina das Tablett mit den Kreisteilen entgegen*]?
2	Ti	Melina wollt schreiben.
3	L	Ja. Aber ihr könnt euch trotzdem mal abwechseln.
4	Ti	Ja, aber sie will aber nicht.
5	L	Motivier sie doch mal, auch mal was auszuprobieren!

Transkript T25: KG1LU2, 14:31–14:42, Tim und Lehrerin

Die Lernenden finden bzw. notieren in den vereinbarten Rollen zwei weitere Möglichkeiten ($\frac{1}{3} + \frac{1}{4} + \frac{2}{5}$; $\frac{2}{3} + \frac{2}{6}$). Nicht jede ist dabei korrekt. Im Prozess der Lösungsfindung durch Tim schaut Melina anderen Kindern aus anderen Lerntandems zu. Erst durch Tims Aufforderungen zur Notation fokussiert sich Melina wieder auf die Aufgabenbearbeitung ihres eigenen Tandems. Eine weitere Intervention der Lehrerin, die Melina verbal (vgl. T26/Z1) und nonverbal (T26/Z3) auffordert, nun auch produktiv an der Lösungsfindung zu partizipieren, enthält eine inhaltliche Hilfe durch die Nennung einer bestimmten Strategie. Verbunden mit der Aufforderung an Tim, dass Melina aktiv werden soll (vgl. T26/Z1), ändert sich schließlich Melinas Partizipationsstatus. Aus der Zuschauenden, die mit kleineren Weiterentwicklungen aktiv war, wird eine Kreatorin bzw. Umsetzende (vgl. Abb. 6.15: 2 sowie T26).

1	L	[*zu Melina:*] Melina, du kannst auch gleiche Teile nehmen. Das was wir vorhin schon hatten. Das ist auch eine Lösung. [*zu Tim:*] Vielleicht kann Melina das mal machen, Tim.
2	Ti	Mmh [*legt vor ihm liegende Kreisteile zurück auf das Materialtablett; zieht das Arbeitsblatt zu sich und nimmt den Bleistift*].
3	L	[*schiebt das Materialtablett zu Melina*]
4	M	[*legt zwei Drittelkreise aneinander*] Das passt.
5	Ti	Da fehlt aber noch einer [*schiebt einen Drittelkreis zu Melina*].
6	M	[*legt einen Kreis aus den drei Drittelkreisen*]
7	L	# Du kannst jetzt dem Tim diktieren, was du geschafft hast, Melina. Wie viele hast du genommen?
8	Ti	# [*notiert die Lösung in die Tabelle auf dem Arbeitsblatt*]
9	M	Drei Drittel.
10	L	Sehr schön.
11	M	[*schaut auf das Arbeitsblatt*]
12	L	Und, kannst du noch aus 'ner anderen Farbe? Einen legen? Aus welcher Farbe geht's noch [*schiebt das Materialtablett näher zu Melina*]?
13	M	[*nimmt zwei Sechstelkreise vom Materialtablett*]

Transkript T26: KG1LU2, 16:04–16:12, Melina, Tim und Lehrerin

Melina legt nach der Aufforderung als Kreatorin einen Kreis aus Drittelkreisen (MT2-1). Ihre Äußerung „Das passt" (T26/Z4) nach der Zusammensetzung von zwei Drittelkreisen könnte ein Indiz dafür sein, dass sie die bisherigen Aktivitäten ihres Lernpartners mit dem Ziel, Vollkreise zu generieren, bislang noch nicht erfasst hat. Ihr Lernpartner zeigt sich als Weiterentwickler dieser Idee (T26/Z5), indem er zur Lösungsfindung beiträgt und notiert die Lösung tabellarisch (T26/Z8; MT2-10.4). Melina diktiert die Lösung gemäß der Aufforderung der Lehrerin (T26/Z7; MT2-10.1) mit Verwendung von Fachbegriffen (T26/Z9). Anschließend legt sie, der Aufforderung der Lehrerin folgend (T26/Z12), einen weiteren Kreis aus Sechstelkreisen (MT2-1), und diktiert ihre Lösung (MT2-10.1). Da Tim diese und alle weiteren Lösungen der Strategie ‚Gleiche Kreisteile' (MT2-1) bereits parallel zu Melinas Lösungsfindung notiert hat (MT1-10.4), überschreibt er diese nach ihrem Diktat erneut mit dem Bleistift und hält ansonsten die Hand über die ausgefüllten Lösungen (vgl. dazu ausführlicher Abschn. 6.2.1.3). Melinas Versuch, die Rollen nun wieder zu tauschen, begegnet Tim ablehnend: „Nein, die nächsten sollst du noch machen, die hier [*tippt oben im Arbeitsblatt auf die Abbildungen des Halb-, Viertel- und Fünftelkreises*]." Melina legt schließlich selbstständig einen Kreis aus zwei Halben (MT2-1) und diktiert die Lösung (MT2-10.1). Auf ihre Frage „Gibt's noch einen?" instruiert Tim sie, nun einen Kreis aus Fünftel- und einen aus Viertelkreisen zu legen. Vor allem die Instruktion, einen Kreis aus Viertelkreisen zusammenzusetzen, wird noch deutlicher vorgegeben, denn Tim vereinfacht die Instruktion auch auf der sprachlichen Ebene: „Und was ist mit den Vierteln? Mit den Blauen?". Melina, die mittlerweile bemerkt hat, dass die Lösungen bereits von Tim notiert wurden, erfragt „Wie viele?" woraufhin er auffordert: „Guck, wie viele du brauchst!". Sie setzt schließlich vier Viertelkreise zusammen (MT2-1) und diktiert die Lösung (MT2-10.1, MT2-10.3): „Vier von hier [*tippt auf die Abbildung des Viertelkreises auf dem Arbeitsblatt*]". Tims Nachfrage „Ähm, darf ich auch mal?" und Melinas Ergänzung „Soll ich schreiben?", die Tim bejaht, leitet schließlich eine neue Phase der Partnerarbeit ein (vgl. Abb. 6.15: 3), in der Tim mit der zuvor verfolgten Strategie ‚Fixierung' (vgl. Abschn. 6.1.1.1: MT2-2) weitere Lösungen sucht, und Melina im Partizipationsstatus ‚Zuschauender' nun sowohl ihren Lernpartner Tim als auch die anderen Lernenden beobachtete. Aktivitäten als Weiterentwicklerin zeigt sie dennoch regelmäßig, wenn auch von kurzem zeitlichen Umfang durch intermodale Transferleistungen, herausgefordert durch die Notation von Lösungen. Weitere produktive Aktivitäten zeigt sie vereinzelt, indem sie

- mögliche passende Kreisteile für Kombinationen vorschlägt („Suchst du vielleicht diesen [*zeigt auf einen Viertelkreis*]?; MT2-12),
- ihrem Lernpartner beim Lösungsprozess zuschaut und die Kombination durch „Nee!" als nicht passend bewertet (MT2-13),
- ihren Lernpartner mit einfacher Sprache auffordert, die Passung einer Kombination von Kreisteilen zu beurteilen („Geht, Tim?"; MT2-16.3),
- ihren Lernpartner auffordert, bei einem anderen Tandem abzuschauen (MT2-16.6), was dieser ablehnt,

- ein anderes Lerntandem mehrfach auffordert, Aktivitäten zu explizieren (MT2-16.4),
- einem anderen Lerntandem vorschlägt, die Anzahl der gefundenen Lösungen am Rand zu nummerieren (MT2-11) sowie
- ihrem Lernpartner die Notationsweise eines anderen Tandems beschreibt, das Strichlisten in die Tabelle einträgt, (MT2-15.2) und ihn zur Beurteilung dieser Vorgehensweise auffordert (MT2-16.3).

Insgesamt kann festgehalten werden, dass Melina aufgrund der vereinbarten Arbeitsteilung zuerst nur eine bestimmte mathematische Aktivität ausführt, nämlich die tabellarische Notation von Ergebnissen nach Diktat des Lernpartners. Dies kann, im Kontext der Reichhaltigkeit und Komplexität der Lernumgebung, als isolierte Tätigkeit betrachtet werden. Die Aufforderung der Lehrperson zu Beginn der Partnerarbeit trägt schließlich zu Melinas Aktivierung im Sinne des mathematischen Schwerpunkts der Lernumgebung bei. Dennoch entwickelt sich die zunächst offene Lehrerintervention zur kleinschrittigen Aufforderung mit einer konkreten strategischen Vorgabe. Nachdem die produktive Partizipation von Melina endet, ist ihr rezeptiver Partizipationsanteil wieder hoch. Die Schülerin beobachtet nicht nur den Lernpartner, sondern auch andere Lerntandems. Allerdings zeigt sie in dieser Phase immer wieder kurze mathematische Aktivitäten verschiedener Bereiche, mit denen sie produktiv an der mathematischen Themenentwicklung partizipiert. Daher sollte zur Beurteilung eines hohen rezeptiven Partizipationsanteils betrachtet werden, ob sich Lernende dennoch regelmäßig produktiv einbringen und inwiefern die Produktionen ein geringeres oder größeres Spektrum mathematischer Aktivitäten abdecken.

Carolins Partizipation (LU1)
Im Gegensatz zum Fall ,Melina' ist der rezeptive Partizipationsanteil von Carolin, in der Rolle der Zuschauenden, noch höher (vgl. Abb. 6.16).

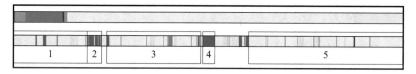

Abbildung 6.16 Partizipation von Carolin (LU1) in anteiliger Zusammenfassung (oben) und in der Verlaufsdarstellung (unten)

In der Partnerarbeit zwischen Carolin (C, FSP LE) und ihrer Lernpartnerin Johanna (Jo) spricht Carolin insgesamt wenig. Es handelt sich dabei meist um kurze überlegende („Mmm"), zustimmende („Mmh") oder ablehnende Äußerungen („Hmhm"). Darüber hinaus spricht Carolin häufig in unvollständigen Sätzen, in denen sie Vorschläge zur Materialverwendung macht (MT1-7) oder lösungsrelevante Tätigkeiten mit einfacher Sprache beschreibt (MT1-10.3). Dagegen führt Johanna Monologe, in denen sie ihre Überlegungen verbalisiert, häufig jedoch ohne ihren Plan oder das Ziel explizit zu machen. In vielen Fällen werden ihre Äußerungen für Außenstehende erst in der Kombination mit Beobachtungen des weiteren Handlungsverlaufs verständlich. Inhaltliche Diskussionen führt Johanna immer wieder mit anderen Mitschülerinnen und Mitschülern oder der Lehrerin. Schon in einer ersten Phase der Partnerarbeit (vgl. Abb. 6.16: 1) nimmt Carolin als Zuschauende teil, ergänzt durch einzelne Aktivitäten als Reaktion auf Instruktionen durch die Lernpartnerin. Diese produktive Partizipation mit einer geringeren Verantwortlichkeit bezieht sich auf isolierte Aspekte in der Materialvorbereitung im Hinblick auf die Realisierung der Idee ihrer Lernpartnerin (vgl. Abb. 6.16: 2 und 4; MT1-12). Carolin verfolgt die mathematische Themenentwicklung hauptsächlich in der Rolle der Gesprächspartnerin von Johanna und hört zu, wie diese bspw. ihre Idee zur Bearbeitung des Arbeitsauftrags und Überlegungen bezogen auf das Material äußert, aber nicht konkretisiert (vgl. bspw. Abb. 6.16: 1; T27/Z1, Z3). Dennoch wird Carolin über das Personalpronomen „wir" durch Johanna in die Überlegungen mit einbezogen (bspw. T27/Z3). Auch an der Aushandlung, wie der Arbeitsauftrag zu verstehen ist, zwischen ihrer Lernpartnerin, einer weiteren Schülerin (M) und der Lehrerin (L), nimmt sie beobachtend teil (vgl. T27/Z5 bis 9):

1	Jo	Oh, ich hab 'ne Idee. Ich weiß schon eins. Krieg ich bitte ein Stück Band?
2	L	Ja.
3	Jo	Ich weiß schon eins. Das brauchen wir. Mmm.
4	L	Überlegt mal, was ihr machen [könnt].
5	Jo	Kommt drauf an, wie groß der Kreis sein soll.
6	M	Ja. Ist das egal?
7	L	So. Ihr könnt auch, überlegt euch.
8	M	Wie groß soll der Kreis sein?
9	L	Das ist egal. Ihr könnt hier das Papier dazu nehmen.

Transkript T27: KG3LU2, 01:21–01:55, Johanna und Carolin, Lehrerin und eine weitere Mitschülerin Madison

In einer weiteren längeren Phase der Partnerarbeit (vgl. Abb. 6.16: 3) fügt Johanna unter Carolins Beobachtung einzelne Materialien zu einem Fadenzirkel zusammen (vgl. Abb. 6.17).

Abbildung 6.17 Faden- bzw. Stangenzirkel des Lerntandems Carolin und Johanna

Johanna unternimmt erste Kreiskonstruktionsversuche (MT1-4) mit dem selbstgebauten Zeichengerät. Inhaltlich verbalisiert sie dabei Überlegungen, häufig handlungsbegleitend, bezogen auf

- den Mittelpunkt und dessen Repräsentation durch einen mit einem Styroporstück verbundenen Holzspieß (MT1-1),
- den Radius und dessen Repräsentation durch ein Stück Kordel (MT1-2),
- die Verbindung von Radius und Mittelpunkt, bspw. durch das Verknoten der Kordel mit dem Stift und dem Holzspieß (MT1-1 und MT1-2),
- die Fixierung des Mittelpunkts durch ein weiteres Styroporstück (MT1-1) sowie
- die Verkleinerung des Radius, um einen Kreis in passender Größe auf das Papier zeichnen zu können (MT1-2).

Da Carolin den Aktivitäten und Vermutungen (MT1-7), Beurteilungen (MT1-8) und Beschreibungen (MT1-10) der Lernpartnerin aufmerksam folgt, partizipiert sie rezeptiv an einem bestimmten Spektrum mathematischer Aktivitäten sowie an den damit verbundenen inhaltsbezogenen Ideen, Versuchen und Irrtümern.

Nach Johannas ersten Kreiskonstruktionsversuchen mit dem selbstgebauten Zeichengerät bewertet ein Mitschüler: „Aber das ist kein vernünftiger Kreis". Dem stimmt Carolin mit „Mmh" zu (MT1-8). Während Johanna den Stift von der Kordel entfernt und sich um die Stabilisierung der Kordel am Holzspieß kümmert, hält Carolin den Stift an die Kordel und schlägt vor: „Okay. Jetzt brauchen wir

Klebeband. Damit das auch wird". Sie klebt schließlich den Stift mit Klebeband an die Kordel. Hier zeigt sie sich zaghaft in der Rolle einer Weiterentwicklerin, die eine Verbesserung des Zeichengeräts hinsichtlich der Verbindung von Radius und Mittelpunkt in Betracht zieht (vgl. Abb. 6.16: 3; MT1-1 und MT1-2). Inwiefern sie mathematische Aspekte an dieser Stelle durchschaut, bleibt offen.

Nachfolgend nimmt Carolin wieder länger als Zuschauende an der gemeinsamen Lernsituation teil. Johanna bemerkt, wie sich die Kordel aufgrund der Fixierung bei einer Drehbewegung aufwickelt und dadurch verkürzt. „Aber das Band dreht sich um den Stock und dann wird der Kreis automatisch kleiner" (MT1-2), kommentiert sie. Es entwickelt sich eine kurze Diskussion in der gesamten Kleingruppe über die gleichmäßige Krümmung der Kreislinie (MT1-4), vom Mitschüler Niklas ausgedrückt als „Weil er [der Kreis, Anm. KH] muss ganz gerade sein. Er muss wie zum Beispiel das sein [*zeigt auf die Klebebandrolle*]." Als sich die einzelnen Tandems wieder ihren eigenen Ideen zuwenden, äußert Johanna: „Mmm. Irgendwie muss das hier oben befestigt werden." Carolin zeigt hier ausnahmsweise den Ansatz einer Aufforderung zur Explizierung (MT1-11.4) mit der Frage „Dass man das?", worauf die Lernpartnerin antwortet: „Dass man das so drehen kann". Carolin beobachtet anschließend, wie Johanna die Verbindung zwischen Holzspieß und Stift optimiert und partizipiert schließlich als Umsetzende daran, dass sich der Fadenzirkel schließlich durch weitere Stabilisierungsmaßnahmen (MT1-1 und MT1-2) zu einer Art Stangenzirkel entwickelt (Abb. 6.16: 4 sowie Abb. 6.17).

Es folgen einige organisatorische Aktivitäten wie das Aufräumen von Material sowie weitere Aktivitäten, die auf Johannas Instruktionen hin erfolgen und isolierte Aspekte umfassen, in denen Carolin in der Rolle einer Umsetzenden agiert. Inhaltlich geht es um die Verbesserung der Fixierung des Mittelpunkts (MT1-1). In einer längeren letzten Phase der Partnerarbeit (vgl. Abb. 6.16: 5) beobachtet Carolin schließlich, wie ihre Lernpartnerin Kreise konstruiert (MT1-4) sowie daran anschließende weitere Optimierungen am Zeichengerät vornimmt. Zuletzt übernimmt Johanna die Beschreibung des Zeichengeräts auf dem Arbeitsblatt, woran Carolin zuschauend und in Ausnahmen paraphrasierend partizipiert. In der gesamten Partnerarbeitsphase konstruiert Carolin keinen einzigen Kreis, beobachtet dies aber aufmerksam bei ihrer Lernpartnerin und anderen Mitschülerinnen und Mitschülern. Die Auswertung des Einzelinterviews zeigt, dass Carolin in der Rolle der Zuschauenden wesentliche Aspekte des inhaltlichen Schwerpunkts der Lernumgebung erfasst hat. Sie kann den handwerklichen Prozess zur Herstellung des Zeichengeräts beschreiben und gibt zentrale Überlegungen des Partnerarbeitsprozesses wieder. Die Bezeichnung ‚Mittelpunkt' erinnert sie zwar nicht, ersetzt die Bezeichnung durch ‚Mitte' und kann den Mittelpunkt in Kreisen korrekt verorten oder auch dem Element eines Faden- bzw. Stangenzirkels zuordnen, das diesen erzeugt. Zeichengeräte und Kreiskonstruktionen kann sie hinsichtlich ihrer Eignung zur Kreiskonstruktion bewerten, indem sie die gleichmäßige Krümmung der Kreislinie und Fixierungsmöglichkeiten des Mittelpunkts betrachtet. Den Begriff ‚Radius' erinnert sie zwar nicht mehr, äußert aber bezogen auf das Band des Faden- bzw. Stangenzirkels, dass sich dieses nicht aufwickeln darf und drehen muss.

Zusammenfassende Betrachtung
Die Einzelfallbeispiele zeigen, dass ein sehr hoher Anteil rezeptiver Partizipation entstehen kann, wenn Lernende die Vereinbarung zur Arbeitsteilung treffen und damit Zuständigkeiten bezogen auf bestimmte, wiederkehrende Arbeitsschritte innerhalb einer Lernumgebung aufteilen, wodurch möglicherweise keine Verantwortlichkeit für den Prozess des anderen entsteht und damit die mathematische Themenentwicklung nicht in ihrer Gänze mitverfolgt wird. Dadurch kann es zu isolierten mathematischen Aktivitäten kommen, die im Gegensatz zur Reichhaltigkeit stehen, mit der substanzielle Lernumgebungen konzipiert sind. Arbeitsteilige Zusammenarbeit wird in Studien durchaus als kooperativ bewertet (vgl. Abschn. 4.1.2; Lange 2013; Naujok 2000). Im Kontext der vorliegenden Studie kann dem im Sinne einer Ziel- bzw. Produktorientierung zugestimmt werden. Betrachtet man jedoch mit einer interaktionistisch konstruktivistischen Grundhaltung (vgl. Abschn. 4.1.1; Sutter 2009) die individuellen Prozesse innerhalb der Interaktion, so können derartige Aufteilungen bezogen auf den Inhaltsaspekt nicht im Sinne ko-konstruktiven Lernens als kooperativ eingestuft werden.

Eine dominierende rezeptive Partizipation kann ebenso durch die Zurückhaltung eines Lernenden bezogen auf den gemeinsamen Arbeitsprozess entstehen. Die Zurückhaltung kann sogar so weit gehen, dass zentrale aktivitätsbezogene Aspekte, die sich auf den fachlichen Schwerpunkt der Lernumgebung beziehen, lediglich bei Lernpartnern beobachtet und nicht selbst erfahren werden. Lehrerinterventionen können dagegen auslösen, dass lernbeeinträchtigte Schülerinnen und Schüler kurzfristig eine produktive inhaltliche Verantwortlichkeit einnehmen. Im Fallbeispiel ‚Melina' wurde dadurch gleichzeitig der kompetentere Partner in einen Partizipationsstatus mit geringerer Verantwortlichkeit versetzt, was im Sinne der inklusiven Grundhaltung wiederum kritisch zu diskutieren ist. Möglicherweise kann allerdings erst eine solche Intervention dazu führen, dass durch die Herausforderung von Eigenaktivität der mathematische Kern der Lernumgebung durch lernbeeinträchtigte Schülerinnen und Schüler entdeckt wird. Allerdings ist kritisch zu betrachten, inwiefern solche Lehrerinterventionen jede Höhe der inhaltlichen Verantwortlichkeit eröffnen oder diese bereits durch kleinschrittige Vorgaben einschränken.

Der Partizipationsstatus ‚Zuschauender' bietet generell Möglichkeiten, mindestens kurzzeitig in einen anderen Partizipationsstatus zu wechseln. Dies kann sich sowohl auf die mathematische Themenentwicklung des eigenen als auch eines anderen Lerntandems beziehen. Möglicherweise zeigen sich auch hier die bereits in anderen Studien identifizierten Ko-Konstruktionspausen, die auf eine intrapersonale Verarbeitung von Lernenden hindeuten können (vgl. Abschn. 4.1.2; Höck 2015). Von Bedeutung ist dabei, das Spektrum mathematischer Aktivitäten zu betrachten, das in den produktiven Partizipationen eingenommen wird, die auf das Zuschauen folgen. Partizipationsprozesse anderer Lernender der vorliegenden Studie zeigten, wie bei Melina, dass Phasen des Zuschauens durch einzelne Aktivitäten unterbrochen waren. Lediglich bei Hira und Carolin konnten längere Phasen des Zuschauens ohne Aktivitäten mit produktiver Verantwortlichkeit identifiziert werden (vgl. Abschn. 6.1.3.3).

Zur Beurteilung der rezeptiven Partizipation für individuelle Lernprozesse ist zusätzlich von Bedeutung, das Spektrum mathematischer Aktivitäten zu betrachten, das die Lernenden bei ihren Lernpartnern, aber auch bei anderen Lernenden beobachten. Hier können sich vielfältige Aspekte des mathematischen Gegenstands zeigen. Es werden inhaltsbezogene Aspekte von anderen Lernenden aktiv entdeckt und ihre Ideenentwicklung sowie Versuche und Irrtümer sind beobachtbar. Werden darüber hinaus noch durch lautes Denken oder Gespräche zwischen anderen Lernenden allgemeine mathematische Aktivitäten sichtbar, bietet sich dem Zuschauenden eine komplexe Situation vielfältiger mathematischer Aktivitäten bezogen auf den gemeinsamen Lerngegenstand. Die Auswertungen der Einzelinterviews bezogen auf LU1 und LU2 zeigten, dass in vielen, aber nicht allen Fällen, die inhaltlichen Schwerpunkte der Lernumgebungen trotz einer hohen rezeptiven Partizipation vollständig erfasst wurden. Dies deckt sich mit Überlegungen von Krummheuer und Fetzer (2010), die dem Verfolgen mathematischer Argumentationen anderer keine Lernfortschritte per se zuschreiben (vgl. Abschn. 4.2.2). Rezeptive Partizipationsprozesse können, müssen aber demnach nicht lernwirksam sein. Lehrpersonen haben allerdings bei rezeptiv partizipierenden Lernenden nicht die Möglichkeit, Indizien für einen erfolgreichen Lernprozess durch reine Beobachtung zu sammeln.

6.1.3.4 Ausgeglichenheit unterschiedlicher Verantwortlichkeiten

Durch die Anteilsbetrachtung eingenommener Partizipationsstatus innerhalb der Partnerarbeit fällt Julians Partizipation durch eine Ausgeglichenheit zwischen einer produktiven Partizipation sowohl mit höherer als auch geringerer Verantwortlichkeit sowie der rezeptiven Partizipation auf (vgl. Abb. 6.18).

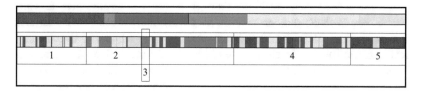

Abbildung 6.18 Partizipation von Julian (LU1) in anteiliger Zusammenfassung (oben) und in der Verlaufsdarstellung (unten)

Betrachtet man den Partizipationsprozess von Julian bezüglich einzelner Phasen der Partnerarbeit, kann Folgendes festgehalten werden: In einer ersten Phase (vgl. Abb. 6.18: 1) erprobt Julian zunächst eigene Ideen bezogen auf die inhaltlichen Schwerpunkte Mittelpunkt und Radius (MT1-1 und MT1-2). Julians rezeptive Partizipationsphasen sind meist auf den Arbeitsprozess seiner Lernpartnerin Eva bezogen, in manchen Fällen auch auf die mathematische Themenentwicklung anderer Lernendentandems (vgl. Abb. 6.18: 2 und 4). In einer zweiten Phase (vgl. Abb. 6.18: 2) erfolgen Instruktionen hinsichtlich der Optimierung des bis dahin kreierten Zeichengeräts durch Eva. Ihre Instruktionen beziehen sich auf Optimierungen hinsichtlich der Konstanz des Radius (MT1-2) und der Fixierung des Mittelpunkts (MT1-1). Sie sind hauptsächlich sehr eng gefasst, denn sie enthalten bereits handlungsbegleitende Veranschaulichungen. Da die Instruktionen sich in LU1 auf Prozesse beziehen, die von längerer Dauer sind, wirken sie entsprechend lange auf die Partizipation eines Lernenden ein. Julian leistet allen Instruktionen seiner Lernpartnerin Folge und agiert somit als Imitierer, teilweise als Umsetzender, wenn noch eine gewisse Transferleistung in der Umsetzung für ihn offen ist[7]. Wie schon in LU1 zeigt sich seine Lernpartnerin auch in LU2 deutlich in der Rolle der Instruierenden. In dieser Lernumgebung sind einzelne Sequenzen kürzer und die Wirkung einzelner Instruktionen dehnt sich daher nicht in einem so umfangreichen zeitlichen Maß aus. Daher ist es interessant zu beobachten, dass Eva in dieser Lernumgebung häufiger und in kürzeren Abständen als Instruierende auftritt (vgl. dazu auch T10), was aber keine Erhöhung des Anteils einer Partizipation mit geringerer Verantwortlichkeit von Julian zur Folge hat.

---

[7]Eine Ausnahme bildet in dieser Phase eine Situation, in der Julian als Weiterentwickler Tipps an ein anderes Lerntandem ausspricht (vgl. Abb. 6.18: 3). Hier kann er eine höhere inhaltliche Verantwortlichkeit übernehmen.

Eine neue Phase beginnt schließlich (vgl. Abb. 6.18: 4), als die Lehrerin Julian auffordert, mit der Beschreibung der Konstruktionsanleitung zu beginnen, während Eva das Zeichengerät weiter optimiert und erste Konstruktionsversuche tätigt. Julian hat zu diesem Zeitpunkt noch keinen Kreis konstruiert. Er agiert jetzt einerseits als Kreator, andererseits als Umsetzender, wenn die Lernpartnerin ihm neben ihrer Aktivität Instruktionen erteilt, wie die schriftliche Beschreibung realisiert werden soll. In einer letzten Phase (vgl. Abb. 6.18: 5) übernimmt die Lernpartnerin schließlich das Schreiben der Anleitung. Julian konstruiert nun selbst als Kreator eigene Kreise und nimmt Verbesserungen bezogen auf die Verbindung von Mittelpunkt und Radius sowie der Fixierung des Mittelpunkts vor. Diese letzte Phase ist für Julian bedeutsam, um Selbsterfahrungen bezogen auf die Kreiskonstruktion und aktive Entdeckungsmöglichkeiten im Sinne des mathematischen Schwerpunkts der Lernumgebung machen zu können.

Wie schon durch Hiras Fall dargestellt (vgl. Abschn. 6.1.3.2), kann eine produktive Partizipation mit einer geringeren inhaltlichen Verantwortlichkeit durch Instruktionen ausgelöst werden. Die Höhe der Verantwortlichkeit bezogen auf die mathematische Themenentwicklung gibt auch in diesem Beispiel ein Lernpartner vor und eröffnet infolgedessen sogar oft nur Möglichkeiten zur Imitation oder zum Zuschauen. Eine höhere inhaltliche Verantwortlichkeit kann in diesem Fallbeispiel nur in Phasen erreicht werden, in denen parallel zur Ideenentwicklung des Lernpartners andere Ideen verfolgt werden (vgl. dazu auch Abschn. 6.1.3.1), was u. a. durch eine die Partnerarbeit strukturierende Lehrerintervention ausgelöst wird (vgl. dazu auch Abschn. 6.1.3.2). Es besteht dennoch die Möglichkeit, dass auch in einer solchen Situation ein dominanter Lernpartner die Prozesssteuerung durch Instruktionen wieder übernimmt, was die inhaltliche Verantwortlichkeit des anderen wiederum vermindert. Insgesamt kann durch diese Fallbetrachtung das Spektrum der Bedingungen für produktive und rezeptive Partizipationsstatus nicht erweitert, sondern bestätigt werden. Jedoch ist herauszustellen, dass durch die Steuerung der Partizipationsprozesse von außen, bspw. durch Lehrpersonen, eine deutliche Veränderung resultieren kann. Im vorgestellten Fall wird die Asymmetrie der Partizipation zweier Lernender allerdings nicht im Hinblick auf ihre Symmetrie verändert. Zur Erhöhung der produktiven Partizipation bzw. zugunsten individueller Lernmöglichkeiten wird die gemeinsame Lernsituation stattdessen von der Lehrperson durch die Aufforderung zur Arbeitsteilung aufgelöst. Hier zeigt sich das Spannungsfeld zwischen individuellem und gemeinsamem Lernen deutlich (vgl. Abschn. 2.1.3 sowie 3.1). Das Fallbeispiel illustriert zudem, wie stark ein zu Beginn gestellter kooperativer Arbeitsauftrag wirkt, denn die gemeinsame Lernsituation wird durch die Lernenden nach einer Zeit erneut aufgenommen.

6.1.3.5 Partizipation bei unterschiedlichen Lernumgebungen

Betrachtet man die Partizipation der Lernenden in den Lernumgebungen vergleichend, so kann festgehalten werden, dass LU2 für alle Lernenden das Potential zu bieten scheint, mit einer höheren inhaltlichen Verantwortlichkeit für den mathematischen Inhalt an der gemeinsamen Aufgabenbearbeitung zu partizipieren (vgl. Abb. 6.19).

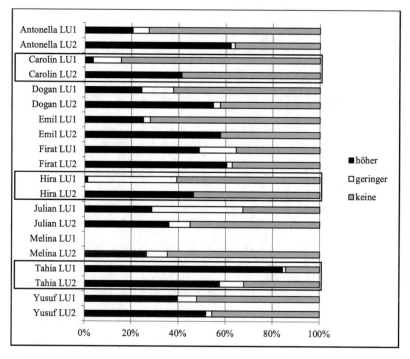

Abbildung 6.19 Höhe der inhaltlichen Verantwortlichkeit an der mathematischen Themenentwicklung im Bearbeitungsprozess (LU1 und LU2 im Vergleich)

Alle Lernenden, mit Ausnahme von Tahia, erhöhen entweder insgesamt den produktiven Anteil ihrer Partizipation oder den Anteil höherer Verantwortlichkeit für den mathematischen Inhalt. Den größten partizipativen Unterschied zeigen die Lernenden Carolin und Hira. Ihre Partizipation am mathematischen Thema der LU1 lässt sich durch eine geringere inhaltliche Verantwortlichkeit für den mathematischen Inhalt in Kombination mit einem hohen Anteil rezeptiver Partizipation charakterisieren. In LU2 zeigen beide Lernende nun deutliche Anteile einer höheren inhaltlichen Verantwortlichkeit in ihrer Partizipation. Nachfolgend sollen daher die Partizipationsprozesse von Carolin, Hira und Tahia betrachtet werden.

Betrachtung der Partizipation von Carolin in LU1 und LU2 im Vergleich
Carolins Partizipation an LU1 wurde bereits ausführlich dargestellt (vgl. Abschn. 6.1.3.3). Um Carolins höhere inhaltliche Verantwortlichkeit zu beschreiben, mit der sie an LU2 partizipiert, werden vier zentrale Szenen betrachtet, durch die alle typischen Aspekte ihrer Partizipation aufgezeigt werden können und die auch im restlichen Verlauf der Lernsituation wiederzufinden sind (vgl. Abb. 6.20).

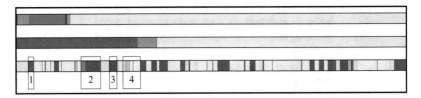

Abbildung 6.20 Partizipation von Carolin jeweils in anteiliger Zusammenfassung an LU1 (oben), an LU2 (mittig) und in der Verlaufsdarstellung von LU2 (unten)

In einer ersten Szene (vgl. Abb. 6.20: 1) beginnen beide Schülerinnen, direkt nach dem Arbeitsauftrag durch die Lehrerin und der Erledigung sonstiger organisatorischer Aspekte, als unabhängige Kreatorinnen Kreisteile zusammenzufügen und jeweils eigene Ideen zu entwickeln. Dies ist möglich, da ausreichend Material vorhanden ist, sodass beide dem Arbeitsauftrag gemäß arbeiten können. Später (vgl. Abb. 6.20: 2) setzen Johanna und Carolin gemeinsam als Weiterentwicklerinnen einen Sechs-Sechstelkreis zusammen. Anschließend wird ein Vier-Viertelkreis von Carolin sowie ein Drei-Drittelkreis von Johanna erzeugt, und Johanna notiert die Lösungen. Die Lernenden arbeiten mit der übergeordneten Strategie ‚Gleiche Kreisteile' (MT2-1). Mit den Worten „Dann haben wir jetzt alle von den Farben" fällt Johanns Blick noch auf die Halbkreise. Sie zieht diese näher zu sich heran und ergänzt: „Zwei Stück". Carolin setzt die beiden Hälften zusammen und überprüft die Ergänzung zum Vollkreis, während Johanna die Lösung notiert. Die beiden Kreatorinnen verbindet hier eine übergeordnete Strategie. Johanna beendet schließlich diese Phase: „So, dann müssen wir jetzt noch andere Lösungen finden." Während Carolin überlegend das Material betrachtet, setzt Johanna einen Halb-, Drittel und Sechstelkreis zusammen und notiert die Lösung. Sie fordert auf „Und, mach du mal'nen Kreis", woraufhin Carolin zwei Viertel-, einen Drittel- und einen Sechstelkreis zu einem Vollkreis kombiniert (vgl. Abb. 6.20: 3). Da Johannas Aufforderung sehr offen formuliert ist und zum Tätigwerden im Sinne der Aufgabenstellung auffordert, reagiert Carolin nicht als Umsetzende, sondern als Kreatorin. Hier wird genügend Spielraum gelassen, auch mit einer höheren inhaltlichen Verantwortlichkeit zu partizipieren. Johanna schaut Carolins Ideenentwicklung zu und notiert die Lösung schließlich.

In einer vierten Szene (vgl. Abb. 6.20: 4) agiert Johanna (Jo) als Kreatorin (T28/Z1, Z3) und Weiterentwicklerin (T28/Z5, Z7), und Carolin (C, FSP LE) zeigt sich in der Rolle einer Zuschauenden, die zwischendurch als Weiterentwicklerin nonverbale Vermutungen zeigt bzw. Vorschläge unterbreitet (T28/Z2, Z4, Z6). Auch wenn in dieser Szene kaum gesprochen wird, handelt es sich um eine gemeinsame mathematische Themenentwicklung (vgl. T28).

1	Jo	*[setzt zwei Drittelkreise zusammen]*
2	C	*[tippt einen Sechstelkreis an, # nimmt einen Viertelkreis, greift wieder nach dem Sechstelkreis]*
3	Jo	*[# setzt einen Viertelkreis in die Lücke ein]* Blau? Wird nicht passen *[entfernt einen Drittelkreis]*.
4	C	*[greift einen Viertelkreis, legt den Sechstelkreis an die Kombination aus dem Drittel- und Viertelkreis]*
5	Jo	*[legt einen Fünftelkreis in die Lücke, entfernt diesen]*
6	C	*[greift nach deinem Drittelkreis]*
7	Jo	*[legt einen weiteren Sechstelkreis an, tauscht diesen gegen einen Viertelkreis, kontrolliert, ob diese Lösung aus einem Halb-, zwei Viertel- und einem Sechstelkreis bereits tabellarisch erfasst wurde]*

Transkript T28: KG3LU2, 10:46–11:30, Carolin und Johanna

Insgesamt kommt Carolins höhere inhaltliche Verantwortlichkeit durch die niederschwelligen Strategien ‚Gleiche Kreisteile' im Weiterentwicklerstatus und ‚Geometrische Passung' im Kreatorstatus zustande. Das Beispiel zeigt, dass sich produktive höhere Verantwortlichkeiten in Phasen zeigen, in denen eine Schülerin bzw. ein Schüler

1) und der Lernpartner beide als Kreatoren von voneinander unabhängigen Ideen tätig sind (vgl. dazu auch Abschn. 6.1.3.1),
2) als Kreator auf eine offene, allgemeine Aufforderung zum Aktivwerden reagiert und Lösungen findet, während der Lernpartner zuschaut oder

3) in der Rolle des Zuschauenden partizipiert, aber durch nonverbale Vermutungen bzw. Vorschläge als Weiterentwickler, die Lösungsfindung des
Lernpartners unterstützt (vgl. ebd.).

Während der erste und dritte Aspekt bereits in anderen Analysen der vorliegenden Arbeit identifiziert wurde, birgt der zweitgenannte eine neue Sichtweise auf
arbeitsteilige Bearbeitungsprozesse. Im Unterschied zur bisher dargestellten organisatorischen Arbeitsteiligkeit inhaltlich isolierter Teilaspekte, handelt es sich hier
um eine ko-konstruktive Arbeitsteilung auf der Inhaltsebene, der die Lernpartner
wechselseitig folgen und die daher in ihrer inhaltlichen Ganzheitlichkeit für alle
bestehen bleibt.

Betrachtung der Partizipation von Hira in LU1 und LU2 im Vergleich
Um Hiras Partizipation zu beschreiben, können drei Phasen im Partizipationsprozess unterschieden werden (vgl. Abb. 6.21).

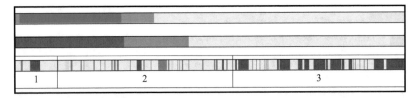

Abbildung 6.21 Partizipation von Hira jeweils in anteiliger Zusammenfassung an LU1
(oben), an LU2 (mittig) und in der Verlaufsdarstellung von LU2 (unten)

In einer ersten Phase vereinbaren Hira und Nora, abwechselnd zu arbeiten,
wodurch die eine als Kreatorin agiert, die andere gleichzeitig als Zuschauende
an der Themenentwicklung partizipiert. Nora beginnt, und die Rollen werden
zweimal getauscht (vgl. Abb. 6.21: 1). Danach verändert sich der Prozess dahingehend, dass Nora als Kreatorin über einen längeren Zeitraum dominiert und
Hira durch nonverbale Aktivitäten immer wieder am Prozess der Lösungsfindung als Weiterentwicklerin mitwirkt oder einen neuen Lösungsprozess in der
Kreatorrolle anstößt (vgl. Abb. 6.21: 2; auch Abschn. 6.1.3.1). In einer letzten Phase verfolgen beide Lernende hauptsächlich als Kreatorinnen individuelle
Pläne. Phasenweise beobachtet Hira den Prozess der Lernpartnerin und geht als
Weiterentwicklerin auf deren Lösungsversuche ein (vgl. Abb. 6.21: 3). Nora ist,
wie schon in der Arbeitsphase von LU1, im Bereich der allgemeinen mathematischen Aktivitäten sehr aktiv und verbalisiert ihre Ideen und Pläne oder beschreibt

und beurteilt Lösungen und Strategien. Im Gegensatz zu LU1 zeigt sie sich aber nicht als Instruierende und äußert auch keine Aufforderungen ihrer Lernpartnerin gegenüber, woraus sich keine Partizipationszwänge für Hira in der Rolle einer Umsetzenden oder Imitiererin ergeben. Dadurch entsteht zwischen den beiden keine deutliche Asymmetrie bezogen auf ihre Partizipation an der mathematischen Themenentwicklung der Interaktion.

Zusammenfassung von Unterschieden in Carolins und Hiras Partizipation zwischen den Lernumgebungen
Möglicherweise ist LU2 bezogen auf Ko-Konstruktionsprozesse während der Aufgabenbearbeitung barrierefreier. Gerade für Lernende wie Carolin und Hira, die sich kaum verbal äußern, bietet LU2 Optionen material- bzw. handlungsbezogener Ausdrucksweisen und damit Partizipationsmöglichkeiten mit einer höheren inhaltlichen Verantwortlichkeit, die nicht an eine Versprachlichung gebunden sind. Dies kann ebenso durch Studienergebnisse hinsichtlich der Multikodalität und Bedeutung von Objekten gestützt werden (vgl. Fetzer 2017; Vogel & Huth 2010). Auch allgemeine mathematische Aktivitäten, die für die gemeinsame Bearbeitung einer Aufgabe von Bedeutung sind, wie bspw. das Vorschlagen oder Vermuten, können in LU2 nonverbal realisiert werden. Darüber hinaus bietet das Material durch die Menge seiner Verfügbarkeit für jeden Lernenden die Option, eigene Ideen parallel zu denen des Lernpartners zu realisieren, was Möglichkeiten für eine Partizipation mit einer höheren inhaltlichen Verantwortlichkeit bietet. Nonverbale, enaktive mathematische Aktivitäten des Vermutens bzw. Vorschlagens oder Überprüfens ermöglichen lernbeeinträchtigten Schülerinnen und Schülern zudem, auf eine niederschwellige Weise die Rolle des Weiterentwicklers einzunehmen und bieten damit eine weitere Partizipationsoption mit höherer inhaltlicher Verantwortlichkeit. Bezogen auf Rolleneinnahmen der Lernpartner der beiden lernbeeinträchtigten Schülerinnen lässt sich festhalten, dass innerhalb der LU2 keine Instruktionen ausgesprochen wurden und damit auch keine partizipativen Handlungszwänge für die lernbeeinträchtigten Schülerinnen entstanden. Gleiches gilt für Lehrpersonen, die sich in beiden Fällen nicht in die Aushandlungsprozesse der Lernenden einmischten. Da es Fälle wie Hira und Carolin gibt, lässt sich festhalten, dass die Partizipation eines Lernenden nicht per se mit einer bestimmten Verantwortlichkeit für die Entwicklung mathematischer Inhalte verbunden ist, sondern von Bedingungen, die Lernumgebungen, Lehrpersonen oder Lernpartner auslösen, mitbestimmt sind. Dadurch können auch Ergebnisse von Studien bestätigt werden, die davon ausgehen, dass es sich um keine feststehenden Partizipationsrollen in ko-konstruktiven Prozessen handelt (vgl. Abschn. 4.2.2; Brandt 2006; Spranz-Fogasy 1997).

Betrachtung der Partizipation von Tahia in LU1 und LU2 im Vergleich
Tahias Partizipationsanteil ändert sich, im Gegensatz zu Carolins und Hiras Partizipation insofern, dass in LU2 die produktive Rezeption mit höherer inhaltlicher Verantwortlichkeit im Vergleich zu LU1 geringer ist, dagegen der rezeptive Anteil steigt (vgl. Abb. 6.22).

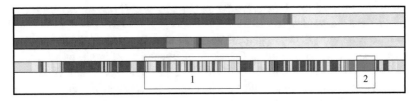

Abbildung 6.22 Partizipation von Tahia jeweils in anteiliger Zusammenfassung an LU1 (oben), an LU2 (mittig) und in der Verlaufsdarstellung von LU2 (unten)

Ebenso ändert sich die produktive Partizipation durch die Erhöhung des Anteils der Partizipation als Imitierer (vgl. Abb. 6.22: 2). Letzteres kann schnell erklärt werden: Gegen Ende des gesamten Partizipationsprozesses imitiert Tahia eine Lösung eines anderer Lerntandems. Sie beobachtet deren Prozess und imitiert die gefundene Lösung enaktiv, beurteilt sie hinsichtlich ihrer Korrektheit und notiert sie tabellarisch. Die Erhöhung der rezeptiven Partizipation kommt hauptsächlich durch Aushandlungsprozesse zwischen Dunja und Tahia als Gesprächspartnerinnen bezogen auf die tabellarische Notation zustande (vgl. Abb. 6.22: 1). Hier treten, wie schon in Dogans Fall dargestellt (vgl. Abschn. 6.1.3.1), Rollenwechsel von rezeptiven und produktiven Partizipationen auf, was durch den Wechsel zwischen Zuhörer- und Sprechendenstatus innerhalb einer Diskussion erklärbar ist. Da Tahia größere Schwierigkeiten im Umgang mit der tabellarischen Notation zeigt, ist zudem eine umfassende Erklärung und Hilfestellung durch den Lehrer beobachtbar. Die Lehrerintervention versetzt Tahia ebenfalls in den Wechsel einer rezeptiven und produktiven Partizipation. Ihr rezeptiver Partizipationsanteil wird durch das Lehrperson-Lernenden-Gespräch erhöht, fordert gleichzeitig aber auch viele mathematische Aktivitäten mit einer höheren inhaltlichen Verantwortlichkeit heraus, die jedoch in ihrem zeitlichen Umfang eher gering sind. Ein bereits analysierter Transkriptausschnitt (vgl. Abschn. 6.1.1.1: T5) soll daher, erweitert um eine hinführende Situationsdarstellung (T29), mit einem weiteren Fokus analysiert werden und einen Einblick in eine solche Phase geben, die vom Lehrer unterstützt wird.

Tahia notiert die Lösungen des Lerntandems. Danach versuchen beide Lernende, einen Halbkreis durch mehrere Kreisteile zu legen. Als sie einen Sechstelkreis und einen Drittelkreis zusammengefügt haben, entsteht ein Streit, wo in der Tabelle eingetragen wird und wer einträgt. Tahia trägt schließlich „2" in die dritte Zeile des Arbeitsblatts ein (vgl. Abb. 6.23).

Halbe	Drittel	Viertel	Fünftel	Sechstel
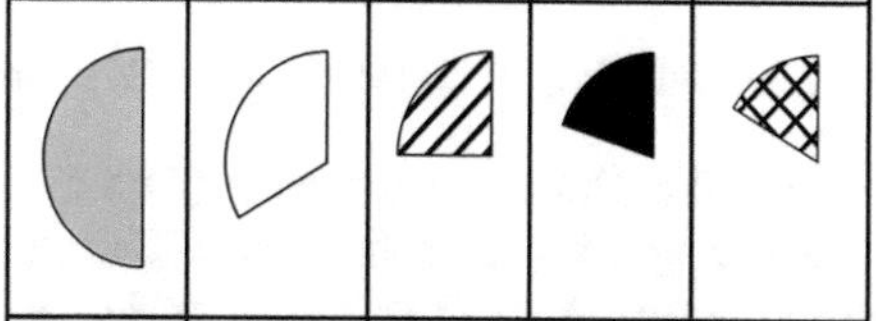				
2				
	3			
2		4		
			5	
				6

Abbildung 6.23 Eingetragene Lösungen auf dem Arbeitsblatt von Dunja und Tahia nach 19 Minuten (Nachbildung)

Eine Erklärung für diese Notation wäre, dass sie zwei Teile genutzt hat, um einen Halbkreis zu legen, deshalb notiert sie „2" in der Spalte mit der Halbkreisdarstellung. Es wird deutlich, dass sie die Systematik der tabellarischen Notation weiterhin noch nicht verstanden hat, als sie die nächste Lösung in eine Zeile schreibt, in der bereits eine Lösung notiert ist (vgl. Abb. 6.23). Dunja lehnt die Notation ab und radiert die „2" aus, begleitet mit den Worten „Ich schreib besser auf, du machst, machst." Darauf entgegnet Tahia „Nein, ich schreib [das] auf" und führt den Bleistift zum Blatt. Jetzt wendet sich der Lehrer den beiden zu und stoppt zunächst den Arbeitsprozess (T29/Z1).

1   L   [*wendet sich Tahia und Dunja zu*] S̲o̲, # halt, halt, halt, halt.
2   Du   # Herr Krüger, wenn wir so machen?
3   L   [*zu Tahia:*] Was, was, was machst du jetzt [*zeigt auf das Arbeitsblatt*]?
4   T   Ich schreib jetzt hier 'n Drittel [*zeigt auf das Arbeitsblatt*].
5   L   Nein, brauchst du nicht.
         Nein, die Nächste [*zeigt auf die 6. Zeile*].
         Wo habt ihr denn noch was gefunden? # Zeig mir mal, was ihr noch gefunden habt.
6   T   # Hier [*tippt auf die Abb. ,Halbe' auf dem Arbeitsblatt*]

Transkript T29: KG2LU2, 19:15–19:26, Dunja, Tahia und Lehrer

Der Lehrer ignoriert, dass Dunja ihn adressiert (T29/Z3), denn er stellt eine Frage, die zunächst der Diagnose der Situation bzw. Unterstützung der Metakognition der Lernenden dienen könnte (T29/Z3) an Tahia. Diese erklärt, dass sie ein Drittel notieren möchte (T29/Z4), worauf der Lehrer mit „Nein, brauchst du nicht" negativ wertend reagiert (T29/Z5). Zudem nennt er Tahia als inhaltliche Hilfe die Zeile, in der die nächste Lösung eingetragen wird und fordert diesmal beide adressierend auf, gefundene Lösungen zu nennen bzw. zu zeigen (T29/Z5). Beide Lernende verweisen auf das Finden von Halben (T29/Z6).

Zeitgleich präsentiert Tahia ihm die Lösung eines Halbkreises aus einem Drittel- und Sechstelkreis und Dunja aus einem Drittel- und Fünftelkreis. Der Lehrer reagiert mit der Nachfrage, ob das ein Halbes sei (vgl. Abschn. 6.1.1.1: T5/Z3) und wie man dies überprüfen könne (T5/Z6). Hier wird eine inhaltliche Hilfe mit einer inhaltsorientiert-strategischen Hilfe (vgl. Zech 2002, 315 ff.) verbunden. Während Dunja ihre Idee daraufhin zu verwerfen scheint (T5/Z7), schlägt Tahia den Halbkreis als Hilfsmittel zur Überprüfung vor (T5/Z8). Dies wird vom Lehrer mit einer deutlich positiv wertenden inhaltlichen Feedbackreaktion durch „Ja genau, super Tahia. Gute Idee […]" bestätigt und die Idee durch „damit könntest du das überprüfen" noch einmal wiederholt (T5/Z9). Auch Tahia wiederholt, dass es sich um einen halben Kreis bzw. „ein Halbe" (T5/Z10) handelt, was der Lehrer wiederum mit „ja" (T5/Z11) positiv bewertet. Die Bewertung wird mit einer Hilfe verknüpft, die den nächsten Arbeitsschritt vorgibt: „und jetzt guckst du, ob das auch ein Halbes ist, was die Dunja gerade gelegt hat" (T5/Z11). Es handelt sich hier um die Aufforderung zur Überprüfung der falschen Lösung von Dunja, die das Legen eines Halbkreises aus einem Drittel- und einem Fünftelkreis vorschlägt (T5/Z1). Dunja verneint dies zwar bereits (T5/Z12), dennoch überprüft Tahia durch deckungsgleiches Übereinanderlegen und kommentiert mit „Das ist schräg" (T5/Z13) die unter dem Halbkreis hervorragende gelegte Figur. Der Lehrer bestätigt die Überprüfung durch die positiven Bewertungen „genau, so, so kannst du das überprüfen" (T5/Z14) und „gute Idee" (T5/Z14).

Zusammenfassend kann festgehalten werden, dass die Erhöhung rezeptiver Partizipationsanteile durch Gesprächsstrukturen erfolgen kann, die durch Lehrperson-Lernenden-Interaktionen, aber auch durch Diskussionen zwischen Lernenden in Erscheinung treten können, die zu einem Wechsel zwischen Zuhörer- und Sprechendenstatus führen (vgl. Abschn. 4.2.2). Dabei kann der mathematische Inhalt im Rahmen einer interaktionalen Verdichtung (vgl. Krummheuer & Brandt 2001) ausgehandelt werden.

6.1.4 Zusammenfassende Diskussion

Durch die Betrachtung der Ergebnisse der Interaktions- und Partizipationsanalyse kann die erste Forschungsfrage beantwortet werden: *„Welche mathematische und sozial-interaktive Partizipation zeigen lernbeeinträchtigte Schülerinnen und Schüler an gemeinsamen Lernsituationen inklusiver Settings bei der Bearbeitung substanzieller geometrischer Lernumgebungen zum Thema ‚Kreis‘?"* Durch die Entwicklung und Anwendung einer, für ein inklusives Setting adaptierten Interaktions- und Partizipationsanalyse (vgl. Abschn. 6.1.1.2), die an bestehende Interaktionsanalysewerkzeuge (vgl. Krummheuer & Brandt 2001; Krummheuer 2007) anknüpft, können Partizipationsverläufe in Partnerarbeitsprozessen rekonstruiert und Ausprägungen einzelner Partizipationsrollen von Schülerinnen und Schülern mit dem Förderschwerpunkt Lernen identifiziert werden. Soziale Bedingungen fachlichen Lernens innerhalb der Partnerarbeit werden dabei mitberücksichtigt (vgl. Abschn. 4.2.2). Die Partizipationsanalyse umfasst einerseits die Analyse der mathematischen Themenentwicklung der Interaktion, andererseits die Analyse des damit verbundenen Partizipationsdesigns (vgl. Abschn. 6.1.1.2). Dabei kann die adaptierte Partizipationsanalyse die Komplexität von Interaktionsprozessen inklusiver Settings lediglich modellierend erfassen. Auch Krummheuer (2007) weist bezüglich der Erfassung der Komplexität unterrichtsalltäglicher Interaktionsprozesse darauf hin, dass es sich um Minimalmodelle handelt, die die Modellierung solcher Prozesse leisten (vgl. ebd., 82).

Durch die Auswertung der Partizipationsanalyseergebnisse, kann auch bezogen auf ein inklusives Setting Krummheuer (2007) zugestimmt werden, dass die sich ereignende Dynamik in der Partner- oder Gruppenarbeit in ihrer Spontaneität und Komplexität nicht zu unterschätzen ist und einzelne Phasen Symmetrien und Asymmetrien zeigen können (vgl. Krummheuer 2007, 81). Es kann identifiziert werden, dass eine lernbeeinträchtigte Schülerin bzw. ein lernbeeinträchtigter Schüler am sozial-interaktiven Partnerarbeitsprozess mit einem großen Spektrum der inhaltlichen Verantwortlichkeit für die mathematische Themenentwicklung an der substanziellen Lernumgebung zum Thema Kreis partizipieren kann (vgl. dazu auch Tab. 6.3) und zwar mit einer *produktiven Partizipation*

- als Kreator, Weiterentwickler oder Instruierender, die mit einer höheren inhaltlichen Verantwortlichkeit für die mathematische Themenentwicklung verbunden ist oder
- als Umsetzender, Paraphrasierer, Imitierer, Ablehnender oder Akzeptierender, die eine geringere inhaltliche Verantwortlichkeit für die mathematische Themenentwicklung impliziert

sowie mit einer rezeptiven Partizipation

- als Zuschauender, mit der keine inhaltliche Verantwortlichkeit für die mathematische Themenentwicklung übernommen wird.

Die Einzelfallbetrachtungen liefern darüber hinaus exemplarische Einsichten in Bedingungen, die zu einer bestimmten Höhe der Verantwortlichkeit führen und können zur Beantwortung der zweiten Forschungsfrage beitragen: *„Unter welchen Bedingungen dominiert ein bestimmter Partizipationsstatus den Prozess dieser Lernenden?"* Durch die Auswertung der Anteile bestimmter Status in Partizipationsprozessen von Lernenden konnten mit Hilfe der Betrachtung von Extremfällen verschiedene Bedingungen identifiziert werden, in denen bestimmte Partizipationsstatus dominieren.

Produktive Partizipation lernbeeinträchtigter Schülerinnen und Schüler mit einer höheren inhaltlichen Verantwortlichkeit
Zu einer produktiven Partizipation mit einer höheren inhaltlichen Verantwortlichkeit von lernbeeinträchtigten Schülerinnen und Schülern können symmetrische Partizipationsprozesse mit einem hohen Anteil mathematischer Aktivitäten führen,

1) wenn sich die Partizipation beider Lernender als dynamischer ko-konstruktiver (vgl. Abschn. 4.1.1), aufeinander bezogener Prozess des Zuschauens und Weiterentwickelns charakterisieren lässt. Dadurch entstehen Prozesse konjunktiven Verstehens (vgl. Hackbarth 2017, 101; Abschn. 4.2.2), es ergibt sich ein lernförderlicher, extrem verdichteter Austausch (vgl. Krummheuer 2007, 82; Abschn. 4.2.2) mit einer positiven Interdependenz (vgl. dazu auch Avci-Werning & Lanphen 2013, 158; Abschn. 2.1.3), und ein gemeinsames Lernen im engeren Sinne (vgl. Scheidt 2017, 22 f.; Abschn. 2.1.3) findet statt.

2) wenn auf der Ebene der Organisation der Zusammenarbeit die Absprache getroffen wird, abwechselnd zu arbeiten, die Rolle als Kreator und Zuschauender dabei jeweils wechselt und der Zuschauende den Prozess des Kreators aufmerksam verfolgt. Die explizite Verhandlung von Kooperationsmethoden konnte auch Naujok (2000, 171) in ihrer Untersuchung identifizieren (vgl. Abschn. 4.2.1).

3) wenn Lernende durch Lernpartner oder Lehrpersonen auf eine Weise zum Tätigwerden im Sinne der Aufgabenstellung aufgefordert werden, die keine Partizipationsmöglichkeiten im Vorhinein ausschließt, sondern vor allem eine Partizipation mit einer höheren inhaltlichen Verantwortlichkeit herausfordert.

Im Gegensatz dazu lösen aber auch asymmetrische Partizipationsprozesse eine hohe inhaltliche Verantwortlichkeit eines Lernenden aus,

4) wenn ein dominanter Kreator oder Instruierender eigene Pläne verfolgt und den Prozess der mathematischen Themenentwicklung steuert, indem er ggf. Einwände, konkurrierende mathematische Ideen oder Weiterentwicklungen verhindert oder unbegründet ablehnt,

5) wenn ein Kreator im Bearbeitungsprozess plötzlich eine nicht explizierte inhaltliche Um- oder Neuorientierung verfolgt,

6) wenn ein Kreator durch die Aufhebung der gemeinsamen Lernsituation, bspw. durch die Vorgabe oder Vereinbarung zur Arbeitsteilung einen (ggf. isolierten) Aspekt der Aufgabe bearbeitet, ohne am Prozess des Lernpartners zu partizipieren oder

7) wenn zwei Kreatoren jeweils voneinander unabhängige Ideen verfolgen.

Das Phänomen der Dominanz eines Kreators (Punkt 4), der den Prozess ohne Rücksicht auf andere steuert, deutet auf die Wichtigkeit der Betrachtung des Beziehungsaspekts in gemeinsamen Lernsituationen hin (vgl. dazu auch Benkmann 2010, 126) und die zusätzliche Komplexität, die bei der Bearbeitung des Inhalts („taskwork") durch das Funktionieren als Team („teamwork") erhöht wird (vgl. Avci-Werning & Lanphen 2013, 165). Vor allem die Ausprägungen asymmetrischer Partizipationsprozesse (Punkt 4 bis 7) zeigen sich ansatzweise auch in Ergebnissen der Studie von Hackbarth (2017), die eine soziale Dimension der Interaktionsgestaltung erforschte und den Typ ‚Konkurrenz' identifiziert, der oppositionelle Haltungen in der aufgabenbezogenen Interaktion, in Verbindung mit einer sozialen Dimension zeigt. Hackbarth klassifiziert diesen Typ zwar als asymmetrisch, nicht aber als hierarchisierend, da dynamische konkurrierende

Positionen vorherrschen, die aber einen inkludierenden Interaktionsmodus zeigen können. Diese Ausprägungen lassen sich mit Ergebnissen der Studie von Eckermann (2017) zum Deutschunterricht verknüpfen: Das Lernen in kooperativen Lernarrangements führt nicht automatisch zu einem gemeinsamen Lernen und Arbeiten, stattdessen ergeben sich in der Schülerinteraktion auch „individuelle ‚Eigenzeiten'" (ebd., 170).

Produktive Partizipation lernbeeinträchtigter Schülerinnen und Schüler mit einer geringeren inhaltlichen Verantwortlichkeit
Zu einer produktiven Partizipation von lernbeeinträchtigten Schülerinnen und Schülern mit einer geringeren inhaltlichen Verantwortlichkeit können folgende Bedingungen führen:

1) Der verbalen, aber auch nahezu nonverbalen Instruktion von Lernpartnern, wird in der Rolle des Umsetzenden oder Imitierenden Folge geleistet. Diese Bedingung kann in Verbindung mit den Ergebnissen der Studie von Hackbarth (2017) gebracht werden. Der identifizierte Typ ‚Instruktion' ist gekennzeichnet durch Asymmetrie, Hierarchie und Exklusion, kommt durch kleinschrittige Anweisungen eines Lernenden an den Lernpartner zustande und weist eine ungleiche Teilhabe auf (vgl. Abschn. 4.2.2). Der Exklusionseffekt muss durch die Ergebnisse der vorliegenden Studie allerdings differenzierter betrachtet werden (vgl. dazu ausführlich Abschn. 6.1.1.2). Dass auch nonverbale Instruktionen als Auslöser einer geringeren inhaltlichen Verantwortlichkeit wirken, bestätigt Ergebnisse von Fetzer (2017), die in ihrer Studie herausstellt, dass neben Interaktionspartnern auch Objekte Interaktionsprozesse beeinflussen und einen Aufforderungscharakter haben können, der unterschiedlich stark ist und von Lernenden aufgenommen oder abgelehnt werden kann (vgl. Abschn. 4.1.2).
2) Aufforderungen durch Lehrpersonen können zwar eine rezeptive Partizipation beenden, bieten aber u. U. keine Option für eine Partizipation mit einer höheren inhaltlichen Verantwortlichkeit, sondern können Lernende stattdessen in Partizipationszwänge mit einer geringeren inhaltlichen Verantwortlichkeit bringen. Solche Zwänge können ggf. über mehrere Phasen gemeinsamer Arbeitsprozesse bestehen bleiben.
3) Durch Abgucken werden Ergebnisse anderer Lernender imitiert. Dies deckt sich mit Analysen von Brandt und Vogel (2017), die ebenfalls solche Partizipationen identifizieren konnten, obwohl die Lernenden die Möglichkeit hatten, Freiräume zur Äußerung eigener Ideen wahrzunehmen (vgl. Abschn. 4.2.2).

Rezeptive Partizipation lernbeeinträchtigter Schülerinnen und Schüler
Insgesamt zeigen lernbeeinträchtigte Schülerinnen und Schüler einen hohen Anteil rezeptiver Partizipation, weswegen ihr größere Beachtung geschenkt werden sollte. Zur Beurteilung der rezeptiven Partizipation ist von Bedeutung, das Spektrum mathematischer Aktivitäten zu betrachten, das die Lernenden bei anderen Lernenden beobachten. Hier können u. U. durch verschiedene mathematische Aktivitäten vielfältige inhaltsbezogene Facetten des gemeinsamen Lerngegenstands in Erscheinung treten. Im Gegensatz zu Lehrerinstruktionen, die Lernenden womöglich mit einer gewissen Vorbildfunktion einen bestimmten Bearbeitungsweg vorgeben, kann innerhalb der substanziellen Lernumgebung in der Rolle des Zuschauenden ein aktiver, konstruktiver Entdeckungsprozess anderer Lernender beobachtet werden, der aus Versuchen und Irrtümern bestehen kann. Werden darüber hinaus noch durch lautes Denken oder Gespräche zwischen anderen Lernenden allgemeine mathematische Aktivitäten sichtbar, bietet sich dem Zuschauenden eine komplexe Situation vielfältiger mathematischer Aktivitäten bezogen auf den gemeinsamen Lerngegenstand. Korff (2014, 56) konstatiert, dass die Herausforderung eines inhaltsbezogenen Austauschs für individuelles Lernen bedeutsam ist, durch das Nachvollziehen anderer Lernwege, die Darstellung eigener Ideen und Lösungen, die Diskussion über Probleme sowie die gemeinsame Entwicklung von Fragen (vgl. Abschn. 2.1.3; auch Korff 2014, 56). Dies erweiternd kann diskutiert werden, inwiefern die Beobachtung genannter Aspekte bei anderen Lernenden ein erster, für das individuelle Lernen bedeutsamer Zugang zu inhaltsbezogenen Austauschaktivitäten sein kann. Dennoch kann nicht mit Sicherheit auf das Verstehen und langfristige Behalten aller inhaltsbezogenen Aspekte geschlossen werden, obwohl die Auswertungen der Einzelinterviews zeigten, dass in vielen, aber nicht allen Fällen, die inhaltlichen Schwerpunkte der Lernumgebungen umfassend retrospektiv dargestellt werden konnten. Dies bedeutet zwar, dass rezeptive Partizipationsprozesse lernwirksam sein könnten, Lehrpersonen aber keine Indizien für einen erfolgreichen Lernprozess prozessbegleitend durch Beobachtung erfassen können. Möglicherweise sind Lehrerimpulse zur Anregung der Metakognition von Lernenden (vgl. Stender 2016, 107 f.) nötig, die Zuschauende herausfordern, ihre Überlegungen oder Erkenntnisse zu äußern, damit diese gleichzeitig diagnostisch erfassbar werden.

Eine rezeptive Partizipation konnte in folgenden Ausprägungen identifiziert werden:

1) Lernende können hauptsächlich in der Rolle ‚Zuschauender' partizipieren, beeinflussen aber die mathematische Themenentwicklung des Lernpartners oder anderer Lerntandems als Quereinsteiger (vgl. Abschn. 4.2.2; Abb. 4.2

sowie Krummheuer & Fetzer 2010) durch kurzzeitige Wechsel in produktive Partizipationsstatus. Das Spektrum, in dem die Lernenden mathematisch aktiv sind, kann dabei unterschiedlich sein.

2) Durch Lehrperson-Lernenden-Interaktionen entstehen Gesprächsstrukturen, in denen es zu *einem* Wechsel zwischen Zuhörer- und Sprechendenstatus kommt oder, im Fall längerer Erklärungen durch die Lehrperson, der rezeptive Anteil der Schülerpartizipation am mathematischen Thema erhöht wird. An dieser Stelle konnten teilweise Strukturen der Rederecht-Zuweisung (vgl. dazu auch Brandt 2004) identifiziert werden, in denen die Lehrperson entscheidet, wer sich wann, auf was, in welchem Umfang produktiv äußern darf.

3) In einer vereinbarten Arbeitsteilung kann der rezeptive Partizipationsanteil stark erhöht sein, wenn bestimmte umfangreiche Aktivitäten in der Lernumgebung von einem Lernenden übernommen werden. Dies kann zudem zur Übernahme isolierter mathematischer Aktivitäten führen, wenn der Lernende die ergänzenden Aktivitäten des Lernpartners nicht aktiv beobachtet. In diesem Fall ist der Gesamtzusammenhang nicht bewusst, in den die eigene Aktivität einzubetten ist, was im Gegensatz zur Reichhaltigkeit und Komplexität steht, mit der substanzielle Lernumgebungen konzipiert sind.

4) Lernende können eine so starke Zurückhaltung zeigen, ergänzt durch wenige marginale produktive Partizipationen in der Rolle von ‚Ablehnenden‘ oder ‚Akzeptierenden‘, sodass zentrale aktivitätsbezogene Aspekte, die sich auf den fachlichen Schwerpunkt der Lernumgebung beziehen, nicht mehr eigenaktiv ausgeführt, sondern lediglich beim Lernpartner beobachtet werden.

Barrierefreiheit für fachliche Partizipationen lernbeeinträchtigter Schülerinnen und Schüler in substanziellen geometrischen Lernumgebungen

Als Ergebnis der unterschiedlichen Partizipation mancher Lernenden innerhalb der verschiedenen Lernumgebungen kann zunächst festgehalten werden, dass die Partizipation lernbeeinträchtigter Schülerinnen und Schüler nicht per se mit einer bestimmten Verantwortlichkeit für die Entwicklung mathematischer Inhalte verbunden ist, sondern von Bedingungen mitbestimmt wird, die durch die Konzeption der Lernumgebung sowie durch Interaktionsprozesse mit Lehrpersonen oder Lernpartner ausgelöst werden. Damit werden Ergebnisse von Brandt (2006) und Spranz-Fogasy (1997) gestützt, die die interagierenden Personen kein feststehendes Profil zuschreiben, sondern dies abhängig von äußeren Faktoren betrachten (vgl. dazu ausführlich Abschn. 4.2.2).

Auch die Barrierefreiheit im Sinne des UDL (vgl. Abschn. 2.1.4; Rose & Meyer 2002; Schlüter et al. 2016) von Lernumgebungen in inklusiven Settings kann hinsichtlich der Ermöglichung produktiver Partizipation lernbeeinträchtigter Schülerinnen und Schüler diskutiert werden. Dies kann mit dem Ziel geschehen, auch hinsichtlich einer fachlichen Partizipation im Sinne eines Inklusionsbegriffs mit einem weiten Adressatenverständnis (vgl. Lütje-Klose et al. 2018, 18) auf die Verwirklichung eines Maximums an sozialer Teilhabe und einem Minimum an Diskriminierung (vgl. Heinrich et al. 2013, 74) im Hinblick auf den Sachanspruch (Krauthausen & Scherer 2014, 30) zu zielen (vgl. auch Abschn. 2.1.1 und 2.1.2). Durch die Hypothesen bezogen auf mögliche Barrieren im Vergleich der Partizipationen von Lernenden an den unterschiedlichen Lernumgebungen (vgl. Abschn. 6.1.3.5), könnten folgende Leitfragen aufgestellt werden, die zur Erhöhung der Barrierefreiheit einer substanziellen Lernumgebung beitragen:

1) Ermöglicht die Lernumgebung den material- bzw. handlungsgestützten Ausdruck inhaltsbezogener Ideen sowie die nonverbale Realisierung allgemeiner mathematischer Aktivitäten, sodass über diese Zugänge produktive Partizipationsmöglichkeiten erhöht werden können? Auf diese Weise könnten Sprachbarrieren abgebaut werden[8] und einer Aussonderung (vgl. Heimlich 2012, 77; Korff 2012, 142 f.) durch die Berücksichtigung nonverbaler Ausdrucksmöglichkeiten entgegengewirkt werden, indem den individuellen Bedürfnissen, Fähigkeiten und Zugangsweisen mancher Schülerinnen und Schüler in diesem Punkt entgegengekommen wird und Lernerfahrungen ermöglicht werden (vgl. dazu auch Fisseler 2015; Schlüter et al. 2016). Es wurde bereits durch Forschungsergebnisse bestätigt, dass durch die Nutzung von Objekten die Komplexität von Argumentationen erhöht und Ideen von Lernenden explizit gemacht werden können, indem menschliche und nicht-menschliche Akteure vernetzt miteinander agieren oder Lernende mathematische Vorstellungen multimodal ausdrücken (vgl. Abschn. 4.1.2; Fetzer 2017; Vogel & Huth 2010).

2) Ist ein ausreichendes Materialangebot vorhanden, das prinzipiell die Aktivierung aller Lernenden ermöglicht und damit Barrieren abbaut, die durch dominante, den Lernprozess steuernde Lernende entstehen können, wenn diese die aktive Mitarbeit ihres Lernpartners einschränken? Diese Frage ist vor allem zentral, sofern sie im Kontext des materialistischen Paradigmas (vgl. Abschn. 2.2.2) gestellt wird, das die Isolierung und Randstellung lernbeeinträchtigter Schülerinnen und Schüler fokussiert und die tätige Auseinandersetzung

---

[8]Hier werden generelle Zugänge zum Lerngegenstand fokussiert. Die Bedeutung der fachlichen Sprachförderung zur Entwicklungsförderung und zum Entgegenwirken benachteiligter „Risikogruppen" (vgl. Avci-Werning & Lanphen 2013, 164) bleibt an dieser Stelle davon unberührt und wird als ein weiteres wichtiges Ziel fachlichen Lernens betrachtet.

und das entwicklungsorientierte Lernen dieser Lernenden fordert (vgl. z. B. Heimlich 2012, 2016).

3) Setzt der Arbeitsauftrag Minimalziele fest, in denen gesichert ist, dass zentrale mathematische Erfahrungen, bezogen auf den fachlichen Schwerpunkt der Lernumgebung, von jedem Lernenden innerhalb der Partnerarbeit gemacht werden[9]? Im Zusammenhang mit dem systemisch-konstruktivistischen, aber auch ökologischen Paradigma (vgl. Abschn. 2.2.2) wird durch diese Frage die Wichtigkeit selbsttätiger Lernprozesse und der aktiven Auseinandersetzung der Person mit ihrer Umwelt herausgestellt (vgl. z. B. Heimlich 2016), die die Grundlage bieten, um daran anschließend im entwicklungsanregenden sozialen Kontext der Partnerarbeit einer substanziellen Lernumgebung in einen inhaltsbezogenen Austausch treten zu können.

4) Werden Instruktionen vermieden, die partizipative Handlungszwänge mit geringerer inhaltlicher Verantwortlichkeit auslösen oder stattdessen Aufforderungen durch Lernpartner oder Lehrpersonen ausgesprochen, denen auch mit einer höheren inhaltlichen Verantwortlichkeit nachgekommen werden kann? Eine solche Frage ist bedeutsam im Sinne des interaktionistischen Paradigmas (vgl. Abschn. 2.2.2), um einer Stigmatisierung entgegenzuwirken (vgl. Benkmann 2007), mit der in einem Zuschreibungsprozess möglicherweise nur eine Partizipation mit geringer inhaltlicher Verantwortlichkeit eingefordert wird und damit signalisiert wird, dass die Möglichkeiten des Lernenden als normativ abweichend betrachtet werden.

Die dargestellten Aspekte sind an dieser Stelle exemplarisch zu verstehen und können zur Entwicklung von Leitideen zum barrierefreien Einsatz substanzieller Lernumgebungen in inklusiven Settings beitragen, die die Höhe der inhaltlichen Verantwortlichkeit berücksichtigen. Weiterhin sind Barrieren bezogen auf individuelle Einzelfälle und andere Förderschwerpunkte zu reflektieren, und ein diesbezüglicher Forschungsbedarf bleibt bestehen (vgl. Abschn. 2.1.4; Trescher 2018). Insgesamt zeigen die Ergebnisse, dass das Spektrum der Partizipation lernbeeinträchtigter Schülerinnen und Schüler im inklusiven Setting von der autonomen, ungewissheitsorientierten, Freiräume nutzenden Kreation bis hin zur gewissheits- bzw. sicherheitsorientierten Rolle des Zuschauenden, der kaum noch produktiv partizipiert, reichen kann. Darüber hinaus kann festgehalten werden, dass verschiedene Ausprägungen von Partizipationsrollen und die damit verbundene

---

[9]In diesem Kontext kann auch die Bereitstellung von lediglich *einem* Arbeitsblatt zur Ergebnisnotation für ein Lernendentandem neu diskutiert werden. Möglicherweise führt dies zur Arbeitsteilung und weniger zur Zusammenarbeit.

Höhe der inhaltlichen Verantwortlichkeit an der mathematischen Themenentwicklung der Interaktion unter einem großen Spektrum von Bedingungen entstehen. Diesbezüglich ist vor allem das Spannungsfeld von Inhalts- und Beziehungsaspekt gemeinsamer Lernsituationen zu betrachten, wenn an einem gemeinsamen fachlichen Gegenstand gearbeitet wird. Im Folgenden soll daher ein besonderes Augenmerk auf die durch Beziehungs- und Inhaltsaspekte beeinflussten Typen gemeinsamer Lernsituationen (vgl. Abschn. 2.1.5 und 6.2) gerichtet werden, um produktive Partizipationsmöglichkeiten für lernbeeinträchtigter Schülerinnen und Schüler in diesem Kontext noch differenzierter zu betrachten.

6.2 Analyse gemeinsamer Lernsituationen

Schülerinnen und Schüler gestalten die thematische Entwicklung in ko-konstruktiven Prozessen gemeinsam (vgl. Abschn. 4.1.1). Dabei sind sozial-interaktive Prozesse beobachtbar, die die Themenentwicklung beeinflussen (vgl. Abschn. 4.1.2). Zur Beantwortung der Forschungsfrage 3 (vgl. Abschn. 5.1) *„Welche Typen gemeinsamer Lernsituationen lassen sich während der Bearbeitung der substanziellen geometrischen Lernumgebungen zum Thema ‚Kreis‘ im inklusiven Setting identifizieren?"* werden Partizipationsprozesse mit der Theorie gemeinsamer Lernsituationen verknüpft, ein Kategoriensystem zur Beschreibung von Typen gemeinsamer Lernsituationen zunächst theoretisch entwickelt und schließlich durch die Qualitative Videoinhaltsanalyse (vgl. Abschn. 5.5.2) induktiv spezifiziert (vgl. Abschn. 6.2.1). Zur Beantwortung der Forschungsfrage 4 (vgl. Abschn. 5.1) *„Welche Typen gemeinsamer Lernsituationen ermöglichen lernbeeinträchtigten Schülerinnen und Schülern, produktiv an den Lernumgebungen zu partizipieren?"* wird die produktive Partizipation (vgl. Abschn. 6.1.3.1 und 6.1.3.2) von lernbeeinträchtigten Schülerinnen und Schülern im Zusammenhang mit bestimmten Typen gemeinsamer Lernsituationen betrachtet und das diesbezügliche Spektrum aufgespannt (vgl. Abschn. 6.2.2). Dazu werden in grafischen Verlaufsdarstellungen gemeinsamer Lernsituationen (vgl. Abschn. 6.2.2.1) sowohl die Abfolge von Lernsituationstypen als auch die Partizipationsprozesse von lernbeeinträchtigten Schülerinnen und Schülern, orientiert an einem Zeitindex, parallelisiert abgebildet und ausgewertet. Im Folgenden wird zunächst die Genese des Kategoriensystems zur Beschreibung gemeinsamer Lernsituationen dargestellt.

6.2.1 Typen gemeinsamer Lernsituationen

Wocken (1998) betrachtet in seiner Theorie gemeinsamer Lernsituationen inklusiver Settings sowohl den Inhalts- als auch den Beziehungsaspekt und liefert damit einen Ansatz zur Beschreibung gemeinsamer Lernsituationen (vgl. dazu ausführlich Abschn. 2.1.5). Er stellt heraus: „Zum einsichtigen Verstehen des komplexen, unübersichtlichen Alltags genügt es, aus der Vielfalt der realen Situationen die in besonderer Weise typischen und relevanten Situationen herauszudestillieren und sie in prägnanten Mustern zu beschreiben" (Wocken 1998, 40). Die von Wocken klassifizierten typischen gemeinsamen Lernsituationen werden in der vorliegenden Arbeit für die Bearbeitung substanzieller Lernumgebungen in einem inklusiven Setting mit Hilfe der Ergebnisse der Partizipationsanalyse (vgl. Abschn. 6.1.1.2) zunächst operationalisiert. Zur Spezifizierung verschiedener Typen gemeinsamer Lernsituationen werden in einer formal-strukturierenden Inhaltsanalyse mit dialogischem bzw. semantischem Kriterium (vgl. Mayring 2015, 94 ff.) Kategorien gebildet, deren Ursprung auf die theoretischen Überlegungen nach Wocken (1998) zurückgeht (vgl. dazu auch Abschn. 2.1.5). Ausgangspunkt der Theorie ist die Beschreibung gemeinsamer Lernsituationen inklusiver Settings hinsichtlich ihres Verhältnisses von Beziehungs- und Inhaltsaspekt, das sowohl die Dominanz eines Aspektes als auch Symmetrien bzw. Asymmetrien der Aspekte aufweisen kann (vgl. ebd.). Der Inhaltsaspekt umfasst dabei Ziele und Pläne der Lernenden bezogen auf die Aufgabenstellung sowie die mit der Lernumgebung verbundenen mathematischen Prozesse von Lernenden innerhalb der mathematischen Themenentwicklung der Interaktion (vgl. Abschn. 6.1.1.1 und 6.1.1.2). Der Beziehungsaspekt wird durch die Betrachtung sozialer Prozesse bzw. des Interaktionsverhaltens von Lernenden innerhalb gemeinsamer Lernsituationen identifiziert. In der Analyse wird an dieser Stelle rekonstruiert, wie der Rezipienten- bzw. Produktionsstatus eines interagierenden Lernenden ist, bzw. in welcher Verbindung einzelne Äußerungen zueinander stehen und inwiefern sie aufeinander bezogen sind. Mit Hilfe des adaptierten Kategoriensystems zur Erfassung des Partizipationsdesigns gemeinsamer Lernsituationen inklusiver Settings (vgl. Abschn. 6.1.1.2) lassen sich solche Bezüge abbilden. Der Inhalts- sowie der Beziehungsaspekt liefern schließlich die Grundlage, auf die die vier Grundtypen gemeinsamer Lernsituationen von Wocken (1998) charakterisierbar sind und für eine Qualitative Inhaltsanalyse spezifizierbar werden. Dadurch sind, als Ergebnis der Analyse, die Partizipationsprozesse einzelner Lernender und ihre Beziehung zu Lernpartnern, innerhalb der mathematischen Themenentwicklung der Interaktion, darstellbar. Typische Situationen oder relevante Muster in der Bearbeitung substanzieller Lernumgebungen können auf diese Weise im Kontext gemeinsamer Lernsituationen inklusiver Settings sichtbar werden, die in Wockens Theorie bisher unberücksichtigt sind. Das aus der Inhaltsanalyse deduktiv und induktiv hervorgehende Kategoriensystem ist schließlich die Antwort auf die Forschungsfrage 3 (vgl. Abschn. 5.1). Folgende Typen gemeinsamer Lernsituationen (vgl. Tab. 6.7) konnten in der Bearbeitung substanzieller Lernumgebungen zum Thema ‚Kreis' in einem inklusiven Setting identifiziert und mit Hilfe verschiedener Partizipationsstatus (vgl. Abschn. 6.1.1.2; Tab. 6.3) operationalisiert werden:

Tabelle 6.7 Typen gemeinsamer Lernsituationen (LS) inklusiver Settings (i. A. a. Wocken 1998)

	Inhaltsaspekt	Beziehungsaspekt
Dominanz eines Aspekts	koexistente LS	kommunikative LS
Asymmetrie beider Aspekte	subsidiär-imitierende LS subsidiär-unterstützende LS subsidiär-prosoziale LS	
Symmetrie beider Aspekte	kooperativ-solidarische LS latent-kooperative LS	

In den folgenden Kapiteln werden Ankerbeispiele dargestellt, die die Definition von Lernsituationstypen veranschaulichen. Sie weisen einen starken Bezug zur Theorie Wockens auf und werden darüber hinaus präzisiert und ergänzt. Die in der Datenanalyse wahrgenommenen Ausprägungen bestimmter Lernsituationstypen werden zusätzlich aufgezeigt, ohne den Anspruch auf Vollständigkeit zu erheben. Sie dienen vielmehr der Darstellung möglicher Bedingungen, unter denen bestimmte Typen von Lernsituationen entstehen können, was als Ausgangspunkt für weitere Fragestellungen empirischer Forschungsarbeiten dienen kann (vgl. Kap. 7).

6.2.1.1 Koexistente Lernsituationen

In einer ‚koexistenten Lernsituation' ist der Inhaltsaspekt, der individuelle Handlungsplan des Interagierenden, dominant. In gemeinsamen Lernsituationen, in denen eine Phase koexistent verläuft, sind *zwei* Kreatoren bzw. Weiterentwickler (vgl. dazu auch Abschn. 6.1.1.2) mit keinem bzw. einem geringen sozialen Austausch identifizierbar. Ein geringer sozialer Austausch umfasst eine kurze ablehnende Geste oder Äußerung der Idee ohne Begründung (vgl. ‚Ablehnender'; Abschn. 6.1.1.2). Die Kreationen sind thematisch nicht aufeinander bezogen.

Auch Weiterentwicklungen beziehen sich in diesem Fall auf einen anderen inhaltlichen Schwerpunkt, obwohl sie von einer gemeinsamen Idee ausgehen. Die
Lernpartner partizipieren nicht oder nur in o. g. geringstem Maße an der Idee
des anderen, sodass sich trotz einer Vorgabe zur Zusammenarbeit im Arbeitsauftrag der Lehrperson, keine bzw. kaum eine soziale Beziehung in Verbindung mit
den inhaltlichen Ideenentwicklungen identifizieren lässt. Die Gemeinsamkeit der
Lernenden entsteht hauptsächlich durch eine räumliche bzw. zeitliche Gemeinsamkeit, nicht jedoch durch eine inhaltliche. Als koexistent werden auch solche
Lernsituationen erfasst, bei denen nur *ein* Kreator identifiziert werden kann, und
der Lernpartner sich mit unspezifischen Tätigkeiten befasst, die nicht mit der
Aufgabenstellung in Verbindung stehen. Wichtig ist dabei, dass der Lernpartner
zudem keinen Anteil an der Kreation des Lernpartners nimmt.

Im Folgenden wird die Analyse einer koexistenten Lernsituation aufbauend
auf eine Transkriptanalyse veranschaulicht, die bereits im Fokus der mathematischen Themenentwicklung vorgenommen wurde (vgl. Abschn. 6.1.1.1; T1). Hier
wird die Mehrschrittigkeit der Analyse empirischer Daten deutlich (vgl. Abschn.
5.5.3). Die Analyse bezieht sich auf die erste Phase der Partnerarbeit zwischen
dem Schüler Firat (F, FSP LE und SQ) und seiner Lernpartnerin Aylin (A) in
der Lernumgebung ‚Kreiseigenschaften und Kreiskonstruktion‘ (LU1). Die Lehrperson (L) hat den Arbeitsauftrag bereits erklärt und durch „Ihr sprecht euch zu
zweit ab. Ja? Also ihr als Team sollt eine Lösung finden" auf die Zusammenarbeit hingewiesen. In der Partnerarbeitsphase des zentralen Arbeitsauftrags soll
ein Kreiszeichengerät entwickelt werden (vgl. Abschn. 6.1.1.1: T1; Hähn 2018a).
Durch Kopfschütteln weist Aylin in der Rolle einer Ablehnenden Firats Idee,
einen Bleistift und einen Holzspieß zu verwenden, ohne inhaltliche Begründung
zurück (T1/Z3, Z5). Ihre Paraphrasierung zeigt, dass sie die Kreiskonstruktion in
Firats Handlung, der beide Materialien wie einen Gelenkzirkel in der Hand hält,
nicht identifizieren kann. Sie hat möglicherweise eine andere Vorstellung vom
mathematischen Objekt ‚Kreis‘, oder ein anderes Verständnis der Aufgabenstellung. Firat zeigt Ansätze einer Materialaufzählung zur Problemlösung (T1/Z2)
und einer Tätigkeitsbeschreibung mit einer gestisch angedeuteten Kreiskonstruktion (T1/Z4). Er fordert Aylin instruierend zum subsidiären Tätigwerden (vgl.
Abschn. 6.2.1.3) im Kontext seiner Idee auf (T1/Z4): „Mach! Du musst das
wickeln und dann kann ich das so". Dabei dreht er Spieß und Stift wie einen
Zirkel mit der Hand, ohne einen Punkt zu fixieren. Aylin lehnt die erbetene
Hilfe kopfschüttelnd ab (T1/Z5). Später demonstriert Firat seine Idee dem Lehrer
(T1/Z10) und ergänzt dies um den Begründungsansatz, dass ein Kreis gezeichnet
werden soll (T1/Z14). Ohne inhaltliche Hilfe oder Stellungnahme verweist der
Lehrer auf die Kooperation mit Aylin (T1/Z12), die währenddessen ihre eigene

Kreation verfolgt (T1/Z5, Z7, Z9, Z11). Sie legt eine Kordel kreisförmig auf den Tisch (T1/Z9), deren Enden sie später zusammenklebt. Die Szene zeigt eine koexistente Lernsituation mit zwei Kreatoren. Der dominierende Inhaltsaspekt ist zu diesem Zeitpunkt noch unklar bzw. andeutungsweise sichtbar. Durch fehlende Begründungen bzw. Einforderungen solcher Begründungen – auch bezogen auf Aylins Kritikäußerungen bzw. Ablehnungen – entsteht keine fachbezogene Argumentation, die zu einer Weiterentwicklung im Rahmen der Interaktion beitragen könnte.

Aufgrund der Datenanalyse konnte festgestellt werden, dass weitere Ausprägungen koexistenter Lernsituationen auftreten können. Im Arbeitsfluss identifizierbar ist eine Koexistenz, die durch eine Arbeitsteilung innerhalb der Kooperation entsteht, wenn die Lernenden den jeweils anderen, vom Lernpartner übernommenen Teil, überhaupt nicht zur Kenntnis nehmen (vgl. Abschn. 6.1.4). Dies lässt sich bspw. identifizieren, wenn inhaltliche Zuständigkeiten abgesprochen werden und aufgeteilt wird, wer für welchen Aspekt der Bearbeitung der Lernumgebung zuständig ist. Dies trat vor allem in LU2 auf, wenn Lernende die Rolle ‚Schreiber‘ und ‚Lösungssuchender‘ untereinander aufteilten. Um eine Koexistenz handelt es sich in dem Fall allerdings nur, wenn der Schreiber den Lösungsprozess des Lernpartners nicht mitverfolgt bzw. der Lösungssuchende das Aufschreiben der Lösung nicht beobachtet. Eine Koexistenz kann sich aber auch durch eine Änderung auf der Beziehungsebene ergeben, indem Lernende eines Tandems eine gemeinsame Lernsituation mit Mitgliedern anderer Lerntandems oder mit der Lehrperson eingehen, der Lernpartner dabei ausgeschlossen wird oder an der neu entstandenen gemeinsamen Lernsituation nicht partizipiert (vgl. dazu auch Abschn. 6.1.4). In Verbindung mit dem Rezipientendesign von Schülergruppen nach Krummheuer und Fetzer (2010; Abb. 4.2) bedeutet dies, dass durch den Quereinstieg eines Lernenden in eine andere, parallel arbeitende Gruppe, die eigene, zuvor stabile kollektive Bearbeitung, aufgelöst wird. Dass zudem Lehrpersonen einen bestimmten Lernenden innerhalb eines Lerntandems adressieren, konnte bereits in Studien zum jahrgangsgemischten Unterricht festgestellt werden (vgl. bspw. Steinbring & Nührenbörger 2010). Solche Adressierungen sind für den inklusiven Mathematikunterricht noch zu prüfen.

6.2.1.2 Kommunikative Lernsituationen

Sind soziale Austauschprozesse dominant und kein Inhaltsaspekt im Sinne der Aufgabenstellung beobachtbar, handelt es sich um eine ‚kommunikative Lernsituation‘. Beispiele für solche Lernsituationen sind Gespräche über Interessen wie bspw. Fußball oder Erlebniserzählungen bspw. über das Wochenende, die während der Partnerarbeit aufkommen. Solche kommunikativen Lernsituationen können dazu führen, dass die inhaltliche Aufgabenbearbeitung über einen gewissen Zeitraum nicht weiter verfolgt wird. Der folgende Transkriptausschnitt zeigt eine kommunikative Lernsituation zwischen Yusuf (Y, FSP LE) und seinem Lernpartner Philipp (P; vgl. T30):

1	Y	Boah, gestern war es so warm. Jetzt?
2	P	Jetzt ist kalt oder was?
3	Y	Ich bin gestern mit T-Shirt rumgelaufen. Und heute ist?
4	Y	[*zu Hira:*] Gestern war voll Sommerwetter. Ne?
5	H	Mmh.
6	Y	So heiß, heiß. Sonne!

Transkript T30: KG5LU2, 22:23–22:37, Philipp und Yusuf
sowie Mitschülerin Hira aus einem anderen Lerntandem

Die Datenauswertung zeigt, dass kommunikative Lernsituationen auch parallel zu allen anderen Lernsituationstypen stattfinden können. Gerade handlungsorientierte Phasen des geometrischen Arbeitsprozesses lassen eine gleichzeitige Kommunikation über außerfachliche Aspekte zu. Selbst in koexistenten Phasen kann eine gemeinsame Beziehung durch eine gleichzeitig stattfindende kommunikative Lernsituation aufrechterhalten werden. Nicht der mathematische Inhalt, sondern außermathematische bzw. von der Aufgabe unabhängige Inhalte stellen die Gemeinsamkeit der Lernenden in diesem Fall her. Eine andere Ausprägung der kommunikativen Lernsituation zeigt sich bedingt durch einen inhaltlichen Dissens. Durch die Datenanalyse wurde identifiziert, wie Lernende während einer Diskussion die sachliche Ebene verlassen und einen fachlichen Dissens auf der Beziehungsebene austragen. Die Sache bzw. der Inhaltsaspekt, spielen in diesem Fall nach einer Weile keine Rolle mehr und Argumentationen, die die eigene (fachliche) Position stützen sollen, werden nicht mehr fachlich, sondern auf der persönlichen Ebene geführt. Hier geht es schließlich um Dominanz und darum, wer Recht hat. Kommunikativ wird dies bspw. dadurch ausgetragen, dass Äußerlichkeiten oder auch der Intellekt des anderen thematisiert werden. In der Partnerarbeit von Tahia (FSP LE) und Dunja kommt es zu einer solchen Situation, in der Tahia nach einer inhaltlichen Auseinandersetzung in LU1 ihre Lernpartnerin mehrfach als „Dicke" bezeichnet und zu ihr sagt: „Du wirst nie ein Künstler, sag ich dir. Dein Wunsch wird nie erfüllt." Eine solche Ausprägung der kommunikativen Lernsituation, die eine ganz andere Form der sozialen Atmosphäre als im zuerst Beispiel zeigt, könnte hinsichtlich ihrer Häufigkeit des Auftretens und ihrer Konsequenzen für mathematische Lernprozesse weiter beforscht werden.

6.2.1.3 Subsidiäre Lernsituationen

Charakteristisch für subsidiäre Lernsituationen ist die Asymmetrie von Inhalts-
und Beziehungsaspekt (vgl. Wocken 1998, 45). Die Hilfe kann dabei erbeten und
schließlich gegeben, aber auch verweigert werden. Ebenso ist es möglich, dass
ungefragt Hilfe angeboten wird, die angenommen oder abgelehnt wird (vgl. dazu
ausführlich Abschn. 4.1.2 sowie Naujok 2000, 177 ff.). Verknüpft mit der Partizipationsanalyse bedeutet dies für ‚subsidiär-unterstützende Lernsituationen‘, dass
zunächst wie bei der koexistenten Lernsituation zwei Kreatoren oder Weiterentwickler zu identifizieren sind, sich jedoch eine Person kurzeitig von der eigenen
Idee abwendet und als Weiterentwickler, Instruierender, Umsetzender oder Paraphrasierer der Idee des Lernpartners inhaltlich zuwendet. Damit wird deutlich,
dass die Hilfe mit einer unterschiedlich hohen inhaltlichen Verantwortlichkeit
geleistet werden kann. Zentral ist, dass die Hilfe zwar kurzzeitig geleistet wird,
dennoch über ein Akzeptieren oder Ablehnen ohne Begründung hinausgeht, sowie
dass sich der Lernende aber im Anschluss wieder der eigenen Idee zuwendet.
Kurze Hilfen können in Form eines Hinweises, Tipps, eines Verweises auf den
Arbeitsauftrag oder das Material usw. geleistet werden. Ebenso können hierzu
kurze handelnde Unterstützungen gezählt werden. Auch Hilfen durch Lehrpersonen gelten als unterstützende Lernsituationen, auch wenn diese keine eigene
Kreation vernachlässigen, denn sie nehmen im Interaktionsprozess die Rolle eines
Helfenden ein. Durch die Darstellung einer Szene aus LU2 (vgl. T31) soll die
subsidiär-unterstützende Lernsituation innerhalb der Partnerarbeit veranschaulicht
werden. Carolin (C, FSP LE) und Johanna (Jo) befinden sich zunächst in einer
koexistenten Lernsituation, da sie jeweils in der Rolle einer Kreatorin ihre eigene
Idee verfolgen. Carolin sucht mit der Strategie ‚Geometrische Passung‘ (vgl.
Abschn. 6.1.1.1) nach einer weiteren Lösung zur Vollkreisbildung. Parallel dazu
tauscht Johanna, ausgehend von der bereits gefundenen Lösung aus einem Halb-
und zwei Viertelkreisen, Kreisteile aus, um eine weitere Lösung zu finden.

1   Jo   # [*tauscht zwei Viertelkreise gegen zwei Fünftelkreise, legt diese an den Halbkreis*]

2   C   # [*legt an drei Sechstelkreise einen weiteren Sechstelkreis und einen Fünftelkreis an, legt den Fünftelkreis wieder weg, legt einen Drittelkreis an, schaut an Johanna vorbei auf das Arbeitsblatt mit der Tabelle, das neben Johanna liegt*]

3   Jo   [*legt einen Fünftelkreis beiseite, schaut auf Carolins Lösung, während sie einen Sechstelkreis greift, schaut auf die Tabelle*] Hatten wir schon [*legt den Sechstelkreis an die vor ihr zusammenliegenden Kreisteile*].

4   C   # Hä [*schaut weiter auf das Arbeitsblatt*]?

5   Jo   # [*greift nach einem Sechstelkreis, ohne hochzuschauen*] Hatten wir schon [*versucht, einen Sechstelkreis in die vor ihr liegenden kombinierten Kreisteile zu schieben und die Kombination aus einem Halb-, zwei Fünftel- und zwei Sechstelkreisen zu einem Vollkreis zusammenzuschieben, legt den Halbkreis weg*].

6   C   [*schiebt die vor ihr liegende Lösung ungeordnet in die Tischmitte*]

Transkript T31: KG3LU2, 20:49–21:29, Carolin und Johanna

Der obige Transkriptausschnitt zeigt, wie die beiden Lernenden an jeweils eigenen Kreationen arbeiten und dabei ein eigenes Ziel verfolgen, ohne der Arbeit der Partnerin explizite Beachtung zu schenken (T31/Z1 f.). Erst als Carolin auf die neben Johanna liegende Tabelle auf dem Arbeitsblatt schaut, um zu überprüfen, ob ihre gefundene Lösung bereits notiert ist (T31/Z2), wendet Johanna sich kurz in der Rolle der Weiterentwicklerin der tabellarischen Überprüfung der Lösung zu, indem sie die Lösung als doppelte Lösung identifiziert und ablehnt. Der Blick auf die Tabelle und der verbale Kommentar geschehen dabei beiläufig, und Johanna wendet sich kaum von der eigenen Idee ab (T31/Z3). Selbst eine Erklärung oder eine Zeigegeste auf die entsprechende Stelle der Tabelle, an der diese Lösung bereits notiert ist, fehlt. Die subsidiäre Unterstützung liegt hier lediglich in der Ablehnung der Idee mit dem Hinweis, dass die Lösung bereits vorhanden sei. Auch auf das nachfragende „Hä?" ihrer Lernpartnerin, das ggf. als Aufforderung zur Explizierung (vgl. Abschn. 6.1.1.1: MT2-16) gedeutet werden kann, imitiert sie ihre eigene Aussage „Hatten wir schon" (T31/Z5). Johanna arbeitet währenddessen bereits an der eigenen Idee weiter, und Carolin bricht die Kreation ab, indem sie die Lösung durch Ver- und Wegschieben der Kreisteile verwirft (T31/Z6). Daran anschließend beobachtet sie die Lernsituationen anderer Lerntandems bzw. die der eigenen Lernpartnerin Johanna. Das Beispiel macht deutlich, wie wenig sich subsidiär-unterstützende Lernsituationen von einer Koexistenz unterscheiden können. Würde Johanna Carolins Idee lediglich ablehnen, würde die koexistente Lernsituation bestehen bleiben. Da sie sich aber der anderen Kreation insofern zuwendet, dass sie in der Tabelle das Vorhandensein der Lösung überprüft, geht die Auseinandersetzung über eine bloße unbegründete Ablehnung hinaus – auch wenn sie Carolin die Begründung der Ablehnung nicht explizit erläutert. Hier wirkt vielmehr die Tätigkeit des Nachguckens, der kein Eintragen der Lösung in die Tabelle folgt, als implizite Begründung.

Damit eine ‚subsidiär-prosoziale Lernsituation' entstehen kann, müssen zuvor zwei autonome Ideen identifizierbar sein. Zentral ist, dass die helfende Person die eigene Kreation zugunsten der umfänglichen Unterstützung des Lernpartners vernachlässigt. Auch in Naujoks Untersuchung (vgl. ebd. 2000; Abschn. 4.1.2) wurden asymmetrische Prozesse des Helfens identifiziert. Im Gegensatz zur subsidiär-unterstützenden Lernsituation wird in subsidiär-prosozialen Lernsituationen eine umfassendere Hilfe geleistet. Das Spektrum der Hilfeleistung ist dabei recht groß. Die Hilfe kann mit einer hohen inhaltlichen Verantwortlichkeit in Form einer Weiterentwicklung oder Instruktion bzw. mit einer geringeren inhaltlichen Verantwortlichkeit, durch eine Umsetzung, Paraphrase oder Imitation geleistet werden. Die Hilfeempfangenden kontrollieren dabei die mathematische Themenentwicklung. D. h., sie entscheiden, inwiefern Weiterentwicklungsideen oder Instruktionen des Lernpartners angenommen bzw. umgesetzt werden, oder geben selbst Instruktionen zur Umsetzung oder Imitation. In beiden Fällen ist der Beziehungsaspekt deutlich auszumachen: Eine Lernende bzw. ein Lernender handelt im Sinne des Lernpartners, indem er dessen Idee in dessen Sinne voranbringt. Die prosoziale Lernsituation bleibt so lange bestehen, wie sich die Rollen des Helfenden und des Hilfeempfängers identifizieren lassen. Der Lernsituationstyp endet einerseits, wenn sich die Asymmetrie, die sich deutlich im Beziehungsaspekt zeigt, zugunsten einer Symmetrie auflöst, beide Lernpartner die Idee schließlich gemeinsam weiterentwickeln und sich ein kooperativ-solidarischer Austausch (s. u.) ergibt. Die subsidiär-prosoziale Lernsituation endet andererseits auch, wenn sich der helfende Lernpartner wieder abwendet und die Lernsituation sich zur Koexistenz verändert. Sowohl lernbeeinträchtigte Schülerinnen und Schüler als auch Lernende ohne sonderpädagogischen Unterstützungsbedarf konnten in der Datenanalyse als Helfende sowie als Hilfeempfangende identifiziert werden.

Das folgende Beispiel zeigt eine subsidiär-prosoziale Lernsituation zu LU2 zwischen Philipp (P) und seinem Lernpartner Yusuf (Y, FSP LE). Die Lernsituation wechselt zuvor zwischen kommunikativen und koexistenten Phasen. In einer koexistenten Phase, in der Philipp versucht, Kreisteile mit der Strategie ‚Geometrische Passung' zu einem Vollkreis zusammenzusetzen, findet Yusuf eine Lösung von Kreisteilen der Kombination $\frac{2}{4} + \frac{1}{5} + \frac{2}{6}$, deren Fehlerhaftigkeit er aber nicht erkennt. An dieser Stelle setzt der Transkriptausschnitt ein (vgl. T32):

1   Y   Ey, das hatten wir noch nicht, Philipp [*zeigt auf die vor ihm liegende Kreisteilkombination*]!

2   P   Was [*schaut nach rechts auf Yusufs Kombination*]?

3   Y   Das hatten wir noch nicht.

4   P   [*beugt sich über Yusufs Lösung, seine eigene Kombination liegt nun links neben ihm*] Zwei Blaue [*zeigt mit der Bleistiftrückseite auf zwei Viertelkreise und fährt dann in der Luft über die Spalte ‚Viertel' der Tabelle*].

5   Y   Das hatten wir noch nicht [*ordnet die Kreisteile der Kombination, versucht sie exakt aneinanderzuschieben, es bleiben kleine Lücken bestehen*].

6   P   Gib mal her # [*zieht die Kombination von Yusuf weg und zu sich herüber*].

7   Y   # Hatten wir noch nicht!

8   P   Ja, aber wenn es passen würde [*schiebt die Sechstelkreise exakt aneinander*]?

9   Y   Ja, wie, das passt doch.

10   P   [*schiebt die beiden Viertelkreise exakt an die Sechstelkreise*]

11   Y   Guck! # Ja, sag mir

12   P   # [*schiebt den Fünftelkreis in die Lücke, dabei rutschen die übrigen Kreisteile auseinander*] Das passt nicht.

13   Y   Wie?

14   P   Du müsstest hier [*tippt auf den Fünftelkreis*] einen Orangenen hinpacken und dann [*wirft den Fünftelkreis zurück auf den Materialhaufen*] hätten wir das schon # [*schaut wieder auf seine Kombination links von sich*].

15   Y   # Dann mache ich es mit 'ner Orangenen.

16   P   Ja, [*schaut wieder auf Yusufs Kombination*] aber dann [ham], das haben wir schon [*bewegt mit seiner rechten Hand das Arbeitsblatt mit der Tabelle*].

17   Y   Moah # [*nimmt die Kreisteile und wirft sie zurück auf den Materialhaufen*]!

18   P   # [*lachend:*] Sag ich doch [*wendet sich seiner Kombination wieder zu*]!

Transkript T32: KG5LU2, 27:20–27:50, Philipp und Yusuf

Im Gegensatz zur marginalen Hilfe, die in der vorherigen Analyse zwischen Carolin und Johanna in der unterstützenden Lernsituation auszumachen war (T31), ist hier eine prosoziale Lernsituation identifizierbar. Zunächst versucht Yusuf, die koexistente Lernsituation zu beenden, indem er seinen Lernpartner mit dem Hinweis, eine neue Lösung gefunden zu haben, adressiert (T32/Z1). Dieser reagiert und unterbricht die Weiterarbeit an der eigenen Lösung (T32/Z2, Z4). Philipp kontrolliert zunächst, ob die Lösung bereits in der Tabelle notiert ist (T32/Z4) und später, ob es sich um einen Vollkreis handelt, der aus den Kreisteilen zusammensetzbar ist (T32/Z6, Z8, Z10, Z12). Dass dies nicht gegeben ist, kommentiert Philipp mit den Worten „Das passt nicht" (T32/Z12) und schlägt zur Verbesserung vor, den Fünftelkreis durch einen Sechstelkreis zu ersetzen (T32/Z14), was er aber gleichzeitig als bereits gefundene Lösung deklariert. Philipp will sich seiner eigenen Idee wieder zuwenden, als Yusuf Philipps Verbesserungsvorschlag aufgreifen möchte („Dann mache ich es mit' ner Orangenen",

T32/Z15). Philipp schaut auf Yusufs Kombination und wiederholt erneut, dass auch diese Lösung bereits existiere. Er stellt zudem durch die Bewegung des Arbeitsblattes die Verbindung zur tabellarischen Notation her (T32/Z16). Yusuf akzeptiert den Einwand schließlich, verwirft seinen Lösungsansatz (T32/Z17), und Philipp wendet sich der Weiterarbeit an der eigenen Idee zu. Im Anschluss entsteht eine Kombination aus einer kommunikativen und koexistenten Lernsituation, denn während Philipp an seiner Idee weiterarbeitet, spielt Yusuf mit einem Radiergummi und sie sprechen darüber, dass Philipp noch nie in Afrika war.

Die Betrachtung des Gesamtverlaufs der Szene lässt zu, dass diese als subsidiär-prosoziale Lernsituation einzuordnen ist: Philipp wendet sich insgesamt deutlich von der eigenen Idee ab und intensiv der Idee des Lernpartners zu, indem er dessen Idee überprüft (Einstieg in die prosoziale Lernsituation). Er lehnt die Lösung als falsche Lösung ab, macht Vorschläge zu einer möglichen Änderung, die er aber wiederum als unbrauchbar bewertet, da sie keine neue Lösung bietet. Hier macht er für den Lernpartner eigene Gedanken transparent, die gleichzeitig als Begründung für dessen Fehler gedeutet werden können. Zudem versucht Philipp, einer weiteren fehlerhaften Weiterarbeit vorzubeugen (Fortführung der prosozialen Lernsituation). Da Yusuf mit dem fiktiven, aber unbrauchbaren Vorschlag weiterarbeiten möchte, verdeutlicht Philipp ein weiteres Mal, dass diese Lösung nicht zielführend ist. Seine Begründung ist zwar nicht umfassend und auch ohne konkreten Zeilenbeleg, aber sie verweist auf die Tabelle, was Yusuf schließlich überzeugt (Fortführung der pro-sozialen Lernsituation). Erst als Yusuf Akzeptanz für die Einwände zeigt und den gesamten Ansatz komplett verwirft, wendet sich Philipp wieder der eigenen Idee zu (Ende der prosozialen Lernsituation). Im Gegensatz zu einer kooperativen Lern-situation wird die Asymmetrie der beiden Lernenden deutlich. Yusufs mehrfache Bekundung, dass diese Lösung neu ist („[Das] hatten wir noch nicht!" T32/Z1, Z3, Z5, Z7), wird systematisch durch Philipp als Weiterentwickler tabellarisch und enak-tiv geprüft, die Lösung als fehlerhaft identifiziert, ein Verbesserungsvorschlag mit einem Hinweis auf dessen Unbrauchbarkeit verknüpft und ein weiteres Mal die Wei-terarbeit des Ansatzes als nicht-zielführend begründet. Philipp ist hier Helfender und Yusuf Hilfeempfänger. Hätte Philipp Yusufs Lösungsvorschlag ungeprüft in die Tabelle eingetragen, wäre die Unterstützung nur marginal gewesen und hätte keine Lernmöglichkeit für Yusuf geschaffen. Stattdessen kann Yusuf Schritte der Lösungs-überprüfung mitverfolgen, und es wird mehrfach auf Fehler oder nicht-zielführende Vorhaben eingegangen.

Die Analyse der Daten der Studie zeigte, dass durch die beiden dargestellten Varianten nicht alle subsidiären Lernsituationen kodierbar sind. Zur Charakte-risierung typischer subsidiärer Lernsituationen im Rahmen der Studie wurde mit Hilfe induktiver Verfahrensweisen der Qualitativen Videoinhaltsanalyse (vgl.

Abschn. 5.5.2) Wockens Theorie um die ‚subsidiär-imitierende Lernsituation‘ erweitert. Hier werden Lernsituationen erfasst, bei denen Lernende in der Rolle des Imitierers die Kreation des Lernpartners oder anderer Lerntandems ohne eine diesbezügliche Instruktion, möglicherweise auch zeitversetzt, nachahmen. Die Handlung bzw. Idee des Lernpartners ist hier ein Vorbild bzw. eine Orientierungshilfe und wirkt subsidiär. Beobachtet werden kann dieser Lernsituationstyp bspw. nach einem abgelehnten Hilfsangebot oder einem gescheiterten Kooperationsaufbau. Der gemeinsame Inhaltsaspekt der Lernsituation verbindet das Lerntandem in diesem Fall miteinander. In der Asymmetrie dieser Lernsituation ist der Inhaltsaspekt deutlich dominant und eine soziale Beziehung wird lediglich implizit und einseitig durch die nachahmende Person hergestellt. Dennoch sind solche Lernsituationen von koexistenten deutlich abgrenzbar, bei denen keine Beziehung der Lernpartner zueinander entsteht oder die Zusammenarbeit bzw. die Idee kurz und unbegründet abgelehnt wird.

Eine subsidiär-imitierende Lernsituation kann bspw. durch folgende Szene illustriert werden: Tahia (FSP LE) sieht als Zuschauende (vgl. Abschn. 6.1.1.2) die Lösung eines anderen Lerntandems, das zwei Viertelkreise und drei Drittelkreise zu einem Vollkreis gelegt hat. Mit den Worten „Oh, cool! Ich mach das auch!" legt sie die Lösung in der gleichen Anordnung nach. Dabei wandert ihr Blick immer wieder zur Lösung, die sie imitiert. Naujok (2000) beschreibt das Abgucken als asymmetrische Handlung (vgl. auch Abschn. 4.1.2), da der Abguckende sich selbst hilft, und die Weitergabe der Lösung ohne weitere Erklärungen verläuft, da sie in ihrer vorliegenden – in diesem Fall ikonischen – Repräsentation erfasst wird. Ein weiteres Beispiel ist einer Bearbeitung zu LU1 entnommen (vgl. T33). Hier lehnt die Schülerin Aylin (Ay), die zuvor einen Kordelkreis aus einem Faden gelegt und die beiden Enden mit Tesafilm zusammenklebt hat, die Weiterentwicklungsideen ihres Lernpartners Firat (F, FSP LE und SQ) ab und verfolgt stattdessen ihren eigenen Plan, indem sie eine Hilfskonstruktion aus sich mittig kreuzenden Holzspießen erfindet, um eine gleichmäßige Krümmung der Kordel zu erzielen. Firat imitiert nach einer Weile schließlich ihren Ansatz des zusammengeklebten Kordelkreises, um seine Weiterentwicklung realisieren zu können. Der folgende Transkriptausschnitt (T33) zeigt die Abwehrreaktionen (T33/Z1, Z3) bzw. die Ignoranz (T33/Z5) von Firats Äußerungen bzw. Handlungen durch Aylin. Die subsidiär-imitierende Lernsituation beginnt mit Firats Worten „Ich selber" und seiner Imitation von Aylins Idee (T33/Z6), die er zunächst leicht modifiziert (T33/Z8). Nun kann er eigene Weiterentwicklungsideen realisieren (T33/Z13, Z15, Z18), die er mit einem weiteren Interaktionsaufbauversuch als „schlaue Idee" (T33/Z10) umschreibt. Dieser Interaktionsaufbau wird sogar vom

Mitschüler Kemal (K) aufgegriffen, auf dessen Nachfrage Firat allerdings nichts erwidert:

1	Ay	Was machst du [*hält Firat am Handgelenk fest*]? # Ich brauch das Band.
2	F	# Ich [ma] [*legt die Schere weg*],
3	Ay	Nicht so klein [*nimmt Firat das abgeschnittene Stück Kordel aus der Hand*]!
4	F	Ich weiß eine Idee! Aylin, wenn du mir # zuhörst!
5	Ay	# Ah! Ich hab eine richtig gute Idee, warte [*beginnt ohne hochzuschauen an die Holzspießenden eine Kordel festzuknoten und diese um weitere Enden der Spieße zu wickeln*]!
6	F	Ich selber [*nimmt ein Stück Tesafilm*]. Ich mach, guck so [*nimmt ein Stück Kordel, das vor ihm auf dem Tisch liegt, versucht die beiden Enden mit dem Tesafilm zusammenzukleben*].
7	L	Achtet 'n bisschen, also ich seh das ja schon, achtet 'n bisschen auf das, # was wir eben gerade rausgekriegt haben, ne?
8	F	# Das geht nicht [*nimmt ein Stück Knete und verbindet damit die Kordelenden*].
9	Ay	Das geht nicht [*wickelt die Kordel wieder ab, schaut zum Lehrer*]. Das geht nicht.
10	F	Moah, meine Idee ist schlaue Idee.
11	K	Was war deine Idee?
12	Ay	[*wickelt erneut die Kordel um die Spießenden wie auf der Abb.*]

13	F	[*legt Styroporstücke in den Kordelkreis*]
14	Ay	Nein, geht nicht [*wickelt die Kordel wieder ab*].
15	F	[Ka] Kann ich das bisschen schneiden, Herr Krüger?
16	L	Warum willst du das denn schneiden?
17	Ay	[*schaut auf das Material vor sich*] Das geht nicht [*nimmt die Schere*].
18	F	Hier [*legt mehrere Styroporstücke in den Kordelkreis*]. Ich will so, dann ist das ein Kreis.

| 19 | L | Aha. |

Transkript T33: KG2LU1, 10:38–12:19, Aylin, Firat, Lehrperson und Mitschüler Kemal aus einem anderen Lerntandem (Die Zeile T33/Z18 ist identisch mit T3/Z15 (vgl. Abschn. 6.1.1.1). Darüber hinaus füllt Transkript T33 Auslassungen in Transkript T3.)

Die Phase der subsidiär-imitierenden Lernsituation (T33/Z6) ereignet sich nach einem gescheiterten Kooperationsaufbau mit Aylin und ist mit 50 Sekunden recht kurz, aber für Firats Weiterarbeit von größerer Bedeutung. Der Inhaltsaspekt ist deutlich dominanter als der Beziehungsaspekt. Letzterer wird durch Firat indirekt aufrechterhalten, indem er Aylins Idee imitiert. Da beide Lernende Weiterentwicklungsideen des anderen im Anschluss unbeachtet lassen, geht die Lernsituation schließlich in eine koexistente Phase (T33/Z12 bis Z19) über.

Die Datenanalyse liefert als Ergebnis, dass subsidiär-unterstützende oder subsidiär-prosoziale Lernsituationen auch durch Lehrpersonen ausgelöst werden können, die durch Anweisungen an einen oder beide Lernende die Art der Zusammenarbeit strukturell vorgeben. Eine bereits dargestellte Szene (vgl. Abschn. 6.1.3.3, T24 bis T26) zeigt, wie eine Lehrperson die Schülerin Melina (FSP LE) zur Aktivität auffordert und dabei eine durch die Lernenden ausgehandelte Vereinbarung der Art der Zusammenarbeit ändert. Daran anschließend agiert zwar die lernbeeinträchtigte Schülerin Melina mit einer höheren inhaltlichen Verantwortlichkeit, gleichzeitig wird der Lernpartner Tim allerdings in die Rolle des Helfenden versetzt, der in einer subsidiär-prosozialen Lernsituation den Arbeitsprozess der Lernpartnerin begleitet. Er muss abwarten, bis Melina die Ergebnisse findet, die er bereits tabellarisch notiert hat und mit der Hand verdeckt (vgl. Abschn. 6.1.3.3). Des Weiteren ergeben sich subsidiäre Lernsituationen auch zwischen verschiedenen Lerntandems oder Lernenden unterschiedlicher Tandems, die sich mehr oder weniger intensiv bzw. umfassend gegenseitig bei Schwierigkeiten oder im Lösungsprozess helfen. Die Hilfe kann ungefragt angeboten und im Anschluss angenommen oder abgelehnt werden. Sie kann ebenso erbeten und von den Mitschülerinnen und Mitschülern gegeben oder verweigert werden (vgl. Abschn. 4.1.2 sowie Naujok 2000).

Im Rahmen der Analyse konnten Lerntandems identifiziert werden, in deren Arbeitsprozess keine Phasen subsidiärer Lernsituationen entstanden. Dies kann einerseits daran liegen, dass in Lernumgebungen, die einen gemeinsamen Gegenstand betreffen, durch die Aufforderung zur Kooperation bei manchen Lerntandems eher keine Koexistenz entsteht, in der zwei Lernende unterschiedliche Ideen generieren. Somit ist die Voraussetzung für subsidiäre Lernsituationen nicht gegeben. Auf der anderen Seite kann eine subsidiäre Lernsituation schnell in eine kooperative Lernsituation übergehen, wenn sich die Lernpartner nicht wieder der eigenen Idee zuwenden, sondern eine Idee gemeinsam weiterverfolgen. Subsidiäre Lernsituationen können somit eine Möglichkeit zum (Wieder)Einstieg in kooperativ-solidarische Lernsituationen (vgl. Abschn. 6.2.1.4) bieten. Des Weiteren fiel in den Analysen auf, dass Hilfe-Suchende unterstützende bzw. prosoziale Lernsituationen häufig durch implizite Aufforderungen an den Lernpartner eröffneten, indem sie mathematische Aktivitäten im Bereich des Aufforderns (vgl. Abschn. 6.1.1.1: MT1-11 bzw. MT2-16) zeigten. Hier wären weitere Forschungen nötig, um zunächst zu ergründen, auf welche Weise subsidiäre Lernsituationen entstehen, und ob es, bspw. im Rahmen von Scaffolding, hilfreich ist, Lernende zu befähigen, Hilfen durch Lernpartner gezielt einzuholen. In der Analyse konnte zudem das Phänomen identifiziert werden, dass Lehrpersonen mit *einem* Lernenden eine gemeinsame, subsidiär-unterstützende Lernsituation eingehen und dabei den Lernpartner des Kindes in die Rezipientenrolle des Mithörers bzw. Zuhörers (vgl. Abschn. 6.1.1.2) versetzen. So wird dazu beigetragen, dass für den Lernpartner Barrieren erhöht werden, eine inhaltliche Verantwortlichkeit für den gemeinsamen Gegenstand zu übernehmen (vgl. dazu auch Abschn. 6.1.4). Es zeigte sich allerdings auch, dass subsidiäre Lernsituationen mit einzelnen Lernenden oder einem Lerntandem, an denen Lehrpersonen beteiligt waren, zu Gesprächen mit der gesamten Kleingruppe entwickeln können. Hier konnten Phasen interaktionaler Verdichtung identifiziert werden, die sich auch in Klassengesprächen ereignen können und denen das Potential für fachliches sowie rezeptives Lernen zugeschrieben werden kann (vgl. dazu bspw. Naujok et al. 2008, 786 f.).

6.2.1.4 Kooperative Lernsituationen

In kooperativen Lernsituationen findet eine aufgabenbezogene Interaktion statt, und der Inhalts- und Beziehungsaspekt sind symmetrisch. Wocken (1998) unterscheidet zwei Typen kooperativer Lernsituationen: kooperativ-solidarische und kooperativ-komplementäre Lernsituationen. Innerhalb der Analyse konnte der Typ der ‚kooperativ-komplementären Lernsituation' nicht identifiziert werden, da aufgrund der zentralen Arbeitsaufträge in den Lernumgebungen keine Voraussetzung geschaffen wurde, dass dieser Typ in Erscheinung treten konnte, denn komplementäre Lernsituationen sind durch eine gegenseitige Abhängigkeit oder Konkurrenzsituation definiert, wie dies bspw. beim Partnerdiktat oder gemeinsamen Spiel mit zugeschriebenen Rollen der Fall ist (vgl. Wocken 1998, 48 f.).

Die ‚kooperativ-solidarische Lernsituation' wird auf der Grundlage der Partizipationsanalyse dadurch erfassbar, dass eine gemeinsame thematische Entwicklung innerhalb einer *gemeinsamen* Kreation rekonstruierbar ist. Die Gemeinsamkeit wird durch Partizipationsprozesse von Lernenden hergestellt, die wechselseitig aufeinander bezogen sind. Die Ideen werden in diesem Kontext gemeinsam hervorgebracht, diskutiert und weiterentwickelt. Die Lernenden partizipieren als Kreatoren, Weiterentwickler, Instruierende, Umsetzende, Paraphrasierer oder Imitierer an dieser gemeinsamen Idee. Damit kann mit einer unterschiedlich hohen Verantwortlichkeit an der mathematischen Themenentwicklung (vgl. Abschn. 6.1.1.1) in der gemeinsamen Lernsituation kooperativ partizipiert werden. Das Spektrum kooperativ-solidarischer Lernsituationen kann somit groß sein: Einerseits zählt zu diesem Lernsituationstyp die Aushandlung einer Idee durch zwei aktive Weiterentwickler, die die Kreation deutlich wechselseitig auf der inhaltlichen Ebene beeinflussen. Andererseits gehören auch Situationen dazu, in denen die gemeinsame Kreation hauptsächlich durch einen Lernenden entwickelt wird, was aber durch den Lernpartner aktiv durch Ablehnung oder Bestätigung der Ideenentwicklung sowie durch Nachfragen begleitet wird, die Reaktionen auf inhaltlicher Ebene herausfordern. Ein Beispiel für eine kooperativ-solidarische Lernsituation wurde bereits ausführlich durch die Darstellung der Rolle des Weiterentwicklers in der Lernsituation zwischen Dogan und Hannes veranschaulicht (vgl. Abschn. 6.1.3.1; T22). Das Beispiel veranschaulicht den ko-konstruktiven Prozess (vgl. Abschn. 4.1.1) der beiden Lernenden, die eine Idee bzw. Lösung gemeinsam entwickeln. Um das Spektrum der kooperativ-solidarischen Lernsituation aufzuspannen, soll ein weiteres Beispiel illustrieren, dass innerhalb dieser Lernsituationen auch ein Lernender eine geringere inhaltliche Verantwortlichkeit für die mathematische Themenentwicklung (vgl. Abschn. 6.1.3.2) als der andere übernehmen kann. Das Lerntandem entwickelt im Folgenden gemeinsam eine Lösung. Es sind zuvor keine individuellen, parallel verlaufenden Kreationen identifizierbar, was eine Voraussetzung für subsidiäre Lernsituationstypen wäre. Dennoch nimmt in dem vorliegenden Beispiel eine Lernende eine dominante Rolle ein und steuert den Fortgang des gemeinsamen Arbeitsprozesses. Aylin (Ay) und ihr Lernpartner Firat (F, FSP LE und SQ) arbeiten am Arbeitsauftrag von LU2. Vor Aylin liegt eine Kombination aus zwei Fünftel- und einem Sechstelkreis, als sich folgende Szene (vgl. T34) ereignet.

1	Ay	Das macht [*legt einen Drittelkreis an die beiden Kreisteile, versucht, einen Sechstelkreis in die Lücke zu schieben*],
2	F	(unverständlich) [*entfernt den Drittelkreis aus der Kombination*]
3	Ay	(unverständlich) lila sein, dann das.
4	F	[*reicht Aylin einen Fünftelkreis*]
5	Ay	[*setzt den Fünftelkreis in die Lücke*]
6	F	# [*greift nach einem Fünftelkreis von der Tischmitte*] Noch ein Lilanen.
7	Ay	# [*entfernt einen Fünftelkreis aus der Kombination*] Mit ein Gelben.
8	F	## [*legt den Fünftelkreis wieder weg*]
9	Ay	## [*fügt einen Drittelkreis in die Lücke ein*]
10	F	Nein.
11	Ay	Was? Dann bring noch ein Gelb, nein, ein Orangen. Gib!
12	F	[*reicht Aylin einen Sechstelkreis*]
13	Ay	[*schiebt den Sechstelkreis in die Lücke*] Nein.
14	F	Der geht nicht ganz geworden.
15	Ay	Geht gar nicht [*schiebt alle Kreisteile weg, legt zwei Halbkreise zusammen*].

Transkript T34: KG2LU2, 14:38–15:07, Aylin und Firat

Aylin und Firat suchen eine weitere Lösung der Kombination von Kreisteilen zu einem Vollkreis mit Hilfe der Strategie ‚Geometrische Passung' (vgl. Abschn. 6.1.1.1: MT2-5). Der Kombinationsversuch aus einem Drittel-, zwei Fünftel- und zwei Sechstelkreisen scheitert (T34/Z1). In der Rolle eines Weiterentwicklers entfernt Firat den Drittelkreis (T34/Z2), was von Aylin unkommentiert akzeptiert wird. Ihre Reaktion ist zwar nicht vollständig rekonstruierbar, allerdings kann, aufgrund Firats Reaktion als Umsetzender, von der Akzeptanz des Entfernens ausgegangen werden, da der Vorschlag, einen Fünftelkreis zu verwenden akzeptiert wird (T34/Z4). Entweder reagiert Firat auf eine instruierende Aussage oder die Beschreibung einer Idee, indem er das entsprechende Kreisteil heraussucht. Aylin scheint zu erkennen, dass die Winkelgröße nicht passt bzw. die Fläche der kombinierten Kreisteile einen Vollkreis übersteigt ($\frac{1}{3} + \frac{2}{5} + \frac{2}{6}$), sodass der entfernte Drittelkreis durch den Fünftelkreis ersetzt wird. Der zwischen dem Drittel- und Fünftelkreis liegende Viertelkreis spielt für die Lernenden an dieser Stelle keine Rolle. Beide Lernende erkennen durch die entstehende Lücke, dass die Fläche kleiner als die eines Vollkreises ist ($\frac{3}{5} + \frac{2}{6}$). Ihre Vorschläge zur Weiterarbeit sind unterschiedlich: Aylin entfernt einen Fünftelkreis und ersetzt ihn durch einen Drittelkreis (T34/Z7, Z9), was dieselbe Kombination wie zuvor (T34/Z1) liefert. Firat schlägt verbal und handlungsgestützt das Verwenden eines weiteren Fünftelkreises vor, was eine den Vollkreis übersteigende Fläche aus vier Fünftel- und zwei Sechstelkreisen liefern würde. Während Aylin nun die dominante Rolle einnimmt und als Kreatorin ihre Idee verwirklicht, verfolgt Firat seinen Vorschlag nicht weiter (T34/Z8), beobachtet Aylins Tätigkeit und lehnt diese Lösung schließlich ab (T34/Z10). Aylin geht auf seine Ablehnung ein und instruiert das Angeben eines Sechstelkreises (T34/Z11), das Firat als Umsetzender ausführt (T34/Z12). Die Überprüfung der Passung übernimmt wiederum Aylin und bewertet die Kombination als nicht-passend durch „Nein" (T34/Z13). Firat präzisiert die Aussage inhaltlich als Paraphrasierer durch „Der geht nicht ganz geworden" (T34/Z14). Er könnte auf einen „ganzen Kreis", also Vollkreis hinweisen, der nicht realisiert werden kann. Aylin greift Firats Aussage wiederum paraphrasierend auf „Geht gar nicht" (T34/Z15) und verwirft die Idee. Die Phase der kooperativ-solidarischen Lernsituation endet an dieser Stelle. Aylin legt nun zielgerichtet als Kreatorin eine Lösung aus zwei Halbkreisen, deren Richtigkeit sie nachfolgend mit der Lehrperson aushandelt. Firat nimmt an dieser Phase der Lernsituation nicht mehr aktiv, sondern beobachtend teil. Hier deutet sich bereits an, dass mit den bisher dargestellten Lernsituationstypen der Fortgang der Lernsituation zwischen Firat und Aylin nicht mehr lückenlos kodierbar und einzuordnen ist. Um eine Koexistenz handelt es sich nicht, da Firat keine eigene Kreation verfolgt, die Lernsituation aber aufmerksam beobachtet. Er wird auch nicht subsidiär oder kommunikativ aktiv. Es fehlt eine Beschreibung für gemeinsame Lernsituationen, an denen ein Lernender rezeptiv an der Ideenentwicklung eines anderen partizipiert. Wie bereits dargestellt, nahmen rezeptive

Partizipationen an gemeinsamen Lernsituationen in der vorliegenden Studie einen großen zeitlichen Umfang ein (vgl. Abschn. 6.1.4). Sie müssen Berücksichtigung finden, wenn dem Anspruch Wockens (1998) nachgekommen werden soll, typische bzw. prägnante Muster gemeinsamer Lernsituationen in der Theorie zu berücksichtigen (vgl. Abschn. 2.1.5). Im Rahmen der Qualitativen Videoinhaltsanalyse wurden daher die kooperativen Lernsituationen um den Typ der ‚latent-kooperativen Lernsituation' erweitert. Hier werden gemeinsame Lernsituationen von Partnerarbeitsphasen erfasst, an denen ein Lernpartner als stiller, nicht aktiver Beobachter an der mathematischen Themenentwicklung partizipiert. Die Kooperation ist in diesem Fall latent vorhanden. Im Rezipientendesign (vgl. Abschn. 6.1.1.2) ist eine Person als Zuhörer, Mithörer oder Lauscher erfassbar. Oft wird sie auch als Gesprächspartner durch den Lernpartner adressiert, erwidert aber nichts. Der Beobachtungsprozess erscheint zunächst passiv, da der Zuschauende keine Aktivität zeigt und nicht in das Geschehen eingreift. Wenn dieser Lernende im anschließenden Interview allerdings die beobachteten Aktivitäten autonom reproduziert oder sogar zum Transfer anwendet, kann eine aktive (gedankliche) Partizipation an der gemeinsamen Lernsituation unterstellt werden. Somit verfolgen beide Lernpartner die Entwicklung des gleichen mathematischen Inhalts, und es handelt sich um eine starke Ausprägung der Gemeinsamkeit bezogen auf den Inhalts- und Beziehungsaspekt, wodurch die Einordnung in die Kategorie der kooperativen Lernsituation gerechtfertigt ist. Viele Phasen latent-kooperativer Lernsituationen finden sich in der Partnerarbeit von Carolin und Johanna, an denen Carolin rezeptiv partizipiert und sich im anschließenden Interview retrospektiv umfassend zu zentralen inhaltlichen Aspekten äußern kann (vgl. dazu ausführlich Abschn. 6.1.3.3). Auch diesbezügliche Reproduktions- und Transferaufgaben kann sie lösen.

Die Datenanalyse zeigt, dass verschiedene Bedingungen zu Phasen mit einer latent-kooperativen Lernsituation führen können. So kann durch die Übernahme einer Idee der ursprüngliche Kreator zum Zuschauenden werden, wenn ein dominanter Lernpartner weitere Entwicklungen übernimmt, in die sich der Initiator nicht mehr aktiv einbringt (vgl. dazu auch Abschn. 6.1.4). Ebenso können latent-kooperative Lernsituationen auch mit anderen Lerntandems eingegangen werden, wenn Lernende die Arbeitsprozesse anderer intensiv beobachten, dabei dem eigenen Lernpartner keine Beachtung mehr schenken. In diesem Fall sind latent-kooperative Lernsituationen auch Auslöser für koexistente Phasen, bezogen auf das eigene Lerntandem.

Die Ergebnisse der Datenanalyse zeigen, dass Phasen latent-kooperativer Lernsituationen bei allen untersuchten Lerntandems beobachtbar sind. Werden sie mit kooperativ-solidarischen Phasen zusammenfassend als ‚kooperative Lernsituationen' betrachtet, sind die innerhalb der vorliegenden Studie untersuchten Lernsituationen innerhalb substanzieller Lernumgebungen in hohem Maße als kooperativ einzustufen, denn bis auf wenige Ausnahmen prägen sie den Charakter der gemeinsamen Lernsituationen eines Lerntandems, zusätzlich in einigen Fällen auch zwischen verschiedenen Lerntandems. Ob eine Lernsituation als kooperativ eingestuft wird, hängt somit maßgeblich davon ab, in welchem Spektrum eine gemeinsame Lernsituation noch als kooperativ betrachtet wird. Im Rahmen der vorliegenden Arbeit wird dafür plädiert, ein weites Verständnis dieses Begriffs zuzulassen, um das gesamte Spektrum individueller Partizipation an gemeinsamen Lernsituationen wertschätzend berücksichtigen zu können. Vor allem die Bewertung bzw. Abwertung rezeptiver Partizipationen sollte in ihrer Bedeutung für eine kooperative Zusammenarbeit nicht vorschnell erfolgen. Nur mit einer gewissen Offenheit gegenüber dem gesamten Spektrum der inhaltlichen Verantwortlichkeit für den mathematischen Gegenstand, können individuelle Partizipationen an gemeinsamen Lernsituationen vollständig erforscht werden.

6.2.2 Partizipation in Verläufen gemeinsamer Lernsituationen

Nachdem Ankerbeispiele sowie Ausprägungen verschiedener Typen gemeinsamer Lernsituationen dargestellt wurden, soll die Betrachtung der Ergebnisse der Datenanalyse weiter vertieft werden. Gemeinsame Lernsituationen sind, aufgrund einer mit einem Zeitindex verbundenen Kodierung am Video, auch grafisch darstellbar. Individuelle Verläufe können durch die *Dauer* einzelner Typen sowie durch den *Wechsel* zwischen verschiedenen Typen repräsentiert werden. Die auf der Mikroebene analysierten Prozesse können so auf Makroebene in ihrer Gesamtheit erfasst werden, und es wird einerseits möglich, Umbrüche oder Besonderheiten in Prozessverläufen zu betrachten, die zu weiteren Forschungsfragen führen (vgl. Kap. 7). Andererseits können weitere Zusammenfassungen vorgenommen werden, um Forschungsfrage 4 (vgl. Abschn. 5.1) beantworten zu können „*Welche Typen gemeinsamer Lernsituationen ermöglichen lernbeeinträchtigten Schülerinnen und Schülern, produktiv an den Lernumgebungen zu partizipieren?*" Dazu wird parallel zur Darstellung des Typs der gemeinsamen Lernsituation auch die damit verbundene Partizipation der lernbeeinträchtigten Schülerin bzw. des lernbeeinträchtigten Schülers dargestellt. Auf diese Weise können einzelne Lernsituationstypen hinsichtlich des Partizipationsstatus bzw. der damit verbundenen Höhe der inhaltlichen Verantwortlichkeit betrachtet werden, mit der die fokussierten Lernenden währenddessen an der Lernumgebung partizipieren.

6.2.2.1 Grafische Darstellung gemeinsamer Lernsituationen

Zur grafischen Darstellung verschiedener Lernsituationstypen wurde die Anordnung so vorgenommen, dass die Typen, ausgehend von einer höheren Dominanz des Beziehungsaspekts (kommunikative und kooperative Lernsituationen) über seine abnehmende Dominanz (subsidiäre Lernsituationen), bis hin zur koexistenten Lernsituation sortiert sind. Es werden zunächst die genannten vier Hauptkategorien unterschieden, die dann zum Teil weiter differenziert werden (vgl. Abb. 6.24).

Bezeichnung der Lernsituation (LS)		Abkürzung
kommunikative LS		KOM
kooperative LS	kooperativ-solidarische LS	KS
	latent-kooperative LS	LK
subsidiäre LS	subsidiär-prosoziale LS	SP
	subsidiär-unterstützende LS	SU
	subsidiär-imitierende LS	SI
koexistente LS		KX

Abbildung 6.24 Grundlage der grafischen Darstellung von Verläufen gemeinsamer Lernsituationen

Wird nun in einer Zeitleiste der Typ der Lernsituation erfasst, kann die Dauer eines bestimmten Typs entsprechend durch schwarz gefärbte Abschnitte visualisiert werden. Würden die theoretisch formulierten Lernsituationen nach Wocken grafisch dargestellt, würde es sich um monotone Streifen einer bestimmten Lernsituation handeln, wie in der idealtypischen Darstellung der koexistenten Lernsituation in Abb. 6.25.

KOM
KS
LK
SP
SU
SI
KX

Abbildung 6.25 Idealtypische grafische Darstellung einer koexistenten Lernsituation

Die grafischen Darstellungen bieten darüber hinaus die Möglichkeit, über farbliche Differenzierungen zu veranschaulichen, wer in latent-kooperativen Lernsituationen der Zuschauende ist. Das Beispiel in Abb. 6.26 stellt eine kooperative Lernsituation beider Lernender (schwarz) dar, die durch eine Phase unterbrochen ist, in der der Lernende mit sonderpädagogischem Unterstützungsbedarf (hellgrau) als Zuschauender im Sinne einer latent-kooperativen Lernsituation seinen Lernpartner beobachtet.

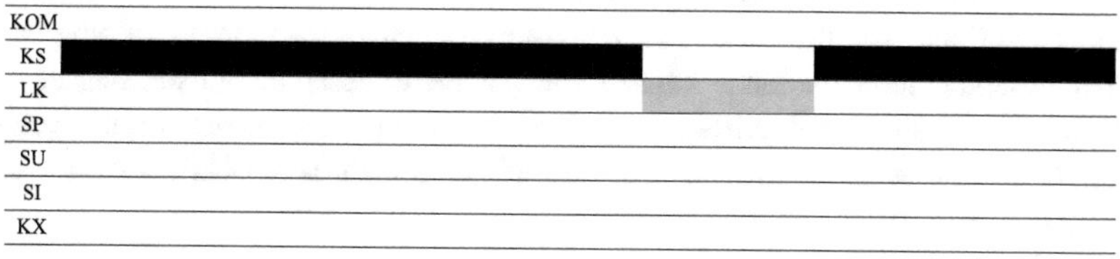

Abbildung 6.26 Grafische Darstellung einer Lernsituation mit einer latent-kooperativen Phase

Ebenso ist es möglich, in subsidiär-unterstützenden bzw. -prosozialen Lernsituationen, die Grafik um die Information zu erweitern, welcher Lernende die Rolle des Helfenden einnimmt sowie, wer in subsidiär-imitierenden Lernsituationen einen Inhalt imitiert. In der folgenden Darstellung wird eine koexistente Lernsituation veranschaulicht, mit einer parallel dazu verlaufenden imitierenden Phase des lernbeeinträchtigten Schülers (hellgrau) und kurzen subsidiär-unterstützenden Phasen durch dessen Lernpartner (dunkelgrau; vgl. Abb. 6.27):

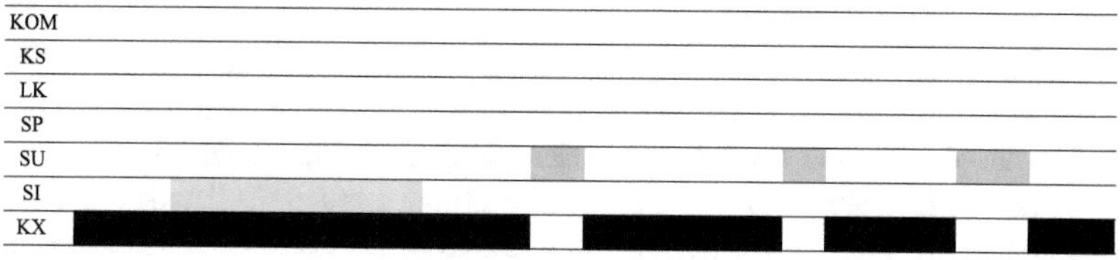

Abbildung 6.27 Grafische Darstellung einer koexistenten Lernsituation mit subsidiär-imitierenden und -unterstützenden Phasen

Bei der bereits beschriebenen Kodierung am Video (vgl. Abschn. 5.5.2) handelt es sich um Codes, die für mindestens zwei Sekunden vergeben werden. Mehrere Kodierungsdurchgänge mit unterschiedlichen Zeitintervallen der Einzelkodierungen führten zu dem Schluss, dass auch kurzzeitig auftretende Aktivitäten in ihrer Aufeinanderfolge durch Zwei-Sekunden-Einheiten darstellbar sind. Länger andauernde Phasen führen zu einer entsprechend additiv erzeugten Streifenlänge. Der Verlauf der Lernsituation ist somit von links nach rechts ablesbar. Mit Hilfe einer Zeitleiste ist es zudem möglich, für Mikroanalysen die entsprechende Stelle des Videomaterials zu sichten, was im Format der vorliegenden Arbeit nicht mehr abbildbar ist. Im Gegensatz zur theoretischen Betrachtung idealtypischer gemeinsamer Lernsituationen können nun mit Hilfe dieser Verlaufsdarstellungen Dynamiken oder Charakteristika empirisch erhobener gemeinsamer Lernsituationen abgebildet werden, wie hier am Beispiel der gemeinsamen Lernsituation von Hira und Nora (vgl. Abb. 6.28):

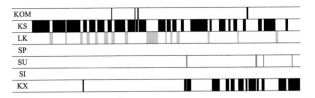

Abbildung 6.28 Grafische Darstellung der gemeinsamen Lernsituation von Hira und Nora (LU2). In der Darstellung der Lernsituationsverläufe entstehen möglicherweise Lücken, die bspw. durch organisatorische Aktivitäten beider Lernender eines Tandems oder durch deren Beobachtung der Aktivitäten anderer Lerntandems zustande kommen. Per Definition sind diese nicht als gemeinsame Lernsituation des Lerntandems kodierbar

Das Beispiel veranschaulicht auf grafische Weise die gemeinsame Lernsituation von Hira und Nora in LU2 (vgl. dazu auch Darstellungen der Lernsituation in Abschn. 6.1.1.2 und 6.1.3.5). Ohne das Video zu sichten, kann die Charakteristik der Lernsituation auf der Makroebene erfasst werden: Es handelt sich um eine kooperativ-solidarische Lernsituation, die in einzelnen Kodiereinheiten auch latent-kooperative Phasen mit der lernbeeinträchtigten Schülerin als Zuschauende aufweist. Nach mehr als der Hälfte der Zeit nehmen die Phasen einer latent-kooperativen Lernsituation ab, und es treten vermehrt Koexistenzen auf, in denen Nora in vier kurzen Phasen subsidiär-unterstützend Hilfe leistet. Obwohl alle empirisch erhobenen Lernsituationen individuell sind und nur schwer vergleichbar, zeigte sich gerade in LU2 häufiger dieses Muster, in dem eine koexistente

Arbeitsphase der Lernenden gegen Ende beobachtbar ist (zu diesbezüglichen Hypothesen vgl. Abschn. 6.2.3). Hier könnten besonders dem Umbruch vorausgehende Phasen eingehend mikroanalytisch betrachtet werden, um zu erheben, aus welchen Gründen derartige Wechsel in Verläufen gemeinsamer Lernsituationen stattfinden und inwiefern dies von bestimmten Parametern abhängig ist. Im Rahmen der vorliegenden explorativen Forschungsarbeit werden diese Gründe nicht fokussiert. Vielmehr wird die Partizipation lernbeeinträchtigter Schülerinnen und Schüler im Kontext gemeinsamer Lernsituationen betrachtet, auch im Rahmen solcher Umbrüche von Lernsituationen.

6.2.2.2 Partizipationsspektrum im Kontext von Lernsituationsverläufen

Die Kodierungen der Partizipation eines Lernenden wird parallel zum Verlauf der gemeinsamen Lernsituation in den grafischen Verlauf eingepflegt (vgl. dazu bspw. Abb. 6.29):

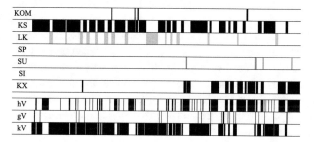

Abbildung 6.29 Grafische Darstellung von Hiras Partizipation während der gemeinsamen Lernsituation mit Nora (LU2)

Parallel zum Verlauf der Lernsituation wird Hiras Partizipationsprozess dargestellt, der bezüglich der Höhe ihrer inhaltlichen Verantwortlichkeit für die mathematische Themenentwicklung abgebildet wird: Von keiner Verantwortlichkeit (kV) über eine geringere Verantwortlichkeit (gV) bis hin zu einer höheren Verantwortlichkeit (hV; vgl. auch Abschn. 6.1.3). Auf diese Weise kann erfasst werden, in welchen Phasen bei LU2 welcher Lernsituationstyp vorherrscht und in welcher Weise Hira zu diesem Zeitpunkt an der gemeinsamen mathematischen Themenentwicklung partizipiert. Interessant ist hierbei, dass zunächst vermutet werden könnte, dass während einer kooperativ-solidarischen Lernsituation alle Beteiligten in einem hohen Maße sozial-interaktiv an der mathematischen

Themenentwicklung beteiligt sind und somit aktiv-entdeckende Prozesse auf den fachlichen Lerngegenstand bezogen durch jeden Lernenden stattfinden. Die Betrachtung von Hiras Partizipationsprozess zeigt ein anderes Bild: Die grafische Darstellung in Abb. 6.29 veranschaulicht, dass die beiden Lernenden eine längere Zeit kooperativ-solidarisch zusammenarbeiten, phasenweise in latent-kooperativer Weise. Hira partizipiert sowohl rezeptiv als auch produktiv: Sie ist einerseits Zuschauende ohne inhaltliche Verantwortlichkeit, andererseits Kreatorin, die den Auftakt zu neuen Ideen gibt, oder Weiterentwicklerin, die mit kurzen, meist nonverbalen Vorschlägen das mathematische Thema mitentwickelt (vgl. dazu auch Abschn. 6.1.3.5). Ebenso zeigen sich wenige kommunikative Phasen in der Lernsituation. Die Lernenden sind somit stark auf den mathematischen Inhalt fokussiert. Erst nach mehr als der Hälfte der Bearbeitungszeit wird die gemeinsame kooperativ-solidarische Lernsituation durch koexistente Phasen unterbrochen. Diese Phasen werden von Hira durch produktive Aktivitäten ausgefüllt. Sie zeigt eine höhere inhaltliche Verantwortlichkeit (vgl. Abschn. 6.1.3.1) im Sinne der zentralen Aufgabenstellung (vgl. Abschn. 5.3.3). Nora hilft Hira in kurzen Phasen subsidiär-unterstützend bei der Ideenentwicklung. Das Einzelfallbeispiel zeigt, dass ein Wechsel zwischen kooperativ-solidarischen und koexistenten Phasen stattfinden kann, insbesondere, dass Lernende ohne Hilfe von außen in der Lage sind, eine Koexistenz aufzuheben und wieder kooperativ weiterzuarbeiten. Solche Wechsel, durch die ein gemeinsames mathematisches Thema wieder aufgegriffen wird, konnten auch in anderen Studien identifiziert werden (vgl. Abschn. 4.1.2; Höck 2015). Darüber hinaus lässt das Beispiel den Schluss zu, dass sowohl kooperativ-solidarische als auch koexistente Phasen in einer gemeinsamen Lernsituation eine aktive Auseinandersetzung mit dem mathematischen Inhalt in Form einer produktiven Partizipation herausfordern können. Beide dieser Lernsituationstypen können somit für Lernprozesse wertvoll sein. Ein bewusstes Verhindern eines bestimmten Lernsituationstyps könnte möglicherweise für einige Lernende zu Partizipationsbarrieren führen (vgl. Abschn. 6.2.3).

Prinzipiell können in die grafische Darstellung weitere Zeilen eingefügt werden, die auch andere Kodierungen im Rahmen einer Videoinhaltsanalyse abbilden, wie bspw. Lehrerinterventionen, verbale oder nonverbale mathematische Aktivitäten, der Partizipationsstatus des Lernpartners usw. Zur Fokussierung auf die Forschungsfragen erfolgt an dieser Stelle die Konzentration auf die Verläufe von Lernsituationen und die damit in Zusammenhang stehende Partizipation lernbeeinträchtigter Schülerinnen und Schüler. Lediglich in Einzelfällen werden erweiterte Perspektiven dargestellt.

Um das Spektrum der Partizipation an bestimmten Lernsituationstypen vollständig aufzuspannen, werden später koexistente Phasen von Lernsituationen
fokussiert, denn während dieser Phasen ist davon auszugehen, dass sozial-
interaktives Lernen am wenigsten realisiert wird. Auf der anderen Seite werden
kooperativ-solidarische Phasen gemeinsamer Lernsituationen betrachtet, die in der
Theorie das größte Potential für sozial-interaktives Mathematiklernen aufweisen
(vgl. Abschn. 6.2.2.3).

Die oben ausführlich dargestellte Lernsituation von Hira und Nora (vgl. Abb.
6.29) ist ein Beispiel dafür, dass koexistente Lernsituationen lernbeeinträchtigten Lernenden Optionen für eine produktive Partizipation mit einer höheren
inhaltlichen Verantwortlichkeit bieten können. Anders ist es bei Carolin in LU1
(vgl. dazu auch ausführlich Abschn. 6.1.3.3). Die gemeinsame Lernsituation mit
Johanna lässt sich als eine kooperativ-solidarische Lernsituation charakterisieren, die durchgängig auch latent-kooperative Phasen aufweist, in der Carolin ihre
Lernpartnerin beobachtet, sowie koexistente Phasen, in denen Carolin anderen
Lerntandems zuschaut. Carolin partizipiert, anders als Hira, auch in koexistenten Phasen, hauptsächlich rezeptiv. Eher selten zeigt sie eine höhere inhaltliche Verantwortlichkeit. Produktiv partizipiert Carolin hauptsächlich während
kooperativ-solidarischer Phasen (vgl. Abb. 6.30):

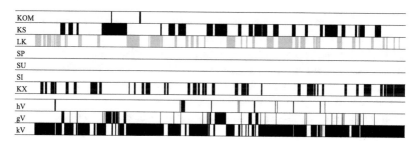

Abbildung 6.30 Grafische Darstellung von Carolins Partizipation während der gemeinsamen Lernsituation mit Johanna (LU1) (Die Darstellbarkeit der Verläufe ist an dieser Stelle
begrenzt. Durch die Komprimierung sind Einzelkodierungen z. T. nicht mehr auszumachen,
bspw. im Fall kürzester Wechsel zwischen verschiedenen partizipativen Verantwortlichkeiten. Der Auswertung lagen flexibel veränderbare Darstellungsgrößen zu Grunde, die
zuließen, jeden Verlauf differenziert wahrzunehmen)

Koexistente Phasen bieten somit nicht allen Lernenden per se eine Option für eine produktive Partizipation an einer substanziellen Lernumgebung. Zwei weitere Beispiele veranschaulichen zudem die unterschiedliche Qualität der fachlichen Partizipation an kooperativ-solidarischen Lernsituationen (vgl. Abb. 6.31 und 6.32). Julian erreicht in kooperativ-solidarischen Lernsituationen lediglich eine Partizipation mit geringerer oder keiner produktiven Verantwortlichkeit für den mathematischen Inhalt. In koexistenten Lernsituationen dagegen kann er gegen Ende der Bearbeitung der zentralen Aufgabenstellung der Lernumgebung mit einer hohen inhaltlichen Verantwortlichkeit partizipieren (vgl. Abb. 6.31).

Abbildung 6.31 Grafische Darstellung von Julians Partizipation während der gemeinsamen Lernsituation mit Eva (LU1)

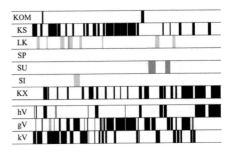

Anders ist es in der gemeinsamen Lernsituation zwischen Dogan und seinem Lernpartner Hannes (vgl. Abb. 6.32 sowie Abschn. 6.1.3.1). Auch hier lässt sich die Lernsituation als kooperativ-solidarisch charakterisieren. Dogan partizipiert an ihr rezeptiv sowie mit einer hohen produktiven fachlichen Verantwortlichkeit. Die Lernsituation weist zudem eine kurze Phase der kommunikativen Lernsituation auf sowie einige kurze latent-kooperative und koexistente Phasen. In den wenigen koexistenten Phasen erprobt Dogan eigene Ideen, oder er schaut anderen Lerntandems zu und kommuniziert mit diesen u. a. auch ohne fachliche Orientierung.

Die Beispiele zeigen, dass sowohl koexistente als auch kooperativ-solidarische Phasen gemeinsamer Lernsituationen verschiedene Partizipationsmöglichkeiten bieten und durch Lernende unterschiedlich, d. h. rezeptiv oder produktiv genutzt werden können. Insgesamt machen die Beispiele deutlich, dass durch die Betrachtung der gemeinsamen Lernsituationen zusätzlich erfasst werden kann, in welcher Phase Lernende produktiv bzw. mit einer höheren inhaltlichen Verantwortlichkeit an der Lernumgebung partizipieren. Aus diesem Grund sollen im Folgenden die produktive Partizipation lernbeeinträchtigter Schülerinnen und Schüler in kooperativ-solidarischen, in koexistenten sowie in subsidiären Phasen von

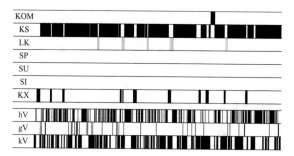

Abbildung 6.32 Grafische Darstellung von Dogans Partizipation während der gemeinsamen Lernsituation mit Hannes (LU2)

Lernsituationen betrachtet werden. Kommunikative Lernsituationen bleiben unberücksichtigt, da sie per Definition bereits keine fachlich produktive Partizipation beinhalten.

6.2.2.3 Produktive Partizipation in kooperativen und koexistenten Lernsituationen

Im Folgenden soll exploriert werden, in welchen Phasen es zu einer aktiven Auseinandersetzung mit dem Lerngegenstand, d. h. zu einer produktiven Partizipation kommt. Dazu werden sowohl koexistente als auch kooperativ-solidarische Phasen isoliert betrachtet, um die jeweilige inhaltliche Verantwortlichkeit herauszuarbeiten, mit der die lernbeeinträchtigten Schülerinnen und Schüler an der mathematischen Themenentwicklung partizipieren. Da sich koexistente Phasen teilweise auch dadurch ergeben, dass sich Lernende mit außermathematischen Aktivitäten beschäftigen (vgl. dazu Abschn. 6.2.1.1), wird die Kategorie ‚Sonstiges', die Kodierungen der Themenentwicklung der Interaktion ohne mathematischen Schwerpunkt (TI, vgl. Abschn. 6.1.1.1) umfasst, in der zusammenfassenden Darstellung mitberücksichtigt (vgl. dazu auch Abschn. 6.1.2.1). Die einzelnen Partizipationsstatus der Lernenden werden nun hinsichtlich der Rezeptivität (vgl. Abschn. 6.1.3.3) bzw. Produktivität (vgl. Abschn. 6.1.3.1 und 6.1.3.2) und diesbezüglich hinsichtlich ihrer Höhe der inhaltlichen Verantwortlichkeit (vgl. ebd.) für kooperativ-solidarische Phasen sowie koexistente Phasen der gemeinsamen Lernsituationen in ihren Anteilen zusammenfassend dargestellt (vgl. Abb. 6.33 und 6.34)[10]. Dies wird zuerst für LU1, dann für LU2 diskutiert. Zunächst

---

[10]Das komplette Datenmaterial wurde hier ausgewertet, auch wenn die koexistenten Phasen (bei Hira in LU1, Dogan in LU2) bzw. die kooperativ-solidarischen Phasen (bei

werden einerseits kooperativ-solidarische (vgl. Abb. 6.33), andererseits koexistente Phasen (vgl. Abb. 6.34) innerhalb der individuellen Verläufe gemeinsamer Lernsituationen zwischen diesen Lernenden und ihren Lernpartnern betrachtet.

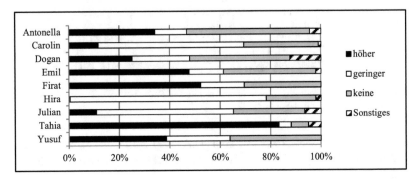

Abbildung 6.33   Höhe der inhaltlichen Verantwortlichkeit der Lernenden während kooperativ-solidarischer Phasen (LU1)

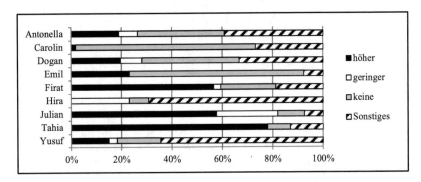

Abbildung 6.34   Höhe der inhaltlichen Verantwortlichkeit der Lernenden während koexistenter Phasen (LU1)

Firat in LU1 und LU2) nur einen geringen Anteil am gesamten Verlauf der Lernsituation ausmachten.

An LU1 nahmen in der Studie neun Schülerinnen und Schüler mit einem sonderpädagogischen Unterstützungsbedarf im Lernen teil. Wird die produktive Partizipation, d. h. die Partizipation mit höherer und geringerer inhaltlicher Verantwortlichkeit, zusammenfassend betrachtet, so partizipiert ein Drittel der Lernenden in über der Hälfte der Zeit, in der die Lernsituation sowohl kooperativ-solidarisch als auch koexistent ist, produktiv an der gemeinsamen Lernsituation. Alle anderen partizipieren mindestens in einem Drittel kooperativ-solidarischer Phasen der gemeinsamen Lernsituation produktiv an der Lernumgebung. Ein Schüler erreicht in koexistenten Phasen einen besonders hohen Anteil der produktiven Partizipation, eine Schülerin zeigt in diesen Phasen dagegen kaum produktive Verantwortlichkeiten für das mathematische Thema. Sie profitiert diesbezüglich deutlicher von kooperativ-solidarischen Phasen. Wird die produktive Partizipation der Lernenden mit einem bestimmten fokussierten Anteil ausgewertet, ergibt sich folgendes Bild (vgl. Tab. 6.8):

Tabelle 6.8 Anzahl der Lernenden (n = 9), die in kooperativ-solidarischen und/oder koexistenten Phasen bei LU1 mit einem bestimmten Mindestanteil produktiv partizipieren

produktive Partizipation	jeweils in KS und KX	nur in KS	nur in KX
≥ 33%	3	6	0
≥ 50%	3	4	0
≥ 67%	1	3	1

Die lernbeeinträchtigten Schülerinnen und Schüler partizipieren in LU1 vor allem in kooperativ-solidarischen Phasen oder sowohl in diesen als auch in koexistenten Phasen gleichermaßen. Werden koexistente Phasen bei LU1 isoliert betrachtet, bieten sie für die meisten dieser Lernenden das geringste Potential für produktive Partizipationsmöglichkeiten. Wird der Anspruch an die produktive Partizipation dieser Lernenden erhöht, indem betrachtet wird, mit welchem Anteil sie mit einer höheren fachlichen Verantwortlichkeit an LU1 arbeiten, lässt sich Folgendes zusammenfassen (vgl. Tab. 6.9):

Tabelle 6.9 Anzahl der Lernenden (n = 9), die in kooperativ-solidarischen und/oder koexistenten Phasen bei LU1 mit einem bestimmten Mindestanteil mit einer höheren inhaltlichen Verantwortlichkeit partizipieren

produktive Partizipation mit höherer inhaltlicher Verantwortlichkeit	jeweils in KS und KX	nur in KS	nur in KX
≥ 33%	2	4	1
≥ 50%	2	0	1
≥ 67%	1	0	0

Die tabellarische Übersicht verdeutlicht, dass zwei Lernende keine höhere fachliche Verantwortlichkeit in koexistenten und/oder kooperativ-solidarischen Phasen bei LU1 in mindestens einem Drittel der Arbeitszeit zeigen. Eine Schülerin partizipiert dagegen sowohl in koexistenten als auch in kooperativ-solidarischen Phasen der gemeinsamen Lernsituation jeweils über zwei Drittel der Arbeitszeit mit einer höheren fachlichen Verantwortlichkeit für die mathematische Themenentwicklung. Hier zeigt sich eine große Spannweite möglicher Partizipationen an einer substanziellen Lernumgebung bei lernbeeinträchtigten Schülerinnen und Schülern. Im Vergleich zu LU1 eröffnet LU2, an der 10 Lernende teilnahmen, mehr Lernenden die Option, sowohl in kooperativ-solidarischen (vgl. Abb. 6.35) als auch in koexistenten Phasen (vgl. Abb. 6.36) produktiv zu partizipieren.

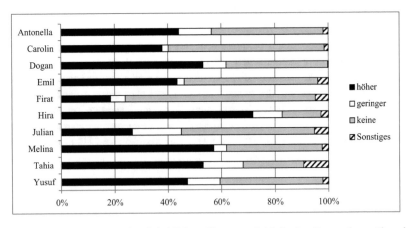

Abbildung 6.35 Höhe der inhaltlichen Verantwortlichkeit der Lernenden während kooperativ-solidarischer Phasen (LU2)

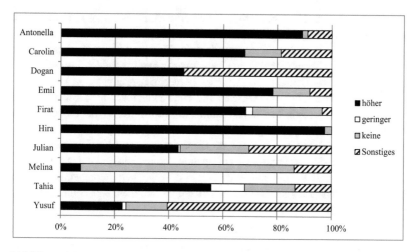

Abbildung 6.36 Höhe der inhaltlichen Verantwortlichkeit der Lernenden während koexistenter Phasen (LU2)

Es zeigen sich vier Lernende, die besonders in koexistenten Phasen in einem hohen Maße an der Lernumgebung produktiv partizipieren. Zwei weitere Lernende können sowohl in koexistenten als auch in kooperativ-solidarischen Phasen in mehr als zwei Dritteln der Zeit produktiv partizipieren. Lediglich ein Lernender (Julian) partizipiert in beiden Lernsituationstypen mehr als die Hälfte der Zeit nicht produktiv. Während in LU1 die Lernenden eher in kooperativ-solidarischen bzw. in beiden Lernsituationstypen produktiv partizipierten, gilt dies in LU2 ab einem bestimmten Anteil eher für koexistente Phasen. Die produktive Partizipation der Lernenden kann in Abhängigkeit von einem bestimmten fokussierten Anteil folgendermaßen dargestellt werden (vgl. Tab. 6.10):

Tabelle 6.10 Anzahl der Lernenden (n = 10), die in kooperativ-solidarischen und/oder koexistenten Phasen bei LU2 mit einem bestimmten Mindestanteil produktiv partizipieren

produktive Partizipation	jeweils in KS und KX	nur in KS	nur in KX
≥ 33%	7	2	1
≥ 50%	3	3	3
≥ 67%	2	0	4

Im Gegensatz zu LU1 partizipieren alle Lernenden mindestens in einem Drittel kooperativ-solidarischer und/oder koexistenter Phasen an der Lernumgebung mit einer höheren inhaltlichen Verantwortlichkeit. Eine Lernende (Hira) partizipiert sogar mit einer höheren inhaltlichen Verantwortlichkeit in beiden Lernsituationstypen in über zwei Dritteln der Zeit. Vier Lernende partizipieren in koexistenten Phasen ebenfalls zeitlich umfangreich mit einer hohen Verantwortlichkeit bezogen auf den mathematischen Inhalt. Die Hälfte der an der Studie teilnehmenden Lernenden mit sonderpädagogischem Unterstützungsbedarf partizipiert allerdings nicht mit einem derart hohen Verantwortlichkeitsanteil an LU2. Die Tabelle fasst die Ergebnisse der produktiven Partizipation lernbeeinträchtigter Schülerinnen und Schüler an LU2, die mit einer höheren fachlichen Verantwortlichkeit in bestimmten Phasen gemeinsamer Lernsituationen arbeiten, wie folgt zusammen (vgl. Tab. 6.11):

Tabelle 6.11 Anzahl der Lernenden (n = 10), die in kooperativ-solidarischen und/oder koexistenten Phasen bei LU2 mit einem bestimmten Mindestanteil mit einer höheren inhaltlichen Verantwortlichkeit partizipieren

produktive Partizipation mit höherer inhaltlicher Verantwortlichkeit	jeweils in KS und KX	nur in KS	nur in KX
$\geq 33\%$	6	2	2
$\geq 50\%$	2	2	4
$\geq 67\%$	1	0	4

Wichtig ist die Feststellung, dass lernbeeinträchtigte Schülerinnen und Schüler in der Lage sein können, an substanziellen Lernumgebungen mit einer höheren inhaltlichen Verantwortlichkeit in bestimmten Phasen gemeinsamer Lernsituationen zu partizipieren. Das aufgezeigte Spektrum der Partizipation ist dennoch groß. Die Ergebnisse zeigen, dass für verschiedene Lernende im Hinblick auf deren produktive Partizipation, die möglicherweise auch mit einer höheren inhaltlichen Verantwortlichkeit einhergeht, von Bedeutung ist, ob die Lernumgebung prinzipiell sowohl für das Auftreten kooperativ-solidarischer als auch koexistenter Phasen offen ist.

6.2.2.4 Produktive Partizipation in subsidiären Lernsituationen

Subsidiäre Lernsituationen (vgl. Abschn. 6.2.1.3) sind in den Verläufen gemeinsamer Lernsituationen der vorliegenden Studie vergleichsweise selten auszumachen. Hier zeigt sich ein möglicher Unterschied zu anderen Settings, in denen Situationen des Helfens häufiger auftreten (vgl. Abschn. 4.1.2; Naujok 2000). In der vorliegenden Studie verlaufen acht der insgesamt 19 gemeinsamen Lernsituationen ohne subsidiäre Phasen (vgl. bspw. Abb. 6.30 und 6.32). In den anderen Fällen handelt es sich oft um kurze subsidiär-unterstützende Maßnahmen eines Lernenden (vgl. bspw. Abb. 6.29). Eine zusammenfassende grafische Darstellung ist daher im Gegensatz zu der Betrachtung koexistenter und kooperativ-solidarischer Lernsituationen (vgl. Abb. 6.33, 6.34, 6.35 und 6.36) wenig bereichernd. Die Ergebnisse werden daher zusammenfassend dargestellt und besondere Ausprägungen auf Einzelfallebene betrachtet.

In den gemeinsamen Lernsituationen im Rahmen von LU1 kann lediglich bei einem Lernenden von neun lernbeeinträchtigten Schülerinnen und Schülern eine subsidiär-imitierende Phase (vgl. Abschn. 6.2.1.3) identifiziert werden, mit der stets eine Partizipation mit einer geringeren inhaltlichen Verantwortlichkeit für den mathematischen Inhalt verbunden ist (vgl. Abschn. 6.1.3.2). Dieser Fall wird später genauer betrachtet (vgl. Abb. 6.38). Allerdings zeigt die Datenauswertung, dass sich ebenso eine solche Phase bei der Lernpartnerin von Tahia (FSP LE) finden lässt. Ein solcher Lernsituationstyp kann somit durch *jeden* Lernenden ausgelöst werden, unabhängig davon, ob dieser einen sonderpädagogischen Unterstützungsbedarf hat.

Insgesamt sind in LU1 zwei von neun Lernpartnern mit einer hohen inhaltlichen Verantwortlichkeit für ein paar Sekunden subsidiär-unterstützend tätig. Lernbeeinträchtigte Schülerinnen oder Schüler treten in solchen Phasen dieser Lernumgebung nicht als Helfende auf. Die Partnerarbeit von Firat und Aylin ist die einzige, in der subsidiär-prosoziale Phasen auszumachen sind. Sowohl der lernbeeinträchtigte Schüler als auch seine Lernpartnerin agieren als Helfende. Dieser Fall wird noch einmal gesondert betrachtet, vor allem auch deshalb, weil die gemeinsame Lernsituation zwischen den Lernenden, mit etwa einem Fünftel der Gesamtzeit, subsidiär verläuft. Erhöht wird dieser Anteil zusätzlich durch subsidiär-unterstützende Maßnahmen der Lehrperson, die sich sowohl auf einen Lernenden als auch auf beide Lernende beziehen.

Im Unterschied zu LU1 sind in LU2 sechs der zehn Lernpartner in geringem zeitlichem Umfang subsidiär-unterstützend aktiv. Sie nehmen dabei teilweise eine höhere, teilweise eine geringere inhaltliche Verantwortlichkeit ein. Dagegen sind keine Lernenden mit sonderpädagogischem Unterstützungsbedarf, weder prosozial noch unterstützend, in der Rolle eines Helfenden identifizierbar, und es lässt sich keine subsidiär-imitierende Lernsituation erkennen. Zwei der zehn Partnerkinder von lernbeeinträchtigten Schülerinnen oder Schülern handeln subsidiärprosozial, in einem Fall mit einer höheren inhaltlichen Verantwortlichkeit, im anderen Fall ist diese Verantwortlichkeit zudem stark gekoppelt an die Rolle des Zuschauenden. Die gemeinsame Lernsituation von Tim und Melina (vgl.

Abb. 6.37) ist das einzige Beispiel, in der diese Phase einen größeren zeitlichen Umfang, von mehr als einem Sechstel der gemeinsamen Arbeitsphase, umfasst. Daher wird dieser Einzelfall im Folgenden ebenfalls genauer betrachtet.

Einzelfallbetrachtungen

In den beiden Fällen mit einem hohen zeitlichen Umfang subsidiärer Phasen der gemeinsamen Lernsituation, die hier im Einzelnen dargestellt werden, sind zusätzlich koexistente, latent-kooperative sowie kooperativ-solidarische Phasen identifizierbar. Letztgenannte treten jedoch in einem geringeren zeitlichen Umfang auf. In der Lernsituation von Melina und Tim kommt es in LU2, meist durch Melina initiiert, auch zu gemeinsamen Lernsituationen mit anderen Tandems (vgl. Abb. 6.37). Diese sind zu Beginn latent-kooperativ, später auch subsidiär-unterstützend. Insgesamt fokussiert sich Melina in der Rolle der Zuschauenden deutlich häufiger auf andere Lerntandems als auf ihren Lernpartner Tim, wodurch zwischen den beiden eine Reihe koexistenter Phasen entstehen. Im Unterschied zu gemeinsamen Lernsituationen anderer Lerntandems kommt es während der gemeinsamen Lernsituation von Melina und Tim, möglicherweise als Reaktion auf eine durch die Lernenden vereinbarte Arbeitsteilung und damit einhergehende Koexistenz, zu einer Lehrerintervention. Durch diese wird Melina deutlich aufgefordert, mit höherer inhaltlicher Verantwortlichkeit zu partizipieren, wodurch gleichzeitig die produktive Partizipation des Lernpartners Tim zugunsten von Melinas Aktivität beendet wird. Er wird durch die Lehrperson in die Rolle des Zuschauenden versetzt, der Melinas Lösungsprozess mit einer unterschiedlichen Höhe der inhaltlichen Verantwortlichkeit unterstützt (vgl. dazu auch Abschn. 6.1.3.3; T24 bis T26 sowie Abschn. 6.2.1.3).

Die Lehrerintervention steuert nicht nur die strukturelle Art, sondern auch die inhaltliche Ausrichtung der Zusammenarbeit des Tandems. Sie löst gleichzeitig die subsidiär-prosoziale Phase der gemeinsamen Lernsituation aus und weist die Rolle des Helfenden einer bestimmten Person zu. Die Intervention zeigt zusätzlich, möglicherweise aufgrund der inhaltlichen Vorgabe, umfassende zeitliche Auswirkungen, die die Zusammenarbeit der Lernenden so lange beeinflusst, bis der inhaltliche Auftrag vollständig bearbeitet ist. Dieser Schluss liegt nahe, da Tim den zwischenzeitlich durch Melina vorgeschlagenen Rollentausch (vgl. Abb. 6.37) explizit abweist mit der Begründung: „Nein, die nächsten sollst du noch machen, die hier [*tippt oben im Arbeitsblatt auf die Abbildungen des Halb-, Viertel- und Fünftelkreises*]". Diese organisatorische Absprache unterbricht die subsidiär-prosoziale Lernsituation kurz, da es sich um keine inhaltliche Fortführung der Lernsituation handelt. Im Anschluss instruiert Tim nächste Schritte, die Melina mit geringerer inhaltlicher Verantwortlichkeit umsetzt. Die gesamte subsidiär-prosoziale Phase zeigt – wie bereits ausführlich in Abschnitt 6.1.3.3 und 6.2.1.3

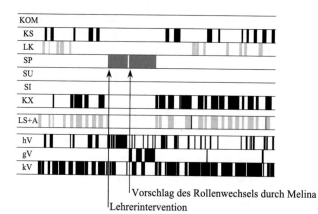

Abbildung 6.37 Grafische Darstellung von Melinas Partizipation während der gemeinsamen Lernsituation mit Tim (LU2). Um den Informationsgehalt der Grafik in diesem Fall
zu erhöhen, wurde auch die Dauer gemeinsamer Lernsituationen dargestellt, die Melina
(hellgrau), Tim (dunkelgrau) oder beide (schwarz) mit anderen Lerntandems (LS + A)
eingehen. Die beiden dunkelgrauen Streifen in der Zeile ‚SP' stellen Tim in der Rolle des
Helfenden in einer subsidiär-prosozialen Lernsituation dar

dargestellt – dass Tim eigene Pläne bzw. Strategien zunächst aufgibt, sich auf
die durch die Lehrperson vorgegebenen Bearbeitungsziele für Melina einlässt, die
er allerdings selbst bereits gedanklich lösen kann. Nach der subsidiär-prosozialen
Phase ändert sich der Charakter von Melinas und Tims gemeinsamer Lernsituation
nicht grundlegend. Allerdings partizipiert Melina nun an Lernsituationen anderer
Tandems zusätzlich produktiv und nicht nur rezeptiv. In der Mikroanalyse zeigt
sich zudem, dass sich Melinas Spektrum mathematischer Aktivitäten erhöht (vgl.
dazu Abschn. 6.1.3.3). Offen bleibt, inwiefern die subsidiär-prosoziale Phase der
Grund dafür ist und ob sich dies auch ohne eine Lehrerintervention ereignet hätte.
Hier bedarf es weiterer Forschungen, die Interventionen und deren Auswirkungen
auf individuelles und gemeinsames Lernen gezielt in den Blick nehmen.

Ein weiteres Beispiel einer gemeinsamen Lernsituation mit einem hohen Anteil
subsidiärer Phasen stellt die Partnerarbeit von Aylin und Firat in LU1 dar. Der
subsidiäre Anteil, an dem der jeweilige Lernpartner teilweise latent-kooperativ
partizipiert, wird zusätzlich dadurch erhöht, dass die Lehrperson gemeinsame,
subsidiär-unterstützende Lernsituationen (vgl. Abb. 6.38: LS + L) mit beiden
Lernenden (schwarz), mit Aylin (dunkelgrau) oder mit Firat (hellgrau) eingeht.

Ebenso richten sich Aktivitäten der beiden Lernenden auch auf die Lernsituationen anderer Tandems (vgl. Abb. 6.38: LS + A), was aber nicht so deutlich wie im zuvor dargestellten Beispiel ins Gewicht fällt.

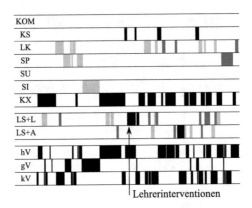

Abbildung 6.38 Grafische Darstellung von Firats Partizipation, während der gemeinsamen Lernsituation mit Aylin (LU1)

Der Einstieg der beiden Lernenden wurde bereits in Abschnitt 6.1.1.1 mikroanalytisch durch das Transkript T1 dargestellt. Die subsidiär-imitierende Lernsituation folgt auf eine koexistente Phase, in der beide Lernende unterschiedliche Ideen zeigen, und eine subsidiär-prosoziale Phase, in der Firat die eigene Idee vernachlässigt, um sich Aylins Idee zunächst mit geringer Verantwortlichkeit als Umsetzender zu widmen (vgl. dazu auch Abschn. 6.1.1.1: T2), ihr darauf folgend mit höherer Verantwortlichkeit Weiterentwicklungsvorschläge unterbreitet, was Aylin ablehnt (vgl. dazu Abschn. 6.1.1.1: T3). Aylin nimmt in der asymmetrischen Partizipation die Rolle einer dominanten Kreatorin ein, die Weiterentwicklungen sowie konkurrierende mathematische Ideen ablehnt (vgl. Abschn. 6.1.4). Die in der subsidiär-imitierenden Lernsituation (vgl. Abschn. 6.2.1.3: T33) imitierte Idee seiner Lernpartnerin nutzt Firat im Folgenden für eigene Weiterentwicklungen in einer koexistenten Phase der Lernsituation.

Auch bei der gemeinsamen Lernsituation von Tahia und Dunja in LU1 zeigt sich ein ähnlicher Charakter einer asymmetrischen Partizipation, in der allerdings diesmal die lernbeeinträchtigte Schülerin die dominante Rolle innehat. Nach einer Weile agiert ihre Lernpartnerin ebenfalls in einer subsidiär-imitierenden Lernsituation (vgl. Abb. 6.11: 3 sowie T21). Grund dafür ist in diesem Fall Tahias Hinwendung zu einer neuen Idee, die mit der Verhinderung der Weiterentwicklung des bisherigen Arbeitsstandes einhergeht, indem das Arbeitsprodukt durch sie zerstört wird. Der Arbeitsstand muss nun durch die Lernpartnerin Dunja zunächst imitierend wiederhergestellt werden, um daran anknüpfen zu können. Auch wenn es sich hier um zwei Einzelfälle handelt, kann das Phänomen festgehalten werden, dass sich subsidiär-imitierende Phasen in gemeinsamen Lernsituationen von asymmetrisch partizipierenden Lernenden (vgl. Abschn. 6.1.4) als Reaktion auf Partizipationsbarrieren oder Exklusionsprozesse ergeben können, in denen der Versuch zum Kooperationsaufbau mehrfach abgewehrt oder die Ideenweiterentwicklung aktiv verhindert wird. Hier wird die Wichtigkeit des Beziehungsaspektes sichtbar (vgl. dazu auch Abschn. 2.1.3; Benkmann 2010, 126 f.), den die vorliegende Studie berücksichtigt. Die Datenanalyse zeigt ebenso, dass im Anschluss an solche Phasen die imitierenden Lernenden mit einer höheren inhaltlichen Verantwortlichkeit an der Bearbeitung des mathematischen Themas partizipieren. Gerade im Hinblick auf barrierefreie Partizipationsprozesse inklusiver Settings könnte eine gezielte Beforschung derartiger Phasen wichtig sein (vgl. Kap. 7).

Betrachtet man den weiteren Verlauf der gemeinsamen Lernsituation von Aylin und Firat nach der subsidiär-imitierenden Phase, ist dieser durch koexistente Phasen geprägt, die durch gemeinsame Lernsituationen mit der Lehrperson unterbrochen werden. Die Lehrperson unterstützt dabei auf unterschiedliche Weise. Häufig liegt die Interpretation nahe, dass mit dem Ziel interveniert wird, die

Zusammenarbeit der beiden Lernenden innerhalb der Partnerarbeit zu fördern, ohne jedoch, wie im zuvor dargestellten Beispiel von Melina und Tim, eine Struktur vorzugeben. Die Unterstützung der Lernendeninteraktion durch die Lehrperson wird in einer Szene besonders deutlich (vgl. Abb. 6.38: Markierung der Lehrerinterventionen): Aylin (Ay) und ihr Lernpartner Firat (F, FSP LE und SQ) verfolgen in LU1 unterschiedliche Ideen. Folgende invasive Intervention des Lehrers (L) löst eine Irritation bei Aylin und den Impuls bei Firat aus, zu seiner Ursprungsidee zurückzukehren: „Ich glaube, ihr habt alle ein bisschen den Forscherauftrag aus den Augen verloren [*nimmt einen Bleistift in die Hand*]. Ihr sollt nämlich den Stift mit einem Material so verbinden, dass ihr einen Kreis machen könnt." An dieser Stelle setzt der Transkriptausschnitt (vgl. T35) ein.

1	L	Es könnte auch sein, # dass ihr den Kreis zeichnen sollt.
2	Ay	# Malen oder was?
3	F	## Ja, ja, dann gib [*nimmt dem Lehrer den Bleistift aus der Hand*].
4	Ay	## Ja.
5	F	Ich, dann ### weiß ich ein Idee, genau [*hält den Bleistift und einen Holzspieß wie zwei Zirkelschenkel*].
6	Ay	### Nein, gib mal.
7	F	Jetzt, jetzt Band [*zeigt auf eine Kordel, macht eine kreisende Bewegung über den beiden zusammengehaltenen Materialien*].
8	Ay	[*zum Lehrer:*] Was macht der?
9	L	[*zu Aylin:*] Der, ähm, frag ihn doch mal. # (unverständlich)
10	Ay	# [*zu Firat:*] Was machst du?
11	F	Ja, hier,
12	Ay	Nicht das so. Wir müssen zeichnen [*nimmt Firat den Bleistift aus der Hand*].
13		[*die Mitschülerinnen und Mitschüler in der Kleingruppe lachen*]
14	L	Nenenenenee!
15	F	Eine Maschine.
16	L	Aylin! # Aylin!
17	Ay	# [*gibt F den Bleistift zurück, zu Firat:*] Was willst du damit machen?
18	L	[*zu Aylin:*] Aylin, ihr seid ein Team, dann frag ihn doch bitte mal, ob er dir das mal erklären kann, was er macht.
19	Ay	[*zu Firat:*] Erklär doch!
20	F	Äh, das [*hält Bleistift und Holzspieß oben wie zwei Zirkelschenkel zusammen*]
21	Ay	Mach [doch] damit [*nimmt einen Holzspieß in die Hand*].
22	F	Ähm, so, dann könn wir das so [*macht mit den Materialien in seiner rechten Hand eine viertel Drehbewegung wie bei der Nutzung eines Zirkels*], dann drehen, dann is das ein Kreis [*macht mit der linken Hand eine kreisförmige Bewegung auf dem Tisch*].
23	L	Aha. Ja, dann überlegt mal, wie ihr das machen könnt. Wie ihr das dann verbinden könnt.
24	Ay	[*zum Lehrer:*] [Wir müssen doch einen Kreis machen.]
25	F	Warte [*legt Bleistift und Spieß nebeneinander auf den Tisch*].
26	L	[*zu Aylin:*] Dann frag ihn doch mal. Er soll dir mal einen Kreis zeichnen!
27	Ay	[*zu Firat:*] Mach doch, kannst du mal Kreis zeichnen? Guckst du, wenn [ma] meine Idee is gut oder deine.
28	F	Okay.

Transkript T35, KG2LU2, 13:31–14:26, Aylin, Firat und Lehrer

Aylin, die Firats Plan nicht zu verstehen scheint, wendet sich an ihren Lehrer mit der Nachfrage „Was macht der?" (T35/Z8). Dieser fordert sie auf „frag ihn doch mal" (T35/Z9), worauf sie Firat fragt: „Was machst du?" (T35/Z10). Die

Intervention führt zu einem Adressatenwechsel, denn Aylin adressiert ihren Lernpartner nun direkt. Dieser versucht ihr zu antworten (T35/Z11), wird aber von Aylin nicht nur verbal, sondern auch durch das Wegnehmen von Material unterbrochen (T35/Z12), was insgesamt zur Belustigung der gesamten Kleingruppe beiträgt (T35/Z13). Dies unterbindet der Lehrer als unangemessene Verhaltensweise (T35/Z14). Firat antwortet noch auf Aylins Frage (T35/Z15), worauf diese aber nicht reagiert, sondern erneut nachfragt „Was willst du damit machen?" (T35/Z17). Möglicherweise besinnt sie sich erneut auf den Lehrerimpuls (T35/Z9) und präzisiert ihre Frage durch den Bezug auf das verwendete Material, den Bleistift. Der Lehrer weist im Folgenden durch „ihr seid ein Team" (T35/Z18) explizit auf die Zusammenarbeit hin und unterstützt noch einmal die Lernendeninteraktion durch den Impuls, eine Erklärung vom Lernpartner einzuholen (T35/Z18). Den Begriff ‚erklären' greift Aylin in einem kurzen Appell an ihren Mitschüler direkt auf: „Erklär doch!" (T35/Z19). Dieser erklärt handlungs- und gestikgestützt sein Vorhaben (T35/Z20, 22), wird dabei kurz von Aylin unterbrochen (T35/Z21), und der Lehrer signalisiert durch „Aha" seine Zur-Kenntnisnahme, an die er einen allgemein-strategischen Hinweis sowie eine inhaltsorientiert-strategische Hilfe (vgl. Zech 2002, 315 ff.) anschließt (T35/Z23). Aylin adressiert allerdings erneut den Lehrer: „Wir müssen doch einen Kreis machen" (T35/Z24). Neben der erneuten Adressierung unterstützt vor allem die Einschränkung „doch" die Interpretation, dass sie Firats Plan noch nicht verstanden hat. Der Lehrer fordert sie daraufhin wieder auf, Firat direkt zu adressieren („Dann frag ihn doch mal", T35/Z26) und ergänzt eine mögliche Aufforderung, die Firat zu einer konkreten explizierenden Handlung bewegen könnte („Er soll dir mal einen Kreis zeichnen!", T35/Z26). Aylin setzt beides sprachlich um: Die Aufforderung zum Tätigwerden durch „mach doch" und die Aufforderung zum Kreiszeichen durch „kannst du mal Kreis zeichnen" (T35/Z27). Sie reichert dies zusätzlich mit einem Vorschlag zur Zusammenarbeit durch gegenseitige Präsentation der jeweiligen Idee an: „Guckst du, wenn [ma] meine Idee is gut oder deine" (T35/Z27), womit Firat sich einverstanden zeigt (T35/Z28). Diese Interpretation bestätigt sich durch den weiteren Partnerarbeitsverlauf, in dem allerdings erst Aylin eine weitere Idee darstellt, bevor Firat sein zirkelähnliches Werkzeug zusammen mit Aylin baut und Kreise damit zeichnet. Insgesamt zeigt der Transkriptausschnitt interaktionsunterstützende Lehrerimpulse durch Aufforderungen zur direkten Adressierung des Lernpartners („frag ihn"; T35/Z9, Z18, Z26), zur Einforderung einer Erläuterung (T35/Z18) sowie zur Aufforderung zur Veranschaulichung (T35/Z26). Die interaktionsunterstützenden Lehrerimpulse führen zu einer durch die Lernenden eigenständig getroffenen Vereinbarung hinsichtlich ihrer Zusammenarbeit. Sie partizipieren nun nach koexistenten Phasen immer wieder latent-kooperativ an der mathematischen Idee des Lernpartners (vgl. Abb. 6.38). Dies wirkt über einen längeren Zeitraum, bis Aylin, gegen Ende der gemeinsamen Arbeitsphase, Firat beim Bau seines Gelenkzirkels in einer subsidiär-prosozialen Phase assistiert. Insgesamt zeigt die Mikroanalyse über den gesamten Bearbeitungszeitraum eine unterschiedliche Interpretation des Arbeitsauftrags, die über die gesamte Bearbeitungszeit andauert. Die Differenz der Situationsdefinition (vgl. Abschn. 4.1.2; Krummheuer & Fetzer 2010) führt jedoch gleichzeitig dazu, dass ein besonders breites Spektrum, bezogen auf die Kreiseigenschaften und die Kreiskonstruktion, im Bearbeitungsprozess der Lernenden zum Ausdruck kommt (vgl. dazu auch Abschn. 6.1.1.1).

Die Beispiele zeigen, dass subsidiär-prosoziale Lernsituationen nicht per se mit einer bestimmten Höhe inhaltlicher Verantwortlichkeit verbunden sind. Dies gilt sowohl für die Rolle des Helfenden als auch für die Rolle des Hilfeempfängers. Darüber hinaus können sie selbstbestimmt durch die Lernenden selbst, wie im Fall von Aylin und Firat oder fremdbestimmt aufgrund einer Lehrerintervention initiiert werden, wie im Fall von Melina und Tim. Im Rahmen der vorliegenden Arbeit können lediglich Phänomene herausgearbeitet werden, die sich nach Lehrerinterventionen ergeben, die die Art der Zusammenarbeit und damit verbundene Rollen vorgeben oder die die Zusammenarbeit der Lernenden moderierend unterstützen. Wie diese Interventionen hinsichtlich ihrer Auswirkungen auf inklusive Settings zu bewerten sind, muss an anderer Stelle ausführlicher beforscht werden.

6.2.3 Zusammenfassende Diskussion

Die Analyse gemeinsamer Lernsituationen im Rahmen der vorliegenden Arbeit umfasst

- die Operationalisierung gemeinsamer Lernsituationen in inklusiven Settings, um diese als Kategorien für eine inhaltsanalytische Betrachtung empirisch gewonnener Daten zu nutzen und theoretische Überlegungen empirisch zu bestätigen bzw. erweitern zu können (vgl. Abschn. 6.2.1),
- die grafische Darstellung von Verläufen gemeinsamer Lernsituationen in Verbindung mit individuellen Partizipationsprozessen lernbeeinträchtigter Schülerinnen und Schüler zur Darstellung eines Partizipationsspektrums im Kontext von Lernsituationsverläufen (vgl. Abschn. 6.2.2.1 und 6.2.2.2) sowie
- die Fokussierung auf den Anteil und die Höhe der inhaltlichen Verantwortlichkeit der produktiven Partizipation lernbeeinträchtigter Schülerinnen und

Schüler im Rahmen substanzieller Lernumgebungen in Abhängigkeit von
Typen gemeinsamer Lernsituationen (vgl. Abschn. 6.2.2.3 und 6.2.2.4).

Dies wird im Folgenden zusammenfassend dargestellt, um auf dieser Grundlage weitere Leitfragen für die Konzeption substanzieller Lernumgebungen für
inklusive Settings (vgl. Abschn. 6.1.4) zu ergänzen.

Operationalisierung gemeinsamer Lernsituationen und Analyseergebnisse
Die Operationalisierung der von Wocken (1998) klassifizierten, typischen gemein-
samen Lernsituationen inklusiver Settings (vgl. auch Abschn. 2.1.5), wurde im
Rahmen der vorliegenden Arbeit durch eine Verbindung mit Ergebnissen der
Partizipationsanalyse für inklusive Settings (vgl. Abschn. 6.1.1.2) realisiert: Die
verknüpfende Betrachtung der Partizipationsstatus zweier Lernender, die die
Inhalts- und Beziehungsaspekte in ko-konstruktiven Prozessen vereint, wurde
zur Definition gemeinsamer Lernsituationen genutzt. In einer inhaltsanalytischen
Datenauswertung (vgl. Abschn. 5.5.2) wurden Typen gemeinsamer Lernsituationen schließlich ausdifferenziert (vgl. Abschn. 6.2.1). Auf diese Weise konnten
einerseits theoretische Überlegungen empirisch bestätigt werden, andererseits
zeigte sich die Notwendigkeit der Erweiterung der Theorie Wockens (1998), um
dem mit ihr verbundenen Anspruch gerecht zu werden, typische Situationen oder
relevante Muster im Kontext gemeinsamer Lernsituationen inklusiver Settings zu
erfassen. Im Einzelnen bedeutet dies, dass die Typen koexistenter, kommunikativer, subsidiär-unterstützender, subsidiär-prosozialer und kooperativ-solidarischer
Lernsituationen in der Analyse empirischer Daten bestätigt werden konnten[11].
Das Analyseverfahren der vorliegenden Studie zeigte zusätzlich unterschiedliche Ausprägungen und Spektren der jeweiligen Lernsituationstypen auf, in denen
Lernende mit einer unterschiedlich hohen inhaltlichen Verantwortlichkeit an substanziellen Lernumgebungen partizipierten (vgl. Abschn. 6.2.1 und 6.2.2). Die
vorliegende Studie bestätigte darüber hinaus für substanzielle Lernumgebungen
ein Phänomen, das auch Naujok (2000) für die Wochenplanarbeit im jahrgangsgemischten Setting aufzeigt (vgl. Abschn. 4.1.2): Koexistenzen können in einem
Setting entstehen, in dem Lernende dieselbe Aufgabenstellung bearbeiten.
    Die Datenanalyse führte zu einer notwendigen Erweiterung der Theorie
Wockens um die Typen subsidiär-imitierender (vgl. Abschn. 6.2.1.3) und latent-
kooperativer Lernsituationen (vgl. Abschn. 6.2.1.4). Nur mit dieser Erweiterung

---

[11]Der Typ ‚kooperativ-komplementäre Lernsituation' ist an dieser Stelle aufgrund der
Konzeption der untersuchten Lernumgebungen ausgeklammert (vgl. dazu auch Abschn.
6.2.1.4).

waren gemeinsame Lernsituationen inklusiver Settings vollständig erfassbar, die sich in den Bearbeitungsprozessen der Lernenden an den untersuchten substanziellen Lernumgebungen (vgl. Abschn. 5.3) ergaben. Latent-kooperative Lernsituationen erfassten den Charakter der Zusammenarbeit eines Lerntandems, wenn Lernende in der Rolle der Zuschauenden partizipierten, was gerade bei den lernbeeinträchtigten Schülerinnen und Schülern der Studie häufig wahrgenommen werden konnte (vgl. Abschn. 6.1.2 und 6.1.3.3). Die Auswertung der retrospektiven Einzelinterviews ließ den Schluss zu, dass es sich in solchen Fällen dennoch um aktive Partizipationsprozesse innerhalb der Beobachtungssituationen handelte, wenn ‚Aktivität' als eine über eine beobachtbare äußere Handlung hinausgehende, geistige Tätigkeit verstanden wird. Die gemeinsame Lernsituation kann somit als latent-kooperativ bezeichnet werden: Die Gemeinsamkeit der Lernenden besteht auf der Beziehungs- *und* Inhaltsebene, tritt aber in latent-kooperativen Phasen gemeinsamer Lernsituationen (noch) nicht beobachtbar in Erscheinung. Gerade weil dieser Typ in jeder der untersuchten gemeinsamen Lernsituationen identifizierbar war, muss Wockens Theorie (vgl. Wocken 1998) diesbezüglich erweitert werden. Subsidiär-imitierende Lernsituationen zeigten sich innerhalb der untersuchten Lernumgebungen zwar selten, aber vor allem dann, wenn Partizipationsbarrieren auf der Beziehungsebene vorlagen, bspw. wenn in der Partnerarbeit von asymmetrisch partizipierenden Lernenden (vgl. Abschn. 6.1.4) der Kooperationsaufbau mehrfach abgewehrt oder die Ideenweiterentwicklung eines Lernenden aktiv verhindert wurde. In diesen Situationen imitierten Lernende die Idee eines Lernpartners, unabhängig davon, ob bei ihnen ein sonderpädagogischer Unterstützungsbedarf vorlag oder nicht, was eine Gemeinsamkeit auf der Inhaltsebene aufrecht hielt. Im Anschluss daran waren eigene produktive Partizipationen am gemeinsamen mathematischen Thema möglich. Gerade im Kontext der Betrachtung von Inklusions- und Exklusionsprozessen gemeinsamer Lernsituationen inklusiver Settings scheint die Betrachtung solcher Phasen bzw. vorausgehender und nachfolgender Phasen bedeutsam.

Lernsituationsverläufe und deren Darstellung
Die empirisch erhobenen gemeinsamen Lernsituationen sind in der Analyse zusätzlich auf der Makroebene durch grafische Verläufe (vgl. Abschn. 6.2.2.1) darstellbar, sofern sie mittels Videoinhaltsanalyse (vgl. Abschn. 5.5.2) mit einem Zeitindex kodiert werden. Charakteristika oder Besonderheiten individueller Lernsituationsverläufe sind dadurch auf einen Blick erfassbar. Die empirisch erhobenen Lernsituationen zeigen individuelle Dynamiken, die sich aufgrund phasenweiser Wechsel verschiedener Lernsituationstypen ergeben. Dabei ist feststellbar, dass

auf jeden Lernsituationstyp jeder andere Typ folgen kann. Die Phänomendarstellung ko-konstruktiver Prozesse von Höck (2015) scheint mit diesen Ergebnissen vereinbar, denn auch sie identifiziert das Unterbrechen und Wiederaufgreifen von Themen sowie Ko-Konstruktionspausen mit Phasen der intrapersonalen Verarbeitung (vgl. Abschn. 4.1.2). Eingeordnet in Lernsituationsverläufe könnten ihre Ergebnisse einem Wechsel von koexistenten und kooperativ-solidarischen Phasen zugeordnet werden, die sich in den Analyseergebnissen der vorliegenden Studie zeigen. Die Auswertung des empirischen Datenmaterials der vorliegenden Studie stützt zudem theoretische Überlegungen, dass verschiedene Lernsituationen ineinander übergehen und Art und Umfang der Kooperation (vgl. dazu Markowetz 2004) nicht durch Unterrichtsplanung oder die Lehrperson vorprogrammierbar sind (vgl. bspw. Korff 2014), denn die untersuchten Lernumgebungen, die eine kooperativ-solidarische Zusammenarbeit der Lernenden intendieren, weisen Partnerarbeitsprozesse mit individuell verschiedenen Verläufen auf, bestehend aus den unterschiedlichen Lernsituationstypen. Die Verknüpfung individuellen und gemeinsamen Lernens (vgl. dazu auch Scheidt 2017) ist somit beim Einsatz substanzieller Lernumgebungen realisierbar. Durch die vorliegende Studie kann eine aktive Gestaltung des eigenen und gemeinsamen Lernens durch die Lernenden selbst im empirischen Material nachgewiesen werden, was auch Seitz (2006) in ihrem theoretischen Konzept fokussiert, und vor allem auch in Wockens Theorie (vgl. ebd. 1998, 2012) durch das mit-, für- und voneinander Lernen in gemeinsamen Lernsituationen betont wird (vgl. auch Abschn. 2.1.4).

Produktive Partizipation während bestimmter Typen gemeinsamer Lernsituationen
Im Kontext der vorliegenden Arbeit wurde das Partizipationsspektrum von Schülerinnen und Schülern mit sonderpädagogischem Unterstützungsbedarf (vgl. Abschn. 2.2) in Verbindung mit Lernsituationsverläufen aufgespannt. Im Folgenden werden zunächst die Ergebnisse für die beiden Extrema der koexistenten und kooperativ-solidarischen Lernsituationen, später für subsidiäre Lernsituationen diskutiert.

Die Auswertung zeigt, dass das Partizipationsspektrum der Schülerinnen und Schüler mit einem sonderpädagogischen Unterstützungsbedarf im Lernen sowohl in kooperativ-solidarischen als auch in koexistenten Phasen der Lernsituation von einer höheren, über eine geringere, bis hin zur marginalen inhaltlichen Verantwortlichkeit für das mathematische Thema reichen kann (vgl. Abschn. 6.2.2.3). Ebenfalls ist eine Partizipation ohne inhaltliche Verantwortlichkeit denkbar, wenn Lernende als Zuschauende an latent-kooperativen Lernsituationen partizipieren sowie in koexistenten Phasen keine mathematischen Aktivitäten zeigen. Damit ist für die untersuchten substanziellen Lernumgebungen kein Lernsituationstyp herausstellbar, der generell günstiger für die produktive Partizipation dieser Lernenden ist. Das Gegenteil ist der Fall, denn es konnten lernbeeinträchtigte Schülerinnen und Schüler identifiziert werden, die *entweder* in koexistenten *oder* in kooperativ-solidarischen Phasen oder solche, die in *beiden* Phasen einer gemeinsamen Lernsituation in einem bestimmten zeitlichen Umfang sogar mit einer hohen inhaltlichen Verantwortlichkeit an einer substanziellen Lernumgebung produktiv partizipieren (vgl. Abschn. 6.2.2.3). In der produktiven Nutzung koexistenter oder kooperativer Phasen gemeinsamer Lernsituationen zeigte sich somit das Spannungsfeld individuellen und gemeinsamen Lernens in einem dialektischen Verhältnis (vgl. auch Abschn. 2.1.3; Scheidt 2017). Dies führt zu dem Schluss, dass Lernumgebungen konzeptionell offen sein sollten, damit unterschiedliche Lernsituationstypen in Erscheinung treten können, um möglichst allen Lernenden Optionen für eine produktive Partizipation zu eröffnen, möglicherweise in Verbindung mit der Übernahme einer höheren inhaltlichen Verantwortlichkeit für das mathematische Thema. Da die Studie von Matter (2017; vgl. Abschn. 4.1.1) verdeutlicht, dass sich soziale Ausgewogenheit bzw. Unausgeglichenheit auf fachliche Prozesse auswirkt, wenn fachliche Fähigkeiten von Lernenden unterschiedlich sind, ist dieses Ergebnis besonders für inklusive Settings beachtenswert, in denen lernbeeinträchtigte Schülerinnen und Schüler zieldifferent gefördert werden. Hier könnte die Berücksichtigung einer konzeptionellen Leitidee ‚Öffnung substanzieller Lernumgebungen für verschiedene Lernsituationstypen' individuelles fachliches Lernen unabhängig von sozialen Aspekten begünstigen, da die Lernenden die gemeinsame Lernsituation individuell ausgestalten können. Dies ist vor allem für den Unterrichtsalltag relevant, in dem es eine Herausforderung darstellt, in manchen Fällen sogar unmöglich erscheinen mag, gesamte Schulklassen in fachliche bzw. sozial ausgewogene Tandems einzuteilen. Die Beachtung der o. g. Leitidee würde auch der Forderung nachkommen, in inklusiven Settings eine methodisch-didaktische Vielfalt bezogen auf Lernvoraussetzungen und -weisen zu berücksichtigen (vgl. Abschn. 2.1.2; Seitz 2004). Das Ziel, eine kooperativ-solidarische Lernsituation innerhalb der Bearbeitung substanzieller Lernumgebungen in Partnerarbeit zu erzwingen, sollte aufgrund der durch die Studie identifizierten Partizipationsbarrieren kritisch diskutiert werden. Somit ist insgesamt der Wert spezieller Lernsituationstypen nicht von vornherein für inklusive Settings bestimm- und verallgemeinerbar (vgl. dazu auch theoretische Überlegungen von Markowetz 2004).

Subsidiäre Lernsituationen wurden in der Auswertung der Analysen – anders als von Grüntgens (2017; vgl. auch Abschn. 2.1.5) dargestellt – nicht zwingend an Lernschwierigkeiten gekoppelt identifiziert. Bestätigt werden konnten vielmehr Ergebnisse von Naujok (2000; Abb. 4.1), dass Hilfe erbeten und dann verweigert bzw. gegeben sowie Hilfe angeboten und dann angenommen bzw. abgelehnt wurde. Meist traten subsidiär-unterstützende Lernsituationen (vgl. Abschn. 6.2.1.3) auf, die koexistente Phasen unterbrachen. Subsidiär-prosoziale Lernsituationen konnten im empirischen Datenmaterial vergleichsweise selten identifiziert werden, möglicherweise durch die fließenden Übergangsmöglichkeiten zu kooperativ-solidarischen Lernsituationen (vgl. ebd.). Hier kann das bereits durch Howe (2009) beobachtete Phänomen bestätigt werden, dass die Idee eines Lernenden durch weitere Lernende aufgegriffen und weiterentwickelt wird (vgl. Abschn. 4.1.1). Im Rahmen des Settings der vorliegenden Studie konnte allerdings nicht beobachtet werden, dass stets die Idee des vermeintlich kompetenteren Lernenden aufgegriffen und weiterentwickelt wurde. Helfende agierten zwar mit einer unterschiedlichen Höhe inhaltlicher Verantwortlichkeit, allerdings unabhängig davon, ob ein sonderpädagogischer Unterstützungsbedarf vorlag oder nicht. In den untersuchten Lernumgebungen nahmen die Lernpartner der lernbeeinträchtigten Schülerinnen und Schüler aber deutlich häufiger die Helferrolle ein. In zwei der 19 empirisch erhobenen Fälle war zudem identifizierbar, dass subsidiäre Phasen einen zeitlichen Umfang von mehr als einem Sechstel der Partnerarbeitsphase ausmachten. In diesen Fällen wurden subsidiär-prosoziale Phasen durch die Lernenden selbst initiiert oder aufgrund von Lehrerinterventionen ausgelöst. Lehrpersonen griffen dabei auf verschiedene Weise in den Partnerarbeitsprozess ein: moderierend, die Lernendeninteraktion unterstützend oder invasiv, die Struktur der Zusammenarbeit und diesbezügliche Rollen vorgebend. In Zusammenhang mit der Erforschung inklusiver Settings könnten an dieser Stelle Lehrerinterventionen und deren Auswirkungen auf gemeinsame Lernsituationen genauer in den Blick genommen werden. Dies wäre bspw. möglich, indem sie ebenfalls im Rahmen der Videoinhaltsanalyse kodiert und in die grafische Verlaufsdarstellung von Lernsituationen aufgenommen würden.

Zur Konzeption substanzieller Lernumgebungen für inklusive Settings
Die verknüpfende Betrachtung der Analyseergebnisse gemeinsamer Lernsituationen mit Partizipationsprozessen von Lernenden (vgl. Abschn. 6.2.2.1 und 6.2.2.2) spiegelte auf rekonstruktiver Ebene die Komplexität und Dynamik des sozial-interaktiven Lernens (vgl. Abschn. 4.1) an einem gemeinsamen Gegenstand (vgl. Abschn. 2.1.4) wider, der durch eine natürlich differenzierende, substanzielle Lernumgebung bereits auf der konzeptionellen Ebene grundgelegt wurde (vgl. Abschn. 3.2.3 und 3.3). Dabei ist aufgrund fachdidaktischer Überlegungen der Lernwirksamkeit eines aktiv-entdeckenden (vgl. Abschn. 3.2.2) und sozial-interaktiven Lernens (vgl. Abschn. 4.1) sicherlich die Erhöhung des Anteils der

produktiven Partizipation (vgl. Abschn. 6.1.2.1 und 6.1.2.2) von lernbeeinträchtigten Schülerinnen und Schülern in kooperativ-solidarischen Lernsituationen (vgl. Abschn. 6.2.1.4) erstrebenswert. Im Sinne der natürlichen Differenzierung (vgl. Abschn. 3.2.3) sollte dabei aber ebenso eine Partizipation in koexistenten Phasen (vgl. Abschn. 6.2.1.1), genauso wie eine Partizipation mit einer geringeren inhaltlichen Verantwortlichkeit (vgl. Abschn. 6.1.3.2) Beachtung finden und als bedeutsam für Lernprozesse eingestuft werden. Fraglich ist, ob alle Lernenden überhaupt in der Lage sind, mit einer höheren inhaltlichen Verantwortlichkeit an substanziellen Lernumgebungen zu partizipieren und inwiefern dies Ziel sein sollte. Sicherlich lohnenswert sind weitere empirische Erforschungen, bspw. durch Studien im Bereich des Educational Design Research (vgl. bspw. Gravemeijer & Cobb 2006; Rösken-Winter & Nührenbörger 2016), die das Potential haben, die Konzeption von Lernumgebungen hinsichtlich der produktiven Partizipation für lernbeeinträchtigte Schülerinnen und Schüler im Forschungsprozess zu optimieren. Dazu könnte das entwickelte Analyseinstrument der Datenauswertung zur Erfassung der Lernendenpartizipation sowie der Typen gemeinsamer Lernsituationen unterstützend genutzt werden. Es könnten Auswirkungen gezielter Veränderungen bestimmter Designaspekte substanzieller Lernumgebungen auf Partizipationsbarrieren, die zunächst identifiziert werden müssten (vgl. dazu auch Trescher 2018, 16 ff.), bzw. die Barrierefreiheit im Sinne des UDL (vgl. dazu auch Abschn. 2.1.4) erforscht werden. Dies könnte auch im Hinblick auf die Erhöhung der Verantwortlichkeit geschehen, mit der diese Lernenden die mathematische Themenentwicklung inhaltlich beeinflussen. Die schon zuvor aufgestellten vier Leitfragen (vgl. Abschn. 6.1.4) zur Optimierung der Barrierefreiheit hinsichtlich der Partizipation lernbeeinträchtigter Schülerinnen und Schüler an einer substanziellen Lernumgebung werden nun um eine fünfte bis neunte Leitfrage, mit dem Fokus auf gemeinsame Lernsituationen, ergänzt:

5) Bietet die Lernumgebung Möglichkeiten für Lernende, sowohl in koexistenten als auch in kooperativ-solidarischen Phasen der gemeinsamen Lernsituation das mathematische Thema aktiv zu entdecken, und sind prinzipiell jederzeit Wechsel zwischen diesen Typen im Verlauf der gemeinsamen Lernsituation möglich? Diese Frage ist besonders in einem konstruktivistischen Verständnis von Lernen bedeutsam sowie für selbstgesteuerte Lernprozesse, in denen Lernende entscheiden können, zu welchem Zeitpunkt eigene Erkundungen für das eigene Lernen wertvoll sein könnten. Dies kann zu Beginn einer gemeinsamen Arbeitsphase sein, um sich zunächst zu orientieren und eigene Ideen zu entwickeln. Andererseits zeigte sich durch die Datenauswertung, dass sich vor allem nach der Hälfte der gemeinsamen Arbeitszeit koexistente Phasen ergaben, die

einige lernbeeinträchtigte Schülerinnen und Schüler für individuelle Eigenzeiten (vgl. dazu auch Eckermann 2017) nutzten. Ein Grund dafür könnte sein, dass nach einer Phase, in der an der Lösung der gemeinsamen Aufgabenstellung oder am aktiv-entdeckenden Prozess des Partnerkindes (latent-)kooperativ partizipiert wird, nun eine koexistente Phase entsteht, in der u. a.

- der Raum für individuelle mathematische Ideenentwicklungen genutzt wird, um eigene, bisher in der Partnerarbeit (noch) nicht realisierte Ideen bzw. Strategien zum Ausdruck zu bringen,
- eine größere Sicherheit bezogen auf das Aufgabenverständnis oder die Ziele der Lernumgebung existiert, die den Umgang mit der Aufgabenstellung erleichtert und die Eigenaktivität fördert, oder
- bestimmte, beobachtete Vorgehensweisen bzw. Strategien imitiert und/oder weiterentwickelt werden.

6) Schafft die Lernumgebung prinzipiell für jeden Lernenden die Voraussetzung, in subsidiären Phasen, mit einer unterschiedlich hohen inhaltlichen Verantwortlichkeit die Rolle des Helfenden einnehmen zu können? Die Eröffnung eines inhaltsbezogenen Austauschs auch in dieser Form ist lerntheoretisch gut begründbar, da das Darstellen eigener oder Nachvollziehen anderer Lernwege, Diskussionen oder Ideenentwicklungen für alle Lernenden von großem Nutzen sind (vgl. Abschn. 2.1.3; Korff 2014, 56). In den untersuchten Lernumgebungen bestand prinzipiell für alle Lernenden die Möglichkeit, als Helfende aktiv zu werden, da durch niederschwellige Zugangsmöglichkeiten (vgl. dazu Abschn. 3.2.3) und die Orientierung an mathematischen Grundideen (vgl. Abschn. 3.2.1) die Bearbeitung des inhaltlichen Schwerpunkts für alle möglich war, was auch die Einzelinterviews bestätigten. Dennoch bleibt offen, warum die lernbeeinträchtigten Schülerinnen und Schüler diese Rolle im Vergleich zu den Partnerkindern deutlich seltener einnahmen. Möglicherweise liegt dies an außerfachlichen Gründen.

7) Sind für die Lernumgebung die Voraussetzungen für eine subsidiär-imitierende Lernsituation gegeben, in der beobachtete Aktivitäten nachgeahmt werden können und auf diese Weise ein Einstieg auf niederschwelligstem Niveau in die Bearbeitung der Lernumgebung möglich ist? Auch durch Imitationen partizipieren Lernende mit einem geteilten Bewusstsein über den gemeinsamen Gegenstand (vgl. dazu auch Abschn. 2.1.4; Meister & Schnell 2013, 188) an der gemeinsamen Lernsituation. Hier sollte besonders das Materialangebot in den Blick genommen werden, das bei einer Verknappung ein imitierendes Verhalten erschwert oder gar unmöglich macht. In diesem Verständnis bezieht sich die Barrierefreiheit nicht nur auf die Qualität und den Charakter

des Materials (vgl. dazu Scholz et al. 2016), sondern auf sein ausreichendes Vorhandensein. Die Materialverknappung in LU1, die das gemeinsame,
kooperative Arbeiten auslösen sollte, könnte ein Grund sein, dass koexistente
Phasen dieser Lernumgebung den lernbeeinträchtigten Lernenden weniger produktive Partizipationsmöglichkeiten, vor allem auch hinsichtlich der höheren
inhaltlichen Verantwortlichkeit boten. Durch die Materialverknappung spielen
bei unterschiedlichen Ideen möglicherweise soziale Aushandlungsaspekte eine
größere Rolle, die allerdings nicht zwingend zu Ungunsten lernbeeinträchtigter Schülerinnen und Schüler verlaufen müssen (vgl. Abschn. 6.1.2.1). Für
den Einsatz von Lernumgebungen in inklusiven Klassensettings könnte es von
Vorteil sein, in der Konzeption von Lernumgebungen bereits darauf zu achten,
Partizipationsbarrieren abzubauen, die sich im Zuge einer Materialverknappung ergeben können. Dies ist vor allem dann von großer Bedeutung, wenn
neben dem fachlichen Lernen auch sozial-interaktives Lernen stattfinden soll,
bei dem Lernende in der Lage sein sollten, sich auf verschiedene Lernpartner
einstellen zu können, ohne das eigene fachliche Lernen zu vernachlässigen.

Neben Leitfragen, die die Berücksichtigung der Barrierefreiheit hinsichtlich der
Partizipation an einer Lernumgebung *im Vorfeld* konzeptionell anstreben, sind
auch solche relevant, die den Verlauf der gemeinsamen Lernsituation begleiten
und die die Barrierefreiheit *während der Durchführung* der Lernumgebung im
Blick behalten:

8) Wird in subsidiären Phasen der Lernsituation der fachliche Inhalt der Lernumgebung von allen Beteiligten weiterhin ganzheitlich und hinreichend komplex
bearbeitet? Diese Frage ist vor allem für die prozessdiagnostische Beobachtung der Aktivitäten der Lernendentandems durch Lehrpersonen von großer
Bedeutung. Als Konsequenz sind u. U. Lehrerinterventionen erforderlich, die
bspw. isolierten mathematischen Aktivitäten in einer vereinbarten Arbeitsteilung entgegenwirken. Diese Frage ist generell von großer Bedeutung, wenn
konzeptionelle Grundprinzipien substanzieller Lernumgebungen (vgl. Abschn.
3.3 und 5.2.4) durch die Art der Umsetzung als aufgehoben beobachtet
werden.

9) Ist ein Aktivwerden durch die Lehrperson nötig, bspw. in Form der Initiierung
einer subsidiär-prosozialen Lernsituation, damit alle Lernenden einen Zugang
zum fachlichen Inhalt der Lernumgebung finden und Grundlagen für einen
fachlichen Austausch geschaffen werden? Auch hier sollte prozessdiagnostisch
analysiert und abgewogen werden, inwiefern die Konzeption der substanziellen Lernumgebung als natürlich differenzierendes Lernangebot gelungen

ist oder inwiefern Partizipationsbarrieren noch während der Durchführung abgebaut werden müssen.

Insgesamt kann aufgrund der Ergebnisse der vorliegenden Studie empfohlen werden, dass in konzeptionellen Überlegungen zum Design substanzieller Lernumgebungen für inklusive Settings, an denen lernbeeinträchtigte Schülerinnen und Schüler teilnehmen, die Offenheit hinsichtlich unterschiedlicher Partizipationen von Lernenden und der Emergenz verschiedener Lernsituationsverläufe berücksichtigt werden sollte. Zum Abbau von Partizipationsbarrieren bzw. zur Erhöhung der diesbezüglichen Barrierefreiheit ist zudem weitere Forschung mit verschiedenen Schwerpunkten nötig (vgl. Kap. 7).

Zusammenfassung und Ausblick

7

Die vorliegende Arbeit fokussiert einerseits die Beschreibung emergierender gemeinsamer Lernsituationen inklusiver Settings während der Bearbeitung substanzieller geometrischer Lernumgebungen in Partnerarbeit, andererseits damit verbundene Partizipationsprozesse von Schülerinnen und Schülern mit dem sonderpädagogischen Unterstützungsbedarf im Lernen. Zentrale theoretische, konstruktive, methodische und rekonstruktive Erkenntnisse sollen im Folgenden zusammengefasst und verbunden mit Perspektiven für die weitere Forschung diskutiert werden.

Theoretische Überlegungen und konstruktives Forschungsinteresse
Das Lernen und Arbeiten an einem gemeinsamen Gegenstand kann für den inklusiven Unterricht als besonders bedeutsam, gleichzeitig als Forschungsdesiderat herausgestellt werden (vgl. bspw. Häsel-Weide 2017b; Scherer 2018 sowie Abschn. 3.1). Für den inklusiven Mathematikunterricht erweisen sich u. a. substanzielle Lernumgebungen (vgl. Wittmann 1995) als konzeptionell tragfähig zum Lernen an einem inklusionsdidaktisch geforderten ‚gemeinsamen Gegenstand‘ (vgl. Feuser 1989), denn unterstützt durch eine natürlich differenzierende Konzeption, können verschiedene Zugänge und Anforderungsniveaus hinsichtlich eines fachlich bedeutsamen Lerngegenstands Berücksichtigung finden (vgl. bspw. Scherer 2017a sowie Abschn. 3.2.3). Welche gemeinsamen Lernsituationen in inklusiven Settings emergieren und vor allem auf welche Weise Schülerinnen und Schüler mit dem Förderschwerpunkt Lernen daran fachlich sowie sozial-interaktiv partizipieren, wurde im Rahmen der vorliegenden Arbeit untersucht, denn die Partizipation aller gilt als eine grundlegende Voraussetzung für gelingende Inklusion (vgl. Abschn. 2.1.1). Die vorliegende Arbeit lässt sich einem weiten Inklusionsverständnis zuordnen, das die Vielfalt *aller* Lernenden berücksichtigt. Mit der

Fokussierung auf Schülerinnen und Schüler mit sonderpädagogischem Unterstützungsbedarf im Lernen können spezifische Ergebnisse zur Optimierung der Gestaltung inklusiver Settings genutzt werden, was schließlich wieder allen Lernenden zugutekommt. Auf diese Weise fungiert der weite Inklusionsbegriff als regulative Idee, und an einem engen Inklusionsverständnis ausgerichtete Veränderungen der schulischen Praxis werden ihm weiterhin gerecht (vgl. dazu auch Heinrich et al. 2013; Korff 2016).

Im Rahmen der Arbeit wurden zunächst auf der Grundlage paradigmatischer Überlegungen einer Pädagogik für lernbeeinträchtigte Schülerinnen und Schüler (vgl. Abschn. 2.2.2) konstituierende Designprinzipien für substanzielle Lernumgebungen herausgearbeitet (vgl. Abschn. 3.3 und 5.2.4). Darüber hinaus erhalten die folgenden drei fachdidaktischen Prinzipien einen besonderen Stellenwert im Kontext von Qualitätskriterien einer Pädagogik bei Lernbeeinträchtigung (vgl. Abschn. 3.2):

- Die Orientierung an mathematischen Grundideen zur Stiftung von Gemeinsamkeit über einen gemeinsamen Gegenstand (vgl. Abschn. 3.2.1),
- das sozial-interaktive (vgl. Abschn. 4.1) und aktiv-entdeckende Lernen zur Förderung des individuellen und gemeinsamen Lernens (vgl. Abschn. 3.2.2) und
- die natürliche Differenzierung zur Berücksichtigung individueller Voraussetzungen zur Ermöglichung der Partizipation an einem gemeinsamen Gegenstand (vgl. Abschn. 3.2.3).

Zur konkreten Umsetzung dieser theoretischen Überlegungen, wurde ein geometrischer Schwerpunkt gewählt, denn diesbezüglich kann ein Forschungsdesiderat, bezogen auf den inklusiven Mathematikunterricht, identifiziert werden (vgl. Peter-Koop & Rottmann 2015). Auch die ausführlichen theoretischen Betrachtungen der Bedeutung des Inhaltsbereichs Geometrie für inklusive Settings (vgl. Abschn. 3.4.1), insbesondere für lernbeeinträchtigte Schülerinnen und Schüler (vgl. Abschn. 3.4.2), und die damit verbundene konzeptionell verankerte Handlungsorientierung, stärken diese Entscheidung. Zusätzlich wurde im Rahmen der vorliegenden Arbeit die Eignung des konkreten Themas ‚Kreis' (vgl. Abschn. 5.2) in seiner Bedeutung, Reichhaltigkeit und Anschlussfähigkeit als substanzieller Lerngegenstand für die Grundschule umfassend herausgearbeitet (vgl. dazu Abschn. 5.2.2 und 5.2.3). Als Konsequenz wurden für die Studie vier substanzielle Lernumgebungen zu diesem Thema zum Einsatz in einem inklusiven Setting entwickelt und liegen als konstruktives Ergebnis der Arbeit vor:

- Kreiseigenschaften und Kreiskonstruktion (vgl. Abschn. 5.3.2)
- Kombination von Kreisteilen zu Vollkreisen (vgl. Abschn. 5.3.3)
- Drei- bzw. Vierpassvarianten und Dreischneuß (vgl. Abschn. 5.3.4)
- Längenverhältnisse im Kreis (vgl. Abschn. 5.3.5)

Die Konzeption ist sowohl an den konstituierenden Designprinzipien als auch an den o. g. fachdidaktischen Prinzipien orientiert, wurde diesbezüglich u. a. im Lehr-Lern-Labor der Fakultät für Mathematik der Universität Duisburg-Essen pilotiert (vgl. Abschn. 5.3.1) und in der Studie im Modell ‚Parallelunterricht' inklusiver Settings (vgl. Abschn. 5.4, Abb. 5.21 sowie Wember 2013, 385) mit fünf Schulklassen der Jahrgangsstufe 4 verschiedener Grundschulen durch ihre jeweiligen Lehrpersonen durchgeführt. Zentrale Arbeitsaufträge der Lernumgebungen wurden dabei in inklusiven Settings in Partnerarbeit bearbeitet (zum Setting vgl. ausführlich Abschn. 5.4.1). Die eingesetzten Lernumgebungen erwiesen sich dabei im Sinne der natürlichen Differenzierung für alle Lernenden als geeignet. Jeder Lernende fand einen Zugang zu den Lernumgebungen, und ein breites Bearbeitungsspektrum konnte identifiziert werden (vgl. Abschn. 6.1.1.2). Das Materialangebot nutzten die Lernenden nicht nur zur Lösung der Aufgabe, sondern auch zum handlungs- bzw. materialgestützten Ausdruck eigener Ideen (vgl. Abschn. 6.1.3). Vorab getätigte Überlegungen hinsichtlich konstituierender Designprinzipien haben sich somit bestätigt. Die Lernumgebungen könnten daher Einzug in den regulären Mathematikunterricht erhalten, der die Bedeutung der Geometrie (vgl. Abschn. 3.4.1 und 3.4.2) berücksichtigt und die Substanz des Themas ‚Kreis' (vgl. Abschn. 5.2) ausschöpft.

Methode zur Rekonstruktion von Partizipationsprozessen und Verläufen gemeinsamer Lernsituationen
Zur Erfassung fachlicher und sozial-interaktiver Partizipationsprozesse lernbeeinträchtigter Schülerinnen und Schüler an substanziellen Lernumgebungen wurde zunächst die Interaktions- und Partizipationsanalyse nach Krummheuer und Brandt (2001) für ein inklusives Setting hinsichtlich des Forschungsfokus adaptiert. Innerhalb der Videointeraktionsanalyse (vgl. Abschn. 5.5.1 sowie Tuma et al. 2013) wurden Kategoriensysteme generiert, die die mathematische Themenentwicklung der Interaktion abbilden. Zur Rekonstruktion der fachlichen Partizipation von Lernenden fanden nicht nur ihre mathematischen Argumentationen, sondern ebenso ihre spezifischen inhaltsbezogenen und allgemeinen mathematischen Aktivitäten innerhalb der Lernumgebungen Berücksichtigung (vgl. Tab. 6.1 und 6.2 sowie Abschn. 6.1.1.1). Der Einbezug multimodaler Ausdrucksweisen der Lernenden (vgl. Arzarello 2006; Vogel & Huth 2010) in die

Analyse (vgl. Abschn. 4.1.1) bewährte sich. Ein generiertes Kategoriensystem nutzte neben der Identifizierung mathematischer Ideen auch die allgemeinen mathematischen Aktivitäten ‚Vorschlagen' bzw. ‚Vermuten', ‚Überprüfen' bzw. ‚Beurteilen', ‚Begründen' und ‚Beschreiben' sowie diesbezügliche ‚Aufforderungen' und solche zum ‚Tätigwerden' oder ‚Zuschauen'. Vor allem die Kodierung von Aufforderungen erwies sich als bedeutsam, um ein reziprokes Handeln und gegenseitiges Verstehen in die Analyse einbeziehen zu können. Zur vollständigen Darstellung der Lernendenpartizipation wurden des Weiteren neben der fachbezogenen Partizipation auch Handlungen ohne Bezug zum mathematischen Schwerpunkt erfasst.

Zur Darstellung des Partizipationsdesigns (vgl. Abschn. 6.1.1.2), das inhaltliche und sozial-interaktive Aspekte in ko-konstruktiven Prozessen verbindet, wurde das Kategoriensystem der mathematischen Themenentwicklung mit der Analyse der produktiven bzw. rezeptiven Partizipation (vgl. dazu auch Krummheuer 2007) im Hinblick auf die Verantwortlichkeit für den mathematischen Inhalt und diesbezüglicher Formulierungen oder Handlungen verknüpft (vgl. Abschn. 6.1.1.2). Mit Hilfe des daraus entwickelten Kategoriensystems zum Partizipationsstatus (vgl. Tab. 6.6) können Partizipationsprozesse von Lernenden innerhalb der mathematischen Themenentwicklung der Interaktion mikroanalytisch beschrieben werden. Ergänzend sind die Partizipationsprozesse hinsichtlich ihrer Höhe der produktiven Verantwortlichkeit (vgl. Abschn. 6.1.3; auch Brandt 2006, 2009) für die Entwicklung des mathematischen Themas einordbar. Zur differenzierten Erfassung der Partizipation an gemeinsamen Lernsituationen war es notwendig die produktive Partizipation mit einer höheren inhaltlichen Verantwortlichkeit um die Rollen ‚Weiterentwickler', und ‚Instruierender' zu erweitern. Die produktive Partizipation mit geringerer inhaltlicher Verantwortlichkeit wurde um die Rollen ‚Umsetzender', ‚Akzeptierender' und ‚Ablehnender' ergänzt. Die rezeptive Partizipation als ‚Zuschauender' wurde zudem in die Kodierung des Partizipationsdesigns integriert (vgl. Abschn. 6.1.1.2).

Die Partizipation von Lernenden wurde einerseits in ihrem Prozess betrachtet (vgl. bspw. Abb. 6.11 und 6.12), andererseits wurde die Höhe der produktiven inhaltlichen Verantwortlichkeit eines Lernenden durch eine anteilsbezogene Zusammenfassung bestimmt (vgl. Abschn. 6.1.2 und 6.1.3; bspw. auch Abb. 6.19). Durch diese Betrachtung der Analyseergebnisse auf der Makroebene konnten in der Studie Unterschiede der Lernendenpartizipation für verschiedene substanzielle Lernumgebungen aufgezeigt werden (vgl. Abschn. 6.1.2) und besondere Einzelfälle identifiziert werden, bei denen eine bestimmte Höhe der inhaltlichen Verantwortlichkeit dominant war (vgl. Abschn. 6.1.3). Durch eine anschließende mikroanalytische Einzelfallbetrachtung konnte das Spektrum, mit dem Lernende an einer Lernumgebung partizipieren, wiederum ausdifferenziert werden, indem unterschiedliche Ausprägungen bestimmter Höhen der inhaltlichen Verantwortlichkeit für die mathematische Themenentwicklung identifiziert werden sowie Bedingungen, unter denen sie entstehen.

Im Rahmen der vorliegenden Arbeit wurde zudem ein Analyseinstrument zur Erfassung und Darstellung gemeinsamer Lernsituationen inklusiver Settings entwickelt. Unterrichtsalltägliche Interaktionsprozesse werden damit modellierend erfasst (vgl. dazu Abschn. 4.2.2). Dies wurde durch die Operationalisierung von Typen gemeinsamer Lernsituationen nach Wocken (1998) mit Hilfe des Kategoriensystems der adaptierten Interaktions- und Partizipationsanalyse erreicht (vgl. dazu ausführlich Abschn. 6.2.1). Dabei sind Dominanzen bzw. Symmetrien oder Asymmetrien des Beziehungs- und Inhaltsaspekts gemeinsamer Lernsituationen relevant (vgl. dazu Tab. 6.7; ausführlich Abschn. 2.1.5 und 6.2.1). Mit Hilfe einer deduktiven und induktiven inhaltsanalytischen Vorgehensweise liegt als Ergebnis ein Kategoriensystem zur Beschreibung gemeinsamer Lernsituationen inklusiver Settings vor. Zur vollständigen Rekonstruktion gemeinsamer Lernsituationen wurden die theoretischen Überlegungen von Wocken (1998) um zwei Lernsituationstypen ergänzt: die subsidiär-imitierende und die latent-kooperative Lernsituation (vgl. Tab. 6.7). Die Erweiterung ist zur weiteren Erforschung inklusiver Settings aus folgenden Gründen besonders zu beachten: Subsidiär-imitierende Lernsituationen zeigten sich als Konsequenz von Partizipationsbarrieren auf der Beziehungsebene (vgl. dazu auch Abschn. 6.2.3). Lernende, die die Gemeinsamkeit auf der Inhaltsebene aufrechthielten, konnten im Anschluss daran produktiv partizipieren. In inklusiven Settings handelt es sich hier um sensible Stellen, die interessant für die Erforschung von Inklusions- und Exklusionsprozessen im Unterricht sein können. Latent-kooperative Lernsituationen bilden die Partnerarbeit von Lernenden ab, an der eine Person als Zuschauender partizipiert. Dadurch besteht eine Gemeinsamkeit der Lernenden auf der Beziehungs- *und* Inhaltsebene, die aber (noch) nicht beobachtbar in Erscheinung tritt (vgl. dazu ausführlich Abschn. 6.2.1.4). Aufgrund eines hohen rezeptiven Partizipationsanteils bei lernbeeinträchtigten Schülerinnen und Schülern, und der Tatsache, dass dieser Lernsituationstyp in *jeder* der untersuchten Partnerarbeitsprozesse identifizierbar war, sollten diesbezügliche Lernsituationen in Analysen berücksichtigt sein, die ko-konstruktive Prozesse in inklusiven Settings untersuchen.

Um Partizipationsprozesse von lernbeeinträchtigten Schülerinnen und Schülern im Verlauf gemeinsamer Lernsituationen auswerten zu können, wurde eine grafische Verlaufsdarstellung (vgl. Abbildungen und ausführliche Erörterungen in Abschn. 6.2.2.1 und 6.2.2.2) entwickelt. Auf der Basis eines Zeitindex

werden Lernsituationsverläufe und individuelle Partizipationsprozesse parallelisiert dargestellt. Dadurch sind Besonderheiten oder Charakteristika in Verläufen
von empirisch erhobenen gemeinsamen Lernsituationen auf der Makroebene
analysierbar. Durch fokussierende Betrachtungen des Auftretens einzelner Lernsituationstypen kann die Höhe der inhaltlichen Verantwortlichkeit ausgewertet
werden, mit der Lernende in diesen Phasen an einer substanziellen Lernumgebung partizipieren. Auf diese Weise ist das Partizipationsspektrum im Kontext
eines bestimmten Lernsituationstyps ermittelbar (vgl. Abschn. 6.2.2.2 bis 6.2.2.4),
und verschiedene substanzielle Lernumgebungen sind anschließend diesbezüglich
vergleichbar. Die grafische Darstellung von Lernsituationsverläufen bietet darüber
hinaus für Datenauswertungen gemeinsamer Lernsituationen Erweiterungsmög-
lichkeiten hinsichtlich komplexer, parallel ablaufender Prozesse, indem bspw.
Lehrerinterventionen oder Interaktionsprozesse mit Lernenden anderer Lerntandems der Kleingruppe ergänzt werden können, was bereits beispielhaft aufgezeigt
wurde (vgl. Abschn. 6.2.2.4). Für eine gelingende Inklusion, in der es um die
gleichberechtigte Möglichkeit zur Teilhabe, -nahme und -gabe aller Lernenden geht (vgl. dazu Abschn. 4.2.1; Beck et al. 2018; Heimlich 2014b), wäre
die Exploration von Lehrerinterventionen bedeutsam. Untersuchungen könnten
die Offenheit von Interventionen für bestimmte Partizipationsmöglichkeiten und
damit verbundene Konsequenzen für die Partizipation der Lernenden in Verläufen
gemeinsamer Lernsituationen fokussieren. Zur differenzierten interaktionsanalytischen Erfassung der Kleingruppensituation könnte auch das Rezipientendesign
zur Schülergruppenarbeit (vgl. Abschn. 4.2.2; Krummheuer & Fetzer 2010) als
theoretische Grundlage genutzt und für das Modell ‚Parallelunterricht' inklusiver
Settings (vgl. Abschn. 5.4.1, Abb. 5.21 sowie Wember 2013, 385) ausdifferenziert
werden, wenn Prozesse nicht nur bezogen auf die Partnerarbeit, sondern auf die
gesamte Kleingruppe betrachtet werden sollen.

   Insgesamt waren die Ergebnisse von Vogel und Huth (2010) für die Analyse der hier konkret beforschten inklusiven Settings ein wichtiger Impuls. Vogel
und Huth (2010) stellen heraus, dass interaktionale Aushandlungen durch ein
integratives Sprachsystem beeinflusst sind, das aus Gesten, materialbezogenen
Handlungen und sprachlichen Äußerungen besteht, die in- bzw. aufeinander wirken (vgl. Abschn. 4.1.2). Die Berücksichtigung dieser Ausdrucksformen in der
Lern- und Konzeptforschung erscheint im Kontext der Ergebnisse dieser Arbeit
als beachtenswert, vor allem, wenn es sich um Forschungsvorhaben handelt, die
lernbeeinträchtigte Schülerinnen und Schüler fokussieren, da diese die verschiedenen Modalitäten bei der Bearbeitung der Lernumgebungen in der vorliegenden
Studie häufig ergänzend nutzten. Gleichzeitig konnte die Rekonstruktion der Entwicklung mathematischer Ideen bzw. Themen durch die Betrachtung mehrerer

Modalitäten deutlich unterstützt werden. Nicht nur für die Forschung, sondern auch für die Unterrichtspraxis bzw. die Lehreraus- und -weiterbildung ist es daher relevant, die Bedeutung multimodaler Ausdrucksmöglichkeiten mathematischer Ideen in substanziellen Lernumgebungen für inklusive Settings besonders zu berücksichtigen.

Obwohl als Einschränkung die kleine Stichprobe (vgl. Abschn. 5.4.1) zu nennen ist, und die Aussagekraft der Ergebnisse zunächst keinen Anspruch auf Dekontextualisierung hat, spannt sich jedoch im explorativen Zugang der Arbeit, auch in Verbindung der theoretischen Reflexion der Ergebnisse der Datenanalyse, ein vollständiges Spektrum auf, das die Forschungsfragen hinsichtlich der Lernendenpartizipation sowie der Emergenz gemeinsamer Lernsituationen in inklusiven Settings beantwortet. Gleichzeitig eröffnen sich durch die Identifikation verschiedener Phänomene eine Reihe anschlussfähiger Forschungsmöglichkeiten, denn die Verlaufsstrukturen gemeinsamer Lernsituationen können genutzt werden, um Hypothesen für damit in Zusammenhang stehende Möglichkeiten oder Barrieren für die mathematische und sozial-interaktive Partizipation lernbeeinträchtigter Schülerinnen und Schüler zu bilden oder zu prüfen. Dies eröffnet die Möglichkeit, Designprinzipien für substanzielle Lernumgebungen aufzustellen sowie diesbezügliche Überprüfungen im Rahmen von Educational Design Research (vgl. bspw. Gravemeijer & Cobb 2006; Rösken-Winter & Nührenbörger 2016) durchzuführen, verbunden mit dem Ziel, die Barrierefreiheit für eine produktive Partizipation an einer Lernumgebung oder für ein bestimmtes Partizipationsspektrum zu erreichen bzw. die inhaltliche Verantwortlichkeit von Lernenden zu erhöhen. Das Analysewerkzeug kann dabei auch zur Erforschung der Partizipation von Lernenden mit anderen Förderschwerpunkten genutzt werden. Durch eine Anpassung des Kategoriensystems zur Erfassung der mathematischen Themenentwicklung der Interaktion an andere Lernumgebungen – auch anderer Inhaltsbereiche – hat das Analysewerkzeug schließlich das Potential, die Partizipationsprozesse *aller* Lernenden eines inklusiven Settings, bezogen auf verschiedene substanzielle Lernumgebungen, zu erfassen. Dabei bietet der Wechsel zwischen Makro- und Mikroebene stets die Möglichkeit, Phänomene zu identifizieren und nach Kausalzusammenhängen zu suchen, um die Partizipation an gemeinsamen Lernsituationen in inklusiven Settings differenzierter zu verstehen und Optimierungsmöglichkeiten herauszuarbeiten.

Rekonstruktion der Partizipation an gemeinsamen Lernsituationen
Das Ergebnis der Datenanalyse (vgl. auch Abschn. 6.1.4) bestätigt auch für ein inklusives Setting die bereits durch andere empirischen Studien herausgestellte

Komplexität und Dynamik in Partner- bzw. Gruppenarbeiten sowie diesbezüglliche Symmetrien und Asymmetrien im Verlauf ko-konstruktiver Prozesse von Lernenden (vgl. Abschn. 4.1.1). Ergänzt werden kann aufgrund der Fokussierung der Analyse, dass auch lernbeeinträchtigte Schülerinnen und Schüler *jeden* Status im Partizipationsdesign (vgl. Tab. 6.3) einnehmen können. Betrachtet man die ausgewerteten Partizipationsprozesse in ihrer Gesamtheit, ist das Spektrum groß und reicht von autonomen, ungewissheitsorientierten, Freiräume nutzenden Lernenden in der Kreator- bzw. Weiterentwicklerrolle, die ko-konstruktive Prozesse in inklusiven Settings sogar maßgeblich (mit)gestalten, bis hin zu gewissheits- bzw. sicherheitsorientierten Zuschauenden, die kaum noch produktiv partizipieren. Bezogen auf die inhaltliche Verantwortlichkeit für die mathematische Themenentwicklung reicht das Spektrum von einer Partizipation mit einer hohen inhaltlichen Verantwortlichkeit in über 80 % der Bearbeitungszeit, bis hin zu einer rezeptiven Partizipation ohne Verantwortlichkeit in ebenso über 80 % der Bearbeitungszeit. Der Vergleich der Ergebnisse der Partizipationsanalysen von Lernenden in unterschiedlichen Lernumgebungen bestätigt auch für ein inklusives Setting, dass Partizipationsprozesse dynamisch in Erscheinung treten, durch äußere Bedingungen beeinflusst werden, dabei durchaus charakterisierbar, aber situationsabhängig und damit nicht feststehend sind (vgl. Abschn. 4.2.2 und 6.1.4; auch Brandt 2004; Spranz-Fogasy 1997). Unterschiedliche substanzielle Lernumgebungen erwiesen sich hier als äußere Bedingungen, die sich, neben dem Einfluss durch Lernpartner und Lehrpersonen, auf die Art der Partizipation lernbeeinträchtigter Schülerinnen und Schüler auswirkten: Die Dominanz eines Partizipationsstatus änderte sich bei manchen Lernenden deutlich in Abhängigkeit von der Lernumgebung, bei gleichbleibendem Lernpartner. Bezogen auf den Einfluss der Lernpartner wäre in weiteren Studien zu prüfen, ob vorliegende Ergebnisse weiter ausdifferenziert werden können, wenn Faktoren hinsichtlich der sozialen und fachlichen Unausgeglichenheit bzw. Ausgeglichenheit von Lernpartnern gezielt gesteuert werden, was im Rahmen der vorliegenden Studie nicht der Fall war. Ggf. könnte daraus eine Empfehlung hinsichtlich der Tandembildung für die Bearbeitung substanzieller Lernumgebungen in inklusiven Settings abgeleitet werden. Da im Rahmen der Studie die Lernenden in allen vier Lernumgebungen mit demselben Lernpartner zusammenarbeiteten, bleibt offen, ob die Aufhebung der Konstanz der Tandemzusammensetzung weitere Perspektiven, bezogen auf Bedingungen für Dominanzen eines bestimmten Partizipationsstatus, ergeben würde. Diesbezügliche Ergebnisse der vorliegenden Studie sind die folgenden (vgl. ausführlich Abschn. 6.1.4): Eine dominierend produktive Partizipation mit einem hohen Anteil mathematischer Aktivitäten zeigten lernbeeinträchtigte Schülerinnen und Schüler sowohl in symmetrischen als auch in asymmetrischen Partizipationsprozessen. In hauptsächlich geringerer inhaltlicher Verantwortlichkeit partizipierten sie durch Imitationshandlungen sowie aufgrund von Instruktionen bzw. Aufforderungen zum Tätigwerden, die keine Partizipationsoptionen mit einer höheren inhaltlichen Verantwortlichkeit eröffneten. Eine rezeptive Partizipation dieser Lernenden dominierte aufgrund der eigenen Zurückhaltung im gemeinsamen Arbeitsprozess, verbunden mit marginalen produktiven Partizipationen, sowie durch eine vereinbarte Arbeitsteilung innerhalb der Partnerarbeit oder durch längere Lehrperson-Lernenden-Interaktionen.

Insgesamt zeigten viele lernbeeinträchtigte Schülerinnen und Schüler deutliche Anteile einer rezeptiven Partizipation, in denen mathematische Aktivitäten des Lernpartners bzw. der gesamten Lerngruppe beobachtet wurden. Die Kenntnis über rezipierte Inhalte konnte durch flankierende retrospektive Einzelinterviews identifiziert werden, die die Datenanalyse absicherten, jedoch nicht im Fokus der Analyse standen. In ihnen rekapitulierten die Lernenden Beobachtetes und zeigten Reproduktions- und Transferleistungen. Ergänzend zu fachdidaktischen Überlegungen zur Bedeutung aktiv-entdeckenden Lernens (vgl. Abschn. 3.2.2 sowie Kollosche 2017), sollte somit für inklusive Settings erweiternd diskutiert und beforscht werden, inwiefern die *Beobachtung* einer Exploration bzw. einer operativen Auseinandersetzung des Lernpartners mit dem Lerngegenstand für lernbeeinträchtigte Schülerinnen und Schüler ein bedeutsamer Zugang sein kann, denn dies läuft einem sozialkonstruktivistischen Verständnis von Lernen nicht zuwider. Lernende beobachten u. a. Versuche bzw. Irrtümer oder die Strategiefindung von Lernpartnern. Durch das sozial-interaktive Setting besteht jederzeit die Möglichkeit, dass sich Beobachtende wieder aktiv-handelnd in den Arbeitsprozess einbringen. Auch der Einsatz digitaler Elemente könnte in diese Diskussion eingebracht werden. Ob sich das Anschauen von Videos, in denen aktiv-entdeckende Schüleraktivitäten gezeigt werden, als effektiv herausstellt, müsste allerdings weiterführend diskutiert und vergleichend beforscht werden, denn der Einstieg in eine aktive Mitgestaltung durch einen Beobachtenden ist in solchen Fällen ausgeschlossen. Zur Erforschung von Lerneffekten durch die Beobachtung explorativer Prozesse von Lernpartnern wären Studien mit einem Pre- und Post-Design denkbar, die direkt nach einer Partnerarbeitsphase Lernzuwächse bei Lernenden ermitteln, die mit einem großen zeitlichen Umfang als Zuschauende an substanziellen Lernumgebungen partizipierten. Für den alltäglichen Unterricht, in denen solche Erhebungen sowie retrospektive Befragungen organisatorisch kaum realisierbar sind, sollte überlegt werden, inwiefern zur prozessbegleitenden Diagnose Lehrerimpulse zur Anregung der Metakognition (vgl. Stender 2016, 107 f.) eingesetzt werden könnten, um Zuschauende aufzufordern, Überlegungen oder Erkenntnisse auszudrücken. Dabei sollte die Nutzung verschiedener Darstellungsweisen möglich sein, denn die Datenauswertung der vorliegenden Studie identifizierte dies als einen wesentlichen Aspekt für die Lernendenpartizipation an den eingesetzten Lernumgebungen. Multimodale Ausdrucksmöglichkeiten (vgl. Arzarello 2006; Vogel & Huth 2010) eröffneten bzw. erleichterten vor allem lernbeeinträchtigten Schülerinnen und Schülern den Zugang zu einer produktiven Partizipation und ermöglichten ihnen den Ausdruck mathematischer Ideen.

Rekonstruktion gemeinsamer Lernsituationen in inklusiven Settings
Als Ergebnis der Analyse kann zunächst festgehalten werden, dass in den untersuchten substanziellen Lernumgebungen Phasen koexistenter, kommunikativer, subsidiär-unterstützender, subsidiär-prosozialer und kooperativ-solidarischer Lernsituationen (vgl. Wocken 1998) in unterschiedlichen Ausprägungen identifiziert werden konnten. Die Lernsituationen, die sich in den dyadischen Bearbeitungen substanzieller Lernumgebungen ergaben, zeigten dabei individuelle Strukturen. Spektren innerhalb verschiedener Lernsituationstypen zeigten sich dabei aufgrund der Höhe der inhaltlichen Verantwortlichkeit, mit der Lernende in solchen Phasen an der Lernumgebung partizipierten. Auf diese Weise können idealtypische Annahmen in Theorien durch die empirischen Forschungsergebnisse der vorliegenden Arbeit ausdifferenziert werden. Das betrifft u. a. Ausprägungen kooperativer Lernsituationen. Aufgrund der Ergebnisse der retrospektiven Einzelinterviews, die auf ein aktives gedankliches Mitverfolgen von Ideenentwicklungen in Beobachtungsphasen hinweisen, wird ein weites Verständnis kooperativ-solidarischer Lernsituationen eingenommen: Es reicht von einem intensiven Austausch zwischen Lernenden, die beide mit einer höheren inhaltlichen Verantwortlichkeit an der Lernumgebung partizipieren und dabei ein hohes Maß mathematischer Aktivitäten zeigen, bis hin zu einer Zusammenarbeit, an der eine Person mit einer geringeren oder marginalen inhaltlichen Verantwortlichkeit partizipiert (vgl. Abschn. 6.2.2.3). Hinzu kommt, dass, obwohl die Arbeitsaufträge in den Lernumgebungen eine kooperativ-solidarische Bearbeitung der Lernumgebung intendierten, die analysierten Lernsituationsverläufe in der Partnerarbeit dynamische Wechsel verschiedener Lernsituationstypen aufwiesen. Es zeigte sich, dass jeder Typ dabei auf jeden anderen folgen kann. Die Verläufe empirisch gewonnener Lernsituationen sind insgesamt individuell unterschiedlich. Phasenweise lassen sich bestimmte Charakteristika bzw. unterschiedliche Schwerpunkte verschiedener Typen identifizieren. Durch die Datenanalyse herausgearbeitete Phänomene in inklusiven Settings können mit Ergebnissen anderer interaktionsanalytischer Studien (vgl. Abschn. 4.1.2; Höck 2015; Naujok 2000) in Verbindung gebracht werden. So ist feststellbar, dass sich koexistente Phasen trotz

der Bearbeitung derselben Aufgabenstellung entwickeln. Ebenso ist es möglich, dass sich koexistente Phasen und kooperativ-solidarische Phasen abwechseln. Hier zeigen sich die Gestaltungsmöglichkeiten gemeinsamer Lernsituationen durch die Lernenden selbst, bezogen auf das individuelle und gemeinsame Lernen, besonders deutlich. Diese Ergebnisse bestärken theoretische inklusionsdidaktische Überlegungen (vgl. Abschn. 2.1.4), die die Flexibilität der Zusammenarbeit von Lernenden betrachten und ihre Planbarkeit bezweifeln (vgl. auch Korff 2014; Markowetz 2004) sowie Konzepte, die die Selbst- bzw. Mitgestaltung gemeinsamer Lernprozesse durch die Lernenden betonen (z. B. Seitz 2006).

In den Bearbeitungsprozessen von Lernendentandems zeigten sich subsidiär-prosoziale Lernsituationen selten, was durch ihren fließenden Übergang zu kooperativ-solidarischen Lernsituationen im Kontext substanzieller Lernumgebungen erklärbar ist (vgl. Abschn. 6.2.1.3). Prosoziale Phasen entstanden aufgrund von Partizipationsbarrieren auf der Beziehungsebene oder durch Lehrerintervention, mit denen in die Art der Zusammenarbeit der Lernenden eingegriffen wurde und die den lernbeeinträchtigten Schülerinnen und Schülern kurzfristig eine höhere inhaltliche Verantwortlichkeit eröffneten. Im Kontext eines weiten Inklusionsbegriffs sollte die damit verbundene Auswirkung auf den Partizipationsprozess des Lernpartners jedoch kritisch diskutiert werden, wenn dessen inhaltliche Verantwortlichkeit zugunsten des lernbeeinträchtigten Partnerkindes reduziert wird.

Wird die Partizipation lernbeeinträchtigter Schülerinnen und Schüler im Kontext eines bestimmten Lernsituationstyps betrachtet, erscheint von großer Bedeutung, dass substanzielle Lernumgebungen, in denen die Art der kooperativen Zusammenarbeit nicht methodisch vorstrukturiert ist, offen für die Einnahme verschiedener Partizipationsstatus sind. Zentrale Ergebnisse der Studie zeigen, dass einige Lernende in gemeinsamen Lernsituationen eine höhere fachliche Verantwortlichkeit hauptsächlich in koexistenten, andere in kooperativen Phasen, wiederum andere in koexistenten und kooperativen Phasen gleichermaßen erreichten. Diese Ergebnisse stellen normative Ansprüche in Frage, die die konsequente Herstellung einer kooperativen Lernsituation als oberstes Ziel inklusiven Unterrichts betrachten (vgl. Abschn. 2.1.4), denn die vorliegende Studie zeigt, dass nicht in jeder Partnerkonstellation, für jede Lernende bzw. jeden Lernenden oder für jede Lernumgebung ein solcher Lernsituationstyp zwingend dazu führt, dass eine produktive fachliche Partizipation begünstigt wird. Dies spricht für die konzeptionelle Öffnung substanzieller Lernumgebungen für unterschiedliche Lernsituationstypen, die auf diese Weise auch die Einnahme jedes Partizipationsstatus ermöglichen. Auch in der Studie von Matter (2017) werden ähnliche

Aspekte beobachtet. In der Erforschung gemeinsamen Lernens in Partnerarbeitsphasen des jahrgangsgemischten Unterrichts, wird die besondere Bedeutung sozialer Aspekte für mathematische Lernprozesse herausgestellt, wenn eine fachliche Asymmetrie bei den kooperativ zusammenarbeitenden Lernenden vorliegt. Zieht man diese Ergebnisse den o. g. Überlegungen hinzu, erscheint eine Leitidee der Öffnung substanzieller Lernumgebungen für alle Lernsituationstypen von besonderer Bedeutung, vor allem innerhalb von Partnerarbeitsprozessen, in denen sich neben der fachlichen Asymmetrie zusätzlich Partizipationsbarrieren auf der Beziehungsebene ergeben. Eine Generalisierbarkeit müsste jedoch noch durch weitere Studien überprüft werden. Die Beurteilung der Qualität gemeinsamer Lernsituationen für individuelles Lernen sollte allerdings nicht mit der Frage verbunden sein, ob Kooperation stattgefunden hat oder nicht. Die zentralen Ergebnisse der vorliegenden Studie stützen vielmehr theoretische Überlegungen zum Mehrwert einer Vielfalt gemeinsamer Lernsituationen im inklusiven Setting (vgl. Korff 2014; Markowetz 2004; Wocken 1998). Für die in der Studie durchgeführten Lernumgebungen zum Thema ‚Kreis' kann zudem festgehalten werden, dass Schülerinnen und Schülern mit dem sonderpädagogischen Unterstützungsbedarf im Lernen vielfältige Partizipationsmöglichkeiten an einem substanziellen mathematischen Inhalt eröffnet wurden. Das Bearbeitungsniveau war nicht im Vorfeld für bestimmte Lernende zieldifferent eingeschränkt, sondern entfaltete sich im Verlauf gemeinsamer Lernsituationen natürlich differenzierend, beeinflusst durch ko-konstruktive Prozesse mit Lernpartnern. Die Entwicklung sowie Erforschung des Einsatzes der substanziellen Lernumgebungen zum Kreis erwies sich dabei als geeignet, um fachliche Inhalte für lernbeeinträchtigte Schülerinnen und Schüler ganzheitlich zugänglich zu machen, Lehr-/ Lernprozesse zu erforschen sowie eine Methode zur Beobachtung und Analyse von inklusivem Unterricht zu entwickeln. Weitere Erforschungen und komparative Analysen könnten prüfen, ob die Ergebnisse für inklusive Settings generalisierbar sind oder spezifisch für den Inhaltsbereich Geometrie bzw. die Lernumgebungen zum Kreis gelten. Hier könnte der Einsatz substanzieller Lernumgebungen mit einem anderen inhaltlichen Schwerpunkt untersucht werden, die u. U. voraussetzungsreicher oder komplexer sind bzw. ein höheres Abstraktionsniveau implizieren.

Folgerungen für die Konzeption substanzieller Lernumgebungen für inklusive Settings
Aufgrund der Ergebnisse der vorliegenden Studie wurden zur Erhöhung der Barrierefreiheit für eine produktive Partizipation von lernbeeinträchtigten Schülerinnen und Schülern Leitfragen zur Ergänzung konstituierender Designprinzipien

für substanzielle Lernumgebungen (vgl. Abschn. 5.2.4) formuliert. Der vorliegende Katalog (zur ausführlichen Erläuterung und Diskussion vgl. Abschn. 6.1.4 und 6.2.3) versteht sich als ein erster Entwurf und erhebt dabei keinen Anspruch auf Vollständigkeit, sondern ist durch o. g. weitere Forschungsmöglichkeiten erweiterbar. Die folgenden Leitfragen sind für substanzielle Lernumgebungen in inklusiven Settings sowohl konzeptionell als auch durchführungsbegleitend sowie im Rahmen von Educational Design Research (vgl. bspw. Gravemeijer & Cobb 2006; Rösken-Winter & Nührenbörger 2016) von Bedeutung:

1) Ermöglicht die Lernumgebung den material- bzw. handlungsgestützten Ausdruck inhaltsbezogener Ideen sowie die nonverbale Realisierung allgemeiner mathematischer Aktivitäten, sodass über diese Zugänge produktive Partizipationsmöglichkeiten erhöht werden können?

2) Ist ein ausreichendes Materialangebot vorhanden, das prinzipiell die Aktivität *aller* Lernenden ermöglicht und damit Barrieren abbaut, die durch dominante, den Lernprozess steuernde Lernende entstehen können, wenn diese die aktive Mitarbeit ihres Lernpartners einschränken?

3) Setzt der Arbeitsauftrag Minimalziele fest, in denen gesichert ist, dass zentrale mathematische Erfahrungen, bezogen auf den fachlichen Schwerpunkt der Lernumgebung, von *jedem* Lernenden innerhalb der Partnerarbeit gemacht werden?

4) Werden Instruktionen vermieden, die partizipative Handlungszwänge mit geringerer inhaltlicher Verantwortlichkeit auslösen oder stattdessen Aufforderungen durch Lernpartner oder Lehrpersonen ausgesprochen, denen auch mit einer höheren inhaltlichen Verantwortlichkeit nachgekommen werden kann?

5) Bietet die Lernumgebung Möglichkeiten für Lernende, sowohl in koexistenten als auch in kooperativ-solidarischen Phasen der gemeinsamen Lernsituation das mathematische Thema aktiv zu entdecken, und sind prinzipiell jederzeit Wechsel zwischen diesen Typen im Verlauf der gemeinsamen Lernsituation möglich?

6) Schafft die Lernumgebung prinzipiell für jeden Lernenden die Voraussetzung, in subsidiären Phasen mit einer unterschiedlich hohen inhaltlichen Verantwortlichkeit die Rolle des Helfenden einnehmen zu können?

7) Sind für die Lernumgebung die Voraussetzungen für eine subsidiär-imitierende Lernsituation gegeben, in der beobachtete Aktivitäten nachgeahmt werden können und auf diese Weise ein Einstieg auf niederschwelligstem Niveau in die Bearbeitung der Lernumgebung möglich ist?

8) Wird in subsidiären Phasen der Lernsituation der fachliche Inhalt der Lernumgebung von allen Beteiligten weiterhin ganzheitlich und hinreichend komplex bearbeitet?
9) Ist ein Aktivwerden durch die Lehrperson nötig, bspw. in Form der Initiierung einer subsidiär-prosozialen Lernsituation, damit alle Lernenden einen Zugang zum fachlichen Inhalt der Lernumgebung finden und Grundlagen für einen fachlichen Austausch geschaffen werden?

Die Leitfragen leisten einen Beitrag zum produktiven Einsatz substanzieller – nicht nur geometrischer – Lernumgebungen in inklusiven Settings und tragen dazu bei, Chancen für individuelle Zugangs- und Bearbeitungsmöglichkeiten zu erhöhen. Sie fokussieren einerseits die produktive Partizipation lernbeeinträchtigter Schülerinnen und Schüler und eine damit verbundene Übernahme inhaltlicher Verantwortlichkeit für mathematische Themenentwicklungen, andererseits zielen sie auf die Offenheit substanzieller Lernumgebungen für eine individuelle Gestaltung gemeinsamer Lernsituationen durch die Lernenden selbst. Weitere individuelle Barrieren, wie bspw. bei Hör- oder Sehbeeinträchtigung, sind darüber hinaus individuell zu reflektieren (vgl. Abschn. 2.1.4; Trescher 2018). Die Berücksichtigung dieses Fragenkatalogs könnte einen Beitrag zum Abbau von Partizipationsbarrieren leisten, nicht nur für die in der Studie fokussierten Lernenden, bei der Bearbeitung substanzieller Lernumgebungen in inklusiven Settings. Anpassungen oder Erweiterungen des Katalogs sollten in weiteren Studien geprüft werden, vor allem bezogen auf unterschiedliche Förderschwerpunkte sowie deren Kombination, auch mit der Betrachtung weiterer Einflussfaktoren, wie bspw. eines Migrationshintergrunds. Darüber hinaus könnte erhoben werden, ob sich Änderungen ergeben, wenn Lernumgebungen in der größeren Parallelgruppe, im Klassenunterricht oder in einem anderen Modell des inklusiven Unterrichts durchgeführt werden, bspw. im Modell ‚Team Teaching' (vgl. Wember 2013, 385). Dies könnte vor allem bei der Erforschung der Adaptivität und des Einflusses von Lehrerinterventionen auf Schülerpartizipationsprozesse und den Verlauf gemeinsamer Lernsituationen bedeutsam sein, wenn Lehrpersonen allein oder im Team für eine größere Zahl Lernender zuständig sind, als es in der vorliegenden Studie der Fall war. Für das Unterrichten im inklusiven Mathematikunterricht sollte überprüft und kritisch reflektiert werden, ob aufgrund einer bestimmten Erwartungshaltung oder Rollenzuschreibung die Höhe der inhaltlichen Verantwortlichkeit für Lernende mit sonderpädagogischem Unterstützungsbedarf schon vorab bzw. im Unterrichtsverlauf eingeschränkt wird. Dies könnte in der Lehreraus- und -fortbildung thematisiert werden, indem für die konzeptionelle Ermöglichung und das Emergieren verschiedener Typen gemeinsamer Lernsituationen sensibilisiert wird. Außerdem könnte ein kompetenzorientierter Blick auf mathematische Aktivitäten lernbeeinträchtigter Schülerinnen und Schüler gerichtet werden, sowie Potentiale als auch Barrieren für individuelle Lern- und Partizipationsprozesse verschiedener Lernender im Kontext gemeinsamer Lernsituationen reflektiert werden. Die im Rahmen der Arbeit entwickelten Leitfragen könnten dabei eine Orientierung bieten. Bezogen auf die Qualität verschiedener Partizipationsstatus für mathematisches Lernen, sollte zudem jede konkrete Durchführung einer substanziellen Lernumgebung dahingehend kritisch reflektiert werden, ob ihre konzeptionell verankerte Reichhaltigkeit, Komplexität und Ganzheitlichkeit über die gesamte Arbeitsphase für jeden Lernenden erhalten bleibt, oder wann bzw. aus welchem Grund dies eingeschränkt wird. An dieser Stelle wird wiederum deutlich, dass nicht nur die Entwicklung natürlich differenzierender substanzieller Lernumgebungen für den inklusiven Unterricht von großer Bedeutung ist, sondern auch die qualitative Beforschung ihres Einsatzes im unterrichtlichen Kontext. Dabei wäre eine interdisziplinäre Zusammenarbeit multiprofessioneller Teams – auch auf der Forschungsebene – zusätzlich bereichernd. Auf diese Weise könnten vielfältige Bedingungen des individuellen und gemeinsamen Lernens im inklusiven Mathematikunterricht exploriert und auf den unterschiedlichsten Ebenen ein Beitrag zu dessen Weiterentwicklung geleistet werden.

Literaturverzeichnis

Aebli, H. (1994). *Denken: Das Ordnen des Tuns. Band 2: Denkprozesse* (2. Aufl.). Stuttgart: Klett-Cotta.

Ahlgrimm, F., Krey, J. & Huber, S. G. (2012). Kooperation – was ist das? Implikationen unterschiedlicher Begriffsverständnisse. In S. G. Huber & F. Ahlgrimm (Hg.), *Kooperation. Aktuelle Forschung zur Kooperation in und zwischen Schulen sowie mit anderen Partnern* (S. 17–29). Münster [u. a.]: Waxmann.

Artigue, M. & Robinet, J. (1982). Conceptions du cercle chez les enfants de l'école élémentaire. *Recherche en didactiques des mathématiques, 3*(1), 5–65.

Arzarello, F. (2006). Semiosis as a Multimodal Process. In Comité Lationamericano de Matemática Educativa (Hg.), *Revista Latinoamericana de Investigacion en Matematica Educativa (número especial)* (S. 267–299). México: Distrito federal.

Asbrand, B. & Martens, M. (2018). *Dokumentarische Unterrichtsforschung.* Wiesbaden: Springer VS.

Aumann, G. (2015). *Kreisgeometrie. Eine elementare Einführung.* Berlin, Heidelberg: Springer Spektrum.

Ausschuss zum Schutz der Rechte von Menschen mit Behinderungen (2016). *Allgemeine Bemerkung Nr. 4 (2016) zum Recht auf inklusive Bildung.* Verfügbar unter: https://www.gemeinsam-einfach-machen.de/SharedDocs/Downloads/DE/AS/UN_BRK/AllgBemerkNr4.pdf;jsessionid=27E1F7A28398F43D101642E41E6FAA23.2_cid345?__blob=publicationFile&v=3 [04.03.2020].

Autorengruppe Bildungsberichterstattung (2014). *Bildung in Deutschland 2014. Ein indikatorengestützter Bericht mit einer Analyse zur Bildung von Menschen mit Behinderungen.* Bielefeld: Bertelsmann.

Avci-Werning, M. & Lanphen, J. (2013). Inklusion und kooperatives Lernen. In R. Werning & A.-K. Arndt (Hg.), *Inklusion: Kooperation und Unterricht entwickeln* (S. 150–175). Bad Heilbrunn: Klinkhardt.

Aydeniz, M., Cihak, D., F., Graham, S. C. & Retinger, L. (2012). Using Inquiry-Based Instruction for Teaching Science to Students with Learning Disabilities. *International Journal of Special Education, 27*(2), 189–206.

© Der/die Herausgeber bzw. der/die Autor(en), exklusiv lizenziert durch Springer Fachmedien Wiesbaden GmbH, ein Teil von Springer Nature 2021
K. Hähn, *Partizipation im inklusiven Mathematikunterricht*, Essener Beiträge zur Mathematikdidaktik, https://doi.org/10.1007/978-3-658-32092-8

Backe-Neuwald, D. (2000). *Bedeutsame Geometrie in der* Grundschule– *aus Sicht der Lehrerinnen und Lehrer, des Faches, des Bildungsauftrages und des Kindes.* Paderborn: Hochschulschriften.

Barnes, D. & Todd, F. (1995). *Communication and Learning Revisited. Making Meaning Through Talk.* Portsmouth, NH: Boynton/Cook Heinemann.

Barron, B. (2000). Achieving Coordination in Collaborative Problem-Solving Groups. *Journal of the Learning Sciences, 9*(4), 403–436.

Bartnitzky, H. (2010). Wie Kinder selbstständiger werden können – und wie 'modernistischer' Unterricht dies verhindert. In H. Bartnitzky & U. Hecker (Hg.), *Allen Kindern gerecht werden. Aufgabe und Wege* (S. 206–221). Frankfurt a. M.: Grundschulverband.

Bartnitzky, H. (2012). Fördern heißt Teilhabe. In H. Bartnitzky, U. Hecker & M. Lassek (Hg.), *Individuell fördern – Kompetenzen stärken. In der Eingangsstufe (Kl. 1 und 2). Heft 1. Fördern – warum, wer, wie, wann?* (S. 14–44). Frankfurt a. M.: Grundschulverband.

Bauersfeld, H. (1967). Die Grundlegung und Vorbereitung geometrischen Denkens in der Grundschule. In H. Ruprecht (Hg.), *Erziehung zum produktiven Denken. Festgabe für Artur Kern zum 65. Geburtstag* (S. 40–54). Freiburg: Herder.

Bauersfeld, H. (1992). Drei Gründe, Geometrisches Denken in der Grundschule zu fördern. In H. Schumann (Hg.), *Beiträge zum Mathematikunterricht* (S. 7–33). Hildesheim: Franzbecker.

Bauersfeld, H. (2000). Geometrie in der Grundschule. Anforderungen und Möglichkeiten im Unterricht. *Grundschulmagazin,* (3), 4–9.

Bauersfeld, H. (2009). Rechnenlernen im System. In A. Fritz, G. Ricken & S. Schmidt (Hg.), *Handbuch Rechenschwäche. Lernwege, Schwierigkeiten und Hilfen bei Dyskalkulie* (2. erw. u. akt. Aufl., S. 12–24). Weinheim und Basel: Beltz.

Beck, I., Nieß, M. & Silter, K. (2018). Partizipation als Bedingung von Lebenschancen. In G. Dobslaw (Hg.), *Partizipation – Teilhabe – Mitgestaltung: Interdisziplinäre Zugänge* (S. 17–41). Opladen, Berlin, Toronto: Budrich UniPress Ltd.

Beer, R. & Grundmann, M. (2004). Manifestationen des Subjektiven. In M. Grundmann & R. Beer (Hg.), *Subjekttheorien interdisziplinär. Diskussionsbeiträge aus Sozialwissenschaften, Philosophie und Neurowissenschaften* (S. 1–7). Münster: LIT.

Benkmann, R. (1998). *Entwicklungspädagogik und Kooperation. Sozial-konstruktivistische Perspektiven der Förderung von Kindern mit gravierenden Lernschwierigkeiten in der allgemeinen Schule.* Weinheim: Deutscher Studien Verlag.

Benkmann, R. (2007). Das interaktionstheoretische Paradigma. In J. Walter & F. B. Wember (Hg.), *Handbuch Sonderpädagogik. Band 2. Sonderpädagogik des Lernens* (S. 81–92). Göttingen [u. a.]: Hogrefe.

Benkmann, R. (2009). Individuelle Förderung und kooperatives Lernen im Gemeinsamen Unterricht. *Empirische Sonderpädagogik, 1*(1), 143–156.

Benkmann, R. (2010). Kooperation und kooperatives Lernen unter erschwerten Bedingungen im inklusiven Unterricht. In D. Schmetz, P. Wachtel, A. Kaiser & B. Werner (Hg.), *Bildung und Erziehung. Enzyklopädisches Handbuch der Behindertenpädagogik. Band 3* (1, S. 125–134). Stuttgart: Kohlhammer.

Benölken, R., Berlinger, N. & Veber, M. (Hg., 2018). *Alle zusammen! Offene, substanzielle Problemfelder als Gestaltungsbaustein für inklusiven Mathematikunterricht.* Münster: WTM.

Benölken, R., Veber, M. & Berlinger, N. (2018). Gestaltung fachlich fundierter Lehr-Lern-Settings für alle ohne Ausschluss – Grundlegende Verortungen. In R. Benölken, N. Berlinger & M. Veber (Hg.), *Alle zusammen! Offene, substanzielle Problemfelder als Gestaltungsbaustein für inklusiven Mathematikunterricht* (S. 1–15). Münster: WTM.

Berg, M., Höhr, R. & Werner, B. (2019). Forschungsbeitrag:»Mathe versteh ich nicht...« – eine explorative Studie zum Verbalisieren mathematischer Inhalte bei Grund-, Sprachheil- und Förderschülern. In B. Werner (Hg.), *Mathematik inklusive. Grundriss einer inklusiven Fachdidaktik* (S. 59–83). Stuttgart: Kohlhammer.

Besuden, H. (1973). Die Förderung des räumlichen Vorstellungsvermögens in der Grundschule. In *Beiträge zum Mathematikunterricht* (S. 45–49). Hannover: Schroedel.

Besuden, H. (1984). Kreisberechnungen in der Hauptschule. In H. Besuden (Hg.), *Knoten, Würfel, Ornamente. Aufsätze zur Geometrie in Grund- und Hauptschule* (S. 90–95). Stuttgart: Klett.

Besuden, H. (1988). Geometrie in der Grundschule. *Die Grundschulzeitschrift*, (18), 4–6.

Binding, G. (1989). *Masswerk.* Darmstadt: Wiss. Buchges.

Blaser, H. (1991). *Regelmässige Kreisteilungen und Kreisketten. Geheimnisse und Gesetzmäßigkeiten in Geometrie, Natur und Kunst.* Bern, Stuttgart: Haupt.

Bleidick, U. (1999). *Behinderung als pädagogische Aufgabe. Behinderungsbegriff und behindertenpädagogische Theorie.* Stuttgart [u. a.]: Kohlhammer.

Blumer, H. (1981). Der methodologische Standort des symbolischen Interaktionismus. In Arbeitsgruppe Bielefelder Soziologen (Hg.), *Alltagswissen, Interaktion und Gesellschaftliche Wirklichkeit. WV Studium, Band 54/55.* (5. Aufl., S. 80–146). Opladen: Westdeutscher Verlag.

Boban, I. & Hinz, A. (2003). *Index für Inklusion. Lernen und Teilhabe in der Schule der Vielfalt entwickeln.* Halle-Wittenberg: Martin-Luther-Universität Halle-Wittenberg.

Boban, I. & Hinz, A. (2009). Integration und Inklusion als Leitbegriffe der schulischen Sonderpädagogik. In G. Opp & G. Theunissen (Hg.), *Handbuch schulische Sonderpädagogik* (S. 29–36). Bad Heilbrunn: Julius Klinkhardt.

Böer, H. (2011). Mandalas. Kreisbilder mit interkulturellem Hintergrund. *mathematik lehren*, (165), 8–11.

Booth, T. & Ainscow, M. (2002). *Index for Inclusion. Developing Learning and Participation in Schools.* Bristol UK: Centre for Studies on Inclusive Education. Verfügbar unter: https://www.eenet.org.uk/resources/docs/IndexEnglish.pdf [04.03.2020].

Borwein, J. & Devlin, K. (2011). *Experimentelle Mathematik. Eine beispielorientierte Einführung.* Heidelberg: Springer Spektrum.

Brandt, B. (2004). *Kinder als Lernende. Partizipationsspielräume und -profile im Klassenzimmer. Eine mikrosoziologische Studie zur Partizipation im Klassenzimmer.* Frankfurt a. M.: Peter Lang.

Brandt, B. (2006). Kinder als Lernende im Mathematikunterricht der Grundschule. In H. Jungwirth & G. Krummheuer (Hg.), *Der Blick nach innen: Aspekte der alltäglichen Lebenswelt Mathematikunterricht. Band 1* (S. 19–51). Münster: Waxmann.

Brandt, B. (2009). Kollektives Problemlösen – eine partizipationstheoretische Perspektive. In M. Neubrand (Hg.), *Beiträge zum Mathematikunterricht* (S. 347–350). Münster: WTM.

Brandt, B. & Höck, G. (2011). Ko-Konstruktion in mathematischen Problemlöseprozessen – partizipationstheoretische Überlegungen. In B. Brandt, R. Vogel & G. Krummheuer

(Hg.), *Die Projekte erStMaL und MaKreKi. Mathematikdidaktische Forschung am „Center for Individual Development and Adaptive Education" (IDeA)* (S. 245–284). Münster: Waxmann.

Brandt, B. & Krummheuer, G. (2000). Das Prinzip der Komparation im Rahmen der Interpretativen Unterrichtsforschung in der Mathematikdidaktik. *Journal für Mathematik-Didaktik, 21*(3/4), 193–226.

Brandt, B. & Naujok, N. (2010). Identität, Argumentation und Partizipation – Mathematiklernen im Kontext biographischer und alltäglicher Lebenswelten. In B. Brandt, M. Fetzer & M. Schütte (Hg.), *Auf den Spuren Interpretativer Unterrichtsforschung in der Mathematikdidaktik. Götz Krummheuer zum 60. Geburtstag* (S. 15–42). Münster [u. a.]: Waxmann.

Brandt, B. & Vogel, R. (2017). Frühe mathematische Denkentwicklung. In U. Hartmann, M. Hasselhorn & A. Gold (Hg.), *Entwicklungsverläufe verstehen – Kinder mit Bildungsrisiken wirksam fördern* (S. 207–226). Stuttgart: Kohlhammer.

Brandt, B., Krummheuer, G. & Naujok, N. (2001). Zur Methodologie kontextbezogener Theoriebildung im Rahmen von interpretativer Grundschulforschung. In S. von Aufschnaiter & M. Welzel (Hg.), *Nutzung von Videodaten zur Untersuchung von Lehr-Lern-Prozessen. Aktuelle Methoden empirischer pädagogischer Forschung* (S. 17–40). Münster: Waxmann.

BRK (2008). *Gesetz zu dem Übereinkommen der Vereinten Nationen vom 13. Dezember 2006 über die Rechte von Menschen mit Behinderungen sowie zu dem Fakultativprotokoll vom 13. Dezember 2006 zum Übereinkommen der Vereinten Nationen über die Rechte von Menschen mit Behinderungen.* Bundesanzeiger Verlag. Verfügbar unter: https://www.un.org/depts/german/uebereinkommen/ar61106-dbgbl.pdf [04.03.2020].

Brügelmann, H. (2011). Den Einzelnen gerecht werden – in der inklusiven Schule. Mit einer Öffnung des Unterrichts raus aus der Individualisierungsfalle! *Zeitschrift für Heilpädagogik, 62*(9), 355–361.

Bruner, J. S. (1970). *Der Prozeß der Erziehung.* Berlin: Berlin-Verlag.

Bruner, J. S. (1974). *Entwurf einer Unterrichtstheorie.* Berlin: Berlin-Verlag.

Buber, M. (1997). *Ich und Du* (13. Aufl.). Gerlingen: Schneider.

Büchter, A. (2011). Funktionales Denken entwickeln – von der Grundschule bis zum Abitur. In A. S. Steinweg (Hg.), *Medien und Materialien. Tagungsband des AK Grundschule in der GDM 2011* (S. 9–24). Bamberg: University of Bamberg Press.

Büchter, A. (2014). Das Spiralprinzip. Begegnen – Wiederaufgreifen – Vertiefen. *mathematik lehren*, (182), 2–9.

Buhrow, O.-A. (1999). *Die Individualisierungsfalle. Kreativität gibt es nur im Plural.* Stuttgart: Klett-Cotta.

Carle, U. (2017). Eckpunkte für die Entwicklung inklusiven Unterrichts. In F. Hellmich & E. Blumberg (Hg.), *Inklusiver Unterricht in der Grundschule* (S. 15–33). Stuttgart: Kohlhammer.

Chassapis, D. (1998). The Mediation of Tools in the Development of Formal Mathematical Concepts. The Compass and the Circle as an Example. *Educational Studies in Mathematics, 37*(3), 275–293.

Chomsky, N. (1981). *Regeln und Repräsentationen.* Frankfurt a. M.: Suhrkamp.

Clements, D. H., Swaminathan, S., Hannibal, M. A. Z. & Sarama, J. (1999). Young Children's Concepts of Shape. *Journal for Research in Mathematics Education, 30*(2), 192–212.

Comenius, J. A. (1993). *Große Didaktik. Übersetzt und herausgegeben von A. Flitner und K. Schaller.* (8. Aufl.). Stuttgart: Klett-Cotta.

de Moor, E. & van den Brink, J. (1997). Geometrie vom Kind und von der Umwelt aus. *mathematik lehren,* (83), 14–17.

Dederich, M. (2016). Behinderung. In M. Dederich, I. Beck, U. Bleidick & G. Antor (Hg.), *Handlexikon der Behindertenpädagogik* (3. erw. und überarb. Aufl., S. 107–110). Stuttgart: Kohlhammer.

Denzin, N. K. (2017). Symbolischer Interaktionismus. In U. Flick, E. von Kardoff & I. Steinke (Hg.), *Qualitative Forschung* (12. Aufl., S. 136–150). Reinbek bei Hamburg: Rowohlt.

Deutsche UNESCO-Kommission e.V. (2010). *Inklusion: Leitlinien für die Bildungspolitik.* (2. Aufl.). Bonn. Verfügbar unter: https://www.unesco.de/sites/default/files/2018-05/2014_Leitlinien_inklusive_Bildung.pdf [04.03.2020].

Deutscher, T. (2012). *Arithmetische und geometrische Fähigkeiten von Schulanfängern. Eine empirische Untersuchung unter besonderer Berücksichtigung des Bereichs Muster und Strukturen.* Wiesbaden: Springer.

Douaire, J. & Emprin, F. (2017). Teaching Geometry to Students (From Five to Eight Years Old) „All That Is Curved and Smooth Is Not a Circle". In T. Dooley & G. Gueudet (Hg.), *Proceedings of the Tenth Congress of the European Society for Research in Mathematics Education (CERME)* (S. 597–604). Dublin, Ireland: DCU Institute of Education & ERME.

Eberle, T. S. (1997). Ethnomethodologische Konversationsanalyse. In R. Hitzer (Hg.), *Sozialwissenschaftliche Hermeneutik. Eine Einführung* (S. 245–279). Opladen: Leske + Budrich.

Eckermann, T. (2017). Individualisieren durch Kooperieren? – Praktiken der Individualisierung unter Kindern und ihren Peers beim kooperativen Lernen. In F. Heinzel & K. Koch (Hg.), *Individualisierung im Grundschulunterricht. Anspruch, Realisierung und Risiken* (S. 168–172). Wiesbaden: Springer VS.

Eichler, K.-P. (2007). Zum Geometrieunterricht in der Primarstufe. In A. Filler & S. Kaufmann (Hg.), *Kinder fördern – Kinder fordern* (S. 21–38). Hildesheim, Berlin: Franzbecker.

Eichler, K.-P. (2010). Fördern mathematisch begabter Kinder und Entwicklung mathematischer Interessen bei allen Kindern. In T. Fritzlar & F. Heinrich (Hg.), *Kompetenzen mathematisch begabter Grundschulkinder erkunden und fördern* (S. 127–142). Offenburg: Mildenberger.

Engel, J. (2011). Datenanalyse und Geometrie. Vom Zusammenspiel theoriegeleiteter und datenbezogener Modellierungen. *mathematica didactica, 34*(2), 5–19.

Erickson, F. (1982). Classroom Discourse as Improvisation. Relationship between Academic Task Structure and Social Participation Structure in Lessons. In L. C. Wilkinson (Hg.), *Communicating in the classroom* (S. 153–181). New York: Academic Press.

Ettl, B. (2010). Geometrie der Kirchenfenster. Erkundungen im Regensburger Dom. *mathematik lehren,* (160), 20–24.

Ewald, T.-M. & Huber, C. (2017). Kooperatives Lernen und soziale Akzeptanz?! – Wie das Konzept des kooperativen Lernens durch die Kontakthypothese geschärft werden könnte. In F. Hellmich & E. Blumberg (Hg.), *Inklusiver Unterricht in der* Grundschule (S. 66–81). Stuttgart: Kohlhammer.

Fetzer, M. (2007). *Interaktion am Werk. Eine Interaktionstheorie fachlichen Lernens, entwickelt am Beispiel von Schreibanlässen im Mathematikunterricht der Grundschule.* Bad Heilbrunn: Klinkhardt.

Fetzer, M. (2015). Argumentieren – Prozesse verstehen und Fähigkeiten fördern. In A. S. Steinweg (Hg.), *Entwicklung mathematischer Fähigkeiten von Kindern im Grundschulalter. Tagungsband des AK Grundschule in der GDM 2015* (S. 9–24). Bamberg: University of Bamberg Press.

Fetzer, M. (2016). Inklusiver Mathematikunterricht. In M. Fetzer (Hg.), *Inklusiver Mathematikunterricht. Ideen für die Grundschule* (S. 1–38). Baltmannsweiler: Schneider Hohengehren.

Fetzer, M. (2017). Auf Objekte bauen. Interaktionstheorie auf den Spuren von Objekten. In M. Beck & R. Vogel (Hg.), *Geometrische Aktivitäten und Gespräche von Kindern im Blick qualitativen Forschens. Mehrperspektivische Ergebnisse aus den Projekten erStMaL und MaKreKi* (S. 41–59). Münster: Waxmann.

Feuser, G. (1989). Allgemeine integrative Pädagogik und entwicklungslogische Didaktik. *Behindertenpädagogik, 28*(1), 4–48.

Feuser, G. (1995). *Behinderte Kinder und Jugendliche. Zwischen Integration und Aussonderung.* Darmstadt: Wissenschaftliche Buchgesellschaft.

Feuser, G. (1998). Gemeinsames Lernen am gemeinsamen Gegenstand. Didaktisches Fundamentum einer Allgemeinen (integrativen) Pädagogik. In A. Hildeschmidt & I. Schnell (Hg.), *Integrationspädagogik. Auf dem Weg zu einer Schule für alle.* (S. 19–35). Weinheim, München: Beltz Juventa.

Feuser, G. (2001). Prinzipien einer inklusiven Pädagogik. *Behinderte in Familie, Schule und Gesellschaft, 24*(2), 25–29.

Feuser, G. (2009). Momente entwicklungslogischer Didaktik einer Allgemeinen (integrativen) Pädagogik. In H. Eberwein & S. Knauer (Hg.), *Handbuch Integrationspädagogik: Kinder mit und ohne Beeinträchtigung lernen gemeinsam* (7. Aufl., S. 280–294). Weinheim [u. a.]: Beltz.

Feuser, G. (2013). Die „Kooperation am Gemeinsamen Gegenstand" – ein Entwicklung induzierendes Lernen. In G. Feuser & J. Kutscher (Hg.), *Entwicklung und Lernen* (S. 282–293). Stuttgart: Kohlhammer.

Feuser, G. & Meyer, H. (1987). *Integrativer Unterricht in der Grundschule. Ein Zwischenbericht.* Solms-Oberbiel: Jarick Oberbiel.

Fischer, W. L. (2005). Kreis und Zirkel im alten China. *Der Mathematikunterricht, 51*(1), 19–24.

Fisseler, B. (2015). Universal Design im Kontext von Inklusion und Teilhabe – Internationale Eindrücke und Perspektiven. *Recht und Praxis der Rehabilitation,* (2), 45–51.

Flick, U. (2011a). *Triangulation* (3. akt. Aufl.). Wiesbaden: Springer Fachmedien.

Flick, U. (2011b). Triangulation. In G. Oelerich & H.-U. Otto (Hg.), *Empirische Forschung und Soziale Arbeit. Ein Studienbuch* (S. 323–328). Wiesbaden: Springer VS.

Franke, M. (2000). *Didaktik der Geometrie.* Heidelberg: Spektrum Akademischer Verlag.

Franke, M. & Reinhold, S. (2016). *Didaktik der Geometrie. In der Grundschule* (3. Aufl.). Berlin, Heidelberg: Springer.

Franke, M. & Ruwisch, S. (2010). *Didaktik des Sachrechnens in der Grundschule* (2. Aufl.). Heidelberg: Spektrum Akademischer Verlag.

Freudenthal, H. (1974). Die Stufen im Lernprozeß und die heterogene Lerngruppe im Hinblick auf die Middenschool. *Neue Sammlung,* (14), 161–172.

Freudenthal, H. (1981). Geometrie in der Grundschule. In H.-G. Steiner & B. Winkelmann (Hg.), *Fragen des Geometrieunterrichts* (S. 87–98). Köln: Aulis Verlag Deubner.

Freudenthal, H. (1982). Mathematik – eine Geisteshaltung. *Grundschule, 14*(4), 140–142.

Fthenakis, W. E. (2009). Ko-Konstruktion: Lernen durch Zusammenarbeit. *Kinderzeit. Zeitschrift für Pädagogik und Bildung,* (3), 8–13.

Gellert, A. (2013). Grundschulkinder erörtern verschiedenartige Deutungen eigener Lösungen – Interpretative Rekonstruktion mathematischer Argumentationsprozesse. In G. Greefrath, F. Käpnick & M. Stein (Hg.), *Beiträge zum Mathematikunterricht* (S. 344–347). Münster: WTM.

Gersten, R., Chard, D. J., Jayanthi, M., Baker, S. K., Morphy, P. & Flojo, J. (2009). Mathematics Instruction for Students with Learning Disabilities: A Meta-Analysis of Instructional Components. *Review of Educational Research, 79*(3), 1202–1242.

Givry, D. & Roth, W.-M. (2006). Toward a new Conception of Conceptions. Interplay of Talk, Gestures, and Structures in the Setting. *Journal of Research in Science Teaching, 43*(10), 1086–1109.

Goffman, E. (1975). *Stigma. Über Techniken der Bewältigung beschädigter Identität.* Frankfurt a. M.: Suhrkamp.

Graebenteich, A. (1995). Geometrische Muster in Kirchenfenstern. Ein fächerübergreifender Zugang zu geometrischen Konstruktionen und Problemlösestrategien in einer 10. Klasse. *Der Mathematikunterricht, 41*(3), 41–60.

Graumann, G., Hölzl, R., Krainer, K., Neubrand, M. & Struve, H. (1996). Tendenzen der Geometriedidaktik der letzten 20 Jahre. *Journal für Mathematik-Didaktik, 17*(3/4), 163–237.

Gravemeijer, K. & Cobb, P. (2006). Design Research from a Learning Design Perspective. In J. van den Akker, K. Gravemeijer, S. McKenney & N. Nieveen (Hg.), *Educational Design Research* (S. 17–51). London, New York: Routledge.

Green, N. & Green, K. (2012). *Kooperatives Lernen im Klassenraum und im Kollegium. Das Trainingsbuch* (7. Aufl.). Seelze: Kallmeyer.

Greisbach, M. (2007). Förderung der Wahrnehmung. In J. Walter & F. B. Wember (Hg.), *Handbuch Sonderpädagogik. Band 2. Sonderpädagogik des Lernens* (S. 304–314). Göttingen [u. a.]: Hogrefe.

Grüntgens, W. (2017). Inklusiver Unterricht. *VDS Sonderpädagogische Förderung in NRW, 54*(1), 2–9.

Grüßing, M. (2002). Wieviel Raumvorstellung braucht man für Raumvorstellungsaufgaben? Strategien von Grundschulkindern bei der Bewältigung räumlich-geometrischer Anforderungen. *ZDM, 34*(2), 37–45.

Grüßing, M. (2015). „Ich denk mich da immer so rein und dann sehe ich das so" – Räumliche Fähigkeiten von Kindern im Grundschulalter. In A. S. Steinweg (Hg.), *Entwicklung mathematischer Fähigkeiten von Kindern im Grundschulalter. Tagungsband des AK Grundschule in der GDM 2015* (S. 39–54). Bamberg: University of Bamberg Press.

Gunčaga, J., Tkačik, S. t. & Žilková, K. n. (2017). Understanding of Selected Geometric Concepts by Pupils of Pre-Primary and Primary Level Education. *European Journal of Contemporary Education, 6*(3), 497–515.

Gysin, B. (2017). *Lerndialoge von Kindern in einem jahrgangsgemischten Anfangsunterricht Mathematik. Chancen für eine mathematische Grundbildung.* Münster: Waxmann.

Hackbarth, A. (2017). *Inklusionen und Exklusionen in Schülerinteraktionen. Empirische Rekonstruktionen in jahrgangsübergreifenden Lerngruppen an einer Förderschule und an einer inklusiven Grundschule.* Bad Heilbrunn: Julius Klinkhardt.

Hackbarth, A. & Martens, M. (2018). Inklusiver (Fach-)Unterricht: Befunde – Konzeptionen – Herausforderungen. In T. Sturm & M. Wagner-Willi (Hg.), *Handbuch schulische Inklusion* (S. 191–205). Opladen & Toronto: Budrich.

Hähn, K. (2015a). *Mathe-Spürnasen: Thema Kreis – Einführung: Eigenschaften und Konstruktion eines Kreises.* Universität Duisburg-Essen: Unveröffentlichtes Manuskript.

Hähn, K. (2015b). *Mathe-Spürnasen: Thema Kreis – Vertiefung: Kombination vorgegebener Kreisteile zur Kreisflächenauslegung.* Universität Duisburg-Essen: Unveröffentlichtes Manuskript.

Hähn, K. (2015c). *Mathe-Spürnasen: Thema Kreis – Vertiefung: Längenverhältnisse im Kreis.* Universität Duisburg-Essen: Unveröffentlichtes Manuskript.

Hähn, K. (2015d). *Mathe-Spürnasen: Thema Kreis – Vertiefung: Maßwerk.* Universität Duisburg-Essen: Unveröffentlichtes Manuskript.

Hähn, K. (2016). Individuelle Lern- und Kooperationsprozesse in einer geometrischen Lernumgebung im inklusiven Mathematikunterricht der Grundschule. In Institut für Mathematik und Informatik der Pädagogischen Hochschule Heidelberg (Hg.), *Beiträge zum Mathematikunterricht. Band 1* (S. 349–352). Münster: WTM-Verlag.

Hähn, K. (2017). Analyses of Learning Situations in Inclusive Settings: A Coexisting Learning Situation in a Geometrical Learning Environment. In J. Novotná & H. Moraova (Hg.), *SEMT 2017. Int. Symposium Elementary Mathematics Teaching. August 20–25, 2017. Proceedings: Equity and Diversity.* (S. 187–196). Prague: Charles University.

Hähn, K. (2018a). Aktivitäten von Schüler_innen mit dem Förderschwerpunkt Lernen in einer geometrischen Lernumgebung in inklusiven Settings. In A. Langner (Hg.), *Inklusion im Dialog: Fachdidaktik – Erziehungswissenschaft – Sonderpädagogik* (S. 318–324). Bad Heilbrunn: Klinkhardt.

Hähn, K. (2018b). Gemeinsame Lernsituationen im inklusiven Mathematikunterricht der Grundschule: Analyse von Partnerarbeitsphasen. In Fachgruppe Didaktik der Mathematik der Universität Paderborn (Hg.), *Beiträge zum Mathematikunterricht* (S. 699–702). Münster: WTM-Verlag.

Hähn, K. & Scherer, P. (2017). Kunst quadratisch aufräumen. Eine geometrische Lernumgebung im inklusiven Mathematikunterricht. In U. Häsel-Weide & M. Nührenbörger (Hg.), *Gemeinsam Mathematik lernen – mit allen Kindern rechnen* (S. 230–240). Frankfurt a. M.: Grundschulverband.

Häsel-Weide, U. (2016a). Mathematik gemeinsam lernen – Lernumgebungen für den inklusiven Mathematikunterricht. In A. S. Steinweg (Hg.), *Inklusiver Mathematikunterricht – Mathematiklernen in ausgewählten Förderschwerpunkten. Tagungsband des AK Grundschule in der GDM 2016* (S. 9–24). Bamberg: University of Bamberg Press.

Häsel-Weide, U. (2016b). „Mathematik inklusive“: Lernchancen im inklusiven Anfangs-unterricht. In Institut für Mathematik und Informatik der Pädagogischen Hochschule Heidelberg (Hg.), *Beiträge zum Mathematikunterricht* (S. 365–368). Münster: WTM.

Häsel-Weide, U. (2016c). *Vom Zählen zum Rechnen.* Wiesbaden: Springer Spektrum.

Häsel-Weide, U. (2017a). Inklusiven Mathematikunterricht gestalten. Anforderungen an die Lehrerausbildung. In J. Leuders, T. Leuders, S. Prediger & S. Ruwisch (Hg.), *Mit Heterogenität im Mathematikunterricht umgehen lernen. Konzepte und Perspektiven für eine zentrale Anforderung an die Lehrerbildung* (S. 17–28). Wiesbaden: Springer Spektrum.

Häsel-Weide, U. (2017b). Mathematik gemeinsam lernen – Lernumgebungen für den inklusiven Mathematikunterricht. *VDS Sonderpädagogische Förderung in NRW, 55*(3), 22–28.

Häsel-Weide, U. & Nührenbörger, M. (2015). Aufgabenformate für einen inklusiven Arith-metikunterricht. In A. Peter-Koop, T. Rottmann & M. M. Lüken (Hg.), *Inklusiver Mathematikunterricht in der Grundschule* (S. 58–74). Offenburg: Mildenberger.

Häsel-Weide, U. & Nührenbörger, M. (2017a). *Das Zahlenbuch. Förderkommentar Lernen zum 1. Schuljahr.* Stuttgart: Klett.

Häsel-Weide, U. & Nührenbörger, M. (2017b). Grundzüge des inklusiven Mathematikun-terrichts. In U. Häsel-Weide & M. Nührenbörger (Hg.), *Gemeinsam Mathematik lernen – mit allen Kindern rechnen* (S. 8–21). Frankfurt a. M.: Grundschulverband.

Häsel-Weide, U. & Nührenbörger, M. (2017c). Produktives Fördern im inklusiven Mathe-matikunterricht – Möglichkeiten einer mathematisch ausgerichteten Diagnose und individuellen Förderung. In F. Hellmich & E. Blumberg (Hg.), *Inklusiver Unterricht in der Grundschule* (S. 213–228). Stuttgart: Kohlhammer.

Haftendorn, D. (2017). *Kurven erkunden und verstehen. Mit GeoGebra und anderen Werkzeugen.* Wiesbaden: Springer Spektrum.

Hanewinkel, N. (2006). *Handlungsorientiertes Lernen mit dem Bruchrechenmaterial Maria Montessoris.* Münster: LIT Verlag.

Hasemann, K. & Gasteiger, H. (2014). *Anfangsunterricht Mathematik* (3. überarb. und erw. Aufl.). Berlin, Heidelberg: Springer Spektrum.

Hattermann, M., Meckel, K. & Schreiber, C. (2014). Inklusion im Mathematikunterricht – das geht! In B. Amrhein & M. Dziak-Mahler (Hg.), *Fachdidaktik inklusiv. Auf der Suche nach didaktischen Leitlinien für den Umgang mit Vielfalt in der Schule* (S. 201–219). Münster [u. a.]: Waxmann.

Heimlich, U. (2007). Didaktik des gemeinsamen Unterrichts. In J. Walter & F. B. Wember (Hg.), *Handbuch Sonderpädagogik Band 2. Sonderpädagogik des Lernens* (S. 357–375). Göttingen [u. a.]: Hogrefe.

Heimlich, U. (2012). Gemeinsamer Unterricht im Rahmen inklusiver Didaktik. In U. Heimlich & F. B. Wember (Hg.), *Didaktik des Unterrichts im Förderschwerpunkt Lernen. Ein Handbuch für Studium und Praxis* (2. akt. Aufl., S. 69–80). Stuttgart: Kohlhammer.

Heimlich, U. (2014a). Schulische Organisationsformen sonderpädagogischer Förderung auf dem Weg zur Inklusion. In U. Heimlich & J. Kahlert (Hg.), *Inklusion in Schule und Unterricht. Wege zur Bildung für alle* (2. Aufl., S. 80–116). Stuttgart: Kohlhammer.

Heimlich, U. (2014b). Teilhabe, Teilgabe oder Teilsein? Auf der Suche nach den Grundlagen inklusiver Bildung. *Vierteljahresschrift für Heilpädagogik und ihre Nachbargebiete, 83*(1), 1–5.

Heimlich, U. (2016). *Pädagogik bei Lernschwierigkeiten* (2. akt. Aufl.). Bad Heilbrunn: Julius Klinkhardt.

Heimlich, U., Hillenbrand, C. & Wember, F. B. (2016). Förderschwerpunkt Lernen. In MSW (Hg.), *Sonderpädagogische Förderschwerpunkte in NRW – ein Blick aus der Wissenschaft in die Praxis*. (S. 9–19). Düsseldorf: MSW.

Heinrich, M., Urban, M. & Werning, R. (2013). Grundlagen, Handlungsstrategien und Forschungsperspektiven für die Ausbildung und Professionalisierung von Fachkräften für inklusive Schulen. In H. Döbert & H. Weishaupt (Hg.), *Inklusive Bildung professionell gestalten. Situationsanalyse und Handlungsempfehlungen* (S. 69–133). Münster [u. a.]: Waxmann.

Heitzer, J. (2010). Symmetrie im Mathematikunterricht. *mathematik lehren*, (161), 4–11.

Hellmich, F. (2007). Geometrie. In J. Walter & F. B. Wember (Hg.), *Handbuch Sonderpädagogik. Band 2. Sonderpädagogik des Lernens* (S. 634–657). Göttingen [u. a.]: Hogrefe.

Hellmich, F. (2012). Lehren und Lernen im Geometrieunterricht. In U. Heimlich & F. B. Wember (Hg.), *Didaktik des Unterrichts im Förderschwerpunkt Lernen. Ein Handbuch für Studium und Praxis* (2. akt. Aufl., S. 294–306). Stuttgart: Kohlhammer.

Hellmich, F. & Hartmann, J. (2002). Aspekte einer Förderung räumlicher Kompetenzen im Geometrieunterricht. Ergebnisse einer Trainingsstudie mit Sonderschülerinnen und -schülern. *ZDM, 34*(2), 56–61.

Hellmich, F. & Moschner, B. (2003). Was interessiert Grundschulkinder an Mathematikaufgaben? In H.-W. Henn (Hg.), *Beiträge zum Mathematikunterricht* (S. 285–288). Hildesheim: Franzbecker.

Hellmich, F., Löper, M. F., Görel, G. & Pfahl, R. (2017). Einstellungen von Kindern gegenüber Peers mit sonderpädagogischem Förderbedarf als Bedingungen der sozialen Partizipation im inklusiven Unterricht der Grundschule. In F. Hellmich & E. Blumberg (Hg.), *Inklusiver Unterricht in der Grundschule* (S. 98–121). Stuttgart: Kohlhammer.

Helmerich, M. & Lengnink, K. (2016). *Einführung Mathematik Primarstufe – Geometrie.* Berlin, Heidelberg: Springer Spektrum.

Helmke, A. (2015). *Unterrichtsqualität und Lehrerprofessionalität. Diagnose, Evaluation und Verbesserung des Unterrichts* (6. Aufl.). Seelze-Velber: Kallmeyer.

Hengartner, E. (2010). Lernumgebungen für das ganze Begabungsspektrum: Alle Kinder sind gefordert. In E. Hengartner, U. Hirt, B. Wälti & Primarschulteam Lupsingen (Hg.), *Lernumgebungen für Rechenschwache bis Hochbegabte – Natürliche Differenzierung im Mathematikunterricht* (2. akt. und erw. Aufl., S. 9–15). Zug: Klett und Balmer.

Hengartner, E., Hirt, U., Wälti, B. & Primarschulteam Lupsingen (2010). *Lernumgebungen für Rechenschwache bis Hochbegabte. Natürliche Differenzierung im Mathematikunterricht.* Zug: Klett und Balmer.

Heß, B. & Nührenbörger, M. (2017). Produktives Fördern im inklusiven Mathematikunterricht. In U. Häsel-Weide & M. Nührenbörger (Hg.), *Gemeinsam Mathematik lernen – mit allen Kindern rechnen* (144, S. 275–287). Frankfurt a. M.: Grundschulverband.

Hinz, A. (2002). Von der Integration zur Inklusion – terminologisches Spiel oder konzeptionelle Weiterentwicklung? *Zeitschrift für Heilpädagogik, 53*(9), 354–361.

Hinz, A. (2004). Vom sonderpädagogischen Verständnis der Integration zum integrationspädagogischen Verständnis der Inklusion!? In I. Schnell & A. Sander (Hg.), *Inklusive Pädagogik* (S. 41–74). Bad Heilbrunn: Klinkhardt.

Hirt, U. & Wälti, B. (2012). *Lernumgebungen im Mathematikunterricht. Natürliche Differenzierung für Rechenschwache bis Hochbegabte* (3. Aufl.). Seelze: Klett Kallmeyer.

Hirt, U., Wälti, B. & Wollring, B. (2012). Lernumgebungen für den Mathematikunterricht in der Grundschule: Begriffsklärung und Positionierung. In U. Hirt & B. Wälti (Hg.), *Lernumgebungen im Mathematikunterricht. Natürliche Differenzierung für Rechenschwache bis Hochbegabte* (3. Aufl., S. 12–37). Seelze: Kallmeyer.

Hitzler, S. (2018). Interaktion zwischen Personen mit und ohne kognitive Beeinträchtigung. Eine konversationsanalytische Untersuchung zur Rolle der Herstellung von „Gewöhnlichkeit". In G. Dobslaw (Hg.), *Partizipation – Teilhabe – Mitgestaltung: Interdisziplinäre Zugänge* (S. 43–66). Opladen, Berlin, Toronto: Budrich UniPress Ltd.

HKM – Hessisches Kultusministerium (2009). *Lehrplan Mathematik. Schule für Lernhilfe.* Verfügbar unter: https://kultusministerium.hessen.de/sites/default/files/HKM/lp_lh_mathe.pdf [04.03.2020]

Höck, G. (2015). *Ko-Konstruktive Problemlösegespräche im Mathematikunterricht. Eine Studie zur lernpartnerschaftlichen Entwicklung mathematischer Lösungen unter Grundschulkindern.* Münster [u. a.]: Waxmann.

Hölzl, R. (2018). Ähnlichkeit. In H.-G. Weigand, A. Filler, R. Hölzl, S. Kuntze, M. Ludwig, J. Roth, B. Schmidt-Thieme & G. Wittmann (Hg.), *Didaktik der Geometrie für die Sekundarstufe I* (3. erw. und überarb. Aufl., S. 203–225). Berlin: Springer Spektrum.

Hoffmann, E. (2009). Lernstände an Förderschulen und im gemeinsamen Unterricht. In R. Lehmann & E. Hoffmann (Hg.), *BELLA. Berliner Erhebung arbeitsrelevanter Basiskompetenzen von Schülerinnen und Schülern mit Förderbedarf „Lernen"* (S. 155–164). Münster [u. a.]: Waxmann.

Holland, G. (1996). *Geometrie in der Sekundarstufe. Didaktische und methodische Fragen* (2. Aufl.). Heidelberg [u. a.]: Spektrum.

Holubek, M., Stiefelmeier, L. & Timper, L. (2013). Merkmal Lernschwierigkeiten. In M. von Saldern (Hg.), *Inklusion II. Umgang mit besonderen Merkmalen* (S. 91–112). Norderstedt: Books on Demand.

Howe, C. (2009). Collaborative Group Work in Middle Childhood. Joint Construction, Unresolved Contradiction and the Growth of Knowledge. *Human Development, 52*(4), 215–239.

Huber, G. & Roth, J. (1999). *Finden oder Suchen? Lehren und Lernen in Zeiten der Ungewißheit.* Schwangau: Huber.

Hurych, F. (1976). Leitprinzipien der inneren Differenzierung. In R. Drescher & F. Hurych (Hg.), *Innere Differenzierung. Band 1* (S. 6–14). Regensburg: Wolf Verlag.

Huth, M. (2010). Gestik als Ausdruck mathematischer Ideen in Gesprächen von Grundschüler/innen. In K.-H. Arnold, K. Hauenschild, B. Schmidt & B. Ziegenmeyer (Hg.), *Zwischen Fachdidaktik und Stufendidaktik. Perspektiven für die Grundschulpädagogik* (S. 155–158). Wiesbaden: VS Verlag.

Jennessen, S. & Wagner, M. (2012). Alles so schön bunt hier!? Grundlegendes und Spezifisches zur Inklusion aus sonderpädagogischer Perspektive. *Zeitschrift für Heilpädagogik, 63*(8), 335–344.

Johnson, D. W., Johnson, R. T. & Stanne, M. B. (2000). *Cooperative Learning Methods: A Meta-Analysis.* Verfügbar unter: https://www.researchgate.net/profile/David_Johnso n50/publication/220040324_Cooperative_learning_methods_A_meta-analysis/links/00b 4952b39d258145c000000.pdf [19.02.2019].

Jung, J. (2019). Möglichkeiten des gemeinsamen Lernens im inklusiven Mathematikunterricht. Eine interaktionistische Perspektive. In B. Brandt & K. Tiedemann (Hg.), *Mathematiklernen aus interpretativer Perspektive I. Aktuelle Themen, Arbeiten und Fragen* (S. 103–126). Münster, New York: Waxmann.

Kadunz, G. (2015). Zum Verhältnis von geometrischen Zeichen und Argumentation. In G. Kadunz (Hg.), *Semiotische Perspektiven auf das Lernen von Mathematik* (S. 71–88). Berlin, Heidelberg: Springer.

Käpnick, F. (2014). *Mathematiklernen in der Grundschule.* Heidelberg: Springer Spektrum.

Käpnick, F. (Hg., 2016). *Verschieden verschiedene Kinder. Inklusives Fördern im Mathematikunterricht der Grundschule.* Seelze: Klett Kallmeyer.

Käpnick, F. (2017). Konzeptionelle Eckpfeiler eines inklusiven Mathematikunterrichts in der Grundschule. In U. Kortenkamp & A. Kuzle (Hg.), *Beiträge zum Mathematikunterricht* (S. 521–524). Münster: WTM-Verlag.

Kahlert, J. & Heimlich, U. (2014). Inklusionsdidaktische Netze – Konturen eines Unterrichts für alle (dargestellt am Beispiel des Sachunterrichts). In U. Heimlich & J. Kahlert (Hg.), *Inklusion in Schule und Unterricht. Wege zur Bildung für alle* (2. Aufl., S. 153–190). Stuttgart: Kohlhammer.

Keiler, P. (2002). *Lev Vygotskij – ein Leben für die Psychologie.* Weinheim, Basel: Beltz.

Kiel, E., Esslinger-Hinz, I. & Reusser, K. (2014). Einführung in den Thementeil ‚Allgemeine Didaktik für eine inklusive Schule'. *Jahrbuch für Allgemeine Didaktik,* 9–15.

Klafki, W. (2007). *Neue Studien zur Bildungstheorie und Didaktik. Zeitgemäße Allgemeinbildung und kritisch-konstruktive Didaktik* (6. neu ausgestattete Aufl.). Weinheim und Basel: Beltz.

Klemm, K. (2010). *Gemeinsam lernen. Inklusion leben. Status Quo und Herausforderungen inklusiver Bildung in Deutschland.* Verfügbar unter: https://www.bertelsmann-stiftung.de/fileadmin/files/BSt/Publikationen/GrauePublikationen/GP_Gemeinsam_ler nen_Inklusion_leben.pdf. [04.03.2020]. Gütersloh: Bertelsmann Stiftung.

Klemm, K. (2015). *Inklusion in Deutschland. Daten und Fakten.* Gütersloh: Bertelsmann Stiftung.

Klemm, K. (2018). *Unterwegs zur inklusiven Schule. Lagebericht 2018 aus bildungsstatistischer Perspektive*: Bertelsmann Stiftung.

Klemm, K. & Preuss-Lausitz, U. (2011). *Auf dem Weg zur schulischen Inklusion in Nordrhein-Westfalen. Empfehlungen zur Umsetzung der UN-Behindertenrechtskonvention im Bereich der allgemeinen Schule.* Verfügbar unter: https://www.schulministerium.nrw.de/docs/Schulsystem/Inklusion/Lehrkraefte/ Kontext/Gutachten/NRW_Inklusionskonzept_2011__-_neue_Version_08_07_11.pdf [22.01.2019].

KMNRW – Kultusministerium des Landes Nordrhein-Westfalen (1977). *Richtlinien für die Schule für Lernbehinderte (Sonderschule) in Nordrhein-Westfalen.* Köln: Greven.

KMK – Sekretariat der Ständigen Konferenz der Kultusminister der Länder in der Bundesrepublik Deutschland (1994). *Empfehlungen zur sonderpädagogischen Förderung in den Schulen in der Bundesrepublik Deutschland. Beschluß der Kultusministerkonferenz vom 06.05.1994.* Verfügbar unter: https://www.kmk.org/fileadmin/Dateien/pdf/Pre sseUndAktuelles/2000/sopae94.pdf [04.03.2020].

KMK – Sekretariat der Ständigen Konferenz der Kultusminister der Länder in der Bundesrepublik Deutschland (1999). *Empfehlungen zum Förderschwerpunkt Lernen. Beschluss der Kultusministerkonferenz vom 01.10.1999.* Verfügbar unter: https://www.kmk.org/fileadmin/Dateien/pdf/PresseUndAktuelles/2000/sopale.pdf [04.03.2020].

KMK – Sekretariat der Ständigen Konferenz der Kultusminister der Länder in der Bundesrepublik Deutschland (2005). *Bildungsstandards im Fach Mathematik für den Primarbereich. Beschluss vom 15.10.2004.* München: Wolters Kluwer.

KMK – Sekretariat der Ständigen Konferenz der Kultusminister der Länder in der Bundesrepublik Deutschland (2010). *Pädagogische und rechtliche Aspekte der Umsetzung des Übereinkommens der Vereinten Nationen vom 13. Dezember 2006 über die Rechte von Menschen mit Behinderungen (Behindertenrechtskonvention – VN-BRK) in der schulischen Bildung. (Beschluss der Kultusministerkonferenz vom 18.11.2010).* Verfügbar unter: https://www.kmk.org/fileadmin/Dateien/veroeffentlichungen_beschluesse/2010/2010_11_18-Behindertenrechtkonvention.pdf [04.03.2020].

KMK – Sekretariat der Ständigen Konferenz der Kultusminister der Länder in der Bundesrepublik Deutschland (2011). *Inklusive Bildung von Kindern und Jugendlichen mit Behinderungen in Schulen. (Beschluss der Kultusministerkonferenz vom 20.10.2011).* Verfügbar unter: https://www.kmk.org/fileadmin/veroeffentlichungen_beschluesse/2011/2011_10_20-Inklusive-Bildung.pdf [04.03.2020].

Knoop, G. (2004). Geometrie in der Grundschule – Mehr als Handlungen und Phänomene. In P. Scherer & D. Bönig (Hg.), *Mathematik für Kinder – Mathematik von Kindern* (S. 107–115). Frankfurt a. M.: Grundschulverband.

Knyrim, U. (2004). Muster – ein Formenspiel von Kunst und Geometrie. *Sache-Wort-Zahl, 32*(62), 42–47.

Knyrim, U. (2012). Maßwerkbetrachtungen in der Grundschule. In A. Filler & M. Ludwig (Hg.), *Vernetzungen und Anwendungen im Geometrieunterricht. Ziele und Visionen 2020. Vorträge auf der 28. Herbsttagung des Arbeitskreises Geometrie in der Gesellschaft für Didaktik der Mathematik vom 09. bis 11. September 2011 in Marktbreit* (S. 177–190). Hildesheim, Berlin: Franzbecker.

Koch, K. (2007). Soziokulturelle Benachteiligung. In J. Walter & F. B. Wember (Hg.), *Handbuch Sonderpädagogik Band 2. Sonderpädagogik des Lernens* (S. 104–116). Göttingen [u. a.]: Hogrefe.

Kötters, C., Schmidt, R. & Ziegler, C. (2001). Partizipation im Unterricht – Zur Differenz von Erfahrung und Ideal partizipativer Verhältnisse im Unterricht und deren Verarbeitung. In J. Böhme & R.-T. Kramer (Hg.), *Partizipation in der Schule* (S. 93–122). Opladen: Leske + Budrich.

Kollosche, D. (2017). Entdeckendes Lernen: Eine Problematisierung. *Journal für Mathematik-Didaktik, 38*(2), 209–237.

Korff, N. (2012). Inklusiver Unterricht – Didaktische Modelle und Forschung. In R. Benkmann, S. Chilla & E. Stapf (Hg.), *Inklusive Schule. Einblicke und Ausblicke* (S. 138–157). Immenhausen: Prolog.

Korff, N. (2014). *Inklusiver Mathematikunterricht in der Primarstufe: Erfahrungen, Perspektiven, Herausforderungen.* Baltmannsweiler: Schneider Hohengehren.

Korff, N. (2015). Inklusiven Mathematikunterricht von den Vorstellungen der Lehrerinnen und Lehrer aus entwickeln. In A. Peter-Koop, T. Rottmann & M. M. Lüken (Hg.), *Inklusiver Mathematikunterricht in der Grundschule* (S. 181–196). Offenburg: Mildenberger.

Korff, N. (2016). „… und dann kommst du aber in eine Klasse, die gewohnt ist nur Arbeitsblätter zu bearbeiten." – Herausforderungen der Lehrer*innenbildung für inklusiven Unterricht. In A. S. Steinweg (Hg.), *Inklusiver Mathematikunterricht – Mathematiklernen in ausgewählten Förderschwerpunkten. Tagungsband des AK Grundschule in der GDM 2016* (S. 25–40). Bamberg: University of Bamberg Press.

Korff, N. & Schulz, A. (2017). Inklusive Fachdidaktik Mathematik. In K. Ziemen (Hg.), *Lexikon Inklusion* (S. 118–120). Göttingen: Vandenhoeck & Ruprecht.

Korten, L. (2017). The Investigation of Co-Operative-Interactive Learning Situations in an Inclusive Arithmetic Classroom. In J. Novotná & H. Moraova (Hg.), *SEMT 2017. Int. Symposium Elementary Mathematics Teaching. August 20–25, 2017. Proceedings: Equity and Diversity.* (S. 282–292). Prague: Charles University.

Krähenmann, H., Labhart, D., Schnepel, S., Stöckli, M. & Moser Opitz, E. (2015). Gemeinsam lernen – individuell fördern: Differenzierung im inklusiven Mathematikunterricht. In A. Peter-Koop, T. Rottmann & M. M. Lüken (Hg.), *Inklusiver Mathematikunterricht in der Grundschule* (S. 43–57). Offenburg: Mildenberger.

Krämer, M. (2013). Inklusion – Integration – Partizipation. Drei Seiten einer Medaille. In Vorstand des Berufsverbandes Deutscher Psychologinnen und Psychologen e. V. (Hg.), *Inklusion, Integration, Partizipation. Psychologische Beiträge für eine humane Gesellschaft* (S. 11–16). Berlin: BDP.

Krappmann, L. (2010). Prozesse kindlicher Persönlichkeitsentwicklung im Kontext von Gleichaltrigenbeziehungen. In M. Harring, O. Böhm-Kasper, C. Rohlfs & C. Palentien (Hg.), *Freundschaften, Cliquen und Jugendkulturen. Peers als Bildungs- und Sozialisationsinstanzen* (S. 187–222). Wiesbaden: VS Verlag.

Krauter, S. & Bescherer, C. (2013). *Erlebnis Elementargeometrie: Ein Arbeitsbuch zum selbstständigen und aktiven Entdecken* (2. Aufl.). Berlin, Heidelberg: Springer.

Krauthausen, G. (2018). *Einführung in die Mathematikdidaktik – Grundschule* (4. Aufl.). Berlin: Springer Spektrum.

Krauthausen, G. & Scherer, P. (2010). Ausgestaltung und Zwischenergebnisse des EU-Projekts NaDiMa (Partner Deutschland). In A. M. Lindmeier & S. Ufer (Hg.), *Beiträge zum Mathematikunterricht* (S. 735–738). Münster: WTM.

Krauthausen, G. & Scherer, P. (2014). *Natürliche Differenzierung im Mathematikunterricht. Konzepte und Praxisbeispiele aus der Grundschule.* Seelze: Klett Kallmeyer.

Kroesbergen, E. H. & Van Luit, J. E. H. (2003). Mathematics Interventions for Children with Special Educational Needs. *Remedial and Special Education, 24,* 97–114.

Kroesbergen, E. H., Van Luit, J. E. H. & Maas, C. J. M. (2004). Effectiveness of Explicit and Constructivist Mathematics Instruction for Low-Achieving Students in The Netherlands. *The Elementary School Journal, 104*(3), 233–251.

Krummheuer, G. (1984). Zur unterrichtsmethodischen Dimension von Rahmungsprozessen. *Journal für Mathematik-Didaktik, 5*(4), 285–306.

Krummheuer, G. (1992). *Lernen mit „Format". Elemente einer interaktionistischen Lerntheorie. Diskutiert an Beispielen mathematischen Unterrichts.* Weinheim: Deutscher Studien Verlag.

Krummheuer, G. (2003). Wie wird Mathematiklernen im Unterricht der Grundschule zu ermöglichen versucht? – Strukturen des Argumentierens in alltäglichen Situationen des Mathematikunterrichts der Grundschule. *Journal für Mathematik-Didaktik, 24*(2), 122–138.

Krummheuer, G. (2007). Kooperatives Lernen im Mathematikunterricht der Grundschule In K. Rabenstein & S. Reh (Hg.), *Kooperatives und selbstständiges Arbeiten von Schülern. Zur Qualitätsentwicklung von Unterricht* (S. 61–84). Wiesbaden: VS Verlag.

Krummheuer, G. (2008). Inskription, Narration und diagrammatisch basierte Argumentation. Narrative Rationalisierungspraxen im Mathematikunterricht der Grundschule. In H. Jungwirth & G. Krummheuer (Hg.), *Der Blick nach innen: Aspekte der alltäglichen Lebenswelt Mathematikunterricht. Band 2* (S. 7–37). Münster: Waxmann.

Krummheuer, G. (2011). Die empirisch begründete Herleitung des Begriffs der „Interaktionalen Nische mathematischer Denkentwicklung" (NMD). In B. Brandt, R. Vogel & G. Krummheuer (Hg.), *Die Projekte erStMaL und MaKreKi. Mathematikdidaktische Forschung am „Center for Individual Development and Adaptive Education" (IDeA)* (S. 25–89). Münster: Waxmann.

Krummheuer, G. (2012). Interaktionsanalyse. In F. Heinzel (Hg.), *Methoden der Kindheitsforschung. Ein Überblick über Forschungszugänge zur kindlichen Perspektive* (2. Aufl., S. 234–247). Weinheim, Basel: Beltz Juventa.

Krummheuer, G. & Brandt, B. (2001). *Paraphrase und Traduktion. Partizipationstheoretische Elemente einer Interaktionstheorie des Mathematiklernens in der Grundschule.* Weinheim und Basel: Beltz.

Krummheuer, G. & Fetzer, M. (2010). *Der Alltag im Mathematikunterricht. Beobachten – Verstehen – Gestalten* (unv. Nachdruck der 1. Aufl.). Heidelberg: Spektrum.

Krummheuer, G. & Naujok, N. (1999). *Grundlagen und Beispiele Interpretativer Unterrichtsforschung.* Opladen: Leske + Budrich.

Kuhn, T. S. (1976). *Die Struktur wissenschaftlicher Revolutionen* (Nachdruck der 2. rev. Aufl.). Frankfurt a. M.: Suhrkamp.

Kullmann, H., Lütje-Klose, B. & Textor, A. (2014). Eine Allgemeine Didaktik für inklusive Lerngruppen – fünf Leitprinzipien als Grundlage eines Bielefelder Ansatzes der inklusiven Didaktik. In B. Amrhein & M. Dziak-Mahler (Hg.), *Fachdidaktik inklusiv. Auf der Suche nach didaktischen Leitlinien für den Umgang mit Vielfalt in der Schule* (S. 89–107). Münster [u. a.]: Waxmann.

Lange, D. (2013). *Inhaltsanalytische Untersuchung zur Kooperation beim Bearbeiten mathematischer Problemaufgaben.* Münster [u. a.]: Waxmann.

Langner, A. (Hg., 2018). *Inklusion im Dialog: Fachdidaktik – Erziehungswissenschaft – Sonderpädagogik.* Bad Heilbrunn: Klinkhardt.

Lass, L. & Nührenbörger, M. (2018). Mathematische Teilhabeprozesse von Kindern im inklusiven Unterricht der Grundschule. In Fachgruppe Didaktik der Mathematik der Universität Paderborn (Hg.), *Beiträge zum Mathematikunterricht* (S. 1143–1146). Münster: WTM-Verlag.

Latour, B. (2005). *Reassembling the Social. An Introduction to Actor-Network-Theory.* (2). Oxford: University Press.

Leuders, T. (2014). Entdeckendes Lernen – Produktives Üben. In H. Linneweber-Lammerskitten (Hg.), *Fachdidaktik Mathematik. Grundbildung und Kompetenzaufbau im Unterricht der Sek. I und II* (S. 236–263). Seelze: Kallmeyer.

Lichti, M. (2019). *Funktionales Denken fördern. Experimentieren mit gegenständlichen Materialien oder Computer-Simulationen.* Wiesbaden: Springer Spektrum.

Liebers, K. & Seifert, C. (2014). Quantitative empirische Befunde zur Inklusion in der Grundschule – Zu einem heterogenen Forschungsstand. In E.-K. Franz, S. Trumpa & I. Esslinger-Hinz (Hg.), *Inklusion: Eine Herausforderung für die Grundschulpädagogik* (S. 33–46). Baltmannsweiler: Schneider Hohengehren.

Lompscher, J. (1997). Selbständiges Lernen anleiten. Ein Widerspruch in sich? *Friedrich Jahresheft: Lernmethoden Lehrmethoden. Wege zur Selbstständigkeit (XV),* 46–49.

Lorenz, J. H. (2008). *Lernschwache Rechner fördern. Ursachen der Rechenschwäche. Frühhinweise auf Rechenschwäche. Diagnostisches Vorgehen* (5. Aufl.). Berlin: Cornelsen Scriptor.

Lorenz, J. H. (2011). Was muss jedes Kind können? Arithmetische und geometrische Basiskompetenzen erkennen und fördern. *Grundschule, 42*(1), 9–13.

Lorenz, J. H. & Radatz, H. (1986). Rechenschwäche. *Grundschule, 18*(4), 40–42.

Lütje-Klose, B. & Miller, S. (2015). Inklusiver Unterricht – Forschungsstand und Desiderata. In A. Peter-Koop, T. Rottmann & M. M. Lüken (Hg.), *Inklusiver Mathematikunterricht in der Grundschule* (S. 10–32). Offenburg: Mildenberger.

Lütje-Klose, B., Neumann, P., Thoms, S. & Werning, R. (2018). Inklusive Bildung und Sonderpädagogik – eine Einführung. In B. Lütje-Klose, T. Riecke-Baulecke & R. Werning (Hg.), *Basiswissen Lehrerbildung: Inklusion inSchule und Unterricht. Grundlagen in der Sonderpädagogik* (S. 9–58). Seelze: Klett Kallmeyer.

Luhmann, N. (1995). *Soziologische Aufklärung. 6. Die Soziologie und der Mensch.* Opladen: Westdt. Verlag.

Maier, A. & Benz, C. (2012). Das Verständnis ebener geometrischer Formen von Kindern im Alter von 4–6 Jahren. In M. Ludwig & M. Kleine (Hg.), *Beiträge zum Mathematikunterricht* (S. 569–572). Münster: WTM.

Maier, H. (1999). *Räumliches Vorstellungsvermögen.* Frankfurt a. M.: Peter Lang.

Markowetz, R. (2004). Alle Kinder alles lehren! Aber wie? – Maßnahmen der Inneren Differenzierung und Individualisierung als Aufgabe für Sonderpädagogik und Allgemeine (Integrations-)Pädagogik auf dem Weg zu einer inklusiven Didaktik. In I. Schnell & A. Sander (Hg.), *Inklusive Pädagogik* (S. 167–186). Bad Heilbrunn: Julius Klinhardt.

Markowitz, J. (1986). *Verhalten im Systemkontext. Zum Begriff des sozialen Epigramms. Diskutiert am Beispiel des Schulunterrichts.* Frankfurt am Main: Suhrkamp.

Matter, B. (2017). *Lernen in heterogenen Lerngruppen. Erprobung und Evaluation eines Konzepts für den jahrgangsgemischten Mathematikunterricht.* Wiesbaden: Springer Spektrum.

Mayring, P. (2015). *Qualitative Inhaltsanalyse. Grundlagen und Techniken. 12. überarb. Aufl.* Weinheim und Basel: Beltz.

Mayring, P. & Brunner, E. (2010). Qualitative Inhaltsanalyse. In B. Friebertshäuser, A. Langer & A. Prengel (Hg.), *Handbuch qualitative Forschungsmethoden in der Erziehungswissenschaft* (S. 323–333). Weinheim [u. a.]: Juventa.

Mayring, P., Gläser-Zikuda, M. & Ziegelbauer, S. (2005). Auswertung von Videoaufnahmen mit Hilfe der Qualitativen Inhaltsanalyse – ein Beispiel aus der Unterrichtsforschung. *Medien Pädagogik. Zeitschrift für Theorie und Praxis der Medienbildung,* (9). Verfügbar unter: https://dx.doi.org/10.21240/mpaed/09/2005.04.01.X [04.03.2020].

McNeill, D. (1992). *Hand and Mind. What Gestures Reveal about Thought.* Chicago: University of Chicago Press.

Meister, U. & Schnell, I. (2013). Gemeinsam und individuell – Anforderungen an eine inklusive Didaktik. In V. Moser (Hg.), *Die inklusive Schule: Standards für die Umsetzung* (2. Aufl., S. 186–191). Stuttgart: Kohlhammer.

Meyer, H. (2017). *Was ist guter Unterricht?* (12. Aufl.). Berlin: Cornelsen Verlag Scriptor.

Miller, M. (1986). *Kollektive Lernprozesse. Studien zur Grundlegung einer soziologischen Lerntheorie.* Frankfurt am Main: Suhrkamp.

Misoch, S. (2015). *Qualitative Interviews.* Berlin, München, Boston: de Gruyter.

Moosecker, J. (2008). *Der Wochenplan im Unterricht der Förderschule.* Stuttgart: Kohlhammer.

Moser Opitz, E. (2002). *Zählen – Zahlbegriff – Rechnen. Theoretische Grundlagen und eine empirische Untersuchung zum mathematischen Erstunterricht in Sonderklassen.* (2. durchges. Aufl.). Bern [u. a.]: Haupt.

Moser Opitz, E. (2014). Inklusive Didaktik im Spannungsfeld von gemeinsamem Lernen und effektiver Förderung. Ein Forschungsüberblick und eine Analyse von didaktischen Konzepten für inklusiven Unterricht. *Jahrbuch für Allgemeine Didaktik, 4,* 52–68.

Moser Opitz, E. & Schmassmann, M. (2012). Grundoperationen. In U. Heimlich & F. B. Wember (Hg.), *Didaktik des Unterrichts im Förderschwerpunkt Lernen. Ein Handbuch für Studium und Praxis* (2. akt. Aufl., S. 266–279). Stuttgart: Kohlhammer.

Moser Opitz, E., Stöckli, M., Pfister, M. & Reusser, L. (2014). Gezielt fördern, differenzieren und trotzdem gemeinsam lernen – Überlegungen zum inklusiven Mathematikunterricht. *Sonderpädagogische Förderung, 59*(1), 44–56.

Moser, V. & Sasse, A. (2008). *Theorien der Behindertenpädagogik.* München: Reinhardt.

MSW – Ministerium für Schule und Weiterbildung des Landes NRW (2008). *Richtlinien und Lehrpläne für die Grundschule in Nordrhein-Westfalen.* Frechen: Ritterbach.

MSW – Ministerium für Schule und Weiterbildung des Landes NRW (2016). *Verordnung über die sonderpädagogische Förderung, den Hausunterricht und die Schule für Kranke (Ausbildungsordnung sonderpädagogische Förderung – AO-SF) Vom 29. April 2005 zuletzt geändert durch Verordnung vom 1. Juli 2016 (SGV. NRW. 223)* Verfügbar unter: https://bass.schul-welt.de/6225.htm [04.03.2020].

Müller, G. N. & Wittmann, E. C. (1984). *Der Mathematikunterricht in der Primarstufe.* Braunschweig, Wiesbaden: Friedr. Vieweg & Sohn.

Naujok, N. (2000). *Schülerkooperation im Rahmen von Wochenplanunterricht. Analyse von Unterrichtsausschnitten aus der Grundschule.* Weinheim: Deutscher Studien Verlag.

Naujok, N. (2002). Formen von Schülerkooperation aus der Perspektive Interpretativer Unterrichtsforschung. In G. Breidenstein, A. Combe, W. Helsper & B. Stelmaszyk (Hg.), *Forum Qualitative Schulforschung 2. Interpretative Unterrichtsforschung und Schulbegleitforschung* (S. 61–80). Opladen: Leske + Budrich.

Naujok, N., Brandt, B. & Krummheuer, G. (2008). Interaktion im Unterricht. In W. Helsper & J. Böhme (Hg.), *Handbuch der Schulforschung* (2. durchges. und erw. Aufl., S. 779–799). Wiesbaden: VS Verlag.

Neber, H. (2009). Entdeckendes Lernen. In K.-H. Arnold, U. Sandfuchs & J. Wiechmann (Hg.), *Handbuch Unterricht* (2. Aufl., S. 214–217). Bad Heilbrunn: Julius Klinkhardt.

Neel-Romine, L. E., Paul, S. & Shafer, K. (2012). Get to Know a Circle. *Mathematics Teaching in the Middle School, 18*(4), 222–227.

Neubrand, M. (2015). Bildungstheoretische Grundlagen des Mathematikunterrichts. In R. Bruder, L. Hefendehl-Hebeker, B. Schmidt-Thieme & H.-G. Weigand (Hg.), *Handbuch der Mathematikdidaktik* (S. 51–73). Berlin, Heidelberg: Springer Spektrum.

Neumann, K. (2011). *Mathematik zum Anfassen: Kreis, Zylinder und Kegel. Differenzierte und anwendungsorientierte Materialien – Niveau: Hauptschule (8. und 9. Klasse).* Hamburg: AOL Verlag.

Neveling, R. J. (1996). *Gotik und Graphik im Mathematikunterricht. Konzepte mit Sketchpad und Mathematica.* Braunschweig, Wiesbaden: Friedr. Vieweg & Sohn.

Nührenbörger, M. (2009). Interaktive Konstruktionen mathematischen Wissens – Epistemologische Analysen zum Diskurs von Kindern im jahrgangsgemischten Anfangsunterricht. *Journal für Mathematik-Didaktik, 30*(2), 147–172.

Nührenbörger, M. & Pust, S. (2018). *Mit Unterschieden rechnen. Lernumgebungen und Materialien für einen differenzierten Anfangsunterricht Mathematik* (4. Aufl.). Seelze: Klett Kallmeyer.

Nührenbörger, M. & Schwarzkopf, R. (2010). Die Entwicklung mathematischen Wissens in sozial-interaktiven Kontexten. In C. Böttinger, K. Bräuning, M. Nührenbörger, R. Schwarzkopf & E. Söbbeke (Hg.), *Mathematik im Denken der Kinder. Anregungen zur mathematikdidaktischen Reflexion* (S. 73–81). Seelze: Klett Kallmeyer.

Nührenbörger, M., Bönig, D., Häsel-Weide, U., Korff, N. & Scherer, P. (2018). Inklusiver Mathematikunterricht – vernetzt zwischen Mathematikdidaktik und Sonderpädagogik. In Fachgruppe Didaktik der Mathematik der Universität Paderborn (Hg.), *Beiträge zum Mathematikunterricht* (S. 103–104). Münster: WTM-Verlag.

Oldenburg, R. (2009). Von Mäusen, Kreisen und Tangenten. MNU, *62*(8), 466.

Orthmann Bless, D. (2007). Das schulsystemische Paradigma. In J. Walter & F. B. Wember (Hg.), *Handbuch Sonderpädagogik Band 2. Sonderpädagogik des Lernens* (S. 93–103). Göttingen [u. a.]: Hogrefe.

Padberg, F. (2002). Anschauliche Vorerfahrungen zum Bruchzahlbegriff zu Beginn Klasse 6. *PM, 3*(44), 112–117.

Padberg, F. & Benz, C. (2011). *Didaktik der Arithmetik für Lehrerausbildung und Lehrerfortbildung* (4. erw. und stark überarb. Aufl.). Heidelberg: Springer Spektrum.

Padberg, F. & Wartha, S. (2017). *Didaktik der Bruchrechnung* (5. Aufl.). Berlin: Springer Spektrum.

Peez, G. (2008). *Einführung in die Kunstpädagogik.* Stuttgart: Kohlhammer.

Peter-Koop, A. (2016). Inklusion im Mathematikunterricht. Gemeinsames Lernen am gemeinsamen Gegenstand. GrundschulunterrichtMathematik, *1*, 4–8.

Peter-Koop, A. & Rottmann, T. (2015). Impulse und Implikationen für Forschung und Praxis. In A. Peter-Koop, T. Rottmann & M. M. Lüken (Hg.), *Inklusiver Mathematikunterricht in der* Grundschule (S. 211–215). Offenburg: Mildenberger.

Pfister, M., Stöckli, M., Moser Opitz, E. & Pauli, C. (2015). Inklusiven Mathematikunterricht erforschen: Herausforderungen und erste Ergebnisse aus einer Längsschnittstudie. *Unterrichtswissenschaft, 43*(1), 53–66.

Piaget, J. & Inhelder, B. (1971). *Die Entwicklung des räumlichen Denkens beim Kinde.* Stuttgart: Klett.

Prediger, S., Barzel, B., Leuders, T. & Hussmann, S. (2011). Systematisieren und Sichern. Nachhaltiges Lernen durch aktives Ordnen. *mathematik lehren*, (164), 2–9.

Prengel, A. (2013). *Inklusive Bildung in der Primarstufe. Eine wissenschaftliche Expertise des Grundschulverbandes.* Frankfurt a. M.: Grundschulverband.

Prengel, A. (2019). *Pädagogik der Vielfalt. Verschiedenheit und Gleichberechtigung in Interkultureller, Feministischer und Integrativer Pädagogik* (4., um ein akt. Vorwort erg. Aufl.). Wiesbaden: Springer VS.

Preuss-Lausitz, U. (2009). Integrationsforschung. Ansätze, Ergebnisse und Perspektiven. In H. Eberwein & S. Knauer (Hg.), *Handbuch Integrationspädagogik: Kinder mit und ohne Beeinträchtigung lernen gemeinsam* (7. Aufl., S. 458–470). Weinheim [u. a.]: Beltz.

Preuss-Lausitz, U. (2011). Integration und Inklusion von Kindern mit Behinderungen – Ein Weg zur produktiven Vielfalt in einer gerechten Schule. In H. Faulstich-Wieland (Hg.), *Umgang mit Heterogenität und Differenz. Professionswissen für Lehrerinnen und Lehrer* (S. 161–180). Baltmannsweiler: Schneider Hohengehren.

Radatz, H. (2007). Geometrische Aktivitäten (1994). In J. H. Lorenz & W. Schipper (Hg.), *Hendrik Radatz. Impulse für den Mathematikunterricht* (S. 138–147). Braunschweig: Schroedel.

Radatz, H. & Rickmeyer, K. (1991). *Handbuch für den Geometrieunterricht an Grundschulen.* Hannover: Schroedel.

Radatz, H. & Schipper, W. (1983). *Handbuch für den Mathematikunterricht an Grundschulen.* Hannover: Schroedel.

Rasch, R. (2012). Geometrische Formen und ihre Eigenschaften. „Der Kreis ist ein Vierviertelkreis, und wenn er größer wäre, dann wäre es ein Fünfviertelkreis.". *Grundschule Mathematik,* (1).

Rasch, R. (2014). Falten von Anfang an. Geometrische Entdeckungen beim Falten in Klasse 1. *Grundschule Mathematik,* (40), 6–9.

Ratz, C. & Wittmann, E. C. (2011). Mathematisches Lernen im Förderschwerpunkt geistige Entwicklung. In C. Ratz (Hg.), *Unterricht im Förderschwerpunkt geistige Entwicklung. Fachorientierung und Inklusion als didaktische Herausforderungen* (S. 129–152). Oberhausen: ATHENA.

Reemer, A. & Eichler, K.-P. (2005). Vorkenntnisse von Schulanfängern zu geometrischen Begriffen. *Grundschulunterricht, 52*(11), 37–42.

Reich, K. (2010). *Systemisch-konstruktivistische Pädagogik. Einführung in die Grundlagen einer interaktionistischen-konstruktivistischen Pädagogik* (6., neu ausgestattete Aufl.). Weinheim und Basel: Beltz.

Reich, K. (2012). *Inklusion und Bildungsgerechtigkeit. Standards und Regeln zur Umsetzung einer inklusiven Schule.* Weinheim und Basel: Beltz.

Reich, K. (2014). *Inklusive Didaktik. Bausteine für eine inklusive Schule.* Weinheim und Basel: Beltz.

Reinhold, G. (Hg., 2000). *Soziologie-Lexikon* (4. Aufl.). München, Wien: Oldenbourg.

Reiser, H. (1991). Wege und Irrwege zur Integration. In A. Sander & P. Raidt (Hg.), *Integration und Sonderpädagogik. Saarbrücker Beiträge zur Integrationspädagogik. Bd. 6* (S. 13–33). St. Ingbert: Röhrig.

Reiser, H., Klein, G., Kreie, G. & Kron, M. (1986). Integration als Prozeß. *Sonderpädagogik, 16*(3 & 4), 115–122 & 154–160.

Renkl, A. (1997). *Lernen durch Lehren. Zentrale Wirkmechanismen beim kooperativen Lernen.* Wiesbaden: DUV.

Reusser, K. (2006). Konstruktivismus – vom epistemologischen Leitbegriff zur Erneuerung der didaktischen Kultur. In M. Baer, M. Fuchs, P. Füglister, K. Reusser & H. Wyss (Hg.), *Didaktik auf psychologischer Grundlage. Von Hans Aeblis kognitionspsychologischer Didaktik zur modernen Lehr- und Lernforschung* (S. 151–168). Bern: hep.

Röhr, M. (1995). *Kooperatives Lernen im Mathematikunterricht der Primarstufe.* Wiesbaden: DUV.

Rösken-Winter, B. & Nührenbörger, M. (2016). Design Science and Research: Commonalities and Variations. In M. Nührenbörger, B. Rösken-Winter, C.-I. Fung, R. Schwarzkopf, E. C. Wittmann, K. Akinwumni, F. Lensing & F. Schacht (Hg.), *Design Science and Its Importance in the German Mathematics Educational Discussion* (S. 34–38). Hamburg: Springer.

Roos, S. & Ruwisch, S. (2017). Mit allen Kindern durch Anwendungsorientierung zu mathematischen Strukturen. Alltagsbewältigung mit mathematischen Mitteln ist mehr als unreflektiertes Handeln. In U. Häsel-Weide & M. Nührenbörger (Hg.), *Gemeinsam Mathematik lernen – mit allen Kindern rechnen* (S. 46–55). Frankfurt a. M.: Grundschulverband.

Rose, D. H. & Meyer, A. (2002). *Teaching Every Student in the Digital Age. Universal Design for Learning.* Alexandria, VA: Association for Supervision and Curriculum Development.

Roth, J. (2009). Quadrate erforschen. Mathematik an konkreter Kunst entdecken. *mathematik lehren,* (157), 49–53.

Rottmann, T. & Peter-Koop, A. (2015). Gemeinsames Lernen am gemeinsamen Gegenstand als Ziel inklusiven Mathematikunterrichts. In A. Peter-Koop, T. Rottmann & M. M. Lüken (Hg.), *Inklusiver Mathematikunterricht in der Grundschule* (S. 5–9). Offenburg: Mildenberger.

Ruwisch, S. (2003). Gute Aufgaben im Mathematikunterricht der Grundschule – Einführung. In S. Ruwisch & A. Peter-Koop (Hg.), *Gute Aufgaben im Mathematikunterricht der Grundschule* (S. 5–14). Offenburg: Mildenberger.

Sander, A. (2009). Behinderungsbegriffe und ihre Konsequenzen für die Integration. In H. Eberwein & S. Knauer (Hg.), *Handbuch Integrationspädagogik* (7. Aufl., S. 99–108). Weinheim und Basel: Beltz.

SBS – Sächsisches Staatsinstitut für Bildung und Schulentwicklung (2010). *Lehrplan Schule zur Lernförderung. Mathematik – Primarstufe.* Dresden: Saxoprint GmbH.

Scheid, H. & Schwarz, W. (2017). *Elemente der Geometrie* (5. Aufl.). Berlin, Heidelberg: Springer Spektrum.

Scheidt, K. (2017). *Inklusion. Im Spannungsfeld von Individualisierung und Gemeinsamkeit.* Baltmannsweiler: Schneider Hohengehren.

Scherer, P. (1995). Ganzheitlicher Einstieg in neue Zahlenräume – auch für lernschwache Schüler?! In G. N. Müller & E. C. Wittmann (Hg.), *Mit Kindern rechnen* (S. 151–164). Frankfurt a. M.: Grundschulverband.

Scherer, P. (1997). Substantielle Aufgabenformate – jahrgangsübergreifende Beispiele für den Mathematikunterricht, Teil III. *Grundschulunterricht, 44*(6), 54–56.

Scherer, P. (1998). Kinder mit Lernschwierigkeiten – „besondere" Kinder, „besonderer" Unterricht? In A. Peter-Koop (Hg.), *Das besondere Kind im Mathematikunterricht der Grundschule* (S. 99–118). Offenburg: Mildenberger Verlag.

Scherer, P. (1999). *Entdeckendes Lernen im Mathematikunterricht der Schule für Lernbehinderte. Theoretische Grundlegung und evaluierte unterrichtspraktische Erprobung* (2. Aufl.). Heidelberg: Ed. Schindele.

Scherer, P. (2007). Offene Lernumgebungen im Mathematikunterricht – Schwierigkeiten und Möglichkeiten lernschwacher Schülerinnen und Schüler. In E. Rumpler & P. Wachtel (Hg.), *Erziehung und Unterricht – Visionen und Wirklichkeiten* (S. 72–79). Würzburg: vds.

Scherer, P. (2015). Inklusiver Mathematikunterricht der Grundschule. Anforderungen und Möglichkeiten aus fachdidaktischer Perspektive. In T. Häcker & M. Walm (Hg.), *Inklusion als Entwicklung – Konsequenzen für Schule und Lehrerbildung* (S. 267–284). Bad Heilbrunn: Klinkhardt.

Scherer, P. (2017a). Gemeinsames Lernen oder Einzelförderung? – Grenzen und Möglichkeiten eines inklusiven Mathematikunterrichts. In F. Hellmich & E. Blumberg (Hg.), *Inklusiver Unterricht in der Grundschule* (S. 194–212). Stuttgart: Kohlhammer.

Scherer, P. (2017b). Produktives Mathematiklernen für alle – auch im inklusiven Mathematikunterricht?! In A. Fritz, S. Schmidt & G. Ricken (Hg.), *Handbuch Rechenschwäche. Lernwege, Schwierigkeiten und Hilfen bei Dyskalkulie* (3. überarb. Aufl., S. 478–491). Weinheim: Beltz.

Scherer, P. (2018). Inklusiver Mathematikunterricht – Herausforderungen und Möglichkeiten im Zusammenspiel von Fachdidaktik und Sonderpädagogik. In A. Langner (Hg.), *Inklusion im Dialog: Fachdidaktik – Erziehungswissenschaft – Sonderpädagogik* (S. 56–73). Bad Heilbrunn: Julius Klinkhardt.

Scherer, P. (2019). Inklusiver Mathematikunterricht – Herausforderungen bei der Gestaltung von Lehrerfortbildungen. In A. Büchter, M. Glade, R. Herold-Blasius, M. Klinger, F. Schacht & P. Scherer (Hg.), *Vielfältige Zugänge zum Mathematikunterricht* (S. 327–340). Wiesbaden: Springer Nature.

Scherer, P. & Hähn, K. (2017). Ganzheitliche Zugänge und Natürliche Differenzierung. Lernmöglichkeiten für alle Kinder. In U. Häsel-Weide & M. Nührenbörger (Hg.), *Gemeinsam Mathematik lernen – mit allen Kindern rechnen* (S. 24–33). Frankfurt a. M.: Grundschulverband.

Scherer, P. & Moser Opitz, E. (2010). *Fördern im Mathematikunterricht der Primarstufe.* Heidelberg: Springer Spektrum.

Scherer, P. & Weigand, H.-G. (2017). Mathematikdidaktische Prinzipien. In M. Abshagen, B. Barzel, J. Kramer, T. Riecke-Baulecke, B. Rösken-Winter & C. Selter (Hg.), *Basiswissen Lehrerbildung: Mathematik unterrichten* (S. 28–42). Seelze: Kallmeyer.

Scherer, P., Wellensiek, N. & Bartelheimer, G. (2009). Auf der Spur der Ellipse. Elementare und experimentelle Zugänge ab Klasse 4. *Praxis der Mathematik, 51*(29), 35–40.

Scherer, P., Beswick, K., DeBlois, L., Healy, L. & Moser Opitz, E. (2016). Assistance of Students with Mathematical Learning Difficulties – How Can Research Support Practice? – A Summary. *ZDM, 48*(5), 633–649.

Scherres, C. (2013). *Niveauangemessenes Arbeiten in selbstdifferenzierenden Lernumgebungen. Eine qualitative Fallstudie am Beispiel einer Würfelnetz-Lernumgebung.* Wiesbaden: Springer Spektrum.

Schipper, W., Dröge, R. & Ebeling, A. (2000). *Handbuch für den Mathematikunterricht. 4. Schuljahr.* Hannover: Schroedel.

Schlüter, A.-K., Melle, I. & Wember, F. B. (2016). Unterrichtsgestaltung in Klassen des Gemeinsamen Lernens: Universal Design for Learning. *Sonderpädagogische Förderung, 61*(3), 270–285.

Schmidt, G. (1995). „Mathematik kommt vor". Vielfältige und bedeutungsvolle Schüleraktivitäten zur Geometrie von Maßwerken in gotischen Kirchenfenstern. *Der Mathematikunterricht, 41*(3), 61–74.

Schmidt, S. (2015). Was hat die Fischblase mit Mathematik zu tun? Geometrische Entdeckungen in gotischen Kirchenfenstern. In Stiftung Rechnen (Hg.), *Mathe.Forscher. Entdecke Mathematik in Deiner Welt* (S. 41–50). Münster: WTM.

Schmidt-Thieme, B. & Weigand, H.-G. (2015). Medien. In R. Bruder, L. Hefendehl-Hebeker, B. Schmidt-Thieme & H.-G. Weigand (Hg.), *Handbuch der Mathematikdidaktik* (S. 461–490). Berlin, Heidelberg: Springer Spektrum.

Schneider, W., Küspert, P. & Krajewski, K. (2013). *Die Entwicklung mathematischer Kompetenzen.* Paderborn: Schöningh.

Schöttler, C. (2019). *Deutung dezimaler Beziehungen. Epistemologische und partizipatorische Analysen von dyadischen Interaktionen im inklusiven Mathematikunterricht.* Wiesbaden: Springer Spektrum.

Scholz, M., Dönges, C., Risch, B. & Roth, J. (2016). Anpassung von Arbeitsmaterialien für selbstständiges Arbeiten von Schülerinnen und Schülern mit kognitiven Beeinträchtigungen in Schülerlaboren – Ein Pilotversuch. *Zeitschrift für Heilpädagogik, 67*(7), 318–328.

Schreiber, C., Schütte, M. & Krummheuer, G. (2015). Qualitative mathematikdidaktische Forschung: Das Wechselspiel zwischen Theorieentwicklung und Adaption von Untersuchungsmethoden. In R. Bruder, L. Hefendehl-Hebeker, B. Schmidt-Thieme & H.-G. Weigand (Hg.), *Handbuch der Mathematikdidaktik* (S. 591–612). Berlin, Heidelberg: Springer Spektrum.

Schröder, U. (2000). *Lernbehindertenpädagogik. Grundlagen und Perspektiven sonderpädagogischer Lernhilfe.* Stuttgart: Kohlhammer.

Schütte, M. (2009). *Sprache und Interaktion im Mathematikunterricht der Grundschule.* Münster: Waxmann.

Schuler, S. (2017). Lernbegleitung als Voraussetzung für mathematische Lerngelegenheiten beim Spielen im Kindergarten. In S. Schuler, C. Streit & G. Wittmann (Hg.), *Perspektiven mathematischer Bildung im Übergang vom Kindergarten zur Grundschule* (S. 139–156). Wiesbaden: Springer Spektrum.

Schupp, H. (1988). *Kegelschnitte.* Mannheim [u. a.]: BI Wissenschaftsverlag.

Schwab, H. & Theunissen, G. (2018). Vorwort. In H. Schwab & G. Theunissen (Hg.), *Inklusion, Partizipation und Empowerment in der Behindertenarbeit* (3. akt. Aufl., S. 7–10). Stuttgart: Kohlhammer.

Schwab, S. (2016). Partizipation. In I. Hedderich, G. Biewer, J. Hollenweger & R. Markowetz (Hg.), *Handbuch Inklusion und Sonderpädagogik* (S. 127–131). Bad Heilbrunn: Julius Klinkhardt.

Schwengeler, C. A. (1998). *Geometrie experimentell.* Zürich: Orell Füssli.

Seifert, A. & Wiedenhorn, T. (2018). *Grundschulpädagogik.* Paderborn [u. a.]: Schöningh.

Seitz, S. (2004). Forschungslücke Inklusive Fachdidaktik – ein Problemaufriss. In I. Schnell & A. Sander (Hg.), *Inklusive Pädagogik* (S. 215–231). Bad Heilbrunn: Julius Klinkhardt.

Seitz, S. (2006). Inklusive Didaktik: Die Frage nach dem ‚Kern der Sache'. *Zeitschrift für Inklusion*, (1). Verfügbar unter: https://www.inklusion-online.net/index.php/inklus ion-online/article/view/184/184 [04.03.2020]

Seitz, S. & Scheidt, K. (2012). Vom Reichtum inklusiven Unterrichts – Sechs Ressourcen zur Weiterentwicklung. *Zeitschrift für Inklusion*, (1–2). Verfügbar unter: https://www. inklusion-online.net/index.php/inklusion-online/article/view/62/62 [04.03.2020].

Selter, C., Nührenbörger, M. & Wember, F. B. (o. J.). Mathe inklusiv mit PIK AS. Verfügbar unter: https://pikas-mi.dzlm.de/ [04.03.2020].

Simon, T. (2018). Partizipation als Qualtiäts-, Struktur- und Prozessmerkmal inklusiver Institutionen. In E. Feyerer, W. Prammer, E. Prammer-Semmler, C. Kladnik, M. Leibetseder & R. Wimberger (Hg.), *System. Wandel. Entwicklung. Akteurinnen und Akteure inklusiver Prozesse im Spannungsfeld von Institution, Profession und Person* (S. 123–128). Bad Heilbrunn: Julius Klinkhardt.

Slavin, R., Hurley, E. A. & Chamberlain, A. (2003). Cooperative Learning and Achievement: Theory and Research. In W. M. Reynolds & G. E. Miller (Hg.), *Handbook of Psychology. Educational Psychology* (S. 177–198). Hoboken, N: Wiley.

Soeffner, H.-G. (1989). *Auslegung des Alltags – Der Alltag der Auslegung*. Frankfurt a. M.: Suhrkamp.

Souvignier, E. (2012). Kooperatives Lernen. In U. Heimlich & F. B. Wember (Hg.), *Didaktik des Unterrichts im Förderschwerpunkt Lernen. Ein Handbuch für Studium und Praxis* (2. akt. Aufl., S. 138–148). Stuttgart: Kohlhammer.

Spranz-Fogasy, T. (1997). *Interaktionsprofile. Die Herausbildung individueller Handlungstypik in Gesprächen*. Opladen: Westdeutscher Verlag.

Steinbring, H. & Nührenbörger, M. (2010). Mathematisches Wissen als Gegenstand von Lehr-/Lerninteraktionen. Eigenständige Schülerinteraktionen in Differenz zu Lehrerinterventionen. In U. Dausendschön-Gay, C. Domke & S. Ohlhus (Hg.), *Wissen in (Inter-)Aktion* (S. 161–188). Berlin/New York: Walter de Gruyter.

Stender, P. (2016). *Wirkungsvolle Lehrerinterventionsformen bei komplexen Modellierungsaufgaben*. Wiesbaden: Springer Spektrum.

Stowasser, J. M., Petschenig, M. & Skutsch, F. (2006). *STOWASSER. Lateinisch-deutsches Schulwörterbuch*. München: Oldenbourg.

Strobel, M. & Warnke, A. (2007). Das medizinische Paradigma. In J. Walter & F. B. Wember (Hg.), *Handbuch Sonderpädagogik Band 2. Sonderpädagogik des Lernens* (S. 65–80). Göttingen [u. a.]: Hogrefe.

Sutter, T. (2004). Systemtheorie und Subjektbildung. In M. Grundmann & R. Beer (Hg.), *Subjekttheorien interdisziplinär. Diskussionsbeiträge aus Sozialwissenschaften, Philosophie und Neurowissenschaften* (S. 155–183). Münster: LIT.

Sutter, T. (2009). *Interaktionistischer Konstruktivismus. Zur Systemtheorie der Sozialisation*. Wiesbaden: VS Verlag.

Tent, M. W. (2001). Circles and the Number Pi. *Mathematics Teaching in the Middle School*, 6(8), 452–457.

Terfloth, K. (2017). Exklusion. In K. Ziemen (Hg.), *Lexikon Inklusion* (S. 73–75). Göttingen: Vandenhoeck & Ruprecht.

Textor, A. (2018). *Einführung in die Inklusionspädagogik* (2. überarb. und erw. Aufl.). Bad Heilbrunn: Julius Klinkhardt.

Toulmin, S. E. (1969). *The Uses of Argument*. Cambridge: Cambridge University Press.

Transchel, S., Häsel-Weide, U. & Nührenbörger, M. (2013). Zahlen treffen! Kooperation und Kommunikation im Gemeinsamen Mathematikunterricht. *Mathematik differenziert,* *4*(2), 22–26.

Trescher, H. (2018). *Kognitive Beeinträchtigung und Barrierefreiheit. Eine Pilotstudie.* Bad Heilbrunn: Julius Klinkhardt.

Tuma, R., Schnettler, B. & Knoblauch, H. (2013). *Videographie. Einführung in die interpretative Videoanalyse sozialer Situationen.* Wiesbaden: Springer VS.

UN-BRK – United Nations (2006). *Convention on the Rights of Persons with Disabilities.* New York: United Nations.

UNESCO. (1994). *The Salamanca Statement and Framework for Action on Special Needs Education. World Conference on Special Needs Education: Access and Quality.* Salamanca, Spain: Ministry of Education and Science.

van Hiele, P. M. (1986). *Structure and Insight. A Theory of Mathematics Education.* Orlando [u. a.]: Academic Press.

van Hiele, P. M. (1999). Developing Geometric Thinking through Activities That Begin with Play. *Teaching Children Mathematics, 5,* 310–316.

van Randenborgh, C. (2015). *Instrumente der Wissensvermittlung im Mathematikunterricht. Der Prozess der Instrumentellen Genese von historischen Zeichengeräten.* Wiesbaden: Springer Spektrum.

Veber, M., Bertels, D. & Käpnick, F. (2016). Die Wegweiser: Didaktisch-methodische Grundorientierungen. In F. Käpnick (Hg.), *Verschieden verschiedene Kinder. Inklusives Fördern im Mathematikunterricht der Grundschule* (S. 117–138). Seelze: Klett Kallmeyer.

Vogel, R. & Huth, M. (2010). „… und der Elefant in die Mitte" – Rekonstruktion mathematischer Konzepte von Kindern in Gesprächssituationen. In B. Brandt, M. Fetzer & M. Schütte (Hg.), *Auf den Spuren Interpretativer Unterrichtsforschung in der Mathematikdidaktik. Götz Krummheuer zum 60. Geburtstag* (S. 178–207). Münster [u. a.]: Waxmann.

Vollrath, H.-J. (1989). Funktionales Denken. *Journal für Mathematik-Didaktik, 10*(1), 3–37.

Vollrath, H.-J. (2003). Zur Erforschung mathematischer Instrumente im Mathematikunterricht. In L. Hefendehl-Hebeker & S. Hußmann (Hg.), *Mathematikdidaktik zwischen Fachorientierung und Empirie. Festschrift für Norbert Knoche* (S. 256–265). Hildesheim, Berlin: Franzbecker.

Vollrath, H.-J., Weigand, H.-G. & Weth, T. (2000). Spezialisierung und Generalisierung in der Entwicklung der Zirkel. In M. Liedtke (Hg.), *Relikte – Der Mensch und seine Kultur, Matreier Gespräche* (S. 123–158). Graz: Otto König.

Walter, J. & Wember, F. B. (Hg., 2007). *Handbuch Sonderpädagogik. Band 2. Sonderpädagogik des Lernens.* Göttingen [u. a.]: Hogrefe.

Walter, J., Suhr, K. & Werner, B. (2001). Experimentell beobachtete Effekte zweier Formen von Mathematikunterricht in der Förderschule. *Zeitschrift für Heilpädagogik, 52*(4), 143–151.

Weber, E. (1954). *Mass und Zahl im Kunstwerk.* Braunschweig: Friedr. Vieweg & Sohn.

Weigand, H.-G. (2009). Die KUNST in der Mathematik. *mathematik lehren,* (157), 4–11.

Weigand, H.-G. (2011). Kreis und Kugel. Verbindung zwischen Ebene und Raum. *mathematik lehren,* (165), 2–7.

Weigand, H.-G. (2015). Begriffsbildung. In R. Bruder, L. Hefendehl-Hebeker, B. Schmidt-Thieme & H.-G. Weigand (Hg.), *Handbuch der Mathematikdidaktik* (S. 255–278). Berlin, Heidelberg: Springer Spektrum.

Weigand, H.-G. (2018). Begriffslernen und Begriffslehren. In H.-G. Weigand, A. Filler, R. Hölzl, S. Kuntze, M. Ludwig, J. Roth, B. Schmidt-Thieme & G. Wittmann (Hg.), *Didaktik der Geometrie für die Sekundarstufe I* (3. erw. und überarb. Aufl., S. 85–106). Berlin: Springer Spektrum.

Weisser, J. (2016). Partizipation. In M. Dederich, I. Beck, U. Bleidick & G. Antor (Hg.), *Handlexikon der Behindertenpädagogik* (3. erw. und überarb. Aufl., S. 421–423). Stuttgart: Kohlhammer.

Wember, F. B. (2013). Herausforderung Inklusion: Ein präventiv orientiertes Modell schulischen Lernens und vier zentrale Bedingungen inklusiver Unterrichtsentwicklung. *Zeitschrift für Heilpädagogik, 64*(10), 380–388.

Wember, F. B. & Heimlich, U. (2016). Bildung bei Beeinträchtigungen des Lernens. In M. Dederich, I. Beck, U. Bleidick & G. Antor (Hg.), *Handlexikon der Behindertenpädagogik* (3. erw. und überarb. Aufl., S. 196–200). Stuttgart: Kohlhammer.

Werner, B. (2017). Partizipation und Teilhabe: Eckpfeiler eines inklusiven Mathematikunterrichts. Implikationen aus sonderpädagogischer Perspektive. In U. Kortenkamp & A. Kuzle (Hg.), *Beiträge zum Mathematikunterricht* (S. 1045–1048). Münster: WTM-Verlag.

Werner, B. (2019). *Mathematik inklusive. Grundriss einer inklusiven Fachdidaktik.* Stuttgart: Kohlhammer.

Werner, B. & Schäfer, A. (2018). Zwischen individueller Rechenförderung und inklusivem Unterricht – (Fach)didaktische Aspekte der Inklusion im Förderschwerpunkt Lernen. In R. Benkmann & U. Heimlich (Hg.), *Inklusion im Förderschwerpunkt Lernen* (S. 214–275). Stuttgart: Kohlhammer.

Werning, R. (2007). Das systemisch-konstruktivistische Paradigma. In J. Walter & F. B. Wember (Hg.), *Handbuch Sonderpädagogik Band 2. Sonderpädagogik des Lernens* (S. 128–142). Göttingen [u. a.]: Hogrefe.

Werning, R. (2016a). Kooperation. In M. Dederich, I. Beck, U. Bleidick & G. Antor (Hg.), *Handlexikon der Behindertenpädagogik* (3. erw. und überarb. Aufl., S. 409–411). Stuttgart: Kohlhammer.

Werning, R. (2016b). Schulische Inklusion. In J. Möller, M. Köller & T. Riecke-Baulecke (Hg.), *Basiswissen Lehrerbildung. Schule und Unterricht. Lehren und Lernen* (S. 153–169). Seelze: Klett Kallmeyer.

Werning, R. (2018). Förderschwerpunkt Lernen. In B. Lütje-Klose, T. Riecke-Baulecke & R. Werning (Hg.), *Basiswissen Lehrerbildung: Inklusion in Schule und Unterricht. Grundlagen in der Sonderpädagogik* (S. 204–218). Seelze: Klett Kallmeyer.

Werning, R. & Baumert, J. (2013). Inklusion entwickeln: Leitideen für Schulentwicklung und Lehrerbildung. In J. Baumert, V. Masuhr, J. Möller, T. Riecke-Baulecke, H.-E. Tenorth & R. Werning (Hg.), *Inklusion. Forschungsergebnisse und Perspektiven. Schulmanagement-Handbuch* 146 (S. 38–55). München: Oldenbourg.

Werning, R. & Lütje-Klose, B. (2012). Entdeckendes Lernen. In U. Heimlich & F. B. Wember (Hg.), *Didaktik des Unterrichts im Förderschwerpunkt Lernen. Ein Handbuch für Studium und Praxis* (2. akt. Aufl., S. 149–162). Stuttgart: Kohlhammer.

Werning, R. & Lütje-Klose, B. (2016). *Einführung in die Pädagogik bei Lernbeeinträchtigungen* (4. überarb. Aufl.). München: Ernst Reinhardt Verlag.

Weskamp, S. (2019). *Heterogene Lerngruppen im Mathematikunterricht der Grundschule. Design Research im Rahmen substanzieller Lernumgebungen.* Wiesbaden: Springer.

Winter, H. (1971). Geometrisches Vorspiel im Mathematikunterricht der Grundschule. *Der Mathematikunterricht*, (5), 40–65.

Winter, H. (1975). Allgemeine Lernziele für den Mathematikunterricht. *ZDM, 7*(3), 106–116.

Winter, H. (1976). Was soll Geometrie in der Grundschule? *ZDM, 8*(1), 14–18.

Winter, H. (1983). Über die Entfaltung begrifflichen Denkens im Mathematikunterricht. *Journal für Mathematik-Didaktik, 4*(3), 175–204.

Winter, H. (1984a). Begriff und Bedeutung des Übens im Mathematikunterricht. *mathematik lehren*, (2), 4–16.

Winter, H. (1984b). Entdeckendes Lernen im Mathematikunterricht. *Grundschule, 16*(4), 26–29.

Winter, H. (1986). Von der Zeichenuhr zu den Platonischen Körpern. *mathematik lehren*, (17), 12–14.

Winter, H. (1999). Gestalt und Zahl – Perspektiven eines kreativen Mathematikunterrichts in der Schule. In Friedrich-Schiller-Universität Jena – Fakultät für Mathematik und Informatik – Abteilung Didaktik (Hg.), *Kreatives Denken und Innovationen in der mathematischen Wissenschaft*. Verfügbar unter: https://users.fmi.uni-jena.de/~sch mitzm/kreativesdenken/tagband/winter/winter.pdf [04.03.2020].

Winter, H. (2001). Inhalte mathematischen Lernens. Verfügbar unter: https://grundschule. bildung-rp.de/fileadmin/user_upload/grundschule.bildung-rp.de/Downloads/Mathem athik/Winter_Inhalte_math_Lernens.pdf [04.03.2020].

Winter, H. (2004). Ganze und zugleich gebrochene Zahlen. *mathematik lehren*, (123), 14–18.

Winter, H. (2016). *Entdeckendes Lernen im Mathematikunterricht. Einblicke in die Ideengeschichte und ihre Bedeutung für die Pädagogik* (3. Aufl.). Wiesbaden: Springer Spektrum.

Wittmann, E. C. (1981). *Grundfragen des Mathematikunterrichts* (6., neu bearb. Aufl.). Braunschweig, Wiesbaden: Vieweg + Teubner.

Wittmann, E. C. (1987). *Elementargeometrie und Wirklichkeit*. Braunschweig/Wiesbaden: Friedr. Vieweg & Sohn.

Wittmann, E. C. (1990). Wider die Flut der „bunten Hunde" und der „grauen Päckchen": Die Konzeption des aktiv-entdeckenden Lernens und des produktiven Übens. In E. C. Wittmann & G. N. Müller (Hg.), *Handbuch produktiver Rechenübungen. Band 1: Vom Einspluseins zum Einmaleins* (2. überarb. Aufl.). Stuttgart [u. a.]: Klett.

Wittmann, E. C. (1995). Unterrichtsdesign und empirische Forschung. In K. P. Müller (Hg.), *Beiträge zum Mathematikunterricht* (S. 528–531). Hildesheim: Franzbecker.

Wittmann, E. C. (1996). Offener Mathematikunterricht in der Grundschule – vom FACH aus. *Grundschulunterricht, 43*(6), 3–7.

Wittmann, E. C. (1997). Vom Tangram zum Satz von Pythagoras. *mathematik lehren*, (83), 18–20.

Wittmann, E. C. (1998). Design und Erforschung von Lernumgebungen als Kern der Mathematikdidaktik. *Beiträge zur Lehrerbildung*, (3), 329–407.

Wittmann, E. C. (1999). Konstruktion eines Geometriecurriculums ausgehend von Grundideen der Elementargeometrie. In H. Henning (Hg.), *Mathematik lernen durch Handeln und Erfahrung: Festschrift zum 75. Geburtstag von Heinrich Besuden* (S. 205–223). Oldenburg: Bültmann & Gerrits.

Wittmann, E. C. (2000). Aktiv-entdeckendes und soziales Lernen im Rechenunterricht – vom Kind und vom Fach aus. In G. N. Müller & E. C. Wittmann (Hg.), *Mit Kindern rechnen* (2. unv. Aufl., S. 10–41).

Wittmann, E. C. (2009). Geometrische Frühförderung – mathematisch fundiert. In A. Peter-Koop, G. Lilitakis & B. Spindeler (Hg.), *Lernumgebungen – Ein Weg zum kompetenzorientierten Mathematikunterricht in der Grundschule* (S. 24–38). Offenburg: Mildenberger.

Wittmann, E. C. (2014). Operative Beweise in der Schul- und Elementarmathematik. *mathematica didactica, 37,* 213–232.

Wittmann, E. C. & Müller, G. N. (1988). Wann ist ein Beweis ein Beweis? In P. Bender (Hg.), *Mathematikdidaktik: Theorie und Praxis. Festschrift für Heinrich Winter* (S. 237–257). Berlin: Cornelsen.

Wittmann, E. C. & Müller, G. N. (1990). *Handbuch produktiver Rechenübungen. Band 1. Vom Einspluseins zum Einmaleins.* Stuttgart: Klett.

Wittmann, E. C. & Müller, G. N. (1992). *Handbuch produktiver Rechenübungen. Band 2. Vom halbschriftlichen zum schriftlichen Rechnen.* Stuttgart [u. a.]: Klett.

Wittmann, E. C. & Müller, G. N. (2004). Grundkonzeption des ZAHLENBUCHs. In E. C. Wittmann & G. N. Müller (Hg.), *Das Zahlenbuch 1. Lehrerband* (S. 6–19). Leipzig: Klett.

Wittmann, E. C. & Müller, G. N. (2009). *Das Zahlenbuch. Handbuch zum Frühförderprogramm.* Stuttgart: Klett.

Wittmann, E. C., Müller, G. N., Nührenbörger, M. & Schwarzkopf, R. (2017). *Das Zahlenbuch.* Stuttgart, Leipzig: Klett.

Wittmann, G. (2006). Grundvorstellungen zu Bruchzahlen – auch für leistungsschwache Schüler? Eine mehrperspektivische Interviewstudie zu Lösungsprozessen, Emotionen und Beliefs in der Hauptschule. *mathematica didactica, 29*(2), 49–74.

Witzel, A. (2000). Das problemzentrierte Interview. *Forum Qualitative Sozialforschung, 1*(1). Verfügbar unter: https://nbn-resolving.de/urn:nbn:de:0114-fqs0001228 [04.03.2020].

Wocken, H. (1987). *Integrationsklassen in Hamburg. Erfahrungen – Untersuchungen – Anregungen.* Solms-Oberbiel: Jarick Oberbiel.

Wocken, H. (1998). Gemeinsame Lernsituationen. Eine Skizze zur Theorie des gemeinsamen Unterrichts. In A. Hildeschmidt & I. Schnell (Hg.), *Integrationspädagogik. Auf dem Weg zu einer Schule für alle* (S. 37–52). Weinheim, München: Beltz Juventa.

Wocken, H. (2012). *Das Haus der inklusiven Schule. Baustellen – Baupläne – Bausteine.* Hamburg: Feldhaus.

Wölki-Paschvoss, C. (2018). „Auf die Brille kommt es an." Das „Inklusionsdidaktische Netz – Planungsraster Mathematik" als Arbeitsgrundlage einer kooperativen Unterrichtsplanung von Fachlehrerinnen/-lehrern & sonderpädagogischen Lehrkräften. *Sonderpädagogische Förderung in NRW, 56*(3), 16–22.

Wörler, J. (2011). Aneinander – ineinander. Kreise und Kreispackungen in der Kunst. *mathematik lehren,* (165), 57–61.

Wollring, B. (2009). Zur Kennzeichnung von Lernumgebungen für den Mathematikunterricht in der Grundschule. In A. Peter-Koop, G. Lilitakis & B. Spindeler (Hg.), *Lernumgebungen – Ein Weg zum kompetenzorientierten Mathematikunterricht in der Grundschule* (S. 9–23). Offenburg: Mildenberger.

Wollring, B. (2011). Raum- und Formvorstellung. *Mathematik differenziert*, (1), 9–11.

Wollring, B. (2015). Schwerpunktsetzungen bei mathematischen Lernumgebungen in inklusiven Lerngruppen. In A. Peter-Koop, T. Rottmann & M. M. Lüken (Hg.), *Inklusiver Mathematikunterricht in der Grundschule* (S. 33–42). Offenburg: Mildenberger.

Wollring, B., Peter-Koop, A., Haberzettl, N., Becker, N. & Spindeler, B. (2011). *EMBI-GMRF. ElementarMathematisches BasisInterview. Größen und Messen, Raum und Form.* Offenburg: Mildenberger.

Zech, F. (2002). *Grundkurs Mathematikdidaktik. Theoretische und praktische Anleitungen für das Lehren und Lernen von Mathematik* (10. Aufl.). Weinheim und Basel: Beltz.

Ziemen, K. (2018). *Didaktik und Inklusion.* Göttingen: Vandenhoeck & Ruprecht.

Printed in the United States
By Bookmasters